Medienökonomie hat zum Ziel, wirtschafts- und kommunikationswissenschaftliche Konzepte bzw. Theorien zur Analyse von Kommunikation und Medien anzuwenden. Sie ist Schnittstelle zwischen Disziplinen, wie Kommunikations-, Medien-, Volks- und Betriebswirtschaftslehre sowie partiell technischen, juristischen und politischen Disziplinen. Sie beschäftigt sich aus theoretischer und praktischer Perspektive mit aktuellen Fragen, die für die Medien relevant sind. Hierbei geht es sowohl um ökonomische Grundlagen, Managementstrategien und Organisationsformen von Medienunternehmen als auch die Analyse und Regulierung der Medien(teil)märkte.
In der Reihe „Medienökonomie“ werden Beiträge publiziert, die sich aus makro-, meso- und mikroökonomischer Perspektive mit Medien als ökonomischen Gütern bzw. Dienstleistungen beschäftigen, wobei die Rolle der Medien für Gesellschaft und Unternehmungen thematisiert wird. Die Reihe begleitet Medienwandel und -innovationen zeitnah sowie wissenschaftlich strukturiert. Mit dem breiten Ansatz wird eine Basis für medienökonomische Forschung geschaffen. Kontinuierlich erscheinen in der begutachteten Reihe u.a. die Tagungsbände der Fachgruppe Medienökonomie der Deutschen Gesellschaft für Publizistik und Kommunikationswissenschaft (DGPuK) und einschlägige Dissertationen.

Reihe Medienökonomie

herausgegeben von
Prof. Dr. Sven Pagel
Prof. Dr. Svenja Hagenhoff
Prof. Dr. Bjørn von Rimscha
Prof. Dr. Harald Rau

Band 8

Sven Pagel (Hrsg.)

Schnittstellen (in) der Medienökonomie

Nomos

© Titelbild: fotolia.com

Die Deutsche Nationalbibliothek verzeichnet diese Publikation in der Deutschen Nationalbibliografie; detaillierte bibliografische Daten sind im Internet über http://dnb.d-nb.de abrufbar.

ISBN 978-3-8487-2172-6 (Print)
ISBN 978-3-8452-6486-8 (ePDF)

1. Auflage 2015

Vorwort

Medienökonomie bewegt sich an der Schnittstelle von Kommunikationswissenschaft auf der einen Seite und Wirtschaftswissenschaft auf der anderen Seite. Alte Gräben dazwischen werden kleiner, der stete inhaltliche Diskurs lässt Verbindungen entstehen. Heinrich (2010) und Kiefer (2014) haben diese Dichotomie mit ihren Normen aus der jeweiligen Perspektive fundiert herausgearbeitet. Innerhalb der Kommunikationswissenschaft steht die Medienökonomie manchmal ein wenig abseits. In den Wirtschaftswissenschaften sind die Medienökonomik als Teil der Industrieökonomie und die Medienbetriebslehre als Teil der Managementlehre Forschungsfelder unter vielen. Gelegentlich wird eine Verbindung zwischen ökonomischer und publizistischer Logik in Form einer „Integrativen Medienökonomie" (Altmeppen/Karmasin 2003) angeregt. In diesem inter- und transdisziplinären Umfeld bietet der Brückenschlag zu anderen Disziplinen vielfältige gegenseitige Anregungen, mittels derer sich auch die medienökonomische Forschung weiterentwickeln kann.

In diesem Sinne haben die „Schnittstellen (in) der Medienökonomie" mehrere Bedeutungsebenen: erstens aus institutioneller Sicht Schnittmengen der Medienökonomie mit anderen Wissenschaftsdisziplinen, zweitens aus inhaltlicher Sicht spezifische Fragestellungen der Medienökonomie zu digitalen Medien als Untersuchungsgegenstand, die im Umfeld von Benutzer-, Hardware- und organisatorischen Schnittstellen relevant sind. Um neben der Wahrnehmung in der wissenschaftlichen Gemeinschaft eine Wirkung der Forschung auch in die Praxis der Medienunternehmen leisten zu können, werden drittens Schnittstellen zwischen Theorie und Praxis betrachtet.

Institutionell bestehen (1) zahlreiche Schnittmengen der Medienökonomie mit anderen wissenschaftlichen Kreisen im Umfeld der Kommunikationswissenschaft (z.B. zur den DGPuK-Fachgruppen Computervermittelte Kommunikation, Werbekommunikation und zum Netzwerk Medienstrukturen), der Wirtschaftswissenschaft (z.B. zur Arbeitsgemeinschaft für Marketing) und der Medieninformatik (z.B. zur Gesellschaft für Informatik). Auch methodisch kann dieser Austausch zwischen der Medienökonomie, dem Medienmanagement und Nachbardisziplinen fruchtbar sein.

Thematisch stehen (2) vielfach die selben Untersuchungsgegenstände im Mittelpunkt, z.B. Onlinemedien, Social TV und mediale Ökosysteme. Schnittstellen existieren auf Makro-, Meso- und Mikro-Ebene. Solch inhaltlich relevante Schnittstellen, die in der Medienökonomie thematisiert werden, sind u.a. Benutzer-Schnittstellen, Schnittsysteme in der Medienproduktion oder Medienwahlentscheidungen und Zahlungsbereitschaften an der Schnittstelle zu den Konsumenten.

Auch die (3) *Schnittstelle zwischen Wissenschaft und Wirtschaft* spielte beim Jahreskongress der Fachgruppe Medienökonomie vom 13. bis 15.11.2014 eine wichtige Rolle. Die beiden Keynotes einerseits aus Perspektive der Wissenschaft durch Prof. Dr. Thomas Hess und andererseits aus Perspektive eines Medienunternehmens durch Lutz Eberhard, den Online-Chefredakteur der Verlagsgruppe Rhein Main, finden sich ebenfalls in diesem Tagungsband. Zudem wurden drei Gastbeiträge von Tagungsteilnehmern aufgenommen, die die Vielfalt der Konferenz abbilden sollen. Als Gastgeber hatte die Hochschule Mainz fungiert, deren Vizepräsidentin Andrea Beyer ebenfalls im Forschungsfeld der Medienökonomie engagiert ist. Sie wurde gemeinsam mit Hanno Beck zu einem Beitrag eingeladen. Der Kongress wurde durchgeführt in Kooperation der Hochschule Mainz mit zahlreichen Wirtschaftsunternehmen der Region. Stellvertretend für Letztere findet sich ein Beitrag von Oliver Kemmann, Vorsitzender des IT-Klubs Mainz und Rheinhessen e.V., dem Digitalunternehmen wie Mediaman und die United Digital Group angehören. Last but not least: Ohne die tatkräftigen Hände der Studierenden im Kurs „Projektmanagement" im Sommersemester 2014 und den studentischen Mitarbeitern der Professur für Wirtschaftsinformatik und Medienmanagement wäre diese Tagung nicht möglich gewesen. Als kleines Dankeschön an diese zahlreichen studentischen Helfer wurde die Thesis von Jasmin Wiesinger, studentische Mitarbeiterin der Professur, als Grundlage für einen dritten Gastbeitrag ausgewählt.

Christian Seemann hat eine weitere zentrale Rolle hinter den Kulissen von Kongress und Tagungsband gespielt. Dafür sei ihm, in seiner Funktion als wissenschaftlicher Mitarbeiter an der Schnittstelle von Hochschule Mainz und IT Klub Mainz und Rheinhessen e.V., ein besonders großer Dank ausgesprochen.

Institutionelle Schnittstellen zwischen Wissenschaftsdisziplinen

Institutionelle Schnittstellen der Medienökonomie zu den Nachbardisziplinen der Kommunikationswissenschaft, der Werbekommunikation und der Journalistik werden in diesem Sammelband beleuchtet. Dies geschieht durch die Zusammenarbeit mehrerer Autoren unterschiedlicher Provenienz oder durch die methodische Ausgestaltung des jeweiligen Beitrags.

Eine solche interdisziplinäre Herangehensweise zwischen ***Ökonomie und Kommunikationswissenschaft*** wird im einleitenden Beitrag von *Funk, Jandura und Pagel* entwickelt. An den Schnittstellen von volkswirtschaftlicher, betriebswirtschaftlicher und kommunikationswissenschaftlicher Perspektive werden die audiovisuellen Medien analysiert. Das Makro-Mikro-Makro-Modell stellt das Fundament für diesen theoretischen Beitrag dar. Eine gleichermaßen ökonomische wie publizistische Vorgehensweise wird von *Zabel und Ramme* gewählt. Sie identifizieren in einer explorativen Expertenbefragung von Akteuren im Markt für Online-Bewegtbildinhalte erforderliche Kompetenzen für den Wettbewerb. Fünf strategische Gruppen werden betrachtet: Creators, Publisher, Plattformen, Content Aggregatoren und Multi-Channel-Networks. Der politische Rahmen für Aktivitäten von Medienunternehmen ist stark abhängig von den Rahmenbedingungen auch der Wirtschaftsförderung. In einer international vergleichenden Studie am Beispiel von europäischen Medienquartieren werden diese von *Rinsdorf und Kühnle* untersucht. Zehn idealtypische Erfolgsfaktoren in den Handlungsfeldern Förderstrategien, Architektur und Aufenthaltsqualität identifizieren die Autoren.

Medieninhalte werden oftmals über Werbung finanziert. Hieraus ergibt sich auch eine institutionelle Nähe zwischen ***Medienökonomie und Werbekommunikation***. *Förster* thematisiert Medienmarken als interdisziplinäres Forschungsfeld. Im Mittelpunkt steht die Frage, welche Schnittstellen die Medienmarkenforschung zu anderen Disziplinen aufweist. Als Bezugsmodell für die Media Branding Forschung werden zwei Perspektiven gegenübergestellt: die Managementperspektive und die Publikumsperspektive. Diese Strukturierung von Forschungsergebnissen zeigt eine zeitliche Entwicklung von frühen Arbeiten mit Fokus auf Managementperspektive zu jüngeren Studien mit Ausrichtung auf Publikumsperspektive. Unter Ebenen-Gesichtspunkten verschiebt sich der Fokus von Mikro- zur Makroebene. *Baetzgen und Tropp* legen eine Studie zur Untersuchung von Markenmedien vor. Ausgehend von der Grounded Theory wird eine Delphi-Studie mit Medien- und Marketingexperten vorgestellt. Marken übernehmend demnach verstärkt Medienfunktionen und für das Markenmanagement ist zunehmend medienökonomische Expertise erforderlich. Kategorien einer solchen Theorie der Markenmedien umfassen auf Makroebene die Medialisierung und Ökonomisierung des Wirtschaftssystems, auf Mesoebene Intermediäre sowie auf Mikroebene Motive und Muster des Konsumentenhandelns. Als Strategie empfiehlt sich für werbetreibende Unternehmen die Kollaboration mit Medien. Content-Marketing kann medienökonomisch sowohl mit Bezügen zur Werbekommunikation als auch zur Journalistik analysiert werden. Hier wurde es der Schnittstelle zwischen Medienökonomie und Journalistik zugeordnet. *Degen und Köhler* führen eine Inhaltsanalyse der Club-TV-Angebote der ersten und zweiten Fußball-Bundesliga durch. Diese sind als Ereignissender, Content-Sender oder Programmsender ausgestaltet. Maßgebliche Unterschiede betreffen Professionalität und Vermarktung.

In Deutschland sind die ersten Veröffentlichungen zur Medienökonomie in den achtziger Jahren am Institut für Journalistik der Universität Dortmund durch Jürgen Heinrich und Gerd Kopper entstanden. Diese ***Schnittstelle zwischen Medienökonomie und Journalistik*** wirkt sich bis heute aus. *Gossel und Kalka* beleuchten die Entrepreneurship Education im Rahmen der Journalistenausbildung. Damit Journalisten künftig auch stärker als Unternehmer agieren können, muss die Ausbildung ein entsprechendes Fundament legen. Die empirische Dokumentenanalyse zu 105 Studiengängen in den Bereichen Journalismus, Publizistik und an Journalistenschulen zeigt, dass nur bei 15 Prozent im Curriculum Inhalte zur Entrepreneurship Education anbietet (darunter 12 der 65 Journalismus-Studiengänge und 4 der 22 Journalistenschulen). *Schäfer-Hock* diskutiert die Ökonomisierung des Journalismus im digitalen Zeitalter. In der bisherigen Forschung standen demnach folgende Indikatoren für Ökonomisierung im Fokus: Nutzenmaximierung/Gewinnorientierung, Rationalisierung, Effizienzsteigerung, Entmeritorisierung und systemtheoretische Interpenetration. Mit Blick auf die Digitalisierung schlägt der Autor Markt, Wettbewerb und Preise als besser geeignete Indikatoren zur Messung der Ökonomisierung des Journalismus vor. Schnittmengen zur Journalismusforschung finden sich im Beitrag von *Prinzing und Gattermann* zur Analyse von Crowdfunding als Finanzierungsform von Journalismus. Der Beitrag war von den Reviewern akzeptiert worden, fehlte aus zeitlichen Gründen auf der Tagung und erscheint nun hier.

Schnittstellen als Untersuchungsgegenstand

Schnittstellen sind oftmals auch direkter Untersuchungsgegenstand medienökonomischer Forschung. Dies betrifft Benutzer-Schnittstellen ebenso wie Schnittstellen zwischen Individuen im Social Web oder psychologische Schnittstellen bei Entscheidungsprozessen wie der Medienwahl oder der Zahlungsbereitschaft. ***Benutzerschnittstellen*** oder auf Englisch User Interfaces beschreiben die Benutzeroberfläche zwischen Mensch und Gerät. Der Beitrag von *Hagenhoff und Kuhn* konturiert Softwareschnittstellen digitaler Lesemedien als eigenständiges Forschungsthema. Kontinuierliche und diskontinuierliche Lesestrategien können Anwendung finden. Softwareschnittstellen sind oftmals transparent gestaltet. Störungen des Leseprozesses durch Elemente der Softwareschnittstellen zeigen gerade bei diskontinuierlichen Lesestrategien eine positive Wirkung. Ein Eintrittstor in die digitale Welt stellen für viele Nutzer Suchmaschinen dar. Deren Qualitätsbewertung steht im Beitrag von *Schäfer, Pittner, Magin und Stark* im Mittelpunkt. In Deutschland vertrauen Nutzer insbesondere der Marke Google. Weil sich dieser Vorsprung nicht mehr durch technische Überlegenheit erklären lässt, wurde mit Hilfe eines Online-Experiments (2x2 Between Subject Design) der Einfluss der Trefferlistenmarke auf die Qualitätsbewertung von Suchmaschinen-Trefferlisten untersucht. Nicht die Nutzung von IT-Systemen durch Rezipienten, sondern die Nutzung von Produktionssystemen untersuchen *Pagel und Rauh* in ihrer Analyse der Ökonomie des Filmschnitts in der Nachrichtenproduktion. Als neue Nachrichtengattung in Internetmedien sind Bewegtbild-Kurzformate wie bundesweit ‚Tagesschau in 100 Sekunden' und regional ‚Hessen in 60 Sekunden' entstanden. In einer audiovisuellen Inhaltsanalyse werden redaktionelle, gestalterische und ökonomische Aspekte herausgearbeitet. Die Themenpriorisierung zwischen dem Online-Format und dem zugehörigen TV-Format variiert stark. 81,4 Prozent der Online-Beiträge werden auch abends in der Hauptnachrichtensendung thematisiert. Aber nur 33,9 Prozent der Beiträge werden im TV-Einleitungstrailer exponiert herausgestellt. Eine zentrale Handlungsempfehlung ist die fotografische Arbeit durch die Kameraleute und Producer bereits während des Drehs.

Schnittstellen im Social Web entstehen bei der Interaktion von Individuen z.B. bei Diskussionen in Twitter als Form des Social TV oder durch Blogger als Meinungsführer im Innovationsprozess. *Possler, Hautzer, Buschow, Scherer und Schneider* untersuchen die Themenverläufe von Social TV. Gegenstand der Studie ist die Twitter-Diskussion zum Dschungelcamp. Externe (das Ereignis, die inhaltliche Staffel-Dramaturgie) und interne Einflussgrößen (Community, inhaltliche Eigenschaften, formale Gestaltung) auf die Dynamik von Social TV-Themen werden herangezogen. Es zeigt sich, dass die Bedeutung der externen Determinanten stärker ausgeprägt ist. Eine gänzlich andere Form der sozialen Interaktion betrachten *Reithmann und Scherr*. Hier stehen Meinungsführer im Innovations-Diffusionsprozess im Fokus. Deren Rolle und Relevanz wird am Beispiel der Elektromobilität untersucht. Diese Meinungsführer sind entscheidend insbesondere bevor eine Innovation die kritische Masse erreicht. Neugierige Enthusiasten, erfahrene Experten und digitale Händler werden durch die Autoren differenziert.

Wahlhandlungen stellen den Kern von ***Entscheidungsprozessen als Schnittstellen*** dar. Medienpsychologische Aspekte beeinflussen sowohl die Medienwahl als auch die Zahlungsbereitschaft. *Lübke, Gräßer und Dogruel* analysieren visuelle Stimuli bei Auswahlentscheidungen auf Video-on-Demand-Plattformen. Auf Basis von entscheidungstheoretischen und rezeptionspsychologischen Erkenntnissen wird eine Online-Umfrage durchgeführt. Zwei Versionen des gleichen Films mit unterschiedlicher Bildqualität stehen zur Verfügung. Screenshots, Trailer und Tabellen mit technischen Informationen werden als Stimuli bereitgestellt. Die Ergebnisse weisen darauf hin, dass die Darstellung von Informationen zur technischen Qualität eines Filmes die Auswahl der Konsumenten beeinflusst. Ebenfalls um die Filmauswahl geht es im Beitrag von *Henke, Heurich und Meß*. Komplexitätsreduzierende heuristische Entscheidungsstrategien kommen auch durch die Probanden dieser empirischen Studie zum Einsatz. Regisseur, Bewertung und Produktionsland werden als Entscheidungskriterien betrachtet. Die Bewertung zeigt sich relevanter als Regisseur oder Produktionsland. Die Zahlungsbereitschaft für journalistische Inhalte wird auch durch den Medienwandel beeinflusst, so die Argumentation des Beitrags von *Müller*. Mittels einer repräsentativen Telefonbefragung wird die Wahrnehmung der Veränderung medialer Leistungen ermittelt. Das Bewusstsein für die Finanzierungskrise des Journalismus hat keinen Einfluss auf die Zahlungsbereitschaft, aber Präferenz für Marken und Redestoff für die Anschlusskommunikation.

Schnittstellen zwischen Wissenschaft und Wirtschaftsunternehmen

Die Tagung wurde mit zwei Keynotes eröffnet, die die Sichtweisen der Wissenschaft einerseits und der Wirtschaft andererseits auf Schnittstellen (in) der Medienökonomie vorstellen sollten. Auf Basis dieser Keynotes wurden Beiträge für diesen Sammelband erstellt. *Hess und Bründl* identifizieren zwei Typen von Medienunternehmen. Neben traditionelle Medienunternehmen treten jene Unternehmen der zweiten Generation, die stark Plattform-basiert arbeiten. *Eberhard und Niemann* diskutieren die spezifischen Schnittstellen, in denen ein Zeitungsverlag heutzutage agiert. Der Online-Chefredakteur und die Leiterin des Video-Teams der Verlagsgruppe Rhein-Main zeigen die diversen IT-Schnittstellen auf, die das Produktionssystem des Verlags hat. Zudem werden Paid Content, Social Media und besondere Erfordernisse der Ausbildung diskutiert.

Der erste Gastbeitrag von *Beck und Beyer* stellt alternative Geschäftsmodelle im Journalismus vor, die idealtypisch skizziert werden. Anhand der Merkmale Markt, Leistungsangebot, Beschaffung, Distribution und Erlös werden diese identifiziert. *Kemmann und Grochtdreis* als Vertreter von Online-Agenturen stellen die Entwicklung von Responsive Webdesign in einem zweiten Beitrag vor. Ein besonderes Augenmerk werfen die Beiden auf die Auswirkungen responsiver Gestaltung auf die Agentur/Kunde-Schnittstelle. *Wiesinger und Pagel* legen abschließend im dritten Gastbeitrag eine Studie zu Social TV vor. Kennzahlen zur Erfolgsmessung werden auf Zeit-, Inhalts-, Kontext- und Nutzerebene herausgearbeitet.

Dieser Band 8 der Reihe Medienökonomie im Nomos Verlag verfolgt damit das Ziel, die Ausgestaltung und Relevanz von Schnittstellen in der und für die Medienökonomie aus drei Blickwinkeln zu erörtern: 1. als Zeichen von Interdisziplinarität, 2. als Untersuchungsgegenstand und 3. als Brücke zur Praxis. In 22 Artikeln tragen die 47 Autoren zur Diskussion der Fachgruppe Medienökonomie in der Deutschen Gesellschaft für Publizistik und Kommunikationswissenschaft bei. Allen Lesern wünsche ich – auch im Namen der Fachgruppe – eine spannende Lektüre, die einen aktuellen Ausschnitt aus dem Forschungsfeld der Medienökonomie nachzeichnet.

Sven Pagel Mainz, im Juli 2015

Inhaltsverzeichnis

1. Kapitel:
Schnittstellen zwischen Wissenschaftsdisziplinen

1.1 Schnittstellen zwischen Medienökonomie und Kommunikationswissenschaft

Lothar Funk, Olaf Jandura, Sven Pagel

Produktion, Distribution und Verwertung von audiovisuellen Medien. Eine interdisziplinäre Erörterung an den Schnittstellen von Kommunikationswissenschaft, Betriebs- und Volkswirtschaftslehre

Nonlineare Angebote wie Mediatheken und Video-on-Demand-Plattformen revolutionieren den Markt für Bewegtbild. Das Ökosystem audiovisueller Medien unterliegt einem elementaren Wandel. Dieser umfasst verändertes Konsumverhalten auf Seiten der Nutzer ebenso wie veränderte Strukturen auf Seiten der Anbieter. Getreu dem Leitmotto der Tagung entwickeln die Autoren ihre Ausführung an den ‚Schnittstellen der Medienökonomie'. Dieser Beitrag bietet Ansätze zur interdisziplinären Betrachtung des Untersuchungsgegenstandes Bewegtbildkommunikation aus Sicht von Kommunikationswissenschaft, Betriebs- und Volkswirtschaftslehre. Als verbindende Methodik kommt das Modell der sozialwissenschaftlichen Erklärung in Form von Makro-Mikro-Makro-Links zum Einsatz. Im Ergebnis werden zentrale Entwicklungstendenzen für Anbieter und Nutzer der audiovisuellen Medien herausgearbeitet.

1 Einleitung

Seit der Liberalisierung des Rundfunks in Deutschland Mitte der 1980er Jahre (Funk & Pagel 2009) lässt sich eine stetige Ausweitung des Angebots audiovisueller Medien beobachten. Sprach man in den 1990er Jahren noch von einer steigenden Vielfalt auf dem Medienmarkt, von Mediennutzung unter Viel-Kanal-Bedingungen (Schulz 1998), wird heute eher der Begriff der Fragmentierung des Angebots gebraucht (Webster & Ksiazek 2012). In einem durchschnittlichen deutschen Fernsehhaushalt können mittlerweile über 80 Programme empfangen werden, wobei diese Zahl je nach Empfangsmodus (Terrestrisch, Kabel, Satellit, ITV) stark variiert. Die Auswahlmöglichkeiten audiovisueller Inhalte werden zudem durch fernsehnahe Angebote (z.B. Netflix und Amazon Video Prime) sowie durch die Möglichkeiten diese Angebote zeit- und ortssouverän zu nutzen, enorm gesteigert.

Diese kurze und unvollständige Aufzählung zeigt, dass sich technisch die Potentiale einer individualisierten Nutzung erheblich vergrößert haben. Dieser Trend des zunehmenden technischen Fortschritts könnte sich noch verstärken (Brynjolfsson & McAfee 2014). Schaut man auf die

Prognosen so wird erwartet, dass dieses technische Potential von den Rezipienten stärker als heute genutzt wird. Experten aus der Kommunikations- und IT-Branche erwarten für den deutschen Raum, dass in gut einem Jahrzehnt über die Hälfte der Deutschen neben dem klassischen Fernsehen auch Abrufmedien und On-demand-Dienste für das tägliche Fernsehen nutzen (Münchner Kreis 2009). Auch in anderen europäischen Ländern zeigt sich trotz der häufig noch dominierenden Rolle des Fernsehens als wichtigster Informationsquelle die Zunahme der Bedeutung von Internet-Diensten (Plasser & Pallaver 2012, 256 ff.). Die am weitesten reichende Ankündigung für Deutschland spricht von einem Ende des klassischen Fernsehens: „Das Fernsehen der Zukunft wird Internet-Fernsehen sein, und die Zukunft des Fernsehens ist non-lineares TV." (Der Standard 29. Mai 2011, S. 2, zitiert nach Jandura 2014). Galt bisher die Regel, „dass insbesondere das Fernsehen das Nutzungsverhalten dominiert, während die Nutzungsdauer von Tageszeitung und Radio deutlich niedriger liegt" (Siewert & Wenzelburger 2015, 221), hat das Internet als Hybrid- bzw. Integrationsmedium, das „je nach Anwendung unterschiedliche Formen der Kommunikation zulässt" (Zydorek 2013, 52), bei den 14- bis 29-Jährigen seit 2010 „– zumindest in Deutschland – das Fernsehen in der Nutzungsdauer fast eingeholt" (ebenda). Mit dem Eintreten dieser Prognosen beschäftigen sich verschiedene Sozial- und Verhaltenswissenschaften und bieten jeweils aus ihrer fachlichen Perspektive Erklärungen für die skizzierte Entwicklung an. Im vorliegenden Beitrag sollen Erklärungsansätze aus der Volkswirtschafts-, der Betriebswirtschaftslehre und der Kommunikationswissenschaft auf ihre Schnittstellen hin untersucht werden, um eine interdisziplinäre Betrachtung der Bewegtbildproduktion und -distribution zu erreichen.

2 Makro-Mikro-Makro-Modell als gemeinsamer Erklärungsansatz

Die Vergleichbarkeit von Forschungsergebnissen verschiedener Disziplinen wird durch die Einigung auf ein gemeinsames methodologisches Grundprinzip der Erklärung von Verhalten, in unserem Fall die Veränderung der Zuwendung zu audiovisuellen Inhalten, erleichtert. Sowohl in der Ökonomie als auch in der Kommunikationswissenschaft ist häufig der methodische Individualismus Basis einer solchen Erklärung (Udehn 2002; allgemein dazu Hill 2002). Dabei entstand das dahinter stehende methodologische *Konzept des normativen Individualismus* – Grundprämisse:

„Individuen versuchen, das Beste aus ihrer Situation zu machen" (Opp 1993, 209) – ursprünglich in der Ökonomie, und fand auf den Gegenstandsbereich Wirtschaft Anwendung. Auch in der Medienökonomie stand zunächst die reine Wirtschaftswissenschaft im Vordergrund, also Untersuchungen der Medien als Industriebranche und erst später ebenfalls Effekte von Medien auf Politik, Güter- und Finanzmärkte (Hosp 2005, 14 ff.). Der methodische Ansatz lässt sich jedoch fächerübergreifend in den Sozialwissenschaften einsetzen und gewinnt zunehmend auch außerhalb der Ökonomie Verbreitung (Kirchgässner 2013, 1; Erlei, Leschke & Sauerland 2007, 1 ff.). Das (ökonomische) Modell rationalen Verhaltens ist „eine generelle sozialwissenschaftliche Handlungstheorie, die in allen Arten von Situationen anwendbar ist" (Opp 1993, 213). Dies bedeutet, dass in der modernen Medienökonomik sowohl eng verstandene ökonomische Aspekte der Medien Analysegegenstand sind, als auch genuin traditionell kommunikationswissenschaftliche Probleme (Beck 2010, 213 ff.), die mit Hilfe ursprünglich ökonomischer Ansätze (Homo Oeconomicus-Modell, Rational Choice) analysiert werden. Dabei wird methodologischer Individualismus nicht als Nachteil angesehen, sondern diese Annahme soll helfen, „Marktfehler von Denkfehlern der Menschen zu trennen" (Sinn 2014; Funk 2014, 790).

Gleichzeitig ist dieser Ansatz allerdings noch keineswegs allgemein anerkannt (Krebs 2015, 287 ff.), sondern konkurriert etwa auch bei medienwirtschaftlichen Betrachtungen noch mit alternativen Konzepten wie z.B. dem Strukturfunktionalismus und dem interpretativen Paradigma, die vorrangig auf kollektive Größen statt auf die Annahme individuell rationalen Handelns zurückgreifen (Dreiskämper 2010, 2-11; Cunningham, Flew & Swift 2015, 3). Die Verfechter des Modells rationalen Handels vermuten jedoch, dass „hiermit bessere Erklärungen geleistet werden können als mit konkurrierenden Theorien" (Opp 1993, 208). Tatsächlich bestätigt sich dies zumindest für wesentliche medienökonomisch relevante Gebiete (Cunningham, Flew & Swift 2015, 29) – auch wenn wichtige Lücken zu konstatieren sind (Heinrich 2007, 194 ff.).

In dem vorliegenden Beitrag schließen sich die Autoren dieser Einschätzung trotz verhaltensökonomischer Erweiterungen des Grundmodells rationaler Wahl (Verhaltensökonomien im Ansatz rationaler Wahl) an (Kirchgässner 2013; Funk 2014). Eine eher pauschale Kritik zum normativen Individualismus erscheint deutlich über das Ziel hinaus zu gehen, wenn etwa das Werturteil als fragwürdig angesehen wird, „nach dem menschliche Entscheidungen rational sind, obwohl dieses Vorurteil einer kritischen empirischen Überprüfung häufig nicht standhält" (Seufert & Gundlach 2012, 88). Denn der Ansatz rationalen Verhaltens unterstellt ja gerade nicht, dass sich jeder einzelne Mensch ständig rational verhält. Vielmehr wird nur das durchschnittliche Verhalten als rational charakterisiert, um so eine Heuristik zur Analyse menschlichen Verhaltens in Abhängigkeit von sich ändernden Opportunitätskosten – Differenz zwischen dem Gewinn oder Nutzen einer gewählten Mittelverwendung und dem Gewinn oder Nutzen der besten Alternativverwendung der vorhandenen Mittel – zu haben (Erlei, Leschke & Sauerland 2007, 2-6).

Sowohl in der Ökonomie wie auch in der Kommunikationswissenschaft wurde zudem ein zur Realitätserklärung wie auch medienpolitisch fruchtbares Erklärungsmuster etabliert, das systematisch eine Verbindung von Struktur (Makroebene) und Individuum (Mikroebene) herstellt. Dabei werden systematisch die Ursache-Wirkungszusammenhänge – die „Links" zwischen „Mikro" und „Makro" und umgekehrt – der verschiedenen Ebenen analysiert. Obwohl sich also die Bezeichnungen unterscheiden – der Ökonom spricht vom Ansatz der Ökonomik bzw. vom Modell rationalen Verhaltens, andere Sozialwissenschaftler sprechen oft vom heute gängigen ‚Modell der soziologischen bzw. sozialwissenschaftlichen Erklärung', so sind die Ansichten zu diesem Ansatz ähnlich. Er/Es sei „ob seiner Elaboriertheit konkurrenzlos" (Schützeichel 2009, S. 370). Medienpolitisch bzw. regulatorisch lassen sich zudem beide Perspektiven ideal miteinander verknüpfen (Lobigs 2007, 14).

Gemeinsamer Nenner individualistischer sozialwissenschaftlicher Ansätze ist neben Ursache-Wirkung-Analysen ihre Akteursorientierung: „Insofern ist die Rationalitätsannahme als methodologisches Postulat ein unverzichtbares Werkzeug für jede handlungstheoretisch fundierte Wissenschaft des Sozialen" (Burkatzki & Löhr 2015, 18). Erklärt werden mit diesem Grundansatz kollektive Phänomene etwa auf der Mesoebene einer Branche (z.B. steigende Konzentrationstendenzen bei Tageszeitungen) oder gesamtgesellschaftlich (soziologische Makroebene) bzw. gesamtwirtschaftlich (z.B. geänderte Wertschöpfungsprozesse durch Digitalisierung; konjunkturelle Konsum- und Werbeeinnahmeneffekte) „nur durch den Rückgriff auf die handelnden Akteure" (Hill 2002, 5). Eine typische individualistische sozialwissenschaftliche Erklärung beruht auf einer Mikrofundierung. Der Medienwandel als (kollektives) Explanandum bzw. Wirkung in unserer Abbildung beruht zwar auf einer Änderung des (kollektiven) medialen Umfeldes als Explanans bzw. Ursache, doch dazwischengeschaltet ist ein Mikro-Link bei diesem Makro-Mikro-

Makro-Basismodell für eine erklärende Sozialwissenschaft, das „zum Referenzpunkt einer Debatte um die angemessene methodologische Grundlegung der Sozialwissenschaften geworden" (Burkatzki & Löhr 2015, 19) ist. Es verbindet vier Elemente der Gesellschaft: „die soziale Struktur (Situation), die individuelle Situationsdefinition resp. -interpretation (Akteur), das individuelle Handeln und ein kollektives Phänomen, das als Explanandum des Modells fungiert. In dem Modell werden diese vier Elemente durch drei Relationen miteinander verknüpft, die sich auf analytischer Ebene mit je unterschiedlichen Fragestellungen verbinden" (Burkatzki & Löhr 2015, 20).

Abb. 1: Modell der sozialwissenschaftlichen Erklärung als Heuristik (Quelle: eigene Darstellung angelehnt an Hill 2002, 24)

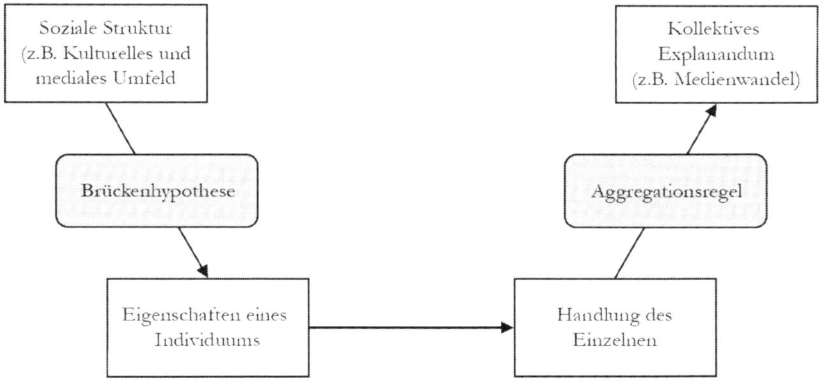

Auch wenn bisweilen eine „begriffliche Verwirrung und Vielfalt der Begriffe" (Dylla 2008, 63) bedauert wird, so ist Ausgangspunkt einer jeden Betrachtung bei der modernen sozialwissenschaftlichen Erklärung eine soziale Situation, die durch äußere Bedingungen, also vom Individuum nur schwer beeinflussbare Größen wie gesellschaftliche Strukturen gekennzeichnet ist. Über *Brückenhypothesen* wird von dieser sozialen Situation im ersten Schritt die Verbindung zur Mikroebene hergestellt. Diese Brücken- oder Kontexthypothese beinhaltet Annahmen, wie sich die für das Individuum aus der sozialen Situation ergebenden Restriktionen auf die durch interne Bedingungen wie Einstellungen und Wissen determinierten Handlungsoptionen auswirken können (*Logik der Situation*) (Reinemann & Huismann 2007, 477). Die Handlungen der Akteure auf der

Mikroebene können dann zweitens über Handlungstheorien erklärt werden, wobei Ökonomen hierbei hauptsächlich an Rational-Choice-Theorien denken, deren zentrale Annahme es ist, dass normalerweise rational handelnde Individuen auf sich ändernde Anreize reagieren, also unter Berücksichtigung der strukturellen Umstände und der individuell bedingten Restriktionen in den jeweiligen Situationen die von ihnen präferierte Handlungsoption wählen (*Logik der Selektion*). Nach der Erklärung des individuellen Verhaltens erfolgt im dritten Schritt der Rückschluss auf kollektive Phänomene über die *Logik der Aggregation*. Hierfür werden bestimmte *Aggregationsregeln* formuliert, anhand derer das Verhalten einer Vielzahl von Individuen in kollektive Phänomene überführt wird. Die spezifischen Aggregationsregeln richten sich dabei nach dem zu untersuchenden Gegenstand und können daher sehr unterschiedlich ausfallen. Vom einfachen Summieren der Effekte bis hin zur Modellierung nichtlinearer Zusammenhänge oder spieltheoretischer Handlungsoptionen greift die Palette der Aggregationsregeln (Scheufele 2010, 119 f.). Ein Beispiel aus der Volkswirtschaftslehre ist hierfür etwa der Struktur-Verhaltens-Ergebnis-Ansatz (vgl. Funk & Pagel 2009), indem aus der Logik der Situation (Präferenzen der Akteure, Restriktion/Optionen) bestimmtes praktisch rationales Handeln (Verhalten am Markt) und daraus aggregierte (beabsichtigte und nicht-intendierte) Folgen aufgrund des Handelns der Akteure resultieren.

3 Übertragung des Makro-Mikro-Makro-Modells auf den Gegenstand audiovisueller Medien

3.1 Perspektive der Volkswirtschaftslehre

Nun sollen diese theoretischen Überlegungen auf unseren Untersuchungsgegenstand der Bewegtbildkommunikation übertragen werden. Die Volkswirtschaftslehre unterscheidet traditionell zwischen Mikro-, Makro- und Mesoökonomie folgendermaßen (vgl. Külp et al. 1984, 1 f.): Lassen sich volkswirtschaftliche Kreislaufwirkungen wirtschaftlicher und wirtschaftspolitischer Aktivitäten vernachlässigen, spricht man von *Mesoebene*; ist dies nicht der Fall – wie etwa bei den Effekten der allgemeinen Geld- oder Fiskalpolitik – von *Makroebene*. Sektorale Eingriffe im Medienbereich liegen also dann vor, wenn Kreislaufwirkungen gering sind bzw. vernachlässigt werden können, was angesichts des volkswirtschaftlich geringen Anteils der Medienbranche am Bruttoinlandsprodukt häufig zumindest bei kleineren Änderungen der Medienregulierung eine angemessene Annahme sein dürfte. Insbesondere in Internetdiensten kann es aber aufgrund von Größenvorteilen auf der Angebotsseite durch Fixkostendegression und von Netzeffekten auch auf der Nachfrageseite sehr wohl in gewissen Fällen auch zu makroökonomisch relevanten Effekten kommen, wenn etwa das Entstehen eines Monopolisten zu einem Meinungsmonopol führen würde (Beyer & Carl 2012, 132). Der *Mikrobereich* bezieht sich auf einzelne Entscheidungseinheiten, der Mesobereich hingegen „stets auf die Gesamtheit des Angebots oder Nachfrage eines bestimmten Gutes (bzw. Güterbündels)“ (Külp et al. 1984, 2).

Abb. 2 stellt diesen volkswirtschaftlichen Ansatz übersichtlich dar (Engelkamp & Sell 2011, 394). Einerseits geht es in der Wirtschaftstheorie um die Aufdeckung von Kausalzusammenhängen, etwa dass ein hoher Konzentrationsgrad (Ursache) bei einer Gesellschaft mit rein privatem Fernsehen tendenziell zu geringer (politischer) Meinungsvielfalt beitragen dürfte (Wirkung). Die Theorie der Wirtschaftspolitik lässt sich hingegen durch den ‚Dreiklang' von Zielen, Mitteln und Trägern der Wirtschaftspolitik (hier) im Medienbereich charakterisieren. Zur Sicherstellung eines effizienten Mitteleinsatzes sind dabei die Erkenntnisse der Wirtschaftstheorie adäquat zu berücksichtigen.

Abb. 2: Ursache-Wirkungs-Schema in Wirtschaftstheorie und in Theorie der Wirtschaftspolitik für Medien (Quelle: eigene Darstellung)

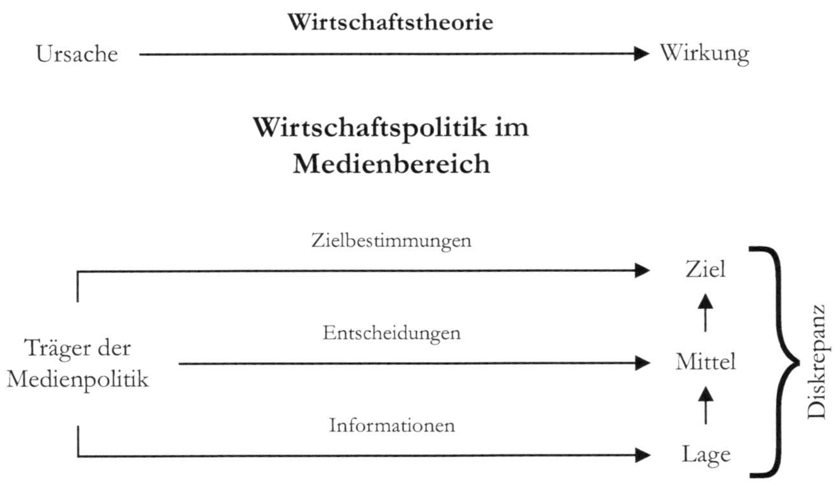

Eine Veränderung der Marktstruktur in Richtung funktionsfähigen Wettbewerb (Ursache) etwa im Rahmen des Struktur-Verhaltens-Ergebnis-Ansatzes (Funk & Pagel 2009; v. Rimscha & Siegert 2015, 17) verbessert die gesellschaftliche Wohlfahrt (Wirkung). „Aufgrund von normativen Vorabsetzungen/Werturteilen und/oder durch gesellschaftlichen Konsens (etwa durch Wahlen) findet eine Zielbestimmung statt. Die Träger der Wirtschaftspolitik sind gehalten, sich stets ausreichend über die tatsächliche Lage bzw. den Zustand bei den Zielgrößen zu informieren. Wird eine signifikante Diskrepanz zwischen ‚Ist' und ‚Soll' festgestellt, dann sind wirtschaftspolitische Entscheidungen und ein entsprechender Mitteleinsatz geboten. Die Wirtschaftspolitik versucht also, als Teil der allgemeinen Politik, Ziele und Lage ökonomischer Variablen durch den Mitteleinsatz (wieder) in Übereinstimmung zu bringen" (Engelkamp & Sell 2011, 394).

Normative Theorien erklären dabei, ob – und wenn ja – wie reguliert werden sollte. *Positive Theorien* erklären Effekte von Regulierungsmaßnahmen und die Gründe, warum sie erfolgen. Zudem untersuchen sie, warum Regulierung von bestimmten Gruppen nachgefragt wird. Die Neue Politische Ökonomie sieht staatliche Regulierung vor allem als Produkt des Lobbyings von privaten ökonomischen Interessen und widerspricht der impliziten Annahme in der traditionellen Theorie der Wirtschaftspolitik, wonach staatliche Regulierer im öffentlichen statt zumindest auch im eigenen privaten Interesse handeln (auch Public-Interest-Theorie) (Friedrichsen & Gertler 2011, 57).

Aus ökonomischer Perspektive ist der Bereich des Fernsehens „with its complex interaction of economic and cultural aspects" (Towse 2010, 484) von besonderem Interesse in Bezug auf Marktmängel und mögliche staatliche Regulierungseingriffe (Hanson 2011, 302 ff.; Berger 2008, 11 f. und 144 ff.). Die Ursachen für die Notwendigkeit von Regulierung von Medienmärkten ergeben sich aus der speziellen „Vermittlungsfunktion zwischen Gesellschaft und Staat" (Friedrichsen & Gertler 2011, 38) und aus Marktmängeln bzw. Problemen des Marktversagens: „Aus den Besonderheiten des Mediengutes ergeben sich Bedingungen auf dem Medienmarkt, die unerwünschte Entwicklungen mit sich bringen" (ebenda). Verglichen „mit den anderen Mediengattungen wird der Rundfunk weit stärker reguliert" (Seufert & Gundlach 2012, 225). Begründet wird dies für das hierzulande seit 1984 bestehende duale Rundfunksystem damit, einerseits mit dem beitragsfinanzierten öffentlich-rechtlichen Rundfunk einen „möglichst hohen Public Value" zu erzielen und andererseits weil in „beiden Fällen kommerzieller Programmveranstaltung – bei Werbe- wie bei Bezahlfernsehen – [...] die Integrations-, Informations- und Wertvermittlungsfunktion des Rundfunks für die ganze Gesellschaft aus strukturellen Gründen nicht erfüllt" (Berger 2008, 146) werde.

Nimmt man Bezug auf das volkswirtschaftliche Schema aus Abb. 2, soll von dieser sehr knapp skizzierten Lage ausgehend mit dem Mittel „duale Rundfunkordnung" – vereinfacht ausgedrückt – insbesondere das Ziel der Pressefreiheit bzw. der gewünschten journalistischen Vielfalt mit möglichst niedrigen volkswirtschaftlichen Kosten erzielt werden (BMF-Beirat 2014, 31 ff.). Die Träger der Medienpolitik ergeben sich aus der konkreten „Ausgestaltung der Rundfunkregulierung über die Landesrundfunkgesetze, Landesmediengesetze und durch Staatsverträge der Länder" (Seufert & Gundlach 2012, 225). Speziell bezogen auf die Problematik der Medienkonzentration sind dabei die KEK – Kommission zur Ermittlung der Konzentration im Medienbereich – und das Bundeskartellamt zu nennen (Altmeppen 2014, 23).

3.2 Perspektive der Betriebswirtschaftslehre

Die Perspektive der Betriebswirtschaft auf die audiovisuellen Medien lässt sich anhand der Wertschöpfungskette aufzeigen. Werden die relevanten Tätigkeiten unternehmensintern erbracht, so kann Porters *Wertkette* als Darstellungsinstrumentarium dienen (Porter 2000; Gläser 2014, 354). Darin werden primäre und sekundäre Tätigkeiten zur Generierung einer Leistung für den Kunden beschrieben. Im Fokus des Instruments stehen die Identifikation von strategischen Geschäftsfeldern und die Sicherstellung einer Gewinnspanne für das Unternehmen. Produktion, Distribution und Verwertung von audiovisuellen Medien werden aber oftmals unternehmensübergreifend vorgenommen. Dann empfiehlt sich die Darstellungsweise der *Industrie-Wertschöpfungskette*, die Akteure in den einzelnen Ebenen in den Mittelpunkt stellt.

In der klassischen Fernsehwelt wurden unternehmensseitig oftmals drei Wertschöpfungsstufen in den Mittelpunkt gerückt: Content Production, Content Packaging und Content Distribution, bevor rezipientenseitig die Nutzung erfolgt (Pagel 2003, 56). Noch feingranularer lassen sich mit Gläser die folgenden Stufen unterscheiden: Initiierung, Beschaffung, Herstellung, Packaging, Vervielfältigung, Distribution und Nutzung (Gläser 2014, 349).

Tab. 1: Dreistufige Wertschöpfungskette des klassischen Fernsehens (Quelle: Eigene Erstellung in Anlehnung an Wacker 2007, 7; Berger 2008, 47 ff., Dreiskämper 2013, 149)

Ebene	Produktions-ebene	Programm-ebene	Distributions-ebene
Tätigkeit	**Programm-Input-Produktion**	**Programm-Veranstaltung**	**Programm-Distribution**
Ergebnis	Sendungen	Programm	Übertragung
Akteure	Rechtehändler, Filmstudios	TV-Sender (z.B. ZDF, RTL)	Kabelnetzbetreiber (z.B. KabelDeutschland)

Tabelle 1 stellt die betriebswirtschaftliche Sicht auf das klassische Fernsehen in Form von drei Wertschöpfungsstufen bis zur Bereitstellung des Dienstleistungsangebots Fernsehprogramm dar. Wie erläutert können einzelne Unternehmen auf mehreren Ebenen aktiv sein. Auf der *Produktionsebene* werden durch den Einsatz unterschiedlicher Produktionsfaktoren Inhalte erzeugt, die aus Sicht der Programmveranstaltung als Inputs anzusehen sind. „Die zentrale Position in der Wertschöpfungskette nehmen die Programmveranstalter ein: Sie kombinieren einzelne Sendungen und machen sie als Gesamtprogramm dem Zuschauer über regelmäßig genutzte Übertragungswege zugänglich" (Wacker 2007, 7). Sie umfasst den Einkauf von Inputs für das Programm, die Zusammenstellung zu einem Gesamtprogramm sowie dessen Sendung. „Abgeschlossen wird die Wertschöpfungskette mit der *Distributionsebene*, die typischerweise Multiplikation und Vertrieb an Endkunden erfasst" (Wacker 2007, 7. Hervorh. durch Verf.). Eine spezifische betriebswirtschaftliche Untersuchung umfasst in aller Regel mehr als die hier vorgestellten Stufen, während das obige Schema sich vor allem an der Branchenstruktur und somit auch an der funktionalen Gliederung des Wertschöpfungsprozesses orientiert.

Durch die Digitalisierung und die Vernetzung auch in Form von sozialen Medien verschieben sich die Gewichte in dieser Wertschöpfungskette für die audiovisuellen Medien. Neben die Vermarktung als ökonomische Distribution und die Ausstrahlung als technische Distribution tritt nun beispielsweise auch die soziale Distribution. Die Anschlusskommunikation in sozialen Medien über einen audiovisuellen Inhalt beeinflusst zunehmend den Vermarktungserfolg. Nicht selten nutzen Produzenten und Programmmacher dieses Wissen bereits während der Produktion, um zielgruppengerechte Inhalte zu konzipieren.

Abb. 3: Verschiebung der Relevanz auf nachgelagerte Stufen in der Wertschöpfungskette audiovisueller Medienproduktion (Quelle: Eigene Darstellung[1])

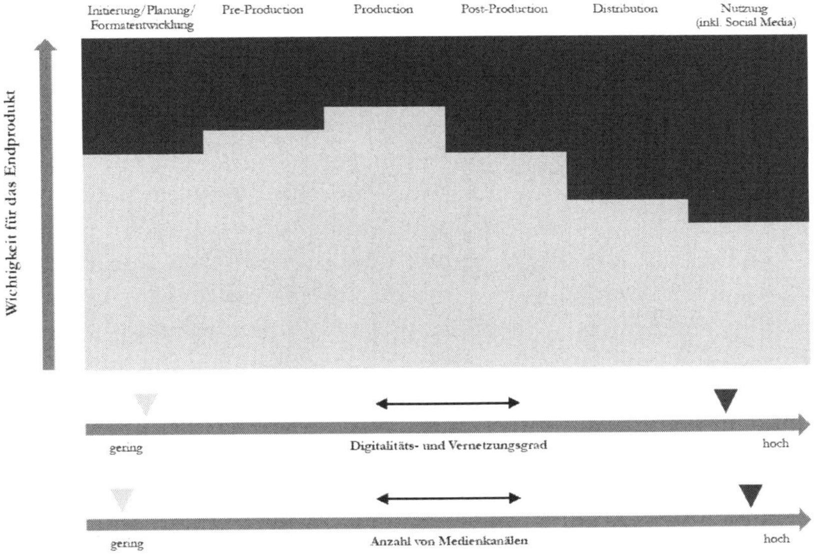

Während die Tätigkeiten im herkömmlichen Wertschöpfungsprozess recht linear geprägt waren, ändert sich dies nun eklatant. Zeitlich ursprünglich nachgelagerte Aktivitäten haben schon vorlaufende Konsequenzen in ursprünglich vorgelagerten Prozessschritten. Abb. 3 soll dies visualisieren und beschreibt zwei Zustände: Die herkömmliche Fernsehkette (in hellgrau) und eine neue Situation (in dunkelgrau), die durch zwei

1 Diese Abbildung wurde gemeinsam konzipiert mit Malte Blumberg, Lehrbeauftragter im Kurs „Produktionsmanagement digitaler Medien“ im Studiengang „Medien, IT und Management“ an der Hochschule Mainz, dem an dieser Stelle für die konstruktive Zusammenarbeit gedankt sei.

Variablen beeinflusst wird. Die Komplexität erhöht sich in Abhängigkeit erstens der Anzahl der Medienkanäle, die mit der Produktion bedient werden und zweitens des Digitalitäts- und Vernetzungsgrades. Die (1) Anzahl der involvierten Medienkanäle lässt sich mittels der Unterscheidung in Cross-, Multi- und Transmedia differenzieren: *Crossmediale Inhalte* wird nicht nur verstanden „als Distribution desselben Medieninhalts über verschiedene Kanäle, sondern stets in Verbindung mit dem als ‚Medienkonvergenz' bezeichneten Zusammenwachsen der Medienkanäle" (Hohlfeld et al. 2010, 12). *Multimedia* „steht für ‚Multiple Content Media', also für die Integration multipler Medienformate wie Text, Bild, Animation, Video und Audio" (Hartmann 2008, 8). Noch weiter geht das Verständnis von *Transmedia.* Dies bezeichnet "stories told across multiple media. At the present time, the most significant stories tend to flow across multiple media platforms." (Jenkins 2003). Ein Youtuber, der beispielsweise neben Videoportalen, auch die crossmediale Distribution seiner Inhalte über Live-Streaming anstrebt, sieht sich einer gestiegenen Planungskomplexität ausgesetzt. Wird ein echtes transmediales Storytelling angestrebt, erhöht sich die Komplexität noch mehr. Der (2) Digitalitäts- und Vernetzungsgrad variiert ebenfalls zwischen audiovisuellen Produktionen. Ein besonders vernetztes Format wie ein interaktiver Tatort muss von Anfang an die Social Media Kommunikation (als ursprünglich nachgelagerte Phase) während früher Planungs- und Produktionsschritte mitbedenken.

3.3 Perspektive der Kommunikationswissenschaft

Auch in der Kommunikationswissenschaft wird die Zuwendung zu audiovisuellen Bewegtbildern im Internet aus verschiedenen theoretischen Perspektiven erklärt. Auf der Makroebene sind neben der Angebotsfragmentierung, die als Produkt unternehmerischer und regulatorischer Entscheidungen gesehen werden kann, die gesellschaftlichen Veränderungen zu nennen, die bislang eher selten als Determinante der Erklärung der Adoption von Medieninnovationen herangezogen wurden (McMaster/ Wastell 2005). Unter dem Begriff der Modernisierung der Gesellschaft (Geißler 2008: 358) werden verschiedene Prozesse subsumiert, zu denen z.B. die Suche der Menschen nach einer für sich optimierten Lebensgestaltung (Individualisierung, Beck 2010) steht. Sennett (2004) sieht in einer gestiegenen Flexibilität und Mobilität die Kernelemente der Anpassung der Bürger an diesen Modernisierungsschub. Unter Flexibilität wird dabei die Fähigkeit des Individuums verstanden sich an neue soziale Situationen anzupassen und somit affin für Umbrüche in individualisierten Lebensläufen zu sein. Damit einher geht eine gestiegene soziale aber auch geographische Mobilität. Flexibilität und Mobilität stehen aber zu den starren, unflexiblen, an einem Programmschema orientierten bisherigen Bewegtbildangeboten der Fernsehsender im Widerspruch, was der ehemalige Intendant des ZDF Markus Schächter zur Eröffnung der IFA in Berlin 2010 wie folgt pointiert zum Ausdruck brachte: „Es gibt dann auch in der klassischen Fernsehsituation kein Diktat der Zeit mehr." Auf der Mikroebene wird die Zuwendung zu den Bewegtbildangeboten im Internet durch verschiedene Ansätze mittlerer Reichweite erklärt. Studien, die auf der Diffusionstheorie basieren untersuchen, welche zumeist personenbezogenen Faktoren für die Nutzung von Bewegtbildangeboten als Medieninnovation relevant sind (u.a. (Schenk, Döbler & Stark 2002; Quiring 2007; Lee 2007). Ebenso werden die im Fach etablierten Ansätze zur Erklärung der Zuwendung zu Medieninhalten aus der Perspektive von Bedürfnissen (z.B. uses and gratifications Ansatz) oder Stimmungen (z.B. Mood Management-Theorie) auf die Bewegtbildnutzung im Internet übertragen. Das technische Potential Bewegtbildinhalte zeit-, orts- und programmsouverän zu nutzen, wird empirisch bei der in der Mobilkommunikation entwickelten Situationstheorie sehr gut abgebildet. Darin lässt sich die Zuwendung zu Bewegtbildern durch die aus der Rezeptionsforschung bekannten situationsstabilen (z.B. Soziodemographie, Persönlichkeitsmerkmale oder generelle Merkmale der Mediennutzung) sowie situationsspezifischen Merkmale (Nutzungssituation, Motive, Nutzungskontext) erklären (Ziegler & Jandura 2011).

Es gibt folglich sowohl Gemeinsamkeiten in der modernen ökonomischen und der kommunikationswissenschaftlichen Analyse (z.B. Akzeptanz von Rational Choice), als auch verbleibende Unterschiede etwa bei der Beurteilung von publizistischer und ökonomischer Vielfalt (vgl. etwa Altmeppen 2014, 25). Medienpolitisch bzw. regulatorisch lassen sich jedoch beide Perspektiven sehr gut miteinander verknüpfen, indem von den normativ anspruchsvollen Zielvorstellungen der Kommunikations- bzw. Publizistikwissenschaft ausgegangen wird, die sich über angemessene institutionelle Anreize ökonomisch effizient erreichen lassen. Kennzeichnend für einen solchen institutionenökonomischen Ansatz ist, „dass er die realistische ökonomische Knappheitsperspektive in den Dienst einer publizistikwissenschaftlich orientierten Regulierungsanalyse stellt" (Lobigs 2007, 214).

Überträgt man nun diese Überlegungen auf die Erklärung der Zuwendung zur zeitversetzten Fernsehnutzung ist die soziale Situation als Ausgangspunkt zu definieren. Dabei geraten zunächst die strukturellen Veränderungen auf der *Makroebene*, die Veränderungen der sozialen Situation in den letzten Jahrzehnten, in den Blick. Esser (2000) differenziert dabei zwischen (1) endogenen Faktoren, (2) exogenen Faktoren sowie (3) der Interaktion von endogenen und exogenen Faktoren. Folgt man der Literatur zu den Effekten der Digitalisierung auf dem Mediensektor, müssen die strukturellen Veränderungen auf der Ebene dreier verschiedener gesellschaftlicher Teilsysteme analysiert werden: dem lebensweltlichen System, dem ökonomischen System – hier im speziellen dem Mediensystem – und dem politischen System (vgl. u.a. Hindman & Wiegand, 2008).

Abb. 4 Interdisziplinärer Fokus auf AV-Medien (Quelle: Jandura 2012)

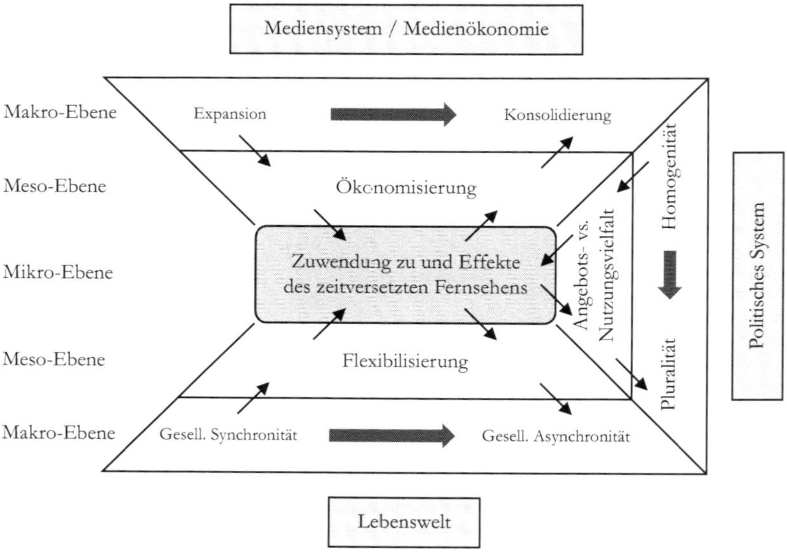

In diesen drei relevanten gesellschaftlichen Teilbereichen (Mediensystem, Politisches System, Lebenswelt) kristallisieren sich mit der zunehmenden Asynchronität zeitlicher Abläufe, der Deregulierung im politischen System und der Expansion im Mediensektor drei verschiedene soziale Situationen heraus, die aus struktureller Perspektive die Inhalte und die Zuwendung zum zeit- und ortssouveränen Fernsehen begünstigen. Als Beispiel des Makro-Mikro-Makro-Links unseres Erklärungsmodells werden im fünften Kapitel die Schnittstellen zwischen den drei im Aufsatz analysierten Perspektiven dargestellt. Da die Vielfalt der Ausprägungen des Verhältnisses zwischen den drei Disziplinen an dieser Stelle nicht abgebildet werden kann, konzentrieren wir uns auf die Potentiale und Herausforderungen des sich jeweils aus der Literatur abzeichnenden Haupttrends der Beziehung zwischen Struktur und Individuum bzw. Organisation und Nutzer. Organisationen und Nutzer werden im folgenden Kapitel kurz umrissen.

4 *Angebot und Nachfrage audiovisueller Medien*

4.1 *Anbieter*

Zunächst sollen Anbieter und Angebot audiovisueller Medien betrachtet werden. Zur Analyse der Anbieter werden Unterschiede einzelner Akteure herausgearbeitet. Die audiovisuellen Angebote lassen sich technisch über die erforderlichen Endgeräte differenzieren, für die Multiscreen-Strategien durch die Unternehmen zu entwickeln sind.

Zuerst zu den Anbietern: Wer produziert, distribuiert und vermarktet virale Webclips und Web-TV? Zahlreiche etablierte Medienunternehmen, werbetreibende Unternehmen, neue Marktteilnehmer, aber auch Privatpersonen tummeln sich in diesem Markt. Veränderungen durch die zunehmende Verbreitung von VoD, Webvideos oder IPTV betreffen nicht nur Medienunternehmen, sondern sämtliche Unternehmen. Gugel spricht von einem „Video-Ökosystem" (Gugel 2010, S. 308). Eine Landkarte dieses Video-Ökosystems soll im Folgenden skizziert werden.

Abb. 5: Video-Ökosystem mit Kern- und Randbereichen (Quelle: Eigene Darstellung)

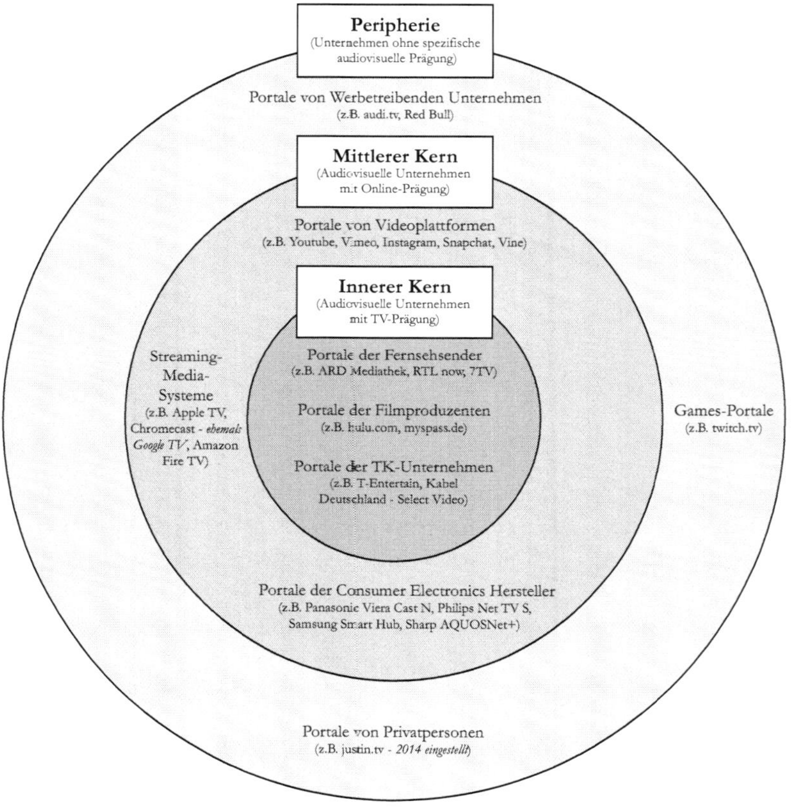

Den *inneren Kern (Audiovisuelle Unternehmen mit TV-Prägung)* machen auch weiterhin die Fernseh-, Film- und TK-Branche aus. Neben Mediatheken der Fernsehsender finden sich VoD-Plattformen von Hollywood-Studies, aber auch deutschen Filmproduzenten (z.B. myspass.de). Zudem sind Telekommunikationsunternehmen wie die Telekom mit T-Entertain oder Vodafone/Kabel Deutschland mit derem IPTV-Angebot präsent. IPTV-Angebote konkurrieren auf dem Fernsehmarkt mit jenen TV-Angeboten, die bisher über Kabel, Satellit und Terrestrik offeriert wurden. Konkurrenten sind hier weniger die Fernsehprogrammveranstalter, die ein Interesse haben über alle Distributionskanäle auffindbar zu sein, sondern die Transporteure. T-Entertain der Deutschen Telekom und Alice-TV von Telefonica konkurrieren also mit Kabel-Paketen von Kabel Deutschland oder Satellit-Angeboten von Astra oder Eutelsat.

Die Filmbranche erlebt derzeit dieselbe Entwicklung im Internet wie die Musikindustrie vor einem Jahrzehnt. Durch die Übertragungskapazität der Netze und die Existenz von Kompressionsalgorithmen können Filme nun ähnlich komfortabel heruntergeladen werden wie das mit Musikdateien seit langem möglich ist. Dies geschieht legal auf Video-on-Demand-Plattformen oder illegal auf Plattformen wie kinox.to oder unter Nutzung der Torrent-Technologie, mittels derer einzelne Dateien wie Filme in viele Teildateien zerlegt werden und verteilt von unterschiedlichen Servern heruntergeladen werden. Im *mittleren Kern (Audiovisuelle Unternehmen mit Online-Prägung)* sind Online-Videoportale aufgeführt, die sich in den letzten zehn Jahren seit 2005 sehr erfolgreich als weitere Player am Markt etabliert haben. Neben dem Platzhirschen Youtube sind hier beispielsweise Vimeo, Instagram, Snapchat und Vine zu nennen, die sich mit ihren Angeboten teilweise geschickt in Nischen positionieren (z.B. Instagram mit Kurzvideos). Die großen Internetunternehmen wie Apple, Amazon und Google haben ebenfalls Bewegtbildangebote am Markt platziert (Apple TV, Google TV, Amazon Fire TV), die den Gattungsbegriff TV teilweise zu unrecht tragen, aber nichtsdestotrotz über eine gewisse Marktrelevanz verfügen. Ebenso haben die Hersteller der Elektronikindustrie eine neue Bedeutung als Gatekeeper gewonnen, denn im Hybrid-TV-Markt stellen deren Smart-TV-Angebote (u.a. Philips Net TV, Samsung Smart Hub) den zentralen Zugang zu den Kunden dar.

In der *Peripherie* agieren werbetreibende Unternehmen, die ebenfalls Distributions-Plattformen für Bewegtbild wie z.B. audi.tv unterhalten. Sehr populär sind derzeit auch Anbieter von Live-Streaming-Angeboten zu Games (bspw. twitch.tv). Auch einzelne Privatpersonen agieren gelegentlich als Broadcaster. Prominentes Beispiel ist hier justin.tv, das aber vor einiger Zeit eingestellt wurde.

Abb. 6: AV-Medien auf unterschiedlichen Bildschirmen (Quelle: Eigene Darstellung in Modifikation von BVDW 2013)

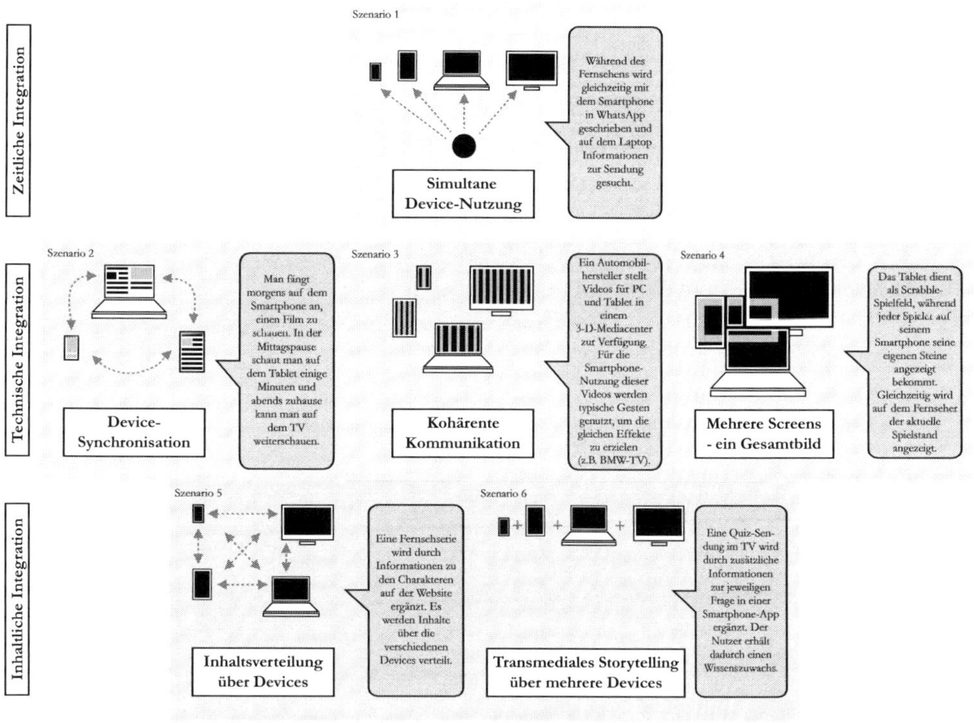

Über welche Geräte stellen diese unterschiedlichen Anbieter nun die Bewegtbildinhalte zur Verfügung? Hier ist eine wachsende Anzahl von Bildschirmen zu nennen (Smartphone, Tablet, Laptop, PC und TV). Um die in Kap. 5.2 dargestellten Interessen der Nutzer zu bedienen, müssen die Anbieter sinnvolle redaktionelle und technische Kombinationsformen entwickeln. Solche „Multiscreen-Strategien haben die integrierte und nutzerzentrierte Gestaltung von Anwendungen, E-Commerce- und Kommunikationslösungen für mehrere Arten solcher interaktiven, digitalen Nutzeroberflächen zugleich zum Ziel." (BVDW 2013, 5).

In Szenario 1 sind alle derzeit relevanten Screens aufgelistet. Hier stehen die Anbieter vor der Situation, dass ein konkreter Nutzer ggf. mehrere Angebote zeitgleich konsumiert, was mit reduzierter Aufmerksamkeit einhergeht. Es liegt eine *zeitliche Integration* der Angebote vor. Werden auf den Geräten zusammengehörige Inhalte konsumiert, so ist eine *technische Integration* (bspw. Responsive Webdesign) erforderlich. Dies ist in den Szenarios 2, 3 und 4 visualisiert. Künftig wird auch eine echte *inhaltliche Integration* über mehrere Endgeräte von den Anbietern geliefert werden müssen. Szenario 5 und 6 skizzieren wie dies aussehen könnte.

4.2 Nutzer

Die Zuwendung zu den Bewegtbildangeboten hat in Deutschland in den letzten Jahren stark zugenommen. Folgt man der ARD/ZDF-Onlinestudie nutzen drei von vier Onlinern in Deutschland mindestens gelegentlich Bewegtbildangebote (van Eimeren & Frees 2014: 389). Bislang gibt es noch keine spezifische Theorie, anhand derer die Zuwendung zu Bewegtbildangeboten erklärt werden kann. Aus der Forschung lassen sich unterschiedliche fachliche Perspektiven auf den Gegenstand ableiten, die hinsichtlich ihrer Forschungslogik nach Makro-, Mikro- und Mehrebenenstudien gegliedert werden können. Die breiteste Befundlage gibt es bei den Mikrolevelstudien. Hier wurde eine große Bandbreite an Faktoren identifiziert, die die Zuwendung beeinflussen. Im Folgenden werden die zentralen Ergebnisse kurz zusammengefasst:

In verschiedenen Studien wurde der Einfluss der Persönlichkeitsmerkmale auf Motive und Nutzung von massenmedialen Angeboten untersucht (Fahr 2012). Für die Zuwendung zum zeitversetzen Fern-sehen lässt sich zeigen, dass einerseits die Gewissenhaftigkeit und andererseits die Neigung, rationale Entscheidungen zu treffen relevante Prädiktoren sind. Gewissenhafte Personen ziehen stärker das Programmfernsehen vor, während weniger gewissenhafte signifikant häufiger zeitversetzt fernsehen. Zudem zeigt sich, dass die Neigung rational zu entscheiden, stärker mit der regelmäßigen Nutzung der eben genannten Angebote korreliert (Jandura 2012).

Hinsichtlich des Alters ist generell festzustellen, dass eher jüngere als ältere Zuschauer Bewegtbildangebote im Internet nutzen (Koch, Liebholz 2014:399). Hinsichtlich der Nutzungswege sind allerdings Differenzierungen vorzunehmen. So dominiert bei den 14-29-Jährigen der serverbasierte Zugang via Internet, während in der Altersgruppe der 30 – 39-Jährigen eher gerätebasierte Aufzeichnungssysteme im Mittelpunkt stehen (Jandura, Ziegler 2011: 296 f.).

Geschlechtsspezifische Unterschiede zeigen sich in allen Altersgruppen der Nutzer. Besonders stark treten diese bei in der Gruppe der jungen Nutzer auf. In der Gruppe der 14-29-Jährigen nutzen 45 Prozent der männlichen, aber nur 19 Prozent der weiblichen Zuschauer Bewegtbildangebote im Netz (Koch, Liebholz 2014:406).

In Bezug auf die Programminteressen lässt sich zeigen, dass sich durch die steigenden Möglichkeiten programmsouveräner Auswahlprozesse die Interessen der Nutzer stärker durchschlagen. Schon in den ersten Studien zu analogen Videorekordern (Henke, Donohue 1989:21) wird deutlich, dass das Sehen aufgezeichneter Inhalte negativ mit dem Sehen von Fernsehnachrichten und stark positiv mit der Rezeption von Serien korreliert. Diese Ergebnisse werden u.a. durch die qualitative Studie von Kloppenburg et al. bestätigt, die zeigen können, dass technikinteressierte Zuschauer viel stärker sie interessierende Inhalte zeitversetzt nutzen (Kloppenburg 2009:3).

5 Synopse

Die Ausführungen aus Sicht der drei Wissenschaftsdisziplinen auf Basis des Modells der sozialwissenschaftlichen Erklärung sollen nun zusammengeführt werden. Abb. 6 stellt den integrativen sozialwissenschaftlichen Ansatz dar. Dies geschieht an den jeweiligen Schnittstellen zwischen den Disziplinen. Deshalb werden erstens die Auswirkungen der veränderten volkswirtschaftlichen Rahmenbedingungen auf die betriebswirtschaftlichen Anbieter thematisiert. Zweitens haben diese Rahmenbedingungen natürlich auch Effekte auf die Nutzer audiovisueller Medien.

Drittens kulminieren die Sichtweisen von Kommunikationswissenschaften und Betriebswirtschaftslehre an der Schnittstelle, wo Nutzer und Anbieter zusammentreffen. Es werden jeweils ein Haupt- und ein Nebentrend aufgezeigt, welche die Entwicklung an den jeweiligen Schnittstellen verdeutlichen.

Abb. 7: Brückenhypothesen und Aggregationsregeln bei audiovisuellen Medien (Quelle: Eigene Darstellung)

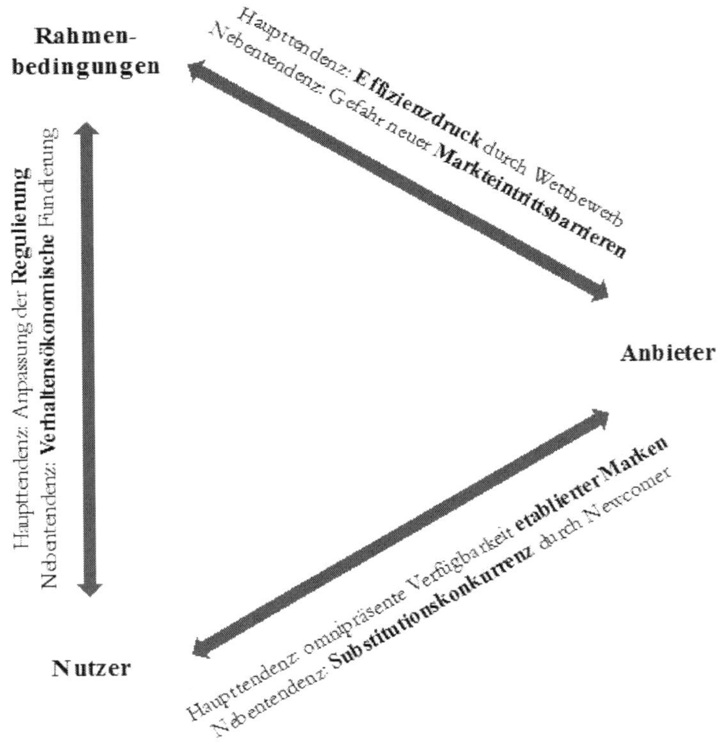

5.1 *Rahmenbedingungen vs. Anbieter*

Die dargestellte Digitalisierung reißt zunehmend Branchengrenzen nieder und führt zu einer Konzentration der Anbieter. Bei Abgleich der volkswirtschaftlichen und der betriebswirtschaftlichen Perspektive lassen sich die beiden folgenden Trends identifizieren.

Als Haupttrend führt der steigende Effizienzdruck durch Wettbewerb zu Produkt- und Prozessinnovationen in der audiovisuellen Medienproduktion und -distribution. *Produktinnovationen* führen zu neuen audiovisuellen Diensten und Angeboten. *Prozessinnovationen* wirken sich auf die oben dargestellte Wertschöpfungskette aus. Bietet z.B. ein Zeitungsunternehmen auch Bewegtbildinhalte an, die zeitversetzt genutzt werden können, so lassen sich Prozessinnovationen der letzten Jahre für Teilschritte aufzeigen. In der Phase von Planung und Inhaltebeschaffung entstehen neue Video Supplier (z.B. Snack TV), die audiovisuelles Material komfortabel mit Schnittstellen in die jeweiligen Produktionssysteme zur Verfügung stellen. In der Stufe der Videoproduktion können mobiler Videoschnitt (u.a. Videolicious, Wochit) als Prozessinnovationen genannt werden. Das erforderliche Video-Hosting wird ebenfalls permanent durch Innovationen weiter entwickelt (Anbieter sind Brightcove, Clipkit und Moving Image). Auch mobiles Live-Streaming ist eine neue Technologie, die in den letzten Jahren entwickelt wurde (durch Anbieter wie Periscope und Meerkat).

Als Nebentrend kann die Gefahr neuer Markteintrittsbarrieren konstatiert werden. Ökonomisch kann, so das Argument vieler ökonomischer wissenschaftlicher Analysen „die bestehende Regulierungsdichte im Fernsehsektor kaum mit dem begrenzten normativen Regulierungsbedarf, sondern eher mit den verbreiteten Interessen derer erklärt werden [...], die entweder die Regulierung ausführen oder von ihr profitieren“ (Wacker 2007, 185). Verfechter dieser Sichtweise plädieren in aller Regel dafür, statt öffentlich-rechtlicher Vollprogramme als Leitmedien sich auf ein nach dem Subsidiaritätsprinzip reduziertes öffentlich-rechtliches Angebot zu beschränken, das sich auf das Ausfüllen von den Programmlücken konzentriert, die die privaten Anbieter vernachlässigen (BMF-Beirat 2014, 31 ff.). Sollte es aufgrund von öffentlichem Finanzierungsdruck zu einer politischen Entscheidung in die Richtung einer Verringerung öffentlich-rechtlicher Vollprogramme kommen, so würde hiervon erheblicher Effizienzdruck im öffentlich-rechtlichen Bereich ausgehen. Ein anderer Grund für eine solche Tendenz könnte sein, dass die Unterschiede im Fernsehsektor zu anderen Mediengattungen verschwinden (kaum Differenzen zwischen öffentlich-rechtlichen und Online-Nachrichtendiensten und den von privaten Zeitungen, die online sind). „Die Zahl der Programmkanäle ist technologisch bedingt stark angestiegen, die Eintrittskosten für neue Programmkanäle sind rapide gesunken, durch die verstärkte Nutzung des Internets als Informationsmedium kommt es zu Überlappungen zwischen Print- und Rundfunkmarkt" (BMF-Beirat 2014, 6). Dies wirft nicht nur die Frage auf, warum sehr verschiedenen Spielregeln in beiden Bereichen existieren, obwohl „fairer" Wettbewerb nur dann gut funktionieren kann, wenn die Konkurrenten gleichen Spielregeln unterliegen, sondern es ergeben sich zunehmend aus volkswirtschaftlicher Sicht auch neue Marktabgrenzungen.

Mediengattungen sind infolge von Konvergenz und dem häufig disruptiven Charakter von Online-Medien zunehmend weniger geeignet, das Medienangebot zu strukturieren. Dies betrifft nicht nur die Medientechnik, sondern ebenfalls die Medienproduktion, -distribution und -verwertung: „Statt an Technik orientieren sich Angebote eher an der gattungsübergreifend angelegten Medienmarke [...] oder es wird eine Erzählwelt aufgebaut, die jeweils an die Anforderungen unterschiedlicher Distributionswege angepasst werden kann [...]. Die Erzählwelt/Marke von Angeboten [...] geht über das Fernsehen hinaus und lebt in Facebook weiter" (v. Rimscha & Siegert 2015, 44).

Ökonomisch zentrale Folgen ergeben sich insbesondere für „Wettbewerbsanalysen sowie die Kontrolle und Regulierung des Wettbewerbs" (v. Rimscha & Siegert 2015, 47), also die Wettbewerbspolitik. Letztere wird auch erheblich betroffen durch eine Polarisierung von Märkten infolge von zunehmender Ökonomisierung wegen ausgeprägter Fixkostendegression und Netzwerkeffekten, sowie der Bedeutungszunahme von Nischenanbietern infolge niedrigerer Markteintrittsbarrieren und tendenziell niedrigeren Produktions- und Distributionskosten (Clement 2014, 1238 ff.; v. Rimscha & Siegert 2015, 52 f.). Zwischen stark volkswirtschaftlich argumentierenden Autoren auf der einen Seite (BMF-Beirat 2014), die die aktuellen Regelungen zur Sicherung von Meinungsvielfalt für angemessen halten, und eher mit zunehmenden Problemen bei der publizistischen Vielfalt argumentierenden stärker kommunikationswissenschaftlich ausgerichteten Autoren (These genereller Zurückdrängung journalismusrelevanter Leistungen; Altmeppen 2014, 27), besteht in dieser Frage oft nach wie vor ein erheblicher Dissens (vgl. schon Funk & Pagel 2009, 41).

5.2 Rahmenbedingung vs. Nutzer

Die verhaltensökonomische Fundierung rückt in den Vordergrund, da eine Individualisierung des Nutzungsverhaltens stattfindet. Geänderte Rahmenbedingungen durch Medienkonvergenz und zunehmende Ökonomisierung haben unmittelbar auch Wirkungen auf die Nutzer und ihr Nutzungsverhalten. Während aus Anbieterperspektive die Veränderungen industrieller Wertschöpfung infolge der Digitalisierung sowie ihr möglicher disruptiver Charakter im Vordergrund stehen (Funk 2015), bedeutet Digitalisierung der privaten Lebens etwa geänderte Nutzungsmöglichkeiten des Fernsehens durch flexiblere, zeitversetzte Verwendung, was nutzensteigernd wirken kann, sowie die mobile Nutzung über Smartphones, für die dies ebenfalls gilt. Die Medienkonvergenz ermöglicht uns folglich laufende Rundumversorgung mit aktuellen Informationen über Handlungsoptionen und Infotainment sowie auch interaktives Fernsehen.

Diesen Vorteilen stehen jedoch auch mögliche Nachteile gegenüber, da hierdurch schon vorhandene Probleme einer suboptimalen Vielfalt noch verschärft werden könnten und Ökonomisierung dieses Problem noch verschärfen dürfte (Altmeppen 2014). „Allerdings muss festgehalten werden, dass es sehr schwierig ist, kausale Beziehungen zwischen Phänomenen der Ökonomisierung und Veränderungen der Inhalte empirisch zu belegen" (v. Rimscha & Siegert 2015, 66). Einige Stichworte wie die Thesen von zunehmendem Gefälligkeitsjournalismus, von steigender Unterhaltungsorientierung und Boulevardisierung, von zunehmender Bedeutung von aus Anbietersicht kostengünstigen Ratgeberformaten mögen aber die wahrscheinliche Relevanz dieses Problems belegen (ebenda, 66 ff.). Die Ökonomisierung bedeutet ebenfalls, dass verhaltensökonomisch fundiertes individualisiertes Marketing stark an Bedeutung gewinnt, was aus Nachfragerperspektive die Transparenz von prinzipiell nutzensteigernden Transaktionen erhöhen kann, jedoch im Falle von zielgenauerer Suggestivwerbung auch für ihn nachteilig sein kann – insbesondere wenn man davon ausgehen muss, dass das Leitbild des mündigen Verbrauchers gerade im Online-Bereich unterkomplex erscheint (Dinter; Funk & Pagel 2014, 140). Bei der verhaltensbasierten Regulierung für Konsumenten auch beim Fernsehen scheint Deutschland bisher eher hinterherzuhinken (Reisch & Sandini 2015, 52 f.).

5.3 Nutzer vs. Anbieter

Auch die Gemengelage zwischen Nutzern der audiovisuellen Medien und deren Anbietern verschiebt sich. Als Haupttrend ist hier eine omnipräsente Verfügbarkeit von Kommunikationsinhalten für die Nutzer auf diversen Endgeräten auszumachen. Hier haben etablierte Marken (u.a. Fernsehsender) auch weiterhin ihren Platz. Die Multi-Screen-Problematik muss durch die Anbieter noch technologisch gelöst werden. Erste Ansätze dazu wurden in Kap. 4.1 skizziert. Als zweiter Trend ist eine Substitutionskonkurrenz durch Newcomer auszumachen. Marktakteure, die bislang nicht im Broadcast-Bereich etabliert waren, erlangen zunehmenden Markteinfluss.

Literatur

Altmeppen, K.-D. (2014). Handlungsmöglichkeiten zur Sicherung publizistischer Vielfalt. Aus Politik und Zeitgeschichte, 64 (22-23), 23-28.

Beck, K. (2010). Kommunikationswissenschaft. (2. A.), Konstanz: UTB/UVK.

Beck, U. (2010). Risikogesellschaft. Auf dem Weg in eine andere Moderne. Frankfurt am Main: Suhrkamp.

Berger, V.J.F. (2008). Der deutsche Fernsehmarkt. Paderborn: W. Fink.

Beyer, A. & Carl, P. (2012). Einführung in die Medienökonomie (3. A.). Konstanz: UTB/UVK/Lucius.

BMF-Beirat - Wissenschaftlicher Beirat beim Bundesministerium der Finanzen (2014). Öffentlich-rechtliche Medien – Aufgabe und Finanzierung. Gutachten 03/2014, Oktober. Berlin: Bundesministerium der Finanzen.

Brynjolfsson, E. & McAfee, A. (2014). The Second Machine Age, Kulmbach: Plassen.

Burkatzki, E. & Löhr, A. (2015). Resozialisierung der ökonomischen Rationalität – Thematische Einführung. Ökonomie und Gesellschaft. Jahrbuch 26, Marburg: Metropolis, 11-51.

BVDW - Bundesverband Digitale Wirtschaft (2013). Leitfaden Multiscreen. Die Möglichkeiten geräteübergreifender Web-Strategien verstehen und sinnvoll einsetzen. Düsseldorf: Fachgruppe Agenturen.

Clement, R. (2014). Eine Ökonomie mit Grenzkosten nahe null. Das Wirtschaftsstudium, 43 (10), 1237-1244.

Cunningham, S.; Flew, T. & Swift, A. (2015). Media Economics. London: Palgrave and Macmillan.

Dinter, B.; Funk, L. & Pagel, S. (2014). Der verletzliche Verbraucher im E-Commerce. Eine theoretisch-konzeptionelle Bestandsaufnahme. In: Bala, Christian; Müller, Klaus (Hrsg.): Der verletzliche Verbraucher: Die sozialpolitische Dimension von Verbraucherpolitik. Bd. 2. Beiträge zur Verbraucherforschung. Düsseldorf: Verbraucherzentrale NRW, S. 123-145.

Dreiskämper, T. (2010). Definition, Fragestellungen und Ansätze einer deskriptiven Medienökonomie. In: Ders.: Schriftenreihe Medienökonomie 2009-2010. Essen.

Dreiskämper, T. (2013). Medienökonomie I. Lehrbuch für Studiengänge medienorientierter Berufe: Konzeptionsansätze und theoretische Fundierungen der Medienökonomie. Berlin: LIT.

Dylla, D.W. (2008). Eine ökonomische Analyse der Mediendemokratie. Der Rational-Choice Ansatz und die Stimmenmaximierung. Wiesbaden: VS Verl. für Sozialwissenschaften.

Engelkamp, P. & Sell, F. L. (2011). Einführung in die Volkswirtschaftslehre. (5. A.), Heidelberg: Springer.

Erlei, M., Leschke, M. & Sauerland, D. (2007). Neue Institutionenökonomik. (2. A.), Stuttgart: Schäffer-Poeschel Verl.

Esser, H. (2000). Soziologie: Spezielle Grundlagen: Band 2: Die Konstruktion der Gesellschaft. Frankfurt a.M., New York: Campus Verl.

Fahr, A. (2012). Persönlichkeit. In C. Wünsch, H. Schramm, V. Gehrau & H. Bilandzic (Eds.), Rezeptions- und Wirkungsforschung. Band 1. Baden Baden: Nomos.

Friedrichsen, M. & Gertler, M. (2011). Medien zwischen Ökonomie und Qualität, Baden-Baden.

Funk, L. (2014). Sanfter Paternalismus und verhaltensökonomisch fundierte Ordnungspolitik im Verbraucherschutz. In: Wirtschaftsdienst, 94 (11) 2014, 787-791.

Funk, L. (2015). Industrie 4.0. In: Das Wirtschaftsstudium, 44 (3), 267.

Funk, L. & Pagel, S. (2009). Wettbewerbsökonomische Analyse des Internetfernsehens: Ein erster Überblick. In: J. Krone (Hrsg.), Fernsehen im Wandel. Mobile TV & IPTV in Deutschland und Österreich (S. 39-51). Baden-Baden: Nomos.

Geißler, R. (2008). Die Sozialstruktur Deutschlands. Zur gesellschaftlichen Entwicklung mit einer Bilanz zur Vereinigung. Wiesbaden: VS.

Gläser, M. (2014). Medienmanagement (3. A.). München: Franz Vahlen Verlag.

Greve, J., Schnabel, A., & Schützeichel, R. (2009). Das Makro-Mikro-Makro-Modell der soziologischen Erklärung - zur Einleitung. In: J. Greve, A. Schnabel, & R. Schützeichel (Eds.), Das Mikro-Makro-Modell der soziologischen Erklärung. Zur Ontologie, Methodologie und Metatheorie eines Forschungsprogramms (S. 7–17). Wiesbaden: VS, Verl. für Sozialwiss.

Gugel, B. (2010). Entwicklung eines neuen Video-Ökosystems. In: Hohlfeld, R.; Müller, P.; Richter, A.; Zacher, F. (Hrsg.). Crossmedia – Wer bleibt auf der Strecke? Beiträge aus Wissenschaft und Praxis. Berlin: LIT Verlag, S. 307-327.

Hanson, R. E. (2011). Mass Communication. Living in a media world. (3. A.), Washington: CQ Press.

Hartmann, F. (2008). Multimedia, Wien: UTB.

Heinrich, J. (2007). Stärken und Schwächen der Marktsteuerung des Mediensystems. In: Jarren, O. & Donges, P. (Hrsg.). Ordnung durch Medienpolitik? (S. 183-199) Konstanz: UVK Verlagsges.

Henke, L. L. & Donohue, T. R. (1989). Functional Displacement of Traditional TV Viewing by VCR Owners. Journal of Advertising Research, 18-23.

Hill, P. B. (2002). Rational-Choice-Theorie, Bielefeld: transcript Verlag.

Hindman, D. B. & Wiegand, K. (2008). The Big Three`s Prime Time Decline: A Technological and Social Context. Journal of Broadcasting and Electronic Media, 52(1), 119–135.

Hohlfeld, R.; Müller, P.; Richter, A. & Zacher, F. (2010). Der Crossmedia-Zug rollt. In: Hohlfeld, R.; Müller, P.; Richter, A.; Zacher, F. (Hrsg.). Crossmedia – Wer bleibt auf der Strecke? Beiträge aus Wissenschaft und Praxis. Berlin: LIT Verlag, S. 11-18.

Hosp, G. (2005). Medienökonomik. Medienkonzentration, Zensur und soziale Kosten des Journalismus. Konstanz: UVK.

Jandura, O. (2014). Der Erfolg zeitversetzter Fernsehnutzung im Spiegel der gesellschaftlichen Entwicklung. In: Wimmer, J. & Hartmann, J. (Hrsg.). Medienkommunikation in Bewegung. Mobilisierung – Mobile Medien – Kommunikative Mobilität. Wiesbaden: Springer VS. S. 173-188.

Jenkins, H. (2003). Jenkins, Henry: Moving Characters from books to films to video games can make them stronger and more compelling: Technology Review, 15.1.2003, http://www.technologyreview.com/biotech/13052.

Karnowski, V. (2011). Diffusionstheorien. Konzepte Band 6. Baden-Baden: Nomos.

Kirchgässner, G. (2013) Homo Oeconomicus (4. A.). Tübingen: Mohr Siebeck.

Kloppenburg, G., Simon, E., Vogt, M. & Schmeisser, D. (2009). Der flexible Zuschauer? Zeitversetztes Fernsehen aus der Sicht der Rezipienten. (1), 2-8.

Krebs, O. (2015). „Warum teilst Du (nicht)?“ – Das Diktatorspiel als reflexiver Zugang zu den sozialwissenschaftlichen Handlungsparadigmen. In: Gesellschaft, Wirtschaft, Politik (GWP), 64(2), 285-295.

Külp, B. et al. (1984). Sektorale Wirtschaftspolitik. Berlin et al.: Springer.

Lee, Seung-Hyun (2007). Mobile TV - DMB (Digital Multimedia Broadcasting) (2007): Conference Papers – International Communication Association: International Communication Association.

Lobigs, F. (2007). Medienregulierung ohne Romantik – Der institutionenökonomische Ansatz. In: Jarren, O. & Donges, P. (Hrsg.). Ordnung durch Medienpolitik? (S. 201-216) Konstanz: UVK Verlagsgesellschaft.

McMaster, T. & Wastell, D. (2005). Diffusion – or delusion? Challenging an IS research tradition. In: Information Technology & People, 18 (4), 383-404.

Münchner Kreis. (2009). Zukunft und Zukunftsfähigkeit der Informations- und Kommunikationstechnologien und Medien: Internationale Delphi-Studie 2030. Stuttgart.

Opp, K.-D. (1993). Politischer Protest als rationales Handeln. In B.-T. Ramb & M. Tietzel (Hrsg.), *Ökonomische Verhaltenstheorie* (S. 207-246). München: Vahlen.

Pagel, S. (2003): Integriertes Content Management in Fernsehunternehmen. Zur Digitalisierung der Wertschöpfungsprozesse der Nachrichtenproduktion. Wiesbaden: Deutscher Universitätsverlag.

Plasser, F. & Pallaver, G. (2012). Österreichische Medien und politische Kommunikation in komparativer Sicht. In: L. Helms & D. M. Wineroither (Hrsg.), Die österreichische Demokratie im Vergleich (S. 294-268). Baden-Baden: Nomos.

Porter, M. E. (2000). Wettbewerbsvorteile, 6. Aufl., Frankfurt a.M.: Campus-Verlag.

Quiring, O. (2007). Kommunikationsproblem interaktives Fernsehen? Informationsorientierte Erklärungen für Bekanntheit und Nutzung von sowie Einstellungen zu iTV. In: Publizistik 52 (4), 375-399.

Reinemann, C., & Huismann, J. (2007). Beziehen sich Medien immer mehr auf Medien?: Dimensionen, Belege, Erklärungen. Publizistik, 52(4), 465–484.

Reisch, L.A.; Sandini, J. (2015): Nudging in der Verbraucherpolitik, Baden-Baden: Nomos.

Schenk, M.; Döbler, T. & Stark, B. (2002). Marktchancen des digitalen Fernsehens. Wiesbaden: VS.

Scheufele, B. (2010). Medienwirkungen jenseits des einzelnen Rezipienten. Die Herausforderungen für die Medienwirkungsforschung durch die Mehr-Ebenen-Problematik am Beispiel von fünf exemplarischen Wirkungsbereichen. In: T. Quandt & B. Scheufele (Eds.), Ebenen der Kommunikation. Mikro-Meso-Makro-Links in der Kommunikationswissenschaft (S. 113–142). Wiesbaden: VS Verlag für Sozialwissenschaften.

Schulz, W. (1998). In der expandierenden Medienöffentlichkeit verdüstert sich das Bild der Politik. Folgen der Informationsnutzung unter Vielkanalbedingungen. In: Jarren, O.; Krotz, F. (Hrsg.): Öffentlichkeit unter Viel-Kanal-Bedingungen. Baden-Baden: Nomos, S. 62-92.

Schützeichel, R. (2009). Methodischer Individualismus, sozialer Holismus und holistischer Individualismus. In J. Greve, A. Schnabel, & R. Schützeichel (Eds.): Das Mikro-Makro-Modell der soziologischen Erklärung. Zur Ontologie, Methodologie und Metatheorie eines Forschungsprogramms (S. 357-371). Wiesbaden: VS, Verl. für Sozialwissenschaften.

Sennett, R. (2004). Verfall und Ende des öffentlichen Lebens: Die Tyrannei der Intimität (14. Aufl. - Ungekürzte Ausg.). Fischer: Vol. 7353. Frankfurt am Main: Fischer-Taschenbuch-Verl.

Seufert, W. & Gundlach, H. (2012). Medienregulierung in Deutschland. Ziel, Konzepte, Maßnahmen. Baden-Baden: Nomos.

Siewert, M.B. & Wenzelburger, G. (2015). Medien: Bedeutung – Mediensysteme – politische Kommunikation. In U. Wagschal, S. Jäckle & G. Wenzelburger (Hrsg.): Einführung in die Vergleichende Politikwissenschaften. Institutionen – Akteure - Policies (S. 221-236). Stuttgart: Kohlhammer.

Sinn, H.-W. (2014). Sie sind wie Spürhunde. In: Süddeutsche Zeitung vom 1.11.2014. Download unter: http://www.sueddeutsche.de/wirtschaft/kritik-an-oekonomen-der-grosse-irrtum-1.2198333#

Towse, R. (2010). A Textbook of Cultural Economics. Cambridge: Cambridge University Press.

Udehn, L. (2002). The changing face of methodological individualism. Annual Review of Sociology, 28, 479-507.

van Eimeren, B. & Frees, B. (2014). 79 Prozent der Deutschen online - Zuwachs bei mobiler Internetnutzung und Bewegtbild. Media Perspektiven, (7-8), S. 378-396.

v. Rimscha, B. & Siegert, G. (2015). Medienökonomie. Eine problemorientierte Einführung. Wiesbaden: Springer VS.

Wacker, K. (2007). Wettbewerb und Regulierung auf dem deutschen Fernsehmarkt, Stuttgart: Lucius & Lucius.

Webster, J. G. & Ksiazek, T. B. (2012). The Dynamics of Audience Fragmentation: Public Attention in an Age of Digital Media. Journal of Communication, 62(1), 39-56.

Ziegler, L. & Jandura, O. (2011, June). „Zeitversetzte Nutzung macht Fernsehen erst schön“: Nutzungsmotive und Nutzungssituationen zeitversetzten Fernsehens, Dortmund.

Zydorek, C. (2013). Einführung in die Medienwirtschaftslehre. Wiesbaden: Springer Gabler.

Christian Zabel, Georg Ramme

Strategien für die Produktion von Online-Bewegtbildinhalten. Eine wettbewerbsstrategische Analyse

Der Beitrag untersucht den sich dynamisch entwickelnden Markt für Online-Bewegtbildinhalte. Auf Basis einer explorativen Expertenbefragung konnten vier zentrale Wettbewerbsdimensionen identifiziert werden: vertikale Integration, Kostenposition, Spezialisierung und Distribution. Die Onlineangebote etablierter Medienunternehmen besetzen nur einen kleinen Teil des Marktes, Anbieter auf Plattformen wie Youtube dominieren. Zentrale Kompetenzen im Wettbewerb sind neben einer effizienten Inhalteproduktion Talentmanagement, Kreativität sowie Expertise in Interaktion und Content-Aussteuerung. Gegenwärtig sind im deutschen Markt nur einfache Inhalte kostendeckend herzustellen, was das publizistische Potenzial dieser neuen Medienform begrenzt. Anhand der Wettbewerbsdimensionen lassen sich fünf strategische Gruppen im Wettbewerb unterscheiden: Creators, Network Media (Publisher), Networked Media (Plattformen), Content Aggregatoren und Multi-Channel-Networks.

1 *Ausgangssituation*

Der Online-Konsum von audiovisuellen Inhalten wächst. Bewegtbild über Internetdienste ist – vor allem bei jüngeren Mediennutzern – dabei, sich als Leitmedium neben dem klassischen TV-Konsum zu etablieren (van Eimeren/Frees 2013: 367 f.). Parallel nimmt auch die Menge an ‚made-for-online'-Inhalten stark zu.[1] Professionell produzierte Online-Bewegtbild-Inhalte[2] stammten in Deutschland vor wenigen Jahren überwiegend von bereits etablierten TV-Anbietern, die vor allem Inhalte aus dem Fernsehen online verlängerten (Rott/Zabel 2009: 97ff.). Zwischenzeitlich sind andere professionelle Medienorganisationen wie etwa Verlage, Radiostationen, aber auch Nachrichtenagenturen und Rechteinhaber

1 Pro Minute werden 100 Stunden Material allein auf dem Videoportal Youtube hochgeladen, überwiegend semiprofessionelle oder Amateurinhalte (Puffer 2015: 17). Die im Vergleich zum TV-Markt niedrigen Eintrittsbarrieren lässt die Zahl der Inhalteersteller explodieren: Den rund 850 TV-Produktionsunternehmen (vgl. Röper 2014: 556) stehen in Deutschland rund zwei Millionen Creators gegenüber, die mehr oder weniger regelmäßig Inhalte online publizieren (geschätzt auf Basis der ARD-/ZDF-Onlinestudie: Busemann/Gscheidle 2011: 363).

2 Unter professioneller Produktion soll im Folgenden eine zunächst auf Dauer ausgerichtete Aktivität mit Gewinnerzielungs- und/oder publizistischer Wirkabsicht verstanden werden.

in den Markt eingetreten; jüngst auch die werbetreibende Industrie als Teil ihrer Content Marketing-Anstrengungen.

Hinzu kommen eine Reihe von rein digitalen Anbietern – neben etablierten Portalen wie yahoo.de oder t-online.de sind vor allem die sogenannten Multi-Channel-Networks (MCNs) wie Maker Studios oder TubeOne zu nennen, die verschiedene Inhalteanbieter auf Youtube aggregieren.

Offen dabei ist, ob und ggf. wie etablierte Medienunternehmen diesen entstehenden Markt erfolgreich besetzen oder neue Wettbewerber sich dauerhaft etablieren können. Letztere bieten dabei das Potenzial, die gesamtmediale publizistische Vielfalt zu erweitern – wie dies beispielsweise im TV-Markt gelungen ist.[3]

Dagegen spricht, dass das ‚Metamedium' Internet erheblich höhere Interdependenzen zu ‚klassischen' Massenmedien aufweist. Es übernimmt partiell die Eigenlogiken und Inhalte anderer Medien und unterliegt daher auch starken Substitutionseffekten (Seufert/Wilhelm 2013). Zugleich stehen die neuen Anbieter vor enormen ökonomischen Herausforderungen (vgl. Kapitel 4). Dies bevorteilt Unternehmen, die Verbundvorteile aus den ‚alten Medien' hebeln können. Für eine solche *Emanzipationsthese* spricht hingegen, dass ein stark internationaler und vor allem über Technologie ausgetragener Wettbewerb vorherrscht, in dem die klassischen Push-Mechanismen etablierter Massenmedien durch soziale Distributionsparadigmen ergänzt bzw. teilweise abgelöst werden (Sundar/Anthony 2013; Beam/Gerald 2014). Dies stellt etablierte Medienunternehmen vor große Herausforderungen hinsichtlich des Aufbaus kritischer Kompetenzen und ermöglicht neuen Anbietern, im Sinne einer ‚disruptiven Innovation' (Christensen 1997) den Markt zu besetzen.

2 *Forschungsfrage und -design*

Um die oben skizzierte Frage beantworten zu können, wurden zwischen Dezember 2014 und Februar 2015 Entscheider von führenden Anbietern von Online-Video-Inhalten befragt. Unter Online-Video werden dabei im Folgenden alle im offenen Internet übertragenen Bewegtbildinhalte aufgefasst, die nicht das bestehende lineare TV-Angebot 1:1 abbilden.

3 Indikativ kann hierfür die insgesamt geringe crossmediale Verflechtung deutscher Medienunternehmen herangezogen werden (vgl. Gennis/Gundlach 2014).

Geschlossene IPTV-Angebote wie das von der Deutschen Telekom AG betriebene Entertain sind damit ebenso wenig erfasst, wie Rebroadcasting-Anbieter wie Zattoo oder Magine, da dort das bestehende lineare Fernsehprogramm „nur" auf anderem technischen Wege distribuiert wird. Folglich ergeben sich auch keine publizistischen und ökonomischen Potenziale für eine Inhalteproduktion. Gleiches gilt für Video-on-Demand-Anbieter wie maxdome, die long-form-Inhalte aus der Kino-/TV-Verwertungskette vertreiben.[4]

Auf Basis von Desk Research und explorativer Erhebung können dann strategische Gruppen und ihre kompetitiven Optionen identifiziert werden. Dieses Vorgehen bietet sich insbesondere mit Blick auf die hohe Dynamik des Marktes an. Da die Strategieformulierung und -umsetzung gleichermaßen von Marktgegebenheiten, Unternehmensressourcen und spezifischen Kompetenzen abhängig ist (Chan-Olmsted 2006: 29-34), gilt es in Ergänzung zur Beschreibung des Status Quo (etwa über die Betrachtung von Marktanteilen), die Positionierungen (als Reaktion auf das kompetitive Umfeld - „Outside-In") und Kernkompetenzen der Marktteilnehmer („Inside-Out") herauszuarbeiten.

Als theoretisches Fundament wird auf das von Porter popularisierte Konzept der strategischen Gruppen zurückgegriffen. Dieses beschreibt „die Gruppe von Unternehmen in einer Branche, die dieselbe oder eine ähnliche Strategie (entsprechend der strategischen Dimensionen) verfolgen" (Porter 1999: 184). „Strategische Gruppen sind *nicht* (Hervorhebung im Original, d. Autoren) dasselbe wie Marktsegmente oder Segmentstrategien, sondern basieren auf einer breiten Konzeption strategischer Platzierung" (Porter 1999: 185). Die Eigenschaften einer strategischen Gruppe (z.B. die Ausnutzung von Betriebsgrößenersparnissen, Produktdifferenzierung, Zugang zu Vertriebskanälen) beschreiben auch die Höhe der Eintrittsbarrieren für neue Wettbewerber, die sich in diese Gruppe eingliedern wollen, bzw. die Stärke sogenannter Mobilitätsbarrie-

---

4 Im Gegensatz zu den USA stoßen solche Anbieter auf eine bislang begrenzte Nachfrage. Der Anbieter watchever erreichte 2014 nach Branchenangaben ca. 350.000 Kunden (Rentz 2014); Zattoo hat nach Angaben auf seiner Webseite ca. 500.000 ‚active subscribers'. Nach einer nicht veröffentlichten Studie der ARD lagen die Reichweiten dieser Anbieter 2014 lediglich bei 1 bis 3 Prozent (van Eimeren/Frees 2014: 388). Ähnliches gilt für VoD-Anbieter: 2013 wurden in Deutschland 82 Mio. € für Download-to-own und transactional VoD umgesetzt. Bei einem unterstellten Preis von durchschnittlich 4€ resultieren daraus 20 Millionen Abrufe jährlich – im Vergleich zu 4,4 Milliarden Abrufen auf Youtube aus Deutschland im Monat (Puffer 2015: 20). Dementsprechend ist zumindest bislang keine vergleichbare Produktion von Onlineinhalten dieser Anbietergruppe wie in den USA zu beobachten.

ren, die einen Wechsel von Unternehmen zwischen Gruppen erschweren.[5]

Tabelle 1: Liste der befragten Experten

Name	Position	Unternehmen
Stefan Betzold	Managing Director Digital	Bild Digital GmbH & Co.KG
Sarah Biere	Video-Koordinatorin	Rheinische Post Online
Jens-Uwe Bornemann	Senior Vice President Digital Europe	FremantleMedia
Mathias Blüm	Vice President Digital North	Viacom International Media Networks Northern Europe
Christoph Krachten	Geschäftsführer	MediaKraft Networks
Dr. Günther Picker	Head of Portal, Media Verticals & Content	Yahoo! Deutschland
Sebastian Romanus	Managing Director Germany	Maker Studios Inc.
Thorsten Sandhaus	Leiter Clipfish	RTL interactive GmbH
Borja Schwember	Creator	u.a. Youtube-Channel „Dr. Allwissend"
Robin Seckler	Geschäftsführer	Sport1 GmbH
Dr. Sebastian Weil	Geschäftsführer	Studio 71

Quelle: Eigene Darstellung. Die Funktionen beziehen sich auf den Zeitpunkt der Befragung. Die Experten werden im Text mit ihrem Nachnahmen ohne Jahr zitiert.

Die Variablen zur Identifikation von strategischen Gruppierungen sind vielfältig. Nach Porter können sich strategische Gruppen grundlegend anhand von 13 Dimensionen unterscheiden.[6] Auf Basis von empirischen Studien kommen Cool und Schendel zu dem Schluss, dass vor allem die Spezialisierung des Produktprogramms und der Ressourceneinsatz zentral für die Bestimmung strategischer Gruppen sind (Cool/Schendel 1988). Dabei sollte neben exogenen Strategieparametern insbesondere „group mental models about strategy that are shared among decision-makers" (Rafferty 2008: 37) berücksichtigt werden, da sie das Wettbewerbsverhalten prägen. Damit wird der Fokus des Porterschen Konzepts

5 Dabei sind einzelne strategische Gruppen nicht als „unified force" (Mascarenhas/Aaker 1989: 480) zu verstehen, sondern stellen vielmehr Gruppierungen von Firmen mit gleicher Strategie dar. Da sie einander ähneln, reagieren sie in ähnlicher Weise auf Störungen, erkennen ihre gegenseitige Abhängigkeit und können die Reaktionen innerhalb der Gruppe gut voraussagen.

6 Dies sind: Spezialisierung, Markenidentifikation, Druck oder Sog, Vertriebsweg, Produktqualität, Technologievorsprung, Vertikale Integration, Kostenposition, Dienstleistungen, Preispolitik, Macht, Beziehung zum Gesamtunternehmen, Beziehungen zu Regierungen (Porter 1999: 181 f.).

auf die Unternehmensebene (im Gegensatz zu Geschäftsbereichen) und Eintritts-/Mobilitätsbarrieren (zur Kritik daran siehe Mintzberg/Ahlstrand/Lampel 2012: 159 f.) um wettbewerbliche Dimensionen erweitert.

Die vorliegende Untersuchung erfasst mittels einer explorativen Leitfadenbefragung unter elf der führenden Wettbewerbsunternehmen bzw. Akteuren der Online-Video-Produktion (vgl. Tabelle 1) die zur Identifikation von strategischen Gruppen geeigneten Dimensionen. Ein Augenmerk liegt auf den organisationsübergreifend geteilten Einschätzungen zu strategischen Kernelementen wie Kompetenzen im Wettbewerb, Spezialisierungen und Refinanzierungsoptionen. Damit können dann strategische Gruppen auf Basis von Wettbewerbsdimensionen beschrieben werden, die die Akteure selbst identifiziert haben (Reger/Huff 1993: 104 f.).

3 Wettbewerbsdimensionen

Die Mehrheit der Experten schrieben vier Wettbewerbsdimensionen besondere Bedeutung zu: Vertikale Integration, Kostenposition, Spezialisierung und Distributionsstrategie. Diese sollen im Folgenden näher beschrieben werden.

3.1. Vertikale Integration bestimmt Branchenstruktur

Der Online-Video-Markt ist durch ein hohes Maß an vertikaler Integration gekennzeichnet. Während auf der Ebene der Inhalteproduktion zahlreiche Akteure nur dort aktiv sind (vgl. Abbildung 1), dominieren auf den nachgelagerten Wertschöpfungsstufen integrierte Anbieter.

Abbildung 1: Struktur des Online-Video-Markts (schematisch)

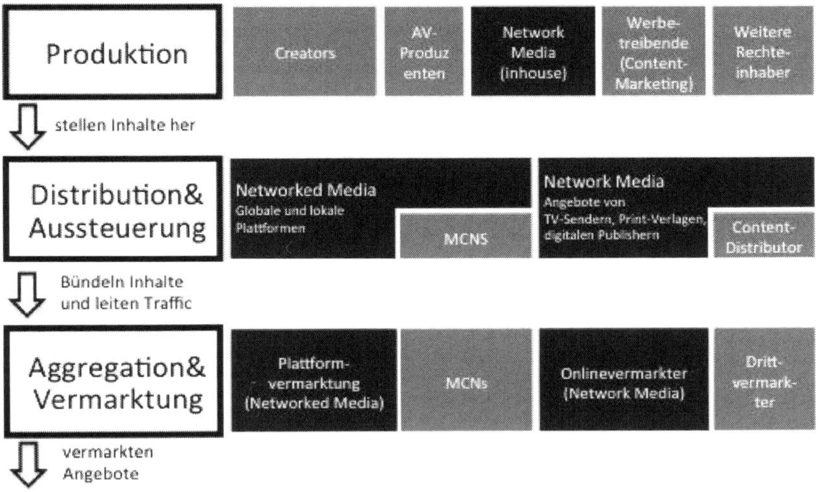

Quelle: Eigene Darstellung; die dunkelgrauen Felder stehen für vertikal integrierte Anbieter. Bezugsgröße ist die Geschäftseinheit.

Hier sind zum einen die sogenannten Network Media (vgl. Tabelle 2) zu nennen, bei denen die Push-Mechanismen des Rundfunks und der Flow-Production auf das Transportmedium Internet übertragen werden. Die Anbieter setzen auf ein geschlossenes Angebot und bilden als publizistisch Verantwortliche den „vollständigen Produktionsprozess ab, indem sie Inhalte generieren, bündeln und distribuieren (Publishing-Broadcasting-Ansatz)" (Hess 2014). Die *Network Media* lassen sich grob in drei Typen einteilen: Die (1) TV-Anbieter schöpfen Verbundvorteile mit der Programmproduktion für das lineare Fernsehen aus und können ihre Marken online verlängern. (2) Andere Medienunternehmen wie etwa Print-Verlage oder Radiosender stehen vor der Aufgabe, ihre etablierten Marken crossmedial zu erweitern. Schließlich bringen (3) pure Online-Medienunternehmen digitale Kompetenz in Produktion und Aussteuerung mit, haben aber keine Möglichkeit zur Quersubventionierung.

Tabelle 2: Publizistisch-Strategische Modelle auf der Distributionsebene

	Network Media	Networked Media
Editoriale Logik	– Geschlossenes, begrenztes Angebot – Aufmerksamkeitssteuerung durch Editierung – Einwegkommunikation	– Offenes Angebot – automatisierte Verweise/Viralität bilden Angebotskern – geringe Kontrolle über Inhalt – Einbindung von Wettbewerbern
Produktion von Inhalten	– Kontrolle über Produktionsprozess: – Inhouse über bestehende Redaktionen – Auftragsproduktion	– Keine eigene publizistische Identität – dezentralisiert und ungesteuert über Creators/MCNs – Förderung attraktiver Inhaltepartnerschaften
Beispiele	TV: Sport1.de Print: Spiegel.de Digital: t-online.de	Global: Youtube, facebook Lokal: myvideo.de, clipfish.de

Quelle: Eigene Darstellung auf Basis von Rott/Zabel 2009: 97

Die Network Media setzen etablierte Mechanismen der Aufmerksamkeitssteuerung ein, wie sie etwa durch journalistische Routinen oder durch die TV-Programmplanung bestimmt werden. Ergänzend steuern automatisierte Empfehlungsmechanismen Bereiche des Angebots, die zum Teil auch von Content-Distributoren wie plista oder snackTV betrieben werden. Die Gesamtkomposition unterliegt jedoch einer redaktionellen Auswahl. Auch die Vermarktung wird durch die Network Media selbst wahrgenommen, wobei diese teilweise (z.B. Tageszeitungen) angesichts ihrer schwachen Marktposition gezwungen sind, Werbeinventare (also die Gesamtheit der Vermarktungsflächen online) mit denen anderer Wettbewerber zu bündeln.[7] Demgegenüber stehen *Networked Media* (Rott/Zabel 2009: 97), die als „Betreiber von IT-basierten Plattformen nutzergenerierte Inhalte aggregieren und einen Austausch von Online-Medien unterstützen (Plattform-Ansatz)" (Hess 2015). Verweis- und Interaktionsmechanismen bilden den Produktkern der offenen Angebote, es gibt keine publizistische Identität wie in der Gruppe der Network Media. Die Aufmerksamkeit wird durch Algorithmen gesteuert, die Angebots- (z.B. Qualität/Ranking des Anbieters, Länge des Videos) und Nachfragekriterien (Abrufzahlen, Nutzungsdauer, Zahl der Interaktio-

7 Die digitale Struktur des Marktes ermöglicht die automatisierte Ausschöpfung auch verhältnismäßig kleiner Ertragsunterschiede. Typischerweise sind Inventare über zum Teil mehrere Drittvermarkter (z.B. Smartclip, clipkit) buchbar, wenn auch in abgestuften Verfügbarkeiten und Konditionen. Diese Vermarkter sind teilweise mit Content Distributoren integriert.

nen, zeitliche Verteilung der Nachfrage) kombinieren. Hinzu kommt, dass die Plattformen eine starke Stellung in der Vermarktung einnehmen. Diese „Medienunternehmen der zweiten Generation" (Hess 2015) binden auch Wettbewerber ein: MCNs aggregieren und vermarkten die Inhalte einer großen Zahl an (halb-)professionellen Urhebern und treten damit in Konkurrenz zu den eigenen Vermarktungsaktivitäten der Networked Media, managen dafür aber die Beziehungen zu der extrem großen Zahl an Creators.

Wie diese Ausführungen zeigen, präformiert der Grad der vertikalen Integration (innerhalb der Unternehmen selbst bzw. durch Zugehörigkeit zu einem Medienunternehmen) die Ausprägung der anderen vier Wettbewerbsdimensionen Kostenposition, Spezialisierung, Marktangang und Wahl des Vertriebswegs.

3.2. Kostenposition: Fokus auf Effizienz

Zentral für die Entwicklung einer Online-Video-Produktion ist eine ökonomisch tragfähige, d.h. profitable Inhalteproduktion. Die Monetarisierung von Online-Video-Inhalten erfolgt dabei zur Zeit überwiegend durch vor-, zwischen- oder nachgeschaltete Bewegtbildwerbung, sogenanntes Ad-VoD (Puffer 2015: 20). Dieser Markt wächst stark: So geht die Beratungsgesellschaft PWC von einer Zunahme auf 458 Mio. € in 2017, ausgehend von 217 Mio. € in 2013, aus. Der prognostizierte Wert entspricht allerdings auch dann nur 10,3 Prozent der Umsätze für das werbefinanzierte Fernsehen in 2017 (PWC 2014: 14).

Zugleich sind die Anbieter sowohl relativ als auch absolut deutlich kleiner als die im TV-Markt: Selbst die größten Content-Angebote erreichen nur einen Marktanteil von unter 2%;[8] nur 30 Angebote in Deutschland erzielen mehr als 2,5 Millionen Videoabrufe pro Monat (IVW 2014). Auf Networked Media werden zwar höhere Reichweiten erzielt (vgl. Kapitel 3.3.) allerdings liegen die erzielbaren TKP deutlich unter Network-

8 Die 79 Millionen inländischen Abrufe von beispielsweise dailyme.tv entsprechen 1,5 Prozent der geschätzten Gesamt-Video-Abrufe im Oktober 2014 in Deutschland (IVW 2014).

Media-Niveau.[9] Damit sind derzeit nicht nur fiktionale Inhalte nicht refinanzierbar, sondern auch ‚höherwertige', d.h. klassisch-journalistische Formate kaum online zu refinanzieren (vgl. Tabelle 3).

Die hohen Refinanzierungsschwellen stellen alle Anbieter vor die Herausforderung, günstig zu produzieren. Die Set-Up-Kosten werden dabei von den Befragten als gering eingeschätzt: Die Investitionen in Aufnahme- und Schnitttechnik seien überschaubar und lägen im unteren vierstelligen Eurobetrag. Auch die Einrichtung eines Studios ist für weniger als 10.000€ zu bewerkstelligen (Krachten). Die Ausrüstung für mobiles Reporting kostet einen niedrigen dreistelligen Eurobetrag[10], hochwertige Kameraequipments seien für 1.000-1.500€ zu beschaffen.

Entscheidender ist für die Befragten eine möglichst effiziente Produktion: „Video wird eine Commodity auf allen Websites werden, daher ist die zentrale Frage, wie kosteneffizient in Kombination mit entsprechenden tragfähigen Geschäftsmodellen produziert werden kann" (Bornemann). Zum Einen werden daher *Tätigkeiten weiter verdichtet.* Die Medienorganisationen, die bereits eine Redaktion haben, versuchen den Journalisten die nötigen technischen Kompetenzen zu vermitteln. Damit ist gegenüber etwa dem TV-Journalismus eine weitere Deprofessionalisierung zu verzeichnen, da ein Mitarbeiter zunehmend alle Produktionssschritte (inklusive Pre- und Postproduction) übernimmt. Die Anbieter auf Networked Media setzen direkt auf ein voll integriertes Modell: Gefragt seien „Producer, die alles können" (Weil), also Mitarbeiter, die die verschiedenen Schritte der Produktion und Recherche beherrschen. Hier sei das Berufsbild des Mediengestalters sehr gefragt, da so die vorher sehr personalintensive Produktion effizient abgewickelt werden könne. Dies gilt insbesondere bei jungen Mitarbeitern, die vergleichsweise hohe handwerkliche Kompetenzen im Umgang mit digitalen Medien und Produktionsmethoden mitbrächten (Krachten).

9 So berichten Marktteilnehmer von einem TKP-Niveau auf Youtube für 2013 in den USA bei 7,60$ (5,32€), von dem allerdings die Plattform 55% einbehält; zudem wird der Anteil nur auf das Inventar ausgezahlt, das auch gebucht worden ist. Branchenschätzungen zufolge lag die Auslastung 2013 bei ca. 50% des Inventars (Kaufman 2014). Hervorzuheben ist, dass von diesen Durchschnittswerten nach oben oder unten abgewichen werden kann, etwa bei für die Werbeindustrie besonders attraktiven Inhalten. Publisher können ihre eigene Reichweite besser als Qualitätsumfeld vermarkten; trotz großer Unterschiede ist ein TKP (nach Anteilen für Vermarkter, Handling etc.) von 15€ für 2014 realistisch.

10 So berichtet Sarah Biere, Leiterin Online Video bei der Rheinischen Post, dass die Videos mit den unternehmenseigenen Smartphones (Apple iPhone6) und einem einfachen Tonset für unter 100 € produziert werden.

Tabelle 3: Refinanzierungsschwellen ausgewählter Videoformate

Typ	Beschreibung	Kosten pro Beitrag in €	benötige Videoabrufe*	benötige Videoabrufe**
Erklärvideos (Prosumer)	DIY-Tipps mit unbekanntem Presenter, eine frontale Einstellung, ggf. Close-ups, 3 Min	50	33.000	4.760
Webclips (Lizenz)	Virale Videos zitatsrechtskonform abgefilmt mit Voice over-Kommentar/Lizenz, 1 Min	50-200	33.000-132.000	4.760-19.040
News-Clips (Lizenz)	Kurz-Nif (Nachrichten im Film) zu aktuellen Ereignissen (News, Stars, Sport), Whitelabel, Voice Over, 2 Min	150-300	99.000-198.000	14.280-28.560
Vlogs	Aufsager, professioneller Opener; ggf. geschnittener Vorspann/ Zwischensequenzen, CI, 4-10 Min	250-750	166.000-500.000	23.800-71.400
Online-Magazin	Moderator präsentiert Beiträge, geschnitten mit Archiv-/Neuaufnahmen, O-Tönen, Musik, 3-5 Min	900-1500	600.000-1.000.000	85.680-142.800
Fiction	Dramaturgisch umgesetzte Handlung mit Schauspielern, 5 Min	2500-7500	1.665.000-5.000.000	238.000-714.000

Quelle: Eigene Darstellung auf Basis von Branchenangaben, Expertenaussagen; * Youtube-Vermarktung (60% Auslastung bei 2,50€ netto(4) TKP), ** Vermarktung Publisher (70% Auslastung bei 15€ netto(4)TKP); Kosten beziehen sich auf Auftragsproduktionen

Zum Anderen wird eine *nahtlose Integration in den Redaktionsworkflow* angestrebt. Während bei Organisationen wie dem Online-Angebot der Bild-Zeitung oder auch bei Sport1 dabei zunächst getrennte Teams für Online-Video existierten, wird mittlerweile erwartet, dass jeder Redakteur auch Bewegtbild produzieren kann, bzw. für die Bedarfe von Online anpassen kann. So werden etwa bei Sport1 in einer integrierten Redaktionsplanung für TV und Online die Highlights definiert; Inhalte die im TV nicht ausgestrahlt werden (z.B. Randsportarten wie Golf), werden speziell für Online aufbereitet. Redakteure produzieren Berichte über Sportereignisse dann sowohl für das TV-Programm als auch direkt Schnittversionen für eine Online-Auswertung (Seckler). Diese integrierte Produktion sei insbesondere bei regionalen Organisationen unerlässlich, da Recherche und Produktion an mehreren, in der Region verteilten Orten stattfindet. Für täglich wiederkehrende oder aktuelle Formate werden etwa bei Bild oder Rheinischer Post eigene Studios vorgehalten, um effizient Videos herstellen zu können. Für diesen gesamten Prozess müssen insbesondere Printmedien neue Kompetenzen in der Produktion von Bewegbild aufbauen und auch interne Strukturen ändern.[11]

Dies gilt insbesondere, da der Ausweitung von Berichterstattungs-Aufgaben oft nicht im gleichen Maße eine Ausweitung der Redaktionen gegenübersteht. Dies führt zu einer weiteren *Verdichtung der Arbeit*: Obwohl finanzielle Mittel vorhanden seien, sei der limitierende Faktor die Zeit, die den Redakteuren für die Videoproduktion zur Verfügung stehen (Picker). Dies eröffnet grundsätzlich auch Chancen für die Auslagerung von Tätigkeiten an externe Dienstleister.[12] Die Befragten betonten hierbei, profilbildende Inhalte selbst produzieren bzw. ihnen eine eigene Tonalität verleihen zu wollen (etwa durch Nachvertonung von Inhalten) und die restliche Breite durch Partnerinhalte abzudecken.

Ein effizientes Kostenmanagement ist zudem für die primär auf Networked Media zielenden Produzenten zentral. Hier wird der Produktionsprozess in der Regel komplett durch den Creator selbst abgewickelt und so wenig wie möglich externe Kosten verursacht (z.B. Stock footage und Schnittbilder selbst aufnehmen, Requisiten aus Privatbesitz verwenden etc.). „Es ist relativ schwierig, das (die Produktion von Inhalten, d. Autoren) auf die nächste Ebene zu heben und Kameraleute zu beauftragen oder aufwändiger zu produzieren“ (Schwember). Erleichternd wirke der Trend zum mobilen Reporting, da geringere Ansprüche an das Szenenbild und die Bildgestaltung vorhanden seien (Romanus). Weitere Kostenvorteile lassen sich durch die in der ‚industriellen TV-Produktion' bereits erlernten Techniken der seriellen Produktion erzielen, bei der etwa für Youtube-Formate 3-5 Folgen pro Tag aufgenommen werden (Krachten). Bei den Networked-Media besteht das Angebot überwiegend aus Inhalten von Creators, die ohne Upfront-Kosten nur im Vermarktungsfall entlohnt werden.[13] „Wir sind froh über von Youtubern produzierte Inhalte, da immer noch sehr viel Eigenleistung von Nöten ist“ (Sandhaus). Dabei wurde von den Befragten perspektivisch eine Steige-

11 Dies setzt ein konsequentes Change-Management über alle Organisationsbereiche und Hierarchie-Ebenen voraus (Betzold). Zudem haben Printmedien wenig Erfahrung mit der Herstellung von Bewegtbild, so dass auch die technische Abwicklung der Workflows eine Herausforderung darstellt (Biere 2015).

12 Hier seien TV-Produktionsfirmen meist zu teuer, da sie zu aufwändig produzierten, so die Befragten. Daher würden Aufträge an Anbieter vergeben, die einfachere Produktionsmethoden einsetzen. So deckt beispielsweise Sport1 die regionale vor-Ort-Berichterstattung über ein Netzwerk von freien Autoren in Ergänzung zu festen Redakteuren ab (Seckler).

13 Fixed Fees für die Auswertung auf digitalen Plattformen müssten hingegen in der Regel bei Top-Inhalten - Musikvideos, TV-Content oder Sportrechte - entrichtet werden (Blüm, Sandhaus).

rung der Produktionsqualität erwartet, auch um ältere und damit stärker klassisch in der Mediennutzung sozialisierte Nutzer erreichen zu können.

3.3. Spezialisierung: Top-Talente, Brand Content und Internationalisierung

Eine Spezialisierung kann in Bezug auf die Breite einer Produktlinie, angepeilte Kundensegmente oder die belieferten geografischen Märkte betrachtet werden (Ramme 2005: 149).

Hinsichtlich der Breite der Produktlinie lässt sich festhalten, dass Network Media-Anbieter eine engere Produktlinie anbieten, die durch ihre publizistische Positionierung definiert wird. Nicht alle Inhalte, die im Gesamt-Markt attraktiv sind, stoßen auch auf einzelnen publizistischen Angeboten auf großes Interesse.[14] Zugleich sind diese Medien aufgrund ihres Aussteuerungsmechanismus auf den ‚short head', also die wenigen massenattraktiven Inhalte angewiesen. Das bestehende Produktprogramm wird dabei tendenziell auf die neue Inhalte-Form Online-Video übertragen. Demgegenüber stehen Aggregatoren wie MCNs, aber auch Whitelabel-Anbieter, die ein breiteres Inhalteportfolio aggregieren und daher kostengünstig abbilden können. Daher definiert bei den auf Plattformen zielenden Anbietern vor allem die Akquise und das Management von On-Air-Talenten Breite und Erfolg der Produktlinie.[15] Die Inhalte-Produzenten können dabei zwar auf einen ungleich größeren Talentpool zurückgreifen als im TV-Markt, zugleich treten die Talente selbst als Produzent und Distributor auf. Dies verschärft die A-List/B-List-Eigenschaft der Medien (Hesmondhalgh 2002): Sehr wenige Talente erreichen eine sehr große Gefolgschaft und avancieren zur Marke. Ausschlaggebend hierfür war laut den Befragten Authentizität und ‚richtige' Tonalität der On-Air-Stars. Da die Interaktion ein wesentlicher Teil des Storytellings der Inhalte darstelle, erwarteten die Nutzer eine glaubwürdige Kommunikation, die sich nicht wie im TV an eine unbestimmte Zuschauerschaft, sondern an einzelne Personen richte. Obwohl die Erwartung der Zuschauer eine Fiktion bleiben muss, kann eine ‚Para-Interaktivität' erzeugt werden, etwa in dem Inhalte gemeinsam mit Zuschauern

---

14 Die oftmals begrenzte Schnittmenge der Publika von Publishern und etwa Youtube zeigt sich auch in der relativ schwachen Position der Publisher auf Youtube (vgl. Kapitel 3.4.).

15 Vertreter der Network Media definieren ihre Konkurrenz vor allem in inhaltlich-publizistischer Perspektive, Produzenten auf Networked Media eher hinsichtlich des Wettbewerbs um Talente (vgl. Kapitel 4).

erstellt werden, Stars vereinzelt auf Kommentare reagieren (z.B. in eigenen Videos oder in der Kommentarsektion) oder anderweitig für die Nutzer erlebbar werden.[16]

Um diese Talente bestehe bereits heute ein intensiver Wettbewerb (Weil, Krachten). Die Beziehungen werden daher abgestuft gestaltet. Aufgrund der Heterogenität des Marktes sei eine Portfoliobetrachtung von Nöten: So versuche etwa das UFALab, die besten Creators aus einem Netzwerk von rund 25.000 Aktiven durch Wettbewerbe und kreative Förderung an sich zu binden (Bornemann). Die relevantesten Akteure haben zudem Zugriff auf eine Studio-Infrastruktur. Insgesamt waren sich alle befragten Inhalteproduzenten einig, dass eine fortlaufende Nachwuchsentwicklung und Talentakquise zentraler Bestandteil der Aktivitäten darstelle.

Eine weitere Spezialisierung stellt die Bedienung von (Werbe-)Kundenbedürfnissen durch Integration von Brand Content dar.[17] Die Einbindung der Markenbotschaft in die Produktion selbst erlaubt höhere Budgets zu erringen als im kompetitiven, über Mediaagenturen gesteuerten Buchungsplan für Video-Werbung. Diese Ansätze schließen an die im TV-Markt bekannten Branded-Entertainment-Strategien an, die bereits seit längerer Zeit verfolgt werden (Zabel 2008: 321). Als wesentliche Hürde gilt die richtige Übersetzung der Markenbotschaft, ohne die Glaubwürdigkeit des Werbeträgers zu beschädigen und zugleich der Ziele der Markenführung gerecht zu werden (Weil). Dies stellt für etablierte Medienunternehmen einen Drahtseilakt dar, da deren Nutzer stärker eine Trennung von Werbung und Inhalt erwarten. Dementsprechend waren die Network Media-Vertreter hier deutlich zurückhaltender, während die Networked Media-Produzenten diese Refinanzierungsaktivität aggressiv verfolgen. So wird eng mit Kreativ- und Mediaagenturen oder den Werbetreibenden direkt zusammengearbeitet. Eine integrierte Planung – von Auswahl der richtigen Zielgruppe bis zur kreativen Umsetzung – ist im Online-Videobereich aufgrund der heterogenen Nachfrage- und Anbie-

16 Ein Beispiel hierfür ist die von Studio71 produzierte Liveshow „Let's Play Together XXL",der Youtube-Stars Gronkh & Sarazar, die zuletzt über 4000 Besucher anzog (Weil).

17 Hierunter wird Product Placement, aber auch Branded Entertainment verstanden. Diese Refinanzierungsform wurde von den Befragten mit 3,5 auf einer Likert-Skala von 1 (unwichtig) bis 5 (sehr wichtig) eingeschätzt, hinter dem dominierenden AD-VoD-Modell und vor Subscriptions- und Pay-Angeboten (2,7), bzw. der Option, die Produktion von Online-Video als reine Marketingsaufwendungen ohne direkte Refinanzierbarkeit zu betrachten (2,9). Auch wenn die Auswertung keine Repräsentativität beanspruchen kann, so gibt sie doch einen guten Eindruck für die Einschätzungen der befragten Experten.

terlandschaft sehr anspruchsvoll. Daher sind mehrere der befragten Organisationen dazu übergegangen, dedizierte Kreativ- bzw. Entwicklungsabteilungen ins Leben zu rufen (Weil, Bornemann). Hier sei insbesondere eine Integration mit einem Bewegtbildvermarkter von Vorteil, da so Zugang zu Werbekunden generiert werden könne.

Eine Schwierigkeit dabei ist aus der Sicht der Beteiligten die begrenzte Skalierbarkeit, da Kooperationen mit erheblichen Aufwänden in der Abstimmung verbunden seien. So erfordere insbesondere Branded Entertainment Kompetenzen im Storytelling, um Markenanliegen in eine möglichst interaktive Geschichte zu übersetzen. Gleichzeitig gelte es, „eine Brücke zwischen Marke und Community zu schlagen" (Weil). Die Wünsche des Werbetreibenden, die es gewohnt sind, volle Kontrolle über ihre Markenbotschaft zu behalten, seien nicht immer mit den Ansprüchen der Onlinenutzer auf Authentizität der Protagonisten (s. oben) in Übereinstimmung zu bringen. Während des Prozesses von Ideenkreation, Talentansprache, Storyboards und schließlich (Pilot-)Dreh müssten die gegenseitigen Erwartungen daher gemanagt und der Inhalt fortlaufend konkretisiert werden (Bornemann). Auch die Kapazität der von den Marken bevorzugten Top-On-Air-Talente sei begrenzt: „Die Top-Youtuber sind auf maximalen Output auf Youtube geeicht. Die schaffen ein oder zwei Videos die Woche, der Rest der Zeit steht für kommerzielle Zusatzdeals, wie Product Placements oder Einsatz als Testimonial zur Verfügung. Da für diese werblichen Deals vergleichsweise viel Geld fließt, ist es schwierig mit etablierten Stars zusätzlichen redaktionellen Content zu produzieren. Im Pitch bei Coca-Cola oder McDonald's kann es (eine Kooperation mit einem bekannten Youtube-Star, d. Autoren) dann pro Sendeminute teurer werden als bei klassischer TV-Produktion" (Sandhaus). Gleichzeitig müsse die Passgenauigkeit zur Zielgruppe beachtet werden. Daher seien unternehmensübergreifende Talent-Kooperationen keine Seltenheit (Weil).

Eine dritte Spezialisierung ist die geografische Ausweitung. Während in der Gruppe der Network Media die Produktion von Online-Video-Inhalten eng am geografischen Fokus des Haupt-Medienprodukts orientiert ist, setzen die Networked-Media-Produzenten auf eine maximale geografische Skalierung. Die vermarktbare Reichweite werde gesteigert, zudem könnten auf diesem Wege auch internationale Kampagnen abgewickelt werden. Der entstehende Pool an Ideen und Formatrechten ermögliche zudem eine internationale Lizenzierung lokaler Versionen (Romanus), um so den Fehler der TV-Produzenten, keinen eigenen Rechtestock aufzubauen, nicht zu wiederholen. Eine internationale Skalierung verbessere schließlich die Verhandlungsposition und Attraktivität gegenüber Partnern; so habe Fremantle dank seiner internationalen Skalierung zusammen mit Vice Media das Food-Vertical Munchies starten können (Bornemann).

3.4. Wahl des Vertriebswegs

Die Inhalteproduzenten haben grundsätzlich die Möglichkeit, ihre Inhalte auf verschiedenen Plattformen anzubieten. Dabei bevorzugen erwartungsgemäß die integrierten Anbieter ihre eigenen Plattformen (Weil, Sandhaus). Die bessere Monetarisierbarkeit[18] wird jedoch durch die im Vergleich zu Youtube und facebook geringen Reichweiten und damit begrenzten Inventare eingeschränkt.

Tabelle 4: Marktanteile im Online-Video-Distributionsmarkt in Deutschland, November 2014

Kategorie	**Anzahl**	**Anbieter (Beispiele)**	**Abrufe im Monat**	**Marktanteil (in %)**
Networked Media: Plattformanbieter	1	Youtube (Deutschland)	4440	76,8
	1	Facebook (Deutschland)	660	11,4
	6	Weitere (twitch.tv, dailymotion.de)	151	2,6
Network Media: Angebote von TV-Sendern	29	Rtl.de, ZDF Mediathek, myvideo.de	311	5,4
Network Media: Angebote von Printmedien	253	Bild.de, spiegel.de	139	2,4
Network Media: Reine Digitalangebote	104	t-online.de, AdVice, iLiga	78	1,3

Quelle: Eigene Auswertung auf Basis IVW 10/2014; Page Impressions in der Kategorie Videos. Youtube und facebook nehmen nicht an der IVW teil, die Abrufzahlen wurden daher auf Basis von Unternehmensveröffentlichungen sowie dem Anteil deutscher Nutzer an der weltweiten Nutzerschaft approximiert. Zu beachten ist, dass die Wertigkeit (z.B. Viewtime, Auslastung Werbeinventar) stark variiert, wenn z.B. auch selbststartende Video mitgezählt werden.

18 So entfallen etwa bei Sport1 70-80% der Nutzung auf eigene Plattformen, die für 90% der Erlöse stehen (Seckler).

Aus Nutzungsperspektive dominieren die Networked Media klar den Markt (vgl. Tabelle 4). Dort ist auch das größte Wachstum zu verzeichnen: So konnte allein facebook seine Abrufzahlen zwischen Oktober 2014 und Februar 2015 verdreifachen (Lunden 2015). Ziel aller Befragten war es daher, möglichst plattformagnostisch zu produzieren. Aus einer Markenführungssicht sei es zudem wichtig, auf allen Plattformen vertreten zu sein, um dort die Nutzer zu erreichen: „Ubiquität ist wichtiger als die eigene Plattform" (Betzold). Dafür müssen Medienunternehmen in Ergänzung zu gelernten editorialen Programmen der Aufmerksamkeitssteuerung die kontextgetriebenen Distributionsmechanismen der einzelnen Plattformen verstehen, etwa wie Cross-Promotion unter verschiedenen Youtube-Kanälen genutzt oder die 24/7-Interaktion mit einer Community effizient und effektiv gestaltet werden kann. Die Entwicklung dieser Algorithmen müsse zudem fortlaufend beobachtet werden (Romanus). Damit spielen technologische Kompetenzen eine zunehmend wichtige Rolle, um frühzeitig Themen zu identifizieren und die Vermarktung optimal auszugestalten (z.B. durch A/B-Testing, SEO-Optimierung, automatisierte Veröffentlichungsplanung etc.).

Abbildung 2: Abrufzahlen Top 100 Kanäle in Deutschland auf Youtube, November 2014

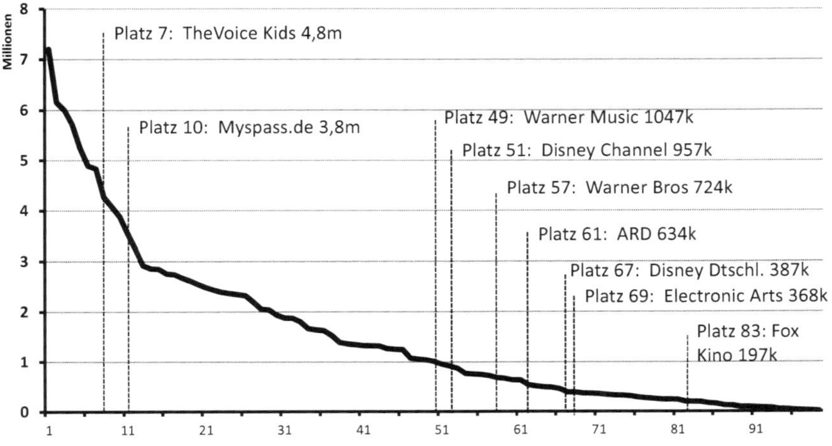

Quelle: Eigene Auswertung auf Basis von vidstatsx.com; Zeitraum 3.-9.11.2014, abgerufen am 10.11.2014

Den Teilmarkt der plattformdistribuierten Angebote konnten die Network Media bislang nicht besetzen: So stammten zwar bei den Onlineausgaben deutscher Print-Angebote im Juni 2014 zwischen 30 und 65% der Besuche aus Verlinkungen, Sucheingaben oder Verweisen aus sozialen Medien (Schmidt 2014). Allerdings stammten zugleich nur neun der Top-100-Youtube-Kanäle von etablierten Medienunternehmen bzw. deren Produkten (vgl. Abbildung 2). Die Beherrschung dieser Mechanismen eröffnet auch neue Potenziale in der Produktion. Neue Themen ließen sich in Echtzeit anhand der Suchanfragen auf Google oder den sozialen Netzwerken auswerten; zudem gäben Kommentare und Interaktionen Hinweise auf Themen (Krachten). Produktionen müssten dabei – insbesondere bei jungen Nutzern unter 20 Jahren – die spezifische Nutzungssituation, etwa das benutzte Endgerät oder der Zeitpunkt im Tagesablauf berücksichtigen (Blüm). Schließlich ermögliche die Plattformen eine graduelle Expansion: „Im Fernsehen nimmt ein Format einem anderen den Sendeplatz weg, man muss daher stark selektieren. Online ist trial and error möglich, man kann etwas produzieren, schauen wie es funktioniert und ggf. dann mehr Ressourcen dafür einsetzen“ (Weil).

Wenn die starke Stellung der Networked Media zumindest auf mittelfristige Sicht bestehen bleibt, so hofften die Befragten zumindest, dass (neue) Wettbewerber wie vessel, vimeo, dailymotion oder vine die dominierende Rolle von Youtube erodieren könnten. Der Marktführer bleibt nach Einschätzung der Befragten allerdings derzeit unumgänglich. „Man muss mit Youtube kalkulieren, selbst wenn man den Mega-Treffer landet“ (Sandhaus), zumal durch die viralen Effekte der Plattform die Größenvorteile von Youtube noch einmal verstärkt werden. So sei es auf kleineren Plattformen ungleich schwerer, die für hohe Abrufzahlen zentrale Nutzeraktivität zu produzieren. „Ein Video, das auf Youtube 500.000 Abrufe hat, hat bei myvideo 120 Abrufe, da dort keine aktive Community vorhanden ist. Leute wollen sich auf Youtube unterhalten und gegenseitig Sachen zeigen“ (Schwember). Große Hoffnungen werden dabei vor allem auf facebook gesetzt.

4 *Strategische Gruppen im Online-Video-Markt*

Auf Basis der Wettbewerbsdimensionen lassen sich fünf verschiedene strategische Gruppen im Wettbewerb der Online-Video-Produktion abgrenzen (vgl. Abbildung 4):

(1) *Creators*: Die zahlenmäßig größte Gruppe der (semi-)professionellen Content-Produzenten (z.B. Sami Slimani, Gronkh, Blinkist) ist durch eine enge Produktlinie und geringe vertikale Integration gekennzeichnet. Strategisch ist eine fortlaufende Professionalisierung (im Sinne einer Marktdurchdringungsstrategie), Ausbau der Branded-Content-Kompetenzen und die Erschließung alternativer Verteilplattformen zu beobachten.[19] Als moderne Publisher kombinieren sie editoriale Steuermodelle mit einem Verständnis für Mechanismen der Networked Media.

(2) Die Gruppe der *Multi-Channel-Networks* (z.B. TubeOne, MediaKraft Networks, UFALab, Maker Studios) weist ein breites Produktprogramm und eine geringe vertikale Integration auf. Die Kernkompetenz liegt im Bereich Talentmanagement und -vermarktung, sowie in technologisch unterstützten Steuerung von Vermarktung und Interaktion. Neben dem Ausbau der Konzeptkompetenz wird eine aggressive internationale Skalierung verfolgt. Zudem ist eine Rückintegration auf die Produktionsebene festzustellen, um positionale Inputs zu sichern und Rechte zu generieren, die eine Internationalisierungsstrategie abstützen und eine weitere Auswertung (z.B. TV, Lizenzierung, Games, Transmedia etc.) ermöglichen.

(3) In der Gruppe der *Network Media* (z.B. spiegel.de) definiert das Kernmedienprodukt die Produktlinie. Die starke vertikale Integration ermöglicht eine Verlängerung von Marken. Die Anbieter verfolgen dabei eine Asset-light-Strategie: Profilbildende Inhalte werden effizient inhouse produziert; andere Inhalte hingegen auch über Dritt-Anbieter bezogen. Strategisch wird darüber hinaus versucht, eigene Distributionsplattformen aufzubauen. Dies wird erschwert, da so das Kerngeschäft kannibalisiert wird. Gleichzeitig müssen die Anbieter neue Kompetenzen aufbauen, etwa in der technologiegestützten Beherrschung der Networked-Media-Verteilmechanismen oder kostengünstiger Produktionsmethoden, zum Teil aber auch im Kerngeschäft selbst.[20] Teilweise wird daher versucht, über den Zukauf von Multi-Channel-Networks (etwa Divimove, Stylehaul und Broadband.tv bei der RTL Group) diese Kompetenzen

19 Neue Dienstleister wie FameBit versprechen dabei, die Zusammenarbeit mit Marken auch ohne Vertragsbindung an ein MCN abzubilden.

20 So seien zum Beispiel derzeit nicht alle Vermarkter auf die Vermarktung von Bewegtbild-Inhalten eingestellt; es fehle bisweilen an Know-how bei Vertrieb und Werbetreibenden (Bornemann). Daher sind Multi-Channel-Netzwerke wie MediaKraft dazu übergegangen, eigene Vermarktungseinheiten aufzubauen (Krachten).

Abbildung 3: Strategische Gruppen im Markt für Online-Video-Produktion

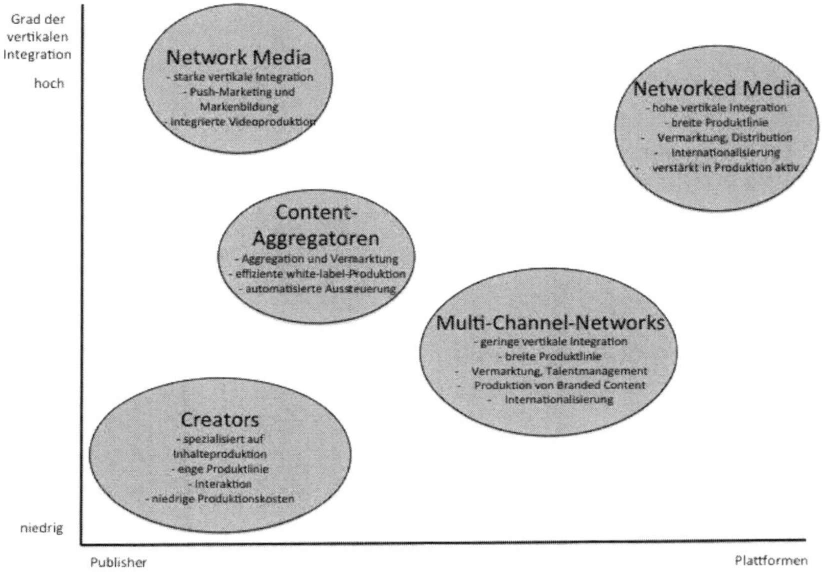

Quelle: Eigene Darstellung; Abgrenzung setzt auf business level an, nicht auf Konzernebene. Daher kann bspw. UFALab als MCN mit clipfish als Network Media in Konkurrenz stehen, obwohl beide zur RTL Group gehören

auszubauen; der Austausch mit dem Kerngeschäft ist dabei allerdings gering.

(4) Die Gruppe der *Content-Aggregatoren* (z.B. Zoomin, clipkit, snackTV) weisen eine enge Produktlinie an standardisierbaren und damit whitelabel-fähigen Inhalten auf, die idealerweise international skalierbar sind. Kernkompetenzen in dieser Gruppe sind die effiziente Produktion von Inhalten und automatisierte Distributionsprozesse. Teilweise sind die Anbieter auch in der Vermarktung (z.B. snack TV) oder der Aussteuerung von Inhalten (z.B. plista) aktiv. Da sie jedoch stets als Dienstleister für Network Media agieren, sind diese Aktivitäten auf Nischen begrenzt.

(5) Die *Plattformen* schließlich sind bereits stark vertikal integriert, mit einer extrem breiten Produktlinie an Onlinevideos, die sie zur Verfügung stellen. Neben der geografischen Skalierung ist eine Vertiefung der Aktivitäten im Bereich des Branded Content einerseits, und in der Programmproduktion andererseits zu beobachten. So startete die Plattform

Youtube 2013 ein Produzentenprogramm mit dem Ziel, 60 originäre Programmkanäle aufzubauen (Woldt 2013: 122).

Eine wichtige Abgrenzung neben der objektiv unterschiedlichen Ausrichtung ist die Frage, ob die Akteure selbst sich zu einer Gruppe zurechnen, da es das wettbewerbliche Verhalten maßgeblich mitprägt. Zunächst wird die Wettbewerbsintensität derzeit insgesamt als gering eingeschätzt. Der Markt expandiere stark und Online-Video sei aus Sicht der werbetreibenden Industrie noch nicht etabliert; daher sei man um jeden Mitstreiter froh, der helfe, den Markt bekannt zu machen (Krachten). Dies könne sich perspektivisch ändern, wenn das Wachstum der Werbebudgets für Online-Video stagnieren sollte: „Am Ende ist der Wettbewerb auf der Vermarktungsseite, da es darum geht, Werbebudgets vom Kunden zu bekommen“ (Weil). Gleichzeitig waren sehr unterschiedliche Definitionen von Wettbewerb anzutreffen, die mit dem Grad der vertikalen Integration variieren. Die Gruppe der Creators lehnt eine Konkurrenzbetrachtung eher ab; jeder erreiche sein Publikum nicht auf Kosten von anderen, da die Distributionskapazitäten im Gegensatz zum TV quasi unbegrenzt sind (Schwember).

Auf der Ebene der Aggregation definieren die Vertreter der MCNs andere MCNs als ihre relevante Konkurrenz, wobei sie um die Verpflichtung möglichst vieler attraktiver Talente ringen, sowie um Mitarbeiter, die hinter der Kamera kreative Konzepte entwickeln und ggf. in Verbindung mit Werbetreibenden umsetzen können. Klassische TV-Produzenten werden hingegen nicht als Bedrohung aufgefasst, da ihnen kritische Kompetenzen fehlten, bzw. sie zu teuer produzierten. Bei der Produktion von Branded Content werden Werbe- und Mediaagenturen als Partner aufgefasst, bei denen MCNs Produktions-, Storytelling- sowie YouTube-Expertise und den Zugang zu On-Air-Talent einbrächten (Bornemann).

Die Vertreter der Network Media begreifen Plattformen wie Youtube und facebook als Wettbewerber in der Hinsicht, „dass sie Mitbewerber um die eyeballs insbesondere in den jüngeren Zielgruppen geworden sind“ (Blüm) bzw. diese Angebote sich aus einer Customer-Journey-Perspektive als feste Anlaufpunkte für die jüngeren Zielgruppen etablieren (Betzold). Inhaltlich hingegen grenzten die Vertreter der Network Media ihre Angebote vor allem zu anderen etablierten Medienangeboten in ihren jeweiligen Sparten ab, etwa im Sport oder im Regionalen (Seckler, Biere). Die MCNs werden aufgrund mangelnder Profitabilität noch nicht als Bedrohung des Kerngeschäfts begriffen: „Multi Channel Networks, die kein zweites Standbein außer YouTube haben, werden es natürlich generell schwer haben, die große Zahl der Talents zu handlen und ausreichend Geld für ihr Netzwerk zu verdienen – von sehr erfolgreichen Einzelfällen ausgenommen“ (Blüm).

5 Fazit

Auf Basis der Expertenbefragung konnte gezeigt werden, dass sich strategische Gruppen im Online-Video-Produktionsmarkt in erster Linie anhand der vier Wettbewerbsdimensionen vertikale Integration, Kostenposition, Spezialisierung und Distributionsstrategie abgrenzen lassen.

Die vorliegende Untersuchung hat verdeutlicht, dass dem gegenwärtig starken Wachstum von Online-Video noch kein gleichermaßen etabliertes Geschäftsmodell gegenüber steht. Eine direkte Refinanzierung von aufwändigeren Inhalten durch Video-Werbung wird – zumindest für den deutschen Markt – von den Befragten derzeit nicht für möglich gehalten. Dementsprechend versuchen Anbieter, die auf den größeren Teilmarkt der Networked Media zielen, entweder durch internationale Skalierung oder durch Erschließung ergänzender Monetarisierungsquellen (v.a. Branded Content) eine profitable Videoproduktion zu ermöglichen. Vertikal integrierte Anbieter haben den Vorteil, die Herstellung von Videos in ihre Produktionsroutinen und ‚klassische' Markenführung einbetten zu können. Damit kann diese Gruppe zwar schneller profitabel produzieren (auch aufgrund der besseren Monetarisierbarkeit der Inhalte), adressiert aber auch nur einen kleinen Teilmarkt.

Beide Gruppen verfolgen damit eine selektive Produktionsstrategie, die vor allem in profilbildende Inhalte (die somit als Marketing-Invest zu betrachten sind) oder erfolgreiche Talente mit (internationalem) Verwertungspotenzial investiert. Die idealistische Inhalteproduktion der Creators außen vorgelassen bleibt das publizistische Potenzial derzeit damit insgesamt begrenzt.

Perspektivisch steht zu erwarten, dass sich der Markt für Online-Video-Produktion weiter professionalisiert, etwa hinsichtlich des Produktions-Know-hows, des Talentmanagements, der Konzept-Kompetenz und der Expertise hinsichtlich technologiegestützter Interaktions- und Content-Aussteuerung. Entscheidend für eine substantielle Ausweitung der professionellen Inhalteproduktion wird voraussichtlich die Etablierung alternativer Distributionsplattformen und neuer, z.B. subscriptionsbasierter Erlösmodelle sein. Hier ist mit weiteren Vorstößen aktueller und neuer Wettbewerber zu rechnen. Dies würde den Markt weiter ausdifferenzieren, etwa indem Spezialisten auf allen Wertschöpfungsstufen (analog zur Entwicklung der TV-Branche) mit den vertikal integrierten Anbietern konkurrieren.

Literatur

Beam, Michael A./ Gerald M. Kosicki (2014): Personalized news portals: Filtering systems and increased news exposure. In: *Journalism & Mass Communication Quarterly,* 91 (1), S. 59-77.

Busemann, K./Gscheidle, C. (2011): Web 2.0: Aktive Mitwirkung verbleibt auf niedrigem Niveau. In: *Media Perspektiven*, 7-8, S. 360-369.

Chan-Olmsted, S. M. (2006): Competitive Strategy for Media Firms. Strategic and Brand Management in changing media markets. Mahwah, NJ: Erlbaum Associates.

Christensen, C. (1997): The innovator's dilemma: when new technologies cause great firms to fail. Boston: Harvard Business School Press.

Cool K.O. and Schendel, D.E. (1988): Performance Differences among strategic Group Members. In: *Strategic Management Journal*, Vol. 9, S. 207-223.

Gennis, M./ Gundlach, H. (2014): Wer sind die Gatekeeper der Konvergenzmedien? Kriterien und Bestimmungen vorherrschender Meinungsmacht in konvergenten Medienumgebungen. In: *Media Perspektiven*, 10, S. 507-524.

Hesmondhalgh, D. (2002): The cultural industries. London: Sage Publications.

Hess, T. (2014): Plattform-Anbieter als Medienunternehmen der 2. Generation: Ansatz, Einordnung, Forschungsfragen. Vortrag auf der Fachgruppentagung Medienökonomie in Mainz, gehalten am 14.11.2014

IVW (2014): Gemessene Nutzungsdaten, Ausweisung Oktober 2014. Gefunden auf: http://ausweisung.ivw-online.de/index.php?i=10&mz_szm=201410 (zuletzt geprüft 27.3.2015)

Kaufman, L. (2014): Chasing their star, on Youtube. In: *New York Times*, 1.2.2014

Lunden, I. (2015): Facebook Now Has Over 3B Video Views Per Day. Gefunden auf: http://techcrunch.com/2015/01/28/facebook-now-has-3b-video-views-per-day/ (zuletzt geprüft am 28.3.2015)

Mascarenhas, B./ Aaker, D. (1989): Mobility barriers and strategic groups. In: *Strategic Management Journal*, 5 (10), S. 475-485.

Mintzberg, H./Ahlstrand, B./Lampel, J. (2012): Strategy Safari. Der Wegweiser durch den Dschungel des strategischen Managements. 2. akt. Auflage. München: FinanzBuch Verlag.

Porter, M.E. (1999): Wettbewerbsstrategie. Methoden zur Analyse von Branchen und Konkurrenten. 10. Durchges. und erweiterte Auflage, Frankfurt/New York: Campus.

Puffer, H. (2015): Video-on-Demand: neue Schubkraft durch Netflix? In: *Media Perspektiven*, 1, S. 17-29.

PWC (2014): Media Trend Outlook Onlinevideowerbung: Emotion trifft auf Effizienz. Abgerufen unter *www.pwc.de/bewegtbildwerbung*, zuletzt geprüft am 11.03.2015.

Ramme, G. (2005): Strategien von TV-Unternehmen in konvergierenden Märkten. Optionen und ihre Bewertung. Baden-Baden: Nomos.

Rafferty, J. (2008): Exploring Strategic Groups. (ohne Ort): Europrime Publishing

Reger, R.K./Huff, A.S. (1990): Strategic Groups: A Cognitive Perspective. In: *Strategic Management Journal*, 14, S. 103-124.

Rentz, I. (2014): Watchever meldet Rekordzahlen. Gefunden auf: http://www.horizont.net/medien/nachrichten/Streaming-Watchever-meldet-Rekordzahlen-130913. Zuletzt geprüft am 28.3.2015

Röper, H. (2014): Fernseh- und Filmproduktion 2011 und 2012. Fortschreibung der Formatt-Studie über Konzentration und regionale Schwerpunkte der Auftragsproduktionsbranche. In: *Media Perspektiven*, 11, S. 556-572.

Rott, A./Zabel, C. (2009): Marktentwicklung als strategische Option für TV-Produktionsunternehmen: Perspektiven, Probleme und empirische Evidenz. In: Jan Krone (Hg.): *Fernsehen im Wandel. Mobile TV & IPTV in Deutschland und Österreich.* (S. 93-106). Baden-Baden: Nomos.

Schmidt, H. (2014): Woher die Leser der Nachrichten- und Click-Bait-Sites kommen. Abgerufen von: *netzoekonom.de* (zuletzt abgerufen am 15.3.2014).

Seufert, W./ Wilhelm, C. (2013):
Wie stark verdrängen oder ergänzen sich (neue und alte) Medien? In: *M&K*, 68 (3), S. 568-593.

Sundar, S. Shyam/Anthony M. Limperos (2013): Uses and grats 2.0: New gratifications for new media. In: *Journal of Broadcasting & Electronic Media* 57 (4), S. 504-525.

Van Eimeren, B./Frees, B. (2013): Rasanter Anstieg des Internetkonsums - Onliner fast drei Stunden täglich im Netz. Ergebnisse der ARD/ZDF Onlinestudie 2013. In: *Media Perspektiven*, 7-8, S. 358-372.

Woldt, R. (2013): Fernsehen „auf Abruf" – von der Nische in den Mainstream? In: *Media Perspektiven*, 2, S. 115-125.

Zabel, C. (2008): Wettbewerb im deutschen TV-Produktionssektor. Produktionsprozesse, Innovationsmanagement und Timing-Strategien. Wiesbaden: VS-Verlag.

Lars Rinsdorf, Boris Alexander Kühnle

Erfolgsfaktoren von Medienquartieren in Europa

Etliche Städte und Regionen in Europa haben gezielt Unternehmen der Medien- und Kreativindustrie in Medienquartieren angesiedelt, um vom Wachstum der Medienindustrie zu profitieren, mit Hilfe des Quartiers das eigene Profil als attraktiver Wirtschaftsstandort zu schärfen oder problematische Stadtviertel zu revitalisieren. In der hier präsentierten international vergleichenden Studie wurden Medienquartiere systematisch in einem Mixed-Method-Design verglichen und Erfolgsfaktoren dieser spezifischen Policy untersucht. Aus den empirischen Daten lassen sich idealtypisch zehn Faktoren herausarbeiten, die sich den Feldern Wirtschaftsförderung, Architektur und Aufenthaltsqualität zuordnen lassen. In den untersuchten Fällen sind diese Faktoren nie gleichermaßen stark ausgeprägt. Diese Faktoren werden zu unterschiedlichen Entwicklungsstrategien kombiniert. Die Gewinnung von Ankermietern und die Entwicklung entlang von Wertschöpfungsnetzwerken scheint dabei eine zentrale Rolle zu spielen.

1 Hintergrund und Ziele

Die Kreativ- und speziell die Medienindustrie stehen seit Jahren im Fokus der Wirtschaftsförderung von Städten (vgl. als Überblick dazu Bundesministerium für Wirtschaft und Energie 2015 sowie Floeting 2009). Sie wollen nicht nur von der Dynamik der Branche profitieren, sondern die Attraktivität der Branche auch im Stadtmarketing nutzen: Sei es, um sich als Wirtschaftsstandort nach einer Phase der Deindustrialisierung neu zu positionieren (wie etwa Glasgow mit dem Projekt „Creative Clyde", vgl. BOP Consulting 2010 sowie allgemein zum Stadtmarketing und kommunaler Imageentwicklung Fasselt/Zimmer-Hegmann 2014, Steinrücken/Jaenichen 2006) oder um ihr Profil als Dienstleistungsstandort gezielt zu schärfen (wie im Falle des Düsseldorfer Medienhafens). Zusätzlich wird mit dem Aufbau von Medienquartieren oft das Ziel verknüpft, problematische Stadtviertel zu revitalisieren (BOP Consulting 2010; Ebert 2008; Lazzeretti 2013; Reich 2013 sowie allgemein zur Revitalisierung Vollmer 2015, S. 61ff.).

Bei der Ansiedlung von Medienunternehmen agieren Städte einerseits unter unterschiedlichen Rahmenbedingungen, etwa hinsichtlich der traditionellen Bedeutung der Medienbranche am jeweiligen Standort. Andererseits greifen sie auf unterschiedliche Strategien zurück, etwa eine Fokussierung auf Gründer, die Ansiedlung großer Medienunternehmen als relevante Arbeitgeber oder die Entwicklung von Business Parks, die mit dem Schlagwort Medien als innovativ oder kreativ gelabelt werden. Ziel der in diesem Beitrag vorgestellten Studie war es daher, in einer vergleichenden empirischen Erhebung europaweit Medienquartiere daraufhin zu untersuchen, welche Faktoren die erfolgreiche Entwicklung eines Medienquartiers begünstigen. Hierzu zählen auch Rahmenbedingungen wie die baulichen Gegebenheiten am Standort oder die Bedeutung der Medienunternehmen vor Ort. Wir verdichten unsere Befunde in einem idealtypischen Modell, das ökonomische Förderstrategien ebenso berücksichtigt wie die Architektur und die Aufenthaltsqualität im Standort.

Damit bewegen wir uns in mehrfacher Hinsicht auf einer Schnittstelle zwischen Medienökonomie und angrenzenden Wissenschaftsfeldern. Die erste, offensichtliche Schnittstelle ergibt sich aus dem Doppelcharakter von Medien als Kultur- und Wirtschaftsgütern (vgl. u.a. Gläser 2014). Von vornherein schien es uns daher sinnvoll, neben ökonomischen Faktoren wie etwa dem Flächenangebot auch die Einbettung des Quartiers in das kulturelle Leben zu berücksichtigen, die sich als wesentliche Einflussgröße auf die Entwicklung einer Kreativindustrie herausgestellt hat (vgl. dazu etwa Florida 2012). Zusätzlich adressieren wir stadtsoziologische Fragestellungen, in dem wir die Ausstrahlung von Medienquartieren auf die Nachbarschaft einbeziehen, sei es positiv im Sinne einer Revitalisierung oder negativ als Impuls für deren Gentrifizierung (vgl. Merkel und Oppen 2012).

Systematisch betrachtet, lassen sich die Ansiedlungsaktivitäten zwei Policy-Feldern zuordnen wie in Abb. 1 dargestellt (vgl. zur Abgrenzung zwischen Struktur/*polity*, Prozess/*politics* und Inhalte/*policy* eines politischen Systems Korte 2012, zur *policy*-Forschung im Überblick Wenzelburger/Zohlnhöfer 2015 sowie in Bezug auf kommunale Wirtschaftsförderung Nowak 2008, insb. S. 30ff.): Im *Feld der Standort-Politik* fokussieren sich politische Akteure auf die Stadt- und Standortentwicklung und das Stadtmarketing. Medien werden hier zunächst als allgemeiner Standortvorteil angesehen, der die Stadt für Arbeitgeber und Arbeitnehmer aus angrenzenden Kreativindustrien attraktiv macht und sogar positiv auf die Wahrnehmung eines Standorts bei hoch qualifizierten Fachleuten und Investoren aus völlig anderen Industriezweigen einzahlt (Landry 2008; Steinrücken/Jaenichen 2006). Betrachtet werden hier *erstens* tatsächliche Veränderungen in der Beschäftigungs- und Bevölkerungsstruktur durch modernisierungsorientierte Milieus, die entweder als Ressource im eigenen Unternehmensnetzwerk oder indirekt als vitalisierender Faktor für die Stadtkultur angesehen werden. *Zweitens* kann es darum gehen, das kreative Potenzial der Medienindustrie als Impuls zur Neu-Entwicklung deindustrialisierter Quartiere zu nutzen. Denkbar ist *drittens* aber auch die rein symbolpolitische Nutzung des positiv konnotierten Labels „Medien" für die Außendarstellung der eigenen Kommune.

Abb. 1: Medienquartiere als Strukturpolitik

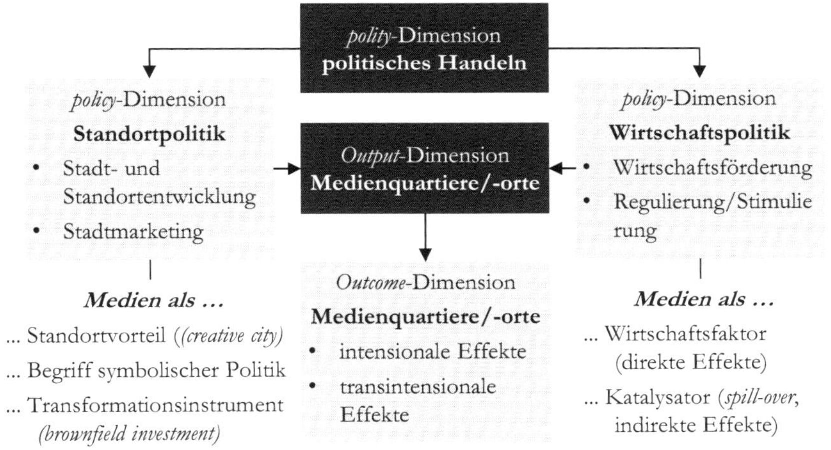

Im *Feld der Wirtschaftspolitik* rücken beim Aufbau von Medienquartieren die unmittelbaren wirtschaftlichen Vorteile der Ansiedlung von Medienunternehmen in den Vordergrund. Hier werden Wachstumspotenziale von Medienunternehmen gesehen, von denen man direkt in Form von Gewerbesteuern und indirekt durch die Schaffung von Arbeitsplätzen und Kaufkraftsteigerungen profitieren will. Hier geht es um die Stimulierung und eine Regulierung von Medienmärkten, die sich an positiven ökonomischen Effekten in der jeweiligen Region orientiert, wie es etwa in der Gründungsphase des privaten Rundfunks in Deutschland in Bundesländern wie Bayern und Nordrhein-Westfalen deutlich sichtbar war.

Relevant sind aber letztlich nicht die Zielsetzungen der kommunalen Akteure in diesen beiden Policy-Dimensionen, sondern deren realer Output. Hier interferieren intentionale und transintentionale Effekte, wobei das handelnde Zusammenwirken der Akteure in einem komplexen Feld wie der Wirtschaftspolitik mit hoher Wahrscheinlichkeit zu Ergebnissen führen kann, die mit den politischen Zielsetzungen nicht oder nur teilweise übereinstimmen.

Im Ergebnis beschreibt die Studie daher nicht allein unterschiedliche Vorgehensweisen bei der Förderung von Quartieren und deren ökonomischen Nutzung durch die Medienindustrie, sondern gibt mit der Erfolgsfaktoren-Analyse, die eben nicht allein auf den Zielen der Akteure aufbaut, wichtige Hinweise für die künftige Gestaltung von Medienquartieren.[1] Die Studie gibt so Diskussionsimpulse an der Nahtstelle zwischen Medienökonomie, Wirtschaftspolitik und Raumplanung.

2 *Anlage der Untersuchung*

In der Studie kombinierten wir in einem mehrstufigen Design qualitative und quantitative Erhebungsmethoden (vgl. zur prinzipiellen Untersuchungsanlage BOP Consulting 2010):

In einer ersten Stufe wurden entlang spezifischer Filterkriterien relevante Medienquartiere identifiziert. Dabei waren für die Sample-Auswahl *vier Kriterien* entscheidend: Handelt es sich um ein räumlich abgeschlossenes bzw. zusammenhängendes Quartier? Existiert ein aktives Standort-Management im Sinne einer integrierten Vermarktung und Betreuung des Quartiers? Besitzt das Quartier einen Branchenfokus auf Medien- und Kreativwirtschaft? Liegt eine mehrjährige Erfahrung im Medienquartier vor, um Mittelfristeffekte und Erfahrungsvorteile nachzeichnen zu können?

In einer zweiten Stufe wurden elf Medienquartiere mit vielfältigen Rahmenbedingungen und Entwicklungsansätzen entlang ökonomischer Kennzahlen miteinander verglichen. Die Auswahl dieser Quartiere folgte der Strategie der maximalen Varianz der Rahmenbedingungen und Entwicklungsansätze, um einen möglichst breiten Suchraum für die Identifikation von Erfolgsfaktoren zu erhalten. Hier standen Indikatoren aus den Bereichen Flächen/Infrastruktur, Mieterstruktur, Aus- und Weiterbildung und Urbanität/Aufenthaltsqualität im Zentrum des Untersu-

1 Der Begriff der Erfolgsfaktoren und die Möglichkeit der Erfolgsfaktorenforschung werden bspw. in der Betriebswirtschaftslehre häufig diskutiert, verwiesen sei in diesem Zusammenhang auf die Debatte zwischen Nicolai/Kieser (2002) auf der einen sowie Bauer/Sauer (2004) und Homburg/Krohmer (2004) auf der anderen Seite. In der vorliegenden Studie ist Erfolgsfaktoren-Analyse jedoch nicht in einem Hypothesen testenden, explanativen Sinne zu verstehen, sondern in einer Hypothesen entwickelnden, explorativen Funktion.

chungsinteresses. Diese wurden vornehmlich über ‚desk research' erhoben.

Abb. 2: Relevante Akteure in den Fallstudien

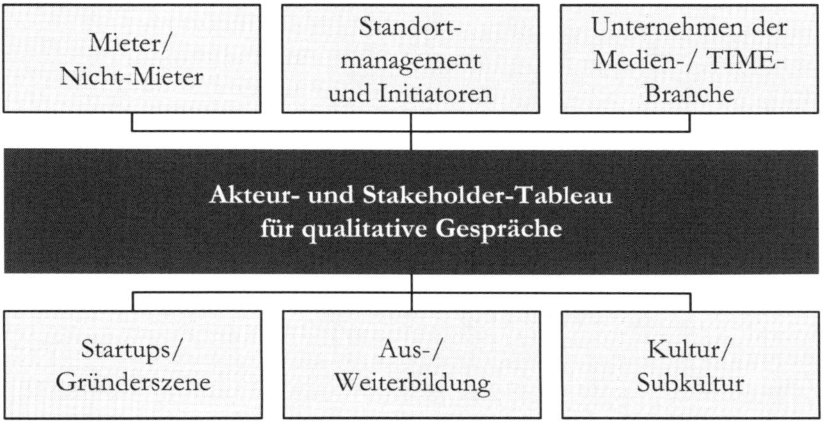

In der dritten Stufe haben wir vier Standorte, die sich in den Ausgangsbedingungen besonders ähneln, aber in der Herangehensweise teilweise deutlich unterschieden, mit Leitfadengesprächen, Dokumentenanalysen und Begehungen intensiv untersucht. Berücksichtigt wurden dabei jeweils zentrale Experten und Stakeholder aus den Gruppen Initiatoren, Mieter, Medien/TIME-Branche, Startups, Aus-/Weiterbildung, Kultur/ Subkultur. Bei denen auf dieser Ebene betrachteten Quartieren *Medienhafen*, Düsseldorf, *Creative City*, Glasgow, *Neu-Marx*, Wien, sowie *Belle de Mai*, Marseille, handelt es sich jeweils um Medienquartiere, bei denen (1) eine gezielte Ansiedlungspolitik für den Bereich Medien- und Kreativwirtschaft und (2) keine Neuerschließung von Gelände („greenfield"), sondern eine Umnutzung von Flächen („brownfield") erkennbar war. In einem abschließenden Workshop mit relevanten Akteuren an einem dieser Standorte wurden die empirischen Befunde extern validiert.

Aus den Befunden haben wir in einem zweistufigen Verfahren zentrale Erfolgsfaktoren herausgearbeitet: In einem ersten, deduktiven Schritt definierten wir aus der Literatur heraus Suchfelder. In einem zweiten, induktiven Schritt haben wir dann entlang der Daten, die im Laufe der Studie an unterschiedlichen Standorten erhoben wurden, diese Suchfelder aufeinander bezogen und daraus über Clusterbildung ein Analyseraster abgeleitet. Diese Matrix ist als idealtypische Beschreibung eines erfolgreichen Medienquartiers zu sehen, die Ergebnisse aus allen Standorten verdichtet, denn wir haben keinen Standort gefunden, in dem alle Erfolgsfaktoren gleichermaßen stark ausgeprägt sind.

3 Befunde

Die Ergebnisse unserer Studie stellen wir entlang einer Analysematrix von Erfolgsfaktoren dar, die wir aus dem Material entwickelt haben. Diese Matrix gliedert sich wiederum in drei Handlungsfelder, die jeweils unterschiedliche Ziele und Instrumente der Quartiersentwicklung enthalten, die Förderstrategie, die Architektur und die Aufenthaltsqualität. Diese analytische Trennung zwischen den Handlungsfeldern erlaubt eine präzisere Beschreibung der strategischen Optionen von Medienquartieren. Im Folgenden stellen wir die Handlungsfelder mit den jeweiligen Erfolgsfaktoren vor und unterlegen sie mit Befunden aus unseren qualitativen Fallstudien.

Handlungsfeld Förderstrategien

Im Handlungsfeld Förderstrategien sind alle Erfolgsfaktoren zusammengefasst, die auf die aktive Gestaltung der ökonomischen Beziehung von Trägern und Mietern abzielen, und zwar insbesondere hinsichtlich der besonderen Wertschöpfungsnetzwerke der Medienindustrie.

Eines davon sind *flexible Angebote* für Medienunternehmen. Sie berücksichtigen die starke Projektorientierung im Mediengeschäft und die mitunter beachtlichen Wachstumsdynamiken neuer Unternehmen und Geschäftsmodelle insbesondere im Bereich digitaler Medien bei gleichzeitig hohem Risiko des Scheiterns.

Die Ansprüche von Medienunternehmen liegen insofern mitunter quer zu den Zielen von Projektentwicklern, die auf die langfristige Vermietung möglichst großer Flächen setzen, um die Rentabilität eines Objekts zu optimieren. Stattdessen sind Medienquartiere gerade dann erfolgreich, wenn sie sowohl beim Flächenbedarf als auch bei der zeitlichen Gestaltung der Mietverträge passgenaue Angebote machen, die gerade jungen Medienunternehmen entgegenkommen. Im Kulturzentrum *La Friche* im Quartier *Belle de Mai* in Marseille lässt sich dieses Phänomen sehr gut beobachten, aber auch in Glasgow trägt es zur erfolgreichen Auslastung der Flächen bei. Ein Gesprächspartner aus der regionalen Filmförderung dort brachte es im Interview auf den Punkt: „Wer die Film- und TV-Industrie anspricht, muss atmende Konzepte bieten."

Die Produktion von Informationsgütern zeichnet sich zudem durch eine geringe Fertigungstiefe aus. Selbst große Medienunternehmen greifen bei der Content-Produktion auf eine Vielzahl spezialisierter Dienstleister zurück, die sich in flexiblen Wertschöpfungsnetzwerken (vgl. Sydow/Windeler 2004) konfigurieren. Umso wichtiger ist in dieser volatilen Umwelt *ein klarer Branchenfokus auf Unternehmen,* die sich zu einem stabilen Wertschöpfungsnetzwerk verbinden können.

Von solch einem Netzwerk profitiert ein Standort in zweifacher Hinsicht: Einerseits attrahiert dieses Netzwerk weitere Unternehmen derselben Branche, andererseits wirkt es als Wechselbarriere für die Unternehmen, die das Medienquartier als Standort ausgewählt haben. Ein gutes Beispiel für einen klaren Branchenfokus liefert das Quartier *Creative Clyde* in Glasgow, in dem ein Gebäude exklusiv für Unternehmen aus dem Bereich der Filmproduktion reserviert ist. Im Ansatz ähnlich, aber weniger konsequent umgesetzt, beobachteten wir diese Strategie auch in Marseille.

Eine besondere Rolle spielen in diesem Zusammenhang Leuchtturmmieter, die für andere Medienunternehmen eine außerordentliche Bedeutung haben – etwa eine öffentliche Filmförderanstalt für Produktionsfirmen. Mit dem Filmboard hat sich in Wien eine entsprechende Institution in *Neu-Marx* angesiedelt. Deren Sogwirkung wird allerdings dadurch relativiert, dass sie nicht in ein breiteres Netz von produktionsrelevanten Dienstleistern am Standort eingebettet, und die Filmförderungseinrichtung selbst an anderem Ort in Wien tätig ist.

Sowohl flexible Angebote als auch ein klarer Branchenfokus folgen einer Förderlogik, die der langfristigen Etablierung eines erfolgreichen Ökosystems größere Bedeutung beimisst als der kurzfristigen Optimierung von Erträgen. Diese Logik muss nicht, kann aber mit finanziellen Einbußen verbunden sein, soweit in die Entwicklung eines Quartiers öffentliche Flächen eingebracht werden. Noch einen Schritt weiter gehen Träger, die mit *gezielten Anreizen* wie etwa reduzierten Mietpreisen Unternehmen in das Quartier bringen, die eine Schlüsselrolle im lokalen Wertschöpfungsnetzwerk spielen können.

Zu nennen wären hier etwa Steuervorteile für Medienunternehmen in Glasgow, die an eine trennscharfe Ansiedlung innerhalb des klar abgegrenzten Entwicklungsgebiets des ehemaligen Industrieviertels am Fluss Clyde gekoppelt sind. Das Spektrum möglicher Instrumente wird hier freilich eng begrenzt durch beihilferechtliche Vorgaben der Europäischen Union. Daher geht es auch darum, die rechtlich möglichen Förderungen aus unterschiedlichen Töpfen gezielt zu bündeln, wie es etwa in Marseille in *Belle de Mai* passiert. Hier ist der Standort ein Bestandteil des Großprojekts Euroméditeranée, in dem Stadt und Region eng zusammenarbeiten. Dies scheint dem Standortmanagement eine gewisse Flexibilität in der Ansiedlungsstrategie zu geben: „Wir machen für jede Branche spezifische Angebote“, schilderte es ein Vertreter der dortigen städtischen Wirtschaftsförderung.

Als vierter Erfolgsfaktor im ökonomischen Handlungsfeld hat sich die Ansiedlung eines *Ankermieters* herausgestellt, entlang der zugehörigen Wertschöpfungskette dann gezielt weitere Unternehmen angesiedelt werden und der die Entwicklung eines Standorts wesentlich befruchtet. Gleichwohl entzieht sich diese Option in der Regel der aktiven Gestaltung durch einen kommunalen Träger. Hier geht es eher darum, Gelegenheiten klug zu nutzen. Zu beobachten ist dies zum Beispiel im Quartier *Creative Clyde* in Glasgow, in dem BBC Scotland als wichtiger Auftraggeber für TV-Produktionen einige nachgelagerte Produktionsfirmen dazu bewogen hat, sich in der Nähe anzusiedeln. „Die Ansiedlung von BBC Scotland wirkt wie ein Magnet“, schilderte es ein Gesprächspartner aus der Wirtschaftsförderung.

Indirekt lässt sich das Gewicht dieses Faktors daran erkennen, dass die Wachstumsdynamik im Wiener Quartier *Neu-Marx* auch dadurch gedämpft wird, dass die ursprünglich geplante Ansiedlung des ORF in diesem Areal so nicht realisiert wird. Insofern kettet ein Standort seinen Erfolg mit einer Ankermieter-Strategie auch klar an dessen wirtschaftliche Entwicklung. Zudem könnten Ankermieter die Entwicklung engmaschiger Produktionsnetzwerke tendenziell behindern, wenn ihre Produktionslogik von Autonomie und einer hohen Fertigungstiefe geprägt ist. Auf beide Phänomene stießen wir in Marseille, in der eine Produktionsfirma für eine große Daily Soap den Standort dominiert.

Handlungsfeld Architektur

Neben ökonomischen Kriterien spielt für Unternehmen aus der Medienindustrie die kreative Atmosphäre am Standort eine wichtige Rolle bei der Standortentscheidung – und zwar insbesondere dann, wenn es um die Entscheidung zwischen Alternativen geht, die rein ökonomisch betrachtet ähnliche Voraussetzungen bieten. Architektur macht in diesem Kontext einen Standort in der Wahrnehmung potenzieller Mieter sichtbar und stiftet Identifikation für die Unternehmen, die sich am Standort angesiedelt haben.

In diesem Handlungsfeld ist *attraktive Architektur* besonders geeignet, einen Standort über spezifische Landmarks ein eigenes Gesicht zu geben und ihn auch über regionale Grenzen hinaus sichtbar zu machen. Hier kann es insbesondere darum gehen, besonders attraktiven Bestandsgebäuden eine zentrale Rolle im Standortkonzept zuzuschreiben. Diese Strategie ist sehr gut erkennbar im Düsseldorfer *MedienHafen* und am *Creative Clyde* in Glasgow: An beiden Standorten durften internationale Stararchitekten Schlüsselgebäude entwerfen und realisieren, die die Silhouette der Standorte prägen und unter anderem als Hintergrundbilder für Nachrichtensendungen öffentlich stark präsent sind.

Gleichzeitig scheint die Architektur die Bindung von Unternehmen an den Standort zu steigern. Folgende Aussage eines Mieters im Düsseldorfer *MedienHafen* ist typisch für diese Perspektive: „Das hat Spirit hier. Das ist etwas Besonderes." Gleichwohl darf dieser Faktor nicht auf Star-Architektur reduziert werden, die im internationalen Standortwettbewerb mitunter zu Lösungen führt, die dem jeweiligen Stadtraum nicht gerecht werden. Vielmehr geht es um ein spezifisches Profil, das zum Gesamtcharakter des Standorts passt und ihn von anderen Quartieren unterscheidbar macht. Hier kann es insbesondere darum gehen, besonders attraktiven Bestandsgebäuden – wie etwa der ehemaligen Rinderhalle in *Neu-Marx* – eine zentrale Rolle im Standortkonzept zuzuschreiben oder die bestehende industrielle Struktur der Gebäude durch gezielte Ein- und Ausbauten neu zu beleben, wie es sich in Marseille im Kulturzentrum *La Friche* beobachten lässt.

In diesem Zusammenhang spielt in Quartieren, die auf ehemaligen Industriearealen entwickelt werden, das *Bekenntnis zur Historie* des Standorts eine wichtige Rolle bei der Bildung einer spezifischen Identität, die diesen als Standort für Kreative interessant macht. Hier geht es darum, die Vielfalt der Zuschreibungen, die sich mit einem Standort verknüpft haben, als Hebel für die Identitätsentwicklung zu nutzen und sie nicht einfach zu ignorieren oder gar zu negieren. So kultivieren beispielsweise die Akteure in *La Friche/Belle de Mai* die Tradition des ‚instandbesetzten' Industriegeländes. So schaffen sie eine attraktive Alternative für Kreativunternehmen zu Standardbüros und austauschbarer Investorenarchitektur. Dies kann für Mieter aus der Kreativbranche bedeutend sein, wie folgendes Zitat der Geschäftsführerin einer medienorientierten Aus- und Weiterbildungsagentur in Wien belegt: „Im Areal gab es verschiedene Optionen und da haben wir uns für den Altbau entschieden.“

Besonders profitieren Medienquartiere von attraktiver Architektur und einer stimmigen Anknüpfung an die Standort-Historie, wenn das Quartier über die Vermarktung an ein Fachpublikum hinaus dazu genutzt wird, das Image der gesamten Stadt neu zu prägen. Diese *Einbindung in das Stadtmarketing* konnten wir idealtypisch in Düsseldorf nachzeichnen: Dort wurde und wird der *MedienHafen* gezielt dazu eingesetzt, das Bild der Stadt als moderne Dienstleistungsmetropole zu schärfen und ein Gegengewicht zur Altbier-seligen Altstadt als zentralem Bestandteil der räumlichen Stadtwahrnehmung zu schaffen – mit dem Ergebnis, dass der *MedienHafen* fester Programmpunkt touristischer Stadtführungen geworden ist. „Die Gehry-Bauten sind zum Wahrzeichen der Stadt Düsseldorf geworden“, fasste es unser Gesprächspartner im dortigen Standortmanagement zusammen.

Ähnliches lässt sich – in geringerer Intensität – auch in Glasgow beobachten, wo das Quartier *Creative Clyde* als Attraktion in das innenstädtische Wegweiser-System für Besucher der Stadt eingebettet ist. Im an Sehenswürdigkeiten wahrlich nicht armen Wien fliegt der Standort *Neu-Marx* dagegen noch unterhalb des Radars des Stadtmarketings, da die Stadt bei potenziellen Investoren hinsichtlich der Lebensqualität schon ohnehin sehr gut sichtbar ist.

Handlungsfeld Aufenthaltsqualität

Noch mehr als die Architektur zielt schließlich das dritte Handlungsfeld der Aufenthaltsqualität explizit auf die kulturelle Dimension der Kreativ- und Medienindustrie ab. Hier geht es um eine stadträumliche Konstellation, die für Kreative ein Quartier besonders attraktiv macht. Dabei untermauern unsere Daten, dass es besonders schwer fällt, Dynamiken in diesem Handlungsfeld bewusst auszulösen. Vielmehr scheint gutes Standortmanagement hier mehr darin zu bestehen, Dynamiken zu erkennen und für sich zu nutzen.

Eine wichtige Rolle spielt hier die *Vernetzung mit der Nachbarschaft.* Ist das Medienquartier ein Solitär oder profitiert es vom kulturellen, sozialen und atmosphärischen Stärken seines Umfeldes? Und erschließt sich anders herum die Nachbarschaft das Quartier als Teil ihrer Lebenswelt und macht es damit auch für die attraktiver, die dort ‚nur' arbeiten? Hier haben es Medienquartiere leichter, die eng in bestehende Stadtstrukturen eingebettet sind bzw. werden, wie etwa das Kreativquartier Südliche Friedrichstadt in Berlin. Standorte wie *Neu-Marx*, *Creative Clyde* oder *Belle de Mai*, in denen alte Industrieareale revitalisiert werden, stehen hier allgemein vor größeren Herausforderungen und müssen dies durch gezielte Maßnahmen des Quartiersmanagements kompensieren.

Wie unter einem Brennglas wird das in Marseille deutlich, wo das Medienquartier mitten in einem durch soziale Probleme gekennzeichneten Stadtteil liegt. Hier gibt es Initiativen, die Nachbarschaft zu Aktionen einzuladen und es wurde z.B. ein Skate-Areal in *La Friche* als Freizeitangebot für Jugendliche aus dem Quartier errichtet. Genutzt wird es allerdings nicht von dieser Zielgruppe, sondern von jungen Menschen aus anderen, wohlhabenderen Vierteln. Oder wie es die Geschäftsführerin einer Filmproduktionsfirma formulierte: „Die Leute, die hier skaten, sind auf der Straße, aber sie kommen nicht von der Straße." Wer durch ein Medienquartier einen Stadtteil aufwerten will, scheint einen langen Atem zu brauchen. Und er muss sich bewusst machen, dass dies sich oft nur um den Preis einer deutlichen Änderung der Bevölkerungsstruktur und der Verdrängung sozial schwächerer Gruppen realisieren lässt, wie man dies tendenziell im Umfeld des Düsseldorfer *MedienHafen* beobachten kann, in dem relativ einfacher Wohnraum durch höherwertige Angebote ersetzt wird, die für bisherige Mieter wie Studierende, kleinere Angestellte oder Facharbeiter schwerer finanzierbar sind.

Neben der Vernetzung mit der Nachbarschaft scheint es für die Standortentwicklung von Vorteil zu sein, *Räume für private Initiativen* offen zu lassen. Diese strategische Option geht zunächst einher mit einer Ansiedlungsstrategie, die sehr bewusst Raum lässt für Start-ups und Gründer, und diesen Unternehmen Spielraum lässt für die Gestaltung der eigenen Räumlichkeiten wie der gemeinsam genutzten Flächen. Dazu gehört aber genauso, Akteuren auf dem Gelände sorgfältig zuzuhören, wenn sie Vorschläge haben, das Gelände attraktiver zu gestalten, und diese Vorschläge dann möglichst wohlwollend zu begleiten.

Dieser offene Innovationsprozess ist für gemeinsam genutzte professionelle Infrastrukturen ebenso relevant wie für Initiativen, die – etwa bei der Gastronomie oder der Flächengestaltung – die Aufenthaltsqualität am Standort steigern. Ein gutes Beispiel dafür ist *La Friche* in *Belle de Mai*,

Marseille, auch wenn davon der eigentliche Medienstandort Pôle Média nicht in dem Ausmaß profitiert, wie man sich das vorstellen könnte: „Bei uns bekommen die Leute nur den Schlüssel. Alles andere müssen sie selber machen“, so die Kommunikationschefin des Areals.

Allerdings setzt diese offene Strategie eine gewisse Risikobereitschaft voraus, die wir außerhalb von La Friche an keinem unserer Standorte wiederfinden konnten. Insbesondere im Düsseldorfer *MedienHafen* stellt sich dadurch eine Atmosphäre ein, die kaum noch Luft für kreative und vorläufige Nutzungen liefert. Dies kann man einerseits als durchaus positives Zeichen lesen, da Flächen im Areal so attraktiv geworden sind, dass sich Zwischennutzungen erübrigen. Es führt aber andererseits dazu, dass gerade Gründer aus der Kreativindustrie kaum mehr den Weg ins Quartier finden. Die Mieterstruktur am Standort lässt darauf schließen, dass Medien zwar im Namen, nicht aber im ökonomischen Alltag des Quartiers eine bedeutende Rolle spielen.

Ähnlich wie bei der Architektur kann ein Medienquartier hinsichtlich der Aufenthaltsqualität von externen Effekten profitieren, nämlich dann, wenn die Entwicklung des Standorts *explizit mit einem Event verknüpft* wird, das dem Quartier neben wichtiger Aufmerksamkeit unter relevanten Akteuren u.U. auch handfeste Zusatzinvestitionen bescheren kann. Nicht zu unterschätzen ist zudem der Effekt auf die Selbstwahrnehmung einer Stadt und ihrer Akteure, von dem ein Quartier ebenfalls profitieren kann.

Alle drei Aspekte konnten wir in Marseille beobachten, in denen der Standort *Belle de Mai* eng in die Aktivitäten zur Kulturhauptstadt Europas im Jahre 2013 eingebettet war. Gerade im Kulturzentrum *La Friche* wurden neue kulturelle Infrastrukturen wie etwa eine Bühne explizit aus Sondermitteln zur Kulturhauptstadt finanziert und liefern nun einen nachhaltigen Beitrag zur Attraktivität des Gesamtstandorts. Als Standort zahlreicher Veranstaltungen im Kulturhauptstadtjahr rückte das Viertel in das Bewusstsein externer Akteure. Und nicht zuletzt scheint dieses Event auch das Mindset der Akteure vor Ort positiv beeinflusst zu haben: „Die Kulturhauptstadt war sehr wichtig für die Wahrnehmung der Stadt durch die Marseiller selbst“, schilderte es einer unser Gesprächspartner aus der städtischen Wirtschaftsförderung.

4 Schlussfolgerungen und Fazit

Die vergleichende Analyse von europäischen Medienquartieren zeigt: Es existieren vielfältige Möglichkeiten, ein Medienquartier auszugestalten – die typische oder gar ideale Kombination von Erfolgsfaktoren gibt es unserer Untersuchung nach nicht. Vielmehr lassen sich ganz unterschiedliche strategische Konfigurationen identifizieren, die auch das Ergebnis von lokalen Gegebenheiten und Entscheidungen sind. So wird sich ein Medienquartier, das sich vornehmlich als Stadtentwicklungsprojekt versteht, auf die Ausprägung ganz anderer Erfolgsfaktoren fokussieren, als ein Medienquartier, das Medien als Teil eines technologieorientierten Forschungs- und Entwicklungsareals begreift.

Die Verschiedenheit der strategischen Konfiguration zeigt sich allein in der Betrachtung der Vergleichsstandorte. So lässt sich Marseille mit *Belle de Mai* dem generischen Quartiers-Typus der Gründerorientierung zuordnen. Unter den Erfolgsfaktoren legt Marseille seinen Schwerpunkt auf flexible Angebote, systematische Anreize, ein Bekenntnis zur Historie und Raum für private Initiativen.

Düsseldorf vertritt mit dem *MedienHafen* dagegen den Typus Business Park: Attraktive Architektur, die eng und plakativ eingebunden ist in das Stadtmarketing, steht im Mittelpunkt der Quartiersprofilierung; die Verknüpfung mit Events und die Existenz von Gastronomie auf dem Gelände sorgt daneben für Belebung und Frequenz.

Creative Clyde in Glasgow repräsentiert eine strategische Konfiguration, bei der das Medienquartier als Wirtschaftsfaktor und als Differenzierungsoption in der Ansiedlungspolitik verstanden wird. Hier ist eine ganz deutliche Kombination der Erfolgsfaktoren aus der Säule Förderung erkennbar: flexible Angebote, klarer Branchenfokus und systematische Anreize, die verknüpft werden mit einer markanten Bebauung auf dem Areal.

Das Areal *Neu-Marx* steckte schließlich zum Zeitpunkt der Untersuchung in einer Phase der strategischen Neuausrichtung, da anders als ursprünglich geplant der ORF als zentraler Ankermieter für den Standort nicht zur Verfügung stand. Gute Ansätze in der flexiblen Gründerförderung und bislang nicht gehobene Potenziale in der Nutzung der historischen Bausubstanz könnten hier Basis für die weitere Entwicklung sein.

All diese Beispiele sprechen aus unserer Sicht für das analytische Potenzial der hier vorgestellten Erfolgsfaktorenmatrix. Gleichwohl handelt es sich um ein vorläufiges Instrument, das aus verschiedenen Gründen in weiteren Forschungsschritten validiert werden sollte: So hat es sich in unser Analyse grundsätzlich als Herausforderung erwiesen, belastbare ökonomische Kennzahlen zur Auswahl und Bewertung von Medienquartieren in allen Stufen unseres Forschungsdesigns zu ermitteln. Ebenso konnten wir an vier Standorten zwar ein sehr differenziertes Bild der Entwicklung zeichnen. Aber es wäre angeraten, das Erfolgsfaktoren-Raster am Beispiel weiterer Quartiere zu validieren und hierbei auch explizit anderer Rahmenbedingungen in die Analyse einzubeziehen – etwa die bewusste Förderung organisch entstandener innenstädtischer Quartiere oder Greenfield-Investments. Darüber hinaus konnte unsere Studie nur eine Momentaufnahme der Entwicklung der Quartiere liefern. Der tatsächliche Einfluss der von uns identifizierten Faktoren auf die Entwicklung eines Quartiers könnte in Längsschnitt-Studien betrachtet werden, die einen besonderen Wert auf die analytische Differenzierung von intentionalen und transintentionalen Effekten legen.

Schließlich ließe sich der Erfolgsbegriff noch stärker differenzieren: Denn was aus medienökonomischer Perspektive als erfolgreiches Modell angesehen werden kann, könnte aus stadtsoziologischer Perspektive durchaus als Problem definiert werden. Ein Gedankenexperiment am Beispiel einer unser Fallstudien mag dies verdeutlichen: Das Projekt *Belle de Mai* hat die Zielsetzung, den problematischen dritten Bezirk Marseilles zu revitalisieren und an die Innenstadt anzubinden. Wenn Pioniere aus der Kreativindustrie den Stadtteil tatsächlich für sich entdeckten und eine Wachstumsdynamik entfachten, dürfte das Quartier aber für aktuellen Bewohner auf absehbare Zeit kaum noch erschwinglich sein.

Literatur

Augé, M. (2010): *Nicht-Orte*. München: Beck.

Bauer, H. H.; Sauer, N. E. (2004): *Die Erfolgsfaktorenforschung als schwarzes Loch?*, In: Die Betriebswirtschaft (DBW), 64. Jg., Nr. 4, S. 621-622

BOP Consulting (2010): *Mapping the Creative Industries: A Toolkit.* Unter Mitarbeit von Pablo Rosello und Shelagh Wright. London: BOP.

Bundesministerium für Wirtschaft und Energie (2015): *Initiative Kultur- und Kreativwirtschaft der Bundesregierung*. Berlin. Online verfügbar unter http://www.kultur-kreativ-wirtschaft.de/KuK/Navigation/Mediathek/externe-publikationen.html, zuletzt geprüft am 29.03.2015

Ebert, R. (2008): *Kreative Ökonomie und kreative Räume. Kultur- und Kreativwirtschaft in der integrierten Stadtentwicklung*. Dortmund: ILS.

Fasselt, J.; Zimmer-Hegmann, R. (2014): *Ein neues Image für benachteiligte Quartiere: Neighbourhood Branding als wirksamer Ansatz?* in; Schnur, O. (Hrsg.): Quartiersforschung, 2. Aufl., Wiesbaden: Springer, S. 267-291.

Floeting, H. (2009): *Medienstädte, Kreativmeilen und Netzgemeinden. Technologie- und wirtschaftsorientierte Stadtentwicklungspolitik in deutschen Kommunen in den 1980er und 1990er Jahren am Beispiel informations- und kommunikationstechnologie sowie kommunikations- und medienwirtschaftsorientierter Ansätze*, Basel (= Dissertation Universität Basel).

Florida, R. L. (2012): *The rise of the creative class, revisited.* New York: Basic Books.

Gläser, M. (2014): *Medienmanagement*, 3. Aufl., München: Vahlen.

Korte, K.-R. (2012): *Das politische System der Bundesrepublik Deutschland*, in: Lauth, H.-J.; Wagner, C. (Hrsg.): Politikwissenschaft: Eine Einführung, 7. Aufl., S. 63-97

Homburg, C.; Krohmer, H. (2004): *Die Fliegenpatsche als Instrument des wissenschaftlichen Dialogs*, in: Die Betriebswirtschaft (DBW), 64. Jg., Nr. 5, S. 626-631.

Landry, Charles (2008): The Creative City. A Toolkit for Urban Innovators, 2. Aufl., London: Routledge.

Lazzeretti, L. (2013): *Creative industries and innovation in Europe. Concepts, measures and comparative case studies.* London, New York: Routledge (Regions and cities, 57).

Merkel, J.; Oppen, M. (2012): *Bedeutungsvolle Orte: Eine kultursoziologische Annäherung an kreative Handlungsressourcen in Städten.* WZB. Berlin (Regions and cities). Online verfügbar unter http://www.econstor.eu/handle/10419/62133, zuletzt aktualisiert am 22.05.2013, zuletzt geprüft am 16.06.2014.

Nicolai, A.; Kieser, A. (2002): *Trotz eklatanter Erfolglosigkeit: Die Erfolgsfaktorenforschung weiter auf Erfolgskurs*, in: Die Betriebswirtschaft (DBW), 62. Jg., Nr. 6, S. 579-596.

Nowak, M. (2008): *Partizipationsformen in der kommunalen Wirtschaftsförderung am Beispiel der Lokalen Agenda 21 in Deutschland und Südafrika*, Bochum (= Dissertation Universität Bochum).

Reckwitz, A. (2012): *Die Erfindung der Kreativität. Zum Prozess gesellschaftlicher Ästhetisierung.* Berlin: Suhrkamp.

Reich, M. P. (2013): *Kultur- und Kreativwirtschaft in Deutschland.* Wiesbaden: Springer Fachmedien Wiesbaden.

Steinrücken, T.; Jaenichen, S. (2006): *Kommunale Instrumente des Standortmarketing – ein Vergleich aus finanzwirtschaftlicher Sicht*, in: dies. (Hrsg.): Wirtschaftspolitik und Wirtschaftsförderung auf kommunaler Ebene, Ilmenau: Universitätsverlag, S. 213-226.

Sydow, J.; Windeler, A. (Hrsg.) (2004): Organisation der Content-Produktion. Wiesbaden: VS

Vollmer, M. (2015): *Der Dreiklang der Eigentümermobilisierung. Kommunikative Strategien zur Revitalisierung innerstädtischer Quartiere*, Wiesbaden: Springer.

Wenzelburger, G.; Zohlnhöfer, R. (2015): *Konzepte und Begriffe in der Vergleichenden Policy-Forschung*, in: dies. (Hrsg.): Handbuch Policy-Forschung, S. 14-32.

1.2 Schnittstellen zwischen Medienökonomie und Werbekommunikation

Kati Förster

Medienmarken als interdisziplinäres Forschungsfeld – Eine Standortbestimmung

Forschung rund um das Konstrukt der Medienmarken hat in den letzten Jahren an Bedeutung gewonnen und ist aus der Medienökonomie nicht mehr wegzudenken. Die wissenschaftliche Auseinandersetzung mit Medienmarken bezieht dabei ganz unterschiedliche Forschungsdisziplinen und -traditionen ein. Der vorliegende Beitrag rückt die Frage in den Mittelpunkt, wie sich vorliegende Forschungsbemühungen strukturieren lassen und – in weiterer Folge – welche Schnittstellen sie zu anderen Disziplinen aufweisen. Dazu werden in einem Mehrebenen-Modell zunächst zentrale Fragestellungen herausgearbeitet und sowohl theoretisch als auch disziplinär verortet. Diese systematische Auseinandersetzung erlaubt dabei nicht nur eine Standortbestimmung der Media Branding Forschung, sie bietet auch einen Analyserahmen zur Bestimmung ‚weißer Flecken' auf der bisherigen Forschungsagenda.

1 *Einleitung*

Der Blick auf Medien*produkte* als Medien*marken* hat in den letzten Jahren zunehmende Beachtung in der medienökonomischen Forschung gefunden und zeigt sich in einer wachsenden Zahl an Veröffentlichungen zu diesem Thema (z.B. Chan-Olmsted, 2006, 2011; Chan-Olmsted, Cha, 2008; Chan-Olmsted, Kim, 2001; Förster, 2011 a, 2011 b; Lis, Berz, 2011; Machin, Niblock, 2008; McDowell 2004, 2006a+b, 2011; Nienstedt, Huber, Seelmann, 2012; Ots, 2008; Siegert, 2003; Siegert, Förster, Chan-Olmsted, Ots, 2015 a). Die steigende Bedeutung des Medienmarketings in Forschung und Praxis gleichermaßen ist dabei insbesondere darauf zurückzuführen, dass sich die Umfeldbedingungen für Medien drastisch verändert haben: Medienmärkte sind heute durch Multicasting, eine Vielzahl an Distributionskanälen, zunehmende Digitalisierung, veränderte Wertschöpfungsketten, neue Erlösformen und die drei großen Ks gekennzeichnet: Konvergenz, Konsolidierung und Konglomerate (Chan-Olmsted, 2009). Marken übernehmen in dieser veränderten Medienlandschaft vielfältige Funktionen, sowohl für Medienunternehmen als auch für das Publikum.

Medienunternehmen dienen starke Marken etwa der Profilierung und Differenzierung gegenüber Mitbewerbern und in weiterer Folge der Absatzförderung (gegenüber dem Werbemarkt und hinsichtlich Reichweitensteigerung) sowie der Stabilisierung der eigenen Marktposition. Dazu müssen bestimmte Assoziationen bei RezipientInnen evoziert und gestärkt werden, haben Medienmarken doch für das *Publikum* mehrere Funktionen (Berkler, 2008): Die Komplexitäts- und Risikoreduktionsfunktion sollen den kognitiven Aufwand im Entscheidungsprozess vereinfachen. Medienmarken können hier als mentale ‚shortcuts' bezeichnet werden, die durch das Bereitstellen typischer (visueller, auditiver und stilistischer) Schlüsselreize eine bessere Orientierung in einer Vielzahl medialer Angebote bieten. So dient etwa das lachsrosa Papier der Tageszeitung *Der Standard* in Österreich einer schnellen Erkennbarkeit und ist essentieller Bestandteil der Markenidentität; gleiches gilt für distinktive Schriftarten und Schriftzüge von Tageszeitungen oder auch Audio-Jingles von Radiomarken. Darüber hinaus gibt es Funktionen, die auf die Bedeutung von Medienmarken zur Identifizierung sowie als Symbol gegenüber sozialen Gruppen hinweisen. Demnach können Medienmarken wertvolle ‚Zutaten' und Ankerpunkte für die eigene (personale und soziale) Identitätsarbeit sein. So wird zu vermuten sein, dass es einen Unterschied macht, welche Eigenschaften einer Person zugeschrieben werden, die den *Spiegel* oder aber die *Brigitte* in der Öffentlichkeit liest. Die mit den jeweiligen Medienmarken verbunden Eigenschaften und sozialen Bedeutungen können dabei sowohl bewusst als auch unbewusst bestehen und in weiterer Folge eingesetzt oder eben vermieden werden.

Aus einer publikumszentrierten Perspektive kann eine Medienmarke demnach als Konstrukt verstanden werden, in dem alle Perzeptionen und Assoziationen des Publikums integriert sind, und zwar in Bezug auf kognitive, emotionale, bewusste und unbewusste Bedeutungszuschreibungen (Förster, 2015). Aufgabe des Medienmarkenmanagements ist es nun, gewünschte und wertvolle Assoziationen beim Publikum zu evozieren, um in weiterer Folge Wettbewerbsvorteile zu generieren. Medienmarken sind damit per Definition keine ‚zufälligen' Ergebnisse, sondern Folge einer Institutionalisierung und Systematisierung von Markenführungsaktivitäten.

Medienmarken und ihre Führung müssen daher im Kern als *Managementaufgabe* gesehen werden. Allerdings sind mit markenstrategischen Überlegungen immer auch Rezeptions- und Wirkungsprozesse auf Seiten des Publikums verbunden. Planvolle Aktionen – im Sinne eines Stimulus-Response-Modells – werden hier durch die Annahme eines aktiven Publikums erschwert, wenn heute nicht gar verunmöglicht. Produktions- und Rezeptionslogiken sind eng miteinander verwoben und vermischen sich zunehmend durch technologische Konvergenzprozesse (vgl. etwa Bruns, 2005; Carpentier, De Cleen, 2008; Deuze 2007). So zeigt sich eine zunehmende Publikumspartizipation in einer verstärkten Einflussnahme auf mediale Inhalte oder auch organisationale Strukturen. Dies erfordert in der wissenschaftlichen Auseinandersetzung mit Medienmarken die Einbeziehung verschiedener Forschungstraditionen und Disziplinen. Diese Interdisziplinarität gilt dabei nicht nur für Media Branding im Besonderen, sondern für Medienforschung im Allgemeinen. Pavlik etwa (2013, S. 213) betont: „no field is more inherently interdisciplinary than journalism and the media."

Der vorliegende Beitrag stellt die Frage in den Mittelpunkt, welche Schnittstellen die Medienmarkenforschung zu anderen Disziplinen aufweist. Dazu werden die Schwerpunkte der einzelnen Perspektiven (Management- und Publikumsperspektive) herausgearbeitet und theoretisch verortet. Das Ziel besteht dabei nicht nur darin, vorliegende Forschungsergebnisse zu strukturieren, sondern auch ‚weiße Flecken' auf der Forschungsagenda aufzuzeigen und mögliche Entwicklungen des Forschungsfeldes zu skizzieren.

2 Media Branding Forschung: Ein Bezugsmodell

Die *Managementperspektive* der Media Branding Forschung nimmt die Frage in den Blick, welche Faktoren für den Erfolg einer Medienmarke ursächlich sind und, in weiterer Folge, wie diese gesteuert werden können. Im Kern geht es hier insbesondere darum, Faktoren zu finden, die für den Erfolg – oder auch Misserfolg – von Medienmarken verantwortlich sind. Bereits seit Mitte der neunziger Jahre ist die Erfolgsfaktorenforschung im Markenmanagement ein wesentlicher Aspekt. Die dabei zu Grunde liegende Annahme ist, dass trotz der Multidimensionalität von Erfolg (Woran messe ich Erfolg?) und seiner Multikausalität (Worauf ist der Erfolg zurückzuführen?) einige wenige Faktoren existieren, die den Erfolg einer Marke zu einem großen Anteil bestimmen.

Baumgarth (2008) bezeichnet die Erfolgsfaktorenforschung allerdings eher als empirisch getriebene Mastertechnik, denn als theoretisch fundierten Zugang. Er begründet dies unter anderem mit methodischen Schwächen, der Kopierbarkeit von Erfolgsfaktoren, die damit ihre Wirksamkeit verlieren sowie mit der Vereinfachung, die etwa dynamische Effekte unberücksichtigt lässt. Auch March und Sutton (1997) bezweifeln, dass es möglich sei, die Ursachen für den Erfolg oder Misserfolg einer Marke in einer wissenschaftlich vertretbaren Weise zu identifizieren. Dafür machen sie die Instabilität von Wettbewerbsvorteilen, die Simplizität der Modelle und die entstehenden Komplikationen durch retrospektive Betrachtungen verantwortlich. Dies sind zweifellos essentielle Schwächen, welche die Grenzen dieser Forschungsrichtung aufzeigen. Dennoch spielt auch in der Medienmarkenforschung die Suche nach Erfolgsfaktoren eine wichtige Rolle. Die Forschungsbemühungen richten sich also hier auf die Frage, wie aus Medienprodukten erfolgreiche Medienmarken werden.

Die *Publikumsperspektive* auf der anderen Seite nimmt die Perzeptionen des Publikums in den Blick. Dabei ist das Konzept des Publikums ein fluides (Bird, 2003). So postuliert etwa Moores (1993, S. 2): „The conditions and boundaries of audiencehood are inherently unstable". Hilfreich ist in diesem Zusammenhang die theoretische Konzeption des Publikums auf mehreren Ebenen wie sie etwa von Livingstone (1998) vorgeschlagen wird: Die *Mikroebene* rückt individuelle Mediennutzungsmuster und Wahrnehmungsdeterminanten in den Fokus, auf der *Mesoebene* richten sich die Analysen auf Gruppeninteraktionen und die *Makroebene* versteht das Publikum als Öffentlichkeit.

Abbildung 1: Perspektiven der Medienmarkenforschung

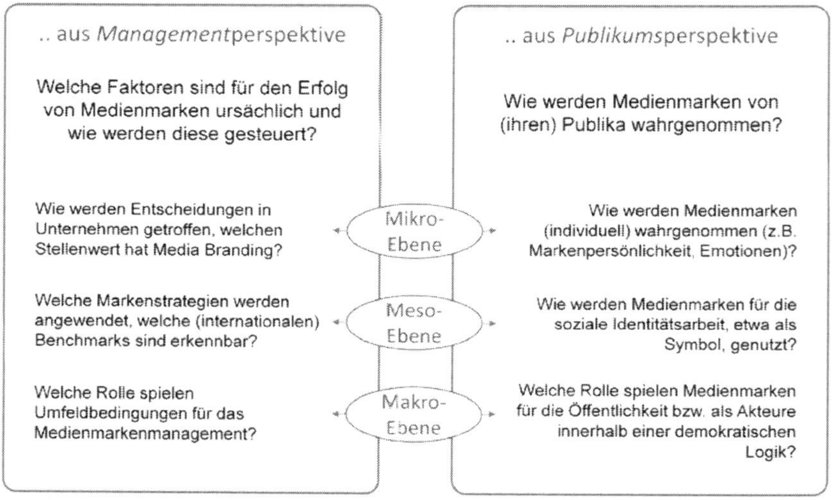

Quelle: eigene Darstellung.

Die Strukturierung der Medienmarkenforschung in eine Mikro-, Meso- und Makroebene kann dabei auf beide Perspektiven angewendet werden. Sie erlaubt die Identifikation unterschiedlicher Schwerpunkte und Fragestellungen innerhalb der Medienmarkenforschung innerhalb der beiden Perspektiven (vgl. Abbildung 1). Sie werden im Folgenden detailliert diskutiert.

2.1 Medienmarkenführung aus Managementperspektive

Forschung auf der *Mikroebene* der Medienmarkenforschung aus Managementperspektive nimmt einzelne EntscheiderInnen innerhalb der Medienunternehmen in den Blick. Hier geht es vor allem um die Frage: Wie werden Entscheidungen in Medienunternehmen getroffen und welchen Stellenwert haben markenstrategische Überlegungen und Aktivitäten? So befragten etwa Chan-Olmsted und Kim (2001) Manager von verschiedenen Fernsehstationen in den USA nach der Bedeutung von Media Branding für ihr eigenes Arbeitsumfeld und kamen zu dem Ergebnis "that general managers perceived branding to be an 'important tactical management function' with branding applications in areas most related to news and promotion" (S. 75). Vergleichbare Studien für den deutschsprachigen Raum liegen hier leider noch nicht vor.

Auf der *Mesoebene* steht die Frage im Mittelpunkt, welche Markenstrategien angewendet werden und welche (internationalen) Benchmarks hier erkennbar sind. Im Zuge dieser klassischen Erfolgsfaktorenforschung müssen zunächst für Medien geeignete Erfolgsindikatoren gefunden werden. Dieser Aspekt zeigt sich in einem Forschungsschwerpunkt, der sich auf die Erhebung eines *(Medien)Markenwertes* richtet, stellt dieser doch den Versuch dar, „die Gesamtwirkung der Marke zu quantifizieren“ (Bentele, Buchele, Hoepfner, Liebert, 2005, S. 12). Diese Betrachtungen beziehen zumeist ökonomische (etwa Marktanteil, Entwicklung des Marktanteils im Vergleich zum Vorjahr, Durchschnittsreichweite sowie Bruttowerbeerlöse) und vorökonomische Kriterien (etwa Sympathie, Klarheit, Uniqueness, Nähe) in die Bewertung ein (z.B. Strecker, Bardohn, 2007; Förster, Grüblbauer, 2010). Andere Ansätze konzentrieren sich auf die standardisierte Bewertung von Publikumsperzeptionen als Zielgröße markenstrategischer Aktivitäten. In diese Kategorie ist insbesondere das Konzept der *Consumer Based Brand Equity* (CBBE) einzuordnen, das die Gesamtqualität einer Marke in Relation zu anderen vergleichbaren Produkten in den Blick nimmt (Keller, 2008; Shay, 2015). Gemeinsam ist diesen Ansätzen, dass sie Modelle und Theorien aus der Non-Media-Brand-Forschung übernehmen und – zum Teil – an die Besonderheiten von Medienmarken anpassen.

Doch welche Faktoren tragen heute zum Erfolg von Medienmarken bei? Bisher nimmt ein Großteil der Forschung hier eine publikumszentrierte Sichtweise ein (z.B. Oyedeji, 2007; Chan-Olmsted, Cha, 2008; Chang, Chan-Olmsted, 2010) und rückt insbesondere die Erfolgsfaktoren von Markenerweiterungen in den Mittelpunkt. Nur wenige Studien setzen sich systematisch (und empirisch) mit Markenführungsstrategien und -instrumenten aus Unternehmensperspektive auseinander. Ein Beispiel hierfür ist eine internationale Fallstudienanalyse, in der zehn Sendermarken in vier Märkten (USA, UK, Spanien, Deutschland) hinsichtlich ihrer strategischen Aktivitäten sowie ihrer programm- und kommunikationspolitischen Maßnahmen untersucht wurden (Förster, 2011 a, 2011 b). Die explorative Analyse untersucht essentielle Elemente des Markenführungsprozesses und berücksichtigt dabei die jeweiligen Kontextbedingungen und Spezifika der verschiedenen Medienmärkte. Die dabei zu Grunde gelegte theoretische Basis und die Methode zur Identifikation der Erfolgsfaktoren schließt dabei wiederum an die Non-Media-Brand-Forschung an und erweitert diese um einen medialen Kontext. Medien sind dabei als spezielle Produktkategorie zu sehen, die Besonderheiten aufweist (etwa Meritorik), aber auch Gemeinsamkeiten zu anderen Bereichen erkennen lässt (z.B. zum Dienstleistungs- oder Gesundheitsmarketing; für eine detaillierte Auseinandersetzung zu Besonderheiten und Gemeinsamkeiten vgl. Siegert et al., 2015).

Auf der *Makroebene* der Managementperspektive in der Medienmarkenforschung geht es um den gesamtwirtschaftlichen Kontext und um die Frage, welchen Einfluss Markt- und Umfeldbedingungen auf die Medienmarkenführung haben. So gilt etwa die Marktgröße als zentrale Determinante für jegliche Aktivitäten von Fernsehsendern (z.B. Lowe, Berg, Nissen, 2011; Puppis, d'Haenens, Steinmaurer, Künzler, 2009; Siegert, 2006; Trappel, 2011). Picard (2011) wies beispielsweise nach, dass Fernsehstationen in kleineren Ländern weniger Ressourcen für Strategien zur Verfügung haben als ihre Pendants in größeren Ländern. Ähnliches lässt sich für die Unternehmensgröße finden. So wiesen Greer und Yan (2010) eine positive Beziehung zwischen der Reichweite einer Tageszeitung und ihren Aktivitäten auf *Facebook* und *Twitter* nach. Es stellt sich in diesem Zusammenhang also die Frage, wie Markt- und Unternehmensgröße die Medienmarkenführung beeinflussen und inwiefern sich die ressourcenbasierte Argumentation auch für die Medienmarkenführung bestätigen lässt.

Hierzu wurden beispielsweise in einer Studie zwölf TV-Sendermarken in vier verschiedenen Märkten (Deutschland, UK, Österreich, Estland) hinsichtlich ihrer Social Media Markenkommunikation analysiert (Förster, Rohn, 2013). Die Ergebnisse weisen darauf hin, dass die Markenführungsaktivitäten auf *Facebook* umso ausgereifter sind, je kleiner der Markt ist und je kleiner der Fernsehsender ist. Die ressourcenbasierte Argumentation lässt sich hier also nicht bestätigen; vielmehr greifen Incentive-Ansatz und Diversity Argumentationen. Ersterer postuliert, dass kleinere Unternehmen eher zu innovativem Verhalten neigen (Frisch, 1993). Übertragen auf Kommunikationsaktivitäten in Social Networks führt dies dazu, dass kleinere Medienmarken gerade im Abweichen von traditionellen Kommunikationsaktivitäten hin zu Facebook-Aktivitäten tendieren, um mögliche größenbedingte Nachteile auszugleichen. Darüber hinaus lässt sich der entgegengesetzte Einfluss der Marktgröße damit begründen, dass in kleineren Märkten eine geringere Programmdiversität vorliegt (Yan, Park, 2006). So sind etwa Nischenprogramme in großen Märkten eher profitabel als in kleineren Ländern (Lowe et al., 2011). Wenn nun also in kleineren Märkten die Diversität gering ist und damit Programminhalte austauschbar werden, müssen sich Medienmarken stärker über Kommunikationsaktivitäten differenzieren (Kiefer, 2005).

Basis für diese Untersuchungen sind damit wiederum klassische betriebs- und volkswirtschaftliche Ansätze und ihre entsprechende Reflexion in medienökonomischen Adaptionen.

2.2 Medienmarken aus Publikumsperspektive

Die Publikumsperspektive auf Medienprodukte hat die Medienmarkenforschung stark beeinflusst und stimuliert. So sieht Chan-Olmsted (2011) den Schlüssel erfolgreicher Medienmarkenführung in der Formulierung publikumszentrierter Markenkonzeptionen. Auch Mooney und Rollins (2008) stellen fest, dass zeitgemäße Markenführung auf die Partizipation des Publikums ausgerichtet sein müsse. Es gehe vor allem darum, die KonsumentInnen vielfältig und tiefgehend zu involvieren. Mit dem Wandel von passiven RezipientInnen zum aktiven Publikum, das mit Medienmarken interagiert, eigene Inhalte kreiert und in seinem sozialen

Umfeld teilt, hat sich nicht nur die Rolle von MedienmarkenmanagerInnen verändert (Christodoulides, 2009), vielmehr müssen sich Markenführungsstrategien grundlegend verändern. Chan-Olmsted (2011, S. 3) fasst diese Entwicklungen so zusammen: "The branding efforts in the media industries became more complex when the world of marketing is turned upside down by the arrival of Web 2.0, with social media acting was a new means of connecting with consumers personally, interactively, and collectively".

Die Frage ist nun, inwiefern die Medienmarkenforschung theoretische und empirische Antworten auf die daraus entstehenden Herausforderungen gefunden hat (für eine ausführliche Darstellung vgl. Förster, 2015). Die *Mikroebene* in der Publikumsperspektive der Medienmarkenforschung nimmt dabei die individuelle Wahrnehmung in den Blick. Hierzu zählen insbesondere die Forschungsbemühungen um das Konstrukt der Medienmarkenpersönlichkeit, in deren Fokus vor allem die standardisierte Messung individueller Markenassoziationen steht (z.B. Chan-Olmsted, Cha, 2008; Förster, Kleinen-von Königslöw, 2013; Kim, Baek, Martin, 2010; Sung, Park, 2011). Ein zweiter Schwerpunkt zeichnet sich in der Analyse von Medienmarkenerweiterungen ab (z.B. Chang & Chan-Olmsted, 2010; Ha & Chan-Olmsted, 2001; Horppu, Kuivalainen, Tarkiainen & Ellonen, 2008; Tarkiainen, Ellonen & Kuivalainen, 2009; Tarkiainen, Ellonen, Ots & Stocchi, 2014). Das Hauptinteresse dieser Forschungsaktivitäten richtet sich dabei insbesondere auf die Prüfung, ob theoretische Konzepte und Skalen aus der Markenforschung in einem Medienkontext anwendbar sind oder wie diese zu adaptieren sind.

So hat sich etwa in der Markenpersönlichkeitsforschung gezeigt, dass die hierfür entwickelten Skalen nicht nur an den jeweiligen Sprachraum anzupassen sind, sondern Medienmarken auch Besonderheiten in den ihnen zugeordneten Perzeptionen zeigen. Während etwa Aaker (1997) die fünf Dimensionen Spannung, Kompetenz, Robustheit, Kultiviertheit, Aufrichtigkeit identifiziert, weisen Studien in einem Medienmarkenkontext auf andere Faktoren hin. So scheint im Zusammenhang mit Nachrichtenmedien auch der Aspekt der Dynamik eine wesentliche Rolle zu spielen (Chan-Olmsted, Cha, 2008; Kim, Baek, Martin, 2010), Sung und Park (2011) identifizieren darüber hinaus Kontroversität als wichtige Dimension. Diese Ergebnisse illustrieren damit die begrenzte Übertragbarkeit von allgemeinen Markenpersönlichkeitsskalen auf Medienmarken. Insgesamt knüpft auch hier die Medienmarkenforschung an der Nichtmedienmarkenforschung an und greift (medien)psychologische Fragestellungen auf, wie etwa jene nach Medienwahlentscheidungen oder kognitiven Medienwirkungen. In diese Richtung sind auch aktuelle Forschungsbemühungen innerhalb des Emotional Branding einzuordnen, die in den vergangenen Jahren in der Markenforschung an Bedeutung gewonnen hat. Hier zeigen Studien, dass Markenemotionen die generelle Einstellung, die Markenloyalität, die wahrgenommene Einzigartigkeit, die Preissensibilität und darüber hinaus ‚Word-of-Mouth' positiv beeinflussen (z.B. Agarwal, Malhotra, 2005; Caroll, Ahuvia, 2006; Knackfuß, 2010; Ruth, 2001). Die Ergebnisse einer Studie im Medienmarkenkontext weisen zum Einen auf distinkte emotionale Profile der untersuchten Sendermarken hin. Zum Anderen werden die untersuchten Markenfunktionen, und hier insbesondere Risikoreduktion und Selbstdefinition, von den assoziierten Emotionen beeinflusst (Förster, 2014). Offensichtlich sind Emotionen wichtige Prädiktoren für die Erfüllung von Medienmarkenfunktionen und Emotional Branding sollte eine Schlüsselrolle in der Medienmarkenführung einnehmen. Verglichen mit dem Stand der Forschung in der Psychologie oder im Marketing bezüglich Emotionen scheint die Medienmarkenforschung hier allerdings noch am Anfang zu stehen. Eine tiefergehende theoretische Debatte und weitere empirische Ergebnisse im Medienkontext sind daher wünschenswert.

Medienmarken übernehmen auf der *Gruppenebene* (Mesoebene) insbesondere die Funktion soziokommunikativer Beziehungsbildung (Carpentier, 2012). Dies hängt eng mit kollektiven Nutzungspraktiken zusammen und schließt auch sozial verhandelte Bedeutungen innerhalb einzelner Lifestylegruppen ein. Medienmarken agieren hier also als ‚sozialer Kleber', als verkörperte Träger geteilter Bedeutungen von Symbolen innerhalb und zwischen Gruppen. Wir wissen bereits, dass jegliches Konsumverhalten (auch) dazu dient, das eigene Selbst gegenüber anderen zu kommunizieren (z.B. Belk, 1988; Elliot, Wattanasowan, 1998; Goffman, 1959; Schembri, Merrilees, Kristansen, 2010). Dies gilt gleichermaßen auch für die Mediennutzung, die – neben Medienbesitz und Medienwissen – dazu geeignet ist, das kulturelle Kapital einer Person zu erhöhen (Bourdieu, 1983, 1986). Dieses kulturelle Kapital kann in weiterer Folge in soziales und auch ökonomisches Kapital umgewandelt werden. Übertragen auf Medienmarken bedeutete dies, dass Medienmarken für die soziale Identitätsarbeit genutzt werden (können). Sie dienen dann als Symbol, um entweder die Zugehörigkeit zu bestimmten (Fan)Gruppen zu demonstrieren oder aber um die Abgrenzung zu wahrgenommenen ‚Out-Groups' zu vergrößern. Damit entsteht die Frage: Welche Rolle spielen Medienmarken für die soziale Identitätsarbeit, also für die Affiliation mit ‚in-groups' und für die Distinktion gegenüber ‚out-groups'?

Obgleich davon ausgegangen werden kann, dass diese sozialen Prozesse der Bedeutungskonstruktion einen wesentlichen Teil der Markenbildung einnehmen, wurde dieser Aspekt in der Medienmarkenforschung bisher noch wenig bearbeitet. Zentrale theoretische Konzepte, die hier zur Anwendung kommen, sind soziale Identität, Sozialkapital (vgl. etwa Förster, 2012) sowie symbolischer Medienkonsum (vgl. etwa Förster, Kleinen-von Königslöw, Baumann, 2014).

Die *Makroebene* schließlich versteht das Publikum als Öffentlichkeit, als Gesellschaft oder als Mitglieder innerhalb einer demokratischen Logik. Munch und Smelser (1987, S. 357) beschreiben diese Ebene als „referring to those structures in society (groups, organizations, institutions, and cultural productions) that are sustained (however imperfectly) by mechanisms of social control". In den letzten Jahren wurde diese Perspektive von der Medienmarkenforschung kaum berücksichtigt; neuere Bemühungen integrieren diese aber systematisch. So diskutiert Siegert (2015), ob die Medienmarken innewohnende Marktorientierung journalistische Qualität unterstütze oder Medienmarken nur dazu dienen, der Öffentlichkeit Qualität vorzutäuschen. Das wird von Krebs (2015) aufgegriffen, die ihrerseits Nachrichtenmedienmarken hinsichtlich der Erfüllung ihrer gesellschaftlichen Funktionen und ihrer journalistischen Qualität empirisch untersucht. Lobigs (2015) schlägt darüber hinaus eine ökonomische Theorie von Medienmarken vor, die auf Theorien der Reputation und Institutioneller Ökonomie aufbauen. Mit der Makroperspektive und der Konzentration auf gesellschaftliche Aspekte gelingt nicht nur eine Anbindung an klassische kommunikationswissenschaftliche Fragestellungen (etwa Fragen der Integrationsleistung von Medien(marken)), sondern vor allem – mit der Einbindung in einen Medienmarkenkontext – eine Übersetzung der gewonnenen Erkenntnisse in Handlungsempfehlungen für die Medien(marken)praxis.

3 Media Branding – Verortung eines interdisziplinären Forschungsfeldes

Medienmarkenforschung ist – so zeigen die verschiedenen Studien – ein Feld, das durch eine hohe *Inter- und Multidisziplinarität* gekennzeichnet ist. Je nach Blickwinkel und Forschungsinteresse kommen ganz unterschiedliche theoretische Disziplinen zum Tragen. Sie sind in der folgenden Abbildung 2 noch einmal zusammengefasst:

Abbildung 2: Verortung der Medienmarkenforschung

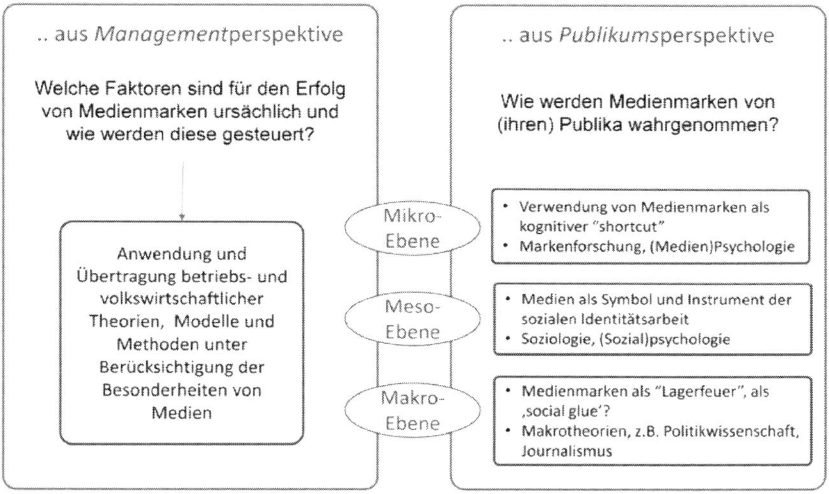

Insgesamt wird deutlich, dass in der Betrachtung von Medienmarken aus der *Managementperspektive* vor allem volkswirtschaftliche und betriebswirtschaftliche Theorien und Konzepte angewendet und an die besonderen Kontextbedingungen von Medien angepasst werden. Fragen nach geeigneten Markenstrategien und Erfolgsfaktoren für Medienmarken rücken Medienunternehmen als Akteure im Wirtschaftsprozess in den Mittelpunkt. Ihre Rolle als Produzenten von Öffentlichkeit gerät dabei in den Hintergrund. In einer ganzheitlichen Sichtweise greift dies allerdings zu kurz. So haben Lavine und Wackman (1988) die Unterschiede der Medienwirtschaft zu anderen wirtschaftlichen Sektoren in fünf Charakteristika zusammengefasst. Demnach sind Medienunternehmen durch (1) die Flüchtigkeit ihrer Produkte, (2) die hohe Kreativität ihrer MitarbeiterInnen, (3) besondere organisationale Strukturen, (4) die *gesellschaftliche Rolle* von Medien und (5) eine Verwischung der Trennlinien zwischen traditionellen Medien gekennzeichnet.

Die *Publikumsperspektive* auf Medienmarken ist daher insbesondere mit Blick auf die gesellschaftliche Rolle von Medien unverzichtbar. Sie knüpft dabei insbesondere, je nach Betrachtungsebene, an medienpsychologische (Mikro), sozialpsychologische (Meso) und öffentlichkeitstheoretische Diskurse (Makro) an. Der größte Teil der Medienmarkenforschung ist dabei auf der Mikroebene zu verorten. Nachdem sich die meisten Studien hier noch immer auf den amerikanischen Raum beziehen, müssen vorliegende Ergebnisse im Kontext vollkommen verschiedener Mediensysteme – wie wir sie in Europa vorfinden – geprüft werden. Auf der Mesoebene liegen vereinzelt Forschungsergebnisse vor, die auf sozialpsychologischen Theorien aufbauen und vor allem die Rolle von Medienmarken für einzelne (Sub)Kulturen in den Blick nehmen. Dies ist insbesondere im Hinblick auf die gestiegene Sichtbarkeit des Medienkonsums durch Social Media relevant. Künftig werden sich Medienmarkenstrategen also noch viel mehr fragen müssen, welche symbolischen Wirkungen ihre Marken in einzelnen Gruppen entfalten, also wie Medienmarken von Usern für die eigene Identitätsarbeit genutzt werden, und wie dies systematisch in der Markenkommunikation genutzt werden kann.

Die größte Forschungslücke besteht derzeit noch in der Einbindung der Makroebene in die Medienmarkenforschung. Fragen wir also nach der Rolle von Medienmarken für die Öffentlichkeit, so wäre insbesondere deren Funktion für die Transparenz (etwa für gemeinsame Diskurse innerhalb der Öffentlichkeit), für die Validierung (über die angemessene Widerspiegelung eines demokratischen und politischen Systems) und für die Integration (über die Vermittlung kollektiver Identitäten) zu prüfen (Kleinen-von Königslöw, 2010). Dies nimmt nicht zuletzt für öffentlich-rechtliche Medien(marken) einen immer größeren Raum ein, geraten sie doch zunehmend unter Rechtfertigungsdruck hinsichtlich ihres *Public Values*. Gerade die Integrationsfunktion von Medien ist dabei eine der zentralen Fragestellungen innerhalb der Kommunikationswissenschaft (z.B. Vlasic, Brosius, 2002) und es besteht ein Konsens dahingehend, dass Massenmedien zur Kohäsion innerhalb einer Gesellschaft beitragen, sei es durch gemeinsame Themen, Meinungen oder ‚must-know-catch-phrases'. Eine Integration der hier bereits vorliegenden Ergebnisse und theoretischen Entwürfe in die Medienmarkenforschung würde nicht nur ein neues Forschungsfeld erschließen, es erlaubte auch einen echten Brückenschlag zwischen medienökonomischen und kommunikationswissenschaftlichen Fragestellungen.

Die hier vorliegende Analyse und Strukturierung der Forschungsergebnisse zeigt, dass das relativ junge Forschungsfeld der Medienmarkenforschung bereits recht ausdifferenziert ist. Dabei kann eine zeitliche

Entwicklung, quasi eine ‚Reiseroute', der verschiedenen Aspekte beobachtet werden: Während sich frühe Arbeiten insbesondere auf die Managementperspektive konzentrierten, richten sich jüngere Studien vermehrt auf die Publikumsperspektive – jedoch ohne den Managementschwerpunkt abzulösen. Auch innerhalb der Publikumsperspektive, das zeigen die Ergebnisse deutlich, findet zunehmend eine Ausdifferenzierung von der Mikro- hin zur Makroebene statt.

Die zentrale Bedeutung der Medienmarkenführung ist in der Praxis längst unbestritten und hat ihrerseits mittlerweile auch einen festen Platz in der medienökonomischen Forschung gefunden. Gleichwohl spiegelt sie sich derzeit noch nicht in der kommunikationswissenschaftlichen Forschung in gleicher Weise wider und muss heute (noch) eher alsRanddisziplin in der Kommunikationswissenschaft gesehen werden. Dies mag den generell bestehenden Herausforderungen im Zusammenhang mit interdisziplinärer Forschung geschuldet sein, entlässt allerdings die Medienmarkenforschung nicht aus ihrer Verantwortung, dieses Forschungsfeld aktiv an zentrale Fragestellungen der Kommunikationswissenschaft anzubinden.

Literatur

Aaker, J. (1997). Dimensions of Brand Personality. *Journal of Marketing Research, 34* (August), 347-357.

Agarwal, J., & Malhotra, N. K. (2005). An integrated model of attitude and affect: Theoretical foundation and an empirical investigation. *Journal of Business Research,* 58(4), 483-493.

Baumgarth, C. (2008). *Erfolgsfaktoren im Markenbereich: Konzept, Entwicklung und kritische Reflexion.* Working paper Marmara Universität Istanbul, Istanbul.

Belk, R. W. (1988). Possessions and the extended self. *Journal of Consumer Research, 15,* 139-68.

Bentele, G., Buchele, M.-S., Hoepfner, J., & Liebert, T. (2005). *Markenwert und Markenwertermittlung. Eine systematische Modelluntersuchung und -bewertung.* Wiesbaden: DUV.

Berkler, S. (2008). *Medien als Marken? Wirkungen von Medienmarken aus medienökonomischer Perspektive.* Konstanz: UVK.

Bird, S. E. (2003). *The audience in everyday life.* New York, London: Routledge.

Bourdieu, P. (1983). Ökonomisches Kapital, kulturelles Kapital, soziales Kapital. In R. Kreckel (ed.) *Soziale Ungleichheiten (Soziale Welt Sonderband 2)* (pp. 183-198). Göttingen: Schwartz.

Bourdieu, P. (1986). The forms of capital. In J. G. Richardson (ed.) *Handbook of Theory and Research for the Sociology of Education* (pp. 241-258). CT: Greenwood Press.

Bruns, A. (2005). *Gatewatching: Collaborative online news production.* New York: Peter Lang Publishing.

Carroll, B. A., & Ahuvia, A. C. (2006). Some antecedents and outcomes of brand love. *Marketing Letters,* 17, 79-89.

Carpentier, N. (2012). The concept of participation. If they have access and interact, do they really participate? *Revista Fronteiras – estudios midiáticos,* 14 (2), 164-177.

Carpentier, N., & De Cleen, B. (2008). *Participation and media production: Critical reflections on content creation.* Newcastle upon Tyne: Cambridge Scholars Publishing.

Chang, B.-H., & Chan-Olmsted, S. M. (2010). Success factors of cable network brand extension: Focusing on the parent network, composition, fit, consumer characteristics, and viewing habits. *Journal of Broadcasting & Electronic Media,* 54 (4), 641-656.

Chan-Olmsted, S. M. (2006). Issues in media management and technology. In A. B. Albarran, S. M. Chan-Olmsted, M. O. Wirth (eds.), *Handbook of media management and economics* (pp. 251-273). Mahwah, N.J: L. Erlbaum Associates.

Chan-Olmsted, S. M. (2009). *Competitive strategy for media firms.* New York, London: Routledge.

Chan-Olmsted, S. M. (2011). Media branding in a changing world. Challenges and opportunities 2.0. *International Journal on Media Management,* 13 (1), 3-19.

Chan-Olmsted, S. M., & Cha, J. (2008). Exploring the antecedents and effects of brand images for television news. An application of the brand personality construct in a multichannel news environment. *International Journal on Media Management,* 10 (1), 32-45.

Chan-Olmsted, S.M., & Kim, Y. (2001). Perceptions of branding among television station managers: An exploratory analysis. *Journal of Broadcasting & Electronic Media,* 45, 75-91.

Christodoulides, G. (2009). Branding in the post-internet era. *Marketing Theory,* 9 (1), 141-144.

Deuze, M. (2007). *Media work. Digital media and society.* Cambridge: Polity Press.

Elliot, R., & Wattanasuwan, K. (1998). Brands as symbolic resources for the construction of identity. *International Journal of Advertising,* 17, 131-44.

Förster, K. (2011 a). Key success factors of TV brand management: an international case study analysis. *Journal of Media Business Studies,* 8 (4), 1-22.

Förster, K. (2011 b) (Ed.) *Strategien erfolgreicher TV-Marken. Eine internationale Analyse.* Wiesbaden: VS Verlag.

Förster, K. (2012). A Social Me? Soziale Identität als Werttreiber für das Sozialkapital von TV-Marken. In C. Kolo, T. Döbler, & L. Rademacher (eds.), *Wertschöpfung durch Medien im Wandel* (pp. 137-154). Baden Baden: Nomos.

Förster, K. (2014). Do emotions pay off? Effects of media brand emotions on cognitive relief, identification and prestige. *Online Journal of Communication and Media Technologies,* 4 (4), pp. 34-57.

Förster, K. (2015). An audience-centered perspective on media brands: Theoretical considerations, empirical results and 'white spaces'. In G. Siegert, K. Förster, S. Chan-Olmsted, M. Ots (eds.), *Handbook of media branding.* Heidelberg: Springer (in print).

Förster, K., & Grüblbauer, J. (2010). TV-Markenmanagement: Eine empirische Untersuchung des ökonomischen und psychologischen Markenwertes von TV-Sendern in Österreich. In H. Gundlach (ed.) *Public Value in der Digital- und Internetökonomie* (pp. 264-294). Köln: Herbert von Halem.

Förster, K., Kleinen-von Königslöw, K. (2013). L'amour est-il la réponse? Les émotions et leurs rôles pour les chaînes de télévision. In H. Laurichesse (ed), *La Stratégie de Marque dans l'Audiovisuel* (pp. 209-224). Paris: Arman Colin.

Förster, K., Kleinen-von Königslöw, Baumann, S. (2014). Media brands as symbolic resources. Presentation on the Association for Education in Journalism and Mass Communication (AEJMC) conference, Montreal.

Förster, K., & Rohn, U. (2013). Is small the new big? Size effects on television station's SNS communication - An international case-studies analysis. *Journal of Media Business Studies*, 10 (4), 21-39.

Frisch, A. J. (1993). *Unternehmensgröße und Innovation – Die schumpeterianische Diskussion und ihre Alternativen.* Frankfurt/Main: Campus.

Goffman, E. (1959). *The presentation of self in everyday life.* New York: Doubleday.

Greer, J. D., Yan, Y. (2010). News ways of connecting with readers: How community newspapers are using Facebook, Twitter and other tools to deliver the news. *Grassroots Editor*, 51 (3), 1-7. [Online: http://www.iswne.org]

Ha, L., & Chan-Olmsted, S. M. (2001). Enhanced TV as brand extension: TV viewers' perception of enhanced TV features and TV commerce on broadcast networks' web sites. *International Journal on Media Management*, 3(4), 202–213.

Horppu, M., Kuivalainen, O., Tarkiainen, A., & Ellonen, H.-K. (2008). Online satisfaction, trust and loyalty, and the impact of the offline parent brand. *Journal of Product & Brand Management*, 17 (6), 403-413.

Keller, K. L. (2008). *Strategic Brand Management: Building, Measuring and Managing Brand Equity*, Third Edition. Upper Saddle River, NJ: Pearson Prentice Hall.

Kim, J., Baek, T. H., & Martin, H. J. (2010). Dimensions of News Media Brand Personality. *Journalism & Mass Communication Quarterly,* 87 (1), 117-134.

Kleinen-von Königslöw, K. (2010). *Die Arenen-Integration nationaler Öffentlichkeiten. Der Fall der wiedervereinten deutschen Öffentlichkeit.* Wiesbaden: VS Verlag.

Knackfuß, C. (2010). *Die Rolle von Emotionen als Mediatoren zwischen Markenimage und Markenstärke.* Wiesbaden: Gabler.

Krebs, I. (2015). News media branding and journalistic quality – Contradiction or Compatibility? In G. Siegert, K. Förster, S. Chan-Olmsted, M. Ots (eds.), *Handbook of media branding.* Heidelberg: Springer (in print).

Lavine, J. M., & Wackman, D. B. (1988). *Managing media organizations: Effective leadership of the media.* New York: Longman.

Lis, J., & Berz, J. (2011). Using social media for branding in publishing. *Online Journal of Communication and Media Technologies*, 1 (4), 193-213.

Livingstone, S. (1998). Audience research at the crossroads: The 'implied audience' in media and cultural theory. *European Journal of Cultural Studies*, 1(2), 193-217.

Lobigs, F. (2015). An economic theory of media brands. In G. Siegert, K. Förster, S. Chan-Olmsted, M. Ots (eds.), *Handbook of media branding*. Heidelberg: Springer (in print).

Lowe, G. F., Berg, C. E., & Nissen, C. S. (2011). Size matters for TV broadcasting policy. In G. F. Lowe, C. S. Nissen (eds.) *Small among giants. Television broadcasting in smaller countries* (pp. 21-42). Göteborg: Nordicom.

Machin, D., & Niblock, S. (2008). Branding newspapers. *Journalism Studies,* 9 (2), 244-259.

March, J. G., & Sutton, R. I. (1997). Organizational performance as a dependent variable. *Organization Science,* 8 (6), 698-706.

McDowell, W. (2004). Exploring a free association methodology to capture and differentiate abstract media brand associations. A study of three cable news networks. *Journal of Media Economy*, 17 (4), 309-320.

McDowell, W. (2006 a). Issues in marketing and branding. In A. Albarran, S. M. Chan-Olmsted, & M-O. Wirth (eds.) *Handbook of media management and economics* (pp. 229-249). New York, London: Routledge.

McDowell, W. (2006 b). Confrontation or conciliation? The plight of small media brands in a zero sum marketplace. *Journal of Media Business Studies,* 3 (2), 1-22.

McDowell, W. (2011). The brand management crisis facing the business of journalism. *International Journal on Media Management,* 13 (1), 37-51.

Mooney, K., & Rollins, N. (2008). *The open brand: when push comes to pull in a web-made world.* Thousand Oaks, CA: New Riders.

Moores, S. (1993). *Interpreting audiences: An ethnographic approach.* Oxford: Berg.

Munch, R., & Smelser, N.J. (1987). Relating the micro and the macro. In J.C. Alexander, B. Giesen, R. Munch, & N.J. Smelser (eds.) *The micro-macro link* (pp. 356-387). Berkeley: University of California Press.

Nienstedt, H. W., Huber, F., & Seelmann, C. (2012). The influence of the congruence between brand and consumer personality on the loyalty to print and online issues of magazine brands. *International Journal on Media Management,* 14 (1), 3-26.

Ots, M. (Ed.) (2008). *Media brands and branding.* Jönköping: Jönköping Business School.

Oyedeji, T. A. (2007). The relation between the customer-based brand equity of media outlets and their media channel credibility: An exploratory study. *International Journal on Media Management,* 9 (3), 116-125.

Pavlik, J. V. (2013). A vision for transformative leadership: Rethinking Journalism and Mass Communication education for the twenty-first century. *Journalism & Mass Communication Educator,* 68 (3), 211-221.

Picard, R. G. (2011). Broadcast economics, challenges of scale, and country size. In G. F. Lowe, C. S. Nissen (eds.) *Small among giants. Television broadcasting in smaller countries* (pp. 43-56). Göteborg: Nordicom.

Puppis, M., d'Haenens, L., Steinmaurer, T., & Künzler, M. (2009). The European and global dimension: taking small media systems research to the next level. *The International Communication Gazette*, 71 (1-2), 105-112.

Ruth, J. (2001). Promoting a brand's emotion benefits: The influence of emotion categorization processes on consumer evaluations. *Journal of Consumer Psychology,* 11(2), 99-113.

Schembri, S., Merrilees, B., & Kristiansen, S. (2010). Brand consumption and narrative of the self. *Psychology & Marketing, 27 (6),* 623-38.

Shay, R. (2015). Audience perspectives on the perceived quality of pure play distribution: A cross-platform analysis. In G. Siegert, K. Förster, S. Chan-Olmsted, M. Ots (eds.), *Handbook of media branding.* Heidelberg: Springer (in print).

Siegert, G. (2003). *Medien Marken Management. Relevanz, Spezifika und Implikationen einer medienökonomischen Profilierungsstrategie.* München: Fischer.

Siegert, G. (2006). The role of small countries in media competition in Europe. In J. Heinrich, & G. G. Kopper (eds.) *Media Economics in Europe.* Berlin: Vistas.

Siegert, G. (2015). Market driven media brands: Supporting or faking high journalistic quality? In G. Siegert, K. Förster, S. Chan-Olmsted, M. Ots (eds.), *Handbook of media branding.* Heidelberg: Springer (in print).

Siegert, G., Förster, K., Chan-Olmsted, S.M., & Ots, M. (2015 a). *Handbook of media branding.* Heidelberg: Springer (in print).

Siegert, G., Förster, K., Chan-Olmsted, S.M., & Ots, M. (2015 b). What is so special about media branding? Peculiarities and commonalities of a growing research area. In G. Siegert, K. Förster, S. Chan-Olmsted, M. Ots (eds.), *Handbook of media branding.* Heidelberg: Springer (in print).

Strecker, M., & Bardohn, T. (2007). Von Markenwerten und Mediainvestitionen. *Absatzwirtschaft,* 4, 84-87.

Sung, Y., & Park, N. (2011). The dimensions of cable television network personality: Implications for media brand management. *International Journal on Media Management,* 13 (1), 81-105.

Tarkiainen, A., Ellonen, H.-K., Ots, M., & Stocchi, L. (2014). Creating loyalty towards magazine websites: Insights from the Double Jeopardy phenomenon. *International Journal of E-Business Research,* 10 (1), 1-14.

Trappel, J. (2011). Structure and dynamics. The television broadcasting industry in smaller countries. In G. F. Lowe, C. S. Nissen (eds.) *Small among giants. Television broadcasting in smaller countries* (pp. 111-131). Göteborg: Nordicom.

Vlašić, A., & Brosius, H. B. (2002). „Wetten dass ..." – Massenmedien integrieren? Die Integrationsfunktion der Massenmedien: Zur empirischen Beschreibbarkeit eines normativen Paradigmas. In K. Imhof, O. Jarren, & R. Blum (eds.) *Integration und Medien* (pp. 93-109). Wiesbaden: Westdeutscher Verlag.

Yan, M. Z., & Park, Y.I. (2006). *Market competition and program type diversity: A cross-sectional study of U.S. television stations.* Online: http://www.yongjinpark.com/resources/TPRC2006.pdf (19.12.2011).

Andreas Baetzgen, Jörg Tropp

Markenmedien – Beobachtungen eines neuen Phänomens an der Schnittstelle von Marken und Medien

Es gibt deutliche Anzeichen, dass das Verhältnis von Marken und Medien neu adjustiert wird. Konsumgütermarken entwickeln ihre eigenen Medien und hochwertigen Inhalte, was auf die Formel der Medialisierung der Marken gebracht werden kann. Bislang liegen kaum wissenschaftliche Erkenntnisse zu diesem Phänomen vor. Der vorliegende Beitrag skizziert einleitend das neue Verhältnis von Marken und Medien und präsentiert Beobachtungen zum Status quo in der wissenschaftlichen Auseinandersetzung. Die anschließenden empirischen Beobachtungen sind das Ergebnis einer qualitativen Studie, die ausgehend von der Grounded Theory eine Delphi-Studie mit Medien- und Marketingexperten zur Datenerhebung genutzt hat. Zentrale Kategorien einer Theorie der Markenmedien sowie acht kritische Erfolgsfaktoren des Managements werden vorgestellt. Die Ergebnisse können dahingehend zusammengefasst werden, dass Marken in der Tat verstärkt Medienfunktionen übernehmen und sich das Markenmanagement zunehmend medienökonomische Expertise aneignen muss.

1 Marken und Medien: Neuausrichtung eines etablierten Verhältnisses

Die Ökonomisierung und Medialisierung moderner Gesellschaften lässt einen Wandel in der Beziehung zwischen Medien und Marken beobachten, der auf eine zunehmende Überschneidung der Handlungsfelder von Organisationen aus dem Wirtschafts- und dem Mediensystem hinausläuft. Einerseits operieren Medienorganisationen zunehmend gemäß den Prinzipien und Regeln einer ökonomischen Handlungslogik und diversifizieren dabei in neue medienmarktferne Marktsegmente. Beispielsweise steigerte Disney seine Einnahmen in der Konsumgütersparte um neun Prozent in 2013 (Nielson 2014). Nöcker (2014: 11) bringt diese Entwicklung wie folgt auf den Punkt: „Teils – wenn nicht sogar in der Regel – entstehen Medien sogar in erster Linie als Werbeträger und erst in zweiter Linie als Informations- oder Unterhaltungsmittel."

Andererseits engagieren sich Konsumgütermarken in der Produktion von medialen Inhalten (‚content') und im Content Marketing. So veröffentlichte Lego in 2014 den Film „Lego Movie" und nahm in nur drei Monaten nach dessen Launch weltweit über 468 Millionen Dollar ein (Hansegard 2014). Die Veröffentlichung der nächsten Folge ist bereits für 2017 geplant. Ein qualitativer Unterschied zwischen den Produkten der Medienorganisationen und denen der Konsumgütermarken lässt sich kaum noch ausmachen (Pesch 2012).

Im vorliegenden Beitrag legen wir unseren Beobachtungsfokus auf die Medialisierung von Marken. Da wir an dieser Stelle nicht in die Medialisierungsdebatte einsteigen und die unterschiedlichen theoretischen Faccetten des Begriffs herausarbeiten können (vgl. aktuell Meyen 2014, 2014 a, Theis-Berglmair 2014), gehen wir im Folgenden von einem breiten Verständnis von Medialisierung aus, wonach die beobachtbaren Veränderungen in der Markenkommunikation als Folgen medial vermittelter Kommunikation zu verstehen sind. Die Medialisierung von Marken meint dann die Überformung der auf Märkte gerichteten Maßnahmen des Markenmanagements durch eine zunehmende Orientierung an der Logik des Mediensystems, die sich im Anstieg publizitäts- und interaktivitätsausgerichteter Marketinghandlungen der Akteure niederschlägt (Tropp 2014). Das Ergebnis ist die Entstehung von Markenmedien.

Die hohe medienökonomische Relevanz der Beobachtung von Markenmedien resultiert aus der Funktionserweiterung, die Marken erfahren. Markenmanager produzieren und distribuieren heute hochwertigen Content, vergleichbar zu Filmstudios, TV-Sendern und Verlagshäusern. Dabei übernehmen ihre Marken typische Medienfunktionen wie Unterhaltung, Information und soziale Interaktion. Die zugrundeliegende Intention ist es, die Markenleistung zu steigern, indem nützliche und attraktive Inhalte angeboten werden, die zur Etablierung von Markenmedien in der Medienlandschaft führen. Diese Funktionserweiterung der Marken hat zur Konsequenz, dass sich die Markenkommunikationsformen, vor allem hinsichtlich ihrer medialen Realisation, wandeln. Die jahrzehntelange Vorherrschaft der klassischen Mediawerbung in zu bezahlenden Medien (‚paid media'), die dem strategischen Ansatz der Positionierungskommunikation (Reeves 1961) folgt, weicht langsam auf. Auch gehen heute die medialen Realisationen der Markenkommunikation weit über bekannte Formen des Product Placement oder Branded Entertainment hinaus, die Ergebnisse der Strategie der Integration von Werbebotschaften in redaktionellen Inhalt sind (Wirth et al. 2009). Das Markenmanagement bzw. das Unternehmen wird heute vielmehr selbst zum Initiator der Produktion medialer Inhalte und Betreiber von Kommunikationsplattformen (Abbildung 1).

Abbildung 1: Entwicklung von Markenmedien im Kontext der Markenkommunikation (Quelle: eigene Darstellung)

Phasen der Markenkommunikation / Merkmale der Kommunikaton	Unverwechselbare Kommunikation der Marke (Positionierungskommunikation)	Hybride Kommunikation der Marke	Marke dient als Medium ihrer Kommunikation (Markenmedium)
Realisation	Trennung von redaktionellem Inhalt und Werbung	Werbung ist in redaktionelle Umfelder integriert	Markenkommunikation als redaktionelle Kommunikation
Instrumente	Traditionelle Werbeformen (z. B. TV-Spot, Plakat, Online-Banner)	Branded entertainment, Placement, Advertorial	Content Marketing
Verhältnis Marke/Medien	paid media	paid media earned media	owned media earned media

<1950 2000 Jahr

Das Unternehmen medialisiert seine Marke, was die Entstehung eines anspruchsvollen neuen Instruments der Markenkommunikation nach sich zieht, das über das bekannte Corporate Publishing weit hinaus geht und als ‚Content Marketing' bezeichnet wird.

2 Beobachtungen in der Wissenschaft

Die wissenschaftliche Auseinandersetzung mit Markenmedien steht noch ganz am Anfang. Sie wird aktuell vor allem von praxisnahen Institutionen vorangetrieben und ist entsprechend stark anwendungsorientiert ausgerichtet. Konsens herrscht bezüglich der neuen Systematisierung der Medienlandschaft in paid, earned und owned media. Neben ‚paid media' - Medienorganisationen werden für die Veröffentlichung von werblichen Kommunikationsangeboten bezahlt - hat sich der Begriff ‚earned media' etabliert, mit dem die redaktionelle oder journalistische Kommunikation der Medien über Marken bezeichnet wird (Chaffey 2012, Corcoran 2009). Aber auch die Kommunikation der Konsumenten, die sich inhaltlich auf Marken bezieht, wird vor allem im Social-Media-Kontext als earned media bezeichnet (Blackshaw & Nazzaro 2006, Demirci et al. 2014). Owned media schließlich bezieht sich auf Medienangebote, die unter der direkten Kontrolle der Unternehmen stehen wie beispielsweise Websites, Blogs, Filme oder TV- und YouTube-Kanäle (Bonchek 2014, Stephen &

Galak 2012, Young 2010) und damit die Grundlage für die Entwicklung von Markenmedien bilden. Unseres Erachtens sind zum Zweck einer trennscharfen Abgrenzung von owned und paid media zwei Aspekte zu präzisieren. Erstens impliziert die Redeweise von owned media, dass die Medienangebote von einer Organisation stammen, die originär nicht dem Medienmarkt entstammt. Zweitens, initiiert und kontrolliert diese die Produktion und Distribution von Medieninhalten, ohne dass sie dafür Mediaschaltkosten aufwenden muss.

Eine synonyme Verwendung der Begriffe owned medium und Markenmedium greift unseres Erachtens zu kurz. Denn dies würde implizieren, dass jedes Medienangebot, das von einem Unternehmen kontrolliert wird, gleichzeitig auch ein Markenmedium ist. Zweifelsohne können aber beispielsweise nicht alle Websites von Unternehmen als Markenmedien bezeichnet werden. Um zu einer Differenzierung der beiden Begriffe zu gelangen, ist es zunächst hilfreich, am Verständnis des Medienbegriffs anzusetzen. Wir verstehen unter einem Medium nicht lediglich ein Mittel der Verbreitung, sondern im Sinne eines elaborierten Medienbegriffs - wie er heute in der Kommunikationswissenschaft vertreten wird - begreifen wir Medien zugleich „als technisch basierte Zeichensysteme, arbeitsteilig verfahrende Organisationen und als Institutionen (Normen- und Regelsysteme) mit jeweils spezifischem Leistungsvermögen für andere soziale Systeme und Funktionen für die Gesellschaft“ (Beck 2013: 201). Daraus folgt zunächst, dass soziale Medien wie bspw. Facebook, YouTube oder Twitter keine „owned media“ von Unternehmen sind. Was die Unternehmen vielmehr kontrollieren, sind mediengattungsspezifische Angebote (z. B. Laviva des Unternehmens Rewe in der Gattung Zeitschriften, Facebook-Seiten des Unternehmens Coca Cola in der Gattung soziale Medien, Lego-Film des Unternehmens Lego in der Gattung Kino etc.). Des Weiteren entwickelt sich diese Kontrolle von mediengattungsspezifischen Angeboten erst dann zu einem Markenmedium, wenn die Produktion und Distribution dieser Angebote systematisch in der Organisation des Unternehmens verankert zum Zweck der Markenführung erfolgt. Zusammenfassend begreifen wir dann unter einem Markenmedium ein vom Unternehmen kontrolliertes, institutionalisiert betriebenes und mediaschaltkostenfreies Medienangebot („owned medium“), das dem Erreichen markenpolitischer Zielsetzungen dient. Das Markenmanagement verfolgt dazu strategisch einen medienfunktionalen Ansatz (z. B. Information, Unterhaltung, soziale Vernetzung).

Medienökonomie und Markenmedien

Prüft man die medienökonomische Literatur auf Studien, die sich mit Markenmedien bzw. owned media befassen, fällt das Ergebnis ernüchternd aus. Gesicherte theoretische oder empirische Ergebnisse liegen bislang nicht vor. Dies verwundert, da owned media in unternehmensstrategischer Hinsicht als eine medienmarktgerichtete Diversifikation (Ansoff 1957, Berry 1971, Ramanujam & Varadarajan 1989) verstanden werden kann. Hierfür hält die strategische Managementlehre mit den beiden grundlegenden Konzepten der industrial organization (IO) concepts (Bain 1968) und des resource-based view (RBV) (Penrose 1959) fruchtbare theoretische Ansatzpunkte bereit, die auch in medienökonomischen Kontexten diskutiert werden (Chan-Olmsted 2006). Die bislang ausbleibende medienökonomische Diskussion überrascht auch, weil sich Unternehmen mit einer Diversifikation in Richtung Medienmarkt mit der Herausforderung des dualen Marktmanagements (Öffentlichkeit und Werbung) konfrontiert sehen, der in der Medienökonomie grundsätzlich besondere Beachtung zukommt. In der Praxis ist der Owned-Media-Ansatz entsprechend schon um ‚sold media' (Edelman & Salsberg 2010) erweitert worden. Hier wird das Medium zum Werbeträger für andere Marken. Mit dem Red Bull Media House stünde bereits das empirische Material für eine entsprechende case study bereit. Des Weiteren gehören Medienformate wie die ADAC Motorwelt oder die Apotheken Umschau, die durchaus als Markenmedien bezeichnet werden können, heute mit zu den teuersten Anzeigenplätzen im deutschen Printmarkt.

Eine wichtige Konsequenz, die aus der wachsenden Bedeutung von Markenmedien resultieren könnte, ist die Erweiterung des Untersuchungsgegenstandes der Medienökonomie in der organisationalen Dimension. Nicht nur Medienorganisationen sind zukünftig Gegenstand medienökonomischer Beobachtungen, sondern auch Konsum- und Dienstleistungsunternehmen.

Markentheorie und Markenmedien

Eine vergleichbar dünne Erkenntnislage ist auch in markentheoretischer Hinsicht zu konstatieren. Hier könnte über den Zugang des strategischen Brandings geprüft werden, inwiefern Markenmedien als eine Markenerweiterung (‚brand extension') konzipiert und gemanagt werden können.

Markenmedien könnten damit als Erfolgsfaktor der übergeordneten unternehmerischen Markenstrategie eingestuft werden. Diese strategische Option findet sich zwar im medienökonomischen Kontext, wo sie für Medienmarkenerweiterungen diskutiert wird (McDowell 2006). Die Erklärung der Evolution von Markenmedien bzw. owned media bei Unternehmen im Nicht-Medienmarkt wird bislang jedoch nicht als eine Strategie der Markenerweiterung diskutiert.

Auch ist bei Markenmedien bislang nicht das strategische Managementpotential des self-brandings (Pühringer & Siegert 2007, Siegert 2008) untersucht worden. Einerseits könnte dieser Ansatz für die Untersuchung von Optimierungsstrategien der Mediakosten dienen. Andererseits könnte er auch genutzt werden, um den Grad an effektiver Selbstreferenz in owned media zu untersuchen. Ist das self-branding zu gering, könnten mit Markenmedien keine positiven Markenkommunikationseffekte (z. B. Markenbekanntheit, Recognition etc.) erzielt werden. Ist es zu stark ausgeprägt, könnten unerwünschte Effekte auftreten, wie beispielsweise die Aktivierung von Persuasionswissen und Werbeabneigung. Erkenntnisse zum self-branding könnten des Weiteren auch zur Untersuchung des Einsatzes von owned media zwecks Generierung von earned media dienen, um die kostengünstige Vermarktung der eigenen Markenmedien zu erzielen (Burcher 2012).

Disruptiver Technologieansatz und Markenmedien

In den wenigen vorliegenden Studien zu owned media wird in der Regel implizit der Ansatz disruptiver Technologie (Christensen 1997, Danneels 2004) als Ausgangspunkt genommen. Die Grundannahme ist entsprechend, dass eine Technologie das Potenzial haben kann, die bestehenden Wettbewerbsverhältnisse zu verändern und neue Geschäftsfelder zu etablieren bzw. bestehende zu transformieren. Im Medienkontext realisieren sich die Folgen von disruptiver Technologie vor allem als Konvergenz. Die Internet-Technologie treibt in inhaltlicher, technologischer, ökonomischer und institutioneller Hinsicht die Auflösung der Grenzen zwischen Medienteilmärkten und darüber hinaus der Grenzen unterschiedlicher Branchen voran, die zu einem TIME-Markt (Telekommunikation, Informationstechnologie, Media, Entertainment) konvergieren (Sjurts 2005). Die damit einhergehende Entstehung neuer Medien und Inhaltsformate führt zu neuen Mediennutzungsmotiven und -mustern, die ein starkes Innovations- und Diversifikationspotenzial für die Entwicklung neuartiger Formen der Markenkommunikation besitzen.

Es liegt auf der Hand, dass diese Entwicklung gleichzeitig auch an die Evolution neuer Erfolgsfaktoren für Markenmedien geknüpft ist. So weist Harrison (2013) nach, dass Konsumenten dazu neigen, Medienangebote von Marken aktiv, selektiv und intentional aufzusuchen, wobei dies besonders für die Verwender der jeweiligen Marken gilt. Als Erfolgsfaktor resultiert, dass in owned media die Inhalte entsprechend den Bedürfnissen und Interessen der Markennutzer gestaltet werden sollten.

Zu ergänzen ist, dass bei dieser bedürfnis- und interessensgerechten Gestaltung der Inhalte deren Komplexität auf die Wahrnehmungs- und Verarbeitungsfähigkeiten der Nutzer abgestimmt sein sollten. Nur so kann sich gemäß der Flow-Theorie (Csikszentmihalyi 1990) ein Flow-Erleben einstellen, das sich durch eine stark involvierte, aufmerksame, aber gleichzeitig unangestrengte Beschäftigung mit dem Inhalt auszeichnet (Schramm & Knoll 2013).

Qualitätsansatz und Markenmedien

Die hohe Bedeutung, die den Inhalten von owned media zukommt, kann mit dem Qualitätsansatz spezifiziert werden. Einer Studie des Content Marketing Institute (2011) zufolge, sehen Marketingmanager als größte Herausforderung, Inhalte in Markenmedien anzubieten, die Konsumenten und Kunden engagiert rezipieren. Entsprechend liegt in der noch jungen Evolutionsphase der wissenschaftlichen Auseinandersetzung mit owned media der Schwerpunkt primär auf dem content strategy view, der als strategische Planungspraxis der Kreation und Streuung nützlicher, brauchbarer Inhalte zusammengefasst werden kann (Halvorson 2012).

Zurückgreifend auf das Qualitätsebenenmodell von Donabedian (1980, 1988) wendet sich die Owned-Media-Forschung damit zunächst dem strategischen Management der Qualitätsdimension des outcomes zu. Von Interesse sind demnach das direkt mit owned media in Zusammenhang stehende Management der Qualität der Kommunikation und die damit einhergehende Wirkung bei Konsumenten. Die beiden anderen strategischen Managementdimensionen des Modells, die Einfluss auf die kommunikative Qualität in owned media haben, bleiben derzeit, zumindest in der Forschung, noch unberücksichtigt. So werden einerseits nicht die Strukturen und Potenziale des Unternehmens, d. h. die Kontexte bzw. Rahmenbedingungen, in denen Qualität zustande kommt (z. B. personelle, finanzielle, technische und organisatorische Ressourcen), berücksichtigt. Andererseits wird zudem auch die Prozessdimension ausgeblendet. Gemeint sind damit die Abläufe während der Erstellung von owned media content unter Einsatz der Ressourcen der Struktur- und Potentialdimension (z. B. Arbeitsabläufe, Integration von News Rooms in Marketingabteilungen).

3 Empirische Beobachtungen

Methode

Da, wie ausgeführt, in der Literatur bislang kein umfassendes theoretisches Markenmedien-Konzept vorliegt, ist für die empirische Forschung ein exploratives Vorgehen angezeigt (vgl. Baetzgen & Tropp 2014). Unsere Studie basiert daher auf dem Grounded-Theory-Ansatz. Dieses Verfahren dient der Entwicklung einer gegenstandsbegründeten Theorie. Der Wissenschaftler definiert dafür vorab keine theoretischen Annahmen und Voraussetzungen, um möglichst unvoreingenommen aus der Kommunikation und dem Verhalten der untersuchten Individuen eine Theorie zu entwickeln (Goulding 2005). Die Datenerhebung ist in der Grounded Theory jedoch nicht Individuum gebunden, sondern kann vielfältige Formen annehmen. In Frage kommen daher bspw. neben nicht-standardisierten Interviews, Beobachtungen oder Fokusgruppen auch Literatur, Dokumente von Organisationen, Bilder oder Fotos. Der Fokus des Grounded Theory-Ansatzes liegt in der Entwicklung eines plausiblen Netzwerks von Kategorien, die das untersuchte Phänomen umfassend erklären. In einem iterativen Prozess werden hierfür die Daten kontinuierlich abgeglichen und angepasst, bis eine theoretische Sättigung entsteht und sich ein einheitliches System von Kategorien herausbildet (Glaser & Strauss 1999, Strauss & Corbin 1998).

Zwei Forschungsfragen sollten mit der Studie beantwortet werden:

1. Kann von einer Innovation im Markenwesen in Form einer grundsätzlichen Funktionserweiterung der Marke um Medienfunktionen ausgegangen werden?
2. Können zentrale Kategorien einer Theorie der Markenmedien ermittelt werden?

Im Rahmen einer zweistufigen Delphi-Studie wurden 26 Marken- und Medienexperten online befragt. Die Struktur der Teilnehmer entsprach einem theoretischen Sampling. Dieses zielt nicht auf Repräsentativität, sondern eben auf theoretische Sättigung (Charmaz 1995). Wir wählten die Teilnehmer deshalb entsprechend ihrer Profession (Marketing- und Medienmanagement) und Position (Geschäftsführung, Senior Management, Professoren) aus. Zudem wurde darauf geachtet, dass alle im Prozess involvierten Parteien (Werbungtreibende, Agenturen, Vermarkter, Produzenten, Medien) unter den Teilnehmern vertreten waren.

Ergebnisse

Die Annahme der Ausbildung von Medienfunktionen der Marke ist nach Meinung der Experten grundsätzlich gerechtfertigt. Die jeweiligen Systemreferenzen des Medien- und Wirtschaftssystems bleiben aber bestehen. Wohl findet aber eine zunehmende Vermengung ihrer Systemlogiken statt. Mit anderen Worten: Die Marke entwickelt sich zum Medium – aber aus Markenmanagement wird nicht Journalismus.

Hinsichtlich der zweiten Forschungsfrage konnten folgende zentrale Kategorien einer Theorie der Markenmedien ermittelt werden:

Tabelle 1: Kategorien einer Theorie der Markenmedien

Ursachen:	*Makroebene*: Medialisierung des Wirtschaftssystems Ökonomisierung des Mediensystems
	Mesoebene: Klassische Intermediäre von Content (z. B. Verlage, Fernsehsender) verlieren ihre Monopolstellung Strukturelle/mediumsinduzierte Wirkungen des Internet/Social Media zwingen Unternehmen, eigene Kommunikationsplattformen zu erstellen
	Mikroebene: Motive und Muster des medialen Handelns der Konsumenten – besonders in Internet-Umgebungen – fordern eine Erweiterung des kommunikationspolitischen Instrumentariums der Unternehmen ein (Uses-and-Gratifications-Ansatz)
Kontexte/intervenierende Bedingungen:	Logik der Massenmedien Logik der Marke Logik journalistischen Handelns
Konsequenzen:	Medienökonomisches Management der Marke Kommunikationsqualität als Wirkungsmaxime
Strategie:	Kollaboration mit Medien

Dem Ansatz des content strategy view folgend (Halvorson 2012) konnten in einem nächsten Schritt innerhalb dieser Kategorien inhaltsanalytisch acht kritische Erfolgsfaktoren von owned media identifiziert werden, die sich in vier Gruppen unterteilen lassen: medien-, marken-, konsumenten- und inhaltszentrierte Erfolgsfaktoren.

Medienzentrierte Erfolgsfaktoren von owned media

1. Reichweite: Eine hohe Reichweite ist nicht nur ein Erfolgsfaktor für paid media, sondern spielt nach Meinung der Experten auch für den Erfolg von owned media eine wichtige Rolle. Besonders in den sozialen Medien müssen Markenmedien eine kritische Masse erreichen, um entsprechende Multiplikatoreffekte über Fans, Likes und Shares zu erzielen. Unternehmen sollten sich dabei nicht allein auf die organische Reichweite des Contents verlassen, sondern diesen aktiv über paid media bewerben. Dies gilt umso mehr, da die Reichweite von Brand Pages auf Facebook seit Monaten drastisch sinkt. Laut einer Studie der Agentur social@Ogilvy (Manson 2014) ist die durchschnittliche organische Reichweite für Content, der auf den größten einhundert Facebook Brand Pages veröffentlicht wurde, allein in den Monaten Oktober 2013 bis Februar 2014 von 12,05 Prozent auf 6,15 Prozent gesunken. Laut dem ehemaligen Deutschlandchef von Facebook F. Scott Wood entwickelt sich Facebook immer mehr zu einem „skalierbaren Marketingkanal" (Campillo-Lundbeck 2014, S. 23), d. h. zu einem Bezahlmedium. Die große Bedeutung, die die Experten der Reichweite für den Erfolg von Markenmedien zuschreiben, deutet darauf hin, dass owned media weniger als Dialogmöglichkeit, sondern als ‚Massenmedium' betrachtet wird. Auch dies wird von Wood bestätigt: „So etwas wie kontinuierlichen Dialog gibt es nicht oder immer nur mit einer sehr kleinen Gruppe." (ebd.)

2. Kontaktfrequenz: Die Kontaktfrequenz ist laut Auskunft der Experten der zweite medienzentrierte Erfolgsfaktor von owned media. Eine hohe Kontaktfrequenz erhöht die Kontaktwahrscheinlichkeit mit einem Markenmedium. In der klassischen Werbung ist die Kontaktfrequenz eines Werbemittels abhängig von der Anzahl der Wiederholungen, mit der dieses geschaltet wird. Bei owned media ist die Kontakthäufigkeit – ähnlich wie bei journalistischen Angeboten – primär abhängig vom Erscheinungsintervall. Markenmedien sollten deshalb Formatcharakter haben, mit Inhalten und Themen, die sich kontinuierlich bzw. periodisch aktualisieren lassen. Es geht mit anderen Worten um die Weiterentwicklung eines Markenmediums zur Medienmarke, die durch Kontinuität bei Zuschauern und Lesern Vertrauen schafft. Die Entwicklung, die der Handelskonzern REWE mit seinem IVW-zertifizierten Print-Titel Laviva nimmt, ist hierfür ein Beispiel. Mit einer verkauften monatlichen Auflage von mehr als 320.000 Exemplaren, gehört Laviva zu einer der erfolgreichsten Frauenzeitschriften in Deutschland. REWE profitiert von den Verkaufs- und Werbeerlösen. Für eine einseitige Anzeige zahlen Werbekunden laut Preisliste 18.600 Euro. Zudem wirkt das Heft verkaufsfördernd und stärkt langfristig die Kundenbindung. Seit Januar 2015 ist Aldi Süd mit dem Titel „Aldi inspiriert" nachgezogen. Das Heft geht mit einer Auflage von 1,8 Millionen Exemplaren an den Start.

Markenzentrierte Erfolgsfaktoren von owned media

3. Markenstärke: Der Erfolg von owned media ist zudem abhängig von der Produkt- oder Dienstleistungsmarke, die hinter dem Medienangebot steht. Eine etablierte und erfolgreiche Marke wie Coca-Cola, Red Bull oder L'Oréal hat es nach Meinung der Experten einfacher, ein erfolgreiches Markenmedium zu lancieren, als eine Marke, die weniger bekannt ist bzw. weniger Reputation im Markt genießt. Die Experten begründen dies vor allem mit der größeren Anhängerschaft in den sozialen Medien und der stärkeren Identifikation der Community mit der Marke. Dennoch sind die Experten überzeugt, dass grundsätzlich jede Marke das Potenzial dazu hat, ein erfolgreiches Markenmedium zu etablieren – auch B2B-Marken oder regionale Marken. Dank günstiger werdender Produktionsangebote sowie Long Tail eignet sich owned media auch für spitze Zielgruppen. Ein Beispiel hierfür ist das Modelabel WREN, das bis zur Veröffentlichung seiner sehr erfolgreichen Filmserie "First Kiss" auf YouTube in den meisten Märkten so gut wie unbekannt war. „Ist der Content wirklich King, ein ‚must see', dann kann es jede Marke", so das zusammenfassende Resümee eines Experten.

4. Markenpassung: Der Erfolg von owned media ist weiterhin abhängig von der Passung zwischen der Absendermarke und Form bzw. Inhalt des Medienangebots. Form und Inhalt eines Markenmediums sollten konsistent mit der Markenidentität sein und vor dem Hintergrund der Kernkompetenz der Marke für den Rezipienten glaubwürdig erscheinen. Mit Effekthascherei (z. B. Sensationalismus, Tabubrüche) lassen sich zwar die Klickzahlen nach oben treiben, zur inhaltlichen Profilierung der Marke trägt dies aber nicht zwingend bei – mitunter kann es sogar kontraproduktiv sein. Ein Beispiel hierfür ist der Film „Stresstest" der Marke NIVEA. Zwar wurde der Film bis dato mehr als acht Millionen Mal auf YouTube angeklickt, doch die inhaltliche Aussage ist für die auf Harmonie bedachte Marke zweifelhaft: NIVEA will Passagiere am Flughafen Hamburg ins Schwitzen bringen und schreibt diese in einer Live-Werbemaßnahme in fingierten Zeitungen und Nachrichtensendungen zur Fahndung aus. Der Angstschweiß steht den Passagieren förmlich auf der Stirn, wenn diese nach Minuten des Schreckens vom Sicherheitsdienst angesprochen werden. Doch statt verhaftet zu werden, hält dieser ein Deo bereit.

Konsumentenzentrierte Erfolgsfaktoren von owned media

5. Produktinvolvement: Ein weiterer Erfolgsfaktor von owned media ist das Produktinvolvement. Laut Meinung der Experten sind Produkte im Vorteil, die ein hohes Involvement haben, wie beispielsweise Autos, Kosmetik oder Spielwaren. Aber auch Mode- und Sportmarken, die immer schon Teil des Show Business sind, haben es leichter. „Die Beautytipps von L'Oréal sind für manche Konsumenten relevanter als die neusten Trends der Vogue", so eine der Expertinnen. Häufig nutzen Marken dieser Produktgruppen bereits Prominente, Themen oder Inhalte aus der Unterhaltungsbranche und sind eng mit dieser verbunden. Beispielsweise kooperiert Lego mit erfolgreichen Medienmarken wie Star Wars oder Lord of the Rings. L'Oréal wirbt seit Jahren mit bekannten Hollywood-Testimonials. Je höher das Produktinvolvement, umso größer ist die Wahrscheinlichkeit, das ein Markenmedium geliked, geteilt oder kommentiert wird. Es liegt deshalb auf der Hand, dass Marken mit einem geringen Produktinvolvement bei owned media vor allem auf involvierende Inhalte und Themen setzen, auch wenn diese nur indirekt mit dem Produkt in Verbindung stehen. Beispiele sind der Guide Michelin oder das Guinness Buch der Rekorde. Hotel- und Restaurantempfehlungen sind für viele Konsumenten sehr viel involvierender als ein Autoreifen, der für gewöhnlich nur alle paar Jahre erneuert wird. Das Markenmedium ist hier in erster Linie eine Plattform, die die Marke und deren Werte transportiert und weniger das Produkt zum Thema hat.

6. Persönliche Relevanz: Markenmedien müssen die Zielgruppe gleichermaßen in ihrer Rolle als Konsument und Rezipient ansprechen. Rezeptions- und Konsumrelevanz bilden mitunter einen Dualismus, aus dem Zielkonflikte resultieren können und der vom Markenmanagement aufgelöst werden muss, damit ein Markenmedium im Publikums- und Absatzmarkt in gleicher Weise erfolgreich ist. „Da Markenmedien besondere und weitergehende Ansprüche ihrer Konsumenten befriedigen müssen als eine plumpe Beschallung stereotyper Inhalte werden Markenverantwortliche umdenken und umdenken müssen", so ein Experte. Ein klares Themenprofil ist hierfür die Voraussetzung. Aber gerade dieses haben viele Markenmedien nicht. „Eine fundierte, sauber recherchierte, journalistische Arbeit findet oft nicht statt", so ein weiterer Experte. Auch gelingt es viele Unternehmen nicht, die Markenbrille abzusetzen. „Die Folge ist eine erbärmliche Dauerwerbesendung, die für den Zuschauer kaum Relevanz hat." Die Forderung der Experten nach mehr Relevanz für die Leser und Zuschauer steht im Einklang mit dem Uses-and-Gratifications-Approach (Blumler & Katz 1974, Rubin 2009). Demnach selektieren die Rezipienten zwischen unterschiedlichen medialen Angeboten, um sich schließlich für diejenige Alternative zu entscheiden, von der sie sich die größtmögliche Belohnung (z. B. Information, Unterhaltung, soziale Interaktion) versprechen.

Inhaltszentrierte Erfolgsfaktoren von owned media

7. Content Qualität: Die inhaltliche und formale Qualität des Medienangebots ist ein weiterer Erfolgsfaktor. Diese Erkenntnis unserer Expertenstudie deckt sich mit bestehenden empirischen Erkenntnissen (Content Marketing Institute 2011, Demirci et al. 2014, Harrison 2013). Im Rahmen der Studie sagte ein Experte: „‚Markenmedien' benötigen professionellen Content, der die gleiche Qualität wie ihre eigenen Produkte haben muss." Gefragt sind hochwertige und exklusive Inhalte, denn im Kampf um die Aufmerksamkeit der Zuschauer stehen Markenmedien im Wettbewerb mit professionellen Medien. „Der Unterhaltungswert muss an erster Stelle stehen und die Markenbotschaft hinten an", so ein weiterer Experte. Markenmedien dürfen keine „Abspielstation für austauschbaren oder anderweitig generierten Content werden. Diese Versuchung ist latent", so der Experte weiter. Zudem ist eine gewisse Inhaltsfülle erforderlich, damit der Content in den assoziativen Strukturen des Internets gefunden wird. Content Qualität bemisst sich zudem, so die Experten, an einer professionellen und exzellenten Exekution. Nichts desto trotz ist Qualität immer abhängig von den subjektiven Präferenzen und Vorlieben der Zielgruppe. Zudem zählt bei User-Generated-Content weniger eine professionelle Exekution, sondern Authentizität.

8. Nicht-werblicher Charakter: Der nicht-werbliche Charakter von owned media ist ein weiterer Erfolgsfaktor. Markenmedien sollten vom Rezipienten nicht primär als Werbung wahrgenommen werden, sondern als redaktioneller Inhalt. Dieses wichtige Ergebnis der Studie wird durch das Persuasion Knowledge Model (Friestad & Wright 1994) gestützt. Dieses besagt, dass sich Menschen im Laufe des Lebens Wissen über die Machart und Macher von Werbung aneignen. Dieses Wissen wird vom Rezipienten in jeder Wahrnehmungssituation aktiviert, in der Werbung erkannt wird. Aktiviertes Persuasionswissen führt in vielen Fällen automatisch zu verminderter Aufmerksamkeit oder Vermeidungsverhalten. „Markenmedien können hier mit Transparenz punkten, d. h. oft geben sie gar nicht vor, von unabhängigen Redaktionen zu kommen,“ während sich traditionelle journalistische Medien in zunehmenden Maße in Kooperationen mit der Werbewirtschaft ‚verstricken' und so ihre journalistische Glaubwürdigkeit verlieren, so eine Expertin.

4 Fazit

Stellt man die Beobachtungen aus Wissenschaft und Praxis gegenüber, ergibt sich eine deutliche Lücke, was den Entwicklungsstand angeht. Die Praxis überschlägt sich mit Superlativen, um der Bedeutung des Content Marketing Ausdruck zu verleihen. Pulizzi und Barrett (2009) sprechen gar von einem „Marketing Tsunami“, der die Branche aufwühlt. Marketer und Agenturen arbeiten mit Hochdruck an neuen Agentur- und Geschäftsmodellen. Für den Kunden L'Oréal hat die Werbeholding WPP erst kürzlich eigens eine 60-köpfige Agentur für Content-Marketing gegründet und damit im Jahr 2014 einen der größten, neu zu vergebenen Marketing-Kommunikationsetats in Deutschland gewonnen – Geld, das bis dahin in klassische Werbung investiert wurde. Laut einer weltweiten Studie des Content Marketing Institutes (2015) geben 60 Prozent der befragten Unternehmen an, im Jahr 2015 mehr oder signifikant mehr in Content Marketing investieren zu wollen. Auch eine Studie des Verbands Deutscher Zeitschriftenverleger (VDZ) und der Unternehmensberatung

McKinsey & Company bestätigt die wachsende Bedeutung von owned media hierzulande. Während im Zeitraum von 2012 bis 2015 die Ausgaben für klassische Werbemedien (paid media) um 700 Millionen Euro in Deutschland gestiegen sind, lag das Wachstum im Bereich owned media bei 4,5 Mrd. Euro (VDZ/McKinsey 2012). Vor diesem Hintergrund verwundert es, dass sich die Wissenschaft bislang nur rudimentär mit owned media beschäftigt hat. Das Hauptaugenmerk gilt dem disruptiven Technologieansatz, verbunden mit der Frage nach der Qualität von Owned-Media-Kommunikationen. Im Mittelpunkt steht dabei das Management der Qualitätsdimension des Outcomes. An dieser Stelle knüpft unsere Studie an, in der die kritischen Erfolgsfaktoren für das Management der neuen Wechselbeziehung von Marken und Medien identifiziert werden.

Aktuell werden in einer Folgestudie (Baetzgen & Tropp 2015) die Hierarchie und der wechselseitige Zusammenhang der identifizierten Erfolgsfaktoren weiter untersucht, um so die Architektur für eine Theorie des Managements der Markenmedien zu formen. Als Methode wählen wir hierfür mit dem Total Interpretative Structural Modeling (TISM) (Nasim 2011; Saxena et al. 2006; Sushil 2005, 2009; Warfield 1974) ein qualitatives Verfahren, das in besonderer Weise geeignet ist, Gruppenbewertungen in ein Strukturmodell systematisch zu überführen.

Literatur

Ansoff, H. I. (1957): *Strategies for Diversification*. Harvard Business Review, 35(5), 113-124.

Bain, J.S. (1968): *Industrial Organization* (2nd ed.). New York: Wiley.

Baetzgen, A., & Tropp, J. (2014): Markenmedien – Die Marke auf dem Weg zum Medium? In: Schramm, H. & Knoll, J. (Hrsg.): *Innovation der Persuasion.* (S. 218-236). Köln: Herbert von Halem.

Baetzgen, A., & Tropp, J. (2015): How can brand-owned media be managed? Exploring the managerial success factors of the new interrelation between brands and media. (under review).

Beck, K. (2013): Medien. Lexikoneintrag in: Bentele, G., Brosius, H.-B., & Jarren, O. (Hrsg.): Lexikon Kommunikations- und Medienwissenschaft. (S. 201-202). 2 überarb. u. erw. Aufl. Wiesbaden: Springer VS.

Berry, C. H. (1971): Corporate Growth and Diversification. *Journal of law and economics*, 14(2), 371-383.

Blackshaw, P., & Nazzaro, M. (2006): *Consumer-generated Media (CGM) 101: Word of Mouth in the Age of the Web-Fortified Consumer.* New York: Nielsen BuzzMetrics.

Blumler, J.G., & Katz, E. (eds.) (1974): *The uses of mass communications: current perspectives on gratifications research.* Beverly Hills, CA: Sage.

Bonchek, M. (2014): Making Sense of Owned Media. *Harvard Business Review*, https://hbr.org/2014/10/making-sense-of-owned-media, Zugriff: 11.03.2015.

Burcher, N. (2012): *Paid, Owned, Earned: Maximizing Marketing Returns in a socially connected world.* London: KoganPage.

Campillo-Lundbeck, S. (2014): „Facebook ist keine Spielwiese mehr." F. Scott Woods im Interview, In: horizont, 16/2014, 17.04.2014

Chaffey, D. (2012): *The difference between paid, owned and earned media – 5 viewpoints*, http://www.smartinsights.com/digital-marketing-strategy/customer-acquisition-strategy/new-media-options/, Zugriff: 22.03.2015.

Chan-Olmsted, S. (2006): Issues in Strategic Management. In: Albarran, A. B., Chan-Olmsted, S.M., & M. O. Wirth (eds.): *Handbook of media management and economics.* (S. 161-180). New York: Routledge.

Charmaz, K. (1995): Grounded Theory. In: Smith, J. A , Harre, R. & Langenhove, L. (eds.) *Rethinking Methods in Psychology*, London: Sage, pp. 27-49.

Christensen, C. M. (1997): *The Innovator's Dilemma. When New Technologies Cause Great Firms to Fail.* Boston, MA: Harvard Business School Press.

Content Marketing Institute (2011): *2012 B2B Content Marketing Benchmarks, Budgets and Trends*, http://www.contentmarketinginstitute.com/wp-content/uploads/2011/12/B2B_Content_Marketing_2012.pdf, Zugriff: 10.03.2015.

Content Marketing Institute (2015): *2015 B2C Content Marketing Benchmarks, Budgets and Trends – North America*, http://contentmarketinginstitute.com/wp-content/uploads/2014/10/2015_B2C_Research.pdf, Zugriff: 22.07.2015.

Corcoran, S. (2009): *Defining Earned, Owned And Paid Media*, http://blogs.forrester.com/interactive_marketing/2009/12/defining-earned-owned-and-paid-media.html, accessed: 06.01.2015.

Csikszentmihalyi, M. (1990): *Flow: The psychology of optimal experience.* New York, NY: Harper & Row.

Danneels, E. (2004): Disruptive Technology Reconsidered: A Critique and Research Agenda. *Journal of Product Innovation Management*, 21(4), 246–258.

Demirci C., Pauwels K., Srinivasan S., & Yildiri G. (2014): *Conditions for Owned, Paid, and Earned Media Impact and Synergy.* Cambridge, MA: Marketing Science Institute, http://www.msi.org/reports/conditions-for-owned-paid-and-earned-media-impact-and-synergy, Zugriff: 10.03.2015.

Donabedian, A. (1980): *The Definition of Quality and Approaches to its Assessment and Monitoring.* Vol. I. Ann Arbor: School of Public Health, University of Michigan.

Donabedian, A. (1988): The Quality of Care. How Can It Be Assessed? *Journal of the American Medical Association*, 260(12), 1743-1748.

Edelman, D. & Salsberg, B. (2010): Beyond paid media: Marketing's new vocabulary. *McKinsey Quarterly*, Nov. 2010, 1-8, http://www.arbaholdings.com/insights/doc/Beyond_paid_media.pdf, Zugriff: 10.03.2015.

Friestad, M., & P. Wright. (1994): The Persuasion Knowledge Model: How People Cope with Persuasion Attempts. *Journal of Consumer Research*, 21(1), 1-31.

Glaser, B. G., & Strauss, A. L (1999): *The discovery of grounded theory: strategies for qualitative research.* 5. paperback print. New Brunswick. London: Aldine.

Goulding, C. (2005): Grounded theory, ethnography and phenomenology: a comparative analysis of three qualitative strategies for marketing research. *European Journal of Marketing* 39(3/4): 294-308.

Halvorson, K. (2012): *Content strategy for the Web.* Berkeley: New Riders.

Hansegard, J. (2014): Oh, Snap! Lego's Sales Surpass Mattel. *The Wall Street Journal*, Sep. 4, http://online.wsj.com/articles/lego-becomes-worlds-largest-toy-maker-on-movie-success-1409820074, Zugriff: 10.03.2015.

Harrison, F. (2013): Digging Deeper Down into the Empirical Generalization of Brand Recall. Adding Owned and Earned Media to Paid-Media Touchpoints. *Journal of Advertising Research*, 53(2), 181-185.

Manson, M. (2014): Facebook Zero. Considering Life After the Demise of Organic Reach. 5.3.2014, http://de.slideshare.net/socialogilvy/facebook-zero-white-paper-31934430, Zugriff: 11.03.2015.

McDowell, W. S. (2006): Issues in Marketing and Branding. In: Albarran, A. B., Chan-Olmsted, S.M., & M. O. Wirth (eds.): *Handbook of media management and economics.* (S. 229-250). New York: Routledge.

Meyen, M. (2014): Medialisierung des deutschen Spitzenfußballs. Eine Fallstudie zur Anpassung von sozialen Funktionssystemen an die Handlungslogik der Massenemdien. *M & K Medien & Kommunikationswissenschaft*, 62(3), 377–394.

Meyen, M. (2014 a): Theorie der Medialisierung. Eine Erwiderung auf Anna M. Theis-Berglmair. *M & K Medien & Kommunikationswissenschaft*, 62(4), 645–655.

Nasim, S. (2011): Total interpretive structural modeling of continuity and change forces in government. *Journal of Enterprise Transformation* 1(2), 147-168.

Nielson, S. (2014): Investing in Disney: A comprehensive primer and analysis. *Market Realist.* http://marketrealist.com/2014/01/walt-disney-company, Zugriff: 10.03.2015.

Nöcker, R. (2014): *Ökonomie der Werbung.* Wiesbaden: Springer Gabler.

Penrose, E.T. (1959): *The Theory of the Growth of the Firm.* New York: Oxford University Press.

Pesch, C. (2012): Zwischen Schein und Sein. *Journalist*, 12, 70-74.

Pühringer, K., & Siegert, G. (2007): There's no business without show business. Self-reference as self-promotion. In Nöth, W. & Bishara, N. (eds.): *Self-reference in the Media.* (S. 195-204). Berlin, New York: Mouton de Gruyter.

Pulizzi, J., & Barrett, N. (2009): *Get content get customers: Turn prospects into buyers with content marketing.* New York: McGraw-Hill.

Ramanujam, V., & Varadarajan, P. (1989): Research on Corporate Diversification: A Synthesis. *Strategic Management Journal*, 10(6), 523-551.

Reeves, R. (1961): *Reality in Advertising.* New York: Alfred Knopf.

Rubin, A. M. (2009): Uses and Gratification: An Evolving Perspective of Media Effects. In: Nabi, R. L., & Oliver, M. B. (eds.): *The Sage Handbook of Media Processes and Effects* (S. 147-160). London: Sage.

Saxena, J. P., Sushil, J., & Vrat, P. (2006): Policy and Strategy Formulation: An Application of Flexible Systems Methodology. *Global Institute of Flexible Systems Management*, New Delhi: GIFT Publishing.

Schramm, H., & Knoll, J. (2013): Theoretische Erklärungsansätze der Nutzung, Wahrnehmung und Wirkung von Brand Content. In: Baetzgen. A., & Tropp, J. (Hrsg.), *Brand Content. Die Marke als Medienereignis.* (S. 18-30). Stuttgart: Schäffer-Poeschel.

Siegert, G. (2008): Self Promotion: Pole Position in Media Brand Management. In: Ots, M. (ed.):, *Media Brands and Branding* (S. 11-26). Jönköping: Jönköping International Business School.

Stephen, A. T., & Galak, J. (2012): The Effects of Traditional and Social Earned Media on Sales: A Study of a Microlending Marketplace. *Journal of Marketing Research*, XLIX(Oct.), 624-639.

Strauss A., & Corbin, J. (1998) *Basics of qualitative research.* Thousand Oaks, CA: Sage.

Sjurts, I. (2005): *Strategien in der Medienbranche.* 3. überarb. u. erw. Aufl. Wiesbaden: Gabler.

Sushil, J. (2005): Interpretive matrix: a tool to aid interpretation of management in social research. *Global Journal of Flexible System Management.* 6(2), 27-30.

Sushil, J. (2009): *Interpreting the interpretive structural model: organization research methods.* New Delhi, India: Indian Institute of Technology.

VDZ/McKinsey & Company (Hrsg.) (2012): *Veränderte Medienlandschaft – Veränderte Media Spendings.* November 2012, Berlin.

Theis-Berglmair, A. M. (2014): Medialisierung, Systeme und Organisationen. Ein Re-Arrangement von Theorie und eine Replik auf Michael Meyens "Medialisierung des deutschen Spitzenfußballs". *Medien & Kommunikationswissenschaft*, 62(4), 635-644.

Tropp, J. (2014): *Moderne Marketing-Kommunikation. System, Prozess, Management.* 2. Aufl. Wiesbaden: Springer.

Warfield, J. N. (1974): Towards interpretation of complex structural models. *IEEE Transactions: System, Man and Cybernetics.* 4(5), 405-417.

Wirth, W., Matthes, J., Schemer, C., & Stämpfle, I. (2009): Glaubwürdigkeitsverlust durch programmintegrierte Werbung? Eine Untersuchung zu den Kontexteffekten von Produktplazierungen im Fernsehen. *Publizistik*, 54(1), 64–81.

Young, A. (2010). *Brand Media Strategy: Integrated Communications Planning in the Digital Era.* New York: Palgrave MacMillan.

Matthias Degen, Andreas Köhler

Club-TV-Angebote in der Fußball-Bundesliga: Content-Marketing als Journalismus-Konkurrenz

Fußball-Bundesligavereine sind nicht nur ein attraktiver Berichterstattungsgegenstands, sie betreiben auch eigene TV-Kanäle und erstellen selbst Inhalte wie Spielberichte, Interviews, Talks und Reportagen. Die Vereine treten als Produzenten auf und verwerten ihre Spiele in Eigenregie. Sie bewegen sich an den Schnittstellen zwischen Journalismus, Markenpflege, medialen Verwertungsrechten und Erwartungen der Fans und Rezipienten. Mittels Inhaltsanalyse und Leitfadeninterviews wurden in diesem Beitrag die TV-Angebote der Bundesligavereine untersucht und systematisiert. Vor allem in Professionalität und Vermarktung unterscheiden sich die Herangehensweisen der Clubs. Die Angebote wurden als Ereignissender, Content-Sender und Programmsender eingeordnet und ließen sich hinsichtlich Verbreitung, Zugang, Umfang des Angebots und Kosten abgrenzen. Die Vereine selbst investieren unterschiedlich stark in die Angebote und verfolgen mit ihrer ungefilterten und unkritischen Berichterstattung Informationsziele, Marketingziele und Merchandisingziele.

1 Einleitung

Fast jeder Fußball-Bundesliga-Club unterhält mittlerweile einen eigenen TV-Kanal, angeboten über Bewegtbildplattformen im Internet, die mit den eigenen Websites der Vereine verbunden sind. Die Vereine nehmen hier die Rolle des Produzenten ein und erstellen selbst TV-Inhalte in journalistischen Formaten wie Spielberichten, Interviews, Talks und Reportagen. Die erstellten Medienprodukte werden größtenteils an Fans verkauft, welche die TV-Kanäle über unterschiedliche Distributionswege für bestimmte Zeiträume abonnieren.

FCB-TV, das TV-Angebot des FC Bayern München e.V., kostet pro Nutzer beispielsweise 36 Euro pro Jahr und bietet alle Spiele, Tore und Trainingseinheiten des Vereins, sowie Interviews und ein eigenes Webradio. Damit steht das TV-Angebot des Fußballclubs in Konkurrenz zu journalistischen Angeboten der öffentlich-rechtlichen TV- und Radiosender, der privaten TV- und Rundfunksender, sowie der Agenturen. Diese Anbieter haben in der Regel für die Berichterstattung Verbreitungsrechte erworben, das Investment droht durch die zusätzlichen Angebote der Vereine zu verwässern.

Mit ihren Angeboten bewegen sich die Bundesligavereine an der Schnittstelle zwischen eigenen medienökonomischen Interessen und der Wertschöpfung durch Markenbekanntheit (z.B. Markenpflege, Produkt-PR, Vermarktung von Merchandising-Artikeln, Anbieter von Werbeflächen und -räumen), Verkauf des TV-Angebots, journalistischen Anforderungen an TV-Berichterstattung, der Konkurrenz durch öffentlich-rechtliche und private TV-Anbieter, Agenturen und Rechteinhabern und den Erwartungen der Rezipienten an das gekaufte Produkt (wie Information, Identifikation, Entspannung und Abwechslung).

Es existiert jedoch kein klares Bild über die Anstrengungen der Vereine im Online-TV und die Ziele, die damit verfolgt werden. Offen ist auch, inwieweit die Vereine den Ansprüchen an eine journalistische Berichterstattung nachkommen.

Diese bis dato fehlende Untersuchung und Systematisierung der Club-TV-Angebote deutscher Bundesligavereine soll in diesem Beitrag auf Grundlage der folgenden Fragestellung erfolgen:

Wie lassen sich die Club-TV-Kanäle deutscher Profi-Fußballvereine anhand deren Verbreitung und Inhalten systematisieren? Welche unternehmerischen und journalistischen Ziele verfolgen Vereine mit ihren TV-Angeboten?

2 Theoretischer Hintergrund und Stand der Forschung

Die Professionalisierung und Kommerzialisierung des Sports hat bereits seit Jahrzehnten in der deutschen Fußball-Bundesliga Einzug gehalten und erfordert aufgrund des mehrdimensionalen Charakters des Fußballs, als Gegenstand von sportlichem und wirtschaftlichem Wettbewerb, Kultur, Recht, Freizeit und Unterhaltung, von den Vereinen ein strategisches Vorgehen vgl. Zieschang/Klimmer 2003; Gömmel 2010). Da Fußball, insb. auf Bundesliga-Niveau, eine Mediensportart ist (vgl. Horky 2009), ist eine dieser Dimensionen die Medienökonomie, welche auch die Kommunikation der Fußballvereine über unterschiedliche Medienkanäle betrifft. Die Vereine werden zu Fußball-Unternehmen (vgl. Teichmann 2007; Hardenacke/Hummelsberger 2004). Dem Fernsehen kommt in deren medienökonomischer Strategie eine besondere Bedeutung zu. Hier wird die Sportart im Wesentlichen massenmedial wahrgenommen, hier verdienen die Vereine als Produzenten eines Fußballspiels Geld, indem dieses von Kunden, z.B. den TV-Sendern, abgenommen wird (vgl. Schafmeister 2007: 9ff). Dabei ist deren Berichterstattung durchaus kritisch angelegt, wenngleich die Regeln des Mediums Fernsehen die kritische sportjournalistische Berichterstattung zunehmend an den Rand gedrängt und die Inszenierung des Sports in den Mittelpunkt gestellt haben (vgl. Mikos 2010).

Als Erwartungen von TV-Zuschauern an Fußball-Berichterstattung identifizieren Wenner und Gantz (1998) Identifikation mit den Sportlern/der Mannschaft, gezieltes Sammeln von Informationen, Entspannung und Abwechslung.

Die Vereine als Unternehmen versuchen durch Markenbildung ihre Clubs mit positiven Emotionen zu besetzen und Fans zu binden (vgl. Holzmüller et al. 2014). Die Kommunikation der Vereine soll zur Wertschöpfung beitragen (vgl. Pfannenberg/Zerfaß 2009). Dadurch soll der Zielgruppe ein Mehrwert geboten werden, durch den sie sich als Konsumenten mit der Marke identifizieren können und mit dem sich der Verein von anderen Marken abhebt. Um Markenstärke zu erreichen, bedarf es auch Markenbekanntheit, welche Vereine durch Medienberichte und sonstige Neuigkeiten erreichen. Die Berührungspunkte der Rezipienten mit der Marke werden zunehmend wichtiger, die crossmediale Verknüpfung gewinnt an Bedeutung (vgl. Kainz et al. 2014). Neben dem Besuch im Stadion und den klassischen Medienberichten suchen Fans gezielt nach weiteren Informationen in Internetdiensten, z.B. Livetickern, Fan- und Vereinswebsites, soziale Netzwerke, Fanblogs.

Unterstützt von der Deutschen Telekom AG haben daher viele Bundesligavereine nach 2006 ihre heterogenen Youtube-Angebote zu eigenen Web-TV- und IPTV-Kanälen ausgebaut, welche von den Fans abonniert werden können (vgl. Althoff 2007: 77ff.). Hier bestimmen die Vereine die Inhalte selbst und können so direkt ohne den Umweg über klassische Medien ihre Marke pflegen. Ein systematischer Überblick über Ausstattung, Formate und Ziele der Vereine im Bereich der eigenen TV-Produkte fehlt bislang. Das hier vorgestellte Forschungsprojekt soll dieses Desiderat füllen.

3 Individuelle Verwertung und Vermarktung von Bewegtbild-Rechten durch die Bundesliga-Vereine

Die Bundesliga-Vereine überlassen die Verwertung und Vermarktung ihrer Spiele und insbesondere der Bildrechte der DFL Deutsche Fußball Liga GmbH, der hundertprozentigen Tochter des Ligaverbandes. Der

Ligaverband ist ein Zusammenschluss der deutschen Profi-Fußballvereine. Die DFL vergibt die Übertragungsrechte in Fernsehen, Hörfunk und Internet und erzielt damit Umsätze in Milliardenhöhe. Der Ligaverband erlöst in den vier Spielzeiten von 2013/14 bis 2016/17 rund 2,5 Milliarden Euro aus der Vermarktung der Inlandsrechte (durchschnittlich rund 628 Millionen Euro pro Jahr) (Bundesliga.de 2012).

Die Vereine selbst haben durch diese Weitergabe der Verwertungsrechte nur eingeschränkte Möglichkeiten, ihre eigenen Spiele medial zu verwerten. Sie haben sich dazu mit der DFL auf eine Richtlinie verständigt, welche die Individualverwertung der medialen Rechte durch die Vereine festlegt, z.B. für die Website der Vereine, TV-Angebote und Magazine. Die *Richtlinie zur individuellen Verwertung und Vermarktung medialer Rechte von den Spielen der Bundesliga und 2. Bundesliga* legt sehr präzise den Rahmen der TV-Angebote fest:

> „Ausschließlich auf der Club-Website ist der Club berechtigt, seine Spiele unmittelbar nach Spielende bis zur vollen Länge linear und non-linear zu verwerten. Die entsprechenden Verwertungsinhalte dürfen auf der Club-Website ausschließlich entgeltlich, d.h. als Pay-Verwertung, angeboten werden. Eine kostenlose Free-Verwertung seiner Spiele darf zur Bewerbung des Pay-Angebots in einem „Teaser" auf der Club-Website in einer Länge von bis zu 30 Sekunden nach dem Ende der FreeTV-Erstverwertung des Spiels, dessen Spielbilder in dem Teaser verwendet werden erfolgen [...]. Der Teaser darf keine spielprägenden Szenen (insbesondere Tore, Elfmeter, Platzverweise) enthalten."

Damit legt die DFL den Vereinen ein enges Korsett an. Die Clubs selbst haben ein Interesse daran, dass die DFL die Verwertung der Spiele streng kontrolliert und so die Einnahmen der Vereine sichert. Gleichzeitig möchten die Vereine sich selbst darstellen und können dies aktuell aufgrund der Vorgaben der DFL nur in eingeschränkter Form hinter einer Paywall auf ihrer Website.

Die Vereine müssen daher entscheiden, ob sie ihren Fans relevante Inhalte nur nach Kauf eines Abos zur Verfügung stellen oder ein TV-Angebot ohne Spielszenen anbieten. Dieses kann dann eine höhere Reichweite erzielen, ist jedoch auch weit weniger reizvoll. Untersucht werden soll deshalb auch, für welche der beiden Varianten sich die Vereine entscheiden und ob die Vereine diese Regelung als Einschränkung empfinden.

4 Forschungsdesign

Untersucht werden die TV-Angebote der Vereine in der ersten und zweiten Fußball-Bundesliga in einem mehrstufigen Untersuchungsdesign. Die erste Stufe besteht aus einer Marktanalyse, die zweite Stufe bilden Leitfadeninterviews mit Vertretern der Bundesliga-Vereine.[1]

Erste Stufe: Marktanalyse

Die Marktanalyse verbindet eine Desk-Recherche und eine Inhaltsanalyse. Untersuchungsgegenstand waren hierfür alle 36 Vereine der ersten und zweiten Fußball-Bundesliga. Es fand eine Vollerhebung statt. Die Untersuchungen in dieser ersten Stufe erfolgten jeweils in den ersten sieben Tagen nach Beginn der Spielsaison 2014/15 der jeweiligen Liga, die Inhaltsanalyse bezieht sich auf alle Beiträge innerhalb dieses Zeitraums.

Mittels *Desk-Recherche* wurde untersucht, wie weit die Club-TV-Angebote verbreitet sind. Dafür wurde recherchiert, welche Clubs einen TV-Kanal unterhalten, wie diese abrufbar sind und ob dafür Kosten anfallen. Außerdem wurde erfasst, in welcher Höhe die Kosten anfallen.

Durch eine systematische empirische *Inhaltsanalyse* in Form einer Frequenzanalyse (vgl. Früh 2011: 147ff.) wurde ermittelt, wie viele Beiträge im Untersuchungszeitraum veröffentlicht werden, welche Formate (Interviews, Spielberichte, Hintergründe, Talk, etc.) diese hatten, ob sie Spielszenen enthielten und ob sie neutral sind. Analysiert wurden die frei zugänglichen angebotenen Inhalte. Auch bei eingeschränkt zugänglichen Inhalten konnten über Teaser oder Testabos Aussagen zu weiten Teilen des TV-Angebots gemacht werden. Es wurden in dieser Stufe alle Vereine der ersten und zweiten Bundesliga erfasst, so dass es sich hierbei um eine Vollerhebung handelt.

Zweite Stufe: Leitfadeninterviews

Die für die TV-Distribution Verantwortlichen in den untersuchten Bundesliga-Clubs wurden auf Basis eines kurzen Leitfadens, der die Ergebnisse der Marktanalyse einbezog, befragt. Es erfolgten sieben Interviews

1 Für die wertvolle Unterstützung bei der Datenerhebung danken wir Tim Kronner.

mit Verantwortlichen von Vereinen aus der ersten und der zweiten Bundesliga. Insgesamt wurden 27 Vereine der ersten und zweiten Bundesliga angefragt. Ausgewählt wurden hierfür Vereine, die wir nach der Deskrecherche und der Inhaltsanalyse bereits als typische Content-, Ereignis-, oder Programmsender benennen konnten. Vereine, die kein Club-TV-Angebot hatten, wurden in diesen zweiten Analyseschritt nicht einbezogen. Vier Vereine sagten ab, 13 Vereine meldeten sich auf die Anfrage hin gar nicht zurück, drei Vereine sagten zunächst zu, dann aus terminlichen Gründen wieder ab, und mit sieben Vereinen konnten Gespräche geführt werden. Es handelt sich um Hannover 96, den Karlsruher SC, Bayer 04 Leverkusen, den Hamburger SV, den 1. FC Kaiserslautern, den 1. FC Nürnberg und Borussia Mönchengladbach. Aus jeder Gruppe von Sendern, die nach der Marktanalyse systematisiert und eingruppiert wurden, sollte ein Interviewpartner dabei sein. Dies gelang allerdings nur für zwei Gruppen. Die Vereine, die wir als „Ereignissender" eingruppierten, nahmen nicht an den Leitfadeninterviews teil. Bei den Interviewpartnern handelte es sich um Pressesprecher, Mitarbeiter der Kommunikationsabteilung oder um die für das Bewegtbild-Angebot verantwortlichen Redakteure. Die Interviews erfolgten im Januar und Februar 2015 größtenteils telefonisch, in einem Fall per E-Mail.

Schwerpunkte waren Fragen zu Zielen, zur Finanzierung, zur Ausstattung und zu den Inhalten der TV-Angebote. Die Gespräche wurden anschließend verschriftlicht und qualitativ ausgewertet. Es erfolgte eine Extraktion relevanter Inhalte, eine Aufbereitung durch Sortierung und Einordnung und eine Interpretation und Analyse anhand vorgegebener Kriterien (Verbreitung, Ziele, Formate, Programmplanung, Finanzierung und Ausstattung, Nutzungsgebühren (vgl. Gläser/Laudel 2010: 199-276ff.)).

5 Ergebnisse

Nahezu alle Bundesligavereine unterhalten eine Bewegtbildplattform. Von den 36 Vereinen der ersten und zweiten Liga boten lediglich drei Vereine kein Club-TV an (SC Paderborn 07, SV Darmstadt 98 und SV Sandhausen, welcher erst am 25. Spieltag mit „Hardtwaldt TV" startete). Im Folgenden sollen die Ergebnisse hinsichtlich Verbreitung, Nutzungsgebühren, Formaten, Zielen, Finanzierung und Ausstattung sowie Programmplanung zusammengefasst werden.

Verbreitung

Insgesamt wurden im Untersuchungszeitraum von einer Woche pro Liga 268 Video-Beiträge der Bundesligavereine gezählt. 183 Beiträge entstanden in der ersten Bundesliga, 85 in der zweiten Liga. Das waren in der ersten Liga im Durchschnitt 10,7 Beiträge pro Verein in einer Woche, in der zweiten Liga 5,3 Beiträge. Daran zeigt sich bereits, dass der Bewegtbild-Output zwischen den Ligen quantitativ stark unterscheidet. Das Angebot in der ersten Bundesliga ist deutlich umfangreicher.

Nahezu alle Vereine haben ihr Bewegtbildangebot in ihre Website integriert. Drei Vereine in der ersten Liga und sechs Vereine in der zweiten Liga verweisen auf eine externe Videoplattform. In fast allen Fällen ist das Youtube. Drei Vereine der ersten Liga und fünf Vereine der zweiten Liga haben zudem Youtube als Video-Player in ihrer Website integriert. Der größte Teil der anderen Vereine nutzt eine Videoplattform der Deutschen Telekom. Nur wenige Vereine nutzen einen anderen Player, der 1. FC Köln nutzt Unitymedia als Plattform-Dienstleister. Die gewählte Verbreitungsplattform steht auch in direktem Zusammenhang mit dem Zugang und den dadurch entstehenden Kosten für Nutzer.

Zu konkreten Nutzerzahlen geben die Vereine keine Auskunft. Bei Youtube kann man diese einsehen, hier schwanken sie stark zwischen mehreren hundert und mehreren tausend Views pro Beitrag. Erstligavereine bewegen sich in ihrer Abonnentenzahl weit über der 10.000er-Marke. Ein befragter Vereinsverantwortlicher erklärte, dass die Zahl der Nutzer und Abonnenten insbesondere mit dem sportlichen Erfolg zusammenhängt und dementsprechend zwischen erster und zweiter Liga schwankt. Die Nutzerzahlen sind bei allen befragten Vereinen in den letzten Jahren gestiegen, bei einem Verein stagnieren sie. Der Zukauf ausländischer Spieler führe u.a. zu einer erkennbar größeren Nutzerzahl aus dem entsprechenden Land.

Nutzungsgebühren

Bei Vereinen, die Youtube als Plattform für ihre Videoangebote nutzen, fallen keine Nutzungsgebühren an. Die Inhalte sind frei abrufbar. In der ersten Bundesliga gewährten nur sieben Vereine einen komplett kostenfreien Zugang zu ihren Club-TV-Angeboten. In der zweiten Liga war es mit zwölf Vereinen sogar die Mehrzahl der Vereine. Bei den übrigen

Vereinen fallen Nutzungsgebühren an. Komplett kostenpflichtige Angebote gibt es bei keinem Verein. Häufig werden einzelne Beiträge und somit ein kleiner Ausschnitt der erstellten Inhalte kostenlos zur Verfügung gestellt. Dies war häufig in Form von Teasern oder im Zusammenhang mit Marketing-Aktionen der Fall.

Die Nutzung des Club-TV-Angebots ist in den meisten Fällen mit einem Abonnement verknüpft, welches mindestens drei Monate Nutzung umfasst. Die Nutzungsgebühren liegen im Durchschnitt bei 1,49 Euro pro Monat. Am teuersten sind die Angebote von BVB, HSV, Borussia Mönchengladbach, FC St. Pauli und 1. FC Kaiserslautern mit 4,95 Euro pro Monat. In der ersten Bundesliga sind die Nutzungsgebühren mit durchschnittlich zwei Euro pro Monat doppelt so teuer wie in der zweiten Bundesliga.

Es zeigt sich auch, dass es einen signifikanten Zusammenhang zwischen der Höhe der monatlichen Nutzungsgebühren für ein Club-TV-Angebot und der Anzahl der eingestellten und abrufbaren Beiträge gibt. Gemessen wurde ein signifikanter Korrelationskoeffizient nach Spearman von 0,749 (p=0,01).

Formate

Eine zentrale Rolle in der eigenen TV-Berichterstattung der Fußball-Clubs nehmen Pressekonferenzen ein. Insgesamt 76 der 268 Beiträge beschränken sich auf das komplette oder teilweise Abfilmen und Wiedergeben des Ereignisses Pressekonferenz. In der ersten Liga entspricht das 21 Prozent der Beiträge, in der zweiten Liga 42 Prozent.

Tabelle 1: Anzahl der vorgefundenen Formate

Format	**Spielbericht**	**Vorbericht**	**Pressekonf.**	**Interview**	**News**	**Talk**	**Reportage**	**Porträt**
Anzahl	49	16	76	66	19	13	3	5
Anteil in %	19,8%	6,5%	30,8%	26,7%	7,7%	5,3%	1,2%	2,0%

Quelle: eigene Darstellung.

Das zweithäufigste Format mit 66 Beiträgen im Untersuchungszeitraum waren Interviews, größtenteils mit Spielern. An dritter Stelle folgen die Spielberichte mit 49 Beiträgen. Fast alle Spielberichte (41) enthielten

Spielszenen, deren Rechte bei der DFL liegen. Eine Ausnahme bilden z.B. Freundschaftsspiele. Entsprechend der DFL-Richtlinie zur individuellen Verwertung und Vermarktung medialer Rechte von den Spielen der Bundesliga und 2. Bundesliga waren Beiträge mit Spielszenen daher fast ausnahmslos nur in kostenpflichtigen Angeboten zu finden. Die Vereine setzen die Richtlinie also um und es zeigt sich, dass nur Vereine mit einer Bezahlschranke auch Spielberichte mit Spielszenen zeigen.

Aufwendigere Formate, wie eigene News, Talks, Reportagen und Porträts sind insgesamt nur selten zu finden und treten bei kostenpflichtigen Angeboten häufiger auf.

Ein Befragter aus den Leitfadeninterviews mit den Vereinen erklärte, dass Pressekonferenzen auch bei den Zuschauern eher unbeliebt sind und seltener abgerufen werden als andere Formate. Das beliebteste Format seien die Interviews mit Spielern, auch Hintergrundformate und Spielberichte zu Testspielen, die man sonst nirgendwo sehen könnte, seien sehr beliebt, bestätigt ein anderer Befragter.

Auffällig war außerdem, dass nur die wenigsten Beiträge wertend sind. In den meisten Fällen bemühen sich die Vereine um Neutralität (209), 51 der 268 Beiträge waren erkennbar positiv gegenüber dem eigenen Verein ausgerichtet. Eine kritische Auseinandersetzung mit Vereinsleistungen fand indes kaum statt. Nur acht Beiträge konnten als kritisch eingestuft werden. Diese bezogen sich in den meisten Fällen auf Niederlagen der Vereine.

Neben der Neutralität ist auch Transparenz ein wichtiges Kriterium journalistischer Qualität (Meier/Reimer 2011). Das Impressum ist die minimalste Anforderung an eine Selbst-Transparenz der Redaktionen. Nur in 13 der 34 Club-TV-Angebote gab es ein Impressum mit Angaben zur Redaktion und zu verantwortlichen Personen.

Ziele

Die Vereine geben in den Leitfadeninterviews weitestgehend eine Orientierung an den Informationsbedürfnissen der Fans als Grund für ihr Betreiben eines TV-Kanals an. Den Fans sollen Informationen zu allen Themen rund um den Verein über einen attraktiven Kanal zur Verfügung gestellt werden. Dieses *Informationsziel* wird von fast allen Befragten als erstes genannt. Auf Nachfrage werden auch *Marketingsziele* mit dem TV-Engagement verknüpft, insbesondere die Stärkung der Marke bei den Fans durch einen eigenen Videokanal. Aber auch die Verknüpfung mit dem *Merchandising* wird als zusätzliches, jedoch nicht vordergründiges Ziel benannt. Eine befragte Person sagte jedoch, als wesentliches Ziel gehe es darum, die Marke des Vereins zu stärken und bekannter zu machen. Eine andere spricht gar von ‚Propaganda', um Sympathiewerte zu steigern.

Dass der TV-Kanal einen direkten Zugang zu den Fans bietet, ohne den Umweg über die (teilweise kritischen) Medien, spielt für einen Verein ebenfalls eine wichtige Rolle. „Außerdem können wir Sachen so wieder ins rechte Licht rücken, die von den anderen Medien aus unserer Sicht falsch dargestellt wurden", heißt es von einer befragten Person. Die Journalisten als Gatekeeper sollen umgangen werden.

Eine Weiterentwicklung durch einen Ausbau des Angebots planen die wenigsten Vereine. Zwei Befragte gaben an, der Paywall und dem Portal der Telekom den Rücken gekehrt zu haben beziehungsweise das in Kürze zu unternehmen, da ein offener Kanal erheblich mehr Nutzer erreiche und dadurch mehr Sponsoren Interesse zeigten. In diesem freien Umfeld lasse sich das Angebot besser ausbauen. Andere Vereine empfanden das Portal der Telekom hingegen als so professionell, dass keine Weiterentwicklung notwendig sei. Eine Weiterentwicklung hängt für Vereine in der zweiten Bundesliga auch eng mit einem (Wieder-)Aufstieg zusammen. Dieser wird als Voraussetzung für einen Ausbau des Club-TV gesehen. Dadurch bestätigt sich auch die Erkenntnis der Inhaltsanalyse, dass die Angebote der ersten Liga quantitativ und größtenteils auch qualitativ stärker sind.

Auf technischer Ebene streben viele Vereine nach eigenen Aussagen Livestreams im Rahmen ihres Club-TV-Angebots an, wodurch sie sich eine Steigerung der Aktualität, der Relevanz und dadurch auch eine noch größere Resonanz erhoffen.

Vorbilder für das Club-TV sehen die Vereine hauptsächlich im Ausland. Zwar gebe es einen „regen Austausch" zwischen den Club-TV-Anbietern in Deutschland, wie ein Befragter bekennt, ein Kopieren von Ideen geben jedoch nur zwei der sieben Befragten zu. Offener wird über Vorbilder aus dem Ausland gesprochen. Hier möchten sich die Vereine an den professionellen Angeboten der englischen Premier League oder an den amerikanischen Profil-Ligen NBA und NFL orientieren. Dies deutet auf eine weiterhin zunehmende Professionalisierung und Amerikanisierung der Angebote in den nächsten Jahren hin.

Finanzierung & Ausstattung

Bei Vereinen, die ihr Club-TV in Zusammenarbeit mit der Telekom und eine Bezahlschranke realisieren, finanziert sich die Produktion der Beiträge aus den Nutzungsgebühren der Rezipienten. Alle Vereine, die so arbeiten, gaben an, kostendeckend oder sogar mit einem Gewinn Club-TV zu betreiben. Die anderen Vereine setzen auf Sponsoring und füllen Finanzierungs-Lücken durch die Etats der Kommunikationsabteilungen. Zur genauen Höhe des Budgets geben die Vereine keine Auskunft. In allen Fällen ist es in der Kommunikationsabteilung angesiedelt.

Bei der Ausstattung mit Personal ist ebenfalls ein Unterschied zwischen Erst- und Zweitligisten erkennbar. Die befragten Zweitligisten arbeiten mit einer einzigen festangestellten Person, die die komplette Produktion der Beiträge in Eigenregie mit vereinseigenem Equipment übernimmt. In einigen Fällen gibt es auch eine zweite Stelle oder Unterstützung durch eine studentische Hilfskraft oder bei starker Arbeitsbelastung durch Mitarbeiter der PR-Abteilung. Vereine in der ersten Bundesliga haben entweder mehr als vier festangestellte Personen für die Produktion oder geben die Produktion komplett in die Hände einer externen Produktionsfirma.

Programmplanung

Auch die redaktionelle Vorbereitung des Programms unterscheidet sich zwischen den Ligen, in denen die befragten Vereine spielen. Bei Zweitligisten gibt es in der Regel einen Wochenplan, mit dem Ziel jeden Tag einen Beitrag erstellen zu können. Die Planung richtet sich an den Spieltagen aus. Die Woche beginnt mit Reportagen, Talks oder Interviews, manchmal auch News, in der Mitte der Woche gibt es erste Vorberichte zum nächsten Spiel und die übliche Pressekonferenz zu Beginn des Spieltags. Kurz nach dem Spiel werden Interviews geführt und veröffentlicht.

Erstligavereine sind flexibler und nehmen sich mehr Zeit für die Redaktionsorganisation. Sie starten jeden Tag mit einer Redaktionskonferenz, in der sie Themen und Schwerpunkte des Tages festlegen. Gesetzt sind zusätzlich Pressekonferenzen, Berichte aus Trainingslagern und Spielberichte. Es werden auch eigene Formate ausprobiert. Die inhaltlichen Schwerpunkte und auch die gewählten Formate einer Woche richten sich am nächsten Spieltag aus, sind in ihrer Verteilung auf die Woche jedoch weniger starr.

Der Umgang mit Bildrechten schränkt die Programmplanung erheblich ein. Eine Sportberichterstattung ohne Spielszenen kann nur eingeschränkt als umfassend bezeichnet werden, auch wenn die befragten Club-TV-Verantwortlichen das nicht als problematisch betrachten. Es sei nicht schwer, sich an die Regeln zu halten, erklärt einer der Befragten. Sender ohne Bezahlschranke zeigen keine Spielberichte und keine Spieltags-Szenen. In Einzelfällen werden auch Lizenzen für einzelne Spiele erworben. Einige Sender verzichten auch auf Spielberichte, weil diese erst mittwochs gezeigt werden dürfen und dadurch bei den Fans schon lang bekannt seien. Ein Befragter sagt, dass die Zukunft der Branche von der Frage nach den Bildrechten abhänge: „Die Frage wird sein, ob das Ganze weiterhin bezahlt werden muss, oder doch irgendwann wieder frei wird.“

6 Systematisierung der Club-TV-Angebote

Die vorgefundenen Club-TV-Angebote der Vereine ließen sich anhand unterschiedlicher Blickwinkel systematisieren. Erkennbar waren Unterschiede in der Programmplanung, in der Professionalität, die sich in der Verbreitung, in der Ausstattung und in den journalistischen Formaten wiederfinden. Wir haben einen Ansatz gewählt, der vom Inhalt ausgeht und die anderen untersuchten Merkmale zuordnet. Schnell wird dabei erkennbar, dass sich die Club-TV-Angebote in *drei Kategorien* unterteilen lassen, die auch Stufen einer Professionalisierung darstellen. Es handelt sich um Ereignissender, Contentsender und Programmsender, die im Folgenden noch einmal differenziert beschrieben werden sollen.

Tabelle 2: Systematisierung der Angebote

Format	Ereignissender	Contentsender	Programmsender
Grad der Professionalität	Gering	Mittel	hoch
Anzahl der Beiträge	Geringe Anzahl Durchschnitt: 3	Mittlere Anzahl Durchschnitt: 10	Hohe Anzahl Durchschnitt: 15
Formate	Pressekonferenzen	Pressekonferenzen, Spielberichte, Interviews	Vorberichte, Nachberichte, Interviews, Talks, Reportagen, News
Nutzungsgebühren	Keine	Gering (Durchschnitt: 2,5 Euro)	Hoch (Durchschnitt: 3,7 Euro)
Plattform	Youtube	Youtube, eingebundener Player, Telekom	Telekom-Plattform
Ausstattung	1 Mitarbeiter, meist aus PR-Abteilung	1-3 eigene Mitarbeiter (tw. freie Redakteure), eigene Redaktion	4 oder mehr eigene Mitarbeiter in eigener Abteilung oder komplett an Produktionsfirma outgesourct

Quelle: eigene Darstellung.

Ereignissender

Als Ereignissender können die TV-Angebote der Vereine bezeichnet werden, die hauptsächlich Ereignisse ungefiltert abfilmen, die ohnehin stattfinden. Dazu zählen im Wesentlichen Pressekonferenzen, die in kompletter Länge wiedergegeben werden, oder andere Vereinsveranstaltungen. Als Plattform wird in den meisten Fällen Youtube genutzt oder ein anderer in die Website eingebetteter Player. Die Nutzung ist kostenfrei. Die Anzahl der produzierten Beiträge ist gering. Spielberichte sind darunter kaum zu finden, auf Spielszenen und aufwendige Formate, wie z.B. Reportagen, wird verzichtet. Es handelt sich meist um Vereine, die erst kürzlich in die Bewegtbildproduktion eingestiegen sind. Das TV-Projekt wird meist von einem Mitarbeiter der PR-Abteilung vorangetrieben. Meist handelt es sich bei Vereinen, deren Club-TV-Angebot als Ereignissender eingestuft werden kann, um Einsteiger in der zweiten Bundesliga, die erst kürzlich aus der dritten Liga aufgestiegen sind. Wir haben dieser Gruppe beispielsweise die TV-Angebote von RB Leipzig, des TSV 1860 München, des 1. FC Heidenheim, des FC Ingolstadt 04 oder des SV Sandhausen eingeordnet.

Contentsender

Vereine, die bereits als semi-professionelle TV-Anbieter auftreten, haben wir als Contentsender bezeichnet. Sie produzieren eine mittlere Zahl an Beiträgen, die über das reine Abfilmen von Pressekonferenzen hinaus gehen. Es wird über den Zusammenschnitt von Pressekonferenzen hinaus eigener Content produziert, z.B. Vor- und Nachberichte zu Spielen oder eigene Talk- und Interviewreihen. Als Plattform nutzen die Contentsender teilweise noch Youtube. Die meisten von ihnen nutzen jedoch ein System mit Bezahlschranke, in der Regel über die Telekom als Partner. Für die Nutzer ist das mit geringen Kosten verbunden. In der Regel gibt es eigene Mitarbeiter für das Club-TV. Geschaffen werden ein bis zwei feste Stellen, freie Mitarbeiter werden abhängig von einzelnen Projekten hinzugebucht. Die Programmplanung orientiert sich an einem festen Wochenplan. Es handelt sich bei den Contentsendern meist um etablierte Zweitligavereine, Absteiger aus der ersten Liga oder Aufsteiger aus der zweiten in die erste Liga. Einordnen lassen sich hier u.a. Hannover 96, der Karlsruher SC, Bayer 04 Leverkusen, der 1. FC Kaiserslautern oder der 1. FC Köln.

Programmsender

Eine weitere Professionalisierung konnte bei Club-TV-Angeboten einzelner Vereine wahrgenommen werden, die wir als Programmsender bezeichnen wollen. Inhaltlich erstellen diese bereits nahezu ein Vollprogramm mit kompletten Fußballspielen, Talks, News, Interviewreihen, Reportagen und weiteren aufwendig produzierten Formaten. Zu jedem Spiel gibt es eine umfangreiche Vor- und Nachberichterstattung und Spielanalysen. Insgesamt produzieren Programmsender eine hohe Zahl an Beiträgen. Als Portal nutzen sie immer ein System mit Bezahlschranke, um Spielszenen zeigen zu können. Die Nutzungsgebühren sind erkennbar höher als bei Contentsendern und liegen bei etwa 3-5 Euro pro Monat. Mit der Produktion sind mindestens vier festangestellte Mitarbeiter befasst. Teilweise wird die Produktion auch outgesourct. Damit verknüpft ist ein hohes Budget, welches jedoch durch die Nutzungsgebühren gedeckt ist. Es handelt sich bei den Programmsendern meist um etablierte Vereine der ersten Liga, in Einzelfällen auch Absteiger aus der ersten in die zweite Liga. Zuordnen ließen sich hier u.a. Borussia Dortmund, der 1. FC Bayern München, Borussia Mönchengladbach, der 1. FC Schalke 04, der HSV und der 1. FC Nürnberg.

Die befragten Vereinsverantwortlichen bestätigten diese Zuordnung in den Leitfadeninterviews für ihre Vereine. Erkennbar war auch ein Interesse an Professionalisierung. So gaben einige der Befragten aus der Gruppe der Contentsender an, dass sie gern ihr Angebot in Richtung eines Programmsenders ausbauen würden, wenn finanzielle Mittel, z.B. durch einen Aufstieg, dafür bereit stünden.

7 *Fazit: Erkennbare Unterschiede in der Professionalität, aber kein kritischer Journalismus*

Die Vereine der ersten und zweiten Bundesliga haben innerhalb weniger Saisons ihre kommunikative Rolle und damit auch ihr Geschäftsmodell erweitert: von reinen Akteuren des Fußballsports, die Ereignisse und Entwicklungen rund um ihren Club kommunizieren, hin zu Akteur-Kommunikatoren, die ihr eigenes Handeln zugleich auch multimedial kommunikativ für den Endverbraucher verarbeiten. Diese Entwicklung, die in printbetonten Darstellungsformen (auch online) bereits etabliert ist, weiten die Profi-Clubs auf Bewegtbildangebote aus.

Sie reagieren damit auf mehrere Herausforderungen. Videos von Amateuren erreichen auf Bewegtbildplattformen wie Youtube oder Vimeo teils hohe Abrufzahlen. Zugleich stellen Sender als Rechteinhaber Interviews und journalistisch aufbereitete Angebote rund um die Spiele frei zugänglich ins Netz. Damit steigen die Anforderungen an ein als professionell wahrgenommenes Bewegtbildangebot auf Vereinsseite. Die Clubs der ersten und zweiten Bundesliga agieren mit ihren Profimannschaften ohnehin als profitorientierte Unternehmen. Das Geschäftsfeld Bewegtbild entdecken viele Vereine erst jetzt.

Die Standards innerhalb der Liga sind dabei ebenso unterschiedlich wie die Video-Angebote eines Dax-Konzerns und eines regionalen Mittelständlers. Bei Bundesliga-Vereinen lässt sich die Professionalisierung des Bewegtbildangebots zwar nicht unmittelbar an sportlichem oder unternehmerischem Erfolg messen. Aber zumindest ist festzustellen, dass Vereine der ersten Bundesliga häufiger professionalisierte Angebote unterbreiten als solche der zweiten Bundesliga.

Viele Clubs agieren teils noch sehr vorsichtig und investieren zurückhaltend in Personal und Serverkapazitäten. Sie übertragen Angebote, die sie ohnehin machen, auf das Medium Bewegtbild. So werden Pressekonferenzen ungeschnitten und unkommentiert online gestellt. Hier ist der Unterschied zu Regionalliga-Vereinen gering. Wir haben diese Clubs als Ereignissender qualifiziert.

Diejenigen Vereine jedoch, die bewusst in dieses Angebot investieren, erreichen sehr schnell ein höheres Niveau an kommunikativer Aufbereitung. Die Gruppe der Programmsender bemüht sich um ein Angebot, das in Konfektionierung, Sprachlichkeit und Produktionsqualität journalistischen Sendern gleicht. Hierzu gehören auch explizit journalistisch anmutende Darstellungsformen wie Berichte und Reportagen. Wie bei jedem Unternehmensauftritt agieren die Vereine im Sinne emotionalisierender, aber inhaltlich kritikfreier PR. Sie nutzen hierzu auch ihren exklusiven Zugang zu Spielern und Trainern.

Zwischen diesen beiden Polen – Zurückhaltung oder gezielte Professionalisierung – bewegen sich Vereine, die sich als Content-Sender klassifizieren lassen. Sie verlangen bereits geringe Entgelte und bieten im Gegenzug originäre Interviews, gekürzte Fassungen von Pressekonferenzen und verbindliche Publikationszeiten.

Das spezielle rechtliche Konstrukt der Verwertung über die Deutsche Fußball-Liga (DFL) begrenzt zugleich die unmittelbare Darstellung des eigenen Produkts, der Fußballspiele. Hier erhoffen sich viele Vereine eine Öffnung der Nutzungsbedingungen. Die Auswirkungen auf die Verwertung über klassisches Broadcasting sind unklar.

Nahezu alle Befragten der Content- und Programmsender geben an, ihre Angebote weiter professionalisieren zu wollen. Steigende Nutzerzahlen und professionelle Dienstleister machen dies möglich. Relevant werden die Auswirkungen dieser zunehmend ausgeweiteten Angebote auf Verhandlungen zwischen der DFL und Fernsehsendern sein. Das Brot- und Butter-Geschäft liegt für die Vereine der Bundesliga nach wie vor mit großem Abstand in der Rechteverwertung ihrer Spiele. Das Geschäft mit Bewegtbildangeboten im Netz ist dagegen – noch – verschwindend gering.

Professionalisierte Bewegtbildangebote im Netz bereiten Vereine und ihre Anhängerschaft allerdings darauf vor, dass die Option eigener Übertragung und (parteiischer) Kommentierung umsetzbar sein wird, wenn die rechtlichen Möglichkeiten hierfür gegeben sind.

Bis jetzt sind Bewegtbildangebote mit und ohne Spielszenen vor allem ein Tool der Fanbindung und Markenpflege. Dieses Angebot trägt sich in den meisten Fällen selbst. Insofern ist dies eine aus journalistischer

Perspektive kritisch zu betrachtende Entwicklung, aus ökonomischer Perspektive hingegen ein sinnvoller Ansatz der Außenkommunikation und Weiterentwicklung der eigenen Geschäftsfelder von Bundesligavereinen.

Literatur

Althoff, S. (2007): Das Sportsponsoring der Telekom – und was dahinter steckt, in: D. Ahlert, D. Woisetschläger & V. Vogel (Hrsg.): Exzellentes Sponsoring, Wiesbaden, S. 79-102.

Bundesliga.de (2012): Rekorderlöse für die Bundesliga, http://www.bundesliga.de/de/liga/news/2011/rekord-erloese-fuer-die-bundesliga-2-5-milliarden-euro-durch-neue-medienvertraege_0000210138.php

Früh, W. (2011): Inhaltsanalyse. Theorie und Praxis, 7. Aufl., Konstanz: UVK.

Gläser, J. & Laudel, G. (2010): Experteninterviews und qualitative Inhaltsanalyse als Instrumente rekonstruierender Untersuchungen, 4. Aufl., Wiesbaden: VS.

Gömmel, R. (2010): Die Entwicklung des modernen Sportmanagements, , http://www-wiwi.uni-regensburg.de/images/institute/angegliedert/goemmel/Studenten_Entwicklung_ des_modernen_Sportmanagements-SS-10-1-18.pdf

Hardenacke, J. & Hummelsberger, M. (2004): Paradigmenwechsel im Profifußball — Kennzahlen zum Wandel vom Altruismus zur marktorientierten Unternehmensführung, in: M. Bieling, M. Eschweiler & J. Hardenacke (Hrsg.): Business-to-Business-Marketing im Profifußball, Wiesbaden, S. 51-70.

Holzmüller, H., Cramer, C. & Thom D. C. (2014): Markenführung im Profifußball, Marketing Review St. Gallen 2/2014, S. 68-83.

Horky, T. (2009): Was macht den Sport zum Mediensport?, Sportwissenschaft 4/39, S. 298-308.

Kainz, F., Oberlehner, C., Krey, F. & Werner, C. (2014): Wie Social Media Marketing im Fußball wirkt, Marketing Review St. Gallen 2/2014, S. 40-55.

Meier, K., Reimer, J. (2011): Transparenz im Journalismus. Instrumente, Konfliktpotentiale, Wirkung. Publizistik, 2/2011, S. 133-155.

Mikos, L. (2010): Sportjournalismus, in: C. Schicha & C. Brosda (Hrsg.): Handbuch Medienethik, Wiesbaden, S. 454-463.

Pfannenberg, J. & Zerfaß, A. (2009): Wertschöpfung durch Kommunikation. Kommunikations-Controlling in der Unternehmenspraxis, Frankfurt a.M.

Schafmeister, G. (2007): Sport im Fernsehen. Eine Analyse der Kundenpräferenzen für mediale Dienstleistungen, Wiesbaden.

Teichmann, K. (2007): Strategie und Erfolg von Fußballunternehmen, Wiesbaden.

Wenner, L.A./Gantz, W. (1998): Watching sports on television: Audience experience, gender, fanship and marriage, in: L.A. Wenner (Hrsg.): MediaSport, London, S. 233-251.

Zieschang, K./Klimmer, C. (2003) (Hrsg.): Unternehmensführung im Profifußball, Berlin.

1.3 Schnittstellen zwischen Medienökonomie und Journalistik

Britta M. Gossel, Romy Kalka

Entrepreneurial Journalism - JournalistInnen als UnternehmerInnen? Eine empirische Bestandsaufnahme von Entrepreneurship Education im Rahmen der Journalistenausbildung in Deutschland

Das Thema Entrepreneurial Journalism kann an der Schnittstelle zwischen Entrepreneurship-Forschung und Journalismusforschung verortet werden. Vor diesem Hintergrund argumentieren wir, dass JournalistInnen zunehmend auch als UnternehmerInnen agieren. Insbesondere mit Blick auf die sich verändernde Beschäftigungssituation von JournalistInnen sowie die Relevanz von Entrepreneurship Education im Rahmen der Hochschullehre bieten wir eine empirische Bestandsaufnahme zur curricularen Verankerung von Studieninhalten mit Bezug zu Entrepreneurship Education zu Studiengängen in den Bereichen Journalismus (N=65), Publizistik (N=18) und den Angeboten von Journalistenschulen (N=22) in Deutschland an. Ergänzt wird diese Bestandsaufnahme durch ein leitfadengestütztes Experteninterview. Abschließend zeigen wir Potenziale an der Schnittstelle zwischen Journalismus- und Entrepreneurshipforschung auf.

1 Einleitung

Krautreporter, Opendatacity, De Correspondent – dies sind nur wenige prominente und aktuelle Beispiele, die auf neue Entwicklungen im Journalismus hindeuten. JournalistInnen können längst nicht mehr auf eine sichere berufliche Karriere als hauptberuflich tätige, fest angestellte Redakteure eines Medienunternehmens hoffen. Ein Großteil ist schon heute freiberuflich tätig, manche sind darüber hinaus auf der Suche nach neuen Geschäftsmodellen für den Journalismus. Doch fraglich ist, ob die JournalistInnen von morgen bereits heute in ihrer Ausbildung auf diese Situation vorbereitet werden. Vor dem Hintergrund dieser Entwicklungen adressieren wir die Schnittstelle zwischen Medienökonomie und Journalismus, indem wir die akademische Ausbildung von JournalistInnen in Deutschland betrachten und hinterfragen, inwiefern Inhalte zur Ausbildung unternehmerischen Denkens und Handelns (Entrepreneurship Education) dort verankert sind. Durch die Betrachtung der Perspektiven (a) Beschäftigungssituation von Journalisten in Deutschland,

(b) Entrepreneurial Journalism und (c) Entrepreneurship Education als Teil der akademischen Journalistenausbildung (s.u.) leiten wir einen Forschungsbedarf ab und bearbeiten im Rahmen unserer Studie, welche wir als empirische Bestandsaufnahme interpretieren, die Forschungsfrage: *Wie werden Journalisten in Deutschland im Rahmen ihrer regulären Ausbildung mit Studieninhalten mit Bezug zu Entrepreneurship Education konfrontiert?*

2 Beschäftigungssituation von Journalisten in Deutschland

Laut Bundesagentur für Arbeit waren im Jahr 2012 insgesamt 166.000 Erwerbstätige im Bereich Redaktion, Journalismus und Öffentlichkeitsarbeit erfasst, davon sind jedoch lediglich 68.300 sozialversicherungspflichtig Beschäftigte (Bundesagentur für Arbeit 2013:84). Die Zahl der selbstständig Tätigen wuchs im Vergleich zu 2001 um 50 Prozent (Bundesagentur für Arbeit 2013: 84). Diese Angaben umfassen jedoch nicht nur den Bereich hauptberuflich tätiger JournalistInnen. Der Deutsche Journalistenverband (DJV) zählt 2013 ca. 43.500 festangestellten Journalisten, etwa 3.000 Volontäre und 26.000 freie, hauptberufliche JournalistInnen (Kaiser 2014, o.S.). Damit hat sich – und das ist auffällig – die Anzahl der freien, hauptberuflichen JournalistInnen in den letzten Jahren stark erhöht. Wurden 2005 noch 12.000 gezählt und damit ein Viertel der JournalistInnen in Deutschland (vgl. Weischenberg et al. 2006: 350), so können wir heute von einem Anteil von rund 50 Prozent ausgehen (vgl. Kaiser 2014, o.S.). Der Trend weist in eine eindeutige Richtung: Die Zukunft der journalistischen Arbeit im klassischen Anstellungsverhältnis muss kritisch gesehen werden. Berufsforscher gehen davon aus, „dass es künftig weitaus mehr freiberufliche Journalisten geben wird“ (Kaiser 2014, o.S.). Die Veränderung der Beschäftigungssituation wurde auch vom Deutschen Journalistenverband erkannt und problematisiert. Die Arbeitsgruppe „Zukunft des Journalismus“ des DJV hat im November 2013 acht Zukunftsthesen publiziert. These Nr. 6 lautet: „Journalistinnen und Journalisten werden zu Unternehmern“ (Siegert 2013, o.S.). Vor dem Hintergrund der Beschäftigungssituation von Journalisten und den Einschätzungen des DJV argumentieren wir: Wenn sich das Berufsbild der Journalisten verstärkt in Richtung Selbstständigkeit/ Unternehmertum verändert, erscheint es sinnvoll, Journalisten im Rahmen ihrer Ausbildung auf ihre potenzielle Doppelrolle als Journalisten und Unternehmer adäquat vorzubereiten.

3 Entrepreneurial Journalism

Das Phänomen von unternehmerisch tätigen JournalistInnen wurde in den USA und in Großbritannien bereits vor einigen Jahren erkannt und thematisiert. Im Diskurs wurde der Begriff Entrepreneurial Journalism geprägt (vgl. z.B. Briggs 2012). In einem Definitionsversuch schlagen Elmore & Massey (2012) vor, Entrepreneurial Journalism entlang eines Kontinuums von geringer und hoher unternehmerischer Aktivität im Sinne organisationaler Unabhängigkeit zu verstehen (vgl. Elmore & Massey 2012, S. 113). Sie unterscheiden hier (a) teilzeitbeschäftigte, allein tätige unternehmerische JournalistInnen, (b) vollzeitbeschäftigte, allein tätige unternehmerische JournalistInnen sowie (c) geschäftsführende unternehmerische JournalistInnen (vgl. Abbildung 1).

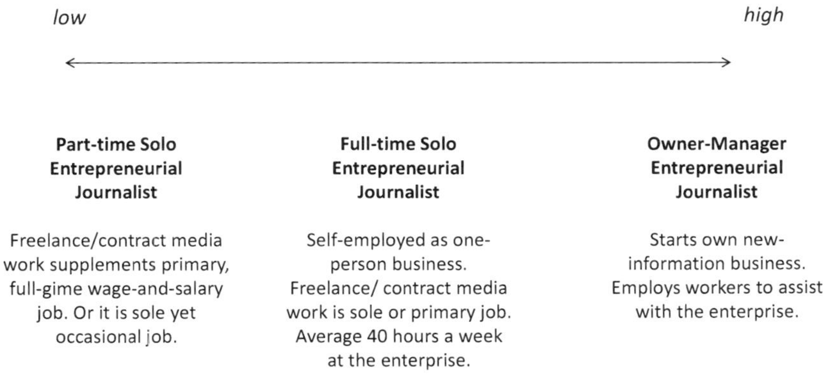

Abbildung 1: Kontinuum journalistischen Unternehmertums nach Elmore & Massey (2012), S. 113

Wird diese Arbeitsdefinition im Folgenden entlang des wissenschaftlichen Diskurses im Bereich der Entrepreneurship Research reflektiert, so scheint die bei Elmore und Massey beobachtbare Reduktion des Begriffs Entrepreneurship auf Selbstständigkeit bzw. Gründung eines Unternehmens mit klassischer Interpretation journalistischer Tätigkeit („start their own news-information outlets, such as blog site, an alternative print or online newspaper, or a news agency" (Elmore & Massey 2012, S. 114)) nicht dem Gehalt und der Vielschichtigkeit des Begriffs gerecht zu werden.

Das ‚interdisziplinäre Forschungsgebiet' Entrepreneurship Research (Gabler 2012) interpretiert den Begriff Entrepreneurship weitaus umfassender (vgl. z.B. Fallgatter 2002, 2004; Low & MacMillan 1988). So fokussiert eine der meistzitierten Definitionen von Shane & Venkataraman (2000) das Entdecken, Bewerten und Ausschöpfen unternehmerischer Handlungsfelder: "Organization scholars are fundamentally concerned with three sets of research questions about entrepreneurship: (1) why, when, and how opportunities for the creation of goods and services come into existence; (2) why, when, and how some people and not others discover and exploit these opportunities; and (3) why, when, and how different modes of action are used to exploit entrepreneurial opportunities" (Shane & Venkataraman, 2000: 218). Diese Definition rückt beispielsweise nicht wie bei Elmore & Massey (2012) die Form der unternehmerischen Tätigkeit bzw. die Gründung eines Unternehmens, sondern die unternehmerischen Gelegenheiten („opportunities“) in den Fokus und wurde bereits im Kontext der Forschung im Bereich Media Entrepreneurship aufgegriffen (Gossel & Will 2012). Weiterhin kann z.B. entlang der Dimensionen Risikoaffinität, Innovation und Wettbewerbsverhalten zwischen entrepreneurhaften und nicht-entrepreneurhaften Unternehmen differenziert werden (Miller 1983, S. 771). Eine Definition nach Elmore & Massey (2012) würde entrepreneurial journalism demnach auf nicht-entrepreneurhafte Unternehmen beschränken. Darüber hinaus umfasst Entrepreneurship nicht nur das Entstehen neuer Organisationen (z.B. „creation of new organizations“ (Gartner 1985)), sondern z.B. auch das Ausschöpfen jener unternehmerischen Gelegenheiten in bestehenden (Medien-)Organisationen (vgl. „corporate entrepreneuring“ Trommershausen & Gossel (2014)). Im aktuellen Diskurs werden Konzepte der Effectuation (Sarasvathy 2008), welche Entrepreneurship als Methode interpretieren bzw. die Prozesshaftigkeit des Entrepreneur*ing* in den Vordergrund rücken (Johannisson 2011), diskutiert, welche bislang noch keine Adoptionen im Bereich Entrepreneurial Journalism erfahren haben.

Darüber hinaus inkludiert Entrepreneurial Journalism auch eine Dimension von Entrepreneurship Education. Entrepreneurship Education kann definiert werden als „all activities aiming to foster entrepreneurial mindsets, attitudes and skills and covering a range of aspects such as idea generation, start-up, growth and innovation“ (Fayolle, 2009, S. 3). Dabei geht der Diskurs weg von instrumentellen hin zu aktivitätsorientierten Konzeptionen („learning ‚for‘ rather than ‚about‘ entrepreneurship“ (Rae

2010, S. 594) bzw. „entrepreneuring as [...] existential approach to life, 'an everyday practice'" (Achtenhagen & Johannisson 2013, S. 26)). Für Entrepreneurial Journalism definiert De Masi (2013) in diesem Kontext: „Entrepreneurial journalism involves teaching or encouraging graduate students or working journalists to start their own business, whether online or in print" (De Masi 2013: 2). Bereits 2011 identifizierten Hunter & Nel (2011) in diesem Kontext einen klaren Bedarf zur Änderung der journalistischen Ausbildung: "The need for journalism curriculum reform is widely acknowledged, yet the wheels of the academy turn slowly. How are journalism educators to resolve this dichotomy and meaningfully prepare their students for the realities of a fast-changing profession?" (Hunter & Nel 2011: 11). Obwohl die Journalism Schools in den USA nicht zügig auf die sich verändernde Industrie reagierten (Ferrier 2013: 223) gibt es erste Beispiele wie das Scripps Howard Journalism Entrepreneurship Institute, welche Aspekte der Entrepreneurship Education in die journalistische Ausbildung integrieren (Ferrier 2013: 224). Weitreichend bekannt ist das Konzept der CUNY Journalism School in New York unter der Leitung von Jeff Jarvis (vgl. z.B. Claussen 2011; Ferrier 2013). Schaich & Klein (2013) haben in einer Studie (N=33, vorwiegend mit Teilnehmern aus den USA und Großbritannien) den Stand der Entrepreneurial Journalim Education aus Perspektive der Lehrenden evaluiert. Zentrale Ergebnisse lauteten, dass das Herausbilden und Entwickeln einer unternehmerische Einstellung, ein tiefes Verständnis von wirtschaftlichen Zusammenhängen so wie Kompetenzen im Bereich der Entwicklung von unternehmerischen Gelegenheiten als höchst relevant für Journalisten betrachtet werden (vgl. Schaich & Klein 2013, S. 189 f). Dabei hoben die Experten hervor, dass es Besonderheiten im Bereich Journalismus im Vergleich zu anderen Perspektiven unternehmerischen Denkens und Handelns gibt. Betont wurden hier die soziale Funktion, ethische Standards und die Eigenschaften öffentlicher Güter im Bereich Journalismus einerseits sowie die anti-unternehmerische Haltung im Journalismus und unter Journalismus-Studierenden andererseits (vgl. Schaich & Klein 2013, S. 191ff).

In Deutschland scheint diese Diskussion erst gerade zu beginnen. Nowak (2007) entwickelt beispielsweise auf Basis bestehender Konzeptionen journalistischer Kompetenz (Weischenberg 1990) ein Kompetenzmodell für die Journalistenausbildung (Nowak 2007, S. 91), welches ebensowenig Elemente der Entrepreneurship Education berücksichtigt wie die Beschreibung wesentlicher Bestandteile journalistischer Ausbildung von Frühbrodt (2010). Dieser benennt kontinuierliche Praxis, journalistisches Grundverständnis, Darstellungs- und Vermittlungskompetenz, redaktionelle Skills, Recherche-Kompetenz, Crossmedia-Skills und Soft-Skills als wesentliche Komponenten (vgl. Frühbrodt 2010: 41 f). Unternehmerische Kompetenzen („entrepreneurial competencies"), wie sie im Diskurs der Entrepreneurship Education diskutiert werden (vgl. Mitchelmore & Rowley, 2013; Morris & Kaplan, 2014) spielen hier sowie in der praxisnahen Beschreibung des Berufsbildes des Journalisten (DJV 2015) keine Rolle. Einzig Steinbrecher (2013) erweitert diesen Kanon jüngst um Unternehmerkompetenz (Steinbrecher 2013, S. 11ff), ohne dieses komplexe Konstrukt (vgl. Gossel & Grökel 2015) jedoch näher zu bestimmen.

Diese Skizzierung des Forschungsstandes im Kontext von Entrepreneurial Journalism verdeutlicht, dass die wissenschaftlichen Diskurse der Journalismus- und Entrepreneurship-Forschung, sowie im Speziellen der Forschung im Bereich journalistischer Ausbildung und der Entrepreneurship Education bislang kaum Schnittstellen aufweisen und weitestgehend entkoppelt voneinander stattfinden. Mit Blick auf die Beschäftigungssituation von JournalistInnen erscheint die Bearbeitung dieser Schnittstelle zwischen Entrepreneurship- und Journalismusforschung jedoch von höchster Relevanz. Elemente einer unternehmerischen Ausbildung im Sinne des Entrepreneurial Journalism bzw. im Sinne einer Entrepreneurship Education werden in der Literatur bis dato vermisst.

4 *Entrepreneurship Education als Teil der Journalistenausbildung*

Wenn es, und so argumentieren wir, wichtig und relevant ist, Entrepreneurship Education als Teil der Journalistenausbildung zu betrachten, richten wir nun den Blick auf Ausbildungswege in den Journalismus. JournalistInnen genießen heute primär eine akademische Ausbildung: „Heute haben 68,8 Prozent der Journalistinnen und Journalisten einen Studienabschluss" (Weischenberg et al. 2006: 353). Neben dem Volontariat gilt die Journalistenschule als ein weiterer üblicher Ausbildungsweg in den Beruf (ibid.).

Generell und mit einem breiten Blick auf die akademische Ausbildung kann beobachtet werden, dass in Deutschland Entrepreneurship Education (Gründerlehre) bereits an einigen Universitäten und im Rahmen von einigen Studiengängen, vorwiegend jedoch im Bereich der Wirtschaftswissenschaften, etabliert wurde. Derzeit gibt es 128 Lehrstühle im Bereich Entrepreneurship (FGF-e.V. 2015). Aktualität und Relevanz von Entrepreneurship Education sind längst erkannt worden (Kuckertz 2013; Griffiths et. al. 2012; Volkmann et. al. 2009; Achtenhagen & Knyphausen-Aufsess 2008; Fuchs, Werner & Wallau 2008). Weiterhin unterstützt beispielsweise das Bundesministerium für Wirtschaft und Energie BMWi seit 1998 im Rahmen des Programms EXIST Hochschulen bei der Etablierung einer Gründerkultur. Der Bericht "Educating the Next Wave of Entrepreneurs" initiiert vom World Economic Forum hebt die Bedeutung von Entrepreneurship Education deutlich hervor: "The impact of entrepreneurship on the strategies of institutions of higher education is widely recognized and accepted" (Volkmann et.al. 2009: 75). Darüber hinaus gilt Beschäftigungsfähigkeit („employability") als zentrales Ziel der Hochschulbildung für Studierende und Absolventen *aller* Disziplinen (EK, 2014; Schubarth & Speck, 2013). Beschäftigungsfähigkeit inkludiert dabei Beschäftigung im Anstellungsverhältnis sowie unternehmerische Tätigkeit gleichermaßen (EU, 2009, S. 1). Die Europäische Union formuliert hier einen deutlichen Appell an die Hochschulbildung: "Whether they are in the creative industries or in the high-tech innovation chain, such entrepreneurs will need to have built a relevant knowledge base and developed appropriate skills while in higher education. There is therefore a strong case for embedding an entrepreneurial/ enterprise strand more securely within HE [higher education, d. Verf.] curricula" (EU, 2009, S. 6).

Trotz dieser Entwicklung wird die aktuelle Situation der Entrepreneurship Education im Hochschulkontext in Deutschland kritisiert (Sternberg, Vorderwülbecke & Brixy 2013). Der Wirtschaftsrat bescheinigt Deutschland eine „mangelhafte Gründerausbildung" (Wirtschaftsrat 2013) und fordert, die Gründermentalität an Hochschulen zu stärken. Auch das deutsche Global Entrepreneurship Monitor (GEM) Konsortium empfiehlt: „Großes Potential birgt eine Verbesserung der gründungsbezogenen Ausbildung an Schulen und Hochschulen. Diese würde nicht nur die Bevölkerung positiv beeinflussen, sondern auch langfristig eine Kultur der unternehmerischen Selbständigkeit etablieren." (Sternberg, Vorderwülbecke & Brixy 2013, S. 6). Verschiedene Rankings zeigen, an welchen Hochschulstandorten Studierende die besten Chancen haben mit Entrepreneurship im Rahmen ihres Studiums konfrontiert zu werden (Schmude, Aevermann & Heumann 2011; Gründungsradar 2013). Diese Studien lassen nur in geringem Maße eine studienfachspezifische Sichtachse zu, da sie primär die Hochschulstandorte, nicht aber einzelne Studiengänge analysieren. Dennoch wird hier deutlich, dass Studierende wirtschaftswissenschaftlicher Disziplinen an den Hochschulen in Deutschland momentan noch im Fokus der Gründungsförderung stehen (vgl. Gründungsradar, 2013, S. 12). Dies kann aus verschiedenen disziplinären Perspektiven (vgl. Gossel & Kalka 2015, Gossel & Grökel 2015) kritisiert werden. So zeigt beispielsweise die Begleitforschung zum EXIST-Programm, dass Studierende nicht-wirtschaftswissenschaftlicher Studiengänge an geförderten Hochschulen geringe Chancen haben, mit Entrepreneurship Education in Kontakt zu kommen. An jenen Universitäten werden lediglich 9,3 Prozent der Studierenden im Studienbereich der MINT und 8,0 Prozent in weiteren Studienbereichen erreicht (Kulicke et al., 2012, S. 71). Auch im Gründungsradar heißt es: „Interdisziplinarität in der Gründungsförderung und die Ausschöpfung des Potenzials in nicht wirtschaftswissenschaftlichen Fächern sind also noch ausbaufähig" (Gründungsradar, 2013, S. 12). Dies gilt auch für akademische Wege in den Journalismus. Eine detaillierte Analyse, welche Studieninhalte mit Bezug zu Entrepreneurship als Teil der curricularen Ausbildung im Bereich Journalismus an Hochschulen und Journalistenschulen betrachtet, liegt bis dato nicht vor.

Somit argumentieren wir: Wenn sich erstens das Berufsbild von Journalisten in Richtung Selbstständigkeit/ Unternehmertum verändert, wenn zweitens im US-amerikanischen Raum mit Entrepreneurial Journalism bereits Initiativen zu beobachten sind, journalistische Ausbildung mit unternehmerischen Inhalten zu bereichern und wenn drittens über Entrepreneurship Education als Teil der Journalistenausbildung in Deutschland keine detaillierte Analysen vorliegen, erscheint es sinnvoll den aktuellen Status Quo der Journalistenausbildung in Deutschland mit Blick auf unternehmerische Studieninhalte zu erheben. Aus diesem Grund bearbeiten wir mit unserem Beitrag die oben genannte Forschungsfrage: *Wie werden Journalisten in Deutschland im Rahmen ihrer regulären Ausbildung mit Studieninhalten mit Bezug zu Entrepreneurship Education konfrontiert?*

5 Empirische Studie

Ausgehend von dieser Forschungsfrage bearbeiten wir in unserem Beitrag zwei Perspektiven. In einem ersten Teil bieten wir im Sinne einer empirischen Bestandsaufnahme eine Analyse aller Studiengänge in den Bereichen Journalismus und Publizistik sowie der Angebote der Journalistenschulen basierend auf online verfügbaren Angaben und Dokumenten zu den Studiengängen (Teil 1 – Dokumentenanalyse). In einem zweiten Teil eröffnen wir ergänzend zu dieser Bestandsaufnahme ein Expertengespräch mit einem Vorstandsmitglied des DJV mit dem Ziel, die Beobachtungen der Dokumentenanalyse entlang der Einschätzungen aus Verbandssicht zu reflektieren (Teil 2 - Expertengespräch).

Teil 1 - Dokumentenanalyse

Im Rahmen einer empirischen Bestandsaufnahme wurden alle Studiengänge im Bereich Journalismus an deutschen Hochschulen (N=65), Publizistik (N=18) sowie die Angebote der deutschen Journalistenschulen (N=24) analysiert. Nicht im Fokus war das Volontariat, Weiterbildungsangebote und weitere Ausbildungsformen. Mithilfe der Datenbank der Hochschulrektorenkonferenz wurden die Studiengänge identifiziert. Im Rahmen einer quantitativen und qualitativen Inhaltsanalyse wurden die Hochschul- und Studiengangwebseiten sowie weiteres vorhandenes Informationsmaterial (Flyer, Übersichten, Modulbeschreibungen, Studien- und Prüfungsordnungen) gesammelt und zur weiteren Analyse aufbereitet. Datenerhebung und Auswertung wurden im Mai 2014 abgeschlossen. Um die Forschungsfrage bearbeiten zu können, wurde eine quantitative und qualitative Inhaltsanalyse der identifizierten Dokumente durchgeführt. Im Rahmen der quantitativen Betrachtung wurden zunächst allgemeine Informationen zur Hochschule (Name, Träger, Typ, Standort) und deren Gründungsparameter (Teilnahme an EXIST-Förderprogramm, Vorhandensein eines Entrepreneurship-Lehrstuhls, Vorhandensein eines Gründerbüros) erhoben. Darüber hinaus wurden Angaben zum Studiengang (Name, Website, Abschluss, Form, Anwesenheit, Kosten, Semesterzahl, ECTS) erhoben. Schließlich wurden die Dokumente (vorwiegend .pdfs) mithilfe einer automatisierten Suche (Suchbegriffe „entre*", „business*", „gründung*" und „exist*") auf Fächer mit Entrepreneurship Education Bezug analysiert. Dieses Vorgehen ermöglichte auch eine Berücksichtigung von Fächern, welche keinen gründungsrelevanten Titel, wohl aber gründungsrelevante Themen in der Fachbeschreibung verzeichneten. Wurde ein solches Fach mit Bezug zu Entrepreneurship Education identifiziert, wurden weitere Angaben zum Fach

(Titel, Inhaltsbeschreibung, ECTS, Workload, SWS, Verortung im Studium, Dauer) erfasst.

Im Ergebnis weisen 12 Studiengänge im Bereich Journalismus und vier Angebote von Journalistenschulen auf Basis der gegebenen Daten Fächer mit Bezug zu Entrepreneurship Education auf (Tabelle 1).

Tabelle 1: Übersicht zu Abschlüssen, Hochschulrechtsformen, -typen, Gründungsparametern und Fächern mit Bezug zu Entrepreneurship Education in Studiengängen (Journalismus und Publizistik) und Journalistenschulen

	Journalismus (n=65)	Publizistik (n=18)	Journalistenschulen (n=22)
Abschluss			
BA	38	6	n.n.
MA	25	12	n.n.
sonstiges	2	0	n.n.
Hochschulträger			
privat	11	1	20
öffentlich-rechtlich	52	17	0
kirchlich	2	0	2
Hochschultyp			
Universität	24	10	n.n.
Fachhochschule	37	8	n.n.
Kunst-/Musik	4	0	n.n.
Gründungsparameter			
EXIST-Förderung	29	11	n.n.
Entr.-Professur	24	5	n.n.
Gründerbüro	30	12	n.n.
Entrepreneurship-Fach	13	0	4

Lediglich bei 20 Prozent der Journalismusstudiengänge (13 von 65) können Fächer mit Bezug zu Entrepreneurship Education identifiziert werden. Bei vier Journalistenschulen können ebenfalls Angebote ausgemacht werden. Einschränkend muss hier betont werden, dass die eingeschränkte Dokumentenlage hier keine so tiefgehenden Betrachtungen ermöglichte wie bei den Hochschulen. Bei keinem Publizistikstudiengang kann ein Fach mit Entrepreneurship Bezug identifiziert werden.

Eine nähere Betrachtung der angebotenen Fächer lässt entlang der Titel und Fachbeschreibung einen Fokus auf ‚klassische' Gründerlehre („learn *about* entrepreneurship") vermuten. Die Angebote sind z.B. betitelt mit „Existenzgründung", „Gründungsmanagement" oder „Unternehmensgründung". In zwei Fällen konnte explizit im Titel Bezug zu „entrepreneurship" identifiziert werden. In einem Fall konnte ein Thema mit Entrepreneurship Bezug innerhalb eines völlig anders betitelten Faches („Medien- und Arbeitsrecht") identifiziert werden. Im Vergleich fällt auf, dass an den Journalistenschulen ein Spezialfokus für die Zielgruppe der JournalistInnen angeboten wird. Hier gibt es Fächer wie „Fit als Freier" oder „Business Tipps für Freie". Ein solcher Fokus wird nur in einem Journalismusstudiengang an einer Hochschule angeboten („entrepreneurial journalism"). In der Regel werden die benannten Fächer an den Hochschulen als wahlobligatorische Fächer angeboten. Eine zeitliche Verortung im Studium zeigt keine klare Tendenz, in zwei Fällen wird das Fach zu Beginn des Studiums angeboten, in drei Fällen in den mittleren Semestern und in vier Fällen am Ende des Studiums.

Teil 2 – Experteninterview

In einem zweiten Schritt ging es darum, die Dokumentenanalyse durch Expertenperspektiven im Sinne theoriegenerierender und insofern sozial konstruktivistischer Perspektive (vgl. Littig 2008, [17]) zu illustrieren. Wenn Personen, welche „einen privilegierten Zugang zu Wissen über bestimmte Personengruppen oder Entscheidungsprozesse [haben] und Verantwortung dafür [tragen]" (Littig 2008, [8]) als ExpertInnen gelten, erscheint es nachvollziehbar für die spezifische Fragestellung Personen mit Zugang zu breitem Wissen über die Ausbildungssituation von Journalisten in Deutschland zu befragen. Aus diesem Grund wurde ein leitfadengestütztes Experteninterview mit einem Mitglied des DJV Bundesvorstandes geführt (Kathrin Konyen, Journalistin), welche als Expertin für die Themen „Zukunft" und „Ausbildung" betrachtet werden. Das leitfadengestützte Interview umfasste Fragen zur eine Einschätzung des Berufsbildes JournalistIn vs. UnternehmerIn, aktuell geforderte Kompetenzen für die Berufsausübung sowie aktuelle Anforderungen an die Journalistenausbildung. Das Gespräch wurde im Oktober 2014 geführt.

In der Betrachtung des Berufsbildes wird deutlich, dass gerade unternehmerisch tätige JournalistInnen in sehr vielfältigen Profilen arbeiten und ein entsprechend ausdifferenziertes Berufsbild existiert: *„Es gibt ‚Zeilen'-Freie, die z.B. für eine örtliche Tageszeitung schreiben. Es gibt ‚Freie', die für mehrere Auftraggeber schreiben/arbeiten. Es gibt ‚Freie', die sich auf mehreren Standbeinen breit aufgestellt haben, z.B. mit PR (Public Relations) aufstocken oder mit Seminaren/ Workshops. Dazu kommen noch verkappte Freie, die meist als Pauschalisten bezeichnet werden, in Wahrheit aber hart an der Grenze zur Scheinselbstständigkeit zu sehen sind. Und es gibt die tatsächlichen Start-Up Journalisten,*

Entrepreneur-Journalisten, die ein Unternehmen gründen" (Konyen, DJV-Bundesvorstand). Eine genauere Betrachtung der Tätigkeiten zeigt, dass sich diese nicht lediglich auf journalistische Tätigkeiten beschränken. Freischaffende Journalisten gehen heute de facto vielen unternehmerischen Tätigkeiten nach: *„Akquise, Selbstvermarktung, Kontaktpflege, Buchhaltung, sprich die Verwaltung von Einnahmen und Ausgaben, steuerliche Fragestellungen, rechtliche Fragestellungen, wie z.B. macht es Sinn, eine GbR zu gründen"* (Konyen, DJV-Bundesvorstand).

Neben dem Kanon benannten journalistischen Kompetenzen, sind heute für den Beruf des Journalisten weitere Kompetenzen relevant. Zum Ersten werden heute vielfältige technische Kompetenzen verlangt, die in der Ausbildung zu kurz kommen: *„Es fehlt bislang der technische Aspekt, ein Grundverständnis von Technik und auch eine gewisse Innovationsfreude. Es gibt heute mehr technikaffine Stellen im Journalismus, Producer Stellen und im Content Management"* (Konyen, DJV-Bundesvorstand). Zum Zweiten betrifft dies Managementkompetenzen: *„Wir können feststellen, dass gerade im Festangestelltenbereich die Kollegen überwiegend Managementaufgaben zu bewältigen haben, z.B. mit Fragen der Personal- und Budgetverantwortung, Fragen der Personalführung zu tun haben. Das ist etwas, was in der klassischen Journalistenausbildung nicht stattfindet"* (Konyen, DJV-Bundesvorstand). Zum Dritten betrifft dies Kompetenzen im Bereich der Sozialen Medien, mit deren Funktionalitäten für den Journalismus Herausforderungen bergen: *„Gerade mit dem veränderten Berufsbild von Journalisten spielt der Aspekt der sozialen Medien, der Community, eine große Rolle"* (Konyen, DJV-Bundesvorstand). Und zum Vierten betrifft dies unternehmerische Kompetenzen, denn wenn Journalisten zu Unternehmern werden hat dies Konsequenzen für die Ausbildung: *„Wir müssen Journalisten ausbilden, die beiden Rollen gerecht werden"* (Konyen, DJV-Bundesvorstand).

Basierend auf dieser singulären Expertenperspektive lässt sich ein klarer Bedarf zur Veränderung der Journalistenausbildung ableiten. Eine Reaktion auf die veränderten Tätigkeitsprofile und Kompetenzanforderungen erscheint dringend notwendig. Hinsichtlich Entrepreneurship Education in der Journalistenausbildung könnten relevante Inhalte aus Expertensicht sein:

„Existenzgründung, Versicherung, Steuern, tatsächliche Einblicke in den Gründungsprozess, Finanzierungsmöglichkeiten, Netzwerk und Grundlagen im Management. Ich denke, dass Vieles über Beispiele gefestigt werden kann. Auch der Bereich Persönlichkeitsbildung sollte Teil der Ausbildung im Bereich Entrepreneur-Journalism sein – schließlich geht mit dem Unternehmertum auch eine bestimmte Haltung

einher" (Konyen, DJV-Bundesvorstand). Dabei sollte es nicht um fakultative sondern curricular verankerte Angebote gehen: *„Das sollte tatsächlich jeder hören, eben weil unter den Festangestellten und bei den Freiberuflern Management-Aufgaben eine Rolle spielen"* (Konyen, DJV-Bundesvorstand).

6 Diskussion und Zusammenfassung

Im Rahmen dieser empirischen Bestandsaufnahme konnte bei 16 Prozent (17 von 105) der betrachteten Studiengänge / Ausbildungsgänge ein in den Dokumenten identifizierbares Angebot an Fächern mit Bezug zu Entrepreneurship Education nachgewiesen werden. Dies ist gemessen an der Reichweite und Relevanz der Thematik erschreckend wenig, insbesondere wenn wir bedenken, dass eine curriculare Verankerung der Entrepreneurship Education von Wissenschaft (Nelson & Byers, 2008; Semrau, Fischbach & Schober, 2011), Politik (EU, 2009, S. 6) und Praxis (Konyen, DJV-Bundesvorstand, s.o.) gefordert wird. Die Betrachtung der Fächer entlang Titel und Fachbeschreibung zeigt eher einen Fokus auf eine ‚klassische und allgemeine' Gründerlehre. Die Besonderheiten, die im Bereich Entrepreneurial Journalism Education von Experten skizziert werden (vgl. Schaich & Klein 2013) scheinen die curricular verankerte Lehre bislang kaum erreicht zu haben. Ein ergänzend zu dieser Dokumentenanalyse geführtes Experteninterview mit einer Vertreterin des DJV-Bundesvorstands unterstreicht die große Relevanz einer Etablierung einer Entrepreneurial Journalim Education einerseits und zeigt weitere relevante Themen (z.B. verbesserte Ausbildung im Bereich Technikkompetenzen, Managementkompetenzen) für die Zukunft der Ausbildung im Journalismus auf. Gleichzeitig müssen diese Ergebnisse vor dem Hintergrund der Beschränkung der Daten limitiert werden. Nicht alle tatsächlich in akademischer Lehre angebotenen Inhalte schlagen sich in Studienordnungen und Modulbeschreibungen in diesem Detail wieder. Die Datenlage zu den Angeboten der Journalistenschulen war kaum ausreichend, so dass gerade hier Unschärfen kaum vermeidbar waren. Weiterhin konnten didaktische Konzepte der Lehrformate auf Basis der Daten nicht analysiert werden. Darüber hinaus können wir hier lediglich eine Momentaufnahme beschreiben. Curricula werden ständig verändert und weiterentwickelt. So ist denkbar, dass inzwischen bereits weitere Fächer und Themen curricular verankert worden sind. Die Aussagekraft eines einzelnen Experteninterviews muss kritisch reflektiert werden. Weitere Perspektiven (z.B. von Ausbildern in Redaktionen, Hochschuldozenten, JournalistInnen in der Berufspraxis) erscheinen notwendig, wenn im Sinne eines theoriegenerierenden Experteninterviews nicht nur Informationsgewinnung sondern darüber hinaus wissenssoziologische Ziele (vgl. Littig 2008, [17]) zu erfüllen sind. Insofern kann die dargestellte Expertenperspektive lediglich als erster Schritt und Illustration der Dokumentenanalyse gewertet werden.

7 Fazit und Ausblick

Die vorliegende Studie bietet eine erste empirische Bestandsaufnahme von Entrepreneurship Education im Rahmen der Journalistenausbildung in Deutschland an. Damit leisten wir einen zentralen Beitrag, welcher das Potenzial besitzt, auf die gegenseitigen ‚blinden Flecken' der verschiedenen wissenschaftlichen Diskurse der Journalismusforschung und deren Teilgebiet der Forschung im Bereich journalistischer Ausbildung sowie der Entrepreneurship Forschung und deren Teilgebiet der Forschung im Bereich Entrepreneurship Education hinzuweisen. Bislang werden zentrale Fragestellungen dieser Diskurse weitgehend entkoppelt voneinander bearbeitet. Mit Blick auf die beobachtbaren Veränderungen der Arbeitswelt des Journalismus erscheint es dringend und relevant, dass die verschiedenen wissenschaftlichen Disziplinen Fragen aneinander stellen und somit Kopplungspotenziale eröffnen.
Aus *Perspektive der Journalismusforschung* könnten folgende Fragen relevant werden: (a) Welche Chancen ergeben sich für die Journalismusforschung, wenn unternehmerischer Journalismus bereichert mit dem Diskurs der Entrepreneurship Forschung betrachtet wird? (b) Welche Konflikte ergeben sich aus der Betrachtung eines unternehmerischen Journalismus für die gesellschaftlichen Funktionen des Journalismus? Und welche Konflikte ergeben sich, wenn die Frage nach einem unternehmerischen Journalismus gar nicht erst bearbeitet wird? (c) Welche Konsequenzen hat diese Sichtachse für die aktuellen Schwerpunkte der Journalismusforschung und insbesondere den Theoriediskurs, der z.B. auf organisationaler Ebene strikt zwischen redaktioneller und ökonomischer Einheit trennt? Einige dieser Fragen hat Rottwilm (2014) bereits aufgeworfen.

Aus *Perspektive der Forschung im Bereich journalistischer Ausbildung* könnten folgende Fragen relevant werden: (a) Wie kann eine zukünftige, nachhal-

-ige und unternehmerische Journalistenausbildung aussehen? (b) Wie können unternehmerische Kompetenzen mit Blick auf den Diskurs der Entrepreneurship Education für den speziellen Fall der Journalismusausbildung theoretisch beschrieben, empirisch erfasst und Teil der Ausbildungspraxis werden?
Aus *Perspektive der Entrepreneurship-Forschung* könnten folgende Fragen relevant werden: (a) Wie kann der Diskurs zu unternehmerischen Kompetenzen („entrepreneurial competencies") die Journalismusforschung und die Forschung zur Journalismusausbildung bereichern? (b) Welche Anschluss- und Schnittmengenpotenziale bieten die interdisziplinären theoretischen Zugänge der Entrepreneurship-Forschung (z.B. Organisationsforschung) für Forschung an der Schnittstelle zwischen Journalimus und Entrepreneurship? (c) Welche Beiträge kann die Entrepreneurship-Forschung leisten, um den Terminus „entrepreneurial journalism" klarer zu definieren und mit mehr Substanz anzureichern?
Aus *Perspektive der Entrepreneurship Education Forschung* könnten folgende Fragen relevant werden: (a) Welche didaktischen Konzepte der Entrepreneurship Education sind für die Journalistenausbildung relevant? (b) Welche Besonderheiten gilt es im Bereich der Entrepreneurship Education für Journalisten zu berücksichtigen? (c) Welche Konzepte der Entrepreneurship Education sind in der internationalen Journalistenausbildung bereits bekannt und erprobt? Welche Aspekte dieser Konzepte können für die Journalismusausbildung in Deutschland relevant sein?

Die Medienökonomie, welche „die ökonomische Analyse der Bedingungen journalistischer Produktion, der Distribution und des Konsums von Medieninhalten und Trägermedien" (Sjurts 2015, o.S.) zum Gegenstand hat, kann für diese vier Perspektiven einen geeigneten Rahmen bieten. Gerade hier können Schnittstellenpotenziale aufgedeckt werden, da aus Perspektive der Medienökonomie der Blick sowohl auf den Journalismus (Bereich der Produktion von journalistischen Medieninhalten) als auch auf Entrepreneurship (Bereich des Entstehens neuer unternehmerischer Gelegenheiten) gerichtet werden kann. Nächste Schritte zur Bearbeitung dieser Fragen könnten z.B. eine vertiefende Analyse der verschiedenen Anspruchsgruppen an die Journalistenausbildung sein (StudiengangleiterInnen, DozentInnen, JournalistInnen, JournalistenschülerInnen, Verbände). Weiterhin könnten die identifizierten Lehrformate mit Bezug zu Entrepreneurship Education vertiefend hinsichtlich ihrer didaktischen Konzepte analysiert werden, mit dem Ziel, eine spezialisierte Formatentwicklung im Bereich Entrepreneurial Journalim Education zu betreiben. Und nicht zuletzt zeigt die Praxis, wie sehr Forschung an dieser Schnittstelle gefordert ist: „*Eine wissenschaftliche Betrachtung des Unternehmerjournalismus könnte schneller und deutlicher herauskristallisieren, was funktioniert und was nicht. An der Stelle würde ein unmittelbarer Nutzen für die Praxis entstehen*" (Konyen, DJV-Bundesvorstand).

Literatur

Achtenhagen, L., & Knyphausen-Aufsess, D. (2008): Fostering doctoral entrepreneurship education in Germany. *Journal of Small Business and Entreprise Development*, 15 (2): 397-404.

Achtenhagen, L. & Johannisson, B. (2013): Games in Entrepreneurship Education to Support the Crafting of an Entrepreneurial Mindset. In: de Freitas, S. et al. (Hrsg.), *New Pedagogical Approaches in Game Enhanced Learning: Curriculum Integration* Hershey: IGI Global, 20-38.

Briggs, M. (2012): *Entrepreneurial Journalism. How to build what's next for news.* London.

Bundesagentur für Arbeit (2013): *Der Arbeitsmarkt für Akademikerinnen und Akademiker.* Nürnberg.

Claussen, D. (2011): CUNY's Entrepreneurial Journalism: Partially Old Wine in a New Bottle, and Not Quite Thirst-Quenching, but Still a Good Drink. *Journalism & Mass Communication Educator*, 66 (1), 3-6.

De Masi, M. (2013): *Entrepreneurial Journalism. A New Practice consistent with historical norms.* Master Thesis, Empire State College, State University of New York.

DJV Deutscher Journalistenverband (2015). *Berufsbild Journalistin / Journalist.* DJV Wissen 4. Online im Internet http://www.djv.de/fileadmin/user_upload/Infos_PDFs/Flyer_Broschuren/wissen4_Berufsbild.pdf [20.03.2015].

Elmore, C., & Massey, B. (2012): Need for instruction in entrepreneurial journalism. Perspecitfe of full-time freelancers. *Journal of Media Practice*, 13 (2): 109-124.

EK (Europäische Kommission) (2014): *Modernisierung der Hochschulbildung in Europa: Zugang, Studienerfolg und Beschäftigungsfähigkeit 2014. Eurydice-Bericht.* Luxemburg.

EU (2009): *Working Group on Employability Report to Ministers, Bologna Conference,* Leuven.

Fallgatter, M. J. (2002): *Theorie des Entrepreneurship. Perspektiven zur Erforschung der Entstehung und Entwicklung junger Unternehmungen.* Wiesbaden.

Fallgatter, M. J. (2004): Entrepreneurship. Konturen einer jungen Disziplin. *Zeitschrift für betriebswirtschaftliche Forschung*, 56, 23-44.

Fayolle, A.(2009). *Entrepreneurship Education in Europe: Trends and Challenges.* Presentation on OECD LEED Programme Good Practice Workshop.

Ferrier, M.B. (2013): Media Entrepreneurship: Curriculum Development and Faculty Perceptions of What Students Should Know. *Journalism & Mass Communication Educator,* 68: 222-241.

FGF-e.V. (2015): Förderkreis Gründungs-Forschung e.V. (FGF). Online: http://www.fgf-ev.de [20.03.2015]

Frühbrodt, L. (2010): Journalistenausbildung an den Hochschulen. In: Hoffacker, G.: Journalismus Lehren. 10 Jahre Journalistenakademie. München, 35-46.

Fuchs, K., Werner, A., & Wallau, F. (2008): Entrepreneurship education in Germany and Sweden: what role do different school systems play? *Journal of Small Business and Enterprise Development*, 15 (2): 365-381.

Gabler Verlag (Hrsg.) (2012): *Gabler Wirtschaftslexikon*, Stichwort: Entrepreneurship, online im Internet: http://wirtschaftslexikon.gabler.de/Archiv/152051/entrepreneurship-v 6.html [24.05.2012]

Gartner, W. B. (1985): A conceptual framework for describing the phenomenon of new venture creation. *Academy of Management Review*, 10 (4), 696-706.
Gossel, B., (2014): *Entrepreneurial venturing and media industry in Germany. To what extent is the academic offspring prepared for an entrepreneurial future?* Paper präsentiert im Rahmen der Interdiciplinary European Conference on Entrepreneurship Research IECER, Chur.

Gossel, B., & Will, A. (2012). Neue Medien – neue Wertschöpfung – neue Unternehmen? Eine theoretischer Betrachtung medialer Potenziale für den Entrepreneurship Prozess. In: Kolo, C.; Döbler, T. & Rademacher, L. (Hg.). *Wertschöpfung durch Medien im Wandel*, Baden-Baden: 321-338.

Gossel, B., & Grökel, A. (2015). Ausbildung zum „Ingenpreneur"? Kontaktstellen ingenieurwissenschaftlicher und unternehmerischer Kompetenz. In: Kammasch, G. (Hg.). *Tagungsband der 9. Ingenieurpädagogischen Regionaltagung 2014*, Berlin.

Gossel, B., & Kalka, R. (2015). *Curricular Anchoring of Entrepreneurship Education in Study Fields for Future Creative Professionals. The Example of Media Courses of Studies.* Paper präsentiert im Rahmen der 5. Leuphana Conference on Entrepreneurship, Lüneburg.

Griffiths, M., Kickul, J., Bacq, S., & Terjesen, S. (2012): A Dialogue With William J. Baumol: Insights on Entrepreneurship Theory and Education. *Entrepreneurship Theory and Practice*, 36 (4): 611-625.

Gründungsradar (2013). *Wie Hochschulen Unternehmensgründungen fördern.* Stifterverband für die Deutsche Wissenschaft.

Hunter, A., & Nel, F.P. (2011): Equipping the Entrepreneurial Journalist: An Exercise in Creative Enterprise. *Journalism & Mass Communication Educator*, 66 (1): 10-24.

Johannisson, B. (2011). Towards a practice theory of entrepreneuring. *Small Business Economics*, 36 (2), 135-150.

Kaiser, U.(2014): Arbeitsmarkt und Berufschancen. Online im Internet: http://www.djv.de/startseite/info/themen-wissen/aus-und-weiterbildung/arbeitsmarkt-und-berufschancen.html [16.07.2014].

Kuckertz, A. (2013): Entrepreneurship Education. Status Quo and Prospective Developments. *Journal of Entrepreneurship Education*, (16): 59-71.

Kulicke, M. et al. (2012). *Nachhaltigkeit der EXISTFörderung.* Gründungsunterstützung an Hochschulen, die zwischen 1998 und 2011 gefördert wurden.

Littig, B. (2008). Interviews mit Eliten – Interviews mit ExpertInnen: Gibt es Unterschiede? Forum: Qualitative Sozialforschung, 9 (3). Online im Internet unter http://www.qualitative-research.net/index.php/fqs/article/view/1000/2173#g31 [12.05.2015]

Low, M.B., & MacMillan, I.C. (1988). Entrepreneurship. Past research and future challenges. *Journal of Management*, 14 (2), 139-161.

Miller, D. (1983). The correlates of entrepreneurship in three types of firms. *Management Science*, 29 (7), 770-791.

Mitchelmore, S., & Rowley, J. (2010). Entrepreneurial competencies: a literature review and development agenda. *International Journal of Entrepreneurial Behaviour & Research*, 16 (2), 92-111.

Morris, M. & Kaplan, J. (2014). Entrepreneurial (versus managerial) competencies as drivers of entrepreneurship education. In: Morris, M. (Hrsg.). *Annals of entrepreneurship education and pedagogy – 2014*. In association with the United States Association for Small Business and Entrepreneurship, 134-151.

Nowak, S. (2007). *Qualitätsmodell für die Journalistenausbildung. Kompetenzen, Ausbildungswege, Fachdidaktik*. Dissertation, Universität Dortmund.

Rae, D. (2010). Universities and enterprise education: responding to the challenges of the new era. *Journal of Small Business and Enterprise Development*, 17(4), 591-606.

Rottwilm, P. (2014). *The Future of Journalistic Work: Its Changing Nature and Implications*. The Reuters Institute for the Study of Journalism, Oxford.

Sarasvathy, Saras D. (2008): *Effectuation. Elements of Entrepreneurial Expertise*. Cheltenham: Edward Elgar Publishing.

Schaich, M.J., & Klein, J.S. (2013): Entrepreneurial journalism education: Where are we now? *Observatorio (OBS) Journal*, 7(4): 185-211.

Schmude, J., Aevermann, T., & Heumann, S. (2011): *Vom Studenten zum Unternehmer. Welche Universität bietet die besten Chancen? Gründerlehre – Aktive Unterstützung – Rahmenbedingungen*. Ranking 2011. Regensburg.

Schubarth, W., & Speck, K. (2013). *Employability und Praxisbezüge im wissenschaftlichen Studium*. HRK-Fachgutachten.

Shane, S., & Venkataraman, S. (2000): The promise of entrepreneurship as a field of research. *Academy of Management Review*, 25 (1), 217-226.

Siegert, S. (2013): 8 Zukunftsthesen. *Journalist Online*. Online im Internet unter http://www.journalist.de/vtblog/8-zukunftsthesen.html [16.07.2014]

Sjurts, I. (2015): Medienökonomie. In: Gabler Wirtschaftslexikon. Online im Internet unter http://wirtschaftslexikon.gabler.de/Archiv/569865/medienoekonomie-v 2.html [12.05.2015]

Steinbrecher, M. (2013). *Alte Werte, neue Kompetenzen – was sich in der Journalistenausbildung ändern muss*. Impulsreferat. Dokumentation zum Herbstforum der Initiative Qualität im Journalismus „Qualität der Qualifikation: Impulse zur Journalistenausbildung", Berlin.

Sternberg, R., Vorderwülbecke, A., & Brixy, U. (2013). *Global Entrepreneurship Monitor. Unternehmensgründungen im weltweiten Vergleich*. Länderbericht Deutschland 2012. Hannover.

Trommershausen, A. & Gossel, B. (2014). *Structuring the unstructured? How media organizations can stabilize in a world of flux and uncertainty*. Paper präsentiert im Rahmen der Jahreskonferenz der EMMA European Media Management and Education Association, Tallinn.

Volkmann, C. et al. (2009): *Education the Next Wave of Entrepreneurs. Unlocking entrepreneurial capabilities to meet the global challenges of the 21st Century. A Report of the Global Education Initiative.* World Economic Forum, Cologny/Geneva.

Weischenberg, S. (1990). Das „Prinzip Echternach". Zur Einführung in das Thema „Journalismus und Kompetenz". In: Weischenberg, S. (Hg.): *Journalismus & Kompetenz. Qualifizierung und Rekrutierung für Medienberufe.* Opladen, 11- 41.

Weischenberg, S. et al. (2006). Journalismus in Deutschland 2005. *Media Perspektiven,* (7), 346-361.

Wirtschaftsrat (2013). *Agenda Forschungs- und Innovationspolitik 2013-2017.*

Christian Schäfer-Hock

Der Ökonomisierungssprung des Journalismus im digitalen Zeitalter. Identifizierung eines Umbruchs mittels klarer Indikatoren

Es wird viel über die Ökonomisierung des Journalismus gesprochen, aber klare Indikatoren für den Grad der Ökonomisierung fehlen der Publizistik- und Kommunikationswissenschaft nach wie vor. Der Beitrag präsentiert drei Indikatoren, die so bisher nicht zur Bestimmung des Stands der Ökonomisierung des Journalismus kombiniert wurden und weist damit einen Ökonomisierungssprung im Zuge fortschreitender Digitalisierung nach, der zwar oft befürchtet, aber mit den bisher angewendeten Indikatoren nicht zu beschreiben war. Dabei werden die Schwachstellen der bisherigen Ökonomisierungsdebatte in Bezug zum Journalismus offengelegt und seine komplette Ökonomisierung zu Ende gedacht. Es zeigt sich, dass der Trend fortschreitender Ökonomisierung durch verschiedene institutionelle und strukturelle Hindernisse gebremst wird.

1 Einleitung

Der publizistik- und kommunikationswissenschaftliche Diskurs zur Ökonomisierung der Medien und speziell des Journalismus hat seinen Aufmerksamkeitszenit überschritten. Heute wird kaum noch darüber diskutiert, ob es eine Ökonomisierung journalistischer Arbeitsfelder gibt oder nicht, sondern es werden vornehmlich Betrachtungen und Studien zu ihrer Auswirkung unternommen (vgl. exempl. Gerhardt et al., 2005; Mast, 2011)[1].

Dabei steht seit geraumer Zeit die Digitalisierung im Mittelpunkt. Sie wird als eine der wesentlichen Ursachen für einen Ökonomisierungsschub im Journalismus genannt (vgl. z.B. Küng, 2001, 224; Murdock, 2008, 577). Ihre Auswirkungen werden gründlich erforscht (vgl. die neuen Fachzeitschriften ‚Digital Journalism' und ‚Mobile Media and Communication') und die Ökonomisierung als eine wichtige Konsequenz meist kritisch betrachtet – schließlich ist der Journalismus, sind Medienprodukte, die ihn enthalten, nicht nur ökonomische Güter. Der Journa-

1 Lediglich in der momentan vielfältigen Diskussion um die Medialisierung verschiedenster Gesellschaftsbereiche lebt der Diskurs weiter. Denn nicht wenige Autoren halten sie schlicht für eine Ökonomisierung (so z.B. Landerer, 2013, 244ff.; Meyen, 2014, 651).

lismus hat auch gesellschaftliche, politische, soziale etc. Aufgaben, die durch eine zunehmende Ökonomisierung in Gefahr geraten können.

Es ist aber keinesfalls so, dass der erwähnte Diskurs zu diesem „Zentralthema" (Lobigs & von Nordheim, 2014, 9) medienökonomischer Forschung zu einem befriedigenden Ende geführt worden wäre. Bis in die Gegenwart werden die unterschiedlichsten (intendierten, meist kurzfristigen) Anpassungsmaßnahmen der Medienunternehmen und deren (meist langfristige, oft nicht intendierte) Auswirkungen als Indikatoren mit den unterschiedlichsten Operationalisierungen zur Bestimmung des Grads der Ökonomisierung herangezogen. Diese und weitere Probleme lassen beim Vergleich der Studien keine verlässlichen Aussagen mehr zu, welches journalistische Angebot in welchem Entwicklungsstand wie stark ökonomisiert ist.

Um dieses Problem zu lösen, werden im Folgenden drei zentrale Indikatoren aus der Forschungsliteratur herausdestilliert, die es ermöglichen, den Ökonomisierungssprung des Journalismus im digitalen Zeitalter nachvollziehbar zu machen.[2] Zuerst wird im zweiten Teil dieses Aufsatzes aber analysiert, auf welche Weise sich Veränderungen im Journalismus grundsätzlich feststellen lassen. Im dritten Teil werden die bisherigen Konzepte zur Ökonomisierung und deren entsprechende Indikatorenwahl auf Schwächen hin untersucht, um anschließend im vierten Teil bessere Indikatoren vorzustellen. Im fünften Teil wird dann gezeigt, dass diese ‚neuen' Indikatoren besser dazu in der Lange sind, den Ökonomisierungssprung des Journalismus im digitalen Zeitalter zu erfassen, als die bisher angewendeten. Im sechsten und letzten Teil wird auf dieser Grundlage die Möglichkeit einer kompletten Ökonomisierung des Journalismus in Deutschland als Szenario diskutiert.

2 *Den Wandel feststellen*

Unabhängig davon, was man unter Ökonomisierung genau verstehen möchte, lassen sich zwei Herangehensweisen unterscheiden, mit denen

---

2 Für anregende Diskussionen und Hinweise zu diesem Aufsatz danke ich Martin Rachuj und Antje Odermann vom Inst. f. Kommunikationswissenschaft der TU Dresden sowie Sven Pagel von der Hochschule Mainz.

der Grad der ökonomischen Durchdringung des Journalismus erfasst werden kann.[3]

Variante I: Die erste Möglichkeit besteht darin, *Journalismus als gesellschaftlichen Teilbereich oder -system* in seiner Gesamtheit zu definieren und sich anschließend dem somit abgegrenzten Forschungsgegenstand mit Indikatoren für Ökonomisierung zu nähern. So könnte man bspw. zu dem Schluss kommen, dass der Journalismus in Deutschland zu 60 Prozent ökonomisiert ist, wenn drei von fünf Indikatoren das anzeigen.[4] Hierfür bedarf es daher einer Theorie der Ökonomie bzw. der Ökonomisierung sowie aus ihr ableitbare, operationalisierbare Indikatoren. Die Theorie sollte auch die Zahl der Indikatoren (nicht unbedingt der zu messenden Variablen) bestimmen und auch vorgeben, welche Indikatorenkombinationen bei welchen Ausprägungen (welchem Skalenwert) hinreichend für die Diagnose ‚ökonomisiert' sind.

Variante II: Die zweite Möglichkeit besteht darin, sich den *Journalismus institutionell vorzustellen*, in Form von Anstalten, Unternehmen, Redaktionsbüros etc. Man könnte den Forschungsgegenstand dann analytisch auftrennen und seine Einzelteile auf den Grad der Ökonomisierung untersuchen – sowohl in der Breite (Zahl der ökonomisierten Redaktionen etc.) als auch in der Tiefe (welche Teile des Verlags, der TV-Anstalt sind wie stark ökonomisiert?). Auch so wären wieder Prozentangaben möglich, nach dem Muster: 60 Prozent des Zeitungsverlags sind ökonomisiert, da bspw. sechs von zehn Abteilungen ökonomisiert sind. Über die Anforderungen an eine Theorie und die Indikatoren, die bei der ersten Möglichkeit genannt wurden, hinaus wird bei dieser zweiten Möglichkeit noch eine theoriegeleitete Entscheidung notwendig, nach der sich die Zahl der Einzelteile, Abteilungen etc. bestimmen und die Grenzen zwischen ihnen klar ziehen lassen.

3 Indikatoren in der bisherigen Forschung

Über die Jahre hat sich eine große Zahl an Indikatoren für die Ökonomisierung des Journalismus in der Forschungsliteratur angesammelt. Sie

3 Die präsentierten Möglichkeiten lassen sich auch auf andere Entwicklungen und Veränderungen des Journalismus (z.B. Verwissenschaftlichung, Verrechtlichung, [De-]Professionalisierung) anwenden.

4 Diese fiktive Quantifizierung setzt voraus, dass die Indikatoren mit dem gleichen Gewicht in das Urteil einfließen.

werden selten so genannt. Stattdessen finden sich viele Ursachen, kurzfristige Anpassungsmaßnahmen sowie langfristige Auswirkungen, die aber faktisch zur Bestimmung der Ökonomisierung genutzt werden – fast immer mit Variante I zur Feststellung eines Wandels (siehe Kapitel 2). Die fünf am häufigsten vorkommenden Indikatoren (Nutzenmaximierung/Gewinnorientierung, Rationalisierung, Effizienzsteigerung, Entmeritorisierung, systemtheoretische Interpenetration) werden nun einer kritischen Prüfung unterzogen. Es geht dabei um die Frage, ob sie sich wirklich als Indikatoren zur Messung der Ökonomisierung eignen.

Nutzenmaximierung und Gewinnorientierung

Am weitaus häufigsten wird die Ökonomisierung des Journalismus mit einem sich verstärkenden Streben nach individueller oder institutioneller Nutzenmaximierung bzw. einer entsprechenden Gewinnorientierung verbunden. Das heißt, Verlage, Redaktionen und Journalisten ordnen dem eigenen monetären Gewinn einen höheren Stellenwert als anderen Handlungslogiken ein (vgl. Meier & Jarren, 2001, 152 f.; Heinrich, 2001, 159 f.; Grisold, 2001, 240 f.; Schimank & Volkmann, 2008, 385 f.).

Dieser Indikator ist bei genauerer Betrachtung allerdings nicht sehr aussagekräftig – zumindest solange, wie ‚Nutzen' bzw. ‚Gewinn' als Analogien in einer großen Metapher von Ökonomie verwendet werden, in der sie lediglich für mögliche unterschiedliche Handlungsfolgen der Journalisten stehen, bspw. Einkommen, Aufmerksamkeit, Ansehen oder Einfluss. Genauso verhält es sich mit den Begriffen ‚Tausch' (z.B. von Informationen gegen Publizität) und ‚Zahlung' (z.B. eines Vertrauensvorschusses), die ebenfalls der Wirtschaft entliehenen sind (vgl. z.B. Fengler & Ruß-Mohl, 2006, 324ff.; 2007, 100ff.; 2008, 672, 676ff. oder Knoche, 2014, 251). Das gilt auch für das ‚Kapital', das Bourdieu z.B. in ökonomisches, kulturelles, soziales und symbolisches Kapital unterteilt und das jeweils für unterschiedliche Spielarten sozialer Macht steht und ineinander konvertierbar ist (vgl. Bourdieu, 1983, 195ff.; Wiedemann, 2014, 89). Je weiter oder enger diese Analogien gefasst werden, desto mehr oder desto weniger fortgeschritten wäre die Ökonomisierung. Bei einer breiten Auslegung wäre letztlich per Rhetorik alles ökonomisiert (vgl. Märkt, 2005, 548, 553ff., Priddat, 2013, 422, 428 und Altmeppen, 2014, 18, 24ff., die genau davor warnen).

Würde man ‚Gewinn' speziell als finanziellen Gewinn operationalisieren, so stellte sich bei diesem Indikator die Frage, ab welcher Gewinnmarge ein Unternehmen mit Journalismus ‚zu viel Gewinn' macht. Ein Großteil des Journalismus fand und findet in Privatunternehmen statt, die schon aus der marktwirtschaftlichen Logik heraus ihre Margen steigern müssen, um am Markt bestehen zu können. Nur Wachstum hält Unternehmen dauerhaft am Markt (vgl. Aron, 1964, 179; Knoche, 2014, 255), weswegen sich aktuell z.B. der Axel-Springer-Verlag von einem Großteil seiner Zeitungen getrennt hat: Man erwartet in diesem Bereich zu wenig oder gar kein Wachstum (vgl. Chamard & Kieffer, 2014). Gewinnstreben hat den Journalismus zur „Großmacht" (Wilke, 2011, 285) werden lassen, zu einem wichtigen Faktor in der Gesellschaft. Gewinnstreben ist auch essentiell für die Durchsetzung von Innovationen (vgl. Stöber, 2004, 498ff.). Hier fehlt also eine theoriebestimmte Grenze für Gewinnerwartungen und -streben[5], was den Indikator neben den erwähnten Gefahren der Nutzenmetapher unbrauchbar macht.

Rationalisierung

Nicht minder häufig wird Rationalisierung als Zeichen für Ökonomisierung genannt. Oft steht der Begriff dabei einfach für Einsparungen. Weniger Redakteure müssen in weniger Redaktionen mit weniger Mitteln arbeiten und zumindest das journalistische Niveau aus der Zeit vor den Einsparungen erreichen (vgl. Altmeppen, 2001, 199 f.; 2014, 22; Blöbaum et al., 2011, 56). Wird Rationalisierung so verstanden, verschwindet sie als Indikator, denn Umstrukturierungen, die Kostensenkungen erreichen sollen, sind nur ein Mittel zur Anpassung an Einnahmenverluste bzw. zur Erzielung höherer Gewinne. Rationalisierung ist daher nur ein Teil von Nutzenmaximierung (siehe oben) und Effizienzsteigerung (siehe unten).

Versteht man – was viel seltener zu finden ist – unter Rationalisierung, eine rationalere Arbeitsweise, also ein journalistisches Arbeiten, das viel mehr folgenorientiert ist als das vor Rationalisierungsmaßnahmen, so verschiebt man das Problem zunächst nur auf den Begriff der ‚Folgen', an denen sich die Arbeit orientieren soll. Geht es dabei um Gewinn oder

5 Man könnte allerdings normative Grenzen anlegen, wobei man sich damit schnell Luhmanns (vgl. 1984, 308) Kritik aussetzt, in Bezug auf das Verständnis von Wirtschaft bei Theorielosigkeit auf Ressentiments auszuweichen.

Einsparungen löst sich der Indikator ‚Rationalisierung' wieder auf. Hinzu kommt das Problem, dass sich fast alle Handlungen im Nachhinein durch das nachträgliche Setzen von Definitionen und Randbedingungen für die Handlungssituation individuell als rational konstruieren und rechtfertigen lassen (vgl. Esser, 2007, 29 f.). Damit geht ihre Messbarkeit verloren. In der Wirtschaftsforschung zeigt sich das z.B. bei einem Vergleich der vielen irrationalen Handlungen von Wirtschaftsführern und ihren nachträglichen Begründungen, in denen sie alles rational erklären (vgl. Priddat, 2013, 430; Dogruel, 2013, 53). Wahrscheinlich würde auch kein Journalist zugeben, nicht rational zu arbeiten.

Ein weiteres Problem sind die Paradoxien der Rationalität. Wie die Spieltheorie eindrucksvoll zeigt, führt maximierte Rationalität nicht zwangsläufig zu maximalem Nutzen für alle oder einzelne Beteiligte (vgl. Hargreaves Heap & Varoufakis, 2004, 172ff.). Der homoe oeconomicus hilft als Denkfigur in der Journalismusforschung also recht wenig (vgl. auch Rühl, 2007, 130). Wie schon Gewinnorientierung und Nutzenmaximierung sind Rationalisierungen als Indikator also ebenfalls ungeeignet.

Effizienzsteigerung

Auch die Steigerung der Effizienz gilt als Merkmal der Ökonomisierung (vgl. Meier & Jarren, 2001, 151 f.). Die Arbeit der Redakteure wird ‚verdichtet', es werden Wettbewerbsmechanismen zur Leistungssteigerung implementiert (in Redaktionen um Budgets oder zwischen Tochterunternehmen um Aufträge), es wird standardisiert (Inhalte und Produktionsprozesse) und Technik ersetzt Personal (automatisches Schreiben; vgl. Altmeppen, 2001, 200). Effizienzsteigerung bedient sich auch Rationalisierungsmaßnahmen und dient letztlich der Gewinnsteigerung. Genau wie diese beiden zuvor behandelten Indikatoren fehlt auch hier ein theoriebestimmtes Maß für die Grenze, die normale, d.h. wirtschaftlich gebotene Effizienz(steigerungen) von gefährlich ökonomisierter Effizienz(steigerung) unterscheidet. Journalistische Produkte aus Privatunternehmen unterliegen aufgrund der marktwirtschaftlichen Logik grundsätzlich einem Effizienzdruck.[6] Hätten sich die Redaktionen von Zeitungen, Radiosendern, Fernsehsendern und Web-Angeboten nicht deutlich hin-

6 Dieser Druck existiert aber auch in autoritär-gelenkten Wirtschaftssystemen (vgl. Schwan, 2010; Wolle, 2013, 253ff.).

sichtlich ihrer Effizienz verbessert, könnten sie die moderne Informationsflut gar nicht bewältigen. Man kann Unternehmern kaum vorwerfen, in einer Marktwirtschaft unternehmerisch zu handeln (vgl. Rosa, 2014). Schon immer strebten einige von ihnen stärker und andere zur selben Zeit weniger stark nach Gewinn, den sie (neben der Expansion und Produktfortentwicklung) durch Rationalisierung und Effizienzsteigerungen erreichten.

Effizienzsteigerung hat als Indikator zusätzlich die Schwierigkeit, dass sie trotz bester Ausführung nicht unbedingt zu Gewinnsteigerung führen muss. Damit sind nicht die Schwankungen der Nachfrage auf dem Markt gemeint, sondern nicht intendierte, negative Folgen, die entstehen, wenn die Frage, in Bezug auf was die Effizienz gesteigert werden soll, einseitig beantwortet wird. Die Effizienzsteigerung in einem Unternehmensteil kann zu einer Verringerung der Effizienz in einem anderen beitragen (vgl. Fliedner & Hadamik 2006). Wird bspw. auch die Effizienz bei der Bedürfnisbefriedigung der Stakeholder oder bei der Erfüllung der trotz aller Ökonomisierungstendenzen nach wie vor zu beachtenden gesetzlich-gesellschaftlichen Aufgaben des Journalismus beeinflusst? Es entstehen Zielkonflikte, die Effizienzsteigerung als verlässlichen Indikator schwächen.

Entmeritorisierung

Ebenfalls um nicht intendierte Folgen geht es beim Merkmal der „Entmeritorisierung“ (Kiefer, 1999, 709). Massenmedien erstellen mit journalistischen Inhalten ein Gemeingut an Öffentlichkeit für gesellschaftlich relevante, kritische, integrierend wirkende Nachrichten. Mit fortschreitender Ökonomisierung, so die These, ginge dieses Gemeingut nach und nach zugunsten von Inhalten verloren, die sich stärker als zuvor an den rein individuellen Interessen der Rezipienten orientieren. Das heißt nichts anderes, als dass die Inhalte streng nach Verkaufserfolg ausgewählt werden. Die Marktforschung regiert. Es gebe mehr Gebrauchswertjournalismus, mehr Unterhaltung, mehr Boulevard und weniger anspruchsvolle Inhalte. Unterstellt wird dabei, dass bei konsequenter Markt- und Gewinnausrichtung kein Platz mehr für die gesellschaftlich relevanten Inhalte wäre: „Im Journalismus […] steht das Prestige oft im umgekehrten Verhältnis zu den Einkünften“ (Aron, 1964, 85; vgl. auch Heinrich, 2001, 159 f., 163; Altmeppen, 2001, 199; Trappel, 2001, 228;

Grisold, 2001, 242). Das kann so weit gehen, dass journalistische Standards verletzt werden und mehr PR-Material seinen Weg ungefiltert in die Berichterstattung findet, Schleichwerbung zunimmt oder Medien in eigener Sache nicht objektiv berichten (vgl. Meier & Jarren, 2001, 153; Lilienthal, 2010, 197; Winter & Buschow, 2014, 43).

Dieser Indikator, der ja die Erfassung der Medieninhalte als einen relativ gut zugänglichen Weg zur Messung der Ökonomisierung aufzeigt, ist aus drei Gründen nicht dazu geeignet. Erstens können sich ändernde Medieninhalte auch andere Ursachen haben, z.B. den Wertewandel (vgl. van Deth, 2001, 23) und den damit einhergehenden Wandel der Ansprüche an den Journalismus (vgl. den ähnlichen Fall der Konvergenzhypothese bei Peiser, 2007, 37ff.). Fehlen für die Öffentlichkeit relevante Inhalte, so könnte aber auch ein Marktversagen vorliegen, das ggf. Regulierungen nach sich zieht (vgl. Heinrich, 2007, 183ff.; Pickard, 2013, 348ff.). Zweitens fehlt auch hier ein Schwellenwert für ein gesellschaftlich verträgliches Minimum an anspruchsvollen Inhalten. Drittens verkennt diese Argumentation die Mediengeschichte. Massenmedien könnten erst unabhängig berichten, nachdem sie sich in der zweiten Hälfte des 19. Jh. von Parteien, dem Staat oder sonstigen Mäzen lossagen konnten, weil sie mit den Einnahmen vieler verschiedener Anzeigekunden eine neue finanzielle Basis erhielten (vgl. Birkner, 2010, 42ff.). Weischenberg (2010, 18) spricht vom „großen Jahrhundert des Journalismus“. Publizistische und ökonomische Ziele sind also keine Gegensätze. Sie sind „schicksalhaft verbunden“ (Lobigs & von Nordheim, 2014, 9). Letztere ermöglichen mehr oder minder gewollt zu einem guten Teil erstere, auch wenn ökonomische Ziele bei vielen Journalisten in der Alltagswahrnehmung vielleicht keine Rolle spielen (vgl. Hanitzsch et al., 2010, 17)[7] und auch wenn die Einnahmen aus dem Anzeigengeschäft bei vielen Medien seit längerem beständig sinken. Entmeritorisierung ist als Indikator für Ökonomisierung also unbrauchbar.

Systemtheoretische Interpenetration

Da ein Großteil der Journalismusforschung auf systemtheoretischen Überlegungen fußt (vgl. für diese Diagnose z.B. Wiedemann, 2014, 90),

7 Schon in den frühesten analystischen Schriften über Zeitungen wird ihre Entstehung zu einem guten Teil der „Gewinnsucht“ (Peucer 1690: 112) zugeschrieben.

soll auch in ihrem Rahmen nach einem Indikator für Ökonomisierung gesucht werden. Für Systemtheoretiker zerfällt die Gesellschaft aus einer analytischen Perspektive in Teilsysteme, die einem bestimmten Code, einer bestimmten Leitdifferenz folgen. In der Journalismusforschung ist umstritten, ob der Journalismus ein eigenständiges soziales System der Gesellschaft ist, oder nur ein sog. Leistungssystem und damit Teil eines größeren Systems, z.B. der Publizistik oder gar der Öffentlichkeit (vgl. Blöbaum, 2004, 204). Auch bei der Leitdifferenz gibt es unterschiedliche Ansichten. Neben Information/keine Information werden auch Aktualität/Nichtaktualität und Mehrsystemrelevanz/keine Mehrsystemrelevanz als Möglichkeiten erachtet. Die Wirtschaft funktioniert recht unstrittig nach der Leitdifferenz zahlen/nicht zahlen (vgl. Luhmann, 1984, 312).

Aufgrund des für die Systemtheorie zentralen Postulats der Unverletzbarkeit der Leitdifferenz kann kein System ein anderes ‚übernehmen', denn das würde bedeuten, die Leitdifferenz des unterlegenen Systems auszuschalten. Man kann daraus schlussfolgern, dass es keine Ökonomisierung des Journalismus geben kann – jedenfalls nicht in der Form, dass der Journalismus verschwindet. „Der Journalismus ist kein Geschäftsmodell" (Altmeppen, 2014, 17). Nur die Rahmenbedingungen für den Journalismus in Medienunternehmen können sich wandeln und ihm z.B. mit weniger Ressourcen ausstatten, die seinen Wirkkreis verkleinern (vgl. Altmeppen, 2004, 509 f.).

Einige Systemtheoretiker sehen in der Ökonomisierung des Journalismus allerdings eine sog. Interpenetration oder strukturelle Kopplung. Das bedeutet, dass z.B. der ökonomische Einfluss zu einer Leistungssteigerung (oder gar zur Leistungserbringung überhaupt) des Journalismus führt bzw. beide Systeme sich gegenseitig so beeinflussen, dass beide zusammen besser funktionieren. Letzteres zeigt sich dann auch in einer Medialisierung der Ökonomie (vgl. Siegert, 2001, 172ff.). Ersteres drückt die oben geschilderten historischen Erfahrungen in einer anderen Begrifflichkeit aus.

Unbeantwortet bleibt bei diesen Überlegungen die Frage, wie daraus brauchbare Indikatoren für den Nachweis einer wie auch immer verstandenen Ökonomisierung abgeleitet werden sollen. Die Leitdifferenzen sind nicht greifbar, sondern abstrahierte Mechanismen der Realitätsverarbeitung. Möchte man sie dennoch in messbaren Variablen operationalisieren, ist man recht schnell bei den zuvor geschilderten Indikatoren und ihren Schwächen.

Alle fünf aus der Forschungsliteratur herausdestillierten Ökonomisierungsindikatoren sind also für sich allein schon mehr oder minder untauglich, Ökonomisierung valide zu messen. Als Gruppe wären sie es ebenfalls und ihrer Kombination fehlt die theoretische Basis. Operationalisierungsgeschick wird mit dieser Basis also nicht reichen, um die Ökonomisierung des Journalismus nachzuvollziehen. Dafür braucht es andere Indikatoren.

4 *Bessere Indikatoren: Markt, Wettbewerb, Preise*

Vielleicht sind die Probleme der Indikatoren und ihrer Kombination auch die tieferliegenden Ursachen dafür, dass es bisher in der Forschungsliteratur keinen Konsens darüber gibt, was Ökonomisierung eigentlich ausmacht (vgl. Meier & Jarren, 2001, 145; Winter & Karmasin, 2001, 207). Oder andersherum: Das fehlende theoretische Konzept von Ökonomie und Ökonomisierung verhindert eine klare Indikatorenbildung.

Den kleinsten gemeinsamen Nenner zur Definition von Ökonomisierung kann man so formulieren: mehr und mehr Handlungen in einer Gesellschaft, in Institutionen respektive in Medienhäusern und Redaktionen erfolgen unter Beachtung ökonomischer Prämissen (vgl. Meier & Jarren, 2001, 146; Schimank & Volkmann, 2008, 385 f.; Kocka, 2013, 112 f.; von Rimscha & Siegert, 2015, 58 f.). Dieses ‚Mehr', diese Ausweitung ist aber, wie geschildert, mit einem Schwellenwertproblem verbunden, das bisher nicht zufriedenstellend gelöst wurde. Denn wirtschaftliches Handeln ist immer auf Wachstum ausgerichtet.[8]

In der wirtschaftswissenschaftlichen und -historischen Literatur wurden jedoch drei zentrale Merkmale identifiziert, welche die Entstehung einer kapitalistischen Wirtschaft kennzeichnen und die auch als Indikatoren für eine Ökonomisierung genutzt werden können (vgl. Priddat, 2013,

8 Jedenfalls so lange die Modelle einer Postwachstumsgesellschaft (vgl. exempl. Paech, 2013, 207ff.) noch nicht breitflächig umgesetzt sind.

417 f.; Kocka, 2013, 20 f.; Herrmann, 2013, 66).[9] In einem gesellschaftlichen Teilbereich muss es zu einer Kommodifizierung kommen, d.h. ein Gegenstand, eine (Dienst-)Leistung wird in ein Produkt verwandelt[10], das

- auf einem (nicht örtlich gebundenen) *Markt* gekauft und verkauft werden kann. Unter ‚Markt' wird hier ein sozial konstruierter Mechanismus verstanden, „mit dessen Hilfe Waren, Dienstleistungen und Rechte getauscht und ihre Preise ermittelt werden" (Happe et al., 2009, 204).
- auf diesem Markt einem echten *Wettbewerb* unterliegt, also mit anderen Produkten in Konkurrenz tritt. Der einzelne Marktteilnehmer versucht, im Wettbewerb seinen Gewinn zu maximieren (vgl. Happe et al., 2009, 306).
- zu *Wettbewerbspreisen* gehandelt wird, die seinen Wert in Geldeinheiten ausdrücken, seinen Tauschwert anzeigen und sich aus dem Verhältnis von Nachfrage und Angebot ergeben (vgl. Happe et al. 2009, 229).

Tritt dieser Merkmalstrias auf, kann man von Ökonomisierung sprechen[11].

In der Journalismusforschung wurden Teile dieses Trias schon öfters erwähnt (z.B. der Markt als Koordinationsform) oder ihre Umsetzung in der Realität benannt (Privatisierung, Umwandlung in Unternehmen), aber nie in dieser Zusammenstellung und nie als explizit notwendige (jedes Merkmal für sich) und insgesamt hinreichende Merkmale eines Öko-

9 Hier könnte man einwenden, damit blieben Ökonomisierungstendenzen im Journalismus autoritär-gelenkter Wirtschaftssystem außen vor und es würde nur ein Entwicklungszweig des Journalismus verfolgt. Dieser Einwand verfängt allerdings nicht. Zum einen gilt in solchen Systemen meist eine andere Journalismusdefinition (vgl. Wilke, 2009, 235 f.). Zum anderen erfährt der Journalismus nach dem Zerfall solcher Systeme und ihrem Übergang in demokratisch-marktwirtschaftliche Strukturen das gleiche Zusammenspiel von ökonomischer Durchdringung und wachsender Unabhängigkeit wie es historisch z.B. in Deutschland im 19. Jh. zu beobachten war (vgl. Hadamik, 2005, 217ff.; Töpfl, 2013, 247 f.).

10 Bei der Verwendung dieser Terminologie könnte es leicht zur Verwechselung mit dem in der Wirtschaftswissenschaft häufig anzutreffenden Unterschied zwischen materiellen (als Ergebnis der Warenproduktion) und immateriellen Gütern (Dienstleistungen) kommen (vgl. exempl. Weber et al., 2014, 3). Das ist hier nicht gemeint. Der Begriff ‚Produkt' beschreibt hier stattdessen den Übergang von nicht kommodifizierten Gütern zu kommodifizierten, wozu auch Dienstleistungen zählen (vgl. Engelkamp & Sell, 2013, 16, 200).

11 Es handelt sich hier also um eine nominale und zugleich operationale Definition. Die drei Merkmale sind jeweils für sich genommen notwendige und zusammengenommen hinreichende Bestandteil dieser Definition (vgl. Fretwurst, 2008, 1194 f.). Der Begriff ‚Kommerzialisierung', der hin und wieder als Synonym Verwendung findet, wird hier also in seiner modernen Wortbedeutung mit Gewinnerzielung (bzw. der gesteigerten Neigung dazu) gleichgesetzt und von Ökonomisierung unterschieden.

nomisierungsprozesses (vgl. Meier & Jarren, 2001, 146; Fengler & Ruß-Mohl, 2008, 672; McManus, 2009, 219; Bisky & Scheele, 2013, 23).

Der Merkmalstrias ist dichotom angelegt[12] und kann so das Schwellenwertproblem lösen. Nun könnte man einwenden, eine nominalskalierte Ja-Nein-Messung wäre hinsichtlich der Messgenauigkeit ein Rückschritt gegenüber Inhaltsanalyse, Befragungen von Journalisten oder Beobachtungen des Redaktionsalltags mit ordinalen oder gar metrischen Skalen, die auf den fünf bisher dominierenden Indikatoren aufbauen. Deren Schwächen wurden aber – in aller gebotenen Kürze – hinlänglich dargestellt. Sie sind pseudogenau. Der vorgestellte Trias erlaubt nicht nur klarere Urteile über den Stand der Ökonomisierung und macht sie leichter sichtbar, er ist darüber hinaus nur schwer mit Ursachen, Anpassungsmaßnahmen oder Auswirkungen zu verwechseln, was der begrifflichen Klarheit zuträglich ist.

5 Der Ökonomisierungssprung

Dass die drei Indikatoren zusammen den fünf kritisierten überlegen sind, lässt sich am besten am Beispiel des eingangs erwähnten Ökonomisierungssprungs des Journalismus im digitalen Zeitalter belegen. Es gibt viele Ursachen für den „gesellschaftlichen Metatrend" (Kiefer, 2011, 5, vgl. auch Klein/Heitmeyer 2011, 366) Ökonomisierung[13], die „Verbetriebswirtschaftlichung des Gemeinwesens" (Prantl, 2015), die direkt oder indirekt eine Ökonomisierung des Journalismus nach sich zieht, etwa die politisch gewollte Deregulierung der Wirtschaft, um den Markt- und Wettbewerbsmechanismus als Steuerungsmechanismus nutzen zu können (u.a. zur Bewältigung von Wachstumskrisen, wegen des Verlusts anderer Einflussoptionen in fragmentierten Gesellschaften und aus ideologischen Gründen), die sinkende Kaufkraft, die den Wettbewerb auch unter den Massenmedien verstärkt oder die Zunahme des globalen Wettbewerbs. Hinzu kommen journalismusspezifische Ursachen wie Deregulierungen des Rundfunks in den 1980ern (Einführung des Privatrundfunks), weniger Familienverleger[14] sowie ein verstärkter gattungsüber-

12 Wie z.B. im Kern auch die Ökonomisierungsskala von Schimank & Volkmann, 2008, 385 f., der hier allerdings nicht gefolgt wird.

13 Hier nicht diskutierte Zweifel daran findet Roth, 2014, 49ff.

14 Das erweist sich bei genauerer Betrachtung allerdings nicht als Einflussfaktor (vgl. Heimeier, 2012, 9).

greifender Wettbewerb im Web und Investitionskosten im Zuge der Digitalisierung (vgl. Wolff, 1998, 269; Meier & Jarren, 2001, 151 f.; Heinrich, 2001, 160; Knoche, 2001, 181 f.; Winter & Karmasin, 2001, 209; Trappel, 2001, 234; Grisold, 2001, 242; Kiefer, 2005, 195; Streeck, 2011, 14ff.; Plumpe, 2010, 100; Priddat, 2013, 423, 429 f.).

Welche Bereiche des Journalismus sind schon ökonomisiert?

Zur Untersuchung des Journalismus[15] wird auf Variante II (siehe Kapitel 2) zurückgegriffen, wobei einzelne Abteilungen eines journalistischen Medienunternehmens, das z.B. exemplarisch für viele Zeitungsverlage steht, einzeln auf Ökonomisierung untersucht werden. Der Merkmalstrias lässt sich schwerlich auf den Journalismus an sich oder als gesellschaftliches Teilsystem anwenden. Man könnte zwar mit den fünf kritisierten Indikatoren prinzipiell prüfen, ob der Journalismus in Deutschland insgesamt gewinnorientierter, rationalisierter und effizienter geworden ist sowie ob er weniger zum Gemeinwohl beisteuert und ob sich seine Leitdifferenz (welche?) in den produzierten Inhalten wiederfinden lässt, aber damit misst man nicht seine Ökonomisierung, sondern allenfalls seine Kommerzialisierung. Ob der Journalismus insgesamt kommodifiziert wurde, lässt sich aber nicht sagen[16].

Welche Teile journalistischer Medienunternehmen und welche Aufgabe, die sie jeweils erfüllen, waren also nach Maßgabe der Merkmalstrias schon vor dem Ökonomisierungssprung ökonomisiert? Tabelle 1 gibt eine Übersicht, aus der hervorgeht, wie viele Teile bspw. einer Zeitungsproduktion schon komplett ökonomisiert sind: Personal, Immobilien und Kredite kommen von den Arbeits-, Immobilien- und Finanz*märkten*, auf denen *Wettbewerb* mit *Wettbewerbspreisen* herrscht. Anzeigenflächen werden auf dem Werbe*markt* verkauft. Zulieferer bringen Nachrichten und fertige Beiträge in die Redaktion sowie Dienstleistungen wie die Suchmaschinenoptimierung (SEO). Das Produkt selbst, also z.B. die Zeitung, liegt am Kiosk oder online auf dem Endkundenmarkt und ist relativ gut mit anderen vergleichbar (für Einschränkungen vgl. Heinrich,

15 Hier mit Pöttker verstanden als Institutionen und Individuen, die in einer differenzierten Gesellschaft „Kommunikationsbarrieren" (2013, 123) überwinden und eine optimale Transparenz sozialer Verhältnisse für die Öffentlichkeit herstellen.

16 Das heißt nicht, dass sie nicht auch auf einzelne Institutionen oder Abteilungen des Journalismus angewendet werden können. Faktisch passiert das aber nicht.

1996, 167 f.). Der Weg dorthin läuft über den Vertrieb, wo Druckereien beauftragt und Zeitungsausträger rekrutiert werden.

Keine Merkmale von Ökonomisierung sind hiernach bspw. der Druck, effizienter zu arbeiten (keine Kommodifizierung), die Einführung einer eigenverantwortlichen Budgetverwaltung in der Redaktion (keine echten *Preise*, nur andere, journalismusferne Kriterien) oder die Ausgliederung einzelner Teilredaktionen in Tochterunternehmen (kein echter *Wettbewerb*, da jede Redaktion nur ein Mal existiert und auf keine verzichtet werden kann; kein *Markt*, da Preise für Dienstleistungen und Artikel nicht ständig ausgehandelt werden, sondern feststehen; vgl. für die Beispiele Heinrich, 1996, 175ff.).

Tabelle 1: Ökonomisierte Aufgaben in einem Medienunternehmen

Abteilung / Teil	**Aufgaben der Abteilung (Auswahl) / Ausgestaltung des Teils**
Verwaltung/ Finanzierung	Personal, Immobilien (incl. Inventar und Technik), Kredite, Verkauf der Anzeigenflächen
Produktion/ Redaktion	Produktions- und Recherchebüros, Nachrichtenagenturen, freie Mitarbeiter, Dienstleistungen (Marktforschung, SEO, Roboterjournalismus)
Produkt/Inhalte	Zugang/Verkauf offline am Kiosk, im Radio oder TV, online im App-Store
Vertrieb	Marketing, Druck(erei) incl. Papier, Zeitungsausträger, Einspeisung, Upload

Quellen für Unterteilung und Aufgaben: Eigene Darstellung nach Ableitung und Konkretisierung von Wolff, 1998, 263; Blöbaum, 2004, 205ff.; Heinrich, 1999, 120; 2010, 169; Knoche, 2014, 248.

Markt, Wettbewerb, Preise: Wo zeigt sich der Ökonomisierungssprung?

Im Zuge der Digitalisierung der journalistischen Inhalte, ihrer Produktion, Verbreitung und Rezeption hat sich im WWW ein Markt für den einzelnen Textbeitrag, den einzelnen Audio- oder Videobeitrag gebildet, der dessen Inhalt in Echtzeit kommodifiziert (vgl. Lee, 2011, 434ff.). Man könnte ihn als Teil des großen Werbemarkts beschreiben, denn es geht um Auktionen, bei denen Anzeigenkunden um die beste Werbefläche auf einer thematisch zu ihrem Produkt passenden Website konkurrieren, die ein User anklickt (z.B. über Google AdWords[17] oder AdSense[18] seit

17 Erklärvideo: https://youtu.be/uFzoM59bIQ8.
18 Erklärvideo: https://youtu.be/32VknlEnYgc.

2000/2003, aber auch bei Yahoo oder Baidu). Das funktioniert, da jeder User beim Surfen im Web gewisse Daten (Surfverhalten, Suchanfragen, Kreditkartennummer, Klickverhalten bei früherem Anzeigenkontakt, Social-Media-Profile und weitere Big-Data-Quellen[19]) preisgibt, die wiederum zu einem Profil seiner selbst zusammengefügt werden. Klickt ein Nutzer auf eine der so für ihn zurechtgelegten Anzeigen, verdient der Webseitenbetreiber (Google natürlich auch) mit AdSense Geld[20]. Für Werbung erhält er also eine Provision (vgl. Trappel, 2001, 234). Bei AdWords verdient nur Google.

Der Unterschied zur vordigitalen Welt besteht darin, dass in dieser nur sehr grobe, relativ ungenaue und aggregierte Daten zum Lese- oder Hörverhalten vorlagen, auf deren Basis Anzeigengeschäfte vorgenommen wurden. Die Werbeflächen und ihre Rezeption waren aufgrund von (grundsätzlich akzeptablen) Ungenauigkeitsspannen sozialwissenschaftlicher Erhebungsmethoden (vgl. Frey-Vor et al., 2008, 39) schlechter vergleichbar als heute. Der entscheidende Punkt ist, dass nun für jeden User immer und sofort ein *Preis* für die jeweilige Anzeigenschaltung ermittelt wird, in den der Inhalt des journalistischen Beitrags einfließt. Das heißt, jeder Beitrag – und nicht jedes Medium – steht auf einem enorm großen *Markt*[21] im *Wettbewerb* mit anderen Beiträgen um Aufmerksamkeit und vor allem Werbeeinnahmen.

Ein Beispiel: Eine Zeitung (wie bspw. die Süddeutsche Zeitung, die Dresdner Neuesten Nachrichten oder die Eifel-Zeitung) nutzt Google AdSense[22] (oder eine auf die Zusammenarbeit mit Google spezialisierte Agentur oder ähnlich wie AdSense arbeitende Angebote deutscher Unternehmen[23]) und lässt sich über, neben oder unter ihre redaktionellen Beiträge auf ihren Internetseiten Anzeigen von Werbekunden vermitteln.

---

19 Zum sich bedingenden Verhältnis von Big Data und fortschreitender Ökonomisierung vgl. Hofstetter, 2015, 33ff.

20 Das lädt zu Manipulationen ein (vgl. Fuest 2014).

21 Hiermit ist nicht das WWW in seiner Gesamtheit gemeint, das immer wieder als ‚großer Markt' charakterisiert wird. Der Indikator ‚Markt' würde damit auch per Rhetorik geschwächt – wie in Kapitel 3 am Bsp. der Nutzenmaximierung gezeigt. Groß ist der Markt für Anzeigen im journalistischem Umfeld im WWW z.B. hinsichtlich Umsatz und Endkundenkontakten im Vergleich zu kleinen Märkten wie etwa der für Traueranzeigen.

22 Ob die Verlage auf ihren Online-Portalen AdSense nutzen, ist nicht immer leicht herauszufinden. Quellen sind die Datenschutzerklärungen wie z.B. bei der Süddeutschen Zeitung (http://goo.gl/y1usL1) oder der Eifel-Zeitung (http://www.eifelzeitung.de/impressum/), einschlägige Blogs (http://adsense-de.blogspot.de/) sowie spezielle Programme, die Tracker auf Webseiten aufspüren (http://goo.gl/2lkVsL und http://newsreadsus.okfn.de/).

23 So wie z.B. das der bei vielen Verlagen aktiven Performance Advertising GmbH aus Hamburg (http://www.performance-advertising.de/portfolio.html).

Sie verdient je nach Vertragslage an jedem Klick auf die Anzeigen bzw. bei jedem Kauf eines Produkts nach Klick auf eine Anzeige auf ihrem Online-Portal. Mehr Umsatz entsteht durch mehr Klicks/Verkäufe, die neben den inhaltlichen und formalen Eigenschaften der Anzeige auch von ihrem Umfang und ihrer Positionierung auf der einzelnen Artikelwebsite abhängen. Sie sind aber auch durch einen speziellen inhaltlichen Zuschnitt der redaktionellen Beiträge steigerbar, was entsprechende Anreize schafft, denen man nachgeben kann oder nicht.

Die Bündelung der Inhalte, die in der vordigitalen Zeit aufgrund ansonsten zu hoher Kosten vorgenommen wurde (vgl. Bleyen & van Hove, 2010, 118 f.), wurde in einem Sprung aufgelöst. Im Rahmen dieser Bündelung finanzieren Anzeigenkunden im nach wie vor bestehenden Anzeigenmarkt z.B. in gedruckten Zeitungen auch Inhalte mit, an denen sie kein Interesse haben. Automobilfirmen, Pharmaunternehmen oder Elektronikhandelsketten konnten zwar bisher in einem gewissen Rahmen die Berichterstattung über sich oder ihre Branche beeinflussen (vgl. Wolff, 1998, 266 f.; Pabst & Schimpf, 2012, 10; Hagen et al., 2014, 377ff.), querfinanzierten aber eben auch Berichte über Kulturthemen, Kriegsreportagen oder Sport. Ohne die Bündelung der Inhalte zu einem Gesamtprodukt stehen die einzelnen Beiträge online allein da und müssen sich auf dem neu geschaffenen Markt für maßgeschneiderte Anzeigenschaltungen bewähren.

Diese Unterschiede sind es, die zusammen den Ökonomisierungssprung ausmachen[24] – und wie auch bei früheren Ökonomisierungsschüben kommt es zu Zielkonflikten: Wenn der einzelne Artikel, die einzelne Radio-Reportage, der einzelne Videobericht zum Produkt wird, geraten andere, journalistische Normen zu ihrer Herstellung (z.B. Nachrichtenwerte, Aufklärung, Förderung der Menschenwürde vgl. O'Neill & Harcup, 2009, 161ff.; Weischenberg et al., 2006, 102ff.; Pöttker, 2000, 388ff.) unter Rechtfertigungsdruck. Die bisher kaum ökonomisierten redaktionell-inhaltlichen Entscheidungen meist einzelner Journalisten in Festanstellung stehen nun auf dem Anzeigenmarkt in direkter Konkurrenz.

Von einer Entmeritorisierung lässt sich allerdings hierbei nicht gleich sprechen. Wie schon in Kapitel 3 ausgeführt, fehlen Schwellenwerte und kann bei Verlust gesellschaftliche relevanter Inhalte ein Marktversagen nicht ausgeschlossen werden. Dass trotz des geschilderten Ökonomisie-

24 Auch Facebooks neue ‚Instant Articles' (http://instantarticles.fb.com/) ändern nichts daran. Soweit das bisher absehbar ist, können z.B. Zeitungsverlage die bei ihren IA erscheinende Werbung selbst vermarkten (vgl. Hägler & Kuhn, 2015).

rungssprungs solch relevante Inhalte im Web finanzierbar sind, zeigen bspw. Spiegel Online und neuerdings – mit einem anderen Geschäftsmodell – Politico.eu (vgl. Kalle, 2015).

Hätte dieser Sprung auch mit den fünf kritisierten Indikatoren nachgewiesen werden können? Erwirtschaftet der Journalismus mit der Beitragskonkurrenz im WWW mehr Gewinn, arbeitet er rational(isiert)er und effizienter? Entfernt er sich vom Gemeinwohl und verstärkt er die strukturelle Kopplung mit dem Wirtschaftssystem? Dass die Antwort immer ‚ja' lautet, ist zumindest plausibel – sicher kann man sich wegen fehlender empirischer Studien nicht sein: Dafür sprechen der stetige Personalabbau, die zielgruppenspezifischere Werbung und die vermehrte Steuerung der Redaktionen durch das Verlagsmanagement sowie die Übertragung von Managementaufgaben auf die Chefredakteure (vgl. Meier & Jarren, 2001, 153; Heinrich, 2001, 160; Altmeppen, 2001, 196, 200). Dagegen sprechen die nachweislich (nach wie vor) geringen Werbeeinnahmen im Web, die vielen Experimente, um erfolgreiche Geschäftsmodelle zu entwickeln, die zunehmende Überlastung der Redakteure und die gemischte Evidenz für eine breitflächige Verflachung der Inhalte (vgl. Küng, 2001, 222ff.; Donsbach & Büttner, 2005, 28ff.; Blöbaum, 2011, 61; Rinsdorf & Rager, 2010, 30; Landmeier & Daschmann, 2011, 188; Kolo, 2014, 191). Aber selbst wenn alle fünf kritisierten Indikatoren in eine Richtung zeigen würden, könnte man daraus nicht auf eine Ökonomisierung schließen, denn mit ihrer Aussagekraft sind – wie oben dargelegt – große Probleme verbunden.

6 Fazit & Ausblick

Mit diesem Aufsatz wurden drei ‚neue' Indikatoren zur Messung der Ökonomisierung des Journalismus vorgestellt, die den Ökonomisierungssprung des Journalismus im digitalen Zeitalter sichtbar machen. Die fünf bisher am häufigsten verwendeten Indikatoren vermögen das nicht. Dieses Instrumentarium kann nun in der empirischen Forschung Anwendung finden – bedarf aber auch einer weiteren theoretischen Unterfütterung.

Folgt man der präsentierten Argumentation bis zu diesem Punkt, bleiben zum Schluss noch zwei Fragen offen: Die erste lautet: Führt die Digitalisierung zwangsläufig zu einer Ökonomisierung des Journalismus? Der Ökonomisierungssprung deutet darauf hin, denn nun stehen nicht nur die gebündelten Produkte, sondern auch alle journalistischen Einzelbeiträge untereinander auf einem Markt im Wettbewerb, was natürlich den Druck erhöht, sie inhaltlich auf den Werbeerfolg, also den Klick auf die Anzeige und den Kauf des so beworbenen Produkts auszurichten. Der Markt ist im Zuge der Digitalisierung – bildlich gesprochen – in die feineren Verästelungen des Journalismus eingedrungen. Da im Web die Werbeerlöse (vor allem aufgrund wachsender Marktanteile) noch am stärksten steigen, entsteht ein Sog, z.B. mehr und mehr Nachrichtenseiten im WWW mit dieser Werbeform auszustatten, dem auf Gewinn ausgerichtete Unternehmen nicht auf ewig wiederstehen können. Lediglich öffentlich-rechtliche oder genossenschaftliche journalistische Angebote könn(t)en das – womit die Antwort klar ist: Nein, die Digitalisierung ermöglicht zwar einen großen Sprung und forciert die Ökonomisierung, aber es bleiben – zumindest in Deutschland – Inseln ohne Ökonomisierung, denn es gibt vor allem mit dem öffentlich-rechtlichen Rundfunk durchaus noch wichtige Bereiche des Journalismus, die nicht (unbedingt) auf Werbeeinnahmen aus dem Web angewiesen sind.

Außerdem kam es im Web nur zu einer solchen Marktbildung mit Echtzeitauktionen und Userprofilen, da Regulierungen fehl(t)en, die andere Anreize setzen konnten (vgl. McChesney, 2013). Gesellschaftliche Bereiche ohne Regeln tendieren dazu, sich in Märkte mit ungleichen Marktteilnehmern (hier Großkonzerne wie Google und mittelständische Verlage und kleine Journalistenblogger) zu verwandeln (vgl. Nahon et al. 2014). Regulatorische Eingriffe in die Strukturen des WWW sind trotz des internationalen Charakters seiner technischen Eigenschaften und seiner Multistakeholder-Governance jederzeit möglich, wie das Beispiel Leistungsschutzrecht zeigt (vgl. Ladeur, 2012, 26 f.).

Die zweite Frage lautet: Wie sähe ein komplett ökonomisierter Journalismus aus und ist seine Entstehung realistisch? Mit den drei hier vorgeschlagenen Indikatoren zum Nachweis einer Ökonomisierung würde eine komplette Ökonomisierung dann diagnostiziert werden, wenn alle Teilbereiche der journalismusproduzierenden Medienunternehmen und die dort erbrachten Aufgaben auf echten Märkten im Wettbewerb zu Wettbewerbspreisen gehandelt und gekauft würden. Die wirtschaftliche Logik der Unternehmensgründung würde dadurch zwar nicht unterlaufen, was einer kompletten Auflösung von Medienunternehmen und ihren Redaktionen widerspricht (vgl. Coase, 1937, 390ff.; Heinrich, 1999, 125 f.), aber Inhalte oder Ressorts ohne Gewinn- bzw. Gewinnwachstumsaussicht müssten vermieden bzw. geschlossen werden können.

Die fünf kritisierten Indikatoren würden als maximalen Skalenausschlag einen komplett auf Gewinn ausgerichtetes, absolut rationalisiertes, absolut effizientes (gibt es ein Maximum?) Medienunternehmen mit Journalismusproduktion vor(her)sehen, das keine Rücksicht auf seine gesellschaftlichen Aufgaben nimmt und die Rahmenbedingungen für den Journalismus auch dementsprechend gestaltet. Gewinnausrichtung mittels Rationalisierungen und Effizienzsteigerungen und Gestaltung entsprechender Rahmenbedingungen betreibt aber jedes der Marktlogik folgende Medienunternehmen. Gesellschaftlicher Nutzen ist für sie nur ein Nebenprodukt, das gewährte Privilegien (z.B. Pressefreiheit, Quellenschutz, Tendenzschutz) in Form von Gesetzen und in der Rechtsprechung legitimiert. Wenn Unternehmer als Unternehmer handeln, ist das keine Ökonomisierung.

Eine bewusste und aktive Missachtung gesellschaftlicher Aufgaben könnte allerdings kaum eine langfristige Strategie sein. Der Journalismus würde bei Lesern, Hörern, Zuschauern, Usern Vertrauen verlieren und damit letztlich seine Marktposition gefährden. Die Privilegien wären ebenfalls in Gefahr (vgl. Wolff, 1998, 270; Donsbach, 2010, 135ff.). Würde der Journalismus in Deutschland aufgrund einer zu starken Ökonomisierung seinen gesellschaftlichen Aufgaben nicht mehr nachkommen, würde der Gesetzgeber reagieren – wahrscheinlich mit dem Segen der Bevölkerung, die eine zu starke Steuerung der Gesellschaft durch die Regeln der Ökonomie ablehnt (vgl. Köcher, 2012; 2015).

Literatur

Altmeppen, K.-D. (2001): Ökonomisierung aus organisationssoziologischer Perspektive. *Medien & Kommunikationswissenschaft,* 49(2), 195-205.

Altmeppen, K.-D. (2004): Funktionale Autonomie und organisationale Abhängigkeit. In Löffelholz, M. (Hg.), *Theorien des Journalismus. Ein diskursives Handbuch, 2., Aufl.* (S. 503-515). Wiesbaden: VS.

Altmeppen, K.-D. (2014): Journalismus ist kein Geschäftsmodell – und wird es nie werden. In Lobigs, F., & von Nordheim, G. (Hg.), *Journalismus ist kein Geschäftsmodell* (S. 17-29). Baden-Baden: Nomos.

Aron, R. (1964): *Die industrielle Gesellschaft. 18 Vorlesungen.* Frankfurt am Main: Fischer.

Birkner, T. (2010): Das Jahrhundert des Journalismus – ökonomische Grundlagen und Bedrohungen. *Publizistik*, 55(1), 41-54.

Bisky, L., & Scheele, J. (2013): Kontroll- und Verwertungsinteressen vs. Freiheit und Gleichheit im Netz. In Becker, J.: *Die Digitalisierung von Medien und Kultur* (S. 7-25). Wiesbaden: Springer VS.

Bleyen, V.-A., & van Hove, L. (2010): To bundle or not to bundle? How western european newspapers package their online content. *Journal of Media Economics*, 23(3), 117-142.

Blöbaum, B. (2004): Organisationen, Programme und Rollen. Die Struktur des Journalismus in systemtheoretischer Perspektive. In Löffelholz, M. (Hg.), *Theorien des Journalismus. Ein diskursives Handbuch, 2., Aufl.* (S. 201-215). Wiesbaden: VS.

Blöbaum, B. (2011): Wandel von Qualitätsmedien. In Blum, R. et al. (Hg.), *Krise der Leuchttürme öffentlicher Kommunikation* (S. 49-63). Wiesbaden: VS.

Blöbaum, B. et al. (2011): Immer mehr und immer schneller – Journalistische Handlungen in innovativen Redaktionsstrukturen. In Wolling, J. et al. (Hg), *Medieninnovationen* (S. 43-60). Konstanz: UVK.

Bourdieu, P. (1983): Ökonomisches Kapital, kulturelles Kapital, soziales Kapital. In Kreckel, R. (Hg.), *Soziale Ungleichheiten* (S. 183-198). Göttingen: Schwartz.

Chamard, M.-E., & Kieffer, P (2014): Journalismus von morgen – Die virtuelle Feder. In *http://www.arte.tv/guide/de/048392-000/journalismus-von-morgen-die-virtuelle-feder* [02.09.2014].

Coase, R.H. (1937): The nature of the firm. *Economica*, 4(16), 386-405.

Dogruel, L. (2013): On the long run: surviving of the fittest? In Seufert, W., & Sattelberger, F. (Hg.), *Langfristiger Wandel von Medienstrukturen* (S. 51-65). Baden-Baden: Nomos.

Donsbach, W. (2010): Interview mit dem Kommunikationswissenschaftler über das Weimar-Syndrom. In Rohrbeck, F., & Kunze, A. (Hg.), *Journalismus nach der Krise* (132-141). Köln: Halem.

Donsbach, W., & Büttner, K. (2005): Boulevardisierungstrend in deutschen Fernsehnachrichten. *Publizistik*, 50(1), 21-38.

Engelkamp, P, & Sell, F. L. (2013): *Einführung in die Volkswirtschaftslehre*. Berlin: Springer Gabler.

Esser, H. (2007): Der Handlungsbegriff der modernen Soziologie. In Altmeppen, K.-D. et al. (Hg.), *Journalismustheorie: Next Generation* (S. 27-46). Wiesbaden: VS.

Fengler, S., & Ruß-Mohl, S. (2006): Der Journalist als homo oeconomicus. In Blum, R. et al. (Hg.), *Wes Land ich bin, des Lied ich sing?* (S. 323-336). Bern: Haupt.

Fengler, S., & Ruß-Mohl, S. (2007): Ökonomik als neue Perspektive für die Kommunikationswissenschaft. In Altmeppen, K.-D. et al. (Hg.), *Journalismustheorie: Next Generation* (S. 97-118). Wiesbaden: VS.

Fengler, S., & Ruß-Mohl, S. (2008): Journalists and the information-attention markets. Towards an economic theory of journalism. *Journalism*, 9(6), 667-690.

Fliedner, O., & Hadamik, S. (2006): Weniger Gesetze durch Privatisierung öffentlicher Aufgaben? In *http://library.fes.de/pdf-files/do/04237.pdf* [06.05.2010].

Fretwurst, B. (2008): Definition. In Donsbach, W. (Hg.), *The International Encyclopedia of Communication, Bd. 3* (S. 1192-1196). Oxford: Blackwell.

Frey-Vor, G. et al. (2008): *Mediaforschung*. Konstanz: UVK (UTB).

Fuest, B. (2014): Das Internet ist in der Hand bösartiger Bots. In *http://goo.gl/yXmfBa* [12.05.2015]

Gerhardt, R. et al. (2005): Klimawandel in den Redaktionen In *http://www.faz.net/-gs6-pws3* [19.12.2011].

Grisold, A. (2001): Ökonomisierung der Medienindustrie aus wirtschaftspolitischer Sicht. *Medien & Kommunikationswissenschaft,* 49(2), 237-248.

Hadamik, K. (2005): Between east and west or simply "Made in Poland"? The many different styles of today's Polish journalism. In Høyer, S. et al. (Hg.), *Diffusion of the news paradigm 1850-2000* (S. 211-224). Göteborg: Nordicom.

Hagen, L. et al. (2014): Synchronisation von Nachricht und Werbung. *Publizistik*, 59(4), 367-386.

Hägler, M, & Kuhn, J. (2015): Fließende Nachrichten. In *http://sz.de/1.2478963* [19.05.2015]

Hanitzsch, T. et al. (2010): Modeling perceived influences on journalism: Evidence from a cross-national survey of journalist. *Journalism and Mass Communication Quarterly*, 87(1), 5-22.

Happe, V. et al. (2009): *Das Wirtschaftslexikon*. Bonn: Dietz.

Hargreaves Heap, S. P., & Varoufakis, Y. (2004): *Game theory. A critical text, 2. Aufl.,* London: Routledge.

Heimeier. K. (2012): Eine Frage des Eigentums. Schützen Familienverleger Zeitungen vor Renditedruck? In *Journalistik Journal*, 15(1), 9.

Heinrich, J. (1996): Qualitätswettbewerb und/oder Kostenwettbewerb im Mediensektor? *Rundfunk & Fernsehen*, 44(2), 165-183.

Heinrich, J. (1999): Funktion und Struktur der Medienunternehmung. In Schäfer, U. P. et al. (Hg.), *Journalismus in Theorie und Praxis* (S. 119-134). Konstanz: UVK.

Heinrich, J. (2001): Ökonomisierung aus wirtschaftswissenschaftlicher Perspektive. *Medien & Kommunikationswissenschaft,* 49(2), 159-166.

Heinrich, J. (2007): Stärken und Schwächen der Marktsteuerung des Mediensystems. In Jarren, O., & Donges, P (Hg.), *Ordnung durch Medienpolitik?* (S. 183-200). Konstanz: UVK.

Heinrich, J. (2010): *Medienökonomie, Bd. 1,* 3. Aufl. Wiesbaden: VS.

Herrmann, U. (2013): *Der Sieg des Kapitals.* Bonn: Bpb.

Hofstetter, Y. (2015): Big Data und die Macht des Marktes. *Aus Politik und Zeitgeschichte*, 65(11-12), 33-38.

Kalle, J. (2015): ‚Politico.eu': News für die Info-Elite. In *https://goo.gl/cnyc84* [12.05.2015].

Kiefer, M. L. (1999): Privatisierung und Kommerzialisierung der Medienwirtschaft als zeitgeschichtlicher Prozeß. In Wilke, J. (Hg.), *Massenmedien und Zeitgeschichte* (S. 705-717). Konstanz: UVK.

Kiefer, M. L. (2005): Ökonomisierung der Medienbranche – Herausforderungen für die Publizistikwissenschaft und die Medienpolitik. In Schade, E. (Hg.), *Publizistikwissenschaft und öffentliche Kommunikation* (S. 191-208). Konstanz: UVK.

Kiefer, M. L. (2011): Die schwierige Finanzierung des Journalismus. *Medien & Kommunikationswissenschaft,* 59(1), 5-22.

Klein, A./Heitmeyer, W. (2011): Demokratieentleerung und Ökonomisierung des Sozialen: Ungleichwertigkeit als Folge verschobener Kontrollbilanzen. *Leviathan*, 39(3), 361-383.

Knoche, M. (2001): Kapitalisierung der Medienindustrie aus politökonomischer Perspektive. *Medien & Kommunikationswissenschaft,* 49(2), 177-194.

Knoche, M. (2014): Befreiung von kapitalistischen Geschäftsmodellen. In Lobigs, F., & von Nordheim, G. (Hg.), *Journalismus ist kein Geschäftsmodell* (S. 241-266). Baden-Baden: Nomos.

Köcher, R. (2012): Das Unbehagen am Kapitalismus. In *http://www.ifd-allensbach.de/uploads/tx_reportsndocs/Februar12_Kapitalismus.pdf* [15.01.2015].

Köcher, R. (2015): Das Verantwortungsgefühl der Oberschicht. *In http://www.ifd-allensbach.de/uploads/tx_reportsndocs/FAZ_Februar2015_Schichten.pdf* [30.03.2015].

Kocka, J. (2013): *Geschichte des Kapitalismus.* Bonn: BpB.

Kolo, C. (2014): Hoffnung für Zeitungsverlage durch Tablet & Co.? In Lobigs, F., & von Nordheim, G. (Hg.), *Journalismus ist kein Geschäftsmodell* (S. 173-199). Baden-Baden: Nomos.

Küng, L. (2001): The internet's impact on incumbent media firms: a management perspective. *Medien & Kommunikationswissenschaft,* 49(2), 218-226.

Ladeur, K.-H. (2012): Ist ein ‚Leistungsschutzrecht' für Presseverlage sinnvoll? *Journalistik Journal*, 15(2), 26-27.

Landerer, N. (2013): Rethinking the logics: A conceptual framework for the mediatization of politics. *Communication Theory*, 23(3), 239-258.

Landmeier, C., & Daschmann, G. (2011): Im Seichten kann man nicht ertrinken? In Blum, R. et al. (Hg.), *Krise der Leuchttürme öffentlicher Kommunikation* (S. 177-191). Wiesbaden: VS.

Lee, M. (2011): Google ads and the blindspot debate. In *Media, Culture & Society*, 33(3), 433-447.

Lilienthal, V. (2010): Interview mit dem Experten für Qualitätsjournalismus über Schleichwerbung. In Rohrbeck, F., & Kunze, A. (Hg.), *Journalismus nach der Krise* (194-203). Köln: Halem.

Lobigs, F., & von Nordheim, G. (2014): Journalismus und Ökonomie – getrennt und doch verbunden. In Lobigs, F., & von Nordheim, G. (Hg.), *Journalismus ist kein Geschäftsmodell* (S. 7-16). Baden-Baden: Nomos.

Luhmann, N. (1984): Die Wirtschaft der Gesellschaft als autopoietisches System. *Zeitschrift für Soziologie*, 13(4), 308-327.

Mast, C. 2011: Zeitungsjournalismus im Internetzeitalter. In *http://bit.ly/1Ff8abU* [23.03.2012].

McChesney, R. W. (2013): Ein schwerer Weg auf der digitalen Landkarte. In *http://bit.ly/1CJvIG4* [02.10.2013].

McManus, J. H. (2009): The commercialization of news. In Wahl-Jorgensen, K., & Hanitzsch, T. (Hg.), *The handbook of journalism studies* (S. 218-233). London: Routledge.

Meier, W.A., & Jarren, O. (2001): Ökonomisierung und Kommerzialisierung von Medien und Mediensystemen. *Medien & Kommunikationswissenschaft,* 49(2), 145-158.

Meyen, M. (2014): Theorie der Medialisierung. *Medien & Kommunikationswissenschaft,* 62(4), 645-655.

Murdock, G. (2008): Commercialization of the media. In Donsbach, W. (Hg.), *The International Encyclopedia of Communication, Bd. 2* (S. 572-578), Oxford: Blackwell.

Nahon, B. (2014): Der Kapitalismus. Sechsteilige TV-Dokumentation. In *http://info.arte.tv/de/der-kapitalismus-doku-reihe* [09.01.2015].

O'Neill, D., & Harcup, T. (2009): News values and selectivity. In Wahl-Jorgensen, K., & Hanitzsch, T. (Hg.), *The handbook of journalism studies* (S. 161-174). London: Routledge.

Pabst, F., & Schimpf, A. (2012): Die FTD hat recht... In *Financial Times Deutschland*, 07.12.2012, S. 10.

Paech, N. (2013): Wege aus der Wachstumsdiktatur. In Welzer, H. et al. (Hg.), *Wege aus der Wachstumsgesellschaft* (S. 200-219). Frankfurt am Main: Fischer.

Peiser, W. (2007): Theoretische und begriffliche Probleme der Konvergenzhypothese. In Möhring, W. et al. (Hg.), *Journalistik und Kommunikationsforschung* (S. 35-45). Berlin: VISTAS.

Peucer, T. (1690/2015): Über Zeitungsberichte. In Wilke, J. (Hg.), Die frühesten Schriften für und wider die Zeitung (S. 105-128). Baden-Baden: Nomos.

Pickard, V. (2013): Social democracy or corporate libertarianism? Conflicting media policy narratives in the wake of market failure. *Communication Theory*, 23(4), 336-355.

Plumpe, W. (2010): *Wirtschaftskrisen. Geschichte und Gegenwart.* München: C.H.Beck.

Pöttker, H. (2000): Kompensation von Komplexität. In Löffelholz, M. (Hg.), *Theorien des Journalismus. Ein diskursives Handbuch,* (S. 355-390). Wiesbaden: Westdeutscher Verlag.

Pöttker, H. (2013): Öffentlichkeit oder Moral? Über den inneren Widerspruch des journalistischen Berufsethos am Beispiel des deutschen Pressekodex. *Publizistik,* 58(2), 121-139.

Prantl, H. (2015): Journalismus als Schlachtfest. In *http://sz.de/1.2479824* [18.05.2015]

Priddat, B. P. (2013): Bevor wir über ‚Ökonomisierung' reden: was ist ‚ökonomisch'? *Soziale Welt*, 64(4), 417-434.

Rinsdorf, L, & Rager, G. (2010): Auswirkungen der Reorganisation der WAZ-Mantelredaktion auf Produktqualität und Markenprofile. *MedienWirtschaft*, 7(4), 24-31.

Rosa, H. (2014): Interview mit dem Soziologen über die Beschleunigung der Gesellschaft und Resonanzerfahrungen. In *http://bit.ly/1HhSDIm* [10.09.2014].

Roth, S. (2014): Fashionable Functions. A Google Ngram view of trends in functional differantiation (1800-2000). *International Journal of Technology and Human Interaction*, 10(2), 34-58.

Rühl, M. (2007): Theorie des Journalismus. In Burkart, R., & Hömberg, W. (Hg.), *Kommunikationstheorien, 4. Aufl.* (S. 117-140). Wien: Braumüller.

Schimank, U., & Volkmann, U. (2008): Ökonomisierung der Gesellschaft. In Maurer, A. (Hg.), *Handbuch Wirtschaftssoziologie.* (S. 382-393). Wiesbaden: VS.

Schwan, G. 2010: Gedenkrede im Deutschen Bundestag zum 17. Juni 1953. In http://*www.gesine-schwan.de/positionen/reden/rede-17-juni.pdf* [12.05.2015].

Siegert, G. (2001): Ökonomisierung der Medien aus systemtheoretischer Perspektive. *Medien & Kommunikationswissenschaft,* 49(2), 167-176.

Stöber, R. (2004): What media evolution is. A theoretical approach to the history of new media. *European Journal of Communication*, 19(4), 483-505.

Streeck, W. (2011): The crisis of democratic capitalism. In *New Left Review*, 71(Sep./Oct.), 5-29.

Töpfl, F. (2013): Why do pluralistic media systems emerge? Comparing media change in the Czech Republic and in Russia after the collapse of communism. *Global Media and Communication*, 9(3), 239-256.

Trappel, J. (2001): Ökonomisierung aus Sicht der Online-Medien. *Medien & Kommunikationswissenschaft,* 49(2), 227-236.

van Deth, J. W. (2001): Wertewandel im internationalen Vergleich. Ein deutsche Sonderweg? *Aus Politik und Zeitgeschichte,* 51(29), 23-30.

von Rimscha, B., & Siegert, G. (2015): *Medienökonomie. Eine problemorientierte Einführung.* Wiesbaden: Springer VS.

Weber, W. et al. (2014): *Einführung in die Betriebswirtschaftslehre.* Wiesbaden: Springer Gabler.

Weischenberg, S. (2010): Interview mit dem Journalistikwissenschaftler über die Krise des Journalismus. In Rohrbeck, F., & Kunze, A. (Hg.), *Journalismus nach der Krise* (16-27). Köln: Halem.

Weischenberg, S. et al. (2006): *Die Souffleure der Mediengesellschaft.* Konstant: UVK.

Wiedemann, T. (2014): Pierre Bourdieu: Ein internationaler Klassiker der Sozialwissenschaften mit Nutzen für die Kommunikationswissenschaft. *Medien & Kommunikationswissenschaft,* 62(1), 83-101.

Wilke, J. (2009): Medien DDR. In: Noelle-Neumann, E. et al. (Hg.), *Fischer Lexikon Publizistik Massenkommunikation* (S. 235-263), Frankfurt am Main: Fischer.

Wilke, J. (2011): *Von der frühen Zeitung zur Medialisierung.* Bremen: edition lumière.

Winter, C., & Buschow, C. (2014): Medienmanagement und Journalismus – Befragungsergebnisse im Kontext aktueller Herausforderungen. In Lobigs, F., & von Nordheim, G. (Hg.), *Journalismus ist kein Geschäftsmodell* (S. 31-55). Baden-Baden: Nomos.

Winter, C., & Karmasin, M. (2001): Ökonomisierung aus unternehmensstrategischer Perspektive. *Medien & Kommunikationswissenschaft,* 49(2), 206-217.

Wolff, V. (1998): Wettbewerb und Qualität bei Presseprodukten. *Publizistik,* 43(3), 260-272.

Wolle, S. (2013): *Der große Plan.* Bonn: BpB.

Marlis Prinzing, Carolin Gattermann

Finanziert! Journalismus, den die Crowd kauft. Eine Studie zu Crowdfunding als Finanzierungsmöglichkeit von Journalismus

Die Finanzierung journalistischer Inhalte ist im Wandel; klassische Finanzierungen über Werbung und Abonnements sind eingebrochen, die alten Geschäftsmodelle der Verlagshäuser funktionieren so nicht mehr, weil sich der Markt verändert hat (Picard 2010). Der Umbruch hat zugleich einen Aufbruch ausgelöst; immer mehr Journalisten nehmen alternativ zum Verlagsmodell selbst die ökonomische Verantwortung auf sich und wenden sich direkt an das sich für ihre Berichterstattung interessierende Publikum, an die Crowd. Diese Art der Finanzierung, das so genannte Crowdfunding, steht im Zentrum dieses Beitrags, und zwar fokussiert auf den deutschen Raum. Analysiert wurden erstens die journalistischen Projekte, welche über die bis zum 30. September 2014 besonders erfolgreichen deutschen Crowdfunding-Plattformen Krautreporter, Startnext und VisionBakery vorgestellt und initiiert werden sollten, und zweitens mittels einer Online-Befragung im Oktober 2014 sowie ergänzender Interviews die Einstellungen der Förderer und Projektverantwortlichen. Welche Art von Projekten wurde präsentiert, inwiefern spiegeln sich in ihnen bestimmte Funktionen und Journalismuskonzepte? Wie reagieren und was resümieren die Förderer? Welche Ambitionen und Erfahrungen beschreiben die Projektverantwortlichen?

1 *Einleitung*

Eine ‚Gesellenwanderung' durch deutsche Lokalredaktionen, finanziert von Menschen, die das lesen wollen; ein Atlas, wo in Deutschland Neonazis am Werk sind (rechtesland, http://www.startnext.de/rechtesland) – für Ideen wie diese werben auf der Crowdfunding-Plattform Startnext in der Kategorie Journalismus Journalisten z.B. für Reportage-Projekte, und die ‚Crowd', also das ‚Publikum', respektive eine interessierte Teilöffentlichkeit, bezahlt, damit eine solche Idee umgesetzt werden kann, erhält eine Geschichte und manches mehr. Bedingung dieser Form des reward-basierten Crowdfunding ist, dass der Projektstarter genügend Unterstützer innerhalb einer bestimmten Zeit findet, um die 100-Prozent-Marke und damit das Etikett ‚finanziert' zu erhalten; erreicht er sein angegebenes Funding-Ziel nicht, fließen alle Unterstützungsgelder an die Supporter zurück. Die technische Abwicklung der Förderung wird relativ einfach gemacht durch Micropayment-Systeme wie Paypal. ‚Crowdfunding' bedeutet frei übersetzt eine ‚Finanzierung durch eine Personenmenge'. Projekte werden über einen breiten Sponsorenkreis finanziert, wobei die Förderer nicht Professionelle sein müssen wie etwa Banken, Fonds oder Privatunternehmen, sondern es sind nichtprofessionelle Einzelpersonen als Unterstützer ausdrücklich willkommen (Hemer et al. 2011: 18; Brüntje 2014). Diese Finanzierungsform wird durch die Digitalisierung auch insofern leichter organisierbar, als sich über Plattformen relativ einfach Projekte vorschlagen lassen; zugleich müssen sich die auf Plattformen vorgeschlagenen Projekte dort letztlich auch gegenüber konkurrierenden Initiativen behaupten. Crowdfunding schließt damit also eine Art gemeinschaftliche Projekt-Evaluation ein.

In den USA hat Crowdfunding bereits Tradition und ermöglichte über alle Wirtschaftsbranchen hinweg die Finanzierung zahlreicher Projekte. Diese Finanzierungsweise breitete sich zwar durch das Internet aus, zumal sich auch die Förderer so viel gezielter ansprechen lassen. Doch im Grunde ist die Idee alt und das wohl erste, auch auf die Gesellschaft gerichtete Crowdfunding-Projekt ist die Errichtung der Freiheitsstatue, für die ein Verleger, Joseph Pulitzer, in seiner Zeitung ‚New York World' 1885, nachdem die Realisierung der Statue aus Geldnöten gefährdet war, den wohl wegleitenden Spendenaufruf initiierte (o.V. 2013). In den USA hat sich Crowdfunding längst auch etabliert als eine von mehreren Möglichkeiten, journalistische Produktionen zu finanzieren (Langer 2014).

Crowdfunding in Deutschland nahm seinen Anfang im Jahr 2010 mit den beiden Plattformen mySherpas und Startnext. Am Markt etablierte sich nur letztere (Crowdfunding-Monitor H1 2014). Das Gesamtfinanzierungsvolumen über Crowdfunding in Deutschland stieg von 0,5 Millionen Euro in 2011 auf mehr als das Zehnfache in 2013 mit 5,4 Millionen Euro und betrug 2014 insgesamt 8,7 Millionen Euro (Crowdfunding-Monitor H1 2015). Mittlerweile gibt es eine Vielzahl deutscher Plattformen, einige von ihnen haben einen thematischen Schwerpunkt beispielsweise auf Musik (Sellaband), Wissenschaft & Forschung (Sciencestarter) oder Sport (fairplaid). Und es gibt einige Initiativen, über Crowdfunding Journalismus zu finanzieren, neue sind im Entstehen (Langer 2013 und 2014). Zu den frühen Beispielen für Plattformen, die sich ganz oder teilweise dem Journalismus-Crowdfunding widmen, gehören Startnext, gestartet im Oktober 2010, VisionBakery, online seit Januar 2011 sowie die erste ausschließlich auf Journalismus zielende Plattform Krautreporter, die 2013 startete. Die journalistischen Projekte dieser drei Plattformen stehen im Fokus dieses Beitrags; sie waren Kern einer Inhaltsanalyse und auf dieser Basis wurde im Oktober 2014 eine

Onlinebefragung unter Förderern durchgeführt. Weitere Beispiele und Varianten sind Correctiv und Deine Korrespondentin. Das Büro Correctiv richtete unter seinem Dach und in Zusammenarbeit mit Startnext eine Plattform ein, über die Journalisten die Finanzierung ihrer Projekte über Crowdfunding erleichtert werden soll. Deine Korrespondentin warb zwar über Startnext die Anfangsfinanzierung ein, wurde aber erst nach Ende des Befragungszeitraums aufgegleist; Correctiv war zu jener Zeit ebenfalls noch im Aufbau. Weil sie weitere Erfahrungen gemacht bzw. Lehren z.B. aus dem Krautreporter-Projekt gezogen haben, wurden mit den Machern dieser Projekte ergänzend Experteninterviews geführt.

Forschungsleitend sind folgende Fragen:

- Welche **journalistischen Produkte** wurden bis zum 30. September 2014 über ausgewählte, in Deutschland aktive Crowdfunding-Plattformen finanziert? Was kennzeichnet diese? Inwiefern lassen sich hier bestimmte Funktionen und Journalismuskonzepte erkennen?
- Wie reagieren und was resümieren die **Förderer**?
- Welche Ambitionen und Erfahrungen beschreiben die **Projektverantwortlichen**?

2 *Theoriezugriff*

Wir betrachten Crowdfunding erstens vor dem Hintergrund klassischer und aktueller Erkenntnisse aus der Journalismusforschung – zu Partizipation, Digitalisierung, Qualität sowie zu Journalismusfunktionen und -konzepten (Heinrich 2010; Kinnebrock/Kretzschmar 2012; Muthukumaraswamy 2010; Neuberger 2009 und 2012; Palen/Liu 2007; Picard 2014; Prinzing 2016; Weischenberg 2006) und zweitens aus der Medienökonomie (Heinrich 2010; Kiefer 2005).

Der Trend, den die Medienökonomin Kiefer zusammenfasst, hält bis heute an: Werbeeinnahmen verlagern sich in die Online-Welt, der Wettbewerb im World Wide Web wird durch die zunehmende Verbreitung kostenloser Inhalte stärker, die Zahlungsbereitschaft der Internetnutzer für redaktionelle Inhalte sinkt offenbar (Kiefer 2011). Crowdfunding scheint ein Weg, die Zahlungsbereitschaft wieder zu wecken, ein Weg, der gerade durch das Internet ermöglicht wird und sich zunehmender Beliebtheit erfreut. Die Herangehensweise ist umgekehrt: Man bezahlt nicht mehr für ein fertiges Endprodukt, sondern finanziert dessen Produktion mit. Als Geldgeber fungieren zum Großteil genau die, deren

Zahlungsbereitschaft scheinbar stetig sinkt: die Internetnutzer. Sie finanzieren Journalismus, indem sie individuelle Geldbeträge für die Produktion von journalistischen Inhalten spenden und verändern somit die Spielregeln der herkömmlichen Medienökonomie. Was in der Wirtschaft längst Einzug gehalten hat, beginnt nun auch im Journalismus: Bruns´ Modell des Produsage folgend, nehmen Konsumenten sukzessive eine relevantere Rolle ein und werden von passiven Nutzern zu ‚Pronutzern', die aktiv in Produktentscheidungen und Produktionsprozesse eingreifen (Bruns 2008).

Dass Crowdfunding eine ernstzunehmende Finanzierungsmöglichkeit darstellt, belegen aktuelle Zahlen: das Gesamtvolumen von durch Crowdfunding finanzierten Projekten wuchs in Europa von 900 Millionen US-Dollar in 2012 auf 3,26 Milliarden US-Dollar in 2014, Tendenz: steigend (Massolution 2013, 2015). Journalistische Projekte gehören dabei zu den zehn am meisten aktiven Kategorien (vgl. Co:funding Handbuch 2014; Crowdfunding.de; Crowdfunding Berlin 2014; Crowdfunding-Monitor 2013; Massolution 2012 und 2013; Matter 2012; Steinberg 2012).

In dieser Studie steht daraus abgeleitet die Frage im Vordergrund, an welchem Punkt überhaupt Zahlungsbereitschaft entsteht und für welche Art von Journalismus. In welchem Zusammenhang steht also die Partizipation der Internetnutzer beim Entstehungsprozess des journalistischen Produkts mit der Zahlungsbereitschaft? Von besonderem Interesse ist, was die Internetnutzer zu einem finanziellen Beitrag eines journalistischen Projekts motiviert: Unterstützen sie es, um später aktiv am Entstehungsprozess beteiligt zu sein (und somit den Schritt zum Crowdsourcing zu gehen), oder überlassen sie lieber die Produktion den Initiatoren und interessieren sich nur für die Nutzung des fertigen Produktes? Und schließlich: Für welche Art journalistischer Inhalte ist die Zahlungsbereitschaft der Rezipienten am höchsten? Anders formuliert: Lässt sich eine Zahlungsbereitschaft der Rezipienten für jene Art von Journalismus ableiten, der relevante Fragen, Themen und Schieflagen in einer demokratischen Gesellschaft aufgreift? Das heißt also für jenen Journalismus, der sich ökonomisch rechnen kann, aber nicht zwingend muss, sondern auch meritorisch zur Verfügung gestellt werden sollte, um möglichst vielen die Teilhabe an der Gesellschaft zu ermöglichen (Prinzing 2016)? Daraus ergibt sich als weiterer Theorie-Zugriff die Betrachtung von Journalismus als sozioökonomisches System, das kapitalistisch organisiert ist, aber auch gesellschaftlich bedeutsame und demokratierelevante Leistungen erbringen muss. Die Inhalte-Produktion unterlag bislang klassisch dem Redaktionsmanagement, der Inhalte-Verkauf dem Medienmanagement, beide sind funktional getrennt, aber innerhalb ihrer Organisation voneinander abhängig (Röttger 2004, Altmeppen 2006).

Beim Crowdfunding kommt eine persönliche Verbindung hinzu: Die Person des *Projektinitiators* beziehungsweise die Initiatoren-Gruppe muss überzeugen. Diese personale Komponente spiegelt sich auch darin, dass sich zunächst vor allen Dingen kreative und nicht zu komplexe, kleinere Projekte über Crowdfunding erfolgreich finanzieren ließen (Hemer et al. 2011; Kaye/Quinn 2010), wenngleich mittlerweile zumindest in einzelnen Bereichen auch größere Finanzierungen zum Beispiel von technikorientierten Startups (Brüntje et al. 2014 a) bis hin zum eigenkapitalbasierten Crowdinvesting gelingen (Brüntje 2014 b).

Aitamurtu (2011) analysiert am Beispiel der US-amerikanischen Plattform spot.us als wesentlich für den Erfolg von Crowdfunding im Journalismus, dass Journalisten erstens ihre eigene Rolle überdenken und neu definieren und zweitens sich klar machen müssen, dass auch ihr ‚Kunde' verschiedene Rollen übernimmt, also nicht mehr nur als Rezipient auftritt, sondern in diesem Fall beispielsweise den Hut des Sponsors trägt. Aitamurtu sieht einen großen Mehrwert darin, dass durch diese neuen Rollen die Nähe zu journalistischen Prozessen größer werde als zuvor, zumal die Sponsoren vorwiegend altruistische Motive bewegten; und weil sie nur im Kollektiv, wenn sich viele Unterstützer finden, erfolgreich sein können, spiegle diese Finanzierungsform zudem sozusagen eine kollektive Intelligenz wider (Aitamurtu 2011). Carvajal und sein Team (Carvajal et al. 2012) gehen noch weiter und schreiben den Förderern eine Art Gatekeeper-Funktion zu, die über die Einflussmöglichkeiten klassischer Spender oder Investoren hinausrage.

Einschränkend ist zu erwähnen, dass diese Forschergruppe zwar Crowdfunding in mehreren Ländern verglich, aber nicht bezogen auf Journalismus-Projekte. Generell lässt sich aus solchen Befunden aber bezogen auf Journalismus ableiten, dass einem relativ gut beschriebenen Rollen-Portfolio bei Journalisten (vgl. Weischenberg 2006; Meyen/Riesmeyer 2009) und damit bei dem Gros der Projekt-Initiatoren ein generell wenig differenziertes Rollenbild des Publikums gegenübersteht. Hierfür ließen sich auch noch weitere Befunde nutzbar machen über die Crowd. Brüntje (2013) verweist auf die Bedeutung von Reputation, Transparenz, Vertrauen und auf den Erfolgsfaktor einer strategischen Projektkommunikation, Harzer (2013: 126) darauf, dass man sich auch mit Bedenken der potenziellen Unterstützer systematisch befassen müsste; denn in ihrer Studie schilderten Projektinitiatoren, dass wegen des auf Crowdfunding-Plattformen verlangten Anmeldeprozesses manche Unterstützer ihr Ansinnen stoppen und abbrechen.

3 Empirie: Mehrmethodendesign

Zunächst wurde inhaltsanalytisch vermessen, welche Art von journalistischen Produkten im Zeitraum von deren Launch und bis zum 30. September 2014 über ausgewählte, in Deutschland aktive Crowdfunding-Plattformen finanziert werden: Welche journalistischen Funktionen erfüllen diese – eher Kritik, Kontrolle und Watchdog-Funktion oder Unterhaltungs- und Sozialisationsfunktion etc.? – und welche Journalismuskonzepte lassen sich erkennen – eher anwaltschaftlicher Journalismus, eher Meinungsjournalismus etc.? Im Fokus stehen 150 Journalismusprojekte auf den drei hinsichtlich ihrer Finanzierungsvolumina größten deutschen Crowdfunding-Plattformen Krautreporter, Startnext und VisionBakery (https://krautreporter.de/; http://www.startnext.de/; http://www.visionbakery.com)[1].

Um Aufschluss über die Nutzer-/Unterstützerperspektive zu erhalten, wurde ferner eine empirisch-quantitative Untersuchung in Form einer Online-Umfrage (Kuckartz et al. 2012, Thielsch & Weltzin 2012) durchgeführt, die vom 07. bis 19. Oktober 2014 lief. Die Unterstützer von journalistischen Crowdfunding Projekten der drei fokussierten Plattformen wurden befragt nach Stärken, Motivation, aber auch nach Barrieren, Lücken im Angebot oder Möglichkeiten der Persuasion. Die Akquise der Teilnehmer erfolgte erstens über die direkte Ansprache von Nutzern der Plattformen, zweitens über die Verbreitung des Links zur Umfrage auf

1 Die Projekte von Startnext (116) und VisionBakery (9) sind direkt recherchierbar, bei Krautreporter, die zum Zeitpunkt, als die vorliegenden Analysen durchgeführt wurden, nicht als Crowdfunding-Plattform aktiv waren, gestaltete sich das schwieriger. Für die Erfolgsanalyse wurden 25 bereits recherchierte Projekte herangezogen (Mail/Telefonat mit Dennis Brüntje, 21.11.2014; TU Illmenau) aus der Zeit, in der Krautreporter nur als Plattform für Journalisten fungierte, die für ein Funding ihrer eigenen Projekte warben. Ebner (2014) nennt zwar 47 Projekte mit durchschnittlich 4000 Euro Investitionssumme; für diese waren aber auch über Krautreporter direkt, offenbar aus Datenschutzgründen, für die Studie keine näheren Angaben mehr verfügbar zu machen (Telefonat mit Sebastian Esser, 4. November 2014). Als das eigene Funding-Projekt, ein Online-Magazin, erfolgreich war, trug Krautreporter im September 2014 im Handelsregister (HRB 147236B) diese Änderung des Unternehmenszwecks ein, behielt aber die Option, Crowdfunding-Plattform zu sein.

den jeweiligen Facebook-Seiten (www.facebook.com/startnext ; www.facebook.com/Krautreporter ; www.facebook.com/VisionBakery), drittens in der einschlägigen Social Media Gruppe Crowdfunding (www.facebook.com/groups/crowdfunding) sowie viertens und ergänzend im eigenen Netzwerk. Bei dieser empirischen Studie wird ein Online-Prozess bewertet. Daher umfasst die Grundgesamtheit deutsche Internetnutzer. Die Stichprobe der Online-Befragung mit n = 41 vollständig ausgefüllten Datensätzen wird vor diesem Hintergrund als hinreichend angesehen, um valide Aussagen zu treffen. Hinzu kamen 11 nicht vollständig ausgefüllte Datensätze, von denen einer aber die Fragen der Likert-Skala bearbeitete, weshalb hierfür ein n=42 aufgeführt ist (Abbildung 3).

Erkenntnisse zur Perspektive der Produzenten der journalistischen Produkte lieferten leitfadengestützte Interviews mit Initiatoren erfolgreicher Crowdfunding-Projekte, wie zum Beispiel Benjamin Stöß (*Der Zaun*), Lisa Altmeier (*Crowdspondent*) und Hubertus Müller (*Truthnews.de*); Initiatoren gescheiterter Projekte waren leider nicht bereit zu einem Interview.

Journalismusprojekte auf deutschen Crowdfundingplattformen

Startnext, VisionBakery sowie die auf journalistische Projekte spezialisierte Plattform Krautreporter wurden ausgewählt, weil sie zusammen bis Ende September 2014 mehr als 95 Prozent des in Deutschland eingesammelten Crowdfunding-Kapitals (Crowdfunding-Monitor H1 2014) erzielten. Die 2010 aufgeschaltete Plattform Startnext ist mit Abstand die größte deutsche Plattform; sie bilanzierte bis Ende September 2014 insgesamt 3.931 angestoßene Projekte, 2.001 davon waren erfolgreich, für sie wurden insgesamt 13.720.087 Euro eingeworben; jedes Projekt mit genügend Publikumsgunst erzielte im Durchschnitt also 6.856 Euro Fördermittel (Startnext 2014). Auf der zweitgrößten Plattform, VisionBakery, die im Januar 2011 online ging, wurden bis Ende September 2014 insgesamt 431 Projekte vorgestellt, von denen 232 erfolgreich gefördert wurden mit insgesamt 947.820 Euro, also einer Durchschnittsinvestition des Publikums von 4.085 Euro pro Projekt (VisionBakery 2014).

Krautreporter stellte eine Besonderheit auf dem deutschen Markt dar, und zwar nicht nur, weil sie sich von vornherein auf journalistische Projekte spezialisierten, sondern weil sie sich letztlich selbst zu einem – zunächst – erfolgreichen Projekt machen: seit Juli 2014 ist Krautreporter keine Crowdfunding-Plattform mehr, sondern wandelte sich in ein Online-Magazin beziehungsweise in „eine Community" um, die nach eigener Darstellung hauptsächlich „Journalismus im Netz ermöglichen möchte" (Krautreporter 2015). Die erste Ausgabe des Magazins erschien am 14. Oktober 2014. Die Teilhabe und Förderungsbereitschaft für dieses Projekt erreichte ein bis dahin so nicht dagewesenes Ausmaß. Krautreporter sammelte in seiner Projektwerbephase zwischen dem 13. Mai und dem 7. Juli 2014 mehr als eine Million Euro von mehr als 17.500 Förderern ein, wovon rund 60.000 Euro von Stiftungen und Unternehmen stammten (Krautreporter 2015). Der Erfolg dieses Einzelprojekts bewirkte allein im zweiten Quartal 2014 den Spitzenwert von insgesamt 2,8 Millionen Euro über Crowdfunding eingeworbenen Mitteln – zum Vergleich: im gesamten Jahr 2013 wurden von allen Plattformen zusammen ein Funding-Kapital von 5,4 Millionen Euro erreicht (Crowdfunding-Monitor H1 2014). Das Krautreporter-Projekt geriet aber nach dem Erscheinen der ersten Onlineausgabe rasch in die Kritik, unter anderem weil die Relevanz der angepackten Themen offenbar nicht dem entsprach, was die Unterstützer sich vorgestellt hatten (Lobo 2015). Hier zeigt sich dann die Stärke und Schwäche solcher Projekte: Krautreporter ist quasi auf ein Jahr finanziert und muss nach dieser recht kurzen Zeit aufs Neue die Crowd überzeugen, dass aus ihr in hinreichend großer Zahl ein weiteres mal 60 Euro pro Person bezahlt werden; die Krautreporter sind gezwungen, ihrer Community ihre Anliegen und ihr Vorgehen vermitteln zu können. Mindestens 6.000 der 15.000 Unterstützer aus dem ersten Jahr müssen dabei bleiben, erklärte Herausgeber Sebastian Esser, andernfalls sei die Zukunft des Onlinemagazins gefährdet (Ebner 2015). Das erste Jahresabonnement lief bis Oktober 2015; somit stand bis Redaktionsschluss dieses Bands nicht fest, ob diese „kritische Masse" erreicht wurde – und ob ein weiterer Plan aufging: Das Krautreporter-Team will die bisherige GmbH in eine Genossenschaft umwandeln und die Community bewegen, auch Anteilseigner zu werden; idealerweise sollten 400 Mitglieder im Minimum 250 Euro als Einlage geben. Mit diesem Geld soll auch in eine neue internationale Crowdfunding-Plattform „WriteThatDown" investiert werden.

Die Community übernimmt also, wie oben im Theoriezugriff dargelegt, die Rolle des Gatekeepers, Sponsors, Miteigentümers und Evaluierers. Als weitere Anschlussforschung wäre nützlich, die Argumentationen solcher Communitys zu analysieren, um herauszufinden, inwiefern sie diese Rollen oder möglicherweise noch weitere Rollen ausfüllen; diese Ergänzung kann die vorliegende Analyse aus forschungsökonomischen Gründen noch nicht leisten.

4 Ergebnisse

Im Fokus dieser Untersuchung stehen nur die journalistischen Initiativen von Startnext, VisionBakery und Krautreporter. Abbildung 1 zeigt: Der Anteil solcher Projekte liegt – Stand 30. September 2014 – auf der Plattform Startnext bei 2,95 Prozent (116 von insgesamt 3.931 Projekten), auf VisionBakery bei 2,0 Prozent (9 von 431 Projekten); Krautreporter macht nur journalistische Projekte (25; vgl. auch Anmerkung 1).

Abb. 1: Journalistische Projekte auf deutschen Crowdfunding Plattformen bis 30. September 2014

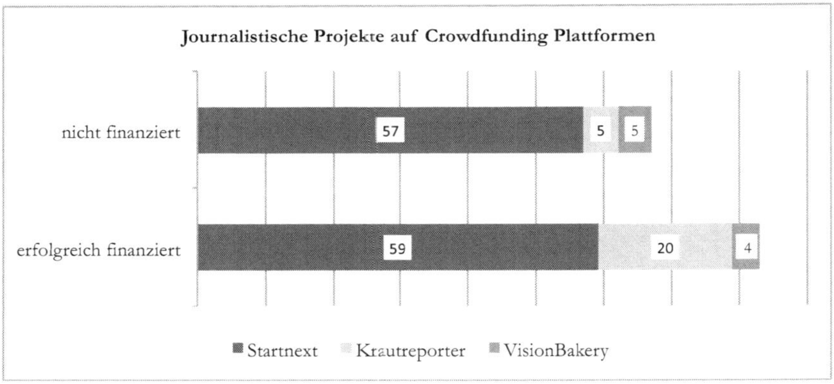

Quelle: eigene Darstellung

Alle drei Plattformen zusammen genommen, erzielten die erfolgreich abgeschlossenen Journalismus-Projekte rund 438.000 Euro Spendenmittel. Abbildung 2 zeigt, dass 73 Prozent davon über Startnext kommen, 21 Prozent über die deutlich kleinere Plattform Krautreporter, 6 Prozent über VisionBakery. Der relative Anteil von journalistischen Projekten unterscheidet sich bei Startnext und VisionBakery mit 2,34 Prozent bzw. 2,51 Prozent wenig voneinander.

Abb. 2: Summe der Förderungen erfolgreicher journalistischer Projekte

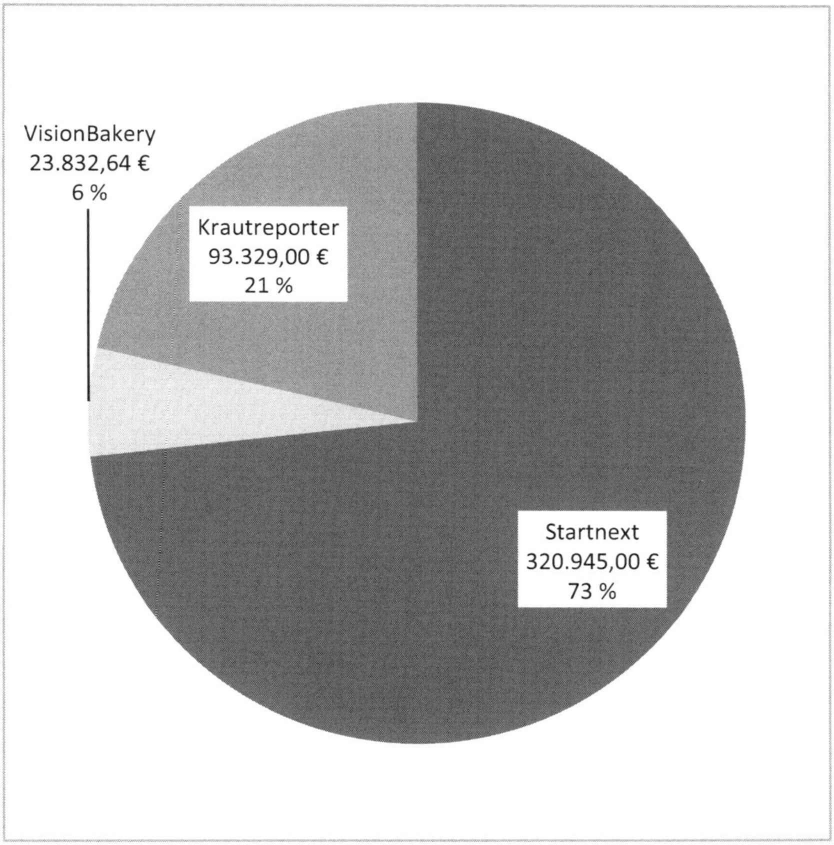

Quelle: eigene Darstellung

Die Anzahl der Förderer, die zu einem erfolgreichen Projekt beitrugen, war bei den untersuchten Plattformen fast gleich: der Median beträgt bei Startnext 65, bei VisionBakery 66 und bei Krautreporter 68. Der Vergleich der durchschnittlichen Fördersumme pro Unterstützer ergibt, dass über Startnext mit knapp 39 Euro am wenigsten für journalistische Projekte gespendet wurden; Krautreporter kommt auf knapp 41 Euro und VisionBakery auf 43 Euro pro Förderer. Diese Rangfolge spiegelt sich auch im Median der Förderungssummen erfolgreicher journalistischer Projekte wieder. Auf Platz Eins liegt wieder VisionBakery mit 3.765 Euro, gefolgt von Krautreporter mit 3.574 Euro und Startnext mit 3.357 Euro.

Einen Beleg für die Bedeutung einer themenspezifisch ausgerichteten Plattform liefert der Blick auf die Projekterfolgs-Quoten. Insgesamt lag die Erfolgsquote auf den Plattformen im Jahr 2013 bei 57 Prozent (Crowdfunding-Monitor H1 2014); speziell Journalismus-Projekte erreichten bei den allgemeinen Plattformen Startnext sowie VisionBakery Quoten von 51 Prozent bzw. 44 Prozent, lagen also knapp unter diesem Durchschnitt; bei der Themen-Plattform Krautreporter war die Erfolgsquote mit 80 Prozent signifikant höher. Unterm Strich ergibt die Analyse erstens, dass Crowdfunding in der Kategorie Journalismus Potenzial hat und zweitens, dass dieses offenbar durch eine spezielle Plattform, wie Krautreporter zunächst eine war, besonders erfolgreich ausgeschöpft werden kann.

Ready, set, pay! Befunde zu Motivation und Zahlungsbereitschaft der Crowd

Um herauszufinden, für welche journalistischen Inhalte die Zahlungsbereitschaft am höchsten ist und aus welchen Gründen, wurden die erfolgreichsten Projekte auf den drei Plattformen beleuchtet, und zwar jene mit den meisten Unterstützern und den höchsten Fördersummen.

Die meisten Unterstützer, insgesamt 1.041, gewann auf Startnext ein Print-Projekt im Themenbereich Sport, *Das Ultimative NBA-Posterheft von FIVE*. Die Förderer spendeten 9.099 Euro und übertrafen das Förderziel sogar um 21 Prozent (https://www.startnext.com/five-posterheft). Die höchste Fördersumme auf Startnext wurde ebenfalls für ein Sportprojekt gesammelt: 316 Förderer spendeten für die Realisierung des Projekts *Basketball-VIDEO-Stream - we have a dream* insgesamt 40.890 Euro – mehr als das Zehnfache der Summe, die eigentlich angepeilt war (https://www.startnext.com/basketball-stream-tv).

Auf VisionBakery erzielte ein Projekt mit dem Ziel, ein zweites Radiostudio für detektor.fm einzurichten die meisten Unterstützer und gleichzeitig die höchste Förderungssumme: 419 Unterstützer spendeten 15.910 Euro (www.visionbakery.com/detektorfm).

Nach dem unübertroffenen Erfolg des eigenen Krautreporter-Magazins erhielt auf dieser Plattform das Projekt *Macht, Moneten, Marionetten* im Untersuchungszeitraum die meiste Unterstützung: 514 Unterstützer zahlten darauf 15.660 Euro ein. Projektziel war, investigative Recherchen im sportpolitischen Bereich zu finanzieren, zum Beispiel zu Hintergründen bei Großereignissen wie den Olympischen Spielen in Sotschi oder der Fußball WM in Katar, und sie als eBook zu veröffentlichen. Neben dem plattformübergreifenden Trend zum Sportjournalismus waren häufig gesellschaftliche Themen erfolgreich, vor allem solche mit internationalem Fokus, bei denen über Crowdfinanzierung oft Reisekosten gedeckt werden sollten. Der Blick auf die verschiedenen Ausspielkanäle – Print, Hörfunk, TV, Online – oder die Kombination als Multimediaprojekt lässt keine Trends erkennen.

Hauptfaktor für die Zahlungsbereitschaft und wichtiger als der thematische Schwerpunkt, ist die persönliche Beziehung zu den Projektinitiatoren. Rund ein Drittel der befragten Unterstützer erklärte, man habe das jeweilige Projekt gefördert, weil man den oder die Initiatoren persönlich kenne. Dieses Motiv spiegelt sich auch in den Antworten von Projektinitiatoren wider: Die meisten kannten mehr als ein Viertel ihrer Unterstützer bereits persönlich bevor sie ihr Projekt auf die Crowdfunding-Plattform geladen haben. Diese Beziehung war in 45 Prozent der Fälle der Grund, warum die befragten Förderer überhaupt von dem Projekt erfahren haben. Nach den persönlichen Kontakten spielen Soziale Medien die größte Rolle, um ein Projekt bekannt zu machen: Mehr als die Hälfte der Befragten gaben an, sie seien über soziale Medien auf ein Förderprojekt aufmerksam geworden.

Von denjenigen, die bisher noch kein Crowdfunding-Projekt unterstützt haben, antworten drei Viertel, ihnen fehle das Geld, und 40 Prozent, sie hätten noch kein für sie interessantes Projekt gefunden. Hier liegt insofern noch Potenzial, als Projektinitiatoren soziale Medien noch strategischer einsetzen und so die Zahlungsbereitschaft der potenziellen Unterstützer wecken und beeinflussen könnten. Ulrike Langer betont in ihrem Ratgeber, dass Nutzer „in der Regel keine Crowdfunding-Plattform auf der Suche nach neuen finanzierungswürdigen Vorhaben [durchforsten], sondern sie werden per Mundpropaganda on- und offline auf ganz bestimmte Projekte aufmerksam“ (Langer 2014, 230). Langer empfiehlt Journalisten daher, zunächst eigene Netzwerke zu nutzen beziehungsweise aufzubauen. Je nach Ausrichtung des Projektes können hierfür neben den großen Kanälen Facebook und Twitter auch Business Plattformen wie Xing oder LinkedIn genutzt werden (ebd., 231). Werden soziale Medien in die Kommunikation eingebunden, steige der Bekanntheitsgrad im eigenen Netzwerk der Initiatoren. Und dort herrscht ja nachweislich eine hohe Zahlungsbereitschaft, wie die bereits dargelegte Bedeutung des persönlichen Bezugs für den Projekterfolg zeigt.

Die Untersuchung ergab, dass mehr als die Hälfte der befragten Förderer auf Plattformen wie Facebook oder Twitter ihrem Netzwerk mitteilten, dass sie ein Crowdfunding Projekt unterstützt haben. Auf diese Weise setzt ein Schneeballeffekt ein, der maßgeblich dazu beiträgt, dass der Bekanntheitsgrad des Projekts steigt.

Projektinitiatoren: Social Media und Kontaktpflege sind Kernaufgaben

Auch die befragten Initiatoren sehen ein großes Potenzial in der Verknüpfung mit Social Media-Kanälen für die PR bzw. das Marketing von Projekten. Sie platzierten vor allem via Facebook und Twitter Hinweise sowie Neuigkeiten zum Projekt und Aufrufe, es finanziell zu unterstützen. Auch die Crowdfunding Plattformen selbst könnten diesen Bereich ausbauen und die Projektinitiatoren dabei aktiv unterstützen. „[Es wäre] hilfreich [...], wenn VisionBakery das Marketing/PR stärker für einen übernehmen würde, sprich, sich stärker dafür engagieren würde, das eigene Projekt bekannt zu machen. So ist es relativ unbekannt geblieben, weil ich selbst keine ausreichenden Möglichkeiten dafür hatte“, resümiert Journalist Hubertus Müller, der über VisionBakery den Start seines Nachrichtenportals *Truth News* (www.truthnews.de) finanzierte. Aktivere Plattformbetreiber würden erstens den Nutzen und Attraktivität der Plattform für die Initiatoren steigern, zweitens mehr potenzielle Unterstützer erreichen und drittens sowohl die Bekanntheit für einzelne Projekte als auch für die Finanzierungsform an sich erhöhen.

Die Projektinitiatoren betrachten die Social Media-Kanäle sowie die Crowdfunding-Plattformen als einander ergänzende Kommunikationskanäle. Über die Plattformen ließen sich direkt Interessenten ansprechen, spätere Rezipienten generieren und damit eine Art Stammleserschaft aufbauen und Zielgruppen erweitern; das mache sie zu einem wichtigen Instrument der Öffentlichkeitsarbeit. Die Resonanz auf die Projektinitiative sei auch ein Indikator für die Resonanz auf das umgesetzte Projekt, erläutert Georg Dahm, Initiator des über Startnext angeschobenen Wissenschaftsmagazins *Substanz* (https://www.substanzmagazin.de/): „Crowdfunding ist nicht nur ein Finanzierungsinstrument, sondern gleichzeitig auch eine erste Marktforschung [...] und PR-Maßnahme (Presseecho). Wir sind nicht nur mit 37.000 Euro aus der Kampagne gegangen, sondern auch mit einer Kernleserschaft von 600 Interessenten - extrem wichtig für den Markteintritt."

Hauptanliegen ist nicht Mitarbeit, sondern Fördern von investigativem Journalismus

Im Kontext von Social Media und Journalismus werden die Möglichkeiten des Nutzers zu partizipieren immer bedeutsamer. Axel Bruns beschreibt den Wandel der lange weitgehend passiven Rezipienten hin zu aktiven Mitwirkenden auf verschiedenen Ebenen des Journalismus. Partizipativer Journalismus beziehungsweise Bürgerjournalismus, wolle zum Beispiel durch die Themenauswahl, aber auch indem Bürger mitberichten, Lücken schließen, die der Mainstreamjournalismus offenlässt (Bruns 2010, 119). Manche Blogs und Wikis zeigten zudem eindrucksvoll, wie durch die Kollaboration der Nutzer an den (journalistischen) Inhalten – also am Erstellen, Kommentieren, Korrigieren oder Editieren – die Grenzen zwischen Produzent und Nutzer verschwimmen: es entsteht ein hybrider *Produser* (zu deutsch: *Produtzer*) (ebd. 9ff). Christoph Neuberger verweist darauf, dass das Internet „den kommunikativen Zugang zur Öffentlichkeit" vereinfache: „Jeder kann ohne allzu großen Aufwand Kommunikator oder Anbieter sein [...]. Die strikte Rollenfixierung und Teilnahmebegrenzung auf der Kommunikatorseite, wie sie in den traditionellen Massenmedien herrscht, ist potenziell überwunden. Auch die Möglichkeiten der wechselseitigen Beobachtung und Orientierung sind im Internet besser als in den traditionellen Massenmedien (Transparenz)." (Neuberger 2009, 23). Wenn also Internetnutzer nicht mehr nur passive Rezipienten sind, sondern sich zunehmend in verschiedenartige Produktionsprozesse einbringen, läge nahe, dass diese Partizipation am journalistischen Produkt gerade für die Förderer von Crowdfunding-Projekten eine wichtiger Anreiz ist, der in direktem Zusammenhang mit der Zahlungsbereitschaft steht.

Die Ergebnisse der vorliegenden Studie hingegen zeigen, dass bei den Förderern zumindest der Wunsch nach aktiver Mitarbeit am journalistischen Produkt unter den Befragten nicht stark ausgeprägt ist. Auf einer Likert-Skala von 1 (nicht zutreffend) bis 5 (trifft voll zu), stehen die Umfrageteilnehmer, die ihre Einschätzung zu 15 vorgegebenen Aussagen in den Datensatz eintrugen (n = 42) der Aussage, ob Nutzer generell die Möglichkeit haben sollten, aktiv am journalistischen Projekt mitzuarbeiten, mit einem Wert von 3,0 neutral gegenüber (siehe Abbildung 3). Und bei der Frage, ob die Befragten selber an einem journalistischen Crowdfunding-Projekt mitarbeiten möchten, liegt der Wert mit 2,6 im ablehnenden Bereich.

Dass aktive Mitarbeit kein Faktor ist, der zur finanziellen Unterstützung eines Projekts motiviert, bestätigt auch die Frage nach den bevorzugten Unterstützungsformen eines journalistischen Projekts, die als Rangfolge abgefragt wurde: Die präferierte Art der Beteiligung ist, einen angemessenen und selbst bestimmten Betrag für das fertige Produkt zu zahlen. Einen selbst bestimmten Betrag bereits in der Finanzierungsphase zu spenden, wurde am zweithäufigsten genannt, dann die Präferenz für die klassische Bezahlweise: man zahlt den vom Autor festgelegten Preis für das fertige Produkt (z.B. Magazin, Artikel). Auf den letzten Rang wählten sie die Möglichkeit, nicht finanziell zu unterstützen, sondern durch Mitarbeit z.B. beim Recherchieren. Vier von fünf Befragten würden ihr Geld am ehesten für investigative Inhalte spenden, also für Recherchen, deren Ziel das Aufdecken von Missständen ist.

Die Befunde zur Zahlungsbereitschaft sind Signale für einen Paradigmenwandel: Die Rezipienten sind eher bereit, für journalistische Produkte zu zahlen, wenn es sich um einen selbstbestimmten Betrag handelt, und wenn es sich um investigative Recherchen handelt; ein Zusammenhang zwischen der finanziellen Unterstützung und dem Wunsch, aktiv an dem Projekt mitzuarbeiten lässt sich nicht feststellen.

Ein ähnliches Ergebnis ergab die Befragung von Projektinitiatoren: Die Unterstützer sind hauptsächlich daran interessiert, die Entstehung von Projekten zu finanzieren, nur wenige würden gerne mitarbeiten. Lisa Altmeier, Mitgründerin des ebenfalls über Startnext angeschobenen Onlinemagazins *Crowdspondent*, ergänzt, dass sich die aktive Mitarbeit vor allem darauf beschränke, Recherche-Ideen vorzutragen. Die Umsetzung der Geschichten liegt aber ausschließlich bei ihr und ihrer Kollegin Steffi Fetz, beide sind ausgebildete Journalistinnen. Sie betiteln sich als „persönliche Reporter", entsprechend ist die Crowd – und sind damit die Rezipienten – ausdrücklich Auftraggeber der Reportagen, nicht Redaktionen. Mathias Wahler, Mitglied bei den Reportern ohne Grenzen und Initiator des Projektes *Fotos für die Pressefreiheit*, beschreibt ein ähnliches Publikumsverhalten. Rückmeldungen der Förderer beschränkten sich auf Fragen, Kommentare sowie Feedback, die Möglichkeit persönlich Kontakt zu den Projektinitiatoren zu bekommen, wurde gerne und häufig genutzt, aber aktive Mitarbeit war nicht gefragt.

Das bestätigt auch Benjamin Stöß, der gemeinsam mit Dietmar Telser die Multimediareportage *Der Zaun* über die Crowd finanzierte. Bei diesen Geschichten von Flüchtlingen, die nach Europa einreisen, nutzen die Rezipienten die Social Media-Kanäle, um Lob und Zuspruch zu geben oder nachzufragen, wie der aktuelle Stand der Arbeit ist.

Die Förderer übernehmen zudem noch eine Filterfunktion, indem sie auf Funding-Plattformen Projekte auswählen und damit Themen, die dann aufgegriffen werden. Die Partizipation der Förderer beschränkt sich zumindest gegenwärtig weitgehend auf Themenauswahl und -anregung und Feedback sowie auf finanzielle Unterstützung. Entsprechend erzielte die Aussage, dass Crowdfunding ausschließlich zur Finanzierung dienen sollte, den relativ hohen Zustimmungswert von 3,5 auf der Likert Skala. Mit einem positiven Wert von 3,1 stimmten die Befragten der Aussage zu, dass die eigentliche journalistische Arbeit jedoch ausschließlich von ausgebildeten Journalisten stammen sollte.

An diesem Punkt stellt sich die Frage, inwiefern genau dies zusammenfällt mit dem Anliegen, über Crowdfunding gerade Qualitätsjournalismus zu finanzieren. Alle Projektinitiatoren stimmen der Aussage zu, Qualitätsjournalismus sei unabhängiger Journalismus, basiere auf Recherchen und Korrektheit. Benjamin Stöß erläutert, dass „[...] qualitativ hochwertige Arbeit dann [entsteht], wenn man die Zeit und die Ressourcen hat, eine Geschichte sauber und in der nötigen Tiefe zu recherchieren und umzusetzen". Sachliche Richtigkeit ist ein zentrales Kriterium. Georg Dahm resümiert: „Qualitätsjournalismus wird betrieben von Profis, die ihr Handwerk verstehen und mit Leidenschaft die Geschichten machen, von deren Bedeutung sie überzeugt sind. Er braucht ein funktionierendes Geschäftsmodell, damit diese Profis unabhängig arbeiten können". Die Projektinitiatoren sind der Ansicht, Crowdfunding könne sich zu einem dieser Geschäftsmodelle entwickeln. Es bilde eine ernstzunehmende Alternative zu einer von Verlagen und anderen Entscheidern abhängigen Journalismus-Finanzierung.

Diese Meinung teilen auch die (potenziellen) Unterstützer. Mit einem der höchsten Werte von 3,7 auf der Likert Skala stimmt die Mehrheit der Befragten der Aussage zu, dass Crowdfunding unabhängigen Journalismus ermöglicht (siehe Abbildung 3). Auch bezogen auf das Kriterium ‚Qualität' punktet Crowdfunding. Das Gros bewertete Aussagen als wenig zutreffend, durch Crowdfunding leide die Qualität der journalistischen Produkte, diese Funktion sei also nicht für Qualitätsjournalismus geeignet. Stattdessen sind die meisten Befragten der Ansicht, Crowdfunding ermögliche Medienvielfalt. Sie sehen Crowdfunding als alternative Finanzierungsquelle von Qualitätsjournalismus, über die Journalisten tiefgehende, teils kostenintensive Recherchen in vielfältigen Themenfeldern betreiben können, die Projektinitiatoren und teils auch die Förderer unabhängig von Verlagen auswählen. Dieser Befund, der durch die Experteninterviews noch verstärkt wird, widerlegt z.B. die Einschätzung von Degen/Spiller (2014), das relativ breite Angebot an Qualitätsjournalismus in Deutschland hemme die Entwicklung von Crowdfunding.

Crowdfunding ist eine Finanzierungs-Möglichkeit, aber kein Königsweg; teilweise ist es eine Komponente in einer Mischfinanzierung. Das Wissenschaftsmagazin *Substanz* wurde außerdem noch über Eigenkapital und einen Förderkredit finanziert, erläutert Georg Dahm. *Fotos für die Pressefreiheit* wurde, schildert Mathias Wahler, auch über Anzeigen- und Logoplatzierungen bezahlt; ihr Team kalkulierte so, dass das Projekt alternativ in einer weniger aufwändigen Ausführung und damit auch bei einer gescheiterten Crowdfunding-Kampagne hätte realisiert werden können.

Stipendien, Stiftungen und gemeinnützige Organisationen sind weitere mögliche Finanzierungsbausteine im Portfolio; sie werden je nach Projekt und Rahmenbedingungen kombiniert. Crowdfunding hat den Vorteil, dass das Geld relativ schnell beschafft werden kann. Benjamin Stöß: „Von der Planung bis zum Start, [sic!] hatten [wir] einen sehr engen und festen Zeitrahmen. Einige Finanzierungsmöglichkeiten, wie bspw. Stipendien, konnten wir deshalb nicht in Anspruch nehmen. Daher haben wir uns für Crowdfunding entschieden, weil wir darüber die Menschen direkt ansprechen konnten, ohne über einzelne ‚Entscheider' gehen zu müssen“.

Abb. 3: Persönliche Einstellung der Befragten zu Crowdfunding

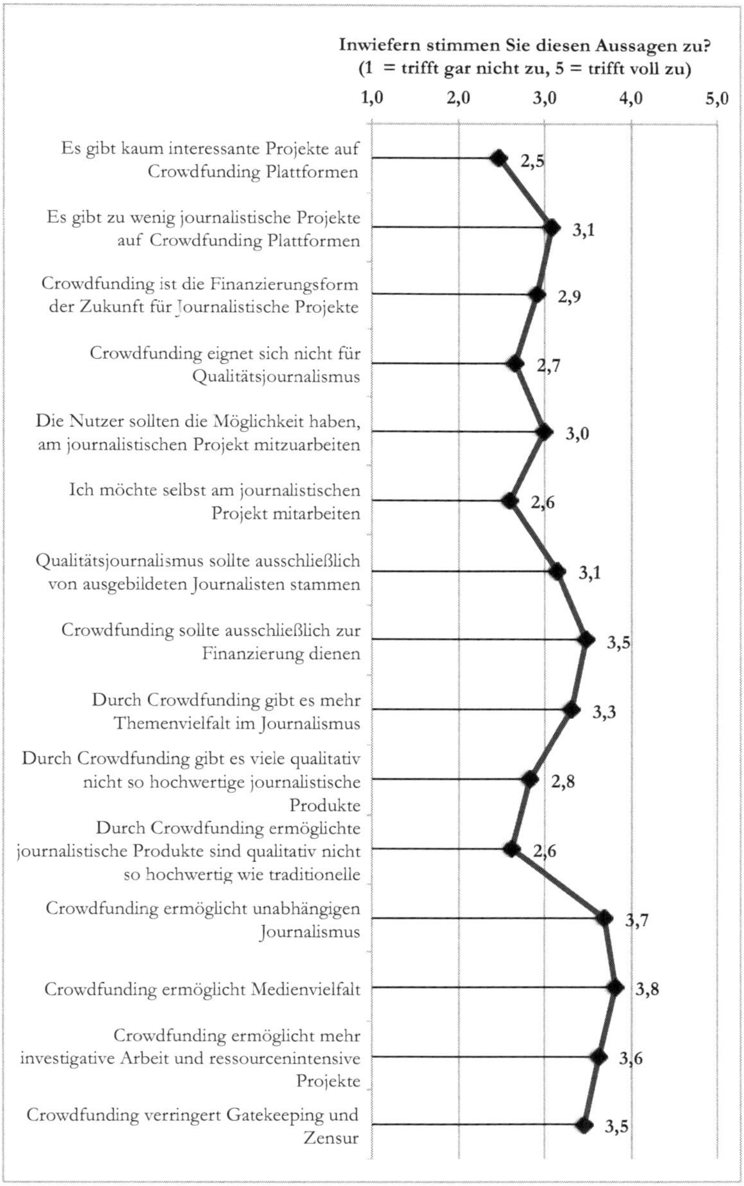

n = 42 , Quelle: eigene Darstellung

Zwei neuere Initiativen – *Correctiv* und *Deine Korrespondentin* –, die im Untersuchungszeitraum der Inhaltsanalyse noch nicht bestanden haben, unter anderem aber auch auf Erfahrungen der untersuchten Projekte aufbauen, wurden über Experteninterviews einbezogen. *Correctiv* wurde im Juli 2014 gegründet; das Interview mit Gründer David Schraven wurde ein Jahr danach geführt und ermöglichte eine erste Bilanz. Dieses erste gemeinnützige Recherchebüro in Deutschland sitzt in Essen und Berlin, arbeitet an investigativen Recherchen und setzt auf klassische Vor-Ort-Recherche, auf Datenjournalismus und Auskunftsrechte. Das Büro sieht sich als eine mögliche Antwort auf die Medienkrise, in der sich alte Geschäftsmodelle als immer weniger tragfähig erwiesen haben, und stellt auch Verlagen und Sendern in Deutschland Basis-Recherchen zur Verfügung, die diese für weiterführende Geschichten zum Beispiel in einzelnen Regionen verwenden können – Recherchen über Bedrohungen und Herausforderungen der Gesellschaft, Machtmissbrauch und Korruption in Politik, Wirtschaft, Sport und Kultur sowie Umwelt, Bildung, Gesundheit. *Correctiv* macht ein Bildungsprogramm, um die Methoden des aufklärenden Journalismus weiterzugeben und Bürger vor Ort in die Lage zu versetzen, sich Informationen zu beschaffen. Teil des Konzepts ist eine Community, in der man mit den Förderern ins Gespräch kommen will; dafür gibt es einen digitalen Konferenzraum als Platz für sein Feedback, Anregungen und Erklärungen. Manche Unterstützer tragen Informationen bei, andere Geld – Spenden und/oder Mitgliedsbeiträge – und sie können über den Crowdfunding-Bereich auch von Externen vorgeschlagene journalistische Projekte fördern.

Das andere Expertengespräch erfolgte mit Pauline Tillmann, Chefredakteurin des im Mai 2015 gestarteten digitalen Magazins *Deine Korrespondentin* (http://www.deine-korrespondentin.de/ueber-uns/), das die Sichtbarkeit von Frauen weltweit erhöhen will – über Geschichten, die als Text, Fotos, Audios oder Videos Erfahrungen weiblicher Vorbilder vermitteln, die Anregungen für das eigene Leben liefern sollen. Startbasis schuf eine Crowdfunding-Kampagne im Februar und März 2015 auf Startnext, über die 6.555 Euro eingeworben wurden. Die Plattform startete mit kostenlos angebotenen Geschichten, die Macherinnen – sieben Auslandskorrespondentinnen – hoffen aber, ihre Arbeit zeitnah über eine Bezahlschranke zu finanzieren. *Deine Korrespondentin* will, ähnlich wie *Correctiv,* gemeinnützig orientiert Bildungsarbeit betreiben und eine Community aufbauen, um kontinuierlich und aktiv ins Gespräch zu kommen mit ihrer Zielgruppe, sowie ein Netzwerk knüpfen aus engagierten Frauen, die sich solidarisieren – im Medienbereich und darüber hinaus. Erste Erfahrungen im Community-Dialog machten sie mit Skype-Chats, einem Kaminabend und Abendessen mit Pauline Tillmann, die man während der Crowdfunding-Kampagne als eine Möglichkeit des ‚Dankeschöns' buchen konnte. Tillmann beschreibt es als mühsam und aufwändig, eine solche Community aufzubauen, aber anders könne eine Nischenpublikation wie ihre nie gelingen: exklusiver Content allein genüge nicht mehr, man müsse dem Publikum anbieten, Teil einer exklusiven Community zu sein. Gerade ein digitales Magazin dürfe die analoge Welt nicht vernachlässigen.

Wie profitierten Tillmann und Schraven für ihre Projekte aus Erfahrungen zum Beispiel des Online-Magazins von *Krautreporter*? Das Risiko, dass Projekte trotz erfolgreichem Funding abstürzen, also sich nicht umsetzen lassen, muss reduziert werden, indem man Projekte betreut: *Correctiv* habe auch aus den *Krautreporter*-Erfahrungen die Lehre gezogen, an den Anfang eine Plausibilitätsprüfung der geplanten Recherchen zu stellen und die Pflicht, einen Finanzplan zu erarbeiten. Tillmanns Hauptlehre ist, demütiger aufzutreten. *Deine Korrespondentin* habe zunächst nur soviel Geld gesammelt wie für den Start nötig war, und dem Publikum am Beispiel von zwölf frei zugänglichen Geschichten zunächst den Stil des Produkts gezeigt, bevor für weitere Geschichten Geld verlangt wird. *Krautreporter* habe quasi Geld im Voraus gesammelt, und nun seien manche Unterstützer fast zwangsläufig enttäuscht, weil die Geschichten nicht so aussahen, wie sie sich das vorgestellt hatten.

Gefragt, inwiefern sie bewusst der sich ausbreitenden Medienverdrossenheit Gegenruder geben und welche Erfahrungen sie dabei machen, schildern beide, dass bei ihnen offenbar gegenwärtig nur positive Rückmeldungen ankommen. Schraven sagt, man habe bislang mit knapp 350 Mitgliedern (Stand: Ende Juni 2015) noch eine kleine Community. Es gebe darin keine Nörgler, sondern viele Unterstützer. Und das „Lamentieren über die bösen Bürger" finde er ohnehin nicht hilfreich. Er glaubt, sobald Journalisten aus ihrem Elfenbeinturm kommen, erledige sich das. Tillmann hingegen macht sich zwar Sorgen, weil es offenbar viele Menschen gebe, die sich aus Quellen informieren, die ihre Verschwörungstheorien und abstrusen Annahmen bestätigen. Aber auch sie glaubt, dass am ehesten nütze, selber als Journalistin so transparent wie möglich vorzugehen, Fehler kenntlich zu machen und einen Eindruck zu vermitteln über die Art wie Journalisten insbesondere im Ausland arbeiten.

5 *Fazit*

Crowdfunding wird sowohl von Projektinitiatoren als auch von den Unterstützern als eine von mehreren Möglichkeiten geschätzt, unabhängig von klassischen Finanzierungswegen Journalismus zu finanzieren, und zwar vorzugsweise investigative Recherchen und professionellen Journalismus, der sich zentralen Qualitätskriterien (Korrektheit, Sachgerechtigkeit, Detailtiefe etc.) verschreibt. Zu den bislang häufig finanzierten Projekten gehören aufwändige Rechercheereisen, aber auch Sportjournalismus. Die Community sieht sich als Förderer, bringt auch gerne Rechercheideen ein, sieht sich aber eher nicht in der Rolle derer, die aktiv mitarbeiten möchten; das entspricht der Ansicht der Projektinitiatoren. Nicht nur die Reaktionen auf das Krautreporter-Projekt zeigen, dass Crowdfunding in gewisser Weise ein Bereich ist, an dem sich auch veranschaulichen lässt, wie sich in der digitalen Mediengesellschaft nachhaltig Rollenbilder verändern. Das bezieht sich auf die Journalisten, die beispielsweise nicht mehr die Gatekeeper sind, aber auch auf das Publikum. Während die Rollenveränderung bei den Kommunikatoren vielfach beschrieben worden ist, gibt es bislang noch wenig systematische Befunde zu den Rollendifferenzierungen und zum Rollenselbstverständnis des Publikums. Das wäre nützlich, um das Potenzial, aber auch die Erfolgsaussichten des Crowdfunding als Finanzierungsmethode für Journalismus noch besser fassen zu können. Denn die Community übernimmt hier auch die Rolle des Gatekeepers, Sponsors und Evaluierers.

Konkret: Es wäre als Anschlussforschung erstens sinnvoll, die Argumentation der Community bezogen auf die Crowdfunding-Projekte genauer zu analysieren, beispielsweise als Fallstudie bezogen auf das zunächst hochgelobte und dann kritisierte Krautreporter-Magazin. Ein Ziel solcher Studien wäre herauszufinden, welche Rollen das Publikum hier ausfüllt und mit welcher Intensität; die vorliegende Analyse konnte aus forschungsökonomischen Gründen diese Ergänzung noch nicht leisten.

Zweitens ist notwendig, diese Art der systematischen Erforschung von Publikumsrollen und -funktionen zu erweitern. Sie ist auch nützlich, um den Dialog mit dem Publikum, der sowohl im Rahmen des Crowdfunding als auch generell im Journalismus eine irreversibel große Bedeutung erhalten hat, zielgerichteter und kompetenter zu führen.

Literatur

Aitamurto, Tanja (2011): The Impact of Crowdfunding on Journalism. In: Journalism Practice, 5 (4), S. 429-445.

Altmeppen, Klaus-Dieter (2006): Journalismus und Medien als Organisationen. Wiesbaden: VS.

Brüntje, Dennis (2013): Wie tickt die Crowd? Was finanziert die Crowd? Vortrag, gehalten beim ThEx-Forum in Erfurt, 18.11.2013. Online-Präsentation http://de.slideshare.net/Dan_Nice/th-ex-forum_abgerufen am 25. 07. 2015.

Brüntje, Dennis/Joenssen, Dieter W./Gossel, Britta M./Müllerleile, Thomas & Brehm, Maike (2014 a): Reward-Based Crowdfunding for technology-oriented Start-Ups – An empirical investigation along the entrepreneurship process. Vortrag gehalten beim G-Forum 2014 in Oldenburg, 13./14.11.2014. Online-Präsentation: http://de.slideshare.net/Dan_Nice/g-forum-2014bruentjeetal, abgerufen am 25. 07. 2015.

Brüntje, Dennis (2014 b): Die Masse machts – Crowdinvesting als Finanzierungsalternative. Vortrag, gehalten bei der Ferienakademie Gründungsmanagement, 25.09.2014. Online-Präsentation http://de.slideshare.net/Dan_Nice/die-masse-machts-crowdinvesting-als-finanzierungsalternative-ferienakademie, abgerufen am 25. 07. 2015.

Bruns, Axel (2008): Blogs, Wikipedia, Second Life, and beyond: from production to produsage. New York: Peter Lang.

Bruns, Axel (2010): „From Reader to Writer: Citizen Journalism as News Produsage". In: International Handbook of Internet Research. Edited by Jeremy Hunsinger, Lisbeth Klastrup, Matthew Allen, 119-134. Dordrecht: Springer.

Carvajal, Miguel/Garcia-Avilés, Jose A . & Gonzáles, José L. (2012): Crowdfunding and Non-Profit-Media – The emerge of new models for public interest journalism. In: Journalism Practise, 6 (5-6), 638-647.

Co:funding Handbuch. Crowdfunding, Crowdinvesting und Cofunding (2012). http://www.cofunding.de/Site-Service-Top/Crowdfunding-manual.html, abgerufen am 14.07.2014.

Crowdfunding Berlin (2014): http://www.crowdfundingberlin.com/de/portale/crowdfunding/ , abgerufen am 14.07.2014.

Crowdfunding.de (2014): http://www.crowdfunding.de , abgerufen am 14.07.2014.

Degen, Matthias & Spiller, Ralf (2014): Crowdfunding im Journalismus. In: Lobigs, Frank; von Nordheim, Gerret (Hrsg.) Journalismus ist kein Geschäftsmodell. Aktuelle Studien zur Ökonomie und Nicht-Ökonomie des Journalismus, Nomos: Baden-Baden, S. 201-218.

Ebner, Caroline (2015): Auf der Suche nach dem Zukunftsmodell. In: tagesschau.de, http://www.tagesschau.de/inland/ein-jahr-krautreporter-101.html, veröffentlicht am 14.06.2015, abgerufen am 20.06.2015.

Ebner, Caroline (2014): Hoffnungsprojekt für den Journalismus. In: tagesschau.de, http://www.tagesschau.de/inland/krautreporter-108.html, veröffentlicht am 13.06.2015, abgerufen am 20.06.2015.

Friedland, Lewis A. & Konieczna, Magda (2011): Finanzierung journalistischer Aktivitäten durch gemeinnützige Organisationen in den USA. Dortmund: Institut für Journalistik, http://www.wissenschaftsjournalismus.org/fileadmin/content_wj/Studie_Stiftungsfinanzierter_Journalismus_in_USA_final.pdf, abgerufen am 24.02.2015.

Für-Gründer.de (2013): Crowdfunding-Monitor 2013, http://bit.ly/1MqIn5 b , abgerufen am 24. März 2014.

Für-Gründer.de (2014): Crowdfunding-Monitor H1 2014, http://bit.ly/1HPPqRH , abgerufen am 16.02.2015.

Für-Gründer.de (2014): Crowdfunding-Monitor H1 2015, http://bit.ly/1L8TUa1, abgerufen am 24. Juli 2015.

Harzer, Alexandra (2013): Erfolgsfaktoren im Crowdfunding. In: Will, Andreas/Brüntje, Dennis (Hrsg.): Menschen – Märkte –Medien – Management: Schriftenreihe, Band 7. Ilmenau: ilmedia. Online: ; abgerufen am 25. 07. 2015.

Heinrich, Jürgen (2010): Medienökonomie. Band 1: Mediensystem, Zeitung, Zeitschrift, Anzeigenblatt, 3. Auflage, Wiesbaden: VS.

Hemer, Joachim/ Schneider, Uta/ Dornbusch, Friedrich & Frey, Silvio unter Mitarbeit von Dütschke, Elisabeth/Bradke, Charlotte (2011): Crowdfunding und andere Formen informeller Mikrofinanzierung in der Projekt- und Innovationsfinanzierung. Final report, Stuttgart: Fraunhofer Verlag.

Kaye, Jeff & Quinn, Stephen (2010): Funding Journalism in the Digital Age. Business Models, Strategies, Issues and Trends. New York: Peter Lang Publishing.

Kiefer, Marie Luise (2005): Medienökonomik. Einführung in eine ökonomische Theorie der Medien, 2., vollständig überarbeitete Auflage, München / Wien: Oldenbourg.

Kiefer, Marie Luise (2011): Die schwierige Finanzierung des Journalismus, in: Medien & Kommunikationswissenschaft, 59. Jg./Heft 1, 5-22. http://www.m-und-k.nomos.de/fileadmin/muk/doc/Aufsatz_MuK_11_01.pdf , abgerufen am 30.05.2015.

Kinnebrock, Susanne & Kretzschmar, Sonja (2012): Forschungsbericht Crossmedia 2012. In Zusammenarbeit mit dem Lokaljournalistenprogramm der Bundeszentrale für politische Bildung. Augsburg. http://www.bpb.de/gesellschaft/medien/137867/crossmedia, abgerufen am 12.07.2013.

Kuckartz, Udo, Ebert, Thomas, Rädiker, Stefan & Stefer, Claus (2012): Evaluation online. Internetgestützte Befragung in der Praxis. Wiesbaden: VS.

Langer, Ulrike (2013): Eine Crowd um sich versammeln. Interview mit Sebastian Esser zum Start der Plattform Krautreporter. http://medialdigital.de/2013/01/29/eine-crowd-um-sich-versammeln-interview-mit-sebastian-esser-zum-start-der-plattform-krautreporter/. Veröffentlicht am 29. Januar 2013, abgerufen am 30.05.2015.

Langer, Ulrike (2014): Das Publikum als Kreditgeber: Crowdfunding im Journalismus. In: Prinzing, Marlis / Wyss, Vinzenz (Hrsg.): Journalismus-Atelier. Recherche im Netz. Zürich: Europa, 219-236.

Lobo, Meike (2015): Krautreporter und die Suche nach der Relevanz. http://www.fraumeike.de/2015/krautreporter-und-die-suche-nach-der-relevanz/ , veröffentlicht am 14.01.2015, abgerufen am 20.06.2015.

Massolution (2012): Crowdfunding Industry Report 2012. http://www.scribd.com/doc/92834651/Massolution-abridged-Crowd-Funding-Industry-Report, abgerufen am 15.07.2014.

Massolution (2013): Crowdfunding Industry Report 2013. http://de.scribd.com/doc/92834651/Massolution-abridged-Crowd-Funding-Industry-Report, abgerufen am 15.07.2014.

Massolution (2015): Crowdfunding Industry Report 2015. http://www.crowdsourcing.org/editorial/global-crowdfunding-market-to-reach-344b-in-2015-predicts-massolutions-2015cf-industry-report/45376 , abgerufen am 23.07.2015.

Matter (2012): The world is full of big stories. We don't want them to go missing. https://www.kickstarter.com/projects/readmatter/matter. abgerufen am 24.03.2014.

Meyen, Michael & Riesmeyer, Claudia (2009): Diktatur des Publikums. Konstanz: UVK.

Muthukumaraswamy, Karthika (2010): When the media meet crowds of wisdom. How journalists are tapping into audience expertise and manpower for the processes of newsgathering. In: Journalism Practice, 4 (1), 48-65.

Neuberger, Christoph (2009): Internet, Journalismus und Öffentlichkeit. Analyse des Medienumbruchs. In: Neuberger, C., Nuernbergk, C. & Rischke, M. (Hrsg.): Journalismus im Internet. Profession – Partizipation – Technisierung. Wiesbaden: VS, 19-105.

Neuberger, Christoph (2012): Journalismus im Internet aus Nutzersicht. Ergebnisse einer Onlinebefragung. In: Media Perspektiven. 1, 40-55.

Kramp, Leif, Novy, Leonard, Ballwieser, Dennis & Wentzlaff, Karsten (2013): Journalismus in der digitalen Moderne. Einsichten – Ansichten – Aussichten. Wiesbaden: VS.

o.V. (2013): http://www.nps.gov/stli/learn/historyculture/joseph-pulitzer.htm , abgerufen am 15.05.2015.

Palen, Leysia & Liu, Sophia B. (2007): Citizen Communications in Crisis: Anticipating a Future of ICT-Supported Public Participation. CHI Procedings 2007, April 28-May 3, 2007, San Jose, California, USA. https://www.cs.colorado.edu/~palen/palen_papers/palen-crisis.pdf, abgerufen am 24.07.2015.

Picard, Robert (2010): A Business Perspective on Challenges Facing Journalism. In: Levy, David A. L./ Kleis Nielsen, Rasmus (Hrsg.): The Changing Business of Journalism and its Implication for Democracy. Oxford: Reuters Institute for the Study of Journalism, University of Oxford, 17-24.

Picard, Robert G./ Liu, Yu-Li (Hrsg.) (2014): Policy and Marketing Strategies for Digital Media, Routledge Studies in New Media and Cyberculture. London: Routledge, Chapman & Hall.

Porlezza, Colin & Splendore, Sergio. (2014): Crowdfunding journalism. In: Problemi dell'informazione, *Vol. 2, 279-282.*

Prinzing, Marlis (2016): Qualität im Journalismus. In: Heesen, Jessica (Hrsg.): Handbuch Informations- und Medienethik. Stuttgart: Metzler (im Erscheinen).

Röttger, Ulrike (2004): Theorien der Public Relations, Wiesbaden: VS.

Steinberg, Scott (2012): The Crowdfunding Bible. www.CrowdFundingGuides.com, abgerufen am 14.07.2014.

Thielsch, Meinald T. & Weltzin, Simone (2012): Online-Befragungen in der Praxis. In: Thielsch, Meinald T. & Brandenburg, Torsten (Hrsg.), Praxis der Wirtschaftspsychologie II – Themen und Fallbeispiele für Studium und Anwendung. Münster: MV Wissenschaft. http://www.thielsch.org/download/wirtschaftspsychologie/Thielsch_2012.pdf abgerufen am 24.07.2015.

Weischenberg, Siegfried, Malik, Maja & Scholl, Armin (2006): Die Souffleure der Mediengesellschaft. Report über die Journalisten in Deutschland. Konstanz: UVK.

Onlinequellen

(alle: 2015)
Correctiv https://correctiv.org
Crowdspondent http://crowdspondent.de
Deine Korrespondentin http://deine-korrespondentin.tumblr.com/
Der Zaun http://www.der-zaun.net/
Krautreporter: Über uns, https://krautreporter.de
Startnext http://www.startnext.de
Visionbakery http://www.visionbakery.com
Truth News, http://www.truthnews.de/

2. Kapitel:
Schnittstellen als Untersuchungsgegenstand

2.1 Untersuchungsobjekt „Benutzerschnittstellen“

Svenja Hagenhoff, Axel Kuhn

Klickst Du noch oder liest Du schon? Softwarebasierte Benutzungsschnittstellen als Chance und Risiko digitaler Buch-, Zeitschriften- und Zeitungsangebote

Der Beitrag konturiert Benutzungsschnittstellen digitaler Lesemedien als eigenständiges Forschungsthema an den Schnittstellen von Medieninformatik, Medienwirkungsforschung und Medienökonomie. Aufgezeigt werden Arbeitsgebiete, deren Wissensbestände miteinander verbunden werden können sowie erste Erkenntnisse bezüglich der Bedeutung der Benutzungsschnittstelle für Lesestrategien: Transparenz und Störung werden als Pole der Gestaltung der Benutzungsschnittstelle skizziert, die sich auf Lesemotivationen, Selektionsprozesse und Leseweisen der Leser auswirken können. Aus medienökonomischer Perspektive wird die Benutzungsschnittstelle dann als gestaltbare und wertstiftende Gütereigenschaft klassifiziert und Herausforderungen bei unternehmerischen Entscheidungen diesbezüglich aufgezeigt. Der Beitrag verdeutlicht den Stand der Forschung sowie Desiderate und versteht sich als Auftakt zur Etablierung eines neuen interdisziplinären Forschungsgebiets.

1 Digitale Lesemedien

Smartphones und Tablets haben sich in den letzten Jahren als mobile universelle Lesegeräte etabliert und das Lesen digitaler Texte hat an Popularität zugenommen, was sich auch in den Aktivitäten von Unternehmen wie Amazon oder Apple widerspiegelt, um immer mehr Leser für ihr Angebot an digitalen Texten und den dazugehörigen mobilen Lesegeräten zu gewinnen (vgl. Baron 2014, Pos. 160). Dies hat dazu geführt, dass Anbieter primär schriftcodierter Medien ihre Inhalte verstärkt in digitaler Form und spezifisch für diese Endgeräte aufbereiten.

Zur Nutzung dieser digitalen Inhalte sind Benutzungsschnittstellen erforderlich, welche den Zugang zu den digital codierten Informationen ermöglichen und nutzungs- und rezeptionsrelevante Funktionen bereitstellen. Sie übersetzen digital gespeicherten Code in menschenlesbare Zeichen, gestalten Inhalte und zeigen diese an. Darüber hinaus realisieren sie Möglichkeiten der Navigation durch die Inhalte, beispielsweise über eine Seitenunterteilung und die Imitation des Blätterns, über Lesezeichen und zu bestimmten Informationen verlinkte Inhaltsverzeichnisse. Textoberfläche und Benutzungsschnittstelle bestimmen somit in Wechselwirkung den Zugang und die Interaktion mit dem Text in spezifischer Weise.

Realisiert werden können digitale Lesemedien einerseits über *Container-Applikationen*, in die zu rezipierende Inhalte hineingeladen werden. Eine andere Möglichkeit ist die Bereitstellung *monolithischer Applikationen*, bei denen der funktionale Zugang fest mit dem Inhalt verbunden ist, wie bei den meisten multimedial angereicherten E-Books (Enhanced / Enriched / Interactive E-Books). Im Vergleich zu Container-Applikationen werden Inhalte, Funktionen und Benutzungsschnittstelle in monolithischen Applikationen nicht modular über einzelne Ebenen realisiert, sondern weisen eine einzigartige Produktarchitektur auf. Digitale Lesemedien divergieren stark zueinander, sowohl in Bezug auf die bereitgestellte Funktionalität für Textzugang und Interaktion, als auch in Bezug auf die technische und konzeptionelle Realisierung (siehe Abb. 1).

Abb. 1: Variationen digitaler Lesemedien: The Second Machine Age (oben links), The Fantastic Flying Books of Morris Lessmore (oben mitte), Our Choice (oben rechts), Stern (unten links), Frankfurter Allgemeine Sonntagszeitung (unten mitte), Die Zeit (unten rechts).

Da sich für digitale Lesemedien bislang keine Standards hinsichtlich ihrer Funktionen, ihrer Navigationskonzepte und ihrer Gestaltung herauskristallisiert haben, können Benutzungsschnittstellen von Lesern als erhöhtes Risiko der Mediennutzung wahrgenommen werden, da der Aufwand zum Erlernen des Zugangs als hoch eingeschätzt wird und ggf. nicht zwischen verschiedenen digitalen Lesemedien übertragbar ist. Diese Risikowahrnehmung drückt sich in veränderten Motivationen und Wirkungen digitaler Lesemedien aus, was wiederum die Kaufbereitschaft und das Kaufverhalten beeinflusst.

Für die Anbieter folgt daraus, dass ein Angebot digitaler Lesemedien ebenfalls ein Risiko darstellt, auch weil es an Erfahrungswissen hinsichtlich der Bedeutung der Benutzungsschnittstelle, an etablierten technischen Standards, an erprobten Organisationsprozessen sowie funktionstüchtigen Gestaltungskonzepten der Benutzungsschnittstelle fehlt. Gerade jetzt bieten sich dadurch aber auch Chancen durch Differenzierungsstrategien über den Textzugang im Feld der Anbieter. Benutzungsschnittstellen digitaler Lesemedien werden in dieser Perspektive zu einem komplexen Merkmal der Passung erfolgreicher Produktgestaltung zur erfolgreichen Bedürfnisbefriedigung der Leser.

In dieser Perspektive stellen sich Fragen, inwiefern Benutzungsschnittstellen digitaler Lesemedien so nutzerorientiert gestaltet werden können, dass sie für Leser kein Risiko hinsichtlich der Selektion und des Zugangs digitaler Texte darstellen und danach, ob sie in sich selbst einen Mehrwert für den Leser generieren können, der ökonomisch nutzbar ist und im Hinblick auf technische Limitierungen und organisatorische Anforderungen erreicht werden kann.

2 *Arbeitsgebiete und Stand der Forschung*

Benutzungsschnittstellen digitaler Lesemedien sind bisher selten Gegenstand spezifischer Forschungen und es liegen wenige konkrete Erkenntnisse und wissenschaftlich belegten Empfehlungen zu deren Gestaltung vor. Verschiedene wissenschaftliche Disziplinen und Arbeitsgebiete beschäftigen sich jedoch mit Benutzungsschnittstellen in anderen Zusammenhängen oder mit der Gestaltung von Medien im Allgemeinen. Potenzielle Übertragungsmöglichkeiten lassen sich in der Medieninformatik, der Software-Ergonomie, dem Interaktionsdesign, der Lese- und Leserforschung sowie den Medien- und Literaturwissenschaften identifizieren.

Die *Medieninformatik* beschäftigt sich mit Benutzungsschnittstellen in Bezug auf die Gestaltung von interaktiven Systemen und begreift diese als Hard- und Softwarekomponenten, die Nutzer bei der Ausführung von konkreten Aufgaben unterstützen. Waren mit Aufgaben ursprünglich Arbeitsprozesse im beruflichen Umfeld gemeint, so wird mittlerweile immer häufiger die Auffassung vertreten, dass auch Freizeitaktivitäten wie Computerspielen oder Videoschauen sowie alltägliche Aufgaben wie der Kauf einer Fahrkarte am Automaten als Aufgaben definiert werden können. Mit dem Aufkommen des Internets sowie mobiler Endgeräte wurde das Arbeitsgebiet auf stationäre und mobile Informations- und Transaktionsangebote ausgedehnt (vgl. beispielsweise Nielsen 2000 und 2013; Krug 2014) und insbesondere Systemparadigmen mit unterstellt unterschiedlichen Interaktionsgraden und -anforderungen voneinander unterschieden. Digitale Lesemedien lassen sich in die Systemparadigmen, welche in der Literatur präsentiert werden (z. B. Herczeg 2009 b, S. 43 ff.) nur schlecht einordnen, als eigenständiges Paradigma werden sie gar nicht klassifiziert.

Interaktive Systeme müssen dabei so gestaltet werden, dass sie Fähigkeiten und Grenzen der Nutzer berücksichtigen und in diesem Sinne menschengerecht sind (Herczeg 2009 a). Mit dieser Thematik beschäftigt sich die *Software-Ergonomie*, die ihren Ursprung in der Aufgabe der Gestaltung von Bildschirmarbeitsplätzen hat (vgl. Herczeg 2009 b, S. 140; erste Abhandlung vgl. Shackel 1959). Sie wurde seither auf allgemeine Computeranwendungen erweitert und erarbeitet Kriterien für deren Bedienbarkeit (vgl. Herczeg 2009 a, S. 141) an der Schnittstelle von Informatik, Arbeitspsychologie und Arbeitswissenschaft. In dieser Perspektive spezifiziert sie Gestaltungsprinzipien wie beispielsweise die Grundsätze der Dialoggestaltung, liefert Prozessmodelle zur Systemgestaltung und bietet Methoden zur Bewertung der Gestaltung von Computeranwendungen (vgl. beispielsweise Böttcher / Nüttgens 2013). Darüber hinaus ist die Entwicklung von Entwurfsmustern (Design Patterns) Gegenstand der Arbeiten: Entwurfsmuster knüpfen an wiederkehrende Interaktionsprobleme an und beschreiben breit akzeptierte Lösungsansätze für diese Probleme, die von Nutzern einmalig erlernt wurden und die intuitive Nutzung, musterkonformer Systeme unterstützt (vgl. Tidwell 2010, S. xiv).

Aus den Ursprüngen der klassischen Gestaltungswissenschaften Industriedesign und Kommunikationsdesign entstanden, beschäftigt sich auch das Arbeitsgebiet *Interaktionsdesign* mit der Gestaltung interaktiver Medien. Übernommen wurde aus dem Industriedesign das Ziel der Gestaltung von industriell hergestellten Produkten über deren Gebrauchstauglichkeit und aus dem Kommunikationsdesign die Formgebung von Nachrichten im Hinblick auf erfolgreiche Kommunikationsprozesse. Das dort integrierte Gebiet des Grafikdesigns weist mit typografischen Ansätzen der Schrift- und Schriftmediengestaltung eine lange Tradition in der adäquaten Gestaltung visuell kodierter Nachrichten auf. Grafikdesign und Typografie basieren dabei vor allem auf gestalterischen Schulen, weniger auf Theorien und Gestaltungsmodellen (vgl. Herczeg 2009 b, S. 7). Dies führt zu einem hohen Anteil künstlerischer Meinungen zu Gestaltungsfaktoren und einigen erprobten Standardlayouts für spezifische Textsorten, aber nur zu wenigen wissenschaftlich systematisierten und überprüfbaren Gestaltungskriterien im Hinblick auf Leseprozesse (vgl. Dyson 2004, S. 377; Nielsen 2000). Die Forschung zur Gestaltung von primär schriftcodierten Medien bleibt trotz einer jahrhundertelangen Geschichte weitgehend auf die Gestaltung der Schriftzeichen und ihrer Anordnung zueinander beschränkt (vgl. Jong 2015) und vor allem von Typografen in praktischen Regelwerken für Printprodukte dokumentiert (vgl. Ernst 2005, Forssman / Jong 2004, Willberg 2001, Willberg / Forssman 2010). Explizite Aussagen zur Gestaltung von Dokumenten und Lesemedien im digitalen Raum finden sich dort nicht, es wird lediglich darauf verwiesen, dass die allgemeinen Regeln medienunabhängig gelten würden (vgl. z. B. Willberg / Forssman 2010, S. 12). Trotzdem gibt es in Form der sogenannten Bildschirmtypographie ein Arbeitsgebiet, das sich mit den speziellen Gegebenheiten digitaler Medien auseinandersetzt, wobei hier insbesondere die praxisorientierte und künstlerische Websitegestaltung (vgl. Neutzling 2002; Heijnk 2011) und die Gestaltung digitaler Medien im Allgemeinen (vgl. Lehr / Brammer 2012) im Mittelpunkt stehen. Benutzungsschnittstellen sind im Hinblick auf ihren Einfluss auf den Leseprozess, hinsichtlich ihrer Gestaltungsparameter sowie ihrem ökonomischen Wert bisher in allen diesen Arbeitsgebieten allenfalls ein Randthema, aber kein ausgearbeiteter Forschungsgegenstand.

Auch in der interdisziplinären Lese- und Leserforschung zu digitalen Texten werden Benutzungsschnittstellen nicht als relevanter, eigenständiger Aspekt untersucht, sondern nur integrativ in verschiedenen Arbeitsfeldern unterschiedlicher Disziplinen betrachtet: Neurobiologie und Kognitionspsychologie analysieren im Arbeitsbereich ‚*Human-Computer-Interaction*‘ insbesondere die Nutzung der technischen Geräte in ihrem Einfluss auf den Leseprozess: im Mittelpunkt stehen Vergleichsstudien zwischen ‚Oberflächen‘ der Textdarstellung, insb. Papier, elektronisches Papier und Bildschirmtechnologien, sowie technikbedingte physische Nutzungshandlungen hinsichtlich der Auswirkungen auf die visuelle Wahrnehmung und kognitiven Verarbeitung des Lesers während des Lesens (vgl. für einen Überblick Hillesund 2010). Die Benutzungsschnittstelle spielt im Gegensatz zur materiellen Anzeigetechnologie im Regelfall aber keine Rolle. In weiteren sozialwissenschaftlichen Betrachtungen dominieren kommunikations- und wirtschaftswissenschaftliche Analysen der Nutzer digitaler Lesemedien und der Leser digitaler Texte, beschränkt meist auf die Typisierung unterschiedlicher Nutzergruppen über soziodemographische Daten.

Literatur- und Medienwissenschaften, die einen Großteil der bisherigen Forschung in diesem Bereich geleistet haben, fokussieren dagegen das digitale Medium an sich: Im Mittelpunkt stehen hier vor allem allgemeine funktionale Potenziale wie Hyperlinks oder Multimedialität, und deren Auswirkungen auf Textkomposition und Leseverstehen (vgl. beispielsweise Bolter 2001; Siemens / Schreibman 2008; Simanowski / Schäfer / Gendolla 2010). Auch hier spielt die Benutzungsschnittstelle als spezifische Gestaltungsebene eine untergeordnete Rolle, stattdessen werden insbesondere Print- und Hypertext in ihren Strukturen verglichen. Dabei werden teilweise auch Erkenntnisse aus der Forschung zu analogen Printmedien unreflektiert auf digitale Lesemedien übertragen, was dazu geführt hat, digitale Leseprozesse vor allem im Vergleich von Entitäten wie Text/Hypertext, Buch/E-Book oder Papier/Bildschirm zu betrachten. Wenig Beachtung findet hier auch, dass es ‚das' digitale Lesen als Gegenstand nicht gibt, sondern Leseprozesse unterschiedlich im Hinblick auf Textsorten, Lesemedien, Rezeptionssituationen und bedürfnisorientierte Lesestrategien bei einer bestimmten Kombination aus Lesereigenschaften, Kompetenzen und Zielsetzungen ablaufen.

Insgesamt lassen sich *grundlegende Probleme der bisherigen Erforschung digitaler Lesemedien* im Hinblick auf deren Benutzungsschnittstelle identifizieren: So werden Benutzungsschnittstellen bislang entweder nur sehr allgemein und undifferenziert betrachtet oder aber sie spielen bei der Betrachtung von Aspekten digitaler Medien im Allgemeinen bislang überhaupt keine Rolle. Erste eigenständige Definitionen digitaler Lesemedien, die auf deren genuinen Eigenschaften aufbauen und somit einzelne Aspekte wie die Benutzungsschnittstelle als Potential der Gestaltung identifizieren, entstehen erst in der Gegenwart (vgl. für einen ersten Ansatz Kuhn / Hagenhoff 2015). Um Benutzungsschnittstellen digitaler Lesemedien als eigenständige Formen typografischer Dispositive (vgl. Wehde 2000, S. 119) beschreiben zu können, ist es in einer ersten explorativen Herangehensweise deshalb sinnvoll, diese als gestalteten Aspekt des Leseprozesses zu charakterisieren.

3 Benutzungsschnittstellen im Leseprozess

3.1 Wechselwirkungen zwischen Benutzungsschnittstellen und Lesestrategien

Leseprozesse werden über disziplinäre Grenzen hinweg als komplexe Kommunikationsprozesse definiert: in vereinfachter Form werden Informationen in Form von schriftcodierten Signalen von einem Autor über ein Medium in einer bestimmten Form bereitgestellt und von einem Leser in einer bestimmten Form angeeignet. Diese Aneignung erfolgt über visuelle Wahrnehmungsprozesse als aktive Bedeutungskonstruktion des Lesers im Spannungsfeld der angebotenen medialen Form der Informationen und deren Interpretation im Rahmen individueller Eigenschaften und Wissensbestände. Dabei modulieren die Aufmerksamkeits-, Wahrnehmungs- und Gedächtnisfähigkeiten, Motivationen und Zielsetzungen sowie die vorhanden Lese- und Medienkompetenz des Lesers die Effizienz des Leseprozesses.

Das genutzte Medium gestaltet den Leseprozess maßgeblich mit, weil es als System von technischen, funktionalen und gestalterischen Einzelaspekten Informationen in Zeichen umwandelt, wobei dies die Schriftzeichen selbst, aber auch ihre räumliche Verortung im Kontext anderer Zeichen betrifft. Das Lesemedium erhält dabei den Status eines sprachunabhängigen Ausdrucks- und Bedeutungssystems mehrerer miteinander verbundener Gestaltungskomponenten, die in Relation zueinander Informationen transformieren (vgl. Bayer 2003, S. 40) und den Leseprozess über Aufmerksamkeit auf Komponenten, Konnotation von Wahrnehmung sowie kognitive und emotionale Wirkungen beeinflussen.

Die Benutzungsschnittstelle digitaler Lesemedien lässt sich in dieser Perspektive als eine Komponente oder genauer als *Eigenschaftsbündel aus funktionalen und ästhetischen Merkmalen* definieren: sie besteht aus gestalteten, technisch determinierten Funktionen des Textzugangs und der Textstrukturierung, die über ihre zu den Schriftzeichen relationale, räumliche Anordnung sowie ihre ästhetische Gestaltung beschrieben werden können. Als interaktive Systeme erfordern sie dabei Eingaben über physische Eingabegeräte und virtuelle Steuerelemente durch ihre Nutzer, die zu spezifischen Darstellungen des Texts auf dem genutzten Bildschirm führen (vgl. Burmester 2006, S. 258).

Sie ist somit als interaktive und dynamisierende Ebene des Leseprozesses einzuordnen, weil sie Texte als flexible Darstellungsoptionen definiert, die automatisierte oder über den Leser angepasste Darstellungen von schriftcodierten Inhalten erlaubt, und den Leseprozess deshalb in einer eigenständigen und spezifischen Form beeinflusst (vgl. Wardrip-Fruin 2010, S. 38).

Benutzungsschnittstellen erhalten dabei nicht nur den Status eines Zugangs, durch den Texte erlebt werden können, sondern können zu eigenständigen Rezeptions- und Nutzungsobjekten werden (vgl. Schäfer / Gendolla 2010, S. 87). Lesen und Benutzungsschnittstellennutzung beruhen dabei auf unterschiedlichen Rezeptionsmodi: Das Lesen von Schriftzeichen erzeugt vor allem internale Bedeutungskonstruktionen über die Vorstellungskraft des Lesers und führt zu imaginären Prozessen der Einbindung in die gelesenen Inhalte. Aktive physische Handlungen in Bezug auf eine Benutzungsschnittstelle beruhen dagegen viel stärker auf externen Stimuli und erzeugen Einbindung über die Wechselwirkung von Aktion und Reaktion im Hinblick auf interaktive Elemente, es stehen somit spielerische Elemente der Nutzung und ihre Wirkung im Vordergrund. Je nach Gestaltung ist die Benutzungsschnittstelle deshalb maßgeblich daran beteiligt, wie ein Text gelesen werden kann oder tatsächlich gelesen wird, denn sie wirkt sich auf Lesemotivationen, Lesestrategien und Lesewirkungen aus. Sie hat somit auch das Potenzial, traditionelle Leseweisen zu verändern oder gänzlich neue Leseweisen zu erschaffen. In einer vereinfachten Betrachtung lassen sich für die Rezeption schriftcodierter Informationen *zwei grundlegende Lesestrategien* skizzieren, die durch Benutzungsschnittstellen transformiert werden: Modi des kontinuierlichen und diskontinuierlichen Lesens beziehen sich dabei nicht auf die zeitliche Zuwendung, sondern auf Formen des Umgangs mit einem Text.

Kontinuierliche Lesestrategien fokussieren das Lesen längerer Texteinheiten in ihrer Gesamtheit und vorgegebenen Anordnung. Auch als ‚Tiefenlesen' bezeichnet, sind mit dieser Lesestrategie kognitive Bedeutungskonstruktionen des Textverstehens assoziiert, welche schlussfolgernd Strukturen rekonstruieren können, Vergleiche mit Wissensbeständen ermöglichen, kritische Reflektionen und Bewertungen enthalten und neue Wissensbestände in Form neuer oder veränderter mentaler Repräsentationen erzeugen können. Kontinuierliche Lesestrategien werden üblicherweise bei fiktionalen, erzählenden Texten genutzt, sind aber auch bei komplexen Argumentationsketten und in sich abgeschlossenen Teilen von nicht-fiktionalen Sachtexten erforderlich. Zielsetzungen kontinuierlicher Lesestrategien sind ästhetische oder emotionale Einbindung bis zur möglichen Immersion in einen Text oder das Erzielen von Wissenszuwächsen aus komplexen Zusammenhängen. Im Mittelpunkt steht hier somit die individuelle Bedeutungskonstruktion des Lesers aus dem Angebot, das Text und Lesemedium bereitstellen. Im Hinblick auf digitale Texte zeigt sich, dass die diese umgebende Computertechnologie sich direkt auf diese Lesestrategie auswirkt, denn diese wird als universeller Zugang zu einer Fülle medialer Anwendungen (beispielsweise Social Media, World Wide Web, Games, Video, Audio) wahrgenommen, was zu Aufmerksamkeitsstörungen führt, das Leseverstehen sowie die Lesegeschwindigkeit verringert und kontinuierliche Lesestrategien deshalb negativ beeinflusst (vgl. Baron 2014, Pos. 171; Mangen 2008, S. 406 und 410; Nowak 2008, S. 4). Benutzungsschnittstellen haben daran ihren Anteil, beispielsweise wenn sie den Wechsel in andere Anwendungen direkt ermöglichen, Statusmeldungen anderer Anwendungen einblenden oder Zugriffsleisten auf andere Anwendungen anzeigen. Eine andere Wahrnehmung von Texten ermöglichen dagegen E-Reader als digitale Lesemedien, welche Lesegewohnheiten aus Printmedien in den digitalen Raum übertragen und deren technische (elektronisches Papier), funktionale und ästhetischen Merkmale imitieren, damit kontinuierliche Lesestrategien unterstützen und deshalb auch insbesondere zum Lesen belletristischer Langtexte genutzt werden. (vgl. Bläsi / Kuhn 2011, S. 588). Auch hier verweist die Benutzungsschnittstelle auf die Lesestrategie, denn die Benutzungsschnittstellen von E-Readern werden bei bisherigen Modellen während des Lesens im Regelfall ausgeblendet.

Diskontinuierliche Lesestrategien umfassen in der Regel verschiedene Aspekte, die sich im weitesten Sinne auf das zielgerichtete Suchen von Informationen in einem Text beziehen. Sie umfassen Begriffe wie ‚Skimming', ‚Scanning' oder ‚Browsing' und werden auch als fragmentarisches Lesen bezeichnet, weil sie die durch den Autor vorgegebene Reihenfolge von Texteinheiten umgehen. Diskontinuierliche Lesestrategien sind abhängig von Strukturierungs- und Navigationselementen, weswegen sie mit den interaktiven Möglichkeiten digitaler Lesemedien (Suchmaschinen, direkte Verlinkung) besonders gut korrelieren. Diskontinuierliche Lesestrategien beinhalten in der Regel zumindest kurze Episoden kontinuierlichen Lesens, denn sobald Schlüsselwörter oder spezifische Formulierungen entdeckt und die umgebende Texteinheit als nützlich angesehen wird, wird diese tiefergehend gelesen. Diskontinuierliche Lesestrategien werden üblicherweise bei nicht-fiktionalen Texten (Fach- und Sachtexte) sowie bei Zusammenstellungen voneinander unabhängiger Texteinheiten (Zeitungen, Zeitschriften, Websites) angewendet. Zielsetzungen sind vor allem instrumentell in Form gezielter Informationssuche oder in Form der Suche nach Stimuli in Bezug auf individuelle Stimmungslagen. Für digitale Lesemedien gilt die Dominanz diskontinuierlicher Lesestrategien als weitgehend nachgewiesen: Hypertextstrukturen, virtuelle Räume und flüchtige Zeichenanzeigen erzeugen vernetzte Einzeltexteinheiten, die in keiner linearen Anordnung gelesen werden, sondern über ständige Selektionen subjektiv zusammengestellt werden (vgl. Bolter 2001; Liu 2005, S. 705).

3.2 Benutzungsschnittstellen zwischen Transparenz und Störung

Analog zur Informationstheorie (vgl. Shannon / Weaver 1949) kann der Einfluss der Benutzungsschnittstelle auf die vorgestellten Lesestrategien über das Konzept von Transparenz und Störung des Kommunikationsprozesses definiert werden: Je transparenter der Textzugang wahrgenommen wird, beispielsweise durch standardisierte und damit erwartete und intuitiv wahrgenommene Bedienungs- und Gestaltungskonventionen der Benutzungsschnittstelle, desto größer wird die Einbindung des Rezipienten in den vermittelten Inhalt: die Benutzungsschnittstelle ‚verschwindet' während der Nutzung aus der bewussten Wahrnehmung. Tritt die Benutzungsschnittstelle dagegen in der Wahrnehmung in den Vordergrund, beispielsweise wenn technische Probleme auftreten oder Gestaltungskonventionen gebrochen werden, bezeichnet man dies als Störung, wobei diese als neutral bewertete Unterbrechung der Transparenz gilt und positive wie negative Wirkungen haben kann.

Störungen der Transparenz sind dabei als psychologische Reize definiert, die nicht ignoriert werden können und Reaktionen hervorrufen (vgl. Baron 2014, Pos. 4172; Mangen 2008), klassische Beispiele sind intensive Farben, Bewegungen, Bildinformationen oder wahrgenommene Handlungsaufforderungen. Eine Folge von Störungen ist eine erhöhte kognitive Belastung des Lesers, denn Störungen erzeugen grundsätzlich Aufmerksamkeit, erfordern selektivere Wahrnehmungen, erzwingen zusätzliche Gedächtnisleistungen und forcieren Bedeutungskonstruktionen aus unterschiedlichen Informationen des Inhalts und des Mediums. Bei komplexen Aufgaben wie dem Lesen übersteigt eine hohe Zahl an Störungen im Regelfall die Leistungsfähigkeit des Gehirns (vgl. Baron 2014, Pos. 4172).

Die Auswirkungen von Störungen lassen sich als emotionale und kognitive Reaktionen beschreiben, die vom Leser negativ, zum Beispiel als Kontrollverlust, oder positiv, zum Beispiel als Überraschung, erlebt werden können. Sie wirken sich aber in jedem Fall auf die Bedeutungskonstruktionen aus dem gelesenen Inhalt aus, werden aber auch im Hinblick auf die Erwartungen des Lesers an die Benutzungsschnittstelle sowie der Beziehung der Störung zum Inhalt vom Leser bewertet.

Benutzungsschnittstellen digitaler Lesemedien bewegen sich in ihren Gestaltungsoptionen somit immer zwischen maximaler Transparenz und intendierter Störung, was sich bewusst oder unbewusst auf die Lesestrategien ihrer Nutzer auswirkt. Eine transparente Gestaltung der Benutzungsschnittstelle dient in erster Linie dem effizienten und effektiven Zugriff auf Inhalte und der Koordination von Handlungen und Wahrnehmungen des Lesers unter Minimierung möglicher Ablenkungen.

Für die Erzeugung von Transparenz hat sich in der Software-Ergonomie als Synonym der ‚Bedienbarkeit' eines Systems durch menschliche Nutzer der Begriff der Gebrauchstauglichkeit (Usability) etabliert. Diese ist definiert als „das Ausmaß, in dem ein Produkt durch bestimmte Benutzung in einem bestimmten Nutzungskontext genutzt werden kann, um bestimmte Ziele effektiv, effizient und zufriedenstellend zu erreichen" (DIN EN ISO 9241-11 1998, S. 4). Die Gebrauchstauglichkeit ist im Gegensatz zu frühen Ansätzen (vgl. Grudin 1992; Nielsen 1993) kein objektives Faktum, sondern wird durch den situativen Kontext des Nutzers und der Nutzung bestimmt. Sie umfasst damit nicht nur die Einfachheit der Bedienbarkeit, sondern dessen Nützlichkeit im Hinblick auf spezifische, kontextualisierte Aufgaben des Nutzers. Die Gebrauchstauglichkeit einer Benutzungsschnittstelle wird in dieser Perspektive zu einem von Lesern erwarteten und positiv bewerteten Qualitätsmerkmal von Lesemedien und muss sich auf spezifische Lesemotivationen und Lesestrategien beziehen.

Auch in der klassischen Perspektive der Typografie gilt als oberstes Ziel die Sicherstellung eines möglichst transparenten Textzugangs für einen anstrengungsfreien und als angenehm empfundenen Leseprozess. Basierend auf der Entwicklung von Gestaltungsparametern in Abhängigkeit der Wahrnehmungsleistung und Verarbeitungskapazität des menschlichen kognitiven Apparats sollen Textoberflächen so standardisiert und erwartungskonform wie möglich gestaltet werden, dass deren physiologische und psychologische ‚Bedienung' aus der Wahrnehmung des Lesers verschwindet und so wenig kognitive Belastung wie möglich erzeugt (vgl.

Willberg 2001, S. 35). Die *Leserlichkeit* als Kernbereich der angewandten Typografie bezieht sich dabei im Wesentlichen auf die fehlerfreie und schnelle visuelle Wahrnehmung eines oder einer Folge von Schriftzeichen (vgl. Jong 2015). Relevant sind Schriftart (Buchstabenform und Schriftgröße), Informationsdichte (Buchstaben- und Zeilenabstand) sowie Textformat (Zeilenlänge und -umbruch), wobei sich die Leserlichkeit insgesamt immer über die Relationen von Schriftgröße, Zeilenlänge und Zeilenabstand zueinander definiert. Das Konzept der *Lesbarkeit* ist für die Betrachtung der Benutzungsschnittstelle aber die gewinnbringendere Perspektive denn sie bezieht sich auf die Merkmale der Oberflächenstruktur eines Textes im Hinblick auf den motorischen, perzeptiven und kognitiven Aufwand des Textverstehens (vgl. König 2004, S. 70). Lesbarkeit bezieht sich zum einen darauf, dass Textoberflächen Aufmerksamkeits- und Wahrnehmungsprozesse bewusst oder unbewusst auf bestimmte Schriftzeichen, Folgen von Schriftzeichen oder andere grafische Zeichen lenken. Zum anderen bestimmt aber vor allem die Strukturierung und Gliederung eines Textes die Lesbarkeit, die auch von der Benutzungsschnittstelle geleistet werden muss. Die Visualisierung von Strukturierungen kann dabei unmittelbar verständnisfördernd oder -erschwerend wirken, indem sie Textteile über deren räumliche Anordnung in der Fläche trennt oder verbindet und somit argumentative oder narrative Abfolgen des Textes darstellt. Die visuelle Unterstützung von Textmerkmalen unterstützt im besten Fall die Lesestrategien des Rezipienten, erhöht dessen Orientierung im Text, lenkt die Aufmerksamkeit in spezifischer Abfolge und dient damit der Einbindung des Lesers in den Text. Somit entlastet eine passende Gestaltung den gesamten kognitiven Apparat des Lesers. Standardisierte Layouts, die durch Auszeichnungssprachen im digitalen Raum erzeugt werden, sind dabei bisher nicht für alle Textsorten und Lesestrategien gleich gut geeignet (vgl. Bunia 2013, S. 171). Dies spricht für eine differenzierter Betrachtung der Gestaltung der Benutzungsschnittstelle, auch im Hinblick auf transparente Textzugänge.

Störungen des Leseprozesses über Elemente der Benutzungsschnittstellen werden in Gestaltungshinweisen weit weniger thematisiert. Für bestimmte, meist kontinuierliche Lesestrategien wird allerdings bereits die Unterbrechung an sich als negativ bewertet (vgl. Mangen 2008, S. 413). In der Perspektive der Typografie werden Störungen allerdings eigene Semantiken zugesprochen, die das Potential haben, Bedeutungskonstruktionen während des Lesens zu verändern und die immer dann eingesetzt werden können, wenn Aussagen über Genrekonventionen und standardisierte Textsorten hinaus gestaltet werden sollen oder Anregungen zum Nachdenken geschaffen werden sollen (vgl. Drucker 2008).

Benutzungsschnittstellen digitaler Lesemedien verändern insgesamt die Relationen der Herstellung von Transparenz und Störungen für den Leseprozess durch mehrdimensionale Textanzeigen ohne physische Flächengrenzen, sie selbst betreffende Rezeptionserlebnisse, die integrative Verwendung von sich in Analogmedien ausschließenden Kommunikationskanälen sowie die interaktive Einbindung der Leser in die Darstellungsprozesse selbst. Die Herstellung von Transparenz wird insbesondere im Hinblick auf kontinuierliche Lesestrategien erschwert, gleichzeitig bieten sich Möglichkeiten positiv bewerteter Störungen für diskontinuierliche Lesestrategien. Allerdings muss danach gefragt werden, ob diese Gestaltungsmöglichkeiten vom Leser erkannt werden und einen Einfluss auf die Auswahl bestimmter Lesemedien und Benutzungsschnittstellen haben können.

3.3 Benutzungsschnittstellen als Selektionskriterium der Leser

Im Kontext des konkreten Lesers stellt sich deshalb die Frage, wie und warum Leser mit bestimmten Bedürfnissen konkrete digitale Lesemedien auswählen (vgl. Simanowski 2010, S. 17) und ob die Benutzungsschnittstelle hierbei eine zentrale Rolle spielt. Erste Studien deuten darauf hin, dass intensive Nutzer digitaler Lesemedien einen Ausschnitt der Gesamtheit an Lesern darstellen, die mittels spezifischer Angebote direkt angesprochen werden können und einen möglichst transparenten Zugang zu digitalen Texten erwartet. Diese Leser nutzen vorwiegend diskontinuierliche Lesestrategien mit dem Ziel der Informationssuche, in diesem Zusammenhang auch bevorzugt Angebote mit interaktiven und multimedialen Elementen, solange sie ihre Lesestrategien nicht behindern (vgl. Bläsi / Kuhn 2011, S. 588). Die Selektionsentscheidungen zur Nutzung eines spezifischen digitalen Textes erfolgen dabei immer im Hinblick auf bestimmte Bedürfnisse, Erwartungen, Kompetenzen und Zielsetzungen des Lesers, wobei Gebrauchstauglichkeit und Ästhetik im Hinblick auf Transparenz und Störung je nach Bedürfnis der Leser eine unterschiedliche Gewichtung erfahren. Stehen unterschiedliche digitale Lesemedien für den gleichen Inhalt zur Verfügung, kommt der Benutzungsschnittstelle aus Sicht des Lesers deshalb durchaus eine bisher anteilig unbestimmte Wertigkeit im Hinblick auf die Auswahl zu: Aussagen zu Vor- und Nachteile von spezifischen E-Readers, Tablet-Computern, Leseapplikationen und den Darstellungsmöglichkeiten der Texte finden sich beispielsweise in Leserforen und Produktbewertungen sehr häufig. Für diskontinuierliche Lesestrategien und nicht-fiktionale Texte werden insbesondere interaktive Leistungen der Benutzungsschnittstelle bewertet, beispielsweise Strukturierungsmechanismen für den Text, gezielte Zugriffswerkzeuge auf einzelne Texteinheiten sowie eine visuell kleinteilige und übersichtliche Darstellung der Texteinheiten. Für kontinuierliche Lesestrategien spielen insbesondere auch ästhetische Merkmale der Benutzungsschnittstelle eine Rolle, die eine Zuordnung des Textes zu Subkulturen, geographischen Regionen oder spezifischen Themen ermöglichen und somit im Sinne von Genre-Konventionen Erwartungen und Erleben der Leser lenken können. Die Leser sind sich dabei der Vor- und Nachteile spezifischer Benutzungsschnittstellen und Lesemedien durchaus bewusst (vgl. Doll 2012) und wählen digitale Lesemedien auch unter diesen Aspekten aus.

Im Hinblick auf Selektionsentscheidungen muss deshalb detaillierter danach gefragt werden, inwiefern maximale Transparenz der Benutzungsschnittstelle über Standardisierungen oder intensive Störungen der Transparenz durch einzigartige Elemente Einfluss auf die Auswahlentscheidungen der Leser nehmen. Hierbei spielen erneut die Bedürfnisse der Leser eine entscheidende Rolle: Störungen sind für diese gegenüber Transparenz immer dann sinnvolle Gestaltungskomponenten, wenn Leseweisen gewünscht werden, die auf spielerische Erfahrungen, Überraschungen und Abwechslung ausgerichtet sind und aus diesen positive Emotionen erzeugen können. Derart gestaltete Benutzungsschnittstellen finden sich gegenwärtig insbesondere in Enhanced E-Books und E-Zines und sind bislang vor allem bei Kinderbüchern erfolgreich, da deren Lesemotivation oftmals noch aus emotionalem Erleben und Neugier resultiert. Einen Mehrwert bieten Störungen zudem auch für Lesebedürfnisse, die als Anregung für kreative, eigenständige Bedeutungskonstruktionen dienen sollen (vgl. Baron 2014, Pos. 4138), also Reize für Bedeutungskonstruktionen über den Inhalt eines Textes hinaus bieten soll. Benutzungsschnittstellen als sichtbare Eigenschaft eines digitalen Textes werden somit zu einem differenzierten Selektionskriterium des Lesers je nach dessen aktueller Bedürfnisdisposition und Stimmungslage, auch wenn die tatsächliche Wertigkeit der Benutzungsschnittstelle im Selektionsprozess gegenüber dem Lesemedium an sich, dem Inhalt und der Lesesituation bisher nicht genauer bestimmt wurde. In dieser Perspektive kann ihr auch ein ökonomischer Wert aus Sicht der Anbieter digitaler Lesemedien zugeschrieben werden.

4 Benutzungsschnittstellen aus ökonomischer Perspektive

4.1 Benutzungsschnittstellen als Gütereigenschaft

Digitale Lesemedien sind in wirtschaftswissenschaftlicher Sicht Güter, die ein Bündel aus verschiedenen Eigenschaften darstellen. Diese Eigenschaften bedienen Präferenzen des Nutzers (s.o.) und haben deswegen Einfluss auf Nutzungs- beziehungsweise Erwerbsentscheidungen und auf Zahlungsbereitschaften. Eigenschaften von Mediengütern werden in der medienökonomischen Diskussion vereinfacht zwei Bereichen zugeordnet: Erstens dem Inhalt als primärem Nutzenstifter und zweitens dem Träger, welcher den Inhalt transportiert (vgl. Sjurts 2011, Stichwort Medienprodukt). Die Eigenschaften, welche aus der Beschaffenheit des Trägermediums resultieren, wie z. B. Papierqualität oder Design, sind in Bezug auf die Kaufentscheidung nachrangig, bzw. sie erzeugen höchstens einen derivativen Zusatznutzen, sie sind jedoch nicht der Beweggrund für die Nachfrage nach dem Medienprodukt. Benutzungsoberflächen digitaler Lesemedien wären in dieser Argumentation ebenso wie die Qualität des Papiers eines Printmediums eine nachrangige Eigenschaft, die sich aus der physischen Beschaffenheit des Trägermaterials ableiten ließe. Diese Sicht setzt voraus, dass der primäre Nutzenstifter, der Inhalt des Mediums, hinreichend einzigartig ist um die Nutzungsentscheidung alleinig zu steuern.

Eine Vielzahl von Textsorten, wie Nachrichten, Lehr- oder Ratgeberstoffe oder auch belletristische, generische Genres wie Kriminal- oder Frauenromane sind jedoch nicht hinreichend einzigartig, so dass eine Auswahl eines spezifischen Produkts auch von der Gestaltung des Medienguts abhängt und Covergestaltung, Format, Papierqualität, Typographie usw. einen messbaren Einfluss auf die Selektionsentscheidung nehmen. Eine differenziertere Argumentation erscheint deshalb sinnvoll: Mowshowitz identifiziert fünf Dimensionen, in denen ein Mediengut einen Wert für seinen Nutzer generieren kann (vgl. Mowshowitz 1999, S. 234–238): Der *Informationskern* (1) enthält Informationen in Form von Inhalt oder auch ‚Statements' wie z.B. Quellcode einer Software. Die *Speicherung* (2) ist die Voraussetzung für die zeitliche oder räumliche Weitergabe von Informationen zwischen Produktion und Nutzung. Unterschiedliche Speichermedien stiften deshalb unterschiedliche Werte für Anbieter und Nachfrager. Die *Verarbeitung* (3) zielt auf die Möglichkeiten der Reorganisation, Aktualisierung, Darstellung und Durchsuchbarkeit ab. Die physische Beschaffenheit des Guts schafft Möglichkeiten oder limitiert diese. Die *Distribution* (4) tangiert den Wert eines Guts, falls die Geschwindigkeit des Erhalts eine Bedeutung für Anbieter und Nutzer hat. Und zuletzt ist die *Präsentation* (5) des Informationskerns als zwingende Voraussetzung für Nutzungsmöglichkeiten wertstiftend. Hierzu gehören die Benutzungsschnittstelle und die gestalterische Aufbereitung der Zeichen. Der Gesamtwert eines Medienguts wird aus allen Dimensionen erzeugt, wobei diese alle zunächst als gleichgewichtet angesehen werden und in ihrer konkreten Wertigkeit stark von Bedürfnissen und Erwartungen der Nutzer abhängen.

In dieser Betrachtung werden Gebrauchstauglichkeit und ästhetische Gestaltung digitaler Lesemedien zu einem möglichen Differenzierungspotential für Anbieter und können als Möglichkeit für eine über den Inhalt hinausgehende Unique Selling Proposition im Hinblick auf bestimmte Leser und Lesestrategien beschrieben werden. Die Benutzungsschnittstelle erhält den Status einer mehr oder weniger wertstiftenden Eigenschaft, welche ein nicht näher bestimmtes Maß an Zufriedenheit des Nutzers im Umgang mit einem Medienprodukt stiftet und dem Anbieter entsprechend mehr oder weniger viel Aufmerksamkeit und Aufwand im Leistungserstellungsprozess der Gestaltung widmen müssen.

Um den Zusammenhang zwischen Bedürfnissen und Zufriedenheit eines Nutzers mit der Beschaffenheit eines Medienguts grundsätzlich zu erfassen, bietet die betriebswirtschaftliche Forschung verschiedene Ansatzpunkte und Modelle (vgl. für eine Übersicht Hinterhuber / Matzler 2009). Diese helfen, Eigenschaften von digitalen Lesemedien zu klassifizieren und wertstiftende Aspekte in der Produktentwicklung abzuleiten. Das *Kano-Modell* (vgl. Kano et al. 1984) unterscheidet beispielsweise drei[1] Faktoren, die für die Betrachtung dieses Zusammenhangs eine Rolle spielen: *Basisfaktoren* (1) sind Eigenschaften, die zwingend erfüllt sein müssen, damit Produkte keine generelle Ablehnung erfahren. Über diese Eigenschaften kann entsprechend keine Wettbewerbsposition definiert werden, weil ihr Vorhandensein die Grundlage darstellt, in einem spezifi-

1 Präzise unterschieden werden fünf Faktoren, von denen jedoch zwei im Modell keine weitere Rolle spielen (Indifferent quality elements sowie Reverse quality elements).

schen Markt zu agieren. In der Terminologie Herzbergs et al. (1959) handelt es sich um Hygienefaktoren. *Leistungsfaktoren* (2) stellen optionale Zusatzfaktoren dar, welche die Basisfaktoren aufwerten. Je höher der Leistungsgrad eines Guts im Gegensatz zu anderen Produkten, desto zufriedener reagieren Nachfrager. Deswegen ist ein hoher Leistungsgrad ein Differenzierungskriterium im Wettbewerb mit anderen Anbietern. *Begeisterungsfaktoren* (3) schließlich sind Eigenschaften eines Guts, die Nachfrager nicht erwartet haben. Solche ‚überraschenden' Eigenschaften führen zu ausgeprägter Zufriedenheit, erzeugen aber beim Fehlen keine Unzufriedenheit. Sie bieten daher in der Argumentation Kanos ein großes Potential zur Differenzierung eines Unternehmens von seiner Konkurrenz. Die Selektionsentscheidungen von Lesern lassen sich aber nur zum Teil mit optimaler Leseerfahrung begründen, stattdessen werden durchaus auch jene Produkte ausgewählt, die zur Befriedigung von Bedürfnissen ‚gut genug' sind, sofern weitere positive Attribute wie beispielsweise niedrige Kosten oder einfache Zugänglichkeit gegeben sind. Ob ‚optimale'Benutzungsschnittstellen als Begeisterungsfaktoren in Zahlungsbereitschaft umgewandelt werden können, oder ob diese die Gefahr des kostenintensiven Over-Engineerings in sich tragen, ist deshalb noch zu untersuchen.

4.2 Benutzungsschnittstellen als Aspekt der Leistungserstellung

Die differenzierte Gestaltung vieler Eigenschaften von Gütern resultiert in einer steigenden Variation von Gut zu Gut und von Kunde zu Kunde. Dies wiederum führt zu einer steigenden Komplexität des Prozesses der Leistungserstellung in Unternehmen. Im Zuge der Entwicklung der Leistungserstellung vom Handwerk zur industriellen Massenproduktion sind Produktvariationen reduziert sowie Produkte und auch Prozesse mit dem Ergebnis erheblicher Kostenreduktionen standardisiert worden. Der Buchdruck mit beweglichen Lettern ist das früheste Beispiel der Industrialisierung, gut 300 Jahre vor den Veränderungen der Leistungserstellung anderer Gewerbe. Weitere Beispiele für Standardisierungen und Variantenreduktionen aus der Geschichte des Lesens sind die allgemeine Normierung von Papierformaten (zur Entwicklungsgeschichte vgl. Maier o. J.), die spezifische Standardisierung von Zeitungsformaten in den 1970er Jahren oder die Einführung von industriell gefertigten Bucheinbänden, die das individuelle Binden des Buches gemäß Käuferwunsch abgelöst hat. Während andere Branchen im Zuge der Möglichkeiten der Mass Customization etablierte Produktstandardisierungen gegenwärtig zugunsten einer erhöhten Variation von käuferrelevanten Produkteigenschaften wieder abgelöst haben und dabei große Herausforderungen zwischen der externen und internen Varietät (vgl. Hagenhoff 2015) lösen müssen, sind gedruckte Lesemedien nach wie vor hochstandardisierte Massenerzeugnisse, deren Exemplare in Bezug auf die Präsentation der Textoberfläche für einen jeden Kunden unabhängig von dessen Präferenzen identisch ist.

Ist die Benutzungsschnittstelle von digitalen Lesemedien ein mögliches Differenzierungspotential, so ist es das Ziel einer bereitstellenden Organisation diese Produkteigenschaft möglichst effizient zu erzeugen. Ein hohes Maß an Standardisierung von Lesemedium zu Lesemedium innerhalb eines Verlags oder gar unternehmensübergreifend ist dann ein sinnvolles Ziel. In Bezug auf die Organisation der Leistungserstellung kommt anstelle einer Make- eine Buy-Strategie in Frage, bei der die Bereitstellung der Benutzungsschnittstelle durch einen Dienstleister vorgenommen werden kann. Diese Strategie kann auch transaktionskostentheoretisch begründet werden: je weniger strategisches Potenzial die Erstellung einer Leistung aufweist, desto ökonomisch sinnvoller ist der Fremdbezug vom Markt. Je mehr Nachfrager die Anbieter von Tools zur Erzeugung von Benutzungsschnittstellen digitaler Lesemedien haben, desto reifer und besser beherrschbar werden die Technologien, desto schneller geschieht eine De-facto-Standardisierung des Textzugangs, da Entwurfsmuster produktübergreifend diffundieren. Digitale Lesemedien können im Ergebnis dann ein hohes Maß an Homogenität in Bezug auf den Zugang und die Interaktion mit dem Text aufweisen (siehe Abb. 2). Dies kann soweit führen, dass sich digitale Lesemedien einer Textsorte vor allem in Bezug auf die Aspekte unterscheiden, welche die Leserlichkeit ausmachen, kaum aber in Bezug auf die Aspekte der Lesbarkeit (s. o.).

Ist die Benutzungsschnittstelle ein Leistungs- oder ein Begeisterungsfaktor und damit von strategischer Bedeutung, so müssen unternehmensübergreifende Variationen erzeugt werden, im Extremfall ist die leserindividuelle (Teil-)Konfiguration der Benutzungsschnittstelle und Textoberfläche erforderlich. Situativ ubiquitäre Zugänge zu Texten erfordern weitere Ausdifferenzierungen der Umgebungen an Lesesituationen, Lesestrategien, Leseerfahrungen und Leseerwartungen, denen nur mit weiter ausdifferenzierten Produkteigenschaften Rechnung getragen

Abb. 2: Digitale Varianten der Zeitschriften Capital, Stern und Geo.

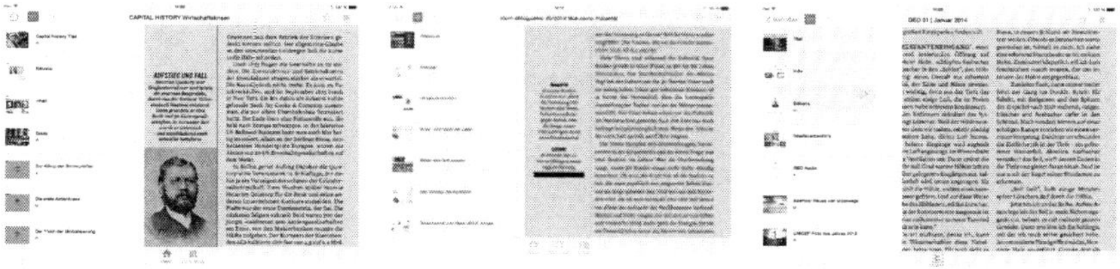

werden kann: Standardisierte Leistungserstellungsprozesse, die nur wenig Produktvariation zulassen und Lesemedien erzeugen, die sich an eine einzige klar definierte Zielgruppe richten, können so argumentiert mehr und mehr in Frage gestellt werden. Erforderlich ist dann eine Individualentwicklung von Tools oder Routinen, mit denen Benutzungsschnittstellen unternehmensindividuell oder gar dynamisch leserindividuell erzeugt werden können. Eine Ausdehnung der Variation führt dann wiederum zu erhöhter Komplexität mit Herausforderungen der Beherrschbarkeit und Effizienz von Prozessen und auch resultierenden Produkten (zum Komplexitätsmanagement vgl. z. B. Schoenenberg 2014). Während Verlage als etablierte Anbieter von Lesemedien über lange historische Zeiträume Kompetenzen der eigentlichen typografischen Textgestaltung angehäuft haben, sind technologiebezogene Kompetenzen, die für die Gestaltung technologischer, funktionsfähiger Präsentationsumgebungen erforderlich sind, noch unterausgeprägt. Der Aufbau von Kompetenzen ist aber von hoher strategischer Relevanz. Organisationstheoretisch spannend ist die Frage, ob der Aufbau dieser Kompetenzen innerhalb der etablierten Organisation erfolgen kann, oder ob hierfür ‚Inkubator'-Strukturen erforderlich sind, also zunächst Parallelorganisationen aufgebaut werden, innerhalb derer die erforderliche Kompetenz reifen kann.

5 Ausblick

Bisher existiert keine genuine Forschung zu Benutzungsschnittstellen digitaler Lesemedien. Verschiedene Arbeitsgebiete lassen zwar die Übertragung von Theorien und Ergebnissen zu, trotzdem gibt es bisher zu wenige Erkenntnisse im Hinblick auf erfolgreiche oder erfolgversprechende Gestaltungskonzepte. In einer interdisziplinären Perspektive erscheint es deshalb sinnvoll, Einsichten an den Schnittstellen kommunikationswissenschaftlicher, medieninformatischer und medienökonomischer Perspektiven zu erzeugen. Dies steht im Einklang mit gegenwärtigen Modellen der Medienkommunikation, die Medien nicht nur als Übertragungskanäle oder Kommunikationsvermittler verstehen, sondern als „komplexe institutionalisierte Systeme um organisierte Kommunikationskanäle von spezifischem Leistungsvermögen" (Saxer 1999, S. 6). Benutzungsschnittstellen sind in dieser Perspektive eine Eigenschaft digitaler Lesemedien, die eine spezifische Bereitstellungsqualität digitaler Texte implizieren und damit ein spezifisches Leistungsvermögen für Produzenten und Rezipienten generieren. Betrachtungen der Lesemotivationen, des Leseprozesses und der Lesewirkungen müssen deshalb genauso berücksichtigt werden wie die Zielsetzungen und organisatorischen Möglichkeiten und Grenzen der Anbieter.

Ein besonderes Problemfeld ergibt sich dabei aus Aspekten medialer Konvergenz, die mit der Nutzung interaktiver Benutzungsschnittstellen für Lesemedien einhergehen: Je nach Ausgestaltung der interaktiven und multimedialen Elemente der Benutzungsschnittstellen können digitale Lesemedien beispielsweise eher als Computerspiel oder Video wahrgenommen werden. Die damit verbundenen spielerischen Merkmale der Mediennutzung und physische Handlungen werden dann nicht nur zu einem relevanten Teil des Rezeptionsprozesses, sondern können auch dazu führen, dass es zu einer erheblichen Diskrepanz zwischen Erwartungen der Leser und Leseerleben kommt. Um hier weitere Erkenntnisse zu erhalten, können weitere Übertragungsleistungen aus der Erforschung anderer Medien hilfreich sein: Theoretische Ansätze anderer Disziplinen, beispielsweise im Hinblick auf die ökonomische Organisationstheorie, auf medienwissenschaftliche Betrachtungen der Performanz von Benutzungsschnittstellen, auf die Informatik im Hinblick auf die Mensch-Maschine-Interaktion oder auf die Ludologie (als Lehre vom Spielen ein Teilbereich der Spielwissenschaft) und Ansätzen von Flow-Erleben aus den Games Studies können weitere Einsichten erzeugen, die bisherige Ansätze zu Lesestrategien, Gestaltung und Angebot ergänzen und erweitern. Viele der in diesem Beitrag angeführten Aspekte der Gestaltung von Benutzungsschnittstellen für digitale Lesemedien sind zudem theoretischer Natur oder werden in der Literatur nur als logische Schlussfolgerungen abgeleitet. Es fehlt deshalb an detaillierten empirischen Arbeiten, um über diese theoriebasierten Thesen hinaus Wissen zur Bedeutung der Benutzungsschnittstelle als relevante Eigenschaft digitaler Lesemedien zu generieren.

Literatur

Baron, N. (2014): Words Onscreen: The Fate of Reading in a Digital World. Oxford: Oxford University Press.

Bayer, S. K. (2003): Bildschirmtypographie. Technische und psychologische Determinanten der Gestaltung von Online-Dokumenten (Alles Buch. Studien der Erlanger Buchwissenschaft III). Erlangen.

Bläsi, C. & Kuhn, A. (2011): Lesen auf mobilen Lesegeräten 2011. In: Media Perspektiven 12, S. 583-591.

Bolter, J. D. (2001): Writing Space: Computers, Hypertext, and the Remediation of Print. 2., überarbeitete Aufl. Hillsdale: Lawrence Erlbaum.

Böttcher, B. & Nüttgens, M. (2013): Überprüfung der Gebrauchstauglichkeit von Anwendungssoftware. In: HMD: Praxis der Wirtschaftsinformatik 294(50), S. 16-25.

Bunia, R. (2013): Elektronisches Layout. In: Binczek, N. & Dembeck, T. & Schäfer, J. (Hrsg.): Handbuch Medien der Literatur. Berlin / Boston: deGruyter, S. 169-178.

Burmester, M. (2006): Usability und Design. In: Schmitz, R. (Hrsg.): Kompendium Medieninformatik. Berlin, Heidelberg, New York: Springer, S. 245-309.

Doll, J. (2012): Are tablets killing our attention span for books? In: The Wire, 05.03.2012. URL: http://www.thewire.com/entertainment/2012/03/are-tablets-killing-our-attention-span-books/49504 [03.03.2015].

Drucker, J. (2008): The Virtual Codex from Page Space to E-Space. In: Siemens, R. / Schreibman, S. (Hrsg.): A Companion to Digital Literary Studies (Blackwell Companions to Literature and Culture 50). Oxford: Blackwell.

Dyson, M. C. (2004): How physical text layout affects reading from screen. In: Behavior & Information Technology 23, S. 377-393.

EN ISO 9241-11: Ergonomische Anforderungen für Bürotätigkeiten mit Bildschirmgeräten – Teil 11: Anforderungen an die Gebrauchstauglichkeit; Leitsätze (ISO 9241-11:1998). Deutsche Fassung EN ISO 9241-11:1998.

Ernst, A. (2005): Wechselwirkung. Textinhalt und typografische Gestaltung. Würzburg: Königshausen & Neumann.

Forssman, F. & Jong, R. de (2004): Detailtypographie. Mainz: Hermann Schmidt Verlag.

Grudin, J. (1992): Utility and usability: Research issues and development contexts. Interacting with Computers 4(2), S. 209-217.

Hagenhoff, S. (2015): Standardisierung und Differenzierung in der Verlagswirtschaft. In: Jahresbericht der Erlanger Buchwissenschaft 2014. Erlangen, S. 23-35.

Heijnk, S. (2011): Texten fürs Web. Heidelberg: dpunkt.Verlag.

Herczeg, M. (2009 a): Einführung in die Medieninformatik. München, Wien: Oldenbourg.

Herczeg, M. (2009 b): Interaktionsdesign. München: Oldenbourg.

Herzberg, F. & Mausner, B. & Snyderman, B. B. (1959): The Motivation to Work. 2. Aufl. New York: Wiley.

Hillesund, T- (2010): Digital reading spaces: How Expert readers handle books, the web and electronic paper. In: First Monday – peer reviewed journal on the internet 4(15). URL: http://firstmonday.org/article/view/2762/2504 [03.03.2015].

Hinterhuber, H. & Matzler, K. (2009): Kundenorientierte Unternehmensführung. Wiesbaden: Gabler.

Jong, R. de (2015): Typografische Lesbarkeitskonzepte. In: Rautenberg, U. / Schneider, U. (Hrsg.): Lesen – ein Handbuch. Berlin, New York: deGruyter (im Druck).

Kano, N. & Seraku, N. & Takahashi, F. (1994): Attractive Quality and Must-be Quality. In: Journal of the Japanese Society for Quality Control 2(14), 147-156.

König, A. R. (2004): Lesbarkeit als Leitprinzip der Buchtypographie. Eine Untersuchung zum Forschungsstand und zur historischen Entwicklung des Konzeptes ‚Lesbarkeit' (Alles Buch. Studien der Erlanger Buchwissenschaft VII). Erlangen.

Krug, S. (2014): Don't make me think, revisited. Berkeley, Calif.: New Riders.

Kuhn, A. & Hagenhoff, S. (2015): Digitale Lesemedien. In: Rautenberg, U. / Schneider, U. (Hrsg.): Lesen – ein Handbuch. Berlin, New York: deGruyter (im Druck).

Lehr, M. & Brammer, R. (2012): Digitales Publizieren für Tablets. Heidelberg: dpunkt. Verlag.

Liu, Z. (2005): Reading behavior in the digital environment: changes in reading behavior over the past ten years. In: Journal of Documentation 6(61), S. 700-712.

Maier, T. (ohne Jahr): Raumnot und Weltformat. Über die Normung der Papierformate. In: Typojournal Ausgabe 3, S. 89-95.

Mangen, A. (2008): Hypertext fiction reading: haptics and immersion. In: Journal of Research in Reading 4(31), S. 404-419.

Mowshowitz, A. (1992): On the market value of information commodities. In: Journal of the American Society for Information Science 3(43), S. 225-248.

Neutzling, U. (2002): Typo und Layout im Web. Reinbek: Rowohlt.

Nielsen, J. (1993): Usability Engineering. San Diego: Morgan Kaufmann.

Nielsen, J. (2000): Designing web usability Indianapolis, Ind.: New Riders.

Nielsen, J. & Budiu R. (2013): Mobile Usability: für iPhone, iPad, Android und Kindle. Wachtendonk: mitp.

Nowak, L. (2008): Digital reading theory and its relationship to academic reading practices. In: Scroll – Essays on the Design of Electronic Text 1(1), S. 1-7.

Saxer, U. (1999): Der Forschungsgegenstand der Medienwissenschaft. In: Leonhard, J.-F. u. a. (Hrsg.): Medienwissenschaft. Ein Handbuch zur Entwicklung der Medien und Kommunikationsformen (Handbücher zur Sprach- und Kommunikationswissenschaft 15,1). 1. Teilband. Berlin, New York: deGruyter, S. 1-14.

Schäfer, J. & Gendolla, P. (2010): Reading (in) the Net. Aesthetic Experience in Computer-Based Media. In: Simanowski, R. & Schäfer, J. & Gendolla, P. (Hrsg.): Reading Moving Letters. Digital Literature in Research and Teaching. A Handbook (Medienumbrüche 40). Bielefeld: transcript, S. 81-108.

Schoenenberg, K.-P. (2014): Komplexitätsmanagement in Unternehmen. Berlin: SpringerGabler.

Shackel, B. (1959): Ergonomics for a Computer. Design 120, S. 36-39.

Shannon, C. E. & Weaver, W. (1949): The mathematical theory of communication. Urbana.

Siemens, R. & Schreibman, S. (Hrsg.) (2008): A Companion to Digital Literary Studies (Blackwell Companions to Literature and Culture 50). Oxford: Blackwell.

Simanowski, R. & Schäfer, J. & Gendolla, P. (Hrsg.) (2010): Reading Moving Letters. Digital Literature in Research and Teaching. A Handbook (Medienumbrüche 40). Bielefeld: transcript.

Simanowski, R. (2010): Reading Digital Literature. In: Simanowski, R. & Schäfer, J. & Gendolla, P. (Hrsg.): Reading Moving Letters. Digital Literature in Research and Teaching. A Handbook (Medienumbrüche 40). Bielefeld: transcript, S. 15-28.

Sjurts, I. (2011): Gabler Lexikon Medienwirtschaft. Wiesbaden: Gabler.

Tidwell, J. (2010): Designing interfaces: Patterns for Effective Interaction Design. Cambridge, MA: O'Reilly Media.

Wardrip-Fruin, N. (2010): Five Elements of Digital Literature. In: Simanowski, R. & Schäfer, J. & Gendolla, P. (Hrsg.): Reading Moving Letters. Digital Literature in Research and Teaching. A Handbook (Medienumbrüche 40). Bielefeld: transcript, S. 29-57.

Wehde, S. (2000): Typographische Kultur. Eine zeichentheoretische und kulturgeschichtliche Studie zur Typographie und ihrer Entwicklung. Berlin: deGruyter.

Willberg, H.-P. & Forssman, F. (2010): Lesetypografie. 5. Aufl. Mainz: Hermann Schmidt.

Willberg, H. P (2001): Wegweiser Schrift. Erste Hilfe für den Umgang mit Schriften. Was passt – was wirkt – was stört. Mainz: Hermann Schmidt.

Svenja Schäfer, Nicoletta Pittner, Melanie Magin, Birgit Stark

Alles nur Marke? Eine experimentelle Untersuchung zur Qualitätsbewertung von Suchmaschinen-Trefferlisten aus der Nutzerperspektive

Obwohl eine Vielzahl an Suchmaschinen zur Verfügung steht, vertrauen Nutzer insbesondere in Deutschland fast ausschließlich einer Marke: Google. Da sich der gewaltige Vorsprung von Google nicht durch technische Überlegenheit erklären lässt, wurde mit Hilfe eines Online-Experiments (2x2 Between Subject Design) der Einfluss der Trefferlistenmarke auf die Qualitätsbewertung von Suchmaschinen-Trefferlisten untersucht. Die Ergebnisse zeigen, dass Google im Vergleich zu Bing über eine höhere wahrgenommene Markenstärke verfügt und den Konkurrenten in allen Dimensionen (Vertrauen, Sympathie, Einzigartigkeit und Position der Marke im Relevant Set) übertrifft. Dennoch wirkt sich die Marke nicht auf die Bewertung der Trefferlisten aus. Lediglich für Google zeigt sich ein positiver Zusammenhang zwischen dem Vertrauen in die Marke und der wahrgenommenen Trefferlistenqualität, was eine mögliche Erklärung für den herausragenden Erfolg des Unternehmens darstellt.

1 Einleitung

Bei der Beschaffung und Verbreitung von Wissen und Informationen im Internet sind Suchmaschinen nahezu unverzichtbar. Aufgrund der permanenten Zunahme verfügbarer Webseiten sind die Nutzer auf Suchmaschinen geradezu angewiesen (Machill und Beiler 2008, S. 159), weil diese die Fülle an Online-Informationen strukturieren und die Navigation im Netz dadurch erleichtern (Gordon und Pathak 1999; Pan et al. 2007; Röhle 2010). Da sich Onlinenutzer beim Surfen im Internet auf Trefferlisten verlassen (Li et al. 2014; Pan et al. 2007; Pitta et al. 2012), kontrollieren Suchmaschinen den Informationsfluss und haben damit eine Gatekeeper-Funktion inne (Barzilai-Nahon 2008). So ermöglichen sie dem User einen schnellen und einfachen Zugriff auf unzählige Netzinhalte, welche – so die Theorie – gefiltert und auf die jeweilige Suchanfrage angepasst, dem Nutzer sofort die exakten, geforderten Informationen bereitstellen. Doch ist dies tatsächlich der Fall? Liefern verschiedene Suchmaschinen immer genau die gewünschten Informationen oder gibt es möglicherweise qualitative Unterschiede? Welche Rolle spielt die Qualität der Ergebnislisten für den Nutzer? Kann es sein, dass die subjektive Beurteilung dieser Qualität (auch) markenabhängig getroffen wird? Spezifischer gefragt: *Wie wirkt sich die Marke einer Suchmaschine auf die Bewertung der Qualität von Trefferlisten aus der Nutzerperspektive aus?* Dies untersucht die vorliegende Studie mittels eines Online-Experiments.

Schweiger (2004) betont, dass für die Beurteilung der Suchleistung durch den User nicht nur technologische Aspekte entscheidend sind, sondern auch das Markenimage und die Markenpopularität als bestimmende Nutzungsmotive in die Bewertung einfließen. Spätestens seit das Verb „googlen“ als Synonym für die Suche im Internet in den Duden und damit offiziell in den deutschen Wortschatz aufgenommen wurde (Duden.de 2013), ist die Marktdominanz der Suchmaschine Google eindeutig. Ein Marktanteil von 95 Prozent in Deutschland (Statista 2015 a) unterstreicht die ökonomische Relevanz der Forschungsfrage. Das Internet hat sich innerhalb weniger Jahre zu einer selbstverständlichen Infrastruktur unserer Gesellschaft entwickelt (Mattern 2008, S. 11). Allein in Deutschland sind – mit steigender Tendenz – 79 Prozent der Einwohner ab 14 Jahren zumindest gelegentlich online (van Eimeren und Frees 2014, S. 380) und 82 Prozent der Onliner verwenden Suchmaschinen mindestens wöchentlich. Damit ist die Nutzung von Suchmaschinen neben der allgemeinen Informationssuche die häufigste Anwendung im Netz (van Eimeren und Frees 2014, S. 386) und erklärt die grundsätzliche Bedeutsamkeit des Forschungsfeldes auch aus gesellschaftlicher Perspektive. Die Literatur (vgl. Kap. 4) liefert bezüglich der Frage nach der Bedeutung der Marke für die Bewertung der Trefferlistenqualität bisher widersprüchliche Ergebnisse. Während einige Studien einen Zusammenhang zwischen der Suchmaschinenmarke und der wahrgenommen Trefferlistenqualität nachweisen können (Ataullah & Lank, 2010; Zhang et al., 2010) ist dies bei anderen Studien nicht zutreffend (Bailey, Thomas & Hawking, 2007; Jansen, Zhang, & Schultz, 2009). Aus kommunikationswissenschaftlicher Sicht ist es notwendig, diese Widersprüche auszuräumen.

Im Folgenden wird zunächst ein Überblick über die Funktion und Bedeutung von Suchmaschinen sowie der Rolle von Marke und Qualität gegeben. Anschließend wird die Methode des durchgeführten Online-Experiments erläutert und die Ergebnisse werden vorgestellt sowie diskutiert.

2 Der Suchmaschinenmarkt

Für die Mehrheit der 1,5 Milliarden Internetnutzer weltweit (Rieder 2011) gehören Suchmaschinen als „Rettung aus der Informationsüberlastung“ (Schweiger 2004, S. 38) zu einer selbstverständlichen Anwendung im Netz. Deren Hauptfunktion ist die Erzeugung von Trefferlisten, die widerspiegeln, was die jeweilige Suchmaschine bezüglich einer Suchanfrage aus einem Pool aus indizierten Web-Angeboten als relevant erachtet (Lewandowski 2013; Pan et al. 2007). Da diese Aufgabe nicht von den Nutzern selbst übernommen werden kann, sind sie stark abhängig von Suchmaschinen, um im Internet fündig zu werden. Für die meisten Nutzer, ganz besonders in Deutschland, ist diese Form der Komplexitätsreduktion mit nur einem Anbieter verbunden: Google. Mit einem Jahresumsatz von 66 Milliarden US-Dollar im Geschäftsjahr 2014 (Statista 2015 b) ist Google eines der kapitalstärksten (Medien-)unternehmen (Wäscher 2014) und weltweiter Marktführer in der Beantwortung von Suchanfragen: In den USA erfolgen fast zwei Drittel (64%) aller Suchanfragen über Google. Zweitstärkster Suchmaschinenanbieter ist Bing, der aber nur ein Fünftel (20%) aller Suchanfragen beantwortet (Lella 2015). Auf dem deutschen Markt wird die Vormachtstellung von Google noch deutlicher: Fast alle (95%) Suchanfragen erfolgen über die Suchmaschine Google, zweitstärkster Anbieter ist – wie auch in den USA – Bing. Jedoch beläuft sich der Anteil der Suchanfragen, für die Bing genutzt wird, hierzulande auf gerade einmal zwei Prozent. Erst dann folgen Yahoo (2%), T-Online (1%) und weitere Anbieter, deren Marktanteil deutlich unter einem Prozent liegt (Statista 2015 a).

Früher waren die Nutzerpräferenzen dadurch zu erklären, dass Google technisch bessere Suchergebnisse bot. Ein Vergleich der technischen Leistungen verschiedener Suchmaschinen zeigt, dass Google diesen Vorsprung inzwischen verloren hat: Die Suchleistung unterscheidet sich nur noch minimal zwischen den einzelnen Suchmaschinen (Eastman und Jansen 2003; Griesbaum 2004; Lewandowski 2008, 2013; Véronis 2006). Die Nutzer aber nehmen das anders wahr. Studien zeigen, dass die Trefferlistenqualität von Google stets am höchsten bewertet wird (Stark et al. 2014; Jansen et al. 2009). Womit lässt sich diese Einschätzung begründen? Eine mögliche Erklärung hierfür ist die Art der kognitiven Informationsverarbeitung, die bei der Bewertung von Trefferlisten durch die Nutzer angewandt wird. Informationsverarbeitung erfolgt situationsabhängig systematisch oder heuristisch (Chaiken 1980). Im Internet werden

Informationen in der Regel heuristisch und unreflektiert verarbeitet (Cothey 2002). Für die Nutzung von Suchmaschinen-Trefferlisten gilt, dass aufgrund der Intransparenz des Internets eine hohe Unsicherheit seitens der Nutzer besteht und diese deshalb eher eine heuristische Strategie bei der Websuche anwenden. Der Suchprozess wird dabei stark beeinflusst durch oberflächliche Hinweisreize (heuristic cues), von denen die Nutzer auf die Validität der Informationen schließen. Dazu zählen beispielsweise die Platzierung von Links weit oben auf der Trefferseite und fettgedruckte Suchbegriffe (Stark et al. 2014). Ein weiterer „heuristic cue" der die Bewertung der Suchergebnisse beeinflusst, könnte die Suchmaschinenmarke sein. Dieser Einfluss ist bislang jedoch nur vereinzelt untersucht worden (vgl. Kap. 4). An dieser Forschungslücke setzt die vorliegende Studie an.

3 Suchmaschinenmarken und Qualität

Für die Nutzer ist es fast unmöglich, die Leistung von Suchmaschinen zu bewerten, weil sie die Trefferrelevanz und das Ranking nicht überprüfen können (Machill und Beiler 2008). Die Leistungsbewertung der Suchmaschine ist deshalb möglicherweise stärker von der Marke als von der tatsächlichen Qualität der Trefferliste beeinflusst. Denn Marken bieten Orientierung und Hilfe in Situationen, die durch Entscheidungsunsicherheit geprägt sind (Beyer und Carl 2012, S. 162). Die Markenstärke als Konstrukt ist schwer messbar, weil die Wahrnehmung von und die Entscheidung für eine Marke häufig unbewusst erfolgen. Das Markenverständnis lässt sich nach de Chernatony und Riley (1998) in *fassbare* Markencharakteristika (wie beispielsweise Name, Design oder Logo der Marke) und *nicht fassbare* Markencharakteristika (wie zum Beispiel Werte oder Ideen, die mit der Marke verbunden werden, sowie die Markenpersönlichkeit) gliedern. Diese Eigenschaften beeinflussen die Wahrnehmung einer Marke und damit die Markenstärke (Jones 1986). Die Markenstärke setzt sich nach Gutjahr (2011) aus den Dimensionen Vertrauen, Sympathie, Einzigartigkeit und Position der Marke im Relevant Set des Kunden zusammen. Ungeklärt ist bislang, welche Rolle die Markenstärke einer Suchmaschinenmarke für den Suchprozess im Internet spielt. Die Marke einer Suchmaschine könnte sich auf verschiedenen Ebenen auswirken, etwa auf die Wahl der Suchmaschine, die Bewertung der Trefferliste, die Auswahl von Links auf der Ergebnisseite und auf die Wahrnehmung der Ergebnisseite im Ganzen (Jansen et al. 2009).

Bei der Wahrnehmung der Trefferlistenqualität stellt sich die Frage, wie sich diese konzeptionieren lässt. Ein Ansatz zur Bewertung von Suchmaschinen wurde von Xie et al. (1998) formuliert. Die Autoren wenden das SERVQUAL-Modell, ein Instrument zur Bewertung von Dienstleistungen, auf den Untersuchungsgegenstand Suchmaschinen an. Dieses fünfdimensionale Modell beruht auf einer Messung der Differenz zwischen den Erwartungen der Kunden an eine Dienstleistung und dem wahrgenommenen erhaltenen Service und eignet sich daher gut zur Beurteilung von Qualität aus einer nutzerorientierten Perspektive. Die fünf Dimensionen sind äußeres Erscheinungsbild (tangibles), Verlässlichkeit (reliability), Reaktionsfähigkeit (responsiveness), Glaubwürdigkeit (assurance) und Einfühlungsvermögen (empathy) (Xie et al. 1998, S. 368 f). Die von Kaczmirek (2006) als Effizienz bezeichneten Qualitäten des Trefferrankings und der Trefferattribute können im Bereich der tangibles verortet werden. In den Bereich der assurance fallen die Informationsqualität der Trefferlisten sowie die Neutralität der Suchmaschine bei der Zusammenstellung der Trefferliste. Brucks et al. (2000) tragen mit dem *Conceptual Model of Perceived Quality* zudem auch der Besonderheit der Evaluationssituation bei Suchmaschinen Rechnung, indem sie die subjektiven Bewertungsdimensionen in Such-, Erfahrungs- und Vertrauensbestandteile differenzieren.

4 Der Einfluss der Suchmaschinenmarke auf die Qualitätsbewertung

Die Beziehung zwischen der Markenstärke und der wahrgenommenen Qualität von Suchmaschinen-Trefferlisten ist bisher nur wenig erforscht. Im Folgenden werden die vier zentralen Studien hierzu auszugsweise vorgestellt. Bailey et al. (2007) haben den Einfluss des Suchmaschinen-Namens auf die Trefferlistenbewertung getestet und zwei Branding-Experimente durchgeführt. Im ersten Experiment wurde der Einfluss des Namens einer sehr bekannten Suchmaschine (Google) gegen den einer bekannten Suchmaschine (Yahoo!) getestet. Die Teilnehmer waren hochgebildete Australier im Alter von 26 bis 68 Jahren (M=34,9, SD=8,4 Jahre). Den 19 Probanden wurden zwei Trefferlisten nebeneinander präsentiert, die jeweils als Ergebnisse von Google oder Yahoo! gekennzeichnet waren. Die Nutzer sollten angeben, ob und falls ja, welche Trefferliste sie als „besser" einschätzen. Die Label wurden zufällig zugewiesen, sodass sie nur in 50 Prozent der Fälle der wahren Quelle entsprachen. Die Bewertungen der verschieden gelabelten Trefferlisten unterschieden sich jedoch nicht signifikant. Daraus wurde geschlossen, dass die Teilnehmer bei der Bewertung der Trefferlisten nicht durch die Suchmaschinenmarke beeinflusst wurden. In einem zweiten Experiment mit 20 Probanden wurde überprüft, ob die Nutzer die Trefferlisten einer bekannten Suchmaschine (Yahoo!) denen einer unbekannten Suchmaschine (WebKumara, ein erfundener Name) vorziehen. Die Trefferlisten wurden erneut durch Google und Yahoo! erzeugt und zufällig mit dem Label von Yahoo! oder WebKumara versehen. Die Qualität der Trefferlisten blieb also unverändert. Auch hier konnten keine signifikanten Unterschiede zwischen den Trefferlisten in Abhängigkeit des Labels nachgewiesen werden. Diese Ergebnisse legen die Schlussfolgerung nahe, dass Nutzer die Ergebnisse einer bekannten Suchmaschine nicht denen einer unbekannten Suchmaschine vorziehen. Möglicherweise sind jedoch die niedrigen Fallzahlen für ausbleibende Effekte verantwortlich. Um dies zu überprüfen, wurden die Daten der beiden Experimente aggregiert und erneut untersucht, ob sich ein Einfluss der Suchmaschine finden lässt. Schließlich konnte eine hoch signifikante Präferenz für Google nachgewiesen werden ($p<,01$) (ebd.).

Jansen et al. (2009) führten ein Laborexperiment durch, in dem sie die Suchmaschinenmarken systematisch variierten, die Trefferlisten und deren Qualität hingegen konstant hielten. Die 32 Teilnehmer, Studenten einer US-amerikanischen Universität im Alter von 18 bis 25 Jahren, erhielten je vier Suchszenarien zu verschiedenen Themen, die alle mit Google ausgeführt wurden. Die Trefferlisten wurden den Probanden als Ergebnisse von Google, MSN Live Search, Yahoo! und das einer unbekannten Suchmaschine präsentiert. Die Teilnehmer sollten die Links der Trefferlisten auf einer dreistufigen Skala (nicht relevant, teilweise relevant, relevant) bewerten. Dabei konnte kein signifikanter Markeneffekt ($p\geq,05$) festgestellt werden. Erst bei einer Irrtumswahrscheinlichkeit von 10 Prozent konnte nachgewiesen werden, dass sich die Bekanntheit der Suchmaschinenmarke positiv auf die Trefferlistenbewertung auswirkt.

Ataullah und Lank (2010) führten ein Onlineexperiment durch, in dem den 25 Teilnehmern Trefferlisten von Google und Bing präsentiert wurden. In 50 Prozent der Fälle wurde die Trefferliste allerdings mit einem falschen Logo versehen. Im ersten Experiment wurden drei Fragekategorien überprüft: (a) informationsorientierte Fragen, z.B. „Wie heißt die Hauptstadt von Neuseeland?", (b) subjektive Fragen, z.B. „Finde ein gutes Rezept für einen Karottenkuchen" und (c) formlose Fragen, bei denen die Nutzer gebeten werden, allgemeine Informationen zu einer Vielzahl an Themen zu suchen, z.B. „Transformers 2 DVD". Die dazu erzeugten organischen Treffer wurden sowohl ohne als auch mit Label präsentiert. Für das zweite Experiment mit Werbeanzeigen auf den Trefferlisten waren die Suchanfragen informationsorientiert und es gab ebenfalls je eine Bedingung ohne und mit Label. Die Ergebnisse zeigen, dass die organischen Trefferlisten ohne Label, die von Google stammten, signifikant besser bewertet wurden als die Trefferlisten von Bing ohne Label ($p<,01$). Von den Trefferlisten mit Label präferierten die Teilnehmer die mit dem Google-Label ($p<,005$), auch wenn sie zur Hälfte gar nicht von Google stammten. Das heißt, dass der Einfluss der Marke bei der organischen Suche stärker ist als die tatsächliche Qualität der Trefferlisten. Bei den Trefferlisten mit Werbeanzeigen spielte die tatsächliche Qualität jedoch eine deutlich stärkere Rolle.

Zhang et al. (2012) erstellten ein Branding-Modell für Internetsuchmaschinen. Studenten ($n=207$) sollten sich ein Szenario vorstellen (Blumenlieferant online auswählen), beschreiben, welche Suchmaschine sie dafür verwenden würden, und ihre Wahl begründen. Anschließend wurden sie nach ihren drei favorisierten Suchmaschinen gefragt (top-of-mind-awareness). Neben der Demografie wurde auch die Suchmaschinen-Nutzung der Teilnehmer erhoben. Mit einer Reihe von Fragen wurde das Suchmaschinen-Branding-Modell evaluiert. Das Wissen über eine Marke (bestehend aus Markenbewusstsein und Markenimage) und die Beziehung zu einer Marke (bestehend aus Markenzufriedenheit und Markenvertrauen) sowie die Wahrnehmung der Suchmaschinenleistung und Markenbindung wurden in Anlehnung an Vorgängerstudien operationalisiert. Zhang et al. (2012) kommen zu dem Ergebnis, dass die Beziehung zu einer Marke eine größere Rolle spielt als das Wissen über eine Marke hinsichtlich der wahrgenommenen Trefferlistenqualität aus Nutzerperspektive. Weiter zeigt die Studie, dass der Effekt des Vertrauens gegenüber einer Marke auf die wahrgenommene Trefferlistenqualität weniger signifikant ist als die Markenzufriedenheit.

Die gesammelten Ergebnisse zeigen ein widersprüchliches Bild bezüglich der Beziehung zwischen Suchmaschinenmarke und wahrgenommener Trefferlistenqualität. Während Bailey et al. (2007) und Jansen et al. (2009) keinen Einfluss der Marke auf die wahrgenommene Trefferlistenqualität aus Nutzerperspektive feststellen konnten, zeigten Ataullah und Lank (2010), dass die Markenstärke bei der organischen Suche eine größere Rolle spielt als die Qualität der Trefferlisten. Auch Zhang et al. (2012) konnten nachweisen, dass die Markenbeziehung hinsichtlich der wahrgenommenen Trefferlistenqualität wichtiger ist als das Markenwissen. Darüber hinaus haben Bailey et al. (2007) nur den Markennamen – ohne Logo – getestet, Zhang et al. (2012) haben den Probanden überhaupt keine Trefferlisten präsentiert. Die vorliegende Studie will deshalb einen Beitrag leisten, diese Widersprüche zu klären.

5 Forschungsfragen und Hypothesen

Ausgehend vom beschriebenen Forschungsstand, betrachtet die vorliegende Studie im ersten Schritt die Markenwahrnehmung von Suchmaschinen. Konkret soll untersucht werden, ob zwischen Google und Bing als erfolgreichste deutsche Suchmaschinen aus der Nutzerperspektive Unterschiede hinsichtlich der Markenstärke wahrgenommen werden. Es soll also überprüft werden, ob die Nutzer einer Suchmaschine eine Meinung zu Suchmaschinenmarken haben und ob sie Stärken und Schwächen der jeweiligen Suchmaschine erkennen. Da Google deutlich häufiger genutzt wird, kann angenommen werden, dass sich dieser Vorsprung zu Bing auch auf die Wahrnehmung der Markenstärke auswirkt. Daraus ergibt sich folgende Hypothese:

H1: Die Markenstärke von Google ist höher als die Markenstärke von Bing.

Im nächsten Schritt geht es um die wahrgenommene Qualität der Ergebnisseiten. Vorgängerstudien verwendeten lediglich ein oder zwei Qualitätsfragen zur Messung der subjektiv empfundenen Suchleistung (Jansen et al. 2009; Zhang et al. 2012). Um diese Qualitätswahrnehmung detaillierter zu untersuchen, verfolgt die vorliegende Studie einen multidimensionalen Ansatz, basierend auf den Ergebnissen zur Bewertung klassischer Informationsverarbeitungssysteme und dem SERVQUAL-Modell (Parasuraman et al. 1988; Xie et al. 1998). Dazu werden die Dimensionen „Trefferlistengenauigkeit“, „Trefferlistenvollständigkeit“, „Trefferranking“, „Trefferattribute“, „Informationsqualität der Treffer“ und „Neutralität der Suchmaschine“ verwendet (Brucks et al. 2000; Kaczmirek 2006; Parasuraman et al. 1988). Die Forschungsfrage lautet:

FF1: Werden die Trefferlisten von Google und Bing unterschiedlich bewertet?

Darüber hinaus soll die Beziehung zwischen der Markenstärke und der wahrgenommenen Trefferlistenqualität untersucht werden. Während Bailey et al. (2007) keinen Einfluss des Suchmaschinen-Namens auf die Trefferlistenbewertung nachweisen konnten, sind die Ergebnisse von Jansen et al. (2009) aufgrund des angehobenen Signifikanzniveaus strittig. Ataullah und Lank (2010) hingegen können zeigen, dass die Markenstärke bei der organischen Suche einen stärkeren Einfluss hat als die tatsächliche Qualität der Treffer. Bei der Suche mit Werbeanzeigen hingegen ist letztere deutlich wichtiger als das Label. Zhang et al. (2012) kommen zu dem Ergebnis, dass die Markenzufriedenheit und das Markenvertrauen einen positiven Effekt auf die wahrgenommene Leistung einer Suchmaschine aus Nutzerperspektive haben. Mit Blick auf diese ambivalenten Ergebnisse lautet die zweite Forschungsfrage:

FF2: Wie ist die Beziehung zwischen der Markenstärke einer Suchmaschine und deren wahrgenommener Trefferlistenqualität?

6 Methode

Um die Forschungsfragen zu beantworten und die Hypothese zu überprüfen, wurde eine experimentelle Online-Befragung durchgeführt. Bei den Befragten (N=400) handelte es sich um Studierende, die als Convenience Sample mit Hilfe von E-Mail-Verteilern und Aufrufen in sozialen Netzwerken rekrutiert wurden. Die Stichprobe war zu 71,8 Prozent weiblich und das Durchschnittsalter lag bei M=26,3 Jahren (SD=3,0). Die Teilnehmer hatten die Aufgabe, die Qualität einer Trefferliste zum Thema Organspende zu bewerten. Für das Forschungsinteresse bietet die Methode der Online-Befragung den entscheidenden Vorteil hoher externer Validität, da die Befragten die Trefferlisten unter „realen Bedingungen" in gewohnter Umgebung bewerten können. Das Thema Organspende wurde gewählt, weil es prinzipiell jeden User betrifft und so von einem Mindestmaß an Interesse für die zu bewertende Trefferliste ausgegangen werden kann.

Zu Beginn der Befragung wurden die Befragten zufällig einer von vier Gruppen zugeteilt (2x2 Between Subject Design). Jede Gruppe musste entweder (1) eine original Google-Trefferliste oder (2) eine original Bing-Trefferliste oder (3) die gleiche Google-Trefferliste mit Bing-Label oder (4) die gleiche Bing-Trefferliste mit Google-Label hinsichtlich ihrer Qualität bewerten. Die Trefferlisten wurden den Befragten als Screenshot präsentiert, die im Falle von Gruppe (3) und (4) mit Hilfe von html und CSS verändert wurden. Konkret wurden markenspezifische Gestaltungselemente wie Logo, Schrift und Farbe von Interface sowie Layout angepasst. Auch die Anordnung der Trefferattribute unterschied sich zwischen den Suchmaschinen im Original zum Teil und wurde in den manipulierten Versionen ebenfalls entsprechend variiert. Die Treffer selbst sowie das Trefferranking blieben jedoch gleich, um die wesentlichen Elemente zur Qualitätsbeurteilung konstant zu halten. Alle Werbeanzeigen wurden aus den Trefferlisten entfernt, weil sie für die vorliegende Untersuchung irrelevant sind und die Aufmerksamkeit der Probanden von den organischen Treffern ablenken könnte. Ein Pretest zeigte, dass die experimentelle Manipulation funktionierte und trotz fehlender Werbeanzeigen kein Zweifel an der Echtheit der Trefferliste bestand.

Nach einer Eisbrecherfrage wurden die Befragten dazu aufgefordert sich den Screenshot der Trefferlisten so lange anzusehen, wie sie sich üblicherweise eine Trefferliste anschauen, und zu bewerten, wie hilfreich sie die Treffer für die Suchanfrage „Organspende" einschätzen. Nach einem Klick auf „weiter" sollten die Befragten schließlich angeben, wie sie die Trefferlisten bewerten. In Anlehnung an die theoretischen Betrachtungen wurde die Trefferlistenqualität anhand der sechs Dimensionen Trefferlistengenauigkeit, Trefferlistenvollständigkeit, Trefferlistenranking, Trefferattribute, Informationsqualität der Trefferquellen sowie Neutralität der Suchmaschine erhoben. Die Items sollten anhand einer fünfstufigen vollverbalisierten Skala von „stimme voll und ganz zu" bis „stimme überhaupt nicht zu" bewertet werden.

Die Markenstärke wurde mit Hilfe der Dimensionen Sympathie (z.B. „Ich mag die Marke Google/Bing"), Vertrauen (z.B. „Ich kann mich auf die Marke Google/Bing verlassen"), Einzigartigkeit (z.B. „Die Marke Google/Bing ist deutlich anders als andere Marken der Branche") und Position im Relevant Set (z.B. „Ich entscheide mich immer für die Marke Google/Bing") für jeweils die Suchmaschine, deren Label sich auf der präsentierten Trefferliste befand, abgefragt. Sowohl für das Konstrukt Qualität als auch für die Markenstärke lassen sich die Items auf Konstrukt- und Dimensionsebene zu reliablen Indizes zusammenfassen (α>, 6).

7 Ergebnisse

Markenstärke von Google und Bing (H1): Um die Hypothese zu überprüfen, werden die Werte des Index Markenstärke von Google und Bing miteinander verglichen. Der Gesamtindex Markenstärke zeigt, dass die Marke Google tatsächlich signifikant stärker eingeschätzt wird als Bing ($M_{Stärke-Google}$=2,4, SD=0,6; $M_{StärkeBing}$=3,5, SD=0,5; t(371)=-17,615, p<,01). Das gilt auch für die Einzeldimensionen Sympathie, Vertrauen, Einzigartigkeit und Position im Relevant Set.

Tabelle 1: Markenstärke von Google und Bing aus Nutzersicht

	Google M (SD) n=234	**Bing** M (SD) n=139	**T**	**df**	**p**
Sympathie	2,4 (1,0)	3,5 (1,0)	-5,612	371	,00
Vertrauen	2,5 (0,8)	3,1 (0,8)	-0.652	371	,00
Einzigartigkeit	2,5 (0.8)	3,5 (0.61)	-14,491	371	,00
Relevant Set	2,0 (0,7)	4,6 (0,6)	-36,684	371	,00
Index Markenstärke Gesamt	2,4 (0,6)	3,5 (0,5)	-17,615	371	,00

Anmerkungen: t-Test für unabhängige Stichproben, Abstufung: 5-stufige Ratingskala von 1 „stimme voll und ganz zu" bis 5 „stimme überhaupt nicht zu"

Quelle: eigene Darstellung

Beurteilung der Trefferlisten (FF1): Um die Forschungsfrage 1 zu beantworten, wie die Befragten die Trefferlisten beurteilen, werden die Werte der vier Experimentalgruppen für die Qualität gesamt, aber auch für die einzelnen Qualitätsdimensionen verglichen. Die Gesamtqualität aller Trefferlisten wird leicht positiv bewertet, tendiert aber stark zur Mitte der Skala. Das ist eventuell als Indiz für einen (zu) hohen Anspruch der Fragen zur Qualitätseinschätzung zu verstehen. In den Subdimensionen zeigt sich, dass die Trefferlistengenauigkeit und die Informationsqualität am besten bewertet werden, während die Neutralität und die Trefferlistenvollständigkeit im Vergleich die schlechteste Bewertung erhalten.

Die Mittelwerte der einzelnen Trefferlisten zeigen, dass sich die Wahrnehmung der Qualität außer bei der Subdimension Informationsqualität nicht signifikant zwischen den vier Trefferlisten unterscheidet. Die Trefferlistengenauigkeit, die Trefferattribute, das Trefferranking, die Trefferlistenvollständigkeit und die Neutralität der Suchmaschine werden also unabhängig vom Label und der Suchmaschine, welche die Trefferliste tatsächlich produziert hat, und ihrer tatsächlichen Qualität durchweg gleich beurteilt.

Tabelle 2: Markenstärke von Google und Bing aus Nutzersicht

	Google Trefferliste mit Google-Label M (SD) n=124	**Bing Trefferliste mit Bing-Label** M (SD) n=82	**Bing Trefferliste mit Bing-Label** M (SD) n=80	**Bing Trefferliste mit Google-Label** M (SD) n=114	**Gesamt** M (SD) n=400
Trefferlistengenauigkeit	2,1 (0,7)	2,0 (0,7)	2,2 (0,8)	2,2 (0,8)	2,1 (0,7)
Trefferattribute	2,3 (0,7)	2,3 (0,6)	2,3 (0,7)	2,3 (0,8)	2,3 (0,7)
Informationsqualität	2,4 (0,7)	2,2 (0,7)	2,4 (0,9)	2,5 (0,8)	2,4 (0,8)
Trefferranking	2,6 (0,7)	2,6 (0,7)	2,6 (0,8)	2,6 (0,8)	2,6 (0,7)
Trefferlistenvollständigkeit	3,0 (0,8)	2,8 (0,8)	3,0 (0,9)	3,1 (0,9)	3,0 (0,8)
Neutralität der Suchmaschine	3,1 (0,7)	3,1 (0,7)	3,0 (0,8)	3,1 (0,8)	3,1 (0,8)
Index Qualität Gesamt	2,6 (0,5)	2,5 (0,5)	2,6 (0,6)	2,7 (0,6)	2,6 (0,6)

Einfaktorielle ANOVA, Abstufung: 5-stufige Ratingskala von 1 „stimme voll und ganz zu“ bis 5 „stimme überhaupt nicht zu“

Quelle: eigene Darstellung

Zusammenhang zwischen der Markenstärke der Suchmaschine und der Bewertung der Trefferlistenqualität (FF2): Zur Beantwortung der Forschungsfrage 2 wurde eine bivariate Korrelation zwischen der Markenstärke und der Qualitätswahrnehmung der Trefferliste berechnet. Damit wurde untersucht, ob Personen, welche die Suchmaschinenmarke als starke Marke sehen, auch dazu tendieren, die Qualität der Trefferlisten besser zu bewerten. Hierbei zeigt sich kein Zusammenhang zwischen der Markenstärke und dem Index Qualität Gesamt ($r=,1$; $p>,05$).

Um darüber hinaus die Bedeutung einzelner Subdimensionen der Markenstärke für die Bewertung der Trefferlisten ermessen zu können, wurde für die Trefferlisten mit Bing- bzw. Google-Label jeweils ein Regressionsmodell berechnet. Für Bing erklärt das Gesamtmodell jedoch keine Varianz der abhängigen Variable, das heißt, die Einschätzung der Markenstärke ist für die Bewertung der Trefferliste nicht von Bedeutung. Anders verhält es sich jedoch bei Google: Das Gesamtmodell erklärt insgesamt 8 Prozent der Varianz der Trefferlistenqualität. Hier wirkt sich die Markenstärke also tatsächlich auf die Trefferlistenqualität aus. Die b- bzw. β-Koeffizienten zeigen allerdings, dass hierauf nur die Dimension Vertrauen einen signifikanten Einfluss hat.

8 Diskussion

Zusammenfassend liefert die vorliegende Studie erste Erkenntnisse über die Bedeutung der Suchmaschinenmarke bei der Bewertung von Trefferlisten für den deutschsprachigen Raum. Basierend auf einer im Vergleich zu vorausgehenden Untersuchungen großen Fallzahl wurde an den ambivalenten Forschungsstand bezüglich der Bedeutung der Suchmaschine bei der Wahrnehmung von Trefferlisten angeknüpft. Die Ergebnisse bestätigen die vermutete Markenstärke von Google. Obwohl der hohe Verbreitungsgrad der Suchmaschine von Experten und Wissenschaftlern häufig kritisch gesehen wird (Rieder und Sire 2014), genießt der internationale Marktführer bei den Nutzern ein hohes Maß an Sympathie sowie Vertrauen und hat eine hohe Position im Relevant Set der Suchmaschinenmarken. Insgesamt wird Google im Vergleich zum größten Wettbewerber Bing als deutlich stärkere Marke wahrgenommen. Diese unterschiedliche Wahrnehmung von Google und Bing kann als Indiz dafür gesehen werden, dass bei Nutzern ein Markenbewusstsein für Suchmaschinenmarken durchaus vorhanden ist. Die Ergebnisse lassen jedoch auch darauf schließen, dass sich dieses Bewusstsein auf die Qualitätsbewertung der Trefferlisten nicht auswirkt.

Objektiv gesehen bestehen hinsichtlich der Leistung der Suchmaschinen keine großen Unterschiede (Eastman und Jansen 2003). Wie auch die Experimente von Jansen et al. (2009) zeigt die vorliegende Studie, dass die Wahrnehmung der Trefferlistenqualität nicht zugunsten von Google oder Bing verzerrt wird. Daraus kann gefolgert werden, dass die Markenstärke auf einer eher abstrakteren und globaleren Ebene für die Evaluation von Suchmaschinen relevant ist (Sympathie, Vertrauen, Einzigartigkeit und Position im Relevant Set), jedoch ihren Einfluss verliert, wenn es darum geht, eine konkrete Trefferliste zu bewerten. Diese Ergebnisse sprechen für eine Differenzierung zwischen (a) der Zufriedenheit mit der Suchmaschinenmarke als solcher und (b) der Zufriedenheit mit den Suchergebnissen.

Darüber hinaus zeigt sich, dass die Einschätzung der Trefferlistenqualität eine fordernde Aufgabe für Befragte darstellt. Die Tendenz zur Mitte ist eine typische Antwortstrategie für (zu) anspruchsvolle Fragen (Krosnick 1991). Eine experimentelle Studie von Wirth et al. (2009) konnte nachweisen, dass Personen bei Suchanfragen häufig zu heuristischer Informationsverarbeitung tendieren. Daraus lässt sich folgern, dass eine intensive Auseinandersetzung und Bewertung von Trefferlisten für viele ungewohnt ist, was möglicherweise das beschriebene Antwortverhalten erklärt. Dennoch zeigt sich, dass die Befragten die Trefferlistenvollständigkeit und die Neutralität beider Suchmaschinen eher kritisch sehen, während sie mit den Trefferlistenattributen und der Trefferlistenqualität eher zufrieden sind.

Die multidimensionale Erfassung der Konstrukte ermöglicht es darüber hinaus zu untersuchen, wie spezifische Dimensionen der Markenstärke mit der Qualitätswahrnehmung der Trefferlisten zusammenhängen. Hier zeigte sich eine Besonderheit für Google: Nutzer vertrauen Google in hohem Maße, was die Qualitätswahrnehmung der Trefferlisten mit Google-Label positiv beeinflusst. Für Bing ließ sich dieser Zusammenhang nicht nachweisen. Diese Ergebnisse liefern eine mögliche Erklärung, weshalb Google als die Suchmaschine mit der besten Suchleistung wahrgenommen wird (Jansen et al. 2009; Stark et al. 2014), obwohl dies objektiv nicht zutrifft (Eastman und Jansen 2003; Lewandowski 2011): Eine starke Marke und insbesondere ein hohes Maß an Vertrauen in eine Suchmaschinenmarke bieten Orientierung bei der schwierigen Aufgabe, die Qualität von Trefferlisten zu beurteilen.

Bei der vorliegenden Studie dürfen einige Limitationen nicht unbeachtet bleiben. Bei den Befragten handelte es sich ausschließlich um Studierende. Um die Ergebnisse verallgemeinern zu können, sollte die Studie mit einer für die Onlinenutzer repräsentativeren Stichprobe repliziert werden. Auch die Beschränkung auf ein Thema und bestimmte Dimensionen der Suchmaschinenmarke schränken die Verallgemeinerbarkeit ein.

Weitere Studien sollten das Themenspektrum und die Aspekte der Suchmaschinenmarke erweitern. Denkbar wäre darüber hinaus, das Experiment in einer kontrollierten Umgebung zu wiederholen und die Befragten die Suchanfrage selbst durchführen zu lassen, um nur einige Variationsmöglichkeiten zu nennen. Da sich insgesamt bisher nur wenige Studien mit der Qualitätsbewertung von Trefferlisten befasst haben, steht fest, dass weitere Studien erforderlich sind, um die Bewertung der Trefferlisten durch die Nutzer und die Gründe dafür besser zu verstehen. Außerdem wurde in der vorliegenden Untersuchung zum ersten Mal der Einfluss einzelner Dimensionen auf die Wahrnehmung von Trefferlisten untersucht. Da sich das Vertrauen für Google als Einflussfaktor auf die Bewertung der Listen herausstellte, sollte dieser Aspekt in Folgestudien tiefergehende Berücksichtigung finden.

Literatur

Ataullah, Ahmed A.; Lank, Edward (2010): Googling Bing. Reassessing the impact of brand on the perceived quality of two contemporary search engines, 2010. Online verfügbar unter http://ewic.bcs.org/upload/pdf/ewic_hci10_paper37.pdf, zuletzt geprüft am 27.01.2015.

Bailey, Peter; Thomas, Paul; Hawking, David (2007): Does brandname influence perceived search result quality? Yahoo!, Google, and WebKumara. 12th Australasian Document Computing Symposium. Melbourne, Australien, 10.12.2007. Online verfügbar unter http://goanna.cs.rmit.edu.au/~aht/adcs2007/papers/8.pdf, zuletzt geprüft am 27.01.2015.

Barzilai-Nahon, Karine (2008): Toward a theory of network gatekeeping: A framework for exploring information control. In: *Journal of the American Society for Information Science and Technology* 59 (9), S. 1493–1512. DOI: 10.1002/asi.20857.

Beyer, Andrea; Carl, Petra (2012): Einführung in die Medienökonomie. 3. Aufl. Konstanz: UVK.

Brucks, Merrie; Zeithaml, Valerie A.; Naylor, Gillian (2000): Price and Brand Name As Indicators of Quality Dimensions for Consumer Durables. In: *Journal of the Academy of Marketing Science* 28 (3), S. 359–374.

Chaiken, Shelly (1980): Heuristic versus systematic information processing and the use of source versus message cues in persuasion. In: *Journal of Personality and Social Psychology* 39 (5), S. 752–766. DOI: 10.1037/0022-3514.39.5.752.

Cothey, Vivian (2002): A longitudinal study of World Wide Web users´s information-seeking behavior. In: *Journal of the American Society for Information Science and Technology* 53 (2), S. 67–78.

de Chernatony, Leslie; Riley, Francesca (1998): Defining a 'brand'. beyond the literature with experts. In: *Journal of Marketing and Management* 14 (4/5), S. 417–443.

Duden.de (2013): Googeln. Online verfügbar unter http://www.duden.de/rechtschreibung/googeln.

Eastman, Caroline M.; Jansen, Bernhard J. (2003): Coverage, Relevance, and Ranking. The Impact of Query Operators on Web Search Engine Results. In: *ACM Transactions on Information Systems* 21 (4), S. 383–411.

Gordon, Michael; Pathak, Praveen (1999): Finding information on the World Wide Web. the retrieval effectiveness of search engines. In: *Information Processing and Management* 35, S. 141–180.

Griesbaum, Joachim (2004): Evaluation of three German search engines. Altavista.de, Google.de and Lycos.de. In: *Information Research* 9.

Gutjahr, Gert (2011): Markenpsychologie. Wie Marken wirken - Was Marken stark macht. Wiesbaden: Gabler Verlag.

Jansen, Bernhard J.; Zhang, Mimi; Schultz, Carsten D. (2009): Brand and its effect on user perception of search engine performance. In: *Journal of the American Society for Information Science and Technology* 60 (8), S. 1572–1595.

Jones, John P. (1986): What's in a name? Advertising and the concept of brands. Lexington: Lexington Books.

Kaczmirek, Lars (2006): Information und Selektion. Gebrauchstauglichkeit der Ergebnisseiten von Suchmaschinen. Mannheim: Universitätsbibliothek Mannheim (MADOC).

Krosnick, Jon A. (1991): Response strategies for coping with the cognitive demands of attitude measures in surveys. In: *Applied Cognitive Psychology* 5, S. 213–236.

Lella, Adam (2015): comScore Releases January 2015 U.S. Desktop Search Engine Rankings. Online verfügbar unter http://www.comscore.com/ger/Insights/Market-Rankings/comScore-Releases-January-2015-US-Desktop-Search-Engine-Rankings.

Lewandowski, Dirk (2008): A three-year study on the freshness of web search engine database. In: *Journal of Information Science*, S. 1–15.

Lewandowski, Dirk (2011): Handbuch Internet-Suchmaschinen. Heidelberg: Aka.

Lewandowski, Dirk (2013): Suchmaschinen. In: R. Kuhlen und K. Laisiepen (Hg.): Grundlagen der praktischen Information und Dokumentation. Handbuch zur Einführung in die Informationswissenschaft und -praxis. 6. Aufl. Berlin: De Gruyter Saur, S. 495–508.

Li, Nan; Anderson, Ashley A.; Brossard, Dominique; Scheufele, Dietram A. (2014): Channeling Science Information Seekers' Attention? A Content Analysis of Top-Ranked vs. Lower-Ranked Sites in Google. In: *Journal of Computer-Mediated Communication* 19 (3), S. 562–575. DOI: 10.1111/jcc4.12043.

Machill, Marcel; Beiler, Markus (2008): Suchmaschinen als Vertrauensgüter. Internet-Gatekeeper für die Informationsgesellschaft? In: Dieter Klumpp, Herbert Kubicek, Alexander Roßnagel und Wolfgang Schulz (Hg.): Informationelles Vertrauen für die Informationsgesellschaft. Berlin, Heidelberg: Springer-Verlag, S. 159–172.

Mattern, Friedemann (2008): Suchmaschinen – Eine kurze Einführung. In: F. Mattern (Hg.): Wie arbeiten die Suchmaschinen von morgen? Informationstechnologische, politische und ökonomische Perspektiven. Stuttgart: Fraunhofer IRB Verlag, S. 11–22.

Pan, Bing; Hembrooke, Helene; Joachims, Thorsten; Lorigo, Lori; Gay, Geri; Granka, Laura (2007): In Google We Trust: Users' Decisions on Rank, Position, and Relevance. In: *Journal of Computer-Mediated Communication* 12 (3), S. 801–823. DOI: 10.1111/j.1083-6101.2007.00351.x.

Parasuraman, Arun; Zeithaml, Valerie A.; Berry, Leonard L. (1988): SERVQUAL. A Multiple-Item Scale for Measuring Consumer Perception of Service Quality. In: *Journal of Retailing* 64 (1), S. 12–40.

Pitta, Dennis; Veloutsou, Cleopatra; McAlonan, Alan (2012): Loyalty and or disloyalty to a search engine: the case of young Millennials. In: *Journal of Consumer Marketing* 29 (2), S. 125–135. DOI: 10.1108/07363761211206375.

Rieder, Bernhard; Sire, Guillaume (2014): Conflicts of interest and incentives to bias: A microeconomic critique of Google's tangled position on the Web. In: *New Media & Society* 16 (2), S. 195–211. DOI: 10.1177/1461444813481195.

Rieder, Bernhard (2011): Demokratisierung der Suche? Von der Kritik zum gesellschaftlich orientierten Design. Online verfügbar unter http://www.bpb.de/gesellschaft/medien/politik-des-suchens/75903/demokratisierung-der-suche?p=all.

Röhle, Theo (2010): Der Google-Komplex. Über Macht im Zeitalter des Internets. Bielefeld: Transcript (Kultur- und Medientheorie).

Schweiger, Wolfgang (2004): Was haben Suchmaschinen mit Massenmedien zu tun? Medienstrukturen, Publikumsverhalten und Informationsfreiheit. In: *Medienheft Dossier* 22, S. 37–43.

Stark, Birgit; Magin, Melanie; Jürgens, Pascal (2014): Navigieren im Netz. Befunde einer qualitativen und quantitativen Nutzerbefragung. In: Birgit Stark, Dieter Dörr und Stefan Aufenanger (Hg.): Die Googleisierung der Informationssuche. Suchmaschinen zwischen Nutzung und Regulierung. Berlin: de Gruyter, S. 20–74.

Statista (2015 a): Suchmaschinenverteilung in Deutschland im Dezember 2014. Online verfügbar unter http://de.statista.com/statistik/daten/studie/167841/umfrage/marktanteile-ausgewaehlter-suchmaschinen-in-deutschland/.

Statista (2015 b): Umsatz von Google weltweit in den Jahren 2002 bis 2014 (in Milliarden US-Dollar). Online verfügbar unter http://de.statista.com/statistik/daten/studie/74364/umfrage/umsatz-von-google-seit-2002/.

van Eimeren, Birgit; Frees, Beate (2014): 79 Prozent der Deutschen online - Zuwachs bei mobiler Internetnutzung und Bewegtbild. Ergebnisse der ARD/ZDF-Onlinestudie 2014. In: *Media Perspektiven* 7-8, S. 378–396.

Véronis, Jean (2006): A comparative study of six search engines. Online verfügbar unter http://sites.univ-provence.fr/veronis/pdf/2006-comparative-study.pdf.

Wäscher, Til (2014): Google Inc. Online verfügbar unter http://www.mediadb.eu/datenbanken/internationale-medienkonzerne/google-inc.html.

Wirth, Werner; Böcking, Tabea; Karnowski, Veronika; Von Pape, Thilo (2009): The WEBNAS Analysis Method: A Holistic Approach to the Analysis of Web Navigating and Searching Behavior. In: *Communication Methods and Measures* 3 (3), S. 115–146. DOI: 10.1080/19312450903155604.

Xie, Min; Wang, H.; Goh, Thong N. (1998): Quality dimensions of Internet search engines. In: *Journal of Information Science* 24 (5), S. 365–372. DOI: 10.1177/016555159802400509.

Zhang, Lu; Jansen, Bernhard J.; Mattila, Anna S. (2012): A branding model for web search engines. In: *International Journal of Internet Marketing and Avertising* 7 (3), S. 195–216.

Sven Pagel, Simon Rauh

Ökonomie des Filmschnitts in der Nachrichtenproduktion – Vergleich von neuen Online- und etablierten TV-Formaten[1]

Schnittstellen stehen in diesem Beitrag auf zwei Bedeutungsebenen im Mittelpunkt: sowohl inhaltlich als auch institutionell. Inhaltlicher Untersuchungsgegenstand ist der Filmschnitt in der Nachrichtenproduktion, dessen zentrale Kenngröße sind Schnittsequenzen von TV- und Online-Formaten. Hintergrund ist ein epochaler Einschnitt: die Zäsur von der Epoche des Leitmedium ‚Films' (über die Epoche des Leitmedium ‚Fernsehens') zu jener Epoche, in der ‚Webvideos' das neue Leitmedium sein können. Institutionell geschieht die Analyse gleichermaßen mit dem Instrumentarium der Medienökonomie wie auch jenem der Mediengestaltung – ergänzt um Instrumentarien der Journalistik. Es wird eine audiovisuelle Inhaltsanalyse zum neuen Online-Format „Hessen in 60 Sekunden" vorgestellt. Die Ergebnisse sollen Handlungsempfehlungen für Fernsehsender und andere Bewegtbild-Anbieter mit Blick auf Onlinevideo-Kurzformate bieten.

1 Einleitung: Bewegtbild-Kurzformate als neue Nachrichtengattung in Internetmedien

Der Filmschnitt im Sinne der Filmmontage ist ein zentraler Gestaltungsakt in zeitbasierten Medien. „Kaum ein gestalterisches Mittel unterliegt so vielen Veränderungen wie der Schnitt" (Ordolff 2005: 43). Filmhistorisch hat in den letzten Jahren ein elementarer Einschnitt stattgefunden: die Zäsur von der Epoche des Leitmedium ‚Films' über die Epoche des Leitmedium ‚Fernsehens' zur Epoche, in der möglicherweise ‚Webvideos' das neue Leitmedium sind. Diese technologische Entwicklung hat auch ökonomische Komponenten. Sowohl die filmwissenschaftlichen, die publizistikwissenschaftlichen als auch die medienökonomischen Aspekte sollen hier am redaktionellen Beispiel der Hessenschau diskutiert werden.

Bewegtbild-Dokumente wurden seit Thomas Edisons optochemischer Erfindung im Jahr 1892 zunächst auf 35mm-Filmrollen aus Zelluloid, später weitgehend auf kompakterem und dadurch auch mobilerem und

1 Die Autoren danken den Mitarbeitern Tobias Scholz, M.Sc., und Tobias Simon, B.Sc., für die Unterstützung bei der inhaltsanalytischen Auswertung der Online- und TV-Beiträge.

kostengünstigerem 16mm-Film für das Kino und seit den fünfziger Jahren das Fernsehen produziert (Nowell-Smith 1996: 8). Ab den achtziger Jahren des 20. Jahrhunderts haben elektromagnetische Videosysteme im Nachrichtenbereich den technischen Wechsel von Analog- auf Digitalproduktion eingeläutet, der heute mit der Etablierung bandloser Workflows bei den Fernsehsendern als abgeschlossen betrachtet werden kann (vgl. z.B. für ProSieben Kloth 2011). Die zunehmende Verbreitung von Webvideos seit ca. 2005 über das Transportmedium Internet in unterschiedlichen Kanälen wie Youtube-Channels, Firmen-Websites und Video-on-Demand-Angeboten hat nun auch Auswirkungen auf die Nachrichtenproduktion. Auch der Einzug von User Generated Content, z.B. Kurzformate in Form von sog. Leserreportern, in die Onlineangebote von Print- und TV-Medien (Gerhards; Pagel 2009) verändert die professionelle Nachrichtenproduktion auch durch Journalisten.

Neben Nachrichtensendungen bieten TV-Sender Kurzversionen ihrer Inhalte auch über Websites und mobil an. Beispiele sind „Tagesschau in 100 Sekunden" und „heute in 60sec" bei Fernsehsendern oder „t-online.tv replay" (als satirischer Kurzrückblick auf Fernsehen vom Vortag) bei Onlineanbietern. Die Sehgewohnheiten bei Onlinevideo folgen anderen Gesetzmäßigkeiten als jene der Fernsehnutzung. So werden Onlinevideos eher kurz, oftmals unvollständig konsumiert. Beispielsweise haben mehr als die Hälfte der Betrachter in einer Studie zur Nutzung von 188.000 Videos bereits nach 60 Sekunden das Video weggeklickt. Weniger als 10 Prozent verweilten länger als fünf Minuten auf der Seite (TubeMogul 2015). Diese kurzformatigen Onlinevideos verändern einerseits die Rezeptionsweisen bei den Nutzern und andererseits die Produktionsmechanismen bei den TV-Sendern. Kulminationspunkt ist der *Schnittrhythmus*. „Bei mehreren langen Einstellungen spricht man von einem ruhigen Schnittrhythmus, bei kurzen, schnellen Schnitten, z.B. bei Musikvideos, dementsprechend von einem schnellen, unruhigen Rhythmus" (Ordolff 2005, 49). Rezipientenseitig hat eine Gewöhnung an viel kürzere Schnittsequenzen stattgefunden, produzentenseitig ist die kürzere Zeit durch eine spezifische Ästhetik zu bedienen. Zudem stehen für die kurzen Onlineformate nur geringe finanzielle Mittel zur Verfügung. Dies liegt auch daran, dass nur eine Zahlungsbereitschaft für Online-News nur bei 8% der Nutzer besteht (Newman; Levy 2015).

2 *Forschungsziel: Analyse der Schnittfrequenz aus gestalterischer und ökonomischer Sicht*

Der veränderte *Schnittrhythmus* lässt sich beispielhaft an Untersuchungen des Leitmediums der deutschen Fernsehnachrichten aufzeigen: der Tagesschau. In den letzten dreißig Jahren hat sich die durchschnittliche Dauer einer *Schnittsequenz* (also eine Einstellung von In-Punkt zu Out-Punkt) von 10,2 Sekunden (1975) über 7,2 Sekunden (1993) und 6,6 Sekunden (1995) auf nur noch 4,7 Sekunden (2013) verändert (Zubayr; Fahr 1999, Mähler 2013). Diese zeitliche Längsschnittbetrachtung soll nun um eine formatbezogene Betrachtung ergänzt werden: dem Vergleich von neuem Online- und etabliertem TV-Format. Beispielhaft wird hier der Hessische Rundfunk mit seinen Regionalnachrichten untersucht. Es handelt sich einerseits um das TV-Format „Hessenschau", das seit 1961 ausgestrahlt wird, und andererseits um das Online-Format „Hessen in 60 Sekunden", das im Juli 2014 gestartet ist. Die Zusammenarbeit mit dem Hessischen Rundfunk hat somit den Charakter einer Pilotstudie.

Der vorliegende Beitrag verfolgt vor diesem Hintergrund drei Ziele. Aus *institutioneller Sicht* wird die interdisziplinäre wissenschaftliche Zusammenarbeit an der Schnittstelle von Mediengestaltung und Medienökonomie angestrebt. Aus *inhaltlicher Sicht* sollen ein Vergleich der vorhandenen Daten zur Tagesschau mit Daten zu Regionalnachrichten (Hessenschau), ein Vergleich von Online- versus TV-Formaten vorgenommen und darauf aufbauend Handlungsempfehlungen für Fernsehsender für die Entwicklung von innovativen Onlineformaten generiert werden. Als *methodisches Ziel* erfolgt die Anwendung der Inhaltsanalyse auf audiovisuelle Inhalte am Beispiel von Onlinevideo-Kurzformaten.

3 *Theorie: Schnittstelle von Journalistik, Filmwissenschaft und Ökonomie*

3.1 *Redaktionelle Funktionen aus Sicht der Journalistik*

Der interdisziplinäre Ansatz dieser Studie macht ein Gedankengebäude bestehend aus Elementen der Journalistik, der Filmwissenschaft und der Ökonomie erforderlich. Weischenberg hat die Kontexte des Journalismus als Gegenstand der Journalistik herausgearbeitet: Normen-, Struktur-, Funktions- und Rollenkontext (Weischenberg 1999: 71). Der vorliegende Beitrag betrifft den Strukturkontext, da organisatorische Imperative in den Medieninstitutionen untersucht werden (u.a. Organisationsabläufe, Teamgrößen), er analysiert des Weiteren den Funktionskontext, weil Berichterstattungsmuster und Darstellungsformen für Bewegtbild-Formate behandelt werden und abschließend ist der Rollenkontext betroffen, da Veränderungen für Medienakteure (u.a. Rollenbilder) betrachtet werden.

Medienaussagen im Rahmen des *Funktionskontexts* lassen sich im Nachrichtenjournalismus gut anhand der journalistischen W-Fragen untersuchen: Wer? Wo? Was? Warum? Wann? Wie? Woher? (von La Roche 2008: 97ff., Schult; Buchholz 2011: 76)[2]. Diese journalistischen W-Fragen sind für die vorliegende Untersuchung von zentraler Bedeutung, da sie im Online-Format „Hessen in 60 Sekunden" ein elementares Stilmittel sind. Dort wird weitgehend auf akustische Informationen in der Tonspur verzichtet, so dass neben dem Bildmaterial die eingeblendeten Textfragmente zur Informationsvermittlung dienen. In diesem Format werden pro Einzel-Beitrag von ca. 20 Sekunden Dauer üblicherweise bis zu drei W-Fragen herangezogen und beantwortet. Ergänzend finden sich zudem Aussagewörter wie „O-Ton!", „Konsequenz!" und „Fazit!".

Aus Sicht der Journalistik ist des Weiteren die Agenda-Setting-Theorie von Relevanz. Diese vergleicht die Medien-Agenda mit der Publikums-Agenda. Verschiedene Varianten existieren: das *Awareness-Modell* (Aufmerksamkeits-Modell) beschreibt die Thematisierungsfunktion, also inwieweit das Publikum überhaupt auf Inhalte aufmerksam gemacht wird. Das *Salience-Modell* (Hervorhebungs-Modell) untersucht darüber hinausgehend auch inwiefern einzelne Themen hervorgehoben werden. Demnach wird auch eine unterschiedliche Gewichtung von Themen übertragen. Im *Priority-Modell* (Themenstrukturierungs-Modell) wird angenommen, dass die Themenrangfolge der Medien sich spiegelbildlich in der Agenda der Rezipienten niederschlägt (Merten 2007: 367ff.). Übertragen auf den hier im Mittelpunkt stehenden Vergleich von TV- und Online-Produktionsweisen wird die Auswahl der Themen betrachtet. Während in einer TV-Ausgabe der Hessenschau ungefähr zehn Themen behandelt werden können, sind dies im Online-Format „Hessen in 60 Sekunden" üblicherweise drei. Es wird also die Medien-Agenda im Kanal TV versus Online untersucht und verglichen, ob die Journalisten in den beiden For-

2 Schult und Buchholz (2011: 361ff.) nennen nur fünf W-Fragen, die mittels der „5-Shot-Technik" durch Videojournalisten in fünf Einstellungen beantwortet werden sollen. Im Vergleich zu Von La Roche (2008) fehlen bei ihnen die Fragen nach dem „Wie?" und dem „Woher?".

maten unterschiedliche Themen auswählen und aus welchen Gründen. Struktur- und Rollenkontext werden in den Abschnitten 3.2 und 3.3 behandelt.

3.2 Gestalterische Kategorien aus Sicht der Filmwissenschaft

„Cut out the bad bits" (Murch, 2001: 10) ist vermutlich die kürzeste und treffendste Umschreibung für den Prozess des Schneidens. Während des Produktionsprozesses wird in den meisten Fällen deutlich mehr Material akquiriert als im fertigen Filmbeitrag zu sehen ist. Dieses *Drehverhältnis* variiert zwischen 1:249 (am Extrembeispiel des Films Hell's Angels von Howard Hughes aus dem Jahr 1930) und 1:1 (also der Montage bereits während des Drehs, der sog. Kameraschnitt) im Nachrichtenjournalismus bei wichtigen und eiligen Beiträgen.[3] Ein knapp bemessenes Drehverhältnis für europäische Fernsehproduktionen liegt bei 1:6 (Filmlexikon 2011). Im Bereich der Nachrichtenproduktion kann das Drehverhältnis aufgrund der hohen Anforderungen der Aktualität auch durchaus deutlich geringer ausfallen (z.B. 1:3, also ca. 10 Minuten Material für einen dreiminütigen Beitrag).

Während *Montage* eher den künstlerischen Blickwinkel auf das Beitragsthema bezeichnet (Rollenkontext/Berufsbezeichnung des Editors), fokussiert der Terminus des *Filmschnitts* auf der handwerklichen Umsetzung mit seinen technischen, gestalterischen und ökonomischen Bestandteilen (Rollenkontext/Berufsbezeichnung des Cutters). Diese Arbeitsschritte sollen im Folgenden kurz umrissen werden.

Schnitte mit *technisch-vorbereitender Funktion* ermöglichen im ersten Arbeitsschritt, das Video-Rohmaterial von technisch notwendigen, aber gestalterisch ungewollten Sequenzen zu bereinigen (Monaco 2005). Beispielsweise werden Arbeitsschwenks oder Klappen-Sequenzen für die Synchronisation entfernt. Im aktuellen Nachrichtenjournalismus werden keine Klappen mehr geschlagen, vielmehr werden themenspezifische Bildteppiche zu den passenden Schlagworten produziert. Viele Beiträge sollen möglichst prägnant den Sachverhalt visualisieren (u.a. Vermeidung von Ton-Bild-Scheren). Im Gegensatz beispielsweise zur Fotografie muss eine Geschichte dabei nicht in einem Bild erzählt werden, sondern

3 Bei künstlerischen Produktionen liegt das Drehverhältnis manchmal auch unter 1:1, wenn mit Wiederholungen gearbeitet wird.

das Themenfeld kann aus vielen Blickpunkten und Perspektiven über die Dauer des gesamten Beitrages zusammengesetzt werden. Zu diesem ersten Schritt in der Prozesskette des Schneidens gehören die Datensicherung des Rohmaterials, das Anlegen eines Projekts in einem Schnittprogramm und/oder einem Redaktionssystem sowie das Zusammentragen aller beitragsrelevanten Elemente (Audio/Video/Grafik).

Dramaturgisch-narrative Funktionen im zweiten Arbeitsschritt werden durch die Verknüpfung von korrespondierenden Einstellungen erzielt. „Sowohl mit Hilfe des Konzeptes des Zusammenpralls (Eisenstein) als auch dem der Verknüpfung (Pudowkin) können über Bildnachbarschaften innere Zusammenhänge verdeutlicht werden, da die jeweiligen Bilder vor und nach dem Bild in einem unmittelbaren organischen Bezug miteinander stehen“ (Röll, 1998: 338). Drei Grundformen der Kontinuität lassen sich unterscheiden: zeitliche, räumliche und logische Anschlüsse (Ordolff 2005: 45). Bei einem *zeitlichen* Anschluss zeigt die zweite Einstellung (Glas liegt auf dem Boden) eine Konsequenz aus der ersten Einstellung (einem Mann fällt ein Glas hinunter). Bei der *räumlichen* Kontinuität wird in der ersten Einstellung beispielsweise ein Gebäude von Außen gezeigt und in der zweiten ein Detail an diesem Gebäude. Im *logischen* Anschluss folgt einer Totale z.B. des Weißen Hauses eine Einstellung des amerikanischen Präsidenten an seinem Schreibtisch.

In berichterstattenden, neutral und objektiv anmutenden Erzählformen wie bei der Gattung Nachrichten kommen vornehmlich die folgenden Schnittprinzipien zur Anwendung:

-Das *180°-Prinzip* besagt, dass die Handlungsbewegung stets nur von einer Spielrichtung betrachtet wird. Perspektivwechsel werden im Schnitt nur entlang dieser Handlungsachse vorgenommen. Dies dient der räumlichen Orientierung und ist an beispielsweise aus dem Theater bekannte Sehgewohnheiten angelehnt.

-Nach dem *Prinzip der Kontinuität* werden kausal-lineare Handlungsverläufe innersequentiell (Aneinanderreihung mehrerer Einstellungen) sowie transsequentiell (Aufeinanderfolge von mehreren Filmsequenzen) in Kontinuität zusammen gesetzt (Beller 2002: 15ff.).

Abb. 1: Kameraposition im 180°-Prinzip

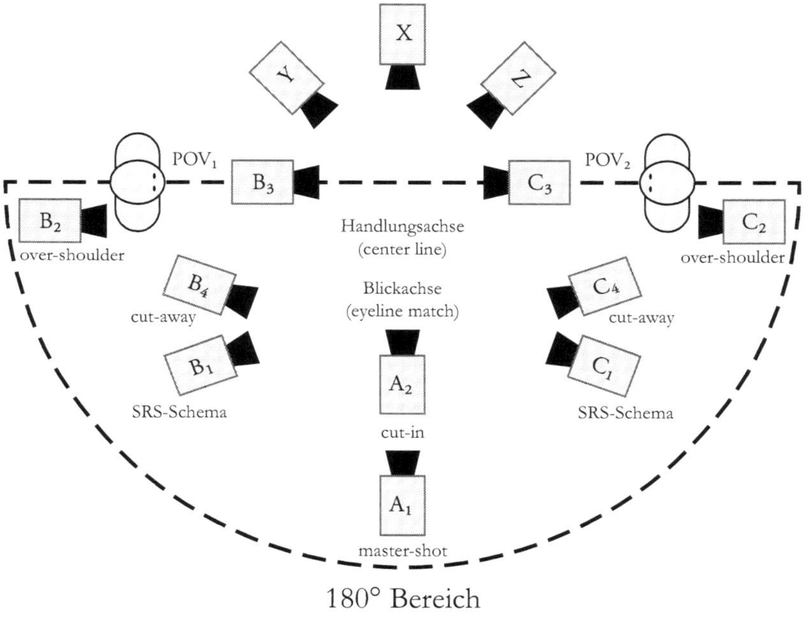

(Quelle: Beller 2002: 16) (POV steht für Point of view-shot, SRS für Shot/reverse-shot bzw. auch Shot/reaction-shot)

Dramaturgisch werden Montagemuster demnach in die folgenden Klassifikationen unterteilt, die auch in Abb. 1 zu ersehen sind:

- Cut-in: Schnitt von einem Establishing-Shot in das Geschehen.
- Cut-back: Schnitt zurück in die vorherige Einstellung.
- Shot/reverse-shot (SRS): Wechsel zwischen wechselseitige Perspektiven auf Protagonisten im Dialog.
- Shot/reaction-shot (SRS): Schnitt zwischen Ursache und Wirkung.
- Cut-away: Schnittbild im Handlungsspielraum außerhalb des bisher gezeigten.
- Cross-cutting: orts- und zeitunabhängiger transsequenzieller Schnitt.
- Parallelmontage: alternierendes Schneiden zwischen vergleichbaren Ereignissen.
- Ellipsen: rasante Schnittform, die sehr dicht und raffend Ereignisse zusammenfasst.

- Match-cut: transsequenzieller Schnitt, der große Zeit- und Raumsprünge in visuell kontinuierlicher Bewegung überbrückt.
- Jump-cut: Schnitt, der im Gegensatz zum Match-Cut eine Zäsur zwischen zwei Sequenzen setzt.
- Insert: Zwischenschnitt, der kontinuierlich die Handlung ergänzend bebildert.
- Long-take: Plansequenz, die ganz ohne Schnitte inszeniert wird (Beller 2002: 15ff.).

Für vornehmlich berichterstattende audiovisuelle Medien wie die Hessenschau gelten aus budgetären und zeitlichen Restriktionen in den meisten Fällen reduzierte Montagemuster. Die Diegese, also die Erzählhandlung, wird entlang des erklärenden und einordnenden Kommentars der Redakteure bebildert bzw. vertont. Neben Variationen des einführenden Cut-ins kommen häufig Shot/reverse-shot, Shot/reaction-shot, Cutaways und Inserts zum Einsatz.

In dem untersuchten Corpus von „Hessen in 60 Sekunden" sind auch diese Prinzipien auf die notwendigsten Bilder reduziert, neben einem Einstiegs- und einem Schlussbild, bleibt nicht viel Zeit für andere Einstellungen. Daher kommt einer sehr prägnanten visuellen Informationsselektion in der Nachrichtenproduktion für derartige Kurzformate ein besonders hoher Stellenwert zu.

3.3 Wirtschaftliche Aspekte aus Sicht der Ökonomie

Ökonomische Aspekte betreffen personelle, finanzielle und sachliche Ressourcen, welche den journalistischen Strukturkontext beeinflussen. *Personelle Ressourcen* lassen sich anhand der Teamgröße festmachen. Im traditionellen TV-Journalismus durch Fernsehsender war der Standard lange Jahre das *Drei-Personen EB-Team*[4] bestehend aus Kameramann oder -frau,[5] Redakteur und Tonassistent. Auch geprägt durch den Agenturjournalismus kommen zunehmend *Zwei-Personen-Teams* zum Einsatz. Hier wird ein Kameramann vom Field Producer begleitet, der redaktionelle und technische Aufgaben übernimmt. Seit mehr als einem Jahrzehnt arbeiten öffentlich-rechtliche und private Fernsehsender auch mit Video-

4 EB steht für elektronische Berichterstattung. Das EB-Team bezeichnet somit die Produktionscrew vor Ort. Etwaige Interviewpartner sind nicht erfasst.

5 Alle weiteren Bezeichnungen stehen stellvertretend für männliche und weibliche Berufsgruppen.

journalisten, also faktisch *Ein-Personen-,Teams'*.[6] Der HR hatte hier eine Vorreiterrolle inne. Im Jahr 2003 wurde der Pilotversuch ‚Videojournalisten' mit einem dreiwöchigen Boot Camp unter der Leitung des amerikanischen VJ-Trainers Michael Rosenblum gestartet (Stotz 2010: 35). Ein Videojournalist (VJ) dreht, führt Interviews, schneidet, vertont, scriptet und pflegt anschließend den gesamten Beitrag online in ein Redaktionssystem ein. Zunehmend werden auch TV-Produktionen ohne jegliche redaktionelle oder technische Kräfte vor Ort eingesetzt. Man spricht von *automatisierter Remote Production*. Beispiele finden sich zunehmend in der Produktion von Börsen- und Wetternachrichten. In manchen Börsenstudios befindet sich nur der Interviewpartner im Raum, der nicht durch einen Journalisten interviewt wird, sondern seine Analyse in die ferngesteuerte Kamera spricht. Abb. 2 visualisiert diese Produktionsformen.

Die Tagessätze für freiberufliche Akteure variieren je nach Tätigkeit und Auftraggeber. Laut journalismus.com liegt der Tagessatz für einen VJ beim Hessischen Rundfunk bei 281 Euro (vgl. http://www.journalismus.com/job/honorare/tv.php?s=_).

Abb. 2: Arten von Produktionsteams (mit einem Interviewpartner)

3-Mann EB-Team
(Kamera, Redakteur, Tonassistent)

2-Mann Team
(Kamera, Field Producer)

1 Videojournalist
(VJ)

0 Personen
(automatisierte Remote Production)

(Bildmaterial: http://www.noch.de/de/produkt-kategorien/figuren-deko/figuren/arbeitsleben/kamerateam-15573.html)

6 Der Begriff des Teams ist aus Sicht der Organisationstheorie streng genommen nur gültig, wenn mehrere Personen involviert sind, die ein gemeinsames Ziel verfolgen, zu dem sowohl eine individuelle als auch eine gemeinschaftliche Verantwortung existiert.

Der Einsatz von *technischen Ressourcen* hängt von der jeweiligen Produktionsform ab (vgl. Tab. 1). Hier lassen sich Studio Production, Field Production und Remote Production differenzieren. Das klassische Nachrichtenformat ist üblicherweise eine Studioproduktion mit Einspielern. Letztere sind üblicherweise als Field Production vor Ort gedreht oder in einigen Fällen Remote Production.

Tab. 1: Technisch-ökonomische Kategorisierung von Produktionsarten (Quelle: Eigene Darstellung in Anlehnung an: Foust; Fink; Gross 2013: 2ff.)

Produktionsart	**Personal**	**Technik**	**Format**
Studio-production	Moderation, Licht, Regie, Bildmischung, Ton, Kamera1, Kamera2, Kamera3, Aufnahmeleitung, u.A.	Immobile Studiotechnik (Regie, Sendeabwicklung, Zentraler Geräteraum, etc.) Mobile Studiotechnik (Licht, Ton, Kameras, etc.)	Aufzeichnungen und Livesendungen in Mehrkameratechnik, Kulissenproduktionen, Greenscreenproduktionen (Märchenstunde bis zur großen Show)
Field-production	V-Jay (Lesereporter, News-Team (Kamera+Field Producer), Reportage Team (Kamera+Ton+Licht+Redaktion+Produktionstechnik)	Handy, Kamera +Ton+Licht, Kamera+Ton +Licht+Zubehör	Aufzeichnungen und Livesendungen, News, Kurzbeiträge, Reportagen, Dokus, Features
Remote-production	Reportage Team (Kamera+Ton+Licht+Redaktion+Produktionstechnik und Ü-Wagen Techniker, (ggf. mehrere Kamerateams)	Ü-Wagen, Kamera+Ton+Licht, Kamera+Ton +Licht+Zubehör, Ü-Wagen+Produktionstechnik (ggf. Mehrkameratechnik)	Aufzeichnungen und Livesendungen in Mehrkameratechnik, große Events und Sportereignisse, News, Kurzbeiträge, Reportagen, Dokus, Features

4 *Empirie: Inhaltsanalyse und Nutzerdatenanalyse*

4.1 *Produktion und Distribution von „Hessen in 60 Sekunden"*

Das Online-Format „Hessen in 60 Sekunden" wurde im August 2014 als Pilotprojekt durch die Nachrichtenredaktion gestartet. Jeweils an den fünf Werktagen wird ein 60-Sekunden-Video bestehend aus drei Kurzbeiträgen online gestellt. Während die „Hessenschau", die Hauptnachrichtensendung im HR Fernsehen, täglich um 19:30 Uhr läuft, wird das Online-Format üblicherweise nachmittags zwischen 15 und 17:30 Uhr live gestellt. Aus dem Publikationszeitpunkt ergibt sich eine durchaus variierende Nachrichtenlage. So können für das Online-Format nur jene Beiträge verwendet werden, deren Produktion weitgehend abgeschlossen ist. Jene Themen, deren produzierende Teams erst kurz vor der Fernsehsendung das Videomaterial liefern, können folglich nicht in das Online-Format einfließen. Die folgende Abb. 3 verdeutlicht die Sende- bzw. Publikationszeiten der beiden Formate.

Abb. 3: Sendezeit bzw. Publikationszeit von „Hessenschau" und „Hessen in 60 Sekunden"

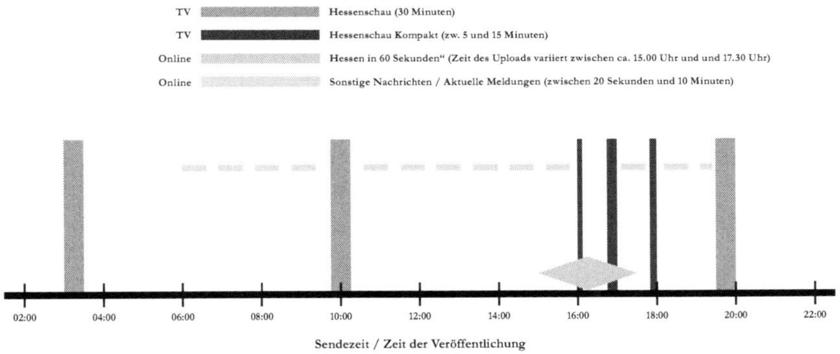

(Quelle: eigene Darstellung)

Bei der Distribution hat die Redaktion mit unterschiedlichen Varianten in Social Media experimentiert. Diese sind in Abb. 4 dargestellt. Bei *Variante 1 (Doppelt gepostet)* wurden die Video-Inhalte sowohl auf Facebook als auch bei Youtube hochgeladen ohne dass eine Verlinkung zwischen den jeweiligen HR-Angeboten hergestellt wurde. Bei *Variante 2 (Verlinkt)* wurde das Video nur auf Youtube hochgeladen und der zugehörige Link dann bei Facebook gepostet. *Variante 3 (Direkt gepostet)* stellt einen Fokus auf Facebook dar, da nur dort die Videos hochgeladen wurden und eine Distribution über Youtube nicht erfolgte. Zum Vergleich: Konkurrenzangebote wie „Tagesschau in 100 Sekunden" und „heute in 60sec" werden nicht durch die jeweiligen Sender in Facebook oder Youtube hochgeladen. Dies erfolgt nur teilweise inoffiziell (z.B. durch den Nutzer ds:zeitgeist für Tagesschau-Beiträge in Youtube). Ein wichtiges Distributionsinstrument ist dort stattdessen die Tagesschau-App.

Abb. 4: Varianten der Distribution von „Hessen in 60 Sekunden" über Facebook und/oder Youtube

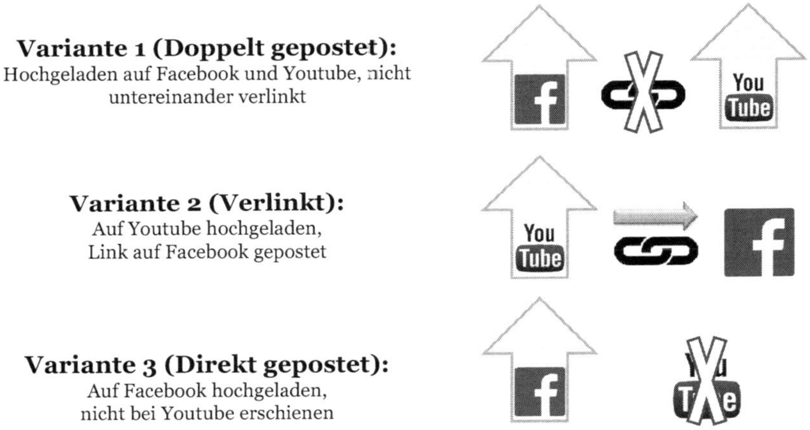

(Quelle: eigene Darstellung)

4.2 Analyse der Angebotsebene mittels Inhaltsanalyse und Experteninterviews

Bei der Auswertung dieses Pilotprojekts kommt ein Mehrmethodendesign zur Anwendung. Die Angebotsebene stellt die Produktion von „Hessenschau" und „Hessen in 60 Sekunden" bzw. das fertige Produkt in den Mittelpunkt. Für die Beiträge des Online-Formats wurde eine Vollerhebung aller distribuierten Beiträge vom 15.8.2014 (Start des Projekts) bis 31.12.2014 mittels Inhaltsanalyse vorgenommen. Ergänzend wurden im Rahmen einer Teilerhebung die TV-Sendungen an den gleichen Tagen, also Werktagen, betrachtet. Das Kategorienschema der Inhaltsanalyse (vgl. Rössler 2010: 95ff.) enthält gestalterische, redaktionelle und ökonomische Kriterien (vgl. Tab. 2).

Tab. 2: Kategorienschema (Quelle: eigene Darstellung)

Redaktionelle Kriterien	
Beiträge von "Hessen in 60 Sekunden"	Welches Thema behandelt Beitrag 1?
	Welches Thema behandelt Beitrag 2?
	Welches Thema behandelt Beitrag 3?
Beiträge in "Hessenschau"	Welche und wieviele der Online-Beiträge werden auch als **TV-Beiträge** gezeigt?
	Themenpriorisierung: Welche und wieviele der Online-Beiträge werden im **Trailer** der "Hessenschau" thematisiert?
	Themenpriorisierung: Wird einer der Online-Beiträge auch im **Aufmacher** der "Hessenschau" thematisiert?
	Kategorisierung: In welche Nachrichtenkategorie sind diese Beiträge einzuordnen (Beitrag mit Anm., Beitrag ohne Anm., Live-Schalte, NIF im Newsblock, Wortmeldung im Newsblock)
Gestalterische Kriterien	
Beiträge von "Hessen in 60 Sekunden"	Schnittrhythmus: Wieviele Einstellungen enthält ein Beitrag?
	Dauer einer Schnittsequenz: Wie lange dauert jede Einstellung?
Ökonomische Kriterien:	
Beiträge von "Hessen in 60 Sekunden"	Anzahl der beteiligten Onlineredakteure

Ergänzend wurden Experteninterviews mit dem stellvertretenden Leiter der Nachrichtenredaktion, mit der zuständigen Online-Video-Redakteurin und dem Hauptabteilungsleiter der Multimedia-Redaktion am 7. Oktober 2014, 5. November 2014 und 1. Juni 2015 durchgeführt.

4.3 Analyse der Nutzungsebene mittels Web Analytics

Im Mittelpunkt dieser Studie stehen Produktionsmechanismen zu Online-Bewegtbildformaten. Die Analyse der Nutzung wurde nur begleitend durch einen Vergleich der oben dargestellten Distributionsvarianten hinsichtlich der Abrufzahlen vorgenommen. Perspektivisch sind hier Folgestudien mit Fokus auf die Rezipienten denkbar. Diese können quantitativ mittels Onlinebefragung oder qualitativ im Beobachtungslabor durchgeführt werden.

5 Auswertung: Ergebnisse zu „Hessen in 60 Sekunden"

5.1 Redaktionelle Erkenntnisse: Themen, W-Fragen und Beitragsformen

Redaktionelle Erkenntnisse betreffen die Themen des Agenda-Settings, die journalistischen W-Fragen und die unterschiedlichen Beitragsarten. Die *Themenpriorisierung zwischen TV und Online* weicht deutlich voneinander ab, wie in Tab. 3 zu erkennen ist. Zwar wird ein Großteil der Themen, die nachmittags online behandelt werden, auch noch abends in der Hauptnachrichtensendung thematisiert (82,9 Prozent). Aber die Bewertung der Wichtigkeit durch die zuständigen Schlussredakteure weicht doch deutlich ab. Nur 31,5 Prozent der Online-Beiträge sind in der abendlichen TV-Sendung auch im Einleitungstrailer spezifisch herausgegriffen und angekündigt worden. Diese TV-Trailer bestehen üblicherweise beim HR aus drei Beiträgen. Und sogar nur 14,1 Prozent der Online-Themen wurden am Abend zum Aufmacher in der TV-Sendung. Die Beiträge, die tagsüber bereits für das Online-Format verwendet werden, finden sich zu einem hohen Teil auch abends noch im TV-Format wieder. Allerdings haben sie dort eine geringere Priorisierung. Erklärmechanismen dieser Divergenz sind einerseits die zum späten Nachmittag kulminierende Nachrichtenlage und andererseits die durch die fixe Sendezeit klar determinierte TV-Produktion, die keinen Raum für spezifische Onlinebeiträge lässt.

Tab. 3: Agenda-Priorisierung (Quelle: eigene Darstellung)

Kennzahlen:	
82,9%	der Online-Themen liefen am selben Tag auch im TV
31,5%	der Online-Themen liefen am selben Tag auch im Einleitungstrailer der TV-Hessenschau (38% der Online-Themen, die auch im TV liefen)
14,1%	An soviel Prozent der Tage war eines der Online-Themen auch TV-Aufmacher

Ein detaillierter Blick auf die online behandelten Themenfelder in Tab. 4 zeigt folgende Top-Themenfelder des Online-Formats auf: 1. Blaulicht (29,5%), 2. Lokales (21,5%), 3. Wirtschaft (12,7%), 4. Boulevard (11,3%) und 5. Politik (9,1%). Damit ist das Onlinevideo-Kurzformat deutlich stärker auf Blaulicht und boulevardeske Themen ausgerichtet als die TV-Inhalte.

Tab. 4: Themenfelder (Quelle: eigene Darstellung)

Anzahl - Themenfeld		
Thema	**Anzahl**	**Prozent**
Blaulicht	81	29,5%
Boulevard	31	11,3%
Gesundheit	11	4,0%
History	1	0,4%
Lokales	59	21,5%
Politik	25	9,1%
Recht	16	5,8%
Sport	6	2,2%
Technologie	4	1,5%
Wetter	6	2,2%
Wirtschaft	35	12,7%
Gesamtergebnis	**275**	**100,0%**

Dieses Online-Format mit Kurzvideos ist ein Musterbeispiel an Informationsreduktion. Der zuständige Redakteur muss ein Thema auf drei Kernaussagen in Form von Halbsätzen samt Fragewort reduzieren. Nur ganz wenige der Online-Beiträge hatten mehr als drei Informationseinheiten (z.B. am 19.9. und 23.9.). Insgesamt wurden 831 Beiträge in 275 Sendungen untersucht. Am häufigsten kamen folgende Fragewörter zum Einsatz: Was? (99,6 Prozent der Beiträge), Wo? (63,6 Prozent der Beiträge) und Warum? (49,5 Prozent der Beiträge). Auffällig ist dass die Wer-Frage nur in 13 Prozent und die Wann-Frage nur in 7 Prozent der Fälle beantwortet wird. Es wird deutlich, dass bei solch einem Online-Kurzformat nur die essentiellen Informationen berücksichtigt werden und vertiefende Informationen keinen Platz finden können.

Tab. 5: Auswertung der W-Fragen in „Hessen in 60 Sekunden" (Quelle: eigene Darstellung)

W-Frage	Absolute Nennungen	Durchschnittliche Anzahl der Nennungen pro Sendung	Anteil der Beiträge mit Nennung
Wer?	35	0,38	12,73%
Wo?	175	1,90	63,64%
Was?	274	2,98	99,64%
Warum?	136	1,48	49,45%
Wann?	19	0,21	6,91%
Wie viel?	8	0,09	2,91%
Wie lang?	17	0,18	6,18%
Seit wann?	1	0,01	0,36%
Wie hoch?	1	0,01	0,36%
Wie?	13	0,14	4,73%
Wofür?	5	0,05	1,82%
Wohin?	2	0,02	0,73%
Wie teuer?	2	0,02	0,73%
Fazit!	19	0,21	6,91%
Auswirkung!	8	0,09	2,91%
Konsequenz!	59	0,64	21,45%
Das heißt!	30	0,33	10,91%
O-Ton!	27	0,29	9,82%
Summe	**831**		

Anzahl Sendungen	92
Anzahl Beiträge	275

Nicht alle Themen der Online-Beiträge sind am selben Tag auch in der Fernsehsendung behandelt worden. Deshalb wurde untersucht, welche Darstellungsformen im TV für diese Beiträge gewählt wurden.

Tab. 6: Umsetzung der Online-Beiträge in TV-Beitragsarten (Quelle: eigene Darstellung)

Beitragsarten:	
Anteil der Online-Themen, die im TV als "Live-Schalte" gezeigt wurden	3,6%
Anteil der Online-Themen, die im TV als "Beitrag mit Anmoderation" gezeigt wurden	44,6%
Anteil der Online-Themen, die im TV als "Beitrag ohne Anmoderation" gezeigt wurden	0,0%
Anteil der Online-Themen, die im TV als "NIF im Newsblock" gezeigt wurden	30,8%
Anteil der Online-Themen, die im TV als "Wortmeldung im Newsblock" gezeigt wurden	4,0%
Anteil der Online-Beiträge, die es gar nicht ins TV geschafft haben	17,0%
Kontrollsumme	**100,0%**

Im TV wurden 44,6 Prozent der Online-Beiträge als „Beitrag mit Anmoderation“ behandelt. 30,8 Prozent wurden als „NIF im Newsblock“ (NIF = Nachrichten im Film) thematisiert. Ca. zwei Drittel der Online-Beiträge werden im TV ausführlich behandelt (Live-Schalte + Beitrag), ein Drittel der Online-Beiträge werden eher nachrangig im TV aufgegriffen (NIF, Wortmeldung).

5.2 Gestalterische Erkenntnisse: Schnittfrequenz

Die durchschnittliche Anzahl der Schnitte pro Beitrag innerhalb von „Hessen in 60 Sekunden“ lag bei 5,8. Damit ergibt sich eine Schnittfrequenz pro Beitrag von 3,4 Sekunden. Erwartungsgemäß wird bei Online-Filmen also noch schneller geschnitten als in TV-Beiträgen der Tagesschau (2013: 4,7 Sekunden).

Bereits beim Dreh vor Ort sollte die spätere Zweitverwertung in den Online-Kurzfilmen berücksichtigt werden, da die Kameraleute eher fotografisch arbeiten sollten. In den Kurzformaten wirken Kameraschwenks besonders unruhig und sind verzichtbar.

5.3 Ökonomische Erkenntnisse

Ein Online-Kurzformat im Stil von „Hessen in 60 Sekunden" ist für einen Fernsehsender mit geringen finanziellen Mitteln umzusetzen. Das Bewegtbildmaterial ist vorhanden und wird zweitverwertet (wenn auch zeitlich vorgelagert). Dies gilt, sofern bereits bei der Produktion der Bilder gewisse Vorgaben berücksichtigt werden, damit diese auch online verwendet werden können.

Soll ein reines Onlineformat entwickelt werden (z.B. weil gar kein Bewegtbildmaterial vorhanden ist, wie oftmals in Printunternehmen), kann produktionsseitig mit Ein-Personen-Teams gearbeitet werden und günstigere Kameratechnologie (DSLR) zum Einsatz kommen. Anknüpfungspunkt können in Printunternehmen z.B. Fotografen sein, die ggf. noch zusätzliches Bewegtbildmaterial produzieren.

6 Fazit

Videonachrichten werden zunehmend auch online rezipiert. Folglich müssen Fernsehsender audiovisuellen Content auch für die Online-Community produzieren. Es werden Sehgewohnheiten bedient, in dem Inhalte schneller gerafft und kleiner portioniert erstellt werden. Forschungsziel des Beitrags war der Vergleich von Schnittsequenzen für Onlinevideo-Kurzformate mit jenen von klassischen Nachrichtensendungen. Das Fundament des Beitrags liegt an der Schnittstelle von Journalistik, Filmwissenschaft und Ökonomie. Aus Sicht der Journalistik wurde das Modell von Weischenberg herangezogen, um Struktur-, Funktions- und Rollenkontext der Onlinevideoproduktion zu beschreiben. Aus gestalterischer Sicht wurde herausgearbeitet, welche Schnittmuster (schnellerer Schnittrhythmus, begrenzte Auswahl an Kameraeinstellungen) in der Nachrichtenproduktion von Onlinevideos zum Einsatz kommen. Aus ökonomischer Sicht wurden die personellen Trends in der Nachrichtenakquise identifiziert, insbesondere die Arbeit mit kleiner werdenden Teams. Auf dieser Basis wurde eine inhaltsanalytische Vollerhebung aller Beiträge des Online-Formats „Hessen in 60 Sekunden" vom 15.8. bis 31.12.2014 vorgenommen.

Der größte Teil der Online-Beiträge (81,4%) läuft auch in der abendlichen TV-Sendung. Dort hat er allerdings eine deutlich geringere Themenpriorisierung. Nur ein Drittel der drei täglichen Onlinevideo-Beiträge schafft es in den Trailer der Nachrichtensendung, nur knapp über zehn Prozent sind auch Aufmacher der TV-Sendung. Nicht harte Themen wie Wirtschaft, Politik und Recht dominieren das Online-Format, sondern weiche Themen wie Blaulicht oder Boulevard. Mit Blick auf die W-Fragen wird deutlich, dass bei solch einem Online-Kurzformat nur die essentiellen Informationen (Was? Wo? Warum?) berücksichtigt werden und zusätzliche Informationen (Wer? Wann?) weniger Platz finden.

Gestalterisch stand die Schnittfrequenz im Mittelpunkt. Die aus dem TV bekannte Entwicklung kürzer werdender Schnittsequenzen (10,2 Sekunden 1975 über 7,2 Sekunden 1993 und 6,6 Sekunden 1995 auf nur noch 4,7 Sekunden 2013) wird online nochmals übertroffen. Die durchschnittliche Schnittsequenz in den Beiträgen von „Hessen in 60 Sekunden" aus dem Jahr 2014 beläuft sich auf nur noch 3,4 Sekunden.

Folgende Handlungsempfehlungen lassen sich festhalten. Bei der Akquise des Bewegtbildmaterials sollten die Kameraleute und Producer ‚fotografischer' arbeiten. Es werden stehende Einstellungen und aussagekräftige Bilder benötigt, weil nur sehr wenig Zeit zur Verfügung steht. Beim Schnitt (und bei der Akquise) muss die Einbindung von grafischen Elementen wie der Bauchbinden berücksichtigt werden. Die Distribution sollte so früh wie möglich erfolgen, denkbar wäre die Mittagspause, die als eine Prime Time der Onlinenutzung gilt. Da im jetzigen Format eine Ausstrahlung erst erfolgen kann, wenn drei relevante Themen vorliegen, könnte über ein singuläres Video-Format nachgedacht werden. Das derzeit starre Sendeformat ‚drei Beiträge in einer Minute' reduziert die Handlungsflexibilität und beeinträchtigt den Distributionszeitpunkt.

Neben den nationalen TV-Sendern ziehen auch Regionalsender mit Online-Kurzformaten nach. Anhand der Abrufzahlen zeigt sich die wachsende Bedeutung dieses neuen Online-Formats, die auch für andere Bewegtbildanbieter von Bedeutung sein wird.

Literatur

Beller, H. (2002): Aspekte der Filmmontage. Eine Art Einführung. In: Beller, Hans (Hrsg.): Handbuch der Filmmontage, 4. Auflage, München: TR-Verlagsversion, S. 9-32.

Filmlexikon (2011): Lexikon der Filmbegriffe: Drehverhältnis. http://filmlexikon.uni-kiel.de/index.php?action=lexikon&tag=det&id=877 (Zuletzt geändert am 3.8.2011, aufgerufen am 22.5.2015).

Foust, J.C.; Fink, E.J.; Gross, L.S. (2013): Video Production Disciplines and Techniques, 11th ed., Scottdale Arizone: Holcomb Hathaway.

Gerhards, C.; Pagel, S. (2009): Internetfernsehen von TV-Sendern und User Generated Content. In: Friedrich-Ebert-Stiftung, ISBN: 978-3-86872-033-4, Reihe Medien Digital, Berlin 2009.

Kloth, C. (2011): Herausforderungen einer integrierten, file-basierten Fernsehproduktion. In: Fernseh- und Kinotechnik, Heft 10/2011, S. 552-558.

Nowell-Smith, G. (1999) (Ed.): The Oxford History of World Cinema. The definitive history of cinema worldwide. Oxford University Press.

Mähler, M. (2013): Bilderrauschen. In: Süddeutsche Zeitung vom 23.9.2013.

Monaco, J. (2005): Film verstehen: Kunst, Technik, Sprache, Geschichte und Theorie des Films und der Neuen Medien, 6. Auflage, Rowohlt: Reinbek bei Hamburg.

Murch, W. (2001): In The Blink Of An Eye, 2nd Edition, Beverly Hills: Silman-James Press.

Merten, K. (2007): Einführung in die Kommunikationswissenschaft, 3. Aufl., Lit Verlag: Berlin.

Newman, N.; Levy, D. (2015): Reuters Institute Digital News Report 2014. Reuters Institute fort he Study of Journalism.Oxford.

Ordolff, M. (2005): Fernsehjournalismus. Konstanz: UVK.

Röll, F.J. (1998): Mythen und Symbole in populären Medien: Der wahrnehmungsorientierte Ansatz in der Medienpädagogik. Frankfurt: Gemeinschaftswerk der EVangelischen Publizistik.

Rössler, P. (2010): Inhaltsanalyse. 2. Aufl. Konstanz: UVK.

von La Roche, W. (2008): Einführung in den praktischen Journalismus, Econ Journalistische Praxis, Berlin.

Schult, G; Buchholz, A. (2011): Fernseh-Journalismus, 8. Auflage, Econ Journalisistische Praxis, Berlin.

Stotz, J. (2010): Videojournalismus in öffentlich-rechtlichen Regionalmagazinen. Eine Evaluation des Umfangs und der Qualität des Videojournalismus im Vergleich mit arbeitsteiligen Produktionen am Beispiel der „Lokalzeit Köln" (WDR), der „Lokalzeit OWL" (WDR) und der „Hessenschau" (HR). Dissertation zur Erlangung des akademischen Doktorgrades in der Fakultät Kulturwissenschaften der Technischen Universität Dortmund, vorgelegt im Dezember 2010, http://d-nb.info/1018099069/34 (zuletzt abgerufen am 24.6.2015).

TubeMogul (2015): http://www.learn2use.de/optimale-videolange-im-internet/ (Aufgerufen am 4.7.2015).

Weischenberg, S (1998): Journalistik, Band 1, 2. Auflage.

Zubayr, C.; Fahr, A. (1999): Die Tagesschau: Fels in der dualen Brandung? Ein Vergleich von Inhalten und Präsentationsformen 1975 und 1995. In: Wilke, Jürgen (Hrsg.): Massenmedien und Zeitgeschichte. Konstanz: UVK, S. 638-647.

2.2 Untersuchungsobjekt „Schnittstellen im Social Web“

Daniel Possler, Lena Hautzer, Christopher Buschow, Helmut Scherer, Beate Schneider

Die Dynamik von Social TV – Themenverläufe und Aufmerksamkeitsfaktoren der Twitter-Diskussion zum Dschungelcamp

Social TV, der Austausch über Fernsehinhalte via Social Media, erfreut sich eines zunehmenden Interesses in Wissenschaft und Praxis. Gerade der Verlauf der begleitenden Kommunikation zum TV ist aber bislang nur unzureichend untersucht worden. Bestehende Forschung legt nahe, dass die Aufmerksamkeit für Fernsehsendungen in sozialen Medien im Zeitverlauf stark variiert. Am Beispiel der Sendung „Ich bin ein Star – Holt mich hier raus!" untersucht der vorliegende Beitrag die Dynamik von unterhaltenden Social-TV-Themen im Microblogging-Dienst Twitter. Identifiziert und geprüft werden Social-TV-inhärente und -externe Treiber von Themenverläufen. Im Resultat zeigt sich, dass vor allem die externen Faktoren – wie der Sendungsinhalt – einen Einfluss auf die Kommunikation zur Sendung nehmen. Der Beitrag empfiehlt daher, vor allem die Inhalte von Fernsehsendungen adäquat für die Stimulation von Begleitkommunikation aufzubereiten.

1 *Einleitung und Problemstellung*

Social TV, die Kommunikation über Fernsehinhalte mittels Social Media, ist nach Ansicht zahlreicher Autoren aus Wissenschaft und Praxis eine der wichtigsten Entwicklungen im Fernsehmarkt (vgl. Buschow & Schneider, 2015). Als Beleg wird der stete Anstieg einer aktiveren Internetnutzung während des Fernsehens angeführt, den aktuelle Social-Media-Rekorde rund um einzelne TV-Ereignisse[1] sowie nationale und globale Nutzungsstudien dokumentieren (vgl. TNS Infratest, 2014; Busemann & Tippelt, 2014). Mit diesem Nutzerwachstum entstehen zugleich neue ökonomische Potenziale. Social TV kann Reichweite und Marktanteil einer Fernsehsendung steigern, da durch ein intensiveres Fernseherlebnis Zuschauer nachhaltig an das Programm gebunden werden können (Stipp, 2015, S. 207-209). Zudem kann bereits der Austausch in sozialen Medien Nutzer zum Einschalten der jeweiligen Fernsehsendung motivieren (vgl. MIP Markets, 2014). Auch für den Werbemarkt ergeben sich

1 So wurde das Fußball-WM-Halbfinale zwischen Deutschland und Brasilien beim Microblogging-Dienst Twitter mit rund 35 Millionen Beiträgen begleitet (vgl. Twitter, 2014 a).

neue Chancen: Social TV wird mehrheitlich über einen zweiten Bildschirm (sog. *Second Screens* wie Laptop oder Smartphone) genutzt, sodass nun ein zusätzliches Gerät für die Aussteuerung von Werbung bereitsteht (vgl. Stipp, 2015, S. 212). Außerdem kann die Reichweite von Fernsehwerbung indirekt, durch den Austausch der Nutzer über die Spots, erhöht werden („earned media"; ebd.). Nicht zuletzt findet Social TV als neues Marktforschungsinstrument Einsatz. So liegen erste Hinweise vor, dass die fernsehbezogene Kommunikation in sozialen Medien im Zusammenhang mit der TV-Quote, mit Voting-Ergebnissen und mit der generellen Publikumsaktivität steht (vgl. Possler, Hautzer & Janietz, 2015; Eyl, 2014; Nielsen, 2015).

Um die Potenziale dieser Entwicklung nutzbar zu machen, ist es unerlässlich, das von Nutzerseite angetriebene Phänomen Social TV detaillierter zu verstehen (vgl. Buschow, Schneider, Heuer, Carstensen & Schoft, 2013, S. 27). Vorliegende Forschung legt nahe, dass die Aufmerksamkeit für ein Fernsehthema in sozialen Medien im Zeitverlauf stark variiert (vgl. Anstead & O'Loughlin, 2011, S. 451; Larsson, 2013, S. 142; Highfield, Harrington & Bruns, 2013, S. 325-328). Gelingt es, diese Dynamik der Aufmerksamkeit für Social-TV-Themen genauer zu erklären und ihre Einflussfaktoren zu identifizieren, dürfte eine Prognose und mitunter Steuerung der Kommunikation möglich sein. Der vorliegende Beitrag geht daher folgenden Forschungsfragen nach:

FF1: Wie verläuft die Dynamik von unterhaltenden Social-TV-Themen auf Twitter?

FF2: Durch welche Faktoren lässt sich die Dynamik von unterhaltenden Social-TV-Themen auf Twitter erklären?

Im Fokus stehen dabei Social-TV-Diskussionen zu unterhaltenden Fernsehinhalten, da sie eine größere Resonanz in Social Media finden als etwa informierende Sendungen (vgl. Goldmedia, 2014). Ort der Untersuchung ist der Microblogging-Dienst Twitter, der auch in Deutschland eine der bedeutendsten Social-TV-Plattformen darstellt, wenngleich seine absolute Nutzung nicht das angloamerikanische Niveau erreicht (vgl. Buschow, Schneider, Bauer, Carstensen & Drabner, 2013, S. 54). Durch seine technische Infrastruktur (z. B. durch *Retweets*) ermöglicht Twitter zudem eine schnelle Diffusion von Inhalten in Echtzeit (vgl. Bruns & Burgess, 2011, S. 3; Lee, Haewoo, Park & Moon, 2010, S. 1137). Demnach ist eine hohe Dynamik im fernsehbezogenen Austausch der Zuschauer zu erwarten.

Da Social TV ein Schnittstellenthema zwischen der Rezeptionsforschung und der Medienökonomie darstellt, verspricht die Bearbeitung dieser Fragestellungen nicht nur Erkenntnisse zu neuen Formen der Mediennutzung und -kombination, sondern hat auch Implikationen für die Medienmanagementforschung und -praxis. So bietet die Social-TV-Kommunikation als Instrument der Zuschauerbindung und Reichweitensteigerung wirtschaftliche Chancen, und bereichert zudem als Feedbackkanal die Erstellung und das Controlling von Bewegtbildinhalten.

2 *Theoretischer Rahmen*

2.1 *Der Begriff ‚Social TV'*

Eine konsensuale Definition von Social TV liegt bislang nicht vor, vielmehr weisen die verschiedenen Begriffsbestimmungen recht unterschiedliche Schlaglichter auf (für einen Überblick vgl. Buschow & Schneider, 2015, S. 12-17). Gemeinsam ist ihnen lediglich, dass sie Social TV als digital vermittelte Kommunikation rund um Fernsehinhalte verstehen (ebd., S. 12). Der vorliegende Beitrag konzentriert sich, wie oben ausgeführt, auf die Kommunikation der Zuschauer via Twitter. Aufgrund der technischen Anlage des Microblogging-Dienstes läuft der fernsehbezogene Austausch gemeinhin öffentlich ab und wird nicht allein auf den Ausstrahlungszeitraum des betrachteten Fernsehinhalts beschränkt (vgl. Bruns & Burgess, 2011, S. 6; Klemm & Michel, 2014, S. 13). So ergibt sich folgende Definition:

Social TV beschreibt die durch Fernsehinhalte stimulierte oder auf diese bezogene öffentliche Kommunikation, die sich vor, während und/oder nach der linearen Ausstrahlung des Inhalts vollzieht und durch Social Media (hier: Twitter) ermöglicht wird.

2.2 *Konzeptueller Rahmen: Die Entwicklung von Aufmerksamkeit*

Die Dynamik von Social-TV-Themen kann nicht mehr allein auf Grundlage bestehender Forschung zur lokalen, fernsehbegleitenden Zuschauerkommunikation (vgl. exempl. Holly, Püschel & Bergmann, 2001) bearbeitet werden. So findet der sendungsbezogene Austausch eben nicht mehr ausschließlich vor dem heimischen Fernseher statt, sondern auch in der globalen und öffentlichen „Twittersphere" (Klemm & Michel, 2014, S. 12-17). Nutzer auf der ganzen Welt können einbezogen werden, und Themen vermögen es in kurzer Zeit, große Reichweiten und hohe Aufmerksamkeit zu erzielen (vgl. Buschow & Schneider, 2015, S. 12).

Um dieses Phänomen angemessen zu fassen, scheint es notwendig, über die bestehende Forschungsansätze hinauszugehen. Insbesondere in der Informatik sind jüngst Konzepte zur Verbreitung von Informationen in Social Media entwickelt worden (vgl. Guille, Hacid, Favre & Zighed, 2013). Doch auch die Kommunikationswissenschaft bietet wertvolle Ansätze zum Verständnis der Entwicklung öffentlicher Aufmerksamkeit – insbesondere die Referenzmodelle für den Lebenszyklus öffentlicher Themen, etwa von Downs (1972) oder Luhmann (1970; vgl. auch Waldherr, 2014, S. 852). Kolb (2005) legt ein integratives Modell vor, das die vorgenannten Konzepte und weitere Ansätze zur Erklärung von Dynamiken aus Biologie, Sozialwissenschaften und Betriebswirtschaftslehre zusammenführt (vgl. Kolb, 2005, S. 46-50). Das Modell konnte an verschiedenen Themen erfolgreich erprobt werden (vgl. Waldherr, 2014, S. 853). Allerdings standen dabei stets von Journalisten kommunizierte, mediale Themen im Fokus. Inwiefern der grundsätzlich flexible Ansatz (Kolb, 2005, S. 94) auch auf die ‚Laienkommunikation' in sozialen Medien angewendet werden kann, ist eine empirische Frage, die der vorliegende Beitrag in der ersten Forschungsfrage adressiert. Die Begründung des Modells aus einer Vielzahl von unterschiedlichen Forschungstraditionen und der damit einhergehende Anspruch an Allgemeingültigkeit lassen die Anwendbarkeit aber plausibel erscheinen.

Abbildung 1: Integrierter, modifizierter Themenzyklus nach Kolb

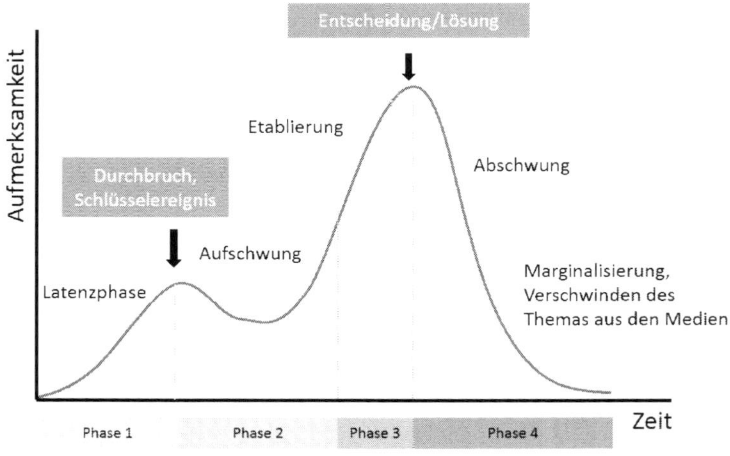

Quelle: eigene Darstellung nach Kolb, 2005, S. 95

Kolbs Modell (vgl. Abbildung 1) bildet die öffentliche Aufmerksamkeit anhand der Menge an Kommunikaten zu einem spezifischen Thema im Zeitverlauf ab. Übertragen auf den vorliegenden Forschungsgegenstand steht also die Menge an Beiträgen (*Tweets*) zu einem Fernsehthema im Fokus. Das Modell unterstellt, dass der Verlauf des Tweetvolumens idealtypisch ein lokales sowie ein globales Maximum aufweist und einer linksschiefen Verteilung folgt (vgl. Kolb, 2005, S. 95; Waldherr, 2011, S. 19).

Der Auf- und Abschwung des Volumens wird in vier Phasen unterteilt, deren Festlegung sich an der Kurvendiskussion orientiert (vgl. Kolb, 2005, S. 75-77). Auch diese Phasen lassen sich auf den Forschungsgegenstand übertragen (für eine ausführliche Beschreibung vgl. Kolb 2005, S. 80-83): In der anfänglichen (1) *Latenzphase* interessiert das Thema nur Eingeweihte (z. B. Fans), es werden daher nur sporadisch Tweets verfasst. In der folgenden (2) *Aufschwungphase* hebt ein Schlüsselereignis das Thema auf die Agenda von immer mehr Twitter-Nutzern, sodass zunehmend mehr Beiträge erstellt werden[2]. Schließlich etabliert sich das Thema als fester Bestandteil einer ‚Twitter-Tagesordnung'. Waldherr (2011) spricht auch von einer (3) *Phase der Mode* (S. 21). Mit der Zeit ermüdet die Aufmerksamkeit der Community jedoch, das Thema erlebt eine *Abschwungphase* und fristet fortan wieder ein Nischendasein. Ob und in welcher Geschwindigkeit die Phasen dieses Themenzyklus' durchlaufen werden, hängt von verschiedenen Faktoren ab (vgl. Waldherr, 2014; Kolb, 2005, S. 44). Diese finden sich entweder *innerhalb* der Social-TV-Diskussion zum betreffenden Thema oder wirken als *externe* Faktoren von außen auf die Diskussion. Beide Faktorentypen werden im Folgenden diskutiert.

2.3 Externe Einflussgrößen der Dynamik von Social-TV-Themen

Zentraler *externer* Faktor ist zunächst das *Ereignis* selbst. Gemäß der Nachrichtenwertforschung wird die Aufmerksamkeit für ein Ereignis durch dessen Eigenschaften (Nachrichtenfaktoren) bedingt (vgl. Staab, 1990, S. 203; Waldherr, 2011, S. 23). Übertragen auf Social TV bedeutet

2 Mit dem Schlüsselereignis steigt die Aufmerksamkeit für das Thema, allerdings fällt diese anschließend auch wieder, da sich der Neuigkeitswert des Ereignisses verliert. Greifen zu diesem Zeitpunkt aber reichweitenstarke Nutzer das Thema auf, entsteht eine Eigendynamik, die den nachfolgenden starken Anstieg erklärt.

dies: Die Eigenschaften der Fernsehsendung bedingen den Austausch über diese. Das legen auch erste Untersuchungen nahe: So identifizieren Anstead und O'Loughlin (2011) das Maximum des Kommunikationsvolumens zu einer politischen Talkshow im direkten Anschluss an die polarisierende Aussage eines Debattierenden (S. 456). Hat eine Sendung einen seriellen Charakter, dürfte auch die *inhaltliche Staffel-Dramaturgie* von Bedeutung sein. So finden verschiedene Studien ein deutlich erhöhtes Tweetvolumen bei der Premiere und dem Finale einer Serie (vgl. Council for Research Excellence, 2013; Possler et al., 2015). Auch der *Zeitpunkt* kann von Bedeutung sein: Während der Ausstrahlung einer Sendung finden sich bedeutend mehr Tweets als in der prä- und postkommunikativen Phase (ebd.; Anstead & O'Loughlin, 2011, S. 449-450).

2.4 Inhärente Einflussgrößen der Dynamik von Social-TV-Themen

Darüber hinaus dürften verschiedene Merkmale *innerhalb* der Social-TV-Kommunikation die Aufmerksamkeit für ein Thema bedingen und damit dessen Verlauf prägen. So reagieren Social-TV-Nutzer nicht nur auf das Fernsehereignis selbst, sondern interagieren auch mit der (temporären) Community rund um eine Sendung (vgl. Buschow, Schneider & Ueberheide, 2014). Hinzu tritt, dass Nutzer nicht alle Themen einer Sendung aufgreifen, sondern gezielt einzelne Aspekte selektieren, interpretieren und bewerten (vgl. Giglietto & Selva, 2014, S. 271; Klemm & Michel, 2014, S. 27-30). Entsprechend kann der Austausch eine so hohe Eigendynamik entfalten, dass er nicht mehr mit der Dramaturgie der Sendung korrespondiert (vgl. Highfield et al., 2013, S. 333-334). Es ist zu erwarten, dass Nutzer ein Thema vor allem dann wahrnehmen und in die Diskussion einsteigen, wenn die Tweets zu jener Thematik besonders aufmerksamkeitsstark sind.

Zunächst dürften verschiedene *inhaltliche Eigenschaften* der Tweets die Aufmerksamkeit beeinflussen. Welche Faktoren hier von Bedeutung sind, wurde in einer qualitativen Vorstudie untersucht. Anhand des Inhalts von 300 Tweets zu unterhaltenden TV-Sendungen, die einen hohen Aufmerksamkeitswert aufwiesen (gemessen an der Zahl der Empfehlungen, sog. *Retweets*), konnten drei bedeutsame Eigenschaften identifiziert werden: Fäkalsprache, sexuelle Ausdrücke und Emotionen. Fäkalbegriffe steigern als Kraftausdrücke die Aufmerksamkeit (vgl. Gauger, 2012, S. 12, 36; Eilders, 1997, S. 95-96). Sexuelle Ausdrücke wecken durch ihren evolutionsbiologisch-relevanten Bezug zur Fortpflanzung (vgl. Eilders, 1997, S. 104) und den Tabubruch das Interesse der Nutzer (vgl. Köhnlein, 2001, S. 96-97; Eilders, 1997, S. 95-96). Emotionen helfen den Lesern, Bezüge zu eigenen Erfahrungen herzustellen, und fördern so die Aufmerksamkeit (vgl. Eilders, 1997, S. 104). Auf Twitter finden sich Letztere häufig als Ideogramme und Bildschriftzeichen (*Emoticons, Emojis*) (vgl. Zappavigna, 2012, S. 71).

Verschiedene Selektionsstudien belegen zudem die Bedeutung der *formalen Gestaltung* eines Kommunikats für dessen Aufmerksamkeitswirkung (z. B. Eilders, 1997). Relevant ist dabei vermutlich die Kürze und Prägnanz sowie formale Auffälligkeit eines Tweets (z. B. Großschreibung ganzer Worte, Wiederholung von Worten; vgl. Seibold, 2002, S. 34-35 zu ähnlichen Befunden im Hinblick auf Onlinenachrichten).

Auch die Verwendung von *Referenzen* kann die Aufmerksamkeit steigern. Dazu können Zuschauer auf Inhalte anderer Nutzer oder externer Autoren verweisen. Dies ist im Rahmen von Retweets und Links möglich und gilt als förderlich für die Diffusion von Social-TV-Inhalten (vgl. Anstead & O'Loughlin, 2011, S. 454).

Zusammenfassend wird angenommen, dass die Dynamik der Aufmerksamkeit für ein fernsehbezogenes Thema in sozialen Medien durch das Modell des Themenzyklus' (vgl. Kolb, 2005) beschrieben werden kann. Treiber der Themendynamik sind neben Umweltfaktoren auch inhaltliche, formale und referentielle Aufmerksamkeitsfaktoren in den Tweets zu einem Thema.

3 Methodisches Vorgehen

Vor diesem Hintergrund soll eine inhaltsanalytische Untersuchung die Beantwortung der Forschungsfragen ermöglichen. Als Fallbeispiel dient die Sendung „Ich bin ein Star – Holt mich hier raus!" aus dem Jahr 2014 (auch: Dschungelcamp), eine der erfolgreichsten deutschen Fernsehsendungen bei Twitter (vgl. Kerkau, 2014). Die Sendung wurde täglich vom 17.1. bis 1.2.2014 ausgestrahlt, diese Zeitspanne wurde daher als Untersuchungszeitraum gewählt[3]. Als Aufgreifkriterium wurde der offizielle Hashtag der Sendung (#ibes) verwendet (vgl. Lochrie & Coulton, 2012,

3 Eine Erfassung der Kommunikation mehrere Tage vor und nach dem Ausstrahlungszeitraum wäre wünschenswert gewesen, um Wachstums- und Abschwungprozesse zu erfassen, konnte aber aus technischen Gründen nicht umgesetzt werden.

S. 200; Highfield et al., 2013, S. 321). Die Grundgesamtheit stellen demnach alle öffentlichen, deutschsprachigen Tweets dar, die den Sendungshashtag #ibes beinhalten und zwischen dem 17.1.2014 und dem 1.2.2014 abgesendet wurden.

Um die Dynamik möglichst lückenlos und unverzerrt abzubilden, ist eine Vollerhebung notwendig. Für den Datenabruf wird auf die Search-API zurückgegriffen – eine Variante von Twitters Programmierschnittstelle (API, Application Programming Interface; vgl. Lu, Liu & Lü, 2013). Mittels dieser können bis zu 600 Tweets pro Minute zu vordefinierten Suchbegriffen in Echtzeit gespeichert werden (vgl. Twitter, 2014 b). Diese Volumenlimitation berührt diese Studie aufgrund einer geringeren Tweetanzahl nicht. Dennoch ist zu berücksichtigen, dass eine vollständige Erhebung der Grundgesamtheit durch die API nicht sichergestellt werden kann (vgl. Bruns & Stieglitz, 2012, S. 39). Eine weitere Limitation ergibt sich durch einen Ausfall der Erhebung am 28.1.2014 und am 30.1.2014. Die fehlenden Werte wurden durch lineare Interpolationen ersetzt (gleitende Mittelwerte). Insgesamt konnten 301.553 Tweets erhoben werden.

Die Analyse erfolgt auf der Ebene des einzelnen Tweets. Aufgrund der hohen Fallzahl ist es notwendig die inhaltlichen und formalen Tweetmerkmale durch eine automatische, diktionärsbasierte Analyse zu erheben (vgl. Scharkow, 2012, S. 76-81). Dabei wird jeder Tweet anhand vordefinierter Indikatorenlisten (Diktionäre) daraufhin überprüft, ob die zu erhebenden Kategorien vorliegen. Da die automatische Inhaltsanalyse noch kein etabliertes Verfahren der Kommunikationswissenschaften darstellt, sondern aus der Computerlinguistik stammt, wurde die Umsetzung von Computerlinguisten der Firma *ferret go* (www.ferret-go.com) unterstützt.

3.1 Operationalisierung

Durch den Rückgriff auf die Search-API zur Datenerfassung können viele der benötigten Variablen bereits in Form von Metadaten ausgelesen werden. Dazu zählen zunächst die Elemente des Themenzyklus. Dieser wird durch die Menge der Berichterstattung zu einem Thema im Zeitverlauf abgebildet (vgl. Kapitel 2.2), daher wurden der Absendezeitpunkt und die Themen der Tweets (anhand der Hashtags) über die API erfasst. Auch die nötigen Informationen zur Erfassung der referentiellen Einflussgrößen (Vorliegen eines Links im Tweet und Identifikation des Tweets als Retweet) können anhand der Metadaten festgestellt werden.

Die inhaltlichen Merkmale werden mittels der diktionärsbasierten Inhaltsanalyse untersucht. Hierzu wird für jedes Merkmal ein eigenes Diktionär[4] angelegt. Zur Herleitung der Indikatoren werden in Anlehnung an Bengston und Xu (2009) verschiedene Quellen herangezogen (S. 8): etablierte Diktionäre (u. a. ‚Regressive Imagery Dictionary'; vgl. Martindale, 1990), lexikalische Datenbanken und themenspezifische Wörterbücher (z. B. das ‚GermaNet'; vgl. Hamp & Feldweg, 1997; Henrich & Hinrichs, 2010) sowie eine Gruppendiskussion mit 13 regelmäßigen Social-TV-Nutzern. Die Indikatoren werden anschließend auf ihre semantische Validität überprüft (Scharkow, 2012, S. 78). Dabei wird untersucht, ob die Einträge des Diktionärs als eindeutige Indikatoren der Dimensionen dienen können oder durch Regeln spezifiziert werden müssen. Dieser Prozess wird iterativ anhand einer Stichprobe fortgesetzt, bis die Qualität der Indikatoren zufriedenstellend ist.

Die formalen Merkmale werden ebenfalls automatisiert ausgewertet. Die Länge wird dabei direkt ausgezählt. Die formale Betonung wurde mittels regulärer Ausdrücke untersucht. Diese Mini-Programmiersprache ermöglicht es, Zeichenmuster zu suchen (vgl. Friedl, 2006, S. 2). Die programmierten Regeln indizieren dabei Großschreibungen, Wiederholungen von Satzzeichen und Buchstaben sowie von distinkten Buchstabenkombinationen, Wörtern und Emoticons. Dabei werden gängige Großschreibung (bspw. „ARD") und übliche Wiederholungen (bspw. „..., die die") ausgeschlossen.

4 Die Diktionäre können auf Anfrage bei den Autoren für den wissenschaftlichen Gebrauch lizenziert werden.

Tabelle 1: Operationalisierung

Konstrukt		**Operationalisierung**
Elemente des Themenzyklus'	Absendezeitpunkt des Tweets	Datum/Zeitpunkt anhand der Metadaten des Tweets
	Tweetthema	Hashtags anhand der Metadaten des Tweets
Inhaltliche Merkmale	Fäkalsprache im Tweet	Dichotom erfasst (1 = Merkmal liegt vor) über Fäkalsprachediktionär
	Sexuelle Sprache im Tweet	Dichotom erfasst (1 = Merkmal liegt vor) über Diktionär sexueller Ausdrücke
	Emoticons im Tweet	Dichotom erfasst (1 = Merkmal liegt vor) über Emojis- und Emoticondiktionär
Formale Merkmale	Länge des Tweets	Anzahl Zeichen
	Betonung im Tweet	Dichotom erfasst (1 = Merkmal liegt vor) über reguläre Ausdrücke zu Großschreibung (Wort, Wortbestandteil) und Wiederholung (Interpunktion, Buchstaben, Wörter, Emoticons)
Referentielle Merkmale	Links im Tweet	Dichotom erfasst (1 = Merkmal liegt vor) anhand der Metadaten des Tweets
	Tweet als Retweet	Dichotom erfasst (1 = Tweet ist Retweet) anhand der Metadaten des Tweets

Quelle: eigene Darstellung

3.2 Präprozessierung und Reliabilität

Vor der Einspeisung in die automatische Inhaltsanalyse müssen die Daten zunächst präprozessiert werden. Im Rahmen dieser Vorverarbeitung werden alle Hashtags, URLs und Referenzierungen anderer Nutzer (sog. *@-Mentions*) aus der Untersuchung ausgeschlossen, da diese die Erfassung der inhaltlichen und formalen Merkmale verzerren. Zusätzlich werden alle Tweetinhalte in ein einheitliches Zeichenschema (Unicode) übersetzt. Der Untersuchung einiger Indikatoren geht zudem eine linguistische Vorverarbeitung voraus. Diese beinhaltet eine Tokenisierung (Segmentierung des Texts in einzelne Worte; vgl. Manning, Raghavan & Schütze, 2008, S. 22-27), Kompositazerlegung, Lemmatisierung (Ersetzung von gebeugten Worten durch ihre Grundform; vgl. Manning et al., 2008, S. 32-34) sowie das Part-of-Speech-Tagging (grammatikalische Erkennung der syntaktischen Funktion eines Wortes; vgl. Scharkow, 2012, S. 117-118). Durch diese Verfahren ist es möglich, auch Flexionen der gesuchten Indikatoren zu berücksichtigen und die syntaktische Funktion zur Spezifizierung des Suchbegriffs zu verwenden (vgl. Scharkow, 2012, S. 115).

Nach der Analyse wird die Computer-Forscher-Reliabilität anhand eines vom Forscher codierten Vergleichskorpus' (n = 2.000 Tweets) überprüft (vgl. Scharkow, 2012, S. 134-136). Die Reliabilitäts-Werte fallen dabei gut bis sehr gut aus (Recall und Precision: ca. 86 bis 99 %). Lediglich der Faktor sexuelle Sprache weist aufgrund häufiger Zweideutigkeit keine optimale, aber eine noch akzeptable Reliabilität auf (Recall: 78 %).

3.3 Beschreibung der Datengrundlage

Insgesamt liegen 301.553 Tweets von insgesamt 29.642 Twitter-Nutzern vor. Neben dem Hashtag #ibes konnten in den Tweets zusätzlich 11.724 weitere Hashtags identifiziert werden. Die überwiegende Anzahl wird jedoch äußerst selten verwendet. Lediglich fünf Hashtags finden sich öfter als 4.500-mal in den Tweets: #dschungelcamp (n = 24.420), #larissa (n = 20.898), #wendler (n = 7.866), #rtl (n = 6.709) und #mola (n = 4.707).

Die inhaltlichen Faktoren sind unterschiedlich stark im Material vertreten. Während Fäkalausdrücke in lediglich 5 Prozent aller Tweets und sexuelle Ausdrücke in 7 Prozent auftreten, finden sich Emoticons bzw. Emojis in jedem sechsten Tweet (ca. 16 Prozent). Twitter erlaubt nur eine Beitragslänge von 140 Zeichen, die die Nutzer jedoch nicht konsequent ausreizen: Im Durchschnitt sind die Tweets 77 Zeichen lang (SD = 33 Zeichen) und weisen in 17 Prozent der Fälle eine sprachliche Betonung auf. Auch das Vorkommen der referentiellen Faktoren ist stark unterschiedlich; so lassen sich in nur 5 Prozent der Tweets Links feststellen, während fast jeder dritte Tweet ein Retweet ist (29,5 Prozent der Tweets).

4 Ergebnis

4.1 Verlauf der Social-TV-Themen

Je nach zeitlicher Aggregation des Themenverlaufs um das Dschungelcamp (z. B. in Minuten oder Tagen) lassen sich unterschiedliche Dynamiken erkennen. Auf Minutenebene zeigt sich, dass die Diskussion hauptsächlich parallel zur Ausstrahlung der Sendung in den Abendstunden erfolgt (vgl. Abbildung 2). Die Livesendung ist also der zentrale Kommunikationsanlass.

Wird der Sendungszeitraum detaillierter betrachtet, lassen sich ferner sendungsbezogene Trends und Maxima bzw. Minima des Verlaufs ablesen. Beispielsweise weist der Themenzyklus am 17.1. um 22:30 Uhr ein sendungsbezogenes Minimum auf und erreicht kurz vor 23:00 Uhr ein sendungsbezogenes Maximum. Hier spiegeln sich dramaturgische Höhepunkte und Leerlaufphasen (etwa Werbung) des Sendungsverlaufs.

Abbildung 2: Verlauf des Themas Dschungelcamp 2014 auf Twitter zwischen dem 17.1. und 24.1.2014

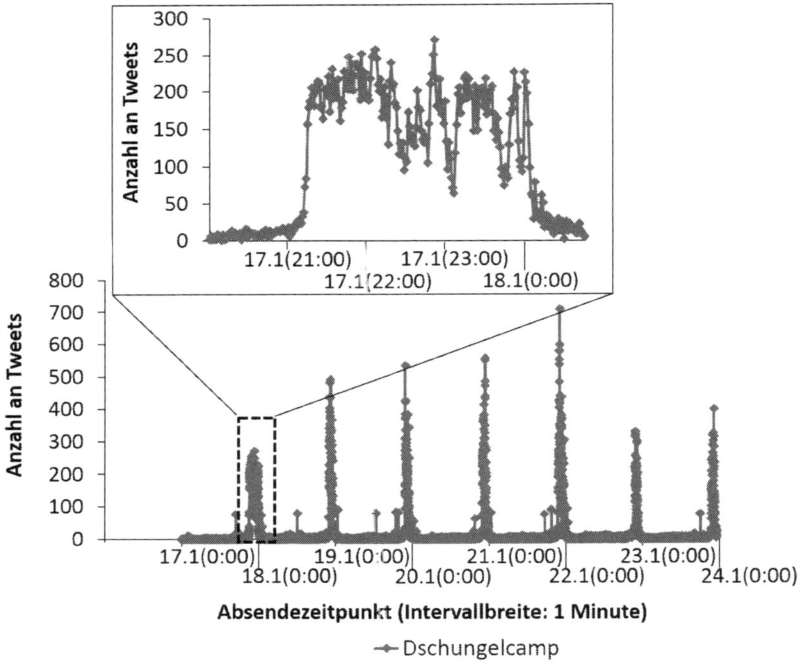

Quelle: eigene Darstellung

Neben sendungsbezogenen Dynamiken lassen sich auch übergeordnete Trends im Gesamtthemenverlauf der Staffel identifizieren. So ist insgesamt ein Anstieg des Kommunikationsvolumens von der ersten bis zur fünften Sendung (22.1.) ersichtlich.

Die staffelbezogene Dynamik wird noch deutlicher in der Darstellung des Themenverlaufs auf Tagesebene (vgl. Abbildung 3). Abweichend zur Übersicht auf Minutenebene zeigt sich hier allerdings, dass die Pilotsendung (17.1) eine ähnlich hohe Anzahl an Tweets hervorbringt wie die fünfte Ausgabe des Dschungelcamps. Diese Unterschiede zwischen der Darstellung auf Minuten- und Tagesebene können wohl auf die Länge der Sendung zurückgeführt werden: Die dreistündige Premiere erzielt über einen längeren Zeitraum ein kontinuierliches, aber auf Minutenbasis vergleichsweise geringes Tweetvolumen. Der Austausch zu den einstündigen Sendungen an den folgenden Tagen läuft hingegen fokussierter ab.

Zudem lässt sich ein Anstieg des Tweetvolumens in den Sendungen um das Finale (30.1. bis 2.2.) ausmachen. Dies bestätigt die vermutete Bedeutung der Staffeldramaturgie für den Verlauf von Social TV.

Die Peaks in der Gesamtkommunikation zum Dschungelcamp werden dabei getrieben von der Dynamik weniger Unterthemen. Während des Hochpunkts am 21.1. stehen beispielsweise der Kandidat Michael Wendler und sein Auszug aus dem Camp im Fokus. Rund um das zweite Maximum (24.1.) wird hingegen der Abbruch einer Prüfung durch den Kandidaten Mola Adebisi intensiv thematisiert. Solche Unterthemen werden in einzelnen Beiträgen durch die Verwendung weiterer Hashtags (bspw. #larissa, #mola, #wendler) neben dem offiziellen Sendungshashtag #ibes angezeigt (vgl. Kapitel 2.3). Abbildung 3 stellt Tweets zu den wichtigsten Unterthemen ins Verhältnis zur Gesamtkommunikation.

Abbildung 3: Verlauf des Themas Dschungelcamp 2014 und bedeutsamer Unterthemen bei Twitter auf Tagesebene

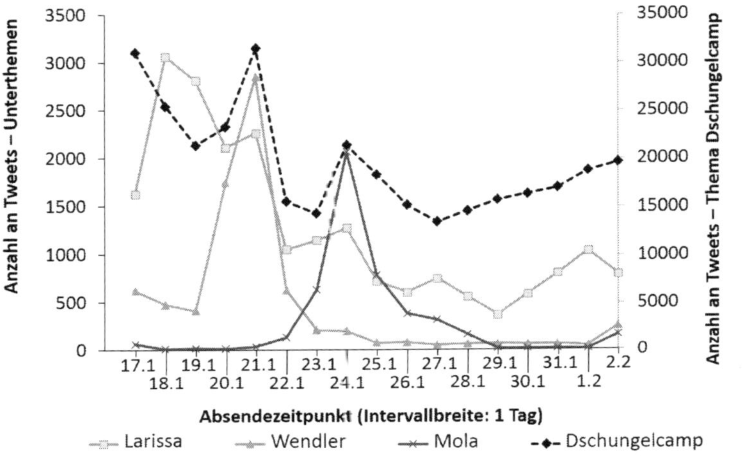

Quelle: eigene Darstellung

Betrachtet man den Verlauf der Unterthemen genauer, dann wird kein einheitliches Muster ersichtlich, wie auch eine Einteilung in die vier von Kolb (2005) beschriebenen Phasen verdeutlicht (vgl. Abbildung 4). Beispielsweise zeigt der Austausch zur Kandidatin Larissa Marolt (#larissa) zunächst eine kurze Aufschwungphase (17.1.), gefolgt von einer zwei Tage währenden Phase der Themenetablierung (18.1. bis 19.1), einer längeren Abschwungphase (20.1. bis 29.1.) und schließlich einem erneuten Aufschwung (30.1. bis 2.2.). Der Austausch zum Thema Michael Wendler (#wendler) startet ebenfalls mit einer Aufschwungphase (17.1. bis 20.1), und auch hier folgt eine kurze Phase der Etablierung (21.1). Allerdings verschwindet das Thema im anschließenden Abschwung nahezu vollkommen von der Twitter-Agenda (22.1. bis 01.2.). Lediglich am letzten Sendungstag folgt ein leichter Anstieg (2.2.).

Abbildung 4: Verlauf der Diskussion zu Michael Wendler (#wendler) und Larissa Marolt (#larissa)

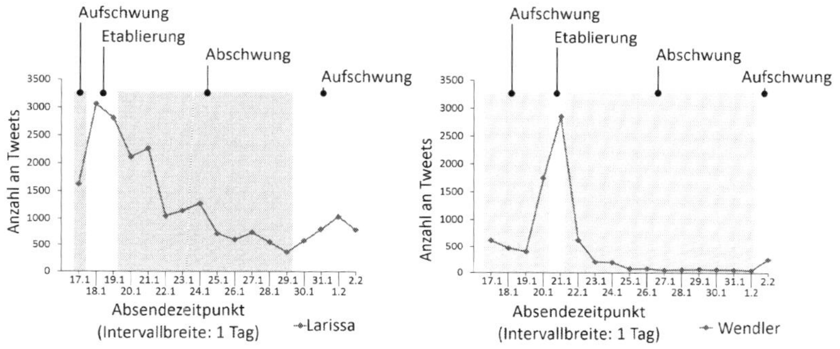

Quelle: eigene Darstellung

Wie anhand dieser Beispiele deutlich wird, variiert der Ablauf der Phasen in starker Abhängigkeit von Thema. Übergreifend zeigt sich ein sehr schneller Ablauf des Lebenszyklus. So erfahren nahezu alle Themen vor ihrem Höhepunkt einen steilen Aufstieg, um dann den Themenhöhepunkt innerhalb nur weniger Tage zu durchlaufen. Die prototypische, linksschiefe Verteilung des Themenzyklus' nach Kolb (2005, S. 95) wird dabei in keinem der Fälle identifiziert. Auch die Phasenabfolge orientiert sich nicht an dem Referenzmodell. Demnach ist das Themenzyklus-Konzept wohl nicht auf die Social-TV-Diskussion auf Twitter übertragbar.

4.2 Einflussgrößen auf den Themenverlauf

Bei der Beschreibung der Themendynamik wurde bereits die Bedeutung der *externen* Faktoren wie Sendungsinhalt oder Ausstrahlungszeitpunkt angerissen. Zur Beantwortung der zweiten Forschungsfrage stehen nun die Merkmahle *innerhalb* der Social-TV-Kommunikation im Fokus. Ausgehend von dem vermuteten Einfluss dieser Faktoren auf den Zyklus ist zu erwarten, dass die jeweiligen Merkmale in den einzelnen Phasen unterschiedlich stark ausgeprägt sind. Insbesondere während einer Phase steigenden Kommunikationsvolumens sollten die Faktoren höher ausgeprägt sein als in den übrigen Phasen. Dieser mögliche Zusammenhang wurde je Einflussfaktor anhand der Gesamtkommunikation (#ibes) sowie der drei wichtigsten Unterthemen (#larissa, #wendler, #mola) varianzanalytisch geprüft.

Die Analysen zeigen zwar signifikante Unterschiede in der Ausprägung der Faktoren zwischen den Phasen, allerdings ist die Effektstärke sehr gering (vgl. Tabelle 2). Die fast ausnahmslos signifikanten Modelle beruhen daher vermutlich eher auf der großen Fallzahl statt auf bedeutenden Unterschieden (Rutherford, 2011, S. 94).

Tabelle 2: Zusammenhang zwischen Tweet-inhärenten Faktoren und den Phasen der Themenzyklen

Parallele Variation	**Nachgelagerte Variation**	**Keine systematische Variation**
Länge der Tweets (η^2 max .018***)	Anteil Links (η^2 max .058***)	Anteil mit Fäkalsprache (η^2 max .003***)
Anteil Emoticons (η^2 max .005***)	Anteil Retweets (η^2 max .009***)	Anteil mit sexueller Sprache (η^2 max .008***)
		Anteil mit Betonung (η^2 max .004***)

* p<.05; ** p<.01; *** p<.001. Quelle: eigene Darstellung.

Wird die Variation der Faktoren deskriptiv anhand der Mittelwerte beobachtet, lassen sich einige themenübergreifende Muster ausmachen. Diese implizieren jedoch bei keinem der Faktoren einen Einfluss auf den Themenzyklus.

Die Länge der Tweets und der Anteil an Emoticons variiert synchron mit dem Verlauf des Themenzyklus'. Dabei fallen besonders niedrige Ausprägungen der Faktoren mit der Etablierung und daher mit dem globalen Maximum der Themenzyklen zusammen. Die Tweets sind also im Themenhöhepunkt auf das Wesentliche reduziert und weisen seltener Emoticons auf. Die Kausalität des Zusammenhangs kann nur interpretativ erschlossen werden. Es scheint aber plausibel, dass Nutzer während des Themenhöhepunkts auf schmückende Stilmittel verzichten, um den eigenen Gedanken umgehend Ausdruck zu verleihen oder schnell auf die Postings anderer Nutzer zu reagieren. Der Themenzyklus bedingt hier vermutlich die Ausprägung der Faktoren, nicht andersherum.

Auch der Anteil an Links und Retweets scheint auf den Themenzyklus zu reagieren, allerdings mit einer gewissen Verzögerung. So finden sich die höchsten Ausprägungen der Faktoren nicht im Höhepunkt einer Themendiskussion – also wenn die meisten Tweets zu einem Thema anfallen –, sondern erst im anschließenden Abschwung des Tweetvolumens. Ursache hierfür ist vermutlich die benötigte Reaktionszeit: Der Themenhöhepunkt ist Anlass für viele Nutzer, Tweets und Twitter-externe Inhalte (bspw. in Blogs) zu erstellen. Erst nach der Fertigstellung dieser – und damit oft zeitlich nachgelagert im Abschwung eines Themas – können diese Inhalte mit anderen geteilt werden.

Bei der Fäkalsprache, den sexuellen Ausdrücken und der Betonung lassen sich zwar signifikante Unterschiede ausmachen, anhand der deskriptiven Werte wird aber deutlich, dass die Variation der Faktorenausprägung zwischen Phasen stark abhängig ist vom Thema. Eine systematische Variation im Themenverlauf oder gar ein themenübergreifender Einfluss auf den Themenzyklus ist daher nicht erkennbar.

5 Diskussion und Ausblick

Je nach gewähltem zeitlichen Aggregationsniveau können unterschiedliche Dynamiken im Verlauf der Twitterkommunikation zum Dschungelcamp 2014 identifiziert werden. Sie reichen von spezifischen Sendungsdynamiken auf Minutenebene bis zu übergeordneten, staffelbezogenen Thematisierungsmustern auf Tagesebene. Letztere werden besonders durch den Austausch über sendungsbezogene Unterthemen geprägt. Die Unterthemen weisen wiederum einen höchst individuellen Themenverlauf auf. Die vorliegenden Ergebnisse erlauben es daher nicht, einen typischen Lebenszyklus von Social-TV-Themen zu bestimmen. Gemeinsam ist den untersuchten Themen aber eine deutliche Abweichung vom Referenzmodell Kolbs (2005) sowie eine hohe Verlaufsgeschwindigkeit. Die Themen erhalten bei bedeutenden Ereignissen rasch große Aufmerksamkeit, verlieren diese aber schon bald wieder.

Weiterhin zeigt sich, dass *externe* Einflussgrößen eine hohe Bedeutung für die Themenverläufe haben – insbesondere der Inhalt der Sendung sowie Ausstrahlungszeitraum und -dauer. Damit werden die Befunde vorangegangener Untersuchungen bestätigt (vgl. Anstead & O'Loughlin, 2011; Council for Research Excellence, 2013; Larsson, 2013).

Die Einflussgrößen *innerhalb* der Social-TV-Kommunikation leisten hingegen so gut wie keinen Erklärungsbeitrag zum Themenverlauf – zumindest nicht auf der betrachteten übergeordneten Thematisierungsebene. Lediglich die Länge und der Anteil an Links stehen in schwachem Zusammenhang mit dem Verlauf des Zyklus'. Allerdings scheint vielmehr der Zyklus Einfluss auf die Faktoren zu nehmen und nicht andersherum. Im Gegensatz zur Annahme des Themenzyklusmodells (Kolb, 2005, S. 44; Waldherr, 2014, S. 854) entfaltet die Eigendynamik – etwa durch die Orientierung der Nutzer aneinander – kaum Bedeutsamkeit. Maßgebend ist vielmehr das Ereignis selbst, in diesem Fall also die TV-Sendung.

Die Befunde der vorliegenden Untersuchung verdeutlichen demnach, dass sich das Themenzyklusmodell von Kolb (2005) nicht zur Erklärung der ‚Laienkommunikation' auf Twitter eignet – zumindest nicht im Rahmen von Social TV. Dazu sind in dem Modell Trägheitselemente viel zu sehr von Bedeutung. Sowohl die Linksschiefe als auch die Zweigipfeligkeit sind Hinweise auf verzögerte Reaktionen. Ein Thema baut sich nur langsam auf, und der Themenhöhepunkt ist als verzögerte Reaktion auf den Themendurchbruch zu sehen. Kolbs Modell funktioniert also für klassische Massenmedien, wo sich alleine durch den täglichen Erscheinungszyklus ein Trägheitsmoment ergibt. Außerdem sind die Medien auf Reaktionen Dritter, insbesondere auf die Reaktionen politischer Eliten angewiesen, damit ein Thema den Durchbruch erreicht. Die schnelle Reaktion der Nutzer auf ein Ereignis und die mangelnde Orientierung aneinander verhindern dagegen, dass der Themenverlauf die charakteristische, linksschiefe Verteilung und die typischen Ablaufphasen (vgl. Kap. 2.2) aufweist. Es ist daher Aufgabe zukünftiger Forschung, einen geeignet Ansatz zur Beschreibung der öffentlichen Aufmerksamkeit bei Twitter zu entwickeln.

Mit Blick auf eine mögliche Steuerung der Social-TV-Kommunikation verdeutlichen die Ergebnisse die Bedeutung des Fernsehinhalts und der Sendungsdramaturgie. Zur Umsetzung der eingangs geschilderten medienökonomischen Potenziale von Social TV sollte daher die fernsehbezogene Kommunikation bereits in der Konzeption und Produktion mitgedacht werden. Insbesondere vorproduzierte Einspieler, wie beispielsweise die Tageszusammenfassungen beim Dschungelcamp, eignen sich für die gezielte Platzierung von Gesprächsanlässen.

Allerdings dürfen die Ergebnisse dieser Studie nicht überinterpretiert werden. So ist es zumindest fraglich, ob die Ergebnisse zur Social-TV-Diskussion rund um das Dschungelcamp auf andere Sendungen übertragbar sind. Gleiches gilt für die betrachteten Unterthemen, da die Untersuchung sich primär auf die populärsten Unterthemen stützt. Nicht zuletzt ergeben sich Limitationen in der Datenqualität durch Verbindungsprobleme und -abbrüche (vgl. Kapitel 3).

Dennoch präsentiert die Studie wichtige Ergebnisse, an die Folgeforschung anschließen kann. Insbesondere scheint die nähere Untersuchung der *externen* Faktoren – insbesondere des Sendungsinhalts – sinnvoll. Dies könnte im Rahmen einer ergänzenden Inhaltsanalyse der Sendung geschehen. Auch die im Rahmen dieser Studie erhobenen Faktoren *innerhalb* der Social-TV-Kommunikation gilt es zu schärfen. So kann vermutet werden, dass der geringe Zusammenhang der Aufmerksamkeitsfaktoren mit den Phasen des Themenzyklus' u. a. darauf zurückzuführen ist, dass das Wirkungsintervall der Faktoren nicht mit dem Betrachtungsintervall der Phasen zusammenfällt. Die Nutzer reagieren auf die Posts anderer Nutzer innerhalb weniger Minuten statt mehrerer Tage, wie es bei klassischen Medien der Fall ist. Eine zeitreihenanalytische Betrachtung auf niedrigem Aggregationsniveau erscheint daher angebracht. Weiterhin sollten Folgeuntersuchungen die Konstellation der Nutzer (bspw. Anteil reichweitenstarker Anwender) stärker in den Fokus rücken.

Social TV ist, das hat dieser Beitrag einmal mehr zeigen können, ein für Medienmanagementforschung und -praxis bedeutsames Themenfeld. Da kommerzielle Forschung ein vitales Interesse an der Begleitung des Phänomens hat, ist die Wissenschaft vor allem zur Grundlagenforschung aufgerufen. In diesem Beitrag wurde die Leistungsfähigkeit automatisierter Verfahren für die Darstellung und Erklärung von Social-TV-Themenverläufen erprobt. So wurden erste Schritte in Richtung der Entwicklung einer digitalen Quote unternommen. Dieses Feedback geht über die Quantifizierung reiner Nutzungsvorgänge weit hinaus. Social TV kann Seismograph für die Aufmerksamkeit, die Interessen und die Meinung einer hochinvolvierten, jungen Zielgruppe sein. Auch hier sollte zukünftige Forschung anschließen.

Literatur

Anstead, N., & O'Loughlin, B. (2011): The Emerging Viewertariat and BBC Question Time: Television Debate and Real-Time Commenting Online. *The International Journal of Press/Politics*, 16(4), 440-462. doi: 10.1177/1940161211415519

Bengston, D., & Xu, Z. (2009): Changing national forest values: A content analysis. In Krippendorff, K., & Bock, M. A. (Hrsg.), *The Content Analysis Reader.* (S. 283-294). Thousand Oaks: Sage.

Bruns, A., & Burgess, J. E. (2011): *The use of Twitter hashtags in the formation of ad hoc publics.* Vortrag auf der European Consortium for Political Research General Conference. Verfügbar unter http://snurb.info/files/2011/The%20Use%20of%20Twitter%20Hashtags%20in%20the%20Formation%20of%20Ad%20Hoc%20Publics%20%28final%29.pdf

Bruns, A. & Stieglitz, S. (2012). Quantitative Approaches to Comparing Communication Patterns on Twitter. In K. Bredl, J. Hünniger & J.L. Jensen (Hrsg.), *Methods for Analyzing Social Media* (S. 20-44). Abingdon: Routledge.

Buschow, C., & Schneider, B. (2015): Social TV in Deutschland – Eine Einführung in Begrifflichkeiten und Forschungsbereiche. In Buschow, C., & Schneider, B. (Hrsg.), *Social TV in Deutschland (Band 30 der Schriftenreihe der Niedersächsischen Landesmedienanstalt NLM)*. (S. 11-35). Leipzig: VISTAS.

Buschow, C., Schneider, B., & Ueberheide, S. (2014): Tweeting television: Exploring communication activities on Twitter while watching TV. *Communications – The European Journal of Communication Research (EJCR)*, 39(2), 129-149. doi: 10.1515/commun-2014-0009

Buschow, C., Schneider, B., Bauer, A., Carstensen, L., & Drabner, K. (2013): Wer nutzt Social TV? Die Nutzer als Treiber sozialer Interaktion mit Fernsehinhalten. *MedienWirtschaft*, 10(4), 48-57.

Buschow, C., Schneider, B., Carstensen, L., Heuer, M., & Schoft, A. (2013): Social TV in Deutschland – Rettet soziale Interaktion das lineare Fernsehen? *MedienWirtschaft*, 10(1), 24-32.

Busemann, K., & Tippelt, F. (2014): Second Screen: Parallelnutzung von Fernsehen und Internet. *Media Perspektiven*, o. Jg., 408-416.

Council for Research Excellence (2013): *Talking Social TV. Overview of Results Presentation.* Verfügbar unter http://www.researchexcellence.com/committees.php?request=15

Downs, A. (1972): Up and downs with ecology – The "issue-attention cycle". *Public Interest*, 28(2), 38-50.

Eilders, C. (1997): *Nachrichtenfaktoren und Rezeption. Eine empirische Analyse zur Auswahl und Verarbeitung politischer Information.* Opladen: Westdeutscher Verlag.

Eyl, S. (2014): *Twitter in der Hand des Dschungels.* Fanpage karma. Verfügbar unter http://blog.fanpagekarma.com/2014/02/01/ibes_dschungelcamp_twitter/?lang=de

Friedl, J. E. F. (2006): *Mastering Regular Expressions* (3. Aufl.). Sebastopol: O'Reilly.

Gauger, H.-M. (2012): *Das Feuchte und das Schmutzige: Kleine Linguistik der vulgären Sprache.* München: Beck.

Giglietto, F., & Selva, D. (2014): Second Screen and Participation: A Content Analysis on a Full Season Dataset of Tweets. *Journal of Communication*, 64(2), 260-277. doi: 10.1111/jcom.12085

Goldmedia (Hrsg.). (2014): *Social TV Monitor.* Goldmedia. Verfügbar unter http://www.social-tv-monitor.de/

Guille, A., Hacid, H., Favre, C., & Zighed, D. A. (2013). Information diffusion in online social networks: a survey. *ACM SIGMOD Record, 42*(2), S. 17-28. doi: 10.1145/2503792.2503797

Hamp, B., & Feldweg, H. (1997): *GermaNet - A Lexical-Semantic Net for German.* Vortrag auf dem ACL workshop Automatic Information Extraction and Building of Lexical Semantic Resources for NLP Applications, Madrid.

Henrich, V., & Hinrichs, E. (2010): *GernEdiT - The GermaNet Editing Tool.* Proceedings of the Seventh Conference on International Language Resources and Evaluation, Valletta, Malta. Verfügbar unter http://www.lrec-conf.org/proceedings/lrec2010/pdf/

Holly, W., Püschel, U. & Bermann, J. (Hrsg.). (2001): *Der sprechende Zuschauer – Wie wir uns Fernsehen kommunikativ aneignen.* Opladen: Westdeutscher Verlag.

Highfield, T., Harrington, S., & Bruns, A. (2013): Twitter as a technology for audiencing and fandom. *Information, Communication & Society,* 16(3), 315-339. doi: 10.1080/1369118X.2012.756053.

Kerkau, F. (2014): Social-TV-Halbjahrescharts 2014: „Circus HalliGalli" toppt „Berlin Tag & Nacht". *Kress* [online]. Verfügbar unter https://kress.de/tagesdienst/detail/beitrag/127257-social-tv-halbjahrescharts-2014-circus-halligalli-toppt-berlin-tag-nacht.html

Klemm, M., & Michel, S. (2014): Social TV und Politikaneignung. Wie Zuschauer die Inhalte politischer Diskussionssendungen via Twitter kommentieren. *Zeitschrift für angewandte Linguistik,* 60(1), 3-35. doi: 10.1515/zfal-2014-0001

Köhnlein, S. (2001): Linguistische Ansätze zur Beschreibung und Erklärung des Phänomens „Sexuelles Sprachtabu". In Hoberg, R. (Hrsg.), *Sprache – Erotik – Sexualität.* (S. 82-99). Berlin: Erich Schmidt Verlag.

Kolb, S. (2005): *Mediale Thematisierung in Zyklen: Theoretischer Entwurf und empirische Anwendung.* Köln: Halem.

Larsson, A.O. (2013): Tweeting the viewer: Use of Twitter in a talk show context. *Journal of Broadcasting & Electronic Media,* 57(2), 135-152. doi:10.1080/08838151.2013.787081

Lee, C., Haewoo, K., Park, H., & Moon, S. (2010): *Finding Influentials Based on the Temporal Order of Information Adoption in Twitter.* Proceedings of the 19th international conference on world wide web, 1137-1138. doi: 10.1145/1772690.1772842

Lochrie, M., & Coulton, P. (2012). *Sharing the Viewer Experience through Second Screens.* Proceedings of the 10th European Interactive TV Conference, 199-202. doi: 10.1145/2325616.2325655

Lu, G., Liu, S. & Lü, K. (2013). MBCrawler: A Software Architecture for Micro-Blog Crawler. In Lu, W., Guoqiang, C., Liu, W., & Xing, W. (Hrsg.), *Proceedings of the 2012 International Conference on Information Technology and Software Engineering.* (S. 119-127). Heidelberg: Springer.

Luhmann, N. (1983 [1970]): Öffentliche Meinung. In Luhmann, N. (Hrsg.), *Politische Planung. Aufsätze zur Soziologie von Politik und Verwaltung* (3. Aufl.). (S. 9-34). Opladen: Westdeutscher Verlag.

Manning, C. D., Raghavan, P., & Schütze, H. (2008): *Introduction to information retrieval.* Cambridge: Cambridge University Press.

Martindale, C. (1990): *The clockwork muse: The predictability of artistic change.* New York: Basic Books.

MIP Markets (2014): *Keynote: Deb Roy, Twitter – MIPTV 2014* [Video Datei]. Verfügbar unter https://www.youtube.com/watch?v=F_2IMAFKa9w&feature=youtu.be

Nielsen (2015): *Social TV: A bellwether for TV audience engagement.* Verfügbar unter http://www.nielsensocial.com/social-tv-a-bellwether-for-tv-audience-engagement/

Possler, D., Hautzer, L., & Janietz, S.-U. (2015): Dschungelgezwitscher 2015: Die Social-TV-Bilanz zu #ibes. *Kress* [online]. Verfügbar unter http://kress.de/tagesdienst/detail/beitrag/129549-dschungelgezwitscher-2015-die-social-tv-bilanz-zu-ibes.html

Rutherford, A. (2011): *ANOVA and ANCOVA: A GLM Approach* (2. Aufl.). Hoboken: Wiley.

Scharkow, M. (2012): *Automatische Inhaltsanalyse und maschinelles Lernen.* Berlin: epubli.

Seibold, B. (2002): *Klick-Magnete: Welche Faktoren bei Online-Nachrichten Aufmerksamkeit erzeugen.* München: R. Fischer.

Staab, J. A. (1990): *Nachrichtenwert-Theorie: Formale Struktur und empirischer Gehalt.* Freiburg: Alber.

Stipp, H. (2015): The state of Social TV in the US and its Potential for Advertisers. In Buschow, C., & Schneider, B. (Hrsg.), *Social TV in Deutschland (Band 30 der Schriftenreihe der Niedersächsischen Landesmedienanstalt NLM.* (S. 201-214). Leipzig: VISTAS.

TNS Infratest (Hrsg.). (2014): *TV wieder im Aufwind: Zunahme digitaler Endgeräte führt zu neuen Sehgewohnheiten.* Verfügbar unter www.tns-infratest.com/presse/pdf/Presse/2014_07_10_TNS_Infratest_ConnectedLife.pdf

Twitter (2014 a): *Das war die WM 2014 auf Twitter.* Verfügbar unter https://blog.twitter.com/de/2014/das-war-die-wm-2014-auf-twitter

Twitter (2014 b): *REST API Rate Limiting in v 1.1.* Twitter Developers. Verfügbar unter https://dev.twitter.com/docs/rate-limiting/1.1

Waldherr, A. (2011). *Die Dynamik der Medienaufmerksamkeit. Ein Simulationsmodell.* Baden-Baden: Nomos.

Waldherr, A. (2014): Emergence of news waves: A social simulation approach. *Journal of Communication*, 64(5), 852-873. doi:10.1111/jcom.12117

Zappavigna, M. (2012). *Discourse of Twitter and Social Media: How We Use Language to create Affiliation on the Web.* London: Continuum International Publishing.

Maximilian Reithmann, Sebastian Scherr

Die Rolle und Relevanz von Meinungsführern im Innovations-Diffusionsprozess

Der vorliegende Beitrag fragt nach dem Stellenwert von Meinungsführern im Web 2.0 und verknüpft dafür die theoretischen Grundlagen des Diffusionsprozesses mit dem aus der Rezeptionsforschung stammenden Meinungsführerkonzept. Im Innovationsprozess ist insbesondere der Moment der sogenannten Sättigungsgrenze entscheidend, also der Punkt an dem eine Innovation die sogenannte ‚kritische Masse' erreicht hat. Bis zu diesem Zeitpunkt ist allerdings das Wirken sogenannter Meinungsführer in der Gesellschaft entscheidend. Diese sogenannten ‚Early Adopter' tragen im Innovationsprozess mehrmals entscheidend dazu bei, dass eine Innovation überhaupt einer breiteren Öffentlichkeit bekannt wird: in der Wissensphase, der Persuasionsphase, der Implementierungsphase und der Bestätigungsphase. Die Studie identifiziert Defizite der bisherigen Forschung zur Rolle von Meinungsführern im Innovationsprozess und geht diese anhand qualitativer Interviews mit Online-Meinungsführern an. Die Identifikation relevanter Online-Meinungsführer zu Fragen der Elektromobilität geschah in enger Zusammenarbeit mit der BMW Group. Die Studie zeigt, wie im Diffusionsprozess einer Innovation verschiedene drei Typen von Meinungsführern entstehen (‚neugieriger Enthusiast', ‚erfahrener Experte', ‚digitaler Händler'), was diese charakterisiert und inwiefern diesen eine zentrale Rolle für die erfolgreiche Diffusion zukommt.

1 Einleitung

Mit der Sub-Marke BMWi und der damit verbunden Entwicklung von Elektroautos möchte die BMW Group das Mobilitätskonzept der Zukunft revolutionieren. Das ‚i' steht für Innovation (BMW-AG, 2014). Aber was ist eigentlich eine Innovation? Eine Innovation ist mehr als eine bloße Erfindung. Müller-Prothmann und Dörr (2014) bringen die Problematik auf den Punkt: „Kreative Ideen oder neues Wissen sind noch keine Innovation. Innovationen resultieren erst dann aus Ideen, wenn diese in neue Produkte, Dienstleistungen oder Verfahren umgesetzt werden (Invention), die tatsächlich erfolgreiche Anwendung finden und den Markt durchdringen (Diffusion)" (S. 7). Vereinfacht gesagt, lässt sich Innovation auf folgende Formel bringen: „Innovation = Idee + Invention + Diffusion" (Müller-Prothmann & Dörr, 2014, S. 7). Bereits im Jahr 1996 stellt General Motors in den USA ein serienreifes Elektroauto mit einer Reichweite von 100 Kilometern vor, den sogenannten IMPACT (Schwedes, Kettner, & Tiedtke, 2012). Besonders interessant ist aber ein Versuch zur persuasiven Kommunikation der Innovation, der zeitgleich durch GM gestartet wird. Über Befragungen werden besonders automobilaffine Personen identifiziert, die ein besonderes Interesse am IMPACT zeigen und eine gewisse Expertise für das Produkt mitbringen. Außerdem wird über die Befragungen erfasst, inwiefern sich die Personen als Meinungsführer sehen (hier verstanden als die Einschätzung, Personen aus dem persönlichen Umfeld beeinflussen zu können). Es werden mehrere hundert Versuchspersonen mit einer hohen Überschneidung der Kategorien ausgewählt und zu Testfahrten eingeladen. An sie werden im Anschluss Baseballkarten mit Fotos und Fakten zum IMPACT verteilt. Außerdem findet sich auf den Karten die Nummer des Herstellers, unter der ein Termin zur Probefahrt vereinbart werden kann. Sie werden dazu aufgefordert, die Karten in ihrem Umfeld zu verteilen. Nach kurzer Zeit stellt sich heraus, dass der Versuch eine immense Nachfrage nach Testfahrten generiert hat, die sich am Ende auch in den Verkaufszahlen niederschlägt (Rogers, 2003).

Meinungsführer spielen für einen erfolgreichen Diffusionsprozess eine zentrale Rolle. Schon der Versuch aus den 90er Jahren zeigt, welch großes Potential im Marketing mit den Meinungsführern steckt. Im Vergleich zu damals haben sich die Medienlandschaft und die Möglichkeiten mit den Meinungsführern und den Kunden Kontakt aufzunehmen jedoch entschieden gewandelt. Was vor 20 Jahren eine Baseballkarte gewesen ist, kann heute der Eintrag an der Pinnwand eines Freundes in sozialen Online-Netzwerken oder ein persönlicher Blogeintrag sein, der mehrere 10.000 Personen erreicht. Ein Blick in die Online-Netzwerke und Diskussionsforen zeigt, dass dort heute schon ein intensiv geführter Informationsaustausch zum Thema Elektromobilität stattfindet: von unzähligen Tweets und Re-Tweets über Facebook-Diskussionsgruppen bis hin zu Blogs, die hunderte Kommentare generieren oder Foreneinträge, in denen Elektroautos in teilweise aufwendigen Bilderstrecken oftmals bis ins kleinste Detail gezeigt werden. Genau wie in der (Offline-)Kommunikation im Beispiel aus den 90er Jahren, lassen sich heute im Web 2.0 Meinungsführer identifizieren. Eine (online-)aktivitätsbasierte Identifikation von Online-Meinungsführern sowie die Analyse der Ursachen und Folgen ihrer Aktivität als Online-Meinungsführer wurde von der bisherigen Forschung auf dem Themenfeld bislang noch nicht unternommen. Diesem Forschungsdefizit widmet sich die vorliegende Studie. Dabei sollen unter anderem folgende Fragen beantwortet werden: Welche Rolle spielen und welche Relevanz haben Online-Meinungsführer bei der Diffusion von technischen Neuerungen im Bereich der Elektromobilität und welches Potential verbirgt sich darin für den Innovator?

Im Mittelpunkt der vorliegenden Studie steht die Elektromobilität als Innovation im Bereich der Erneuerung bisheriger, kraftstoffbetriebener Formen von Mobilität durch einen auf Elektrizität basierenden Antrieb. Elektroautos gibt es mittlerweile zwar schon seit mehreren Jahren, jedoch ist der Punkt der vollständigen Durchdringung der Gesellschaft mit dieser Idee bzw. der Punkt, an dem tatsächlich eine kritische Masse ihr Auto mit Verbrennungsmotor gegen ein Elektroauto eingetauscht hat, noch nicht erreicht. Die Erfindung hat die Gesellschaft noch nicht durchdrungen. Anders ausgedrückt kann man dies auch am geplanten Absatz oder dem verorteten potentiellen Marktsegment für Elektroautos sehen, denn gemessen am geschätzten Potential, hat der Prozess der Diffusion gerade erst begonnen. Allein die Idee, ein elektrisch betriebenes Automobil zu bauen, reicht nicht aus.

Aus kommunikationswissenschaftlicher Sicht ist die Diffusion von Innovationen in zweierlei Hinsicht interessant. Zum Einen verbreiten sich solche Innovationen heute über neue Medienkanäle, die selbst Innovationen der Medienbranche sind, und zum Anderen ist die Diffusion von Innovationen selbst ein Kommunikationsprozess, der von massenmedialer und interpersonaler Kommunikation beeinflusst wird. Die Diffusion ist also immer auch eine Medienwirkung (Karnowski, 2013).

2 Theoretischer Hintergrund

2.1 Diffusionstheorie

Die Diffusionstheorie beschreibt die Verbreitung einer Innovation in einem sozialen System. Die kommunikationswissenschaftliche Forschung geht auf Rogers (2003) zurück. Die Theorie ist von zahlreichen Wissenschaftlern aufgegriffen und auch im interdisziplinären Umfeld weiterentwickelt worden. Einen aktuellen und umfassenden Überblick über die Theorie und den Stand der Forschung liefert etwa Karnowski (2011). Der Diffusionsprozess einer Innovation lässt sich vor allem auf zwei Ebenen betrachten: Makroperspektivisch zeichnet sich ein Bild des Diffusionsverlaufs über die Gesellschaft ab, mikroperspektivisch lässt sich der Prozess der individuellen Innovationsübernahme beschreiben. Betrachtet man den Diffusionsprozess (durchgehende Linie) auf der Makroebene so ergibt sich das Bild, das in Abbildung 1 gezeigt wird. Die

Darstellung zeigt die kumulierte Adaptionsrate (gestrichelte Line) in Abhängigkeit von der Zeit. Dabei wird deutlich, dass im zeitlichen Verlauf des Diffusionsprozesses immer mehr Menschen eine Innovation übernehmen, bis zu dem Punkt an dem eine Sättigungsgrenze erreicht ist. An dem Punkt, an dem eine kritische Masse erreicht worden ist, verselbstständigt sich der Diffusionsprozess gewissermaßen, was sich letztlich auch darin ausdrückt, dass die Adaptionsrate der Innovation rapide ansteigt.

Abbildung 1: Kumulative Adaption einer Innovation im Zeitverlauf

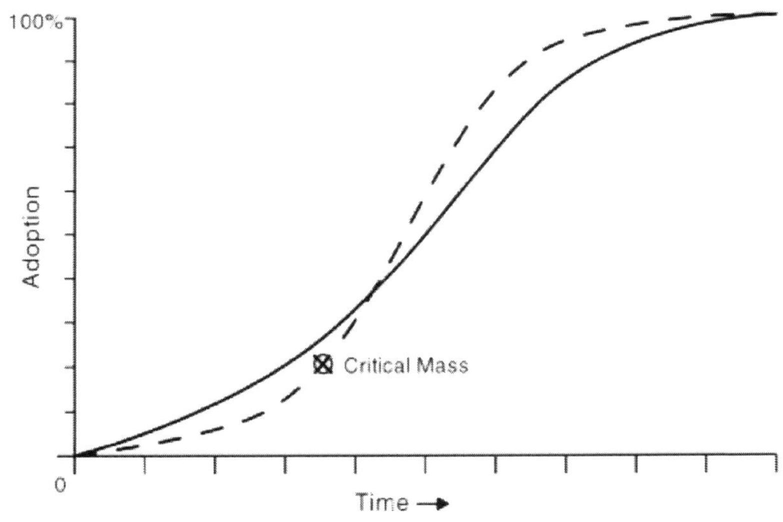

Quelle: Rogers, 2003, S. 344

Ab dem Punkt, an dem die kritische Masse erreicht worden ist, haben genügend Personen eine Innovation bereits übernommen und es tritt eine Art Kettenreaktion auf: „Earlier adopters of noninteractive innovations have a sequential interdependence effect on later adopters. As more and more individuals in a system adopt, the noninteractive innovation is perceived as increasingly beneficial to future adopters (and this encourages them to adopt)" (Rogers, 2003, S. 344). Mit den so genannten ‚Early Adopters' bzw. frühen Übernehmern sind diejenigen Personen im Diffusionsprozess einer Innovation gemeint, die zur Gruppe der ersten Personen gezählt werden können, die sich eine Innovation aneignen.[1] Karnowski (2011) beschreibt die Gruppen als risikobereit im Umgang mit Innovationen.

In der Regel verfügen diese Innovatoren über ein weites soziales Netzwerk, weshalb diese oft gleichzeitig die Rolle eines Meinungsführers einnehmen. Solche Personen stehen ihrem Umfeld mit Rat und Tat zur Seite und fungieren als Vorbilder im richtigen Umgang mit der Innovation.

Abbildung 2: Diffusion einer Innovation dargestellt als nicht kumulative Adoptionsrate im Zeitverlauf

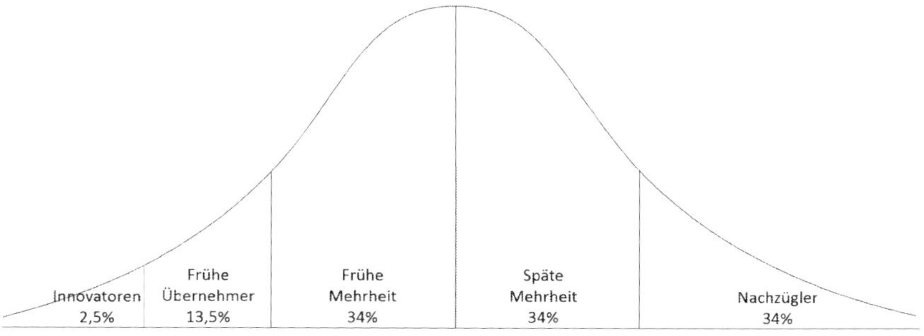

Quelle: Karnowski, 2011, S. 21

Auf individueller Ebene finden auf dem Weg von der Innovation zur Adaption der Innovation in der Gesellschaft verschiedene Prozesse statt (vgl. Abbildung 3 zum Innovations-Entscheidungs-Prozess). In der *Wissensphase* erfährt das Individuum von einer Innovation (Karnowski, 2011). Die *Persuasionsphase* beschreibt die Auseinandersetzung des Individuums mit der Innovation, ein Abwägen von Pro und Contra bzw. das „[Durchdenken] mögliche[r] Konsequenzen einer Übernahme" (Karnowski, 2011, S. 16). Anschließend folgt die *Phase der Entscheidung*, in welcher die zuvor gebildete „Einstellung in ein konkretes Verhalten umgesetzt wird" (Karnowski, 2011, S. 17). Daraus resultiert dann entweder die Übernahme oder die Ablehnung einer Innovation. Die *Phase der Implementierung* beschreibt die Nutzung der Innovation „d.h. der Übernehmer setzt seine Übernahmeentscheidung an dieser Stelle in eine nachhaltige,

1 Die frühe Mehrheit ist die erste große Gruppe an Übernehmern einer Innovation, für die späte Mehrheit ist die Übernahme der Innovation dann in der Regel eine Notwendigkeit. Die Nachzügler folgen als letzte Gruppe im Diffusionsprozess.

offenkundige Verhaltensänderung um“ (Karnowski, 2011, S. 17). In der *Bestätigungsphase* sucht ein Individuum nach Zustimmung für das eigene Verhalten (Karnowski, 2011). Alle Phasen des Innovations-Entscheidungs-Prozesses werden in ihrem Fortschritt von Meinungsführern beeinflusst.

Abbildung 3: Modell des Innovations-Entscheidungs-Prozesses

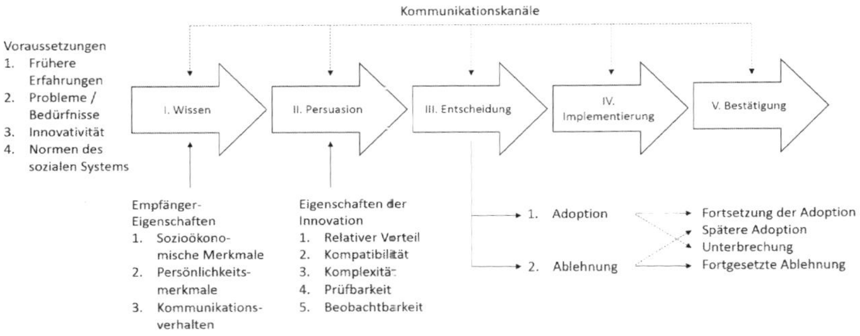

Quelle: Karnowski, 2013, S. 515

2.2 *Meinungsführer-Theorie*

Das Meinungsführer-Konzept geht auf Lazarsfeld et al. (1944) zurück und bezieht sich ursprünglich auf den Bereich der politischen Kommunikation. Das zentrale Ergebnis dieser Forschung besteht darin, dass die bis dato geltende Auffassung eines linearen Kommunikationsprozesses, in dem die Medien direkt die Rezipienten als Masse und deren Wahlentscheidung beeinflussen, nicht auf die soziale Realität übertragen werden konnte. Vielmehr erwies sich das nahe Umfeld der Wähler als entscheidender Wirkungsbaustein, der einen starken Einfluss auf die politische Entscheidung der Rezipienten hatte. Auch die Informationsgewinnung fand im sozialen Umfeld statt, etwa im Rahmen von Diskussionen und stammte nicht ausschließlich aus den Massenmedien. Lazarsfeld et al. (1944) stellen fest, dass sich das Informationsverhalten zwischen den Personen unterschied und dass Opinion Leader – Meinungsführer – einen deutlichen Einfluss auf den Meinungsbildungsprozess entfalten und sich etwa selbst besonders intensiv informieren (Schenk, 2002). “Ideas often flow from radio and print to the opinion leaders and from them to the less active sections of the population" (Lazarsfeld et al., 1944, S. 151). Das Modell des Two-Step-Flow of Communication verbindet die massenmediale Kommunikation mit der interpersonalen Kommunikation, indem Meinungsführer als Schnittstelle zwischen den Medien und den Rezipienten betrachtet werden. „Der Meinungsführungsprozess kann [dabei] sowohl durch den Meinungsführer selbst als auch durch den Meinungssuchenden initiiert werden. Dies bedeutet, dass entweder der Meinungsführer aktiv Informationen verteilt oder von anderen um seine Meinung bzw. einen Ratschlag gefragt [wird]" (Dressler & Telle, 2009, S. 63). Somit ist die Meinungsführerschaft kein von vornherein definiertes Persönlichkeitsmerkmal, sondern vielmehr eine Eigenschaft oder Position, die im Kommunikationsprozess entsteht (Dressler & Telle, 2009). Als überdurchschnittlich gut informiertes Bindeglied zwischen den Massenmedien und den Rezipienten fungieren die Meinungsführer somit als Ratgeber und Orientierungspunkt bei der Meinungsbildung. Die Meinungsführer erreichen ihren Einfluss dabei aber nicht durch eine formale Führerschaft oder eine besonders Prestige trächtige Position (Schenk, 2002). „Als Schlüsselmerkmale der Meinungsführer können ihr hoher Wissensstand und ihr großes Einflusspotenzial angesehen werden. Sie zeichnen sich meist durch intensive sowie aktive Informationssuche und -verarbeitung aus [...] und zeigen oft große Innovationsbereitschaft" (Dressler & Telle, 2009, S. 155). Da Meinungsführer ihr Umfeld mit Informationen versorgen setzen sie sich besonders stark mit den Massenmedien auseinander, um selbst informiert zu sein (Schenk, 2002). Das so angeeignete Expertenwissen ist essentiell um für andere als Ratgeber fungieren zu können (Dressler & Telle, 2009). Zudem besitzen Meinungsführer in der Regel große soziale Netzwerke und erreichen mit ihrer Kommunikation überdurchschnittlich viele Personen (Schenk, 2002). Zum Einfluss der interpersonalen und der massenmedial vermittelten Kommunikation zeigen zahlreiche Studien, dass sich die beiden Formen der Kommunikation in Kombination nicht nur ergänzen, sondern im Hinblick auf ihre Wirkung sogar verstärken: Während die Stärke der massemedialen Kommunikation vor allem in der Vermittlung von Informationen besteht, nimmt die interpersonale Kommunikation die Rolle der Bewertung und Interpretation von aufgenommenen Informationen an (Schenk, 1995). Für die Produktkommunikation spielen Meinungsführer im Bereich Marketing länger eine bedeutende Rolle, seit diese als besonders wertvolle Zielgruppe entdeckt worden sind. Die besondere Bedeutung der interpersonalen Kommunikation ist heute im Marketing als „Mund-zu-Mund-Propaganda“ oder „Word-of-Mouth Advertising“ bekannt und nicht mehr wegzudenken. Durch die Kombination aus den weiten sozialen Netzwerken von Meinungsführern und der hohen persuasiven Wirkung interpersonaler Kommunikation durch Meinungsführer, ist ferner das „virale Marketing“ möglich. Über die Meinungsführer können Werbebotschaften besonders schnell und umfangreich über soziale Netzwerke gespielt werden. Sie verbreiten sich wie ein Virus (Dressler & Telle, 2009).

Doch woran lässt sich heute bemessen, wer in sozialen Netzwerken die Rolle eines Meinungsführers inne hat? Peer-Index (2014) liefert als Antwort auf diese Frage beispielsweise eine Kombination aus verschiedenen Kriterien wie Connectivity, Product Adoption und Authority, um Innovations-Meinungsführer in sozialen Online-Netzwerken zu identifizieren. *Connectivity* meint dabei die enge Verbundenheit der Meinungsführer mit ihrem Umfeld in kleineren Netzwerken, die sich innerhalb großer sozialer Netzwerke befinden. *Product Adoption* bedeutet, dass die Meinungsführer meist auch selbst tatsächliche Übernehmer eines Produkts sind, zu dem sie auch Meinungsführer sind. Und mit *Authority* ist gemeint, dass Meinungsführer aufgrund ihrer Informiertheit und Erreichbarkeit besonders vertrauenswürdig in der interpersonalen Kommunikation zu einem Thema sind.

Methodisch erfolgt die Identifikation von (Offline-)Meinungsführern in der sozialen Realität in der Regel mit Hilfe von Selbstauskunftsverfahren. Online bieten sich freilich ungleich mehr Möglichkeiten zur Meinungsführeridentifikation, die allerdings bislang in der wissenschaftlichen Auseinandersetzung mit Meinungsführern noch nicht umfassend untersucht worden sind (Dressler & Telle, 2009). So lassen sich Online-Meinungsführer etwa über ein gezieltes Monitoring ihrer Web-Aktivitäten zwar relativ leicht identifizieren, allerdings wird die Verwendung dieser Informationen gleichzeitig durch verschiedene Engführungen behindert. Findet ein spezielles Web-Monitoring im Rahmen wissenschaftlicher Studien statt (z.B. im Labor oder mit Hilfe einer Monitoring Software), leidet die externe Validität der Befunde vermutlich wohl stückweit an der künstlichen Beobachtungssituation oder am Bewusstsein beobachtet zu werden (immerhin sollten die Teilnehmer in jedem Fall eine Einverständniserklärung zur Studienteilnahme und ggf. zur Installation einer Monitoring-Software abgeben). Andernfalls zögern Unternehmen in der

Regel auf Meinungsführer zuzugehen, die regelmäßig auf ihren Websites oder in Produktforen aktiv sind, um diese nicht zu verstören.[2]

2.3 Meinungsführer im Diffusionsprozess

Wie bisher gezeigt wurde, spielen Meinungsführer im Diffusionsprozess eine wichtige Rolle, indem sie unter anderem dazu beitragen, dass eine kritische Masse erreicht wird, also dazu beitragen, dass sich die Diffusion einer Innovation „verselbstständigt" nachdem diese eine kritische Masse erreicht hat. Wenn die kritische Masse erreicht ist, beginnt eine ausreichend große Anzahl an Meinungsführern über die Innovation zu kommunizieren. Durch die Meinungsführer, deren Einfluss und deren weite kommunikative Netzwerke beginnt die Innovation sich stark zu beschleunigen. Übertragen auf das Modell des Innovations-Entscheidungs-Prozesses (vgl. Abbildung 3) werden Meinungsführer vor allem in der Wissensphase, der Persuasionsphase, der Implementierungsphase und der Bestätigungsphase relevant. In der *Wissensphase* können die Meinungsführer durch ihre Vernetzungen und die hohe Konnektivität einen Einfluss darauf haben, dass der potentielle Übernehmer überhaupt von der Innovation erfährt. Die Meinungsführer sind anschließend ein Multiplikator der Botschaft. In der *Persuasionsphase* kommt den Meinungsführern mit Sicherheit eine zentrale Rolle zu: Hier suchen nämlich andere ‚Übernehmer' in ihrem „Umfeld nach sozialer Unterstützung für die Übernahmeentscheidung" (Karnowski, 2011, S. 16). In der *Phase der Implementierung* wird die Übernahme in eine „offenkundige Verhaltensänderung" (Karnowski, 2011, S. 17) umgesetzt. Die anschließende *Phase der Bestätigung* ist gekennzeichnet durch eine Dissonanzreduktion. Hier „sucht der Übernehmer nach Informationen, welche seine Entscheidung stützen" (Karnowski, 2011, S. 18). Diese kann das Individuum vor allem beim Meinungsführer finden. Zusammengenommen lässt sich also sagen, dass die Meinungsführer in zweierlei Hinsicht eine wichtige Rolle im Diffusionsprozess von Innovationen spielen. *Erstens* verfügen sie über ein ausgebautes Netzwerk und eine hohe Konnektivität. Die Meinungs-

2 Im Rahmen der vorliegenden Studie wurde daher ein innovativer Weg eingeschlagen, den wir im Methodenteil genauer beschreiben: Das Unternehmen identifizierte die aus Unternehmenssicht relevanten Online-Meinungsführer, anschließend wurde der persönliche Kontakt zu diesen aufgenommen und standardisierte Leitfadeninterviews mit diesen geführt.

führer sind somit gleichermaßen ein Kanal und ein Multiplikator für die Kommunikation von Innovationen. Und *zweitens* spielen sie als Ratschlag-Geber, Identifikationsobjekt, Orientierungspunkt und Mediator zwischen den Massenmedien und den Rezipienten bei der individuellen Entscheidung über die Innovation eine große Rolle. Kritisch merkt dabei allerdings etwa Meyer (2004) an, dass Studien zur Diffusionstheorie seit Beginn der Forschung nach einem immer gleichen Schema ablaufen. So werden bei den Übernehmern stets quantitative Untersuchungen über eine einzige Innovation zu nur einem Zeitpunkt erhoben und das auch erst nachdem der Diffusionsprozess weitestgehend abgeschlossen ist. Deshalb schlägt er eine größere methodische Variation vor, wie die Umsetzung von Panelstudien oder „point-of-adaption" Studien, die (möglichst genau) den Augenblick ins Visier nehmen, in dem eine Innovation übernommen wird. Auch Schenk (2002) übt am Meinungsführerkonzept vor allem methodische Kritik und gibt den Anstoß zur Weiterentwicklung. Diese Kritik floss mit in die Überlegungen zu dieser Untersuchung ein. So fokussiert sich die Studie einerseits auf Elektromobilität, die zweifelsohne noch nicht als ein Massenphänomen gesehen werden kann, sondern deren Entwicklung und Diffusion vielmehr noch am Anfang steht. Andererseits wurde die Identifikation von relevanten Meinungsführern in enger Zusammenarbeit mit BMWi. Meinungsführer wurden von Unternehmensseite auf Basis von deren Online-Aktivität identifiziert.

3 Forschungsfragen

Die leitende Forschungsfrage dieser Studie lautet: Was ist die Rolle und was die Relevanz der Meinungsführer im Diffusionsprozess am Beispiel der Elektromobilität? Entsprechend der üblichen methodischen Praxis wurden dazu Kategorien gebildet (Meyen, Löblich, Pfaff-Rüdiger, & Riesmeyer, 2011, S. 59), die aus den theoretischen Überlegungen zum Zusammenhang der Meinungsführer- und der Diffusionstheorie abgeleitet wurden. Insgesamt stehen drei übergeordnete Kategorien im Mittelpunkt der vorliegenden Studie: das Selbstverständnis der Meinungsführer, die Motivation für die Kommunikation und die spezifische Rollenverteilung im Kommunikationsprozess. Konkret geht es um die folgenden Fragen:

- Das *Selbstverständnis der Meinungsführer*: Die forschungsleitende Frage zu dieser Kategorie lautet: Wie lassen sich die Meinungsführer zum Thema Elektromobilität typologisieren?
- Die *Motivation für die Kommunikation*: Die Meinungsführer kommunizieren aktiv über das Thema Elektromobilität und bringen z.T. sehr viel Zeit für die Auseinandersetzung mit dem Thema auf. Die forschungsleitende Frage zu dieser Kategorie lautet: Woher beziehen Meinungsführer ihre Motivation?

4 Methode

Zur Beantwortung der Forschungsfragen wurden Meinungsführer im Bereich der Elektromobilität in Zusammenarbeit mit der BMW Group über Social-Media und Online-Monitoring identifiziert. Die Besonderheit in der vorliegenden Studie ist, dass sich die Meinungsführer nicht in Form einer Selbstauskunft als solche identifiziert haben oder einfach anhand der Anzahl ihrer Postings in einem Forum zur Elektromobilität, sondern von BMWi als Meinungsführer im Innovationsprozess identifiziert worden sind. Die Identifikation fand nach zwei Kriterien statt: 1.) relevante und längerfristige Aktivität auf verschiedenen Diskussionsplattformen für Elektromobilität und 2.) möglichst große Varianz zwischen den identifizierten Interviewpartnern hinsichtlich Alter und Geschlecht. Dementsprechend konnte eine Stichprobe nach dem Prinzip größtmöglicher Varianz rekrutiert werden. Die Stichprobe umfasst insgesamt zehn Online-Meinungsführer, die aus Unternehmenssicht relevant im Bereich Elektromobilität eingeschätzt worden sind und mit denen qualitative Leitfadeninterviews mit einer durchschnittlichen Dauer von 35 Minuten durchgeführt wurden. Da die relevanten Meinungsführer zum Teil in den USA wohnen, wurden diese Interviews per Skype geführt und aufgezeichnet. Zur weiteren Untersuchung werden fünf der transkribierten Interviews verwendet, da sich die Aussagen in den übrigen Interviews diesen zuordnen lassen.

Unter den fünf transkribierten Interviewpartnern sind vier Männer und eine Frau.[3] Von diesen sind vier Staatsbürger der USA und ein Deutscher. Alle Befragten sind berufstätig. Einer von ihnen arbeitet bei einem BMW(i) Händler. Das Alter der Befragten reicht von 32 bis 45 Jahren. Das Durchschnittsalter liegt bei 40 Jahren.

Für die Untersuchung entschieden wir uns gezielt für eine Befragung der Meinungsführer im online Bereich. Dabei standen die sozialen Online-Netzwerke, interaktive Blogs und Foren im Vordergrund. Der Grund hierfür leitete sich aus den theoretischen Überlegungen ab. Zum Einen resultiert die Stärke der Meinungsführer wesentlich aus der interpersonalen Kommunikation zwischen ihnen und ihren ‚Followern'. Dieses Potential ist in der interaktiven und zweiseitigen Kommunikation über soziale Online-Netzwerke sowie interaktive Blogs oder Foren gegeben (vgl. zur Bedeutung interpersonaler Online-Kommunikation z.B. Haas, 2014).

Der Zeitpunkt der Untersuchung – in Anbetracht der Absatzziele bzw. des angesteuerten Marktsegments und der bisher verkauften Elektroautos – beschreibt im Diffusionsprozess der Elektromobilität das Anfangsstadium dieser Entwicklung. Zu diesem Zeitpunkt sind die Meinungsführer als frühe Übernehmer besonders interessant, was letztlich die Relevanz der Studie untermauert. Die Auswertung folgt dem von Meyen et al. (2011) vorgeschlagenen Vorgehen. Da die Ergebnisse mit exemplarischen Zitaten veranschaulicht werden, wurden die Interviewpartner in Rücksprache mit dem Unternehmen anonymisiert.

5 Ergebnisse

5.1 Das Selbstverständnis der Meinungsführer

Es lässt sich festhalten, dass alle Interviewpartner das Thema Elektromobilität als Schwerpunktthema in ihrer gegenwärtigen Kommunikation identifizieren und auch bewusst andere davon überzeugen möchten. Ein(e) Befragte(r) äußert sich dazu beispielsweise so: "The influence is from all the positivity that I have about e-mobility. It is about talking to

3 Im Rahmen des Monitorings durch BMW zeigte sich, dass unter den Meinungsführern zum Thema Elektromobilität insgesamt mehr Männer als Frauen sind. Die Auswahlkriterien durch BMW wurden aus datenschutzgründen nicht detailliert offengelegt, die befragten Personen werden allerdings allesamt von BMW als relevante Online-Meinungsführer angesehen.

everybody: You should get one, too! There are not many use-cases where an e-car is inappropriate for somebody".

Weiter sehen alle Interviewpartner das Thema Elektromobilität als positive Entwicklung und sie schätzen die Erfolgschance der Entwicklung hin zur Elektromobilität als sehr hoch ein. Aus den Antworten geht hervor, dass die Meinungsführer bewusst Einfluss auf die Entwicklung nehmen. Ein weiteres zentrales Ergebnis ist, dass alle Meinungsführer, die aufgrund ihrer Online-Kommunikation identifiziert werden können, auch in der Offline-Kommunikation Meinungsführer sind. So sprechen die Interviewpartner beispielsweise davon, wie sie den regelmäßigen Informationsaustausch mit ihrem Umfeld aktiv suchen. So meint etwa ein(e) Befragte(r): "And I come out, people are looking at the car and I engage them into a conversation and you know I like to pay a lot of attention to what their questions are, what are their concerns?". Es wird deutlich, dass die Meinungsführer ebenso im Offline-Bereich aktiv Einfluss auf ihr Umfeld nehmen: „Wenn ich am Aufladen bin, werde ich eigentlich immer angesprochen und erzähle dann darüber. Da gibt es auch so Stammtische wo wir hingehen, wo wir uns mit anderen Elektroautofahrern treffen und uns dann auch an öffentlichen Stellen treffen, dass wir dort provozieren, dass wir angesprochen werden und die Leute aufmerksam werden, eben auf das Thema oder die Autos." Dieser Zusammenhang wird in der bisherigen Forschung oftmals nicht hergestellt (eine Ausnahme ist z.B. Tsang & Zhou, 2005). Alle befragten Meinungsführer identifizieren neben ihrer Online-Kommunikation auch ihre interpersonale Offline- Kommunikation als wichtigen Kommunikationskanal. Alle Meinungsführer sehen ihre Kommunikation sowohl als öffentliches als auch als direktes Feedback an das Unternehmern an. Sie suchen den Dialog mit potentiellen Übernehmern und dem Innovator.

5.2 Die Motivation der Meinungsführer

In den transkribierten qualitativen Interviews wurden Aussagen zum Selbstbild der Meinungsführer identifiziert und sukzessive zu Kernaussagen verdichtet (vgl. Meyen et al., 2011). Insgesamt ließen sich anhand der Transkripte drei Typen identifizieren, die auf die *Motivation* schließen lassen als Online-Meinungsführer im Bereich der Elektromobilität aktiv zu sein: der *neugierige Enthusiast*, der *erfahrene Experte* und der *digitale Händler*.

Der neugierige Enthusiast

Der *neugierige Enthusiast* kommuniziert das Thema Elektromobilität öffentlich und intensiv. Ein(e) Befragte(r) äußert sich beispielsweise wie folgt: „Genau, ich habe da keine kommerziellen Interessen, das ist einfach persönliche Begeisterung und wenn man so will, dann bisschen der Weltverbesserungsdrang, steckt da sicher auch ein Stück drin, dass ich sehr überzeugt bin, dass das die richtige Richtung ist für uns". Die persönliche Überzeugung vom Thema Elektromobilität ist die Quelle für die hohe intrinsische Motivation auch andere überzeugen zu wollen.

Andererseits spielt die eigene Selbstdarstellung als Vorreiter eine wichtige Rolle, wovon Aussagen wie diese zeugen: "And I know that it sounds bad but I like being a little smug. So I like being able to drive around in something that no one else has. I like being able to say, oh yeah it is electric and you don't have it". Die Befragten sind sich ihrer Rolle als innovative Vorreiter also bewusst und profilieren sich über diese. Verdichtet man die Aussagen, lässt sich dieser Typ positiv als *„neugieriger Enthusiast"* beschreiben. Es handelt sich um einen interessierten und enthusiastischen Trendsetter, der seine Überzeugung vom Konzept der E-Mobilität aktiv verbreiten, mit anderen teilen und dabei gleichzeitig als Trendsetter wahrgenommen werden möchte. Die Inhalte der Kommunikation und die Motivation sind zweigeteilt. Zum einen kommuniziert der Meinungsführer Inhalte überzeugt und enthusiastisch. Zum anderen zeigen seine Aussagen auch, dass der *neugierige Enthusiast* auf der Suche nach einem Austausch und weiterer Informationen zum Thema ist: "I think it refers to the two topics, I mentioned before. On the one hand it is the emotional perspective; it is such a game changer. And from the other side it is the question about research and learning and having questions. And it I think it is sort of the combination of those two things that gets the dialogue going", fasst etwa eine(r) der Befragte(n) zusammen.

Der erfahrene Experte

Dieser Typ ist bereits ein erfahrener Elektroauto Fahrer. Seine Motivation ist es, Erfahrungswissen mit anderen zu teilen: "I was out there on the street, talking to hundreds of people. I think that inspired me to say that hey, I am kind of an expert in this now and I want to speak about it. And that is when I started writing and blogging about it", sagt etwa ein(e) Befragte(r). Befragte dieses Typs sehen sich nicht als Trendsetter, sondern vielmehr als Experten. Um sein Wissen abzusichern und um für andere als Experte gut sichtbar zu sein, nutzt er eine Vielzahl an Kommunikationskanälen zur Informationssuche und -weitergabe: Von der interpersonalen Offline-Kommunikation, über einen eigenen Blog, mittels Online-Fachmedien und Websites, sozialen Online-Netzwerken wie Twitter oder Facebook bis hin zu klassischen Medien wie Print oder TV. Der *erfahrene Experte* erreicht mit seiner Kommunikation ein beachtliches Publikum. Seine Stellung als Meinungsführer nutzt er insgesamt überwiegend passiv, also durch die Tatsache, dass er als Experte angesehen wird. Seine Motivation beruht vor allem auf privaten Interessen. Dabei ergeben sich die Rollen der beiden bisher ermittelten Typen von Meinungsführern aus der eigenen Motivation aktiv am Innovationsprozess beteiligt bleiben zu wollen. So äußert sich ein Befragter beispielsweise folgendermaßen: "It kind of goes both ways. I think in the beginning, when I got into this, it was more me asking the questions and now that I have been involved for such a long time, I find that I am the one answering the new questions. So I am the one answering the new questions, kind of passing the torch to all of the new people that become interested".

Der digitale Händler

Der *digitale Händler* ist als Arbeitnehmer der BMW Group gewissermaßen der verlängerte Arm des Unternehmens in den sozialen Netzwerken bzw. auf den Austauschplattformen im Internet und unterscheidet sich damit deutlich von den ersten beiden ermittelten Typen. Dabei orientiert er sich stark an seinem Arbeitgeber und unterscheidet sich deshalb stark deutlich von den beiden anderen Typen. Die Motivation zur Meinungsführerschaft liegt in der Überzeugung dadurch die Absatzzahlen für Elektroautos steigern zu können. Seine Kommunikation zur Elektromobilität richtet sich hieran aus. Der *digitale Händler* erscheint im Vergleich zu den beiden anderen identifizierten Typen ‚künstlich durch BMW erzeugt' und weniger authentisch bzw. ehrlich als die anderen beiden Typen, er verfügt allerdings über exklusive Informationen, die ihm von Unternehmensseite zur Verfügung gestellt werden. Den Unterschied macht deshalb vor allem die jeweilige Motivation aus: Während die ersten beiden Typen durch ihre persönliche Überzeugung und die daraus resultierende aktive Kommunikation und Überzeugungskraft oder aufgrund ihrer Expertise die eigene Position als Meinungsführer behaupten, will der *digitale Händler* seine Stellung letztlich mithilfe der Bedeutung exklusiver Information im Kontext der Online-Meinungsführerschaft verteidigen. Durch seine Verbindung zum Innovator und durch den Zugang zu exklusiver Information wird er zum Meinungsführer und hat somit auch einen Einfluss im Innovations-Entscheidungs-Prozess, was sich am Ende in der Anzahl der verkauften Autos und somit in der Distribution der Innovation wiederspiegelt. Die Ergebnisse der Interviews belegen dies jedenfalls anschaulich: "They love the fact that the information is being put forward, because there is very little information right now, from the official corporate channels. [...] There is zero communication with that so it seems to paint me as the leader of the group in terms of what I am able to provide".

6 Diskussion und Fazit

Welche Rolle und welche Relevanz haben die Meinungsführer im Diffusionsprozess der Elektromobilität? Anhand der Typologie wird deutlich, dass Meinungsführer für Unternehmen und deren Botschaften als wirksamer und reichweitenstarker Kanal fungieren, als Identifikationsobjekt für potenzielle Käufer und als Ratgeber für all diejenigen, die die Innovation potentiell übernehmen werden. Für den Diffusionsprozess und den Innovations-Entscheidungs-Prozess sind sie damit entscheidend.

Dabei wird gleichzeitig deutlich, dass es sich bei den Typen von Meinungsführern einerseits nicht um zeitlich stabile Rollenzuweisungen handeln muss, sondern dass die Rollen im Innovationsprozess durchaus auch wechseln können. Andererseits verdeutlichen die Aussagen auch, dass es einen Weg zur Meinungsführerschaft gibt: So erinnern sich einige Gesprächspartner noch gut an die Zeit, in der sie kaum jemand um Rat fragte. Dementsprechend könnte es auch eine Gruppe ‚ehemaliger Meinungsführer' geben, die die Rolle an nachfolgende Meinungsführer übergeben haben. Zukünftige Forschungsprojekte könnten sich etwa zum Ziel setzen, ehemalige Meinungsführer nach ihrer individuellen Motivation oder den Gründen für die Aufgabe der Rolle des Meinungsführers zu befragen.

Die Interviews zeigen aber auch, dass bei aller Diskussion um Authentizität im Web 2.0, de-facto-Kundennähe und die Möglichkeiten zur direkten Ansprache ein Gut besonders wertvoll ist: die exklusive Information. So wird auch der *Digitale Händler* als Meinungsführer wahrgenommen. Verstärkt wird dieser Effekt dadurch, dass Produktinformationen zu einer Innovation in der Regel rar sind. Am Anfang des Diffusionsprozesses gab es etwa nur wenige Erfahrungswerte mit der Elektromobilität. Das erklärt auch, warum die frühen Übernehmer oft Meinungsführer sind. Wer sich als erfahrener Elektromobilist zu erkennen gibt und aktiv kommuniziert, kann schnell zum Meinungsführer avancieren. Für Innovatoren wie BMWi liegt hier noch großes Potential in der Kundenakquise und -kommunikation verborgen.

Für die Meinungsführer ist im weiteren Diffusionsprozess ein stetiger Dialog sehr wertvoll und so lassen sie sich gerne aktiv vom Innovator in den Diffusionsprozess einbinden. Sie sind durch ihre Kommunikation und das weite, wie wirksame Netzwerk gleichermaßen Kanal und als aktive Produzenten immer neuer Geschichten auch ein preisgünstiger Content. Dabei sind die Meinungsführer überzeugt von der Elektromobilität und enthusiastisch. So werden sie zu positiven Botschaftern für die Innovation. Sie möchten aktiv am Diffusionsprozess teilnehmen und stehen auch deshalb einem Dialog mit dem Innovator offen gegenüber. Schon bei der Rekrutierung der Interviewpartner für diese Forschung wurde dies durch eine überaus hohe Teilnahmebereitschaft an der Untersuchung deutlich. Durch ihr hohes Involvement sind sie auch eine wichtige Informationsquelle und potentielle Feedbackgeber zur Entwicklung und zum Produkt. Dies kann für den Kundenservice bzw. das Qualitätsmanagement effektiv genutzt werden, um Informationen zu den Entwicklungen zu gewinnen. Andersherum können durch die Meinungsführer effektiv und persuasiv Nachrichten oder Antworten im Netzwerk platziert werden. Die vorhergegangene Auswertung zeigt, dass die Netzwerke sich dabei im Online-Umfeld, wie auch im Offline-Umfeld über interpersonale Kommunikationen, Initiativen und Ortsverbände erstrecken. Einen kommunikativen Zugang hierzu zu finden, ist sehr wertvoll, sowohl um Informationen zu platzieren, als auch um Informationen zu gewinnen. Speziell der *digitale Händler* zeigt außerdem, dass der Innovator durch den Zugang zur Information aktiv am Dialog um die Innovation teilnehmen kann ohne im Web 2.0 an Glaubwürdigkeit zu verlieren. Tut er dies nicht, läuft er sogar Gefahr die Kommunikationshoheit über die Innovation zu verlieren.

Zu Anfang der Studie stellte sich außerdem die Frage, wie offensiv ein Innovator auf die Gruppe der Meinungsführer zugehen sollte. Die Tatsache, dass alle befragten Meinungsführer ihre eigene Kommunikation auch als Feedback an den Innovator sehen und sich überwiegend sogar wünschen vom Innovator wahrgenommen zu werden, spricht dafür, dass auf Seiten der Innovatoren etwaige Berührungsängste mit den Meinungsführern bisher überschätzt wurden und dass der Dialog stattdessen gesucht werden sollte.

6.1 Einschränkungen der Befunde

Auch das vorliegende Forschungsprojekt unterliegt zahlreichen Einschränkungen, die die Befunde beeinflussen. So ist beispielsweise eine erfolgreiche Diffusion keineswegs nur von den Meinungsführern abhängig. Die Merkmale der Innovation selbst, wie die Komplexität der Innovation, ihre Positivität oder Negativität sowie andere Faktoren des Diffusionsprozesses, der Zugang zur Innovation oder Möglichkeit diese zu testen, spielen ebenso eine wichtige Rolle (Karnowski, 2013; Rogers, 2003). Im Fall der vorliegenden Studie wurden Meinungsführer als Schlüsselfiguren zu Beginn des Innovationsprozess betrachtet. Dieses Vorgehen erlaubt also keine Aussagen über den gesamten Innovationsprozess zu treffen. Dafür wären natürlich insbesondere längsschnittlich konzipierte Arbeiten gewinnbringend.

Außerdem erlaubt die geringe Stichprobengröße keine belastbaren Rückschlüsse auf die Grundgesamtheit an Meinungsführern. Die relativ hohe Spezialisierung, die sich bereits in dem kleineren qualitativen Sample abzeichnet, deutet bereits darauf hin, dass sich hier vermutlich auch Typen und Subtypen nach feineren Kriterien identifizieren lassen.

Das Web 2.0 bietet eine Vielzahl nicht-reaktiver Messverfahren des Informationsverhaltens seiner Nutzer. Im Gegensatz zu der hier gewählten Methode standardisierter Leitfadeninterviews bringt das Web 2.0 Monitoring den Vorteil mit sich, dass das natürliche Informationsverhalten der Nutzer beobachtet werden kann, ohne dass sich diese der Befragungssituation bewusst sind. Mit Hilfe statistischer Verfahren, die heute in den gängigen Softwarepaketen bereits enthalten sind und deren Bedienbarkeit auch zunehmend einfacher wird, bietet sich vor diesem Hintergrund eine Vielzahl an Möglichkeiten anhand der so erhobenen quantitativen Daten den Innovationsprozess nachzuempfinden. Die vorliegende Studie wählte bekanntermaßen einen anderen Weg. Basierend auf quantitativen Monitoring-Daten wurden von Unternehmensseite aus relevante Meinungsführer identifiziert, die im Rahmen der vorliegenden

Untersuchung befragt wurden. Durch diese Vorgehensweise ist es zwar nicht möglich detaillierte Einblicke in die Aktivitäten der Online-Meinungsführer zu bekommen, der Schwerpunkt der vorliegenden Arbeit lag vielmehr auf den subjektiven Beweggründen für das Engagement.

6.2 Fazit

Das qualitative Vorgehen stellte sich für das Anfangsstadium des Innovationsprozesses als sehr ergiebig heraus. Die vorausgehende Identifikation der Interviewpartner in enger Kooperation mit dem Innovator BMWi basierend auf Monitoring Daten birgt dabei verschiedene Vorteile. Zum Einen konnte ein Maximum-Variation-Sample aus einer großen Grundgesamtheit gezogen werden. Zum Anderen bietet der direkte Austausch mit dem Innovator den Vorteil, Erfahrungswerte mit in die Forschung einzubeziehen und der Nachteil, aufbauend auf Vermutungen auf Eigenschaften der Innovation zu schließen, wird ausgeschlossen. Bisher ist die Beschäftigung mit dem Meinungsführerkonzept (etwa im Bereich der politischen Kommunikation) von der Vorstellung geprägt, dass die Meinungsführerschaft von individuellen Eigenschaften, beispielsweise von Persönlichkeitsfaktoren, abhängt (Chan & Misra, 2013; Jadin, Gnambs & Batinic 2013) und dass damit letztlich Offline-Meinungsführer auch Online-Meinungsführer sein können. Das gewählte Beispiel aus einem medienökonomischen Zusammenhang unterstreicht demgegenüber den Stellenwert exklusiver Information im Rahmen des Meinungsführerkonzepts. So fungiert der *digitale Händler* online als der verlängerte Arm des Unternehmens und wird dort zum Meinungsführer, weil er über exklusive Informationen verfügt, die er für das Unternehmen online streut.[4] Die Exklusivität einer Information macht hier den Meinungsführer, sei diese nun erfahrungs- oder unternehmensbasiert.

4 Da ein Grund für den Exklusivitätsgrad der Informationen nicht seine digitale Funktion für, sondern seine „analoge" Zugehörigkeit zum Unternehmen ist, spielt selbstverständlich auch die Thematik von Geschäftsgeheimnissen eine wichtige Rolle. Aus Platzgründen muss allerdings an anderer Stelle genauer diskutiert werden, inwiefern solche Informationen auch gegen unternehmenspolitische Interessen weitergegeben werden.

Literatur

BMW-AG (2014). *BMWi philisophy.* Verfügbar unter http://www.bmw.com/com/de/insights/corporation/bmwi/philosophy.html [24.05.2014].

Chan, K.K., & Misra, S. (1990). Characteristics of the opinion leader: A new dimension. *Journal of Advertising, 19*(3), 53-60.

Dressler, M., & Telle, G. (2009). *Meinungsführer in der interdisziplinären Forschung Bestandsaufnahme und kritische Würdigung.* Wiesbaden: Gabler.

Haas, A. (2014). *Interpersonale Kommunikation und Medienwirkungen: Beurteilung der Themenrelevanz im Zusammenspiel mit Gesprächen und Mediennutzung.* Wiesbaden: Springer.

Karnowski, V. (2011). *Diffusionstheorien.* Baden-Baden: Nomos.

Karnowski, V. (2013). Diffusionstheorie. In W. Schweiger, & A. Fahr (Hrsg.), *Handbuch Medienwirkungsforschung.* Wiesbaden: Springer.

Jadin, T., Gnambs, T., & Batinic, B. (2013). Personality traits and knowledge sharing in online communities. *Computers in Human Behavior, 29*(1), 210-216.

Lazarsfeld, P. F., Berelson, B., & Gaudet, H. (1944). *The people's choice how the voter makes up his mind in a presidential campaign.* New York: Duelle.

Meyen, M., Löblich, M., Pfaff-Rüdiger, S., & Riesmeyer, C. (2011). *Qualitative Forschung in der Kommunikationswissenschaft eine praxisorientierte Einführung.* Wiesbaden: VS Verlag für Sozialwissenschaften.

Meyer, G. (2004). Diffusion methodology: Time to innovate?. *Journal of Health Communication, 9 Suppl 1*, 59-69.

Müller-Prothmann, T., & Dörr, N. (2014). *Innovationsmanagement Strategien, Methoden und Werkzeuge für systematische Innovationsprozesse.* München: Hanser.

Peer-Index (2014). *The science of influence: The history, evolution, application and future of influence marketing.* Verfügbar unter http://www.dotrising.com/wp-content/uploads/sites/2/2014/02/PeerIndex-The-Science-of-Influence.pdf [14.05. 2014].

Rogers, E.M. (2003). *Diffusion of innovations* (5. Aufl.). New York: The Free Press.

Schenk, M. (1995). *Soziale Netzwerke und Massenmedien: Untersuchungen zum Einfluß der persönlichen Kommunikation.* Tübingen: Mohr Siebeck.

Schenk, M. (2002). *Medienwirkungsforschung.* Tübingen: Mohr Siebeck.

Schwedes, O., Kettner, S., & Tiedtke, B. (2012). *E-mobility in Germany: White hope for a sustainable development or fig leaf for particular interests?.* Verfügbar unter https://www.ivp.tu-berlin.de/fileadmin/fg93/Dokumente/PDF-Dateien/E-mobility__in__Germany.pdf [14.05.2014].

Tsang, A. S. L., & Zhou, N. (2005). Newsgroup participants as opinion leaders and seekers in online and offline communication environments. *Journal of Business Research, 58*(9), 1186-1193.

2.3 Untersuchungsobjekt „Entscheidungsprozesse als Schnittstellen“

Simon Lübke, Daniel Gräßer, Leyla Dogruel

Medienwahl als medienökonomisches Problem. Eine Analyse zum Einfluss visueller Stimuli auf die Auswahlentscheidungen auf Video-on-Demand-Plattformen

Durch die wachsende Zahl von Video-on-Demand-Plattformen können Mediennutzer entsprechend ihrer individuellen Präferenzen aus einer Vielzahl von jederzeit und überall abrufbaren Bewegtbildinhalten auswählen. Doch wie treffen Nutzer angesichts dieses großen Angebots von verfügbaren Filmen und Serien ihre Auswahlentscheidungen? Und wodurch kann die Zahlungsbereitschaft insbesondere für höherwertige Premiuminhalte beeinflusst werden? Als Ergänzung rationaler Erklärungsansätze greift dieser Beitrag auf entscheidungstheoretische und rezeptionspsychologische Erkenntnisse zurück und untersucht Medienauswahlentscheidungen als eine Form der heuristischen Entscheidungsfindung, die durch Veränderungen in der Darstellung von Produktinformationen beeinflusst werden können. Im Rahmen einer Online-Umfrage mit quasi-experimentellem Design mussten Probanden auf einer fiktiven VoD-Plattform zwischen zwei Versionen des gleichen Filmes mit unterschiedlicher Bildqualität wählen, wobei Screenshots, Trailer und Tabellen mit technischen Informationen als Stimuli der Auswahlentscheidung vorausgingen. Die Ergebnisse weisen darauf hin, dass die Darstellung von Informationen zur technischen Qualität eines Filmes die Auswahlentscheidung der Konsumenten beeinflusst, wobei bildliche Darstellungen die Zahlungsbereitschaft für eine höhere technische Qualität erhöhen.

1 Einführung

Nicht zuletzt durch den mit Spannung erwarteten Eintritt des US Branchenriesen Netflix im September 2014 (vgl. Puffer 2015: 17) steht Mediennutzenden ein bedeutsames Angebot an Bewegtbildinhalten als Ergänzung zur klassischen TV-Nutzung zur Verfügung. Durch die zunehmende Etablierung von Video-on-Demand (VoD)-Plattformen können Nutzende aus einer Vielzahl an leicht zugänglichen Bewegtbildinhalten auswählen (vgl. Frees 2014: 417). So sind Filme und Serien entsprechend der individuellen Nutzerpräferenzen jederzeit und unabhängig von linearem Fernsehen und auf unterschiedlichen (auch mobilen) Endgeräten abrufbar. Aufgrund differenzierter Angebots- und Erlösmodelle stehen den Konsumenten[1] dabei nicht nur unterschiedliche Medientitel, son-

1 Aufgrund der besseren Lesbarkeit wird nachfolgend nur die männliche Form verwendet. Die weibliche Form ist selbstverständlich immer mit eingeschlossen.

dern auch verschiedene Darbietungsformen zur Verfügung, was das Angebot möglicher Inhalte zusätzlich vergrößert (vgl. Martens/ Herfert 2013). Neben Abonnement-Angeboten setzen Anbieter beispielsweise auf das auch in anderen Medienmärkten bewährte Prinzip der Premiuminhalte, wonach zusätzliche Erlöse durch höherwertige wie z. B. hochauflösende und werbefreie Produktvarianten generiert werden.

Aus medienökonomischer Sicht ist vor diesem Hintergrund von Interesse, wie Medienkonsumenten angesichts des großen Angebots an Inhalten ihre Auswahlentscheidungen treffen und welche Zahlungsbereitschaft für unterschiedliche Versionen von Inhalten gegeben ist. Die vorliegende Studie betrachtet das Potential solcher Premiumangebote in Bezug auf Filminhalte auf VoD-Plattformen und untersucht, inwieweit Mediennutzer bereit sind, für eine höhere Bildqualität einen Premiumpreis zu zahlen und wodurch eine solche Zahlungsbereitschaft beeinflusst werden kann. Dabei wird das Verhalten von Mediennutzenden auf VoD-Plattformen als ein Entscheidungsprozess der Medienwahl verstanden, der von unterschiedlichen Faktoren wie Informationen zur Filmqualität beeinflusst werden kann. Zum Abbau der Informationsasymmetrie in diesem Prozess können Mediennutzer auf zahlreiche, teils visuelle Produktinformationen zum Filmtitel, z.B. Screenshots oder Trailer, zurückgreifen. Um die Bedeutung dieser Einflussfaktoren für den Entscheidungsprozess zu untersuchen, steht in der vorliegenden Studie folgende Forschungsfrage im Vordergrund: *Inwieweit beeinflussen visuelle Stimuli die Zahlungsbereitschaft für eine höhere technische Qualität bei Filminhalten auf VoD-Plattformen?* Zur Bearbeitung der Forschungsfrage werden in theoretischer Hinsicht in Ergänzung zu ökonomischen Ansätzen zur Erklärung von Konsumentenentscheidungen, Ansätze der Rezeptionsforschung, insbesondere Erkenntnisse der visuellen Kommunikationsforschung sowie psychologische Ansätze zum Framing von Entscheidungen herangezogen. Zur empirischen Überprüfung der Forschungsfrage wurde der Entscheidungsprozess anhand einer fiktiven Filmwahlentscheidung im Rahmen einer Online-Umfrage mit quasi-experimentellem Design (N=271) umgesetzt. Nachfolgend wird zunächst der theoretische Hintergrund der Studie, die Verbindung medienökonomischer und rezeptionsbezogener Erklärungsansätze für die Medienwahl sowie ein Überblick über den Forschungsstand aufgezeigt (Kapitel 2 & 3), bevor das methodische Vorgehen erläutert (Kapitel 4) und die Ergebnisse der empirischen Studie vorgestellt werden (Kapitel 5).

2 Medienwahlentscheidungen als Form heuristischer Entscheidungsfindung

Im Rahmen medienökonomischer Forschung zu unterschiedlichen Angebots- und Preisstrategien einzelner VoD-Plattformen (vgl. Martens/ Herfert 2013; Woldt 2013) und zur Nutzung von VoD-Inhalten (vgl. Datta et al. 2012; FFA 2014; Frees/ Eimeren 2013) wird überwiegend auf die Annahme des rationalen Konsumenten zurückgegriffen, der auf Basis seiner Präferenzen und unter den Bedingungen begrenzter Ressourcen (u.a. Geld, Zeit) seine Entscheidung trifft. Gleichzeitig zeigt die bereits auf Simon (1956) zurückzuführende Annahme der bounded rationality, dass Rational Choice Modelle tatsächliches ökonomisches Verhalten nur unzureichend erklären können (vgl. Jones 1999: 297 f). Vor diesem Hintergrund werden Medienwahlentscheidungen hier in Anlehnung an die psychologisch basierte Entscheidungsforschung als eine Form spontaner und habitualisierter Entscheidungsprozesse verstanden, bei denen sich das Individuum unterschiedlicher Heuristiken bedient. Heuristiken gelten dabei als eine Vorgehensweise, bei der die Komplexität von Entscheidungssituationen zugunsten einer schnelleren und einfacheren Entscheidungsfindung reduziert wird (vgl. Gigerenzer/ Gaissmaier 2011: 452; Thorngate 1980: 224). Heuristiken sind somit effizienzsteigernde, kognitive Prozesse, bei denen Teile der verfügbaren Informationen für eine schnellere Entscheidungsfindung ignoriert werden (vgl. Gigerenzer/ Gaissmaier 2011: 451). Diese heuristische Perspektive auf Auswahlentscheidungen ist insbesondere für Mediengüter von Bedeutung, die aufgrund begrenzter Ressourcen eine schnelle Selektion geeigneter Inhalte begünstigen (vgl. Marewski/ Galesic/ Gigerenzer, 2009). Angesichts vereinfachten, nicht-rationalen menschlichen Handelns in Entscheidungssituationen kann nach Giersch (vgl. 2009: 82) die subjektive Wahrnehmung von Gewinn- und Verlustaussichten durch ein bestimmtes Framing der Situation verändert werden. Ausgangspunkt dieser Überlegung ist der Framing-Ansatz, wonach das gleiche Entscheidungsproblem zu unterschiedlichen Ergebnissen führen kann, wenn die Art der Darstellung der Wahloptionen verändert wird. Die Einschätzung der wahrgenommenen Wahlmöglichkeiten durch den Einzelnen kann so durch bestimmte Auswahlkriterien wie die Art der Darstellung der zur Verfügung stehenden Informationen beeinflusst werden (vgl. Tversky/ Kahneman 1981: 457).

Für Auswahlentscheidungen von digitalen Medieninhalten, bei denen Mediennutzern eine Vielzahl von unterschiedlichen Informationen zur

Verfügung steht, können in diesem Zusammenhang besonders visuelle Reize für die Selektion von Inhalten von Bedeutung sein. Grundlage für diese Annahme bilden Erkenntnisse der visuellen Kommunikationsforschung, genauer des Picture Superiority Effects (PSE) (vgl. Childers/ Houston 1984; Whitehouse/ Maybery/ Durkin 2006), wonach visuelle Reize wie Bilder schneller, intensiver und nachhaltiger wirken als Texte und somit besser erinnert werden können (vgl. Stenberg 2006: 815). Folglich werden in Situationen, in denen in kurzer Zeit eine Vielzahl von Reizen verarbeitet werden müssen, insbesondere bildhafte Darstellungen wahrgenommen und auch im Nachhinein erinnert (vgl. Childers/ Houston 1984: 646). Übertragen auf die untersuchte Selektion von Filmen auf VoD-Plattformen müssten somit die Darstellungen der Filmeigenschaften variiert werden, um diese Framing-Effekte (vgl. Tversky/ Kahneman 1981) nachweisen zu können. Daher wird vermutet, dass visuelle Stimuli die Zahlungsbereitschaft für Filmtitel mit einer höheren technischen Qualität auf VoD-Plattformen vergrößern.

3 Forschungsstand und Hypothesen

Die vorliegende Untersuchung soll dazu beitragen, die Forschungslücke zum Einfluss von visuellen Stimuli auf die Zahlungsbereitschaft auf Online-Film-Plattformen zu schließen. Hierfür werden die bisher wenig verbundenen Forschungsstände zur Bedeutung von Videoqualität für die Zahlungsbereitschaft bei VoD-Angeboten einerseits und die Rolle von visuellen Stimuli und Framing-Effekten auf Entscheidungs- und Konsumverhalten andererseits miteinander verknüpft.

Da die technischen Möglichkeiten für eine schnelle und unterbrechungsfreie Videowiedergabe von hochauflösenden Inhalten zunehmen, stehen die Wahrnehmung und die Bedeutung von Bildqualität stärker im Fokus von Mediennutzungsstudien zum Onlineverhalten von Kunden (vgl. Bracken 2005; Gulliver/ Ghinea 2006). Eine wissenschaftliche Auseinandersetzung mit technischer Qualität von Videoinhalten findet dabei grundsätzlich aus zwei unterschiedlichen Perspektiven statt, die sich in ihrer Definition von Videoqualität voneinander abgrenzen lassen (vgl. Gulliver/ Ghinea 2006: 241). So kann Qualität einerseits aus Nutzerperspektive betrachtet werden, wobei Qualität als Ergebnis der individuellen Wahrnehmung des Rezipienten gilt. Andererseits erfolgt die Betrachtung aus Technikperspektive, der folgend Qualität anhand objektiv messbarer

Indikatoren definiert wird. Für die vorliegende Studie wird im Folgenden auf Letztere zurückgegriffen. Eine solche Herangehensweise findet sich auch in früheren Untersuchungen über den Zusammenhang zwischen Videoqualität und dem Verhalten des Nutzers (vgl. Dobrian et al. 2013; Krishnan/ Sitaraman 2012; Nitschke 2005). Dobrian et al. (vgl. 2013: 91) operationalisieren dabei Videoqualität mithilfe technischer Indikatoren wie Buffering-Geschwindigkeit, Wiedergabequalität und Codierungsrate. Anhand von Nutzerdaten von Video-on-Demand-Anbietern zeigen die Autoren, dass mit steigenden Qualitätseigenschaften eines Online-Videos das *Engagement* der Nutzer und somit auch die Zahl der von einer Person gesehenen Videos zunehmen (vgl. Dobrian et al. 2013: 92). Zu einem ähnlichen Ergebnis kommen Krishnan und Sitaraman (2012) im Hinblick auf die Erklärung der Beziehung von Videoqualität und Nutzerverhalten. So führen vermehrte Qualitätsmängel beim Streaming wie Verzögerungen und Rebuffering zum Abbruch der Online-Sitzung durch den Nutzer (vgl. Krishnan/ Sitaraman 2012: 223). Die relativ hohe Bedeutung der Bildqualität bei Filmtiteln bestätigt auch Nitschke (2005). So sind Mediennutzende online nicht bereit, Einschränkungen in der Videoqualität hinzunehmen, sodass Mängel in der technischen Qualität zu einer Abnahme der Nutzung audiovisueller Medieninhalte führen (vgl. Nitschke 2005: 63). Diese Studien zeigen, dass die Qualität von Videostreaming das Nutzungsverhalten von Personen beeinflusst. Eine Erkenntnis, die mit den Ergebnissen eines Experiments von Bracken (2005) in Einklang gebracht werden kann, demzufolge hochauflösendes Fernsehen ein größeres Präsenzgefühl bei den Zuschauern auslöst (vgl. Bracken 2005: 203).

Da es sich bei Videoinhalten um eine Wiedergabe von Bewegtbildern handelt, wird angenommen, dass die schnellere und bessere Verarbeitung von Bildern, wie sie der Picture Superiority Effect postuliert (vgl. Edell/ Staelin 1983; Stenberg 2006), auch auf Filme übertragen werden kann. Für eine medienökonomische Auseinandersetzung interessiert dann vor allem, inwieweit sich diese beim Kunden anzunehmende Präferenz für eine höhere technische Qualität auf sein Kaufverhalten und seine Zahlungsbereitschaft auswirkt. Aus der Perspektive kommerzieller VoD-Anbieter bildet eine höhere Zahlungsbereitschaft der Kunden eine wesentliche Voraussetzung für das Angebot an Premiumprodukten. Einen umfassenden Überblick relevanter Einflussfaktoren auf die Zahlungsbereitschaft für audiovisuelle Inhalte geben Datta et al. (vgl. 2012: 6). Insbesondere die Möglichkeit den Zeitraum der Filmnutzung selbst zu bestimmen, ein Ausbleiben von technischen Problemen und ein werbefreies Angebot haben den größten Einfluss auf die Zahlungsbereitschaft. Aber auch die Qualität von Bild und Ton des übertragenen Films ist für einen Teil der Befragten ein wesentlicher Einflussfaktor auf die Bereitschaft Geld zu investieren (vgl. ebd.: 6). Nach Nysveen und Pedersen (2006) hat zudem das Alter einen Einfluss auf die Zahlungsbereitschaft der Nutzer von VoD-Angeboten. So nimmt die Zahlungsbereitschaft für Filminhalte im Internet mit steigendem Alter zu (vgl. Nysveen/ Pederson 2006: 36). Ältere Altersgruppen sind somit eher bereit, online Geld für Filme und Serien zu bezahlen. Neben dem Alter weisen Befunde bei Papies und Clement (2008) zusätzlich die Innovationsorientierung als einen positiven Einflussfaktor aus. Das persönliche Interesse an Innovationen beschleunigt demzufolge die Aneignung neuer Möglichkeiten zur Nutzung von Filmtiteln im Internet und erhöht die individuelle Zahlungsbereitschaft (vgl. Papies/ Clement 2008: 148). Der Forschungsstand liefert somit erste Belege, dass die technische Qualität des Filmangebotes einen relevanten Einflussfaktor für die Zahlungsbereitschaft des Konsumenten bildet. Auf dem Markt für Video-on-Demand ist es gerade für Anbieter von Bedeutung, wie diese prinzipielle Bereitschaft für eine höhere technische Qualität einen höheren Preis zu zahlen, in eine tatsächliche Kaufentscheidung überführt werden kann. Bestehende Studien zeigen dabei, dass die Bildauflösung eines Filmtitels einen wesentlichen Indikator für die wahrgenommene Produktqualität bildet. Mit einer höheren Auflösung steigt aus Sicht der Nutzer die Qualität des Filmprodukts, sodass eine höhere als die normale Bildqualität bei einem abrufbaren Film ein Attribut für ein höherwertiges Premiumprodukt darstellt (vgl. Nitschke 2005: 63).

Vor dem Hintergrund der Ergebnisse des Forschungsstandes in Verbindung mit den theoretischen Überlegungen zum Picture Superiority Effect untersucht die vorliegende Studie, ob die unterschiedliche Darstellung technischer Qualität einen Einfluss auf die Auswahlentscheidung auf VoD-Plattformen hat. Hierfür wurden den Befragten zwei Filmversionen, eine Premiumvariante zu einem höheren Preis und eine Standardvariante zu einem niedrigeren Preis zur Auswahl gestellt.

Aufgrund der besseren und schnelleren Verarbeitung von bildlichen Informationen (Picture Superiority Effect) und den Hinweisen bestehender Studien auf einen positiven Einfluss hochauflösender Inhalte auf die Nutzung von VoD-Inhalten, wird angenommen, dass visuelle Informationen wie Bilder und Trailer zu einer größeren Zahlungsbereitschaft bei

Medienkonsumenten führen, als lediglich die textliche Darstellung von Informationen zur Filmqualität. Diese Grundannahme wird für die Überprüfung in der vorliegenden Studie anhand von drei Hypothesen spezifiziert:

H1: *Personen, die in der Entscheidungssituation Screenshots gezeigt bekommen, neigen eher dazu sich für die Premiumvariante zu entscheiden, als Personen, die eine Tabelle mit technischen Informationen gesehen haben.*

H2: *Personen, die in der Entscheidungssituation Trailer gezeigt bekommen, neigen eher dazu sich für die Premiumvariante zu entscheiden, als Personen, die eine Tabelle mit technischen Informationen gesehen haben.*

Diese beiden ersten Hypothesen leiten sich aus dem PSE ab, wonach visuelle Darstellungen schneller und besser verarbeitet und behalten werden als die Textdarstellung in einer Tabelle. Des Weiteren wird vermutet, dass die Präsentation von Trailern den Unterschied in der Filmqualität noch stärker betont als die Screenshots. Daraus leitet sich eine dritte Hypothese ab:

H3: *Personen, die in der Entscheidungssituation den Trailer gezeigt bekommen, neigen eher dazu sich für die Premiumvariante zu entscheiden als Personen, die die Screenshots gesehen haben.*

Weiterhin wird untersucht, ob der Einfluss des Framings der technischen Qualität auch unter Berücksichtigung weiterer Einflussfaktoren wie Alter, Geschlecht und Innovationsorientierung bestehen bleibt.

4 *Methodisches Vorgehen*

Empirisch umgesetzt wurde die Untersuchung in einer Online-Umfrage mit quasi-experimentellem Design. Im Rahmen der Befragung wurden die Teilnehmer gebeten anhand einer fiktiven Filmplattform[2] zwischen zwei Versionen des gleichen Films mit unterschiedlicher Bildqualität auszuwählen. Zufällig variiert wurde dabei die Präsentation der Filminformationen in reiner Textform als Tabelle, als Screenshots oder in Form eines Trailers. Des Weiteren wurden Angaben zur Nutzung von VoD-Anbietern, die Ausgaben für Filme auf Online-Plattformen und die Innovationsorientierung in Bezug auf Medien- und Kommunikationsgeräte

2 In der Untersuchung wurde eine fiktive VoD-Plattform mit dem Titel *filmlovers* verwendet. Die Probanden wurden gebeten sich vorzustellen, dass sie Nutzer von *filmlovers.com* sind und sich in der Entscheidungssituation auf der Webseite des Anbieters aufhalten.

der Teilnehmer[3] sowie soziodemografische Daten (Alter, Geschlecht, Bildung) erhoben.

Um zu untersuchen, inwieweit sich die unterschiedlich dargestellten Informationen (Framing) zur technischen Qualität des Filmes auf die Auswahlentscheidung des Konsumenten auswirken, wurden in den Szenarien unterschiedliche Stimuli verwendet, die den Nutzern einen Eindruck von der Qualität der beiden in der Entscheidungssituation zur Verfügung stehenden Filmversionen vermittelten. Dabei wurden die Szenarien ähnlich dem Aufbau von Video-on-Demand-Plattformen angelegt. So stehen den Nutzern von VoD-Diensten auf den Seiten der Anbieter unterschiedliche Produktinformationen, wie das Cover des jeweiligen Filmtitels, Nutzerbewertungen, Filmrezensionen und weitere Angaben zu Genre und Darstellern zur Verfügung. Die Auflösung des Films wird meist durch technische Angaben zur Bildqualität oder Kürzel wie ein HD hinter dem Filmtitel verdeutlicht. Zusätzlich besteht die Möglichkeit, sich anhand eines kurzen Trailers einen Eindruck von Plot und Streamingqualität des Filmtitels zu verschaffen.

In Anlehnung an die möglichen Darstellungsformen von Produktinformationen zur Filmqualität wurden die folgenden Szenarien konzipiert, die als experimentelle Stimuli der simulierten Filmwahl randomisiert[4] vorausgingen: Eine (1) Darstellung der Auflösung in Tabellenform, die (2) Gegenüberstellung von Screenshots aus beiden Filmvarianten und jeweils einen (3) Trailer der zwei Versionen (vgl. Abbildung 1). Die unterschiedliche Präsentation der Informationen als Tabelle, Screenshot oder Trailer bildet somit den Frame für die Wahlentscheidung. Vergleichbar mit bestehenden VoD-Plattformen konnten die Befragten in allen drei Szenarien zwischen zwei Versionen des Films *Life of Pi* [5] wählen. Für eine Leihgebühr (bei einer Leihdauer von 48 h) standen eine Version mit höherer Bildqualität für 2,99 € und eine mit niedrigerer Bildqualität für 1,99 € zur Verfügung. Im Rahmen der Online-Befragung wurde den Teilnehmern zunächst der Filmtitel mit einer kurzen Filmbeschreibung

3 Operationalisiert wurde die Innovationsorientierung über die Frage: „*Wie wichtig ist es Ihnen, dass Sie in Bezug auf Medien- und Kommunikationsgeräte (z.B. Unterhaltungselektronik, Computer und Mobiltelefone) auf dem neuesten Stand sind?*“ In Anlehnung an Goldsmith und Flynn (1992) konnten die Teilnehmer ihre Einschätzung über eine zehnstufigen Skala (wobei 1= „gar nicht wichtig“ und 10= „sehr wichtig“) abgeben.

4 Die Zufallsverteilung der Szenarien ergab, dass jeweils 90 Personen die Tabellen- und das Trailer-Szenario und 91 Personen das Screenshot-Szenario gesehen haben.

5 Mit *Life of Pi* wurde bewusst ein Filmtitel gewählt, der sich durch aufwendige Bildeffekte auszeichnet (vgl. Pilarczyk 2012), damit für die Nutzer prinzipiell ein Anreiz bestand ein in der Bildqualität höherwertigeren Film auszuwählen.

präsentiert. Sie wurden darüber informiert, dass auf der VoD-Plattform filmlovers zwei Versionen des Films zur Verfügung stehen und sie sich für eine der beiden Versionen entscheiden müssen. Um die Entscheidung zu erleichtern, gebe es weitere Produktinformationen zu beiden Filmversionen. Auf dem nächsten Screen wurden den Teilnehmern in randomisierter Form entweder die beiden Screenshots, die beiden Tabellen oder in aufeinanderfolgenden Videosequenzen die beiden Filmtrailervarianten präsentiert (vgl. Abbildung 1).

Abbildung 1: Stimulusmaterial der Framingszenarien

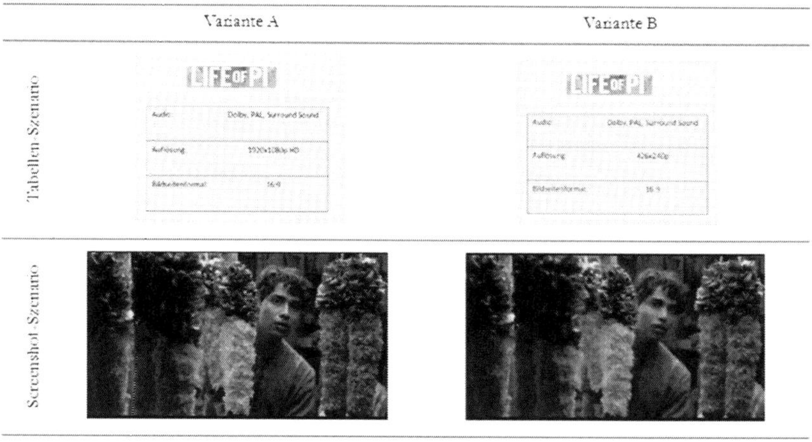

Nach der Präsentation der Stimuli wurden die Teilnehmer gebeten mithilfe eines Schiebereglers auf einer sechsstufigen Skala anzugeben, wie stark sie zu einer der beiden Filmvarianten tendieren.

Insgesamt nahmen 271 Befragte im Alter zwischen 15 und 63 Jahren an der Online-Befragung teil. Da der Fragebogen vor allem im persönlichen Umfeld und über soziale Netzwerke verteilt wurde, erfolgte die Teilnahme selbst-selektiv, sodass die Stichprobe keinen Anspruch auf Repräsentativität erhebt. Das Sample besteht überwiegend aus jungen Personen mit formal hoher Bildung (Ø Alter = 25,9 Jahre (SD = 8.91); 93% mit Abitur oder vergleichbarem Schulabschluss), wobei Frauen leicht überrepräsentiert sind (59,4 %).

5 Ergebnisse

Hinsichtlich bisheriger Erfahrungen mit dem Abruf von Filminhalten im Internet lassen sich die Befragten als VoD-affin einordnen. Neun von zehn Teilnehmern haben sich bereits über verschiedene Wege Spielfilme im Internet angeschaut. Im Rahmen der Stichprobe bestätigt sich dabei die Beobachtung, dass vorwiegend kostenlose und nicht legale Filmportale zum Streamen audiovisueller Medieninhalte genutzt werden (vgl. Gugel/ Flecken 2012: 33; Martens/ Herfert 2013: 3). Neben *YouTube* (72,7 Prozent) sind besonders die illegalen Plattformen *kinox.to* (57,9 Prozent) und *movie4 k.to* (45,4 Prozent) die am stärksten frequentierten Angebote. Die größten deutschen VoD-Anbieter *Watchever* (12,5 Prozent), *Maxdome* (10 Prozent) und *Lovefilm (9,6 Prozent)* werden von den Probanden dagegen deutlich weniger genutzt.[6] Dies spiegelt sich auch in den monatlichen Ausgaben für Einzelabrufe und Flatrates wieder: vier von fünf Befragten gaben im vorausgegangenen Monat gar kein Geld auf Online-Film-Plattformen aus. Nur jeder Zehnte investierte mehr als 10 € monatlich für Filme und Serien im Internet. Wenngleich bereits ein Großteil der Befragten VoD-Angebote im Internet nutzt, fällt die Zahlungsbereitschaft für die entsprechenden Medieninhalte dennoch sehr gering aus. Eine mögliche Erklärung für die geringe Zahlungsbereitschaft dürfte der hohe Anteil von Studierenden im Sample darstellen.

Mithilfe des vorliegenden Experiments wurden unterschiedliche Szenarien getestet, wie die Zahlungsbereitschaft für eine höhere Filmqualität auf Film-Plattform beeinflusst werden kann. Für die Auswertung der Häufigkeiten wurden die Tendenzen zu den beiden Optionen (Standard/ Premium) in eine dichotome Variable umcodiert (Werte 1 bis 3 = Standardprodukt, Werte 4 bis 6 = Premiumprodukt). Insgesamt zeigt sich, dass die Auswahlentscheidung der Befragten in jedem Szenario knapp mehrheitlich zugunsten der Premiumvariante ausfiel (vgl. Tab. 1).

6 Da die Studie vor dem Markteintritt von Netflix in Deutschland durchgeführt wurde, war Netflix nicht Teil der Abfrage.

Tabelle 1: Framing-Szenarien und Auswahlentscheidung (in Prozent, N=271)

Auswahlentscheidung	Framing Szenario			Gesamt
	Tabelle	**Screenshots**	**Trailer**	
	n=90	n=91	n=90	N=271
Standardvariante	47	21	49	39
Premiumvariante	53	79	51	61
Gesamt	100	100	100	100
Chi-Quadrat=18,520; df=2; p < .001				

Quelle: Eigene Darstellung

Gleichzeitig lassen sich aus den Häufigkeiten Hinweise entnehmen, dass das unterschiedliche Framing der technischen Qualität einen Einfluss auf die Auswahlentscheidung ausübt. So entschieden sich bei der tabellarischen Gegenüberstellung 53%, beim Trailer-Szenario 51% für die Premiumvariante, also den Film in höherer Qualität. Das Screenshot-Szenario funktionierte dabei besonders gut, fast 80% der Probanden entschieden sich hier für die Premiumvariante. Der signifikante Chi-Quadrat-Test stützt diese Unterschiede in der Auswahl der Produktvarianten in den drei Szenarien.

Zur Überprüfung der Hypothesen wurde ein Mittelwertvergleich durchgeführt (vgl. Tab. 2). Es zeigt sich, dass die Darstellung der Informationen zur Filmqualität als Screenshots bei Befragten signifikant häufiger dazu führt, die teurere Option mit höherer Qualität zu wählen als bei der Präsentation als Tabelle. Das bestätigt H1, wonach die visuelle Darstellung der Filmqualität anhand von Bildern die Teilnehmer eher als eine tabellarische Darstellung der Qualitätsunterschiede dazu bewog, sich für die Premiumvariante zu entscheiden. Einen deutlich geringeren Einfluss auf die Auswahl der Premiumvariante und in der Folge die Zahlungsbereitschaft für eine höhere technische Qualität hat die Präsentation von Trailern. Der Vergleich zwischen Trailer- und Tabellen-Framing zeigt, dass sich die angenommene Richtung (H2) nicht finden lässt: Die Darstellung der Trailer führte seltener als das Tabellenszenario zu einer Entscheidung für die Premiumvariante. Interessanterweise zeigt sich für die H3 die gegenteilige Richtung – das Framing durch Screenshots führte signifikant häufiger zur Auswahl der Premiumversion im Vergleich zu der Darstellung der Bildqualität als Trailer.

Tabelle 2: Mittelwertvergleich der Framing-Szenarien

Szenario	MW	t-Wert	df	Sig.
Tabelle	3,74	-3,925	175,711	0.001
Screenshot	4,54			
Tabelle	3,74	0,833	178	n.s.
Trailer	3,52			
Screenshot	4,54	4,304	177,210	0.000
Trailer	3,52			

Quelle: Eigene Darstellung

Insgesamt belegen die Ergebnisse, dass das Framing von Entscheidungssituationen einen Einfluss auf die Produktwahl und damit verbunden die Zahlungsbereitschaft der Befragten aufweist. Obwohl die Auflösung der Screenshots genau den Angaben zur Auflösung in den Tabellen entsprach, entschieden sich signifikant mehr Personen anhand der Bilder für die hochwertigere Version des Films und nahmen einen um ein Drittel höheren Produktpreis in Kauf.

Die im nächsten Schritt durchgeführte lineare Regression bestätigt diese Befunde und weist weitere Einflussfaktoren auf die Auswahl der Premiumvariante nach. Als Prädiktorvariablen für die Entscheidung zugunsten der Standardvariante oder der Premiumvariante wurden das Szenario (Screenshot oder Trailer) als Dummy-Variablen, soziodemografische Merkmale (Alter, Geschlecht) und die Innovationsorientierung der Befragten verwendet (vgl. Tab. 3). Im Ergebnis kann das Modell 14,6% der Varianz in der abhängigen Variablen aufklären. Es bestätigt sich, dass insbesondere das Screenshot-Szenario einen hoch signifikanten Einfluss auf die Entscheidung für die Premiumvariante des Films hat. Darüber hinaus zeigt das Modell, dass sich männliche Probanden eher für die Premiumvariante entschieden als Weibliche. Auch die Innovationsorientierung der Probanden hat einen positiven Einfluss auf die Auswahlentscheidung für die Premiumvariante.

Tabelle 3: Regressionsmodell zur Erklärung der Auswahlentscheidung zwischen Standard- oder Premiumvariante

	Beta
Szenario Screenshot	,218***
Szenario Trailer	-,062
Alter	,022
Geschlecht[1]	-,248***
Innovationsorientierung	,141*
Korr. R^2	.146***

[1] männlich (1), weiblich (2)
*p < .05, **p < .01, ***p < .001; Durbin-Watson-Statistik: 1,907; N=271

Quelle: Eigene Darstellung

6 Fazit

Die vorliegende Studie hatte zum Ziel, das Entscheidungsverhalten von Konsumenten auf Online-Videoplattformen durch die Verbindung der Schnittstellen von medienökonomischer, entscheidungstheoretischer und psychologischer Forschung näher zu beleuchten. Zugleich sollte sie dazu beitragen, die Forschungslücke zum Einfluss visueller Stimuli auf die Zahlungsbereitschaft für höhere technische Qualität von Medienkonsumenten im Internet zu schließen. Hierfür wurden sowohl psychologische Ansätze der Entscheidungsforschung als auch Erkenntnisse aus der visuellen Kommunikationsforschung für die Erklärung von Medienwahlentscheidungen integriert und in einer Online-Befragung mit quasi-experimentellem Design umgesetzt.

Die Ergebnisse zeigen, dass eine Zahlungsbereitschaft für eine höhere technische Qualität vorhanden ist und durch visuelle Stimuli verstärkt werden kann. Die Art der Darstellung von Informationen zur technischen Qualität eines Filmes hat die Wahlentscheidung des Konsumenten beeinflusst, wobei bildliche Darstellungen die Zahlungsbereitschaft für eine höhere technische Qualität erhöhen.

Mit Bezug auf die Einordnung der Filmselektion als heuristische Wahlentscheidung zeigt sich, dass sich Menschen auf Filmplattformen einer bestimmten Entscheidungsheuristik bedienen. Wenn Personen vor ihrer Entscheidung zwischen zwei Filmvarianten mit unterschiedlicher Auflösung Screenshots von beiden Varianten sehen, tendieren sie eher dazu die höher auflösende und höherpreisige Filmversion zu wählen als in Situationen, wo technische Qualitätsunterschiede lediglich in tabellarischer Form gegenübergestellt werden. Dies gibt Hinweise darauf, dass der Auswahlentscheidung kein rational abwägender Prozess zugrunde liegt, in der die vorhandenen Informationen vollständig verarbeitet werden, sondern Befragte auf Heuristiken zurückgreifen um eine schnelle Entscheidung zu treffen und vom Framing der Produktinformationen beeinflusst werden. Interessanterweise beschränkt sich dieser Effekt lediglich auf Bilder und konnte nicht, wie theoretisch angenommen, auch auf Bewegtbilder (Filmtrailer) übertragen werden. Ein Grund dafür lässt sich jedoch auch in der Präsentation der Filmtrailer vermuten: Grenzen in der technischen Umsetzung der Trailer-Szenarien führten dazu, dass die Trailer der zwei Filmvarianten nicht automatisch im Vollbild und nicht – wie die Screenshots – neben-, sondern nacheinander dargestellt wurden (vgl. Kapitel 4). Außerdem besteht das Problem der externen Validität des Quasi-Experiments. So sollten sich die Teilnehmer in die Situation ‚hineindenken', es fand keine selbstbestimmte Filmauswahl statt. Der Film war bereits vorgegeben, sodass Genrepräferenzen der Befragten keine Berücksichtigung fanden, was sich negativ auf die Zahlungsbereitschaft ausgewirkt haben könnte. Auch wurde durch die Probanden kein tatsächliches Geld ausgegeben, sondern nur deren hypothetische Zahlungsbereitschaft abgefragt.

Über die dargestellten Ergebnisse hinaus konnte die vorliegende Studie zudem zeigen, dass theoretische Überlegungen aus der visuellen Kommunikationsforschung und psychologische Ansätze gewinnbringend mit medienökonomischen Fragestellungen in Einklang gebracht werden können und eine sinnvolle Erweiterung für das Verständnis von Medienwahlentscheidungen darstellen. Für den wachsenden Video-on-Demand-Markt in Deutschland bedeuten die Ergebnisse eine erneute Bestätigung einer prinzipiellen und durch die Art der Informationsdarstellung beeinflussbaren Zahlungsbereitschaft des Kunden für hochauflösende Premiuminhalte. Angesichts einer zunehmend verbesserten Technik durch HD- und 3D-fähige Endgeräte gewinnen Fragen zur technischen Qualität von Filminhalten auf VoD-Plattformen und die Möglichkeit von audiovisuellen Premiuminhalten weiter an Relevanz. Während von Anbieterseite derzeit hauptsächlich Trailer und technische Informationen in Tabellenform bereitgestellt werden, könnten zukünftig auch vermehrt bildliche Darstellungen in Form von Screenshots dazu beitragen, die Nutzer vom eigenen Angebot zu überzeugen und Neukunden zu akquirieren.

Literatur

Bracken, Cheryl C. (2005): Presence and Image Quality: The Case of High-Definition Television. In: Media Psychology, 7 (2), S. 191-205.

Childers, Terry L./ Houston, Michael J. (1984): Conditions for a Picture-Superiority Effect on Consumer Memory. In: Journal of Consumer Research, 11 (2), S. 643-654.

Datta, Praveen/ Izdebski, Leszek/ Kumar, Neeraj/ Suh, Kevin (2012): It came to Me in a Stream. The Upward Arc of Online Video, Driven by Consumers. Cisco Internet Business Solutions Group. Abrufbar unter: https://www.cisco.com/web/about/ac79/docs/sp/Online-Video-Consumption_Consumers.pdf [30.03.2015].

Dobrian, Florin/ Awan, Asad/ Joseph, Dilip/ Ganjam, Aditya/ Zhan, Jibin/ Sekar, Vyas/ Stoica, Ion/ Zhang, Hui (2013): Understanding the Impact of Video Quality on User Engagement. In: Communication of the ACM, 56 (3), S. 91-99.

Edell, Julie A.; Staelin, Richard (1983): The Information Processing of Pictures in Print Advertisements. In: Journal of Consumer Research, 10 (1), S. 45-61.

Filmförderungsanstalt (FFA) (2014): Der Videomarkt 2013. Abrufbar unter: http://www.ffa.de/downloads/publikationen/Videomarkt2013.pdf [03.05.2014].

Frees, Beate (2014): Konvergentes Fernsehen: TV auf unterschiedlichen Zugangswegen. Ergebnisse der ARD/ZDF-Onlinestudie 2014. In: Media Perspektiven, 7-8, 417-419.

Frees, Beate/ van Eimeren, Birgit (2013): Multioptionales Fernsehen in digitalen Medienumgebungen. Ergebnisse der ARD/ZDF-Onlinestudie 2013. In: Media Perspektiven, 7-8, S. 373-385.

Giersch, Carsten (2009): Risikoeinstellungen in internationalen Konflikten. Wiesbaden: VS Verlag für Sozialwissenschaften.

Gigerenzer, Gerd/ Brighton, Henry (2009): Homo Heuristicus: Why Biased Minds Make Better Inferences. In: Topics in Cognitive Science, 1 (1), S. 107–143.

Gigerenzer, Gerd/ Gaissmaier, Wolfgang (2011): Heuristic decision making. In: Annual Review of Psychology, 62, S. 451-482.

Goldsmith, Ronald/ Flynn, Leisa R. (1992): Identifying Innovators in Consumer Product Markets. In: European Journal of Marketing, 26 (12), S. 42-55.

Gulliver, Stephen R./ Ghinea, Gheorghita (2006): Defining Users Perception of Distributed Multimedia Quality. In: ACM Transactions on Multimedia Computing, Communications and Applications, 2 (4), S. 241-257.

Jones, Bryan D. (1999): Bounded Rationality. In: Annual Review of Political Science, 2, S. 297-321.

Krishnan, Shunmuga/ Sitaraman, Ramesh (2012): Video Stream Quality Impacts Viewer Behavior. In: IMC'12: Proceedings of the 2012 ACM conference on Internet measurement conference. New York: ACM, S. 211-224.

Marewski, Julian/ Galesic, Mirta/ Gigerenzer, Gerd (2009): Fast and Frugal Media Choices. In: Hartmann, Tilo (Hrsg.): Media Choice. New York: Routledge, S. 102-127.

Martens, Dirk/ Herfert, Jan (2013): Der Markt für Video-on-Demand in Deutschland. Fakten und Einschätzungen zur Entwicklung von VoD. In: Media Perspektiven, 2, S. 101-114.

Nitschke, Thomas (2005): Präferenzmessung in der Online Medien-Distribution. Sharing-Verhalten und individuelle Zahlungsbereitschaft für Filme im Internet. Wiesbaden: Deutscher Universitäts-Verlag.

Nysveen, Herbjørn/ Pedersen, Per E. (2006): Willingness to pay for web-based movie services. SNF-Report No. 13/06. Abrufbar unter: http://brage.bibsys.no/xmlui/bitstream/handle/11250/165165/R13_06.pdf?sequence=1 [31.03.2015].

Papies, Dominik/ Clement, Michel (2008): Adoption of New Movie Distribution Services on the Internet. In: Journal of Media Economics, 21 (3), 131-157.

Pilarczyk, Hannah (2012): Kinoadaption „Life of Pi": Mehr Wind, mehr Wellen, mehr Bilder. In: Spiegel Online, 26.12.2012. Abrufbar unter: http://www.spiegel.de/kultur/kino/life-of-pi-ang-lee-verfilmt-bestseller-von-yann-martel-a-874239.html [31.03.2015].

Puffer, Hanna (2015): Video-on-Demand: Neue Schubkraft durch Netflix? Bewegung im deutschen Markt der Onlinevideotheken. In: Media Perspektiven, 1, S. 17-29.

Simon, Herbert A. (1956): Rational Choice and the Structure of the Environment. In: Psychological Review, 63 (2), S. 129-138.

Stenberg, Georg (2006): Conceptual and perceptual factors in the picture superiority effect. In: European Journal of Cognitive Psychology, 18 (6), S. 813-847.

Thorngate, Warren (1980): Efficient decision heuristics. In: Behavioral Science, 25 (3), S. 219-225.

Tversky, Amos/ Kahneman, Daniel (1981): The Framing of Decisions and the Psychology of Choice. In: Science, 211 (4481), S. 453-458.

Whitehouse, Andrew J. O./ Maybery, Murray T./ Durkin, Kevin (2006): The development of the picture-superiority effect. In: British Journal of Developmental Psychology, 24 (4), S. 767-773.

Woldt, Runar (2013): Fernsehen „auf Abruf" - von der Nische in den Mainstream? Aussichten für Video-on-Demand im vielfältigen TV-Angebot. In: Media Perspektiven, 2, S. 115-125.

Jakob Henke, Tina Heurich, Lucie Meß

Heuristische Entscheidungsprozesse bei der Filmauswahl

2014 sahen sich bereits 66 Prozent der deutschen Internetnutzer ab 14 Jahren mindestens einmal pro Woche Videos im Internet an (D21, 2014: 37). Medienanbieter begegnen diesem Zielgruppenzuwachs durch zusätzlichen Online-Content, der die Nutzer vor eine kaum zu überblickende Auswahl stellt. Unter Rückgriff auf Ansätze der psychologischen Entscheidungsforschung werden Medienwahlprozesse von potentiellen Konsumenten einer Video-on-Demand Plattform als heuristische Entscheidungsprozesse analysiert. Empirisch geschieht dies anhand eines experimentellen Designs mit einer Stichprobe von N = 364. Untersucht wird hierbei der Einfluss der drei Filmkriterien „Regisseur", „Bewertungen" und „Produktionsland" auf die Filmauswahl. Die Ergebnisse zeigen zum einen, dass Probanden bei der Filmwahl tatsächlich verstärkt komplexitätsreduzierende Entscheidungsstrategien nutzen und zum anderen, dass besonders das Bewertungskriterium einen starken Einfluss auf die Filmwahl ausübt.

1 Einleitung

Spielfilme, ob aus Kino, Fernsehen oder Videoportalen sind ein beliebter Medieninhalt der Deutschen. Dabei verlagert sich der Rezeptionsort zunehmend vom öffentlichen in den privaten Raum. So erzielte der Kinomarkt bei durchschnittlich 1,5 Kinobesuchen pro Bundesbürger im Jahr 2014 mit einer knappen Milliarde Euro (FFA, 2015) über 42 Prozent weniger Gesamtumsatz als der Home-Video-Markt (1,7 Mrd. Euro; GfK, 2015: 16). Besonders die Nutzung digitaler Leihvideos von Video on Demand (VoD) Plattformen steigt kontinuierlich an (ebd.: 20).

Bedenkt man, dass allein die VoD-Plattform *Prime Instant Video* über 35.000 Filme anbietet (Amazon, 2015), entwickelt sich die Frage nach der passenden Filmwahl zu einer zeitintensiven Angelegenheit. Die Zeit eines Filmrezipienten ist jedoch begrenzt und steht in einem ungleichen Verhältnis zu dem immensen Angebot an verfügbaren Filmen (Dogruel & Jöckel, 2011: 37 f). Um marktfähig zu bleiben und den Kunden für das eigene Angebot zu gewinnen ist eine optimale Angebotsbereitstellung und -aufbereitung zentral. Diese erfordern allerdings empirische Kenntnisse über Rezipienten-interne Prozesse bei der Produktwahl.

Aus der psychologischen Entscheidungsforschung geht hervor, dass Menschen je nach Merkmalen der Entscheidungssituationen auf unterschiedlich komplexe Strategien zurückgreifen (Marewski, Galesic & Gigerenzer, 2009: 103 f), die auch von Rezipienten herangezogen werden könnten, um aus dem enormen Angebot einen Film auszuwählen. Daran anknüpfend untersucht die vorliegende Studie aus kommunikationswissenschaftlicher und medienökonomischer Perspektive, unter welchen Situationsmerkmalen sich die psychologischen Entscheidungsstrategien auf die Medien- bzw. Filmwahl übertragen lassen und welche Relevanz externe Informationen dabei haben.

2 *Heuristische Medienwahl*

Die Medienwahl wird als eigenständige Phase innerhalb des Rezeptionsprozesses angesehen, die als Zuwendung zum Medium dessen Anfang markiert (Charlton, 1997: 16; Gehrau, 2002: 34). Sie setzt sich zusammen aus den individuellen Dispositionen der Rezipienten und den unmittelbaren Umweltfaktoren bzw. situativen Gegebenheiten (Gehrau, 2002: 34).

Neben Ansätzen der kommunikationswissenschaftlichen Unterhaltungsforschung (z.B. dem *Uses-and-Gratifications Ansatz* oder der *Mood-Management-Theory*) eignet sich auch das *Fast-and-Frugal-Heuristics-Programm* (Gigerenzer, Todd; & the ABC Research Group, 1999) aus der entscheidungspsychologischen *Bounded Rationality Forschung* zur Erklärung der Filmwahl aus individueller Rezipientenperspektive. Hierbei wird angenommen, dass Menschen aufgrund begrenzter kognitiver, materieller und temporärer Ressourcen nur ein Bruchteil der ihnen zur Verfügung stehenden Filme wahrnehmen und tatsächlich rezipieren können. Deshalb greifen sie auf komplexitätsreduzierende Daumenregeln, sog. Heuristiken, zurück, die einen Teil der Umweltreize ausblenden anstatt alle verfügbaren Optionen sorgfältig gegeneinander abzuwägen und dennoch verlässliche Ergebnisse erzielen. Entscheidende schöpfen dabei aus einem breit gefächerten Repertoire an Heuristiken (*Adaptive Toolbox*), die sie im Laufe ihres Lebens für Entscheidungssituationen mit spezifischen Merkmalen adaptieren (ebd.: 14). Somit beziehen sich Heuristiken sowohl auf psychologische Faktoren als auch auf situative bzw. externe Faktoren wie kulturelle und strukturelle Umwelteinflüsse (bspw. Optionsanzahl und Informationspräsentation) (Marewski et al., 2009: 106).

2.1 *Heuristiken*

Heuristiken, die für die Filmwahl im Rahmen der Studie relevant sein könnten, sind bspw. die *Recognition Heuristic (RH)* und die *Fluency Heuristic (FH)*. Erstere basiert auf Erinnerung. Zwischen zwei Filmen wird jener gewählt, von dem der Entscheidende bereits gehört hat (Gigerenzer & Gaissmaier 2011: 460).

Sind dem Entscheidenden mehrere Alternativen bekannt, tritt die *FH* in Erscheinung. Sie beruft sich neben dem Wiedererkennen auch auf die Geschwindigkeit und Zugänglichkeit des Informationsabrufs (Marewski et al., 2009: 112). Je präsenter und zugänglicher die Erinnerung an eine Alternative ist, desto schneller wird sie erinnert und gewählt (ebd.).

Die komplexere *Take the Best Heuristic (TTB)* bezieht sich direkt auf einen Vergleich zwischen Kriterien der Alternativen (ebd.: 113). Sie verlangt, dass die Filmkriterien entlang einer persönlichen Rangfolge solange einzeln miteinander verglichen werden, bis das erste Kriterium erscheint, bei der sich die Ausprägungen unterschieden. Der Film, der in besagtem Kriterium einen positiven Wert für den Entscheidenden aufweist, wird gewählt (ebd.: 114).

Beim ebenfalls komplexeren *Tallying* bzw. der *Equal Weight Rule* (Gigerenzer & Gaissmaier, 2011: 469) wird eine zufällige Anzahl und Reihenfolge an Informationen über die Alternativen ausgewählt und auf ihre Ausprägungen hin untersucht. Gewählt wird jene Alternative, deren Informationen häufiger positive Ausprägungen für den Entscheidenden aufwiesen (ebd.; Glöckner, 2006: 46).

Weiterhin besitzt die *Repräsentativitätsheuristik* Potenzial Filmwahlprozesse zu erklären. Ist dem Entscheidenden keine der verfügbaren Filmalternativen bekannt (Betsch, Funke, & Plessner, 2011: 39), versucht er, die Filme anhand ihrer Merkmale (siehe 2.2) einer bestimmten Gruppe zuzuordnen (ebd.). Es wird der Film gewählt, dessen Kriterien wahrscheinlicher in eine präferierte Bezugsgruppe passen (ebd.).

2.2 *Beeinflussende Filmkriterien bei der Filmwahl*

Filminformationen oder Kriterien können sich auf filminterne (z.B. Genre) oder -externe (z.B. Kritiken) Eigenschaften beziehen (Prommer,

2010: 218). Aus dem aktuellen Forschungsstand[1] geht hervor, dass sich die Kriterien *Filmcharaktere*, *Handlung* und *Stars* (Dördrechter, 2006: 25) sowie *Genre*, *Bewertungen* und *Produktionsmerkmale* (Köhler, 2006: 129ff) besonders einflussreich auf die Filmwahl auswirken (vgl. Henning-Thurau Houston,& Walsh, 2007). Allerdings kann ein potenzieller Rezipient lediglich die Kriterien in seiner Entscheidung berücksichtigen, über die ihm Informationen zur Verfügung stehen (Hartmann, 2009: 6). Interessant erscheint die Frage, wie einflussreich filmexterne Merkmale, die nicht unmittelbar im Fokus des Inhalts stehen, bei der Filmwahl sind. Aus forschungsökonomischen Gründen wurde die Auswahl von Merkmalen beschränkt, sodass folgend die Kriterien Bewertungen, Regisseur und Produktionsland analysiert werden.

Bewertungen

Schriftliche Reviews und numerisch skalierte Ratings sind fester Bestandteil von Video-on-Demand Plattformen und Filmbewertungsportalen, wie z.B. der *Internet Movie Database*.

Angelehnt an Forschungsansätze der letzten Jahre (vgl. u.a. Dellarocas, 2003; Dellarocas, Zhang, & Awad, 2007; Hennig-Thurau, Gwinner, Walsh & Gremler, 2004) werden online Reviews und Ratings in der vorliegenden Studie als Form der elektronischen *Word-of-Mouth-Kommunikation* (folgend WOM) verstanden (zum Begriff siehe: Henning-Thurau et al., 2004).

WOM ist deutlich von kommerziellen Marketing-Instrumenten abzugrenzen, da es von den Rezipienten als neutral bzw. einflussfrei von Interessenvertretung wahrgenommen wird (Buttle, 1998: 242). Des Weiteren zeichnet sich WOM durch seine Wechselwirkung mit Verkäufen aus: positives WOM führt zu mehr Verkäufen, die wiederum zu mehr WOM führen (Duan, Gu, & Whinston, 2008 b: 393).

Zu elektronischen Formen der WOM-Kommunikation zählen etwa persönliche Blogs und Kommunikation in sozialen Netzwerken (Dhar &

1 Untersuchungen zum Einfluss von Filmkriterien auf Filmwahl sowie Filmerfolg lassen sich z.B. in der amerikanischen Movie-Attendance-Forschung (vgl. dazu Linton & Petrovich, 1988), deren deutschem Äquivalent der Ökonomischen Erfolgsfaktorenforschung (vgl. Hennig-Thurau, Houston,& Walsh, 2007) oder der Kommunikationswissenschaft (ein kurzer Überblick findet sich bei Knobloch-Westerwick, 2006) finden.

Chang, 2009: 304), aber auch Ratings und Reviews (Dellarocas, 2003: 1408).

Der Einfluss von WOM auf Filmkaufentscheidungen wird in der Regel anhand von Einspielergebnissen erforscht (z.B. Dellarocas et al., 2007, Duan et al., 2008 a). Liu (2006) stellte fest, dass das Volumen, nicht aber die positive oder negative Intention von WOM, einen Einfluss auf den finanziellen Erfolg von Filmen hat (Liu, 2006). Dellarocas et al. (2007) fanden Ratings als bedeutsamste Variable, um den Filmerfolg an der Kinokasse vorherzusagen. Des Weiteren stellten sie fest, dass online abgegebene Ratings mehr Einfluss auf den Erfolg hatten als ausführliche Filmkritiken (ebd.: 39). Duan et al. (2008 a) dagegen fanden keinen signifikanten Zusammenhang zwischen finanziellem Filmerfolg und Online-Ratings, dafür aber zwischen der Anzahl an Ratings/Reviews und den Verkaufszahlen an den Kinokassen, was sie durch den awareness effect erklären (ebd.: 1014 f).

Die Einführung in die Forschung zum WOW zeigt, dass von einem Einfluss auf die Filmwahl ausgegangen werden muss. Angenommen wird, dass sich die Probanden eher für den besser bewerteten Film entscheiden. Durch die Darstellung der Bewertung erlaubt sie dem Rezipienten einen direkten, optischen Vergleich, welcher der Filme ‚besser' ist, wodurch die Take-the-Best Heuristik angewendet werden kann.

H_1: Wird ein Rezipient mit der Wahl zwischen zwei unterschiedlich bewerteten Filmen konfrontiert, entscheidet er sich für den besser bewerteten Film.

Regisseur

Der mögliche Einfluss des Regisseurs bei der Filmwahl bezieht sich auf dessen Bekanntheitsgrad beim Rezipienten. Ein Regisseur kann bekannt für die genrespezifische oder genreübergreifend gelungene Filmumsetzung (wie Steven Spielberg) sein (Hennig-Thurau et al., 2007). Die Einflussgröße bekannter Personen, die am Filmdreh beteiligt sind (z.B. Regisseur, Schauspieler, Produzent) wird unter dem Begriff *Star Power* summiert (ebd., De Vany, 2006: 73; Dellarocas et al., 2007: 29).

Obgleich Star Power als großer, positiver Einflussfaktor für den Filmerfolg gehandelt wird (Ravid, 1999: 466), gestaltet sich ein Nachweis für diese Behauptung schwierig, da ein Film ein komplexes Gefüge aus sich gegenseitig bedingenden Komponenten ist (Hennig-Thurau et al., 2007: 67). Ravid (1999) untersuchte z.B. den Einfluss von Schauspielern und Regisseuren auf Einspielergebnisse, Rezeptionszahlen und Profit. Die Ergebnisse zeigten, dass Filme mit Stars höhere Aufmerksamkeit durch die Rezipienten erfahren. Allerdings konnte Ravid kaum Unterschiede im Profit der Filme mit und ohne Stars feststellen, was an den hohen Ausgaben für deren Gage lag (ebd.: 475). Nach Besucherbefragungen der Filmförderungsanstalt (FFA) stellte die Besetzung in vereinzelten Filmen wie „Dark Shadows" zwar den Hauptrezeptionsgrund für 42 Prozent der Besucher dar, allerdings tragen Stars unter den Top drei Filmen lediglich ein bis sieben Prozent zur Filmentscheidung bei (Nörenberg & Klüver, 2013: 38 f).

Aufgrund dieser uneindeutigen Befunde wurde hier auf die Verwendung bekannter Regisseur-Namen verzichtet. Somit sollen Präferenzbindungen an bspw. ein bestimmtes Genre und damit ein schwer kontrollierbarer Einflussfaktor umgangen werden. Diese Vorgehensweise vermindert zwar einen möglichen Star Power Effekt auf die Filmwahl, ermöglicht es aber den Versuch einer heuristischen Herangehensweise zu unternehmen. Die Heuristik, die bereits mehrfach unter Verwendung von Namensbeispielen erforscht und bestätigt wurde (vgl. Tversky & Kahneman, 1973: 220; Alter & Oppenheimer, 2006), ist die Fluency Heuristik. Deshalb wird davon ausgegangen, dass sich die Entscheidungsregel dieser Heuristik bei einer Entscheidung zwischen zwei Alternativen, jene zu wählen, die schneller erinnert wird, ebenso auf Regisseuren-Namen anwenden lässt:

H_2: Der Regisseur-Name mit einfacherem Schriftbild aktiviert aufgrund seiner Zugänglichkeit schneller die entsprechenden mentalen Modelle und wird daher von den Rezipienten gewählt.

Produktionsland

Seit der Existenz von Internet-TV und Satellitenfernsehen können Rezipienten Filme über nationale Grenzen hinweg rezipieren (Straubhaar 2008: 12). Ob Rezipienten Inlandproduktionen oder Auslandproduktionen präferieren und welchen konkreten Einfluss das Produktionsland auf die Filmwahl ausübt, lässt sich mit den Phänomenen des *Cultural Discount* und der *Cultural Proximity* klären. Der Cultural Discount führt nach Straubhaar (2003: 78) dazu, dass Zuschauer sich gegen importierte Medien wehren, was mit einer Sprachbarriere bzw. mit der Nicht-Identifizierung des ausländischen Lebensstils zusammenhängen kann.

Zudem besteht oftmals eine Präferenz für nationale und regionale Referenzen (wie familiäre Schauplätze), also der Wunsch nach kultureller Nähe *(Cultural Proximity)* (vgl. Straubhaar, 1991; 2003; 2007). Bevorzugung kulturverwandter Filmproduktionen ist allerdings durch Sehgewohnheiten der Rezipienten und ihrer Präferenz für Diversitäten limitiert (Straubhaar, 2007: 27). Die ‚kulturell fremden' US-Produktionen nehmen eine Sonderstellung ein (Schlütz, 2012: 185; Straubhaar, 2008: 15). Europäische Länder importieren vorwiegend aus den USA (Straubhaar, 2007: 6), weshalb die US-amerikanischen Anteile im deutschen Fernsehen und Kino hoch sind und es zu einer Amerikanisierung kommt (Kohlenberger, 2007: 146). Zudem besitzen US-amerikanische Produktionen kaum kulturelle Bindung, was ihren Inhalten universellen bzw. kulturübergreifenden Geltungsgrad verleiht (Hafez, 2005: 120). Besonders eine wiederholte Rezeption von Auslandsproduktionen kann Wissen, Einstellungen und Werte in Bezug auf jenes Produktionsland beeinflussen (Elasmar, 2003). Nationale Werte können dabei überlagert (Cultural Imperialism) oder ergänzt (Hybridisierung oder Glokalisierung) werden.

Die Ausführungen zum Phänomen der *Cultural Proximity* zeigen, dass Rezipienten Medieninhalte präferieren, die aus dem eigenen Land bzw. Kulturkreis stammen bzw. diesem sehr ähnlich sind (Straubhaar, 1991: 55, 2003: 78, 2007: 26). Mit der Fluency Heuristic kann argumentiert werden, dass sich die Rezipienten aufgrund stärker ausgebauter mentaler Modelle zum Herkunftsland, schneller an Deutschland erinnern und daher dieses Land wählen:

H_3: Bei der Wahl von Filmen mit unterschiedlichen Herkunftsländern präferieren die Rezipienten eher ihr eigenes bzw. ein ihnen kulturell nahestehendes Land als ein kulturell entferntes Land.

Informationsdarbietung

Neben den konkreten Ausprägungen der Filminformationen ist auch die Art der Informationsdarbietung relevant. Stehen alle Informationen auf einmal zur Verfügung, könnte der Entscheidende gemäß der TTB gezielt das wichtigste Kriterium herauspicken. Erhält er aber mehrere Informationen nacheinander, trifft er vermutlich Teilentscheidungen nach jedem Kriterium, die in sein Endurteil einbezogen werden. Diese zeitintensivere Strategie entspräche dem Tallying, nach dem am Ende der Film mit den meisten positiven Ausprägungen gewählt wird (Glöckner, 2006: 46):

H_4: Bei aufeinanderfolgender Informationspräsentation mehrerer Filminformationen wird bei der endgültigen Filmentscheidung der Film mit den meisten positiv ausgeprägten Kriterien gewählt.

3 Methode

Die Studie wurde als Online-Experiment mit N = 364 (Alter: M=29,42; SD=9,45; 63% weiblich) durchgeführt. Zur Untersuchung der Entscheidungsprozesse wurde eine Modifikation der, in der Entscheidungspsychologie etablierten, Methode des Mouselab genutzt[2]. Die Abwandlung bezog sich auf die Darstellungsweise: Die Probanden wählten ihre Informationen nicht selbst, sondern bekamen gezielt zwei permanent sichtbare Filmtitel präsentiert, zu denen nacheinander jeweils drei Informationen („Bewertung", „Regisseur", „Produktionsland") hinzu gegeben wurden (siehe Abb. 1), sodass erst bei der endgültigen Entscheidung für einen Film alle vier Informationen bzw. Kriterien sichtbar waren.

Insgesamt wurden drei unterschiedliche Szenarien erstellt (siehe Abb. 1), von denen jedem Teilnehmer zufällig eins zugewiesen wurde. Die Befragten wurden nach jeder neu hinzu gekommenen Information gebeten, mittels eines 6-stufigen Schiebereglers eine Entscheidung für einen der beiden Filme zu treffen. Die Stufen wurden ohne ihre numerischen Werte angezeigt. Die Beschriftung der Pole (siehe Abb. 1) verdeutlichte, dass die Stufen 1 - 3 eine Wahltendenz zum ersten und die Stufen 4 - 6 eine Wahltendenz zum zweiten Film verhießen. Dabei gab es keine Möglichkeit, sich zu enthalten bzw. den Schieberegler mittig zu positionieren, was die Befragten zu Teilentscheidungen nach jeder neuen Filminformation zwang. Um eventuelle Reihenfolgeneffekte aufzudecken, wurden die Entscheidungskriterien in den drei Szenarien jeweils an unterschiedlichen Stellen platziert. Als Filmtitel wurde ein generischer Titel für beide Filme gewählt, der Einflüsse dieser Variable konstant halten sollte („Sommersprossen auf Hawaii" und „Sonne, Strand und Himbeereis").

2 Das Mouselab ist eine computerbasierte Entscheidungsumgebung, in der den Entscheidenden verdeckte Informationen gegeben werden, die diese gezielt in der selbstdefinierten Reihenfolge aufdecken können, in der sie in ihren Entscheidungsprozess einfließen (Betsch et al., 2011: 98 f).

Abbildung 1: Szenarien für die Filmauswahl

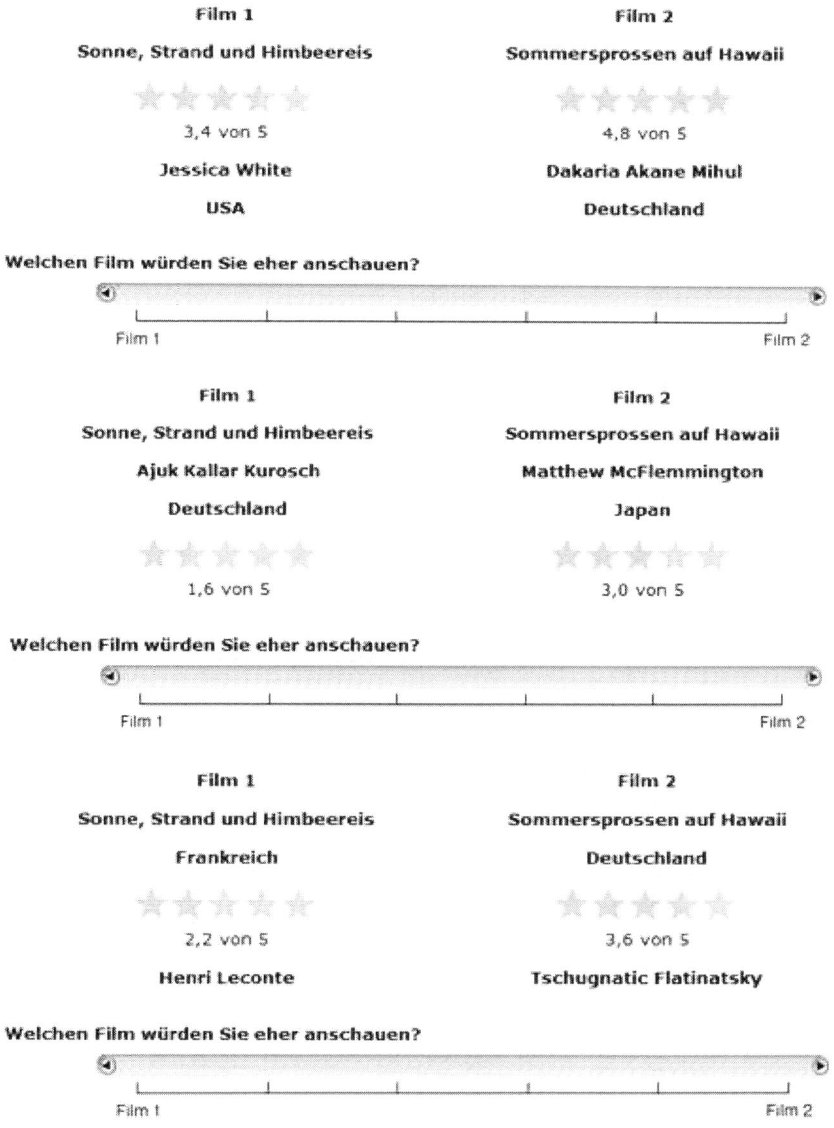

Quelle: eigene Darstellung

Die Ausprägungen der Kriterien wurden so gestaltet, dass der Film, dessen Auswahl erwartet wurde, einen positiven Wert erhielt (in Tab. 1 ein

+) und der Film, von dem erwartet wurde, dass er aufgrund der Hypothesen nicht gewählt wird, einen negativen Wert (in Tab. 1 mit – dargestellt) bekam. Dabei standen sich eine gute bzw. schlechte Bewertung, ein zugänglicher bzw. unzugänglicherer Regisseur-Name sowie Deutschland und ein kulturell fremdes Land gegenüber.

Nach der Filmwahl wurden die Probanden aufgefordert ein persönliches Ranking für die Kriterien zu erstellen. Durch den Versuchsaufbau, mit seinen wiederkehrenden Entscheidungen auf derselben Skala, war es möglich die Veränderung der Filmpräferenzen der Befragten festzustellen. Dazu wurde jeweils die Differenz zwischen dem Skalenwert der aktuellen und der vorigen Entscheidung berechnet. Zuvor wurden die Variablen so umcodiert, dass die Option, zu denen die Probanden laut theoretischem Hintergrund tendieren sollten, die Werte von 1 - 3 und die Option, zu denen sie nicht tendieren sollten, 4 - 6 zugeordnet bekamen. Die Differenzen konnten somit zwischen -5 (bei Entscheidungsänderung von einer 1 zu einer 6) und +5 (bei Entscheidungsänderung von einer 6 zu einer 1) liegen.

4 Ergebnisse

Um die Hypothesen zu überprüfen, wurde zunächst der Entscheidungsprozess mittels der Entscheidungsänderungen analysiert. Im Anschluss wurde untersucht, ob die Befragten entsprechend der Vermutungen zu den jeweiligen Kriterien tendierten. Außerdem wurden die Zeiten analysiert, die die Versuchspersonen auf den Fragebogenseiten verbrachten, um zu prüfen, ob der Einsatz von Heuristiken realistisch ist. Abschließend wurden die Ergebnisse des Rankings den bisherigen Vermutungen über die Wichtigkeit einzelner Kriterien entgegengesetzt.

In 75% aller Situationen fand eine Entscheidungsänderung von mindestens einer Stelle auf dem Schieberegler statt. Die Entscheidungsänderungen waren in den einzelnen Szenarien mit 73,4 Prozent im ersten, 76,9 Prozent im zweiten und 73 Prozent im dritten Szenario relativ konstant. In Tabelle 2 - 4 sind die prozentualen Filmentscheidungen der Probanden je Kriterium und Szenario dargestellt.

Tabelle 1: Filmentscheidungen und Entscheidungsänderungen in Szenario 1

	H[3]	Film 1	N in %	H	Film 2	N in %
Titel	o	Sonne, Strand und Himbeereis	55	o	Sommersprossen auf Hawaii	45
Bewertung	-	3,4	25,7	+	4,8	74,3
Differenz 1/ Entscheidungsänderung[4]			- 29,3			+ 29,3
Regisseur	+	Jessica White	32,4	-	Dakaria Akane Mihul	67,6
Differenz 2/ Entscheidungsänderung			+ 6,7			- 6,7
Land	+	USA	50	-	Deutschland	50
Differenz 3/ Entscheidungsänderung			+ 7,6			- 7,6

Tabelle 2: Filmentscheidungen und Entscheidungsänderungen in Szenario 2

	H*	Film 1	N in %	H	Film 2	N in %
Titel	o	Sonne, Strand und Himbeereis	54,3	o	Sommersprossen auf Hawaii	45,7
Produktionsland	-	Frankreich	68	+	Deutschland	32
Differenz 1/ Entscheidungsänderung**			+ 13,7			- 13,7
Bewertung	-	2,2	34,4	+	3,6	65,6
Differenz 2/ Entscheidungsänderung			- 33,6			+ 33,6
Regisseur	+	Henry Leconte	49,6	-	Tschugnatic Flatinatsky	50,4
Differenz 3/ Entscheidungsänderung			+ 15,2			- 15,2

3 Hypothesen-Erwartung:
o = neutral, kein Einfluss auf Wahl erwartet;
+ = Wahl für diese Ausprägung erwartet;
- = Wahl gegen diese Ausprägung erwartet

4 Film-Entscheidungsänderungs-Prozesse der Probanden in %:
+N% = Zuwanderungen zu einem Film in %;
-N% = Abwanderung von einem Film in %

Tabelle 3: Filmentscheidungen und Entscheidungsänderungen in Szenario 3

	H *	Film 1	N in %	H	Film 2	N in %
Titel	o	Sonne, Strand und Himbeereis	49,2	o	Sommersprossen auf Hawaii	50,8
Regisseur	-	Ajuk Kallar Kurosch	48	+	Matthew McFlemmington	52
Differenz 1/ Entscheidungsänderung**			- 1,2			+ 1,2
Produktionsland	+	Deutschland	67,5	-	Japan	32,5
Differenz 2/ Entscheidungsänderung			+ 19,5			- 19,5
Bewertung	-	1,6	26,4	+	3,0	73,6
Differenz 3/ Entscheidungsänderung			- 41,1			+ 41,1

Wie erwartet, ist die Entscheidung nach der Kontrollvariable Filmtitel etwa gleich verteilt. In Szenario 1 und 2 ist eine geringe Abweichung Richtung Film 1 zu verzeichnen (5 Prozent).

Die Bewertungen üben einen deutlichen Einfluss auf die Filmauswahl aus. In den Szenarien 1 und 3 entschieden sich drei Viertel der Befragten für die bessere Bewertung, bei Szenario 2 waren es 65,6 Prozent. In allen drei Szenarien entschied sich die Mehrheit somit zumindest kurzzeitig für den besser bewerteten Film.

Da genau dies in H_1 erwartet wurde, gilt sie als bestätigt.

Ob sie dabei tatsächlich die Take-the-Best Heuristik zur Entscheidung heranzogen, kann anhand der Methode zwar nicht eindeutig identifiziert werden, allerdings sprechen die geringen Entscheidungszeiten dafür.

Der Regisseur übte lediglich einen geringen Einfluss auf die Filmauswahl aus. In Szenario 2 und 3 erhielten sowohl die zugänglichen als auch die weniger zugänglichen Regisseuren-Namen etwa die Hälfte der Stimmen. In Szenario 1 entschieden sich sogar zwei Drittel der Befragten klar gegen den zugänglicheren Namen. Dafür gab es hier trotzdem eine 6,4 prozentige Film-Entscheidungsänderung in Richtung des zugänglichen Namens (siehe Tab. 2).

Allerdings benötigten die Befragten das Dreifache an Zeit für diese Entscheidung (siehe Tab. 6), weshalb die Verwendung der Fluency Heuristic an dieser Stelle ausgeschlossen werden kann.

Paradoxerweise bewirkte der zugänglichere Regisseurinnen-Name in Szenario 2 mit 15,2 Prozent die höchste Anzahl an Film-Entscheidungsänderungen innerhalb der Regisseur-Variable, obwohl sich nur 49,6 Prozent der Befragten tatsächlich für den zugehörigen Film entschieden (siehe Tab. 3). Der Effekt der Fluency Heuristic scheint hier schwach ausgeprägt. Das könnte dadurch bedingt sein, dass die Befragten der vorigen Bewertung mehr Relevanz bei der Filmwahl gaben als dem Regisseur und eventuell einen Anker Richtung Film 2 setzten, der die Ergebnisse subjektiv verzerrt und/oder eine kompensatorische bzw. komplexere Entscheidungsstrategie angewandt wurde. Trotz geringer Ausprägung ist zumindest eine kleine Differenz in Richtung der zugänglicheren Regisseure-Namen in allen drei Szenarien zu verzeichnen.

Letztendlich kann die H_2, aufgrund der Widersprüchlichkeit, dass die Filmentscheidungen, bezogen auf die absoluten Zahlen, negativ, die Entscheidungsänderung aber positiv für die zugänglicheren Namen ausfielen, weder gestützt noch verworfen werden.

Beim Produktionsland existiert keine eindeutige Entscheidung für Deutschland. In Szenario 1 gab es eine 7,6-prozentige Zuwanderung zum US-Film, womit sich 50 Prozent der Probanden für diesen Film entschieden (siehe Tab. 2). In Szenario 2 wählten sogar zwei Drittel der Befragten den französischen Film (siehe Tab. 3). Nur in Szenario 3 entschied sich die klare Mehrheit (67,5 Prozent) für Deutschland. Die Annahme aus H_3, dass Rezipienten aufgrund kultureller Nähe deutsche Filme wählen, lässt sich somit nicht bestätigen. Lediglich bei Japan, dem kulturell entferntesten Raum, gab es eine klare Entscheidung für Deutschland. Gründe für diese Abweichung können sowohl Präferenzen für bestimmte Filmtypen (Art-House/Anime) als auch eine als hoch empfundene Verbundenheit für das westlich geprägte Ausland (Europäisierung/Amerikanisierung) sein. Japan als außereuropäisches Land scheint lediglich eine geringe Verbundenheit hervorzurufen. Eine Übergewichtung der vorigen Variablen kann ausgeschlossen werden, da es sich dabei um den einflussarmen Filmtitel handelt.

Zeiten

Tabelle 5: Durchschnittliche Bearbeitungszeit der Szenarien in Sekunden

Zeit gesamt	N	M	SD	Med
Zeit Szenario 1	110	76,88	44,10	68
Zeit Szenario 2	126	80,60	43,17	73
Zeit Szenario 3	125	73,76	32,46	70

Tabelle 5 zeigt, dass die Probanden bei allen Szenarien etwa gleich viel Zeit mit der Filmauswahl verbrachten. Diese Zeiten sind in Tabelle 6 noch einmal nach Einzelkriterien aufgeschlüsselt. Vereinzelte fehlerhafte Werte[5] wurden aus der Analyse ausgeschlossen.

Die Dauer bei der Wahl zwischen den Filmtiteln ist ähnlich lang (siehe Tab. 6) und liegt zwischen 23 und 27 Sekunden. Im Gegensatz zu den weiteren Entscheidungen haben die Versuchspersonen hier relativ lange (zwischen 30 Prozent und 33 Prozent der Gesamtzeit) für die Entscheidung benötigt, was vermutlich darauf zurückzuführen ist, dass die Wahl hier aufgrund der hohen Ähnlichkeit der Titel schwer gefallen ist und ohne weitere Informationen getroffen werden musste.

Bei der Regisseur-Variable wird aufgrund der Heuristik-fokussierten Hypothese davon ausgegangen, dass eine geringe Entscheidungszeit, wie sie in Szenario 1 und 3 aufzufinden sind (siehe Tab. 6), die Verwendung einer Heuristik als Entscheidungsstrategie bestätigt. Dabei schließt die Tatsache, dass die Namen erfunden sind, somit keiner erinnert werden kann, die Recognition Heuristic aus. Die Kürze der Entscheidungen schließt auch eine Repräsentativitätsheuristik eher aus, weshalb die Fluency Heuristic oder eine Modifikation dessen am wahrscheinlichsten Anwendung fand. Die gelegentliche Abweichung vom als zugänglich definierten Namen kann allerdings nicht eindeutig geklärt werden.

5 Dies entspricht einzelnen Werten mit einer Verweildauer ab fünf Minuten oder negativer Zeitausprägung bei einer Entscheidungssituation. Negative Zeiten lassen sich durch eine Rückwärtsbewegung im Browser erklären.

Tabelle 6: Verweildauer auf den einzelnen Seiten – absolut und relativ

Verbrachte Zeit auf Seite:	N	M	SD	Med	Relative Zeiten in % M	SD
Szenario 1						
Titel	110	27,12	17,74	22	33,88	13,38
Bewertung	111	12,58	8,97	10	15,66	6,21
Regisseur	111	10,23	9,15	8	12,24	4,95
Land	110	30,61	16,26	26	38,21	9,96
Szenario 2						
Titel	127	24,63	15,93	21	30,35	9,74
Bewertung	128	13,68	11,73	11	16,56	6,96
Regisseur	128	32,05	24,13	27	39,12	10,47
Land	127	10,41	4,50	9	13,96	4,81
Szenario 3						
Titel	125	23,48	12,69	21	30,64	10,42
Bewertung	125	30,53	17,33	27	39,98	12,19
Regisseur	124	11,24	8,71	10	16,14	15,14
Land	125	9,74	5,02	8	13,23	5,23

Unter allen anderen Entscheidungen gab es jeweils eine Situation innerhalb der Szenarien, in der die Probanden mehr Zeit beanspruchten:

In Szenario 1 war dies die Entscheidung für ein Produktionsland, in Szenario 2 für einen Regisseur und in Szenario 3 für eine Bewertung (siehe Tab. 6). Die Probanden benötigten je ca. 30 Sekunden Entscheidungszeit, das Dreifache gegenüber den anderen Kriterienbewertungen in den Szenarien (ausgenommen Titel). Auffällig ist, dass die Kriterien der zeitintensiven Wahlsituationen jeweils an letzter Stelle standen, somit die endgültige Filmentscheidung gefordert wurde und die relativ überschaubare Anzahl an Informationen gleichzeitig zu sehen waren. Da die Probanden vorab schriftlich darauf hingewiesen wurden, dass es sich um die letzte Entscheidung handelt, lässt sich vermuten, dass hier die vorigen Kriterien bzw. Teilentscheidungen in diese Entscheidungen mit einflossen.

Das deutet auf eine komplexere Heuristik wie das Tallying hin. Die Nutzung einer kriteriumsbasierten an Stelle einer optionszentrierten Informationseinblendung forcierte die Annahme einer nichtkompensatorischen Strategie. Auf Tallying wäre dann zurückgegriffen geworden, wenn sich die Probanden jeweils für den Film entschieden hätten, für den sie mehr positive Teilentscheidungen trafen.

Bei Szenario 1 und 2 entschieden sich jeweils ca. 50% der Probanden für die Filme 1 und 2. Lediglich bei Szenario 3 gab es bei der endgültigen Entscheidung eine deutliche Tendenz zu Film 1 – dem Film, dem die meisten positiven Ausprägungen zugeordnet waren. Allerdings muss berücksichtigt werden, dass rückblickend auf H_2 und H_3, die Probanden nicht unserer Vermutung entsprechend gewählt haben. Wurden also die Filme mit weniger zugänglichen Namen oder kulturell entfernten Produktionsländern von den Probanden als positiv empfunden, so haben sie sich am Ende mittels Tallying für jenen Film entschieden, der für sie subjektiv die meisten positiven Kriterienausprägungen beinhaltete. Somit lässt sich H_4 als bestätigt betrachten.

Ranking

Die Auswertung der Rankings (siehe Tab. 7) zeigt, dass den Rezipienten der Titel am wichtigsten ist - mit 42,8 Prozent landete er am häufigsten auf Rang 1. Die Bewertungen mit 27,7 Prozent sind am häufigsten auf Rang 2, das Produktionsland mit 29 Prozent am häufigsten auf Rang 3 (nach Rang 1 Nennungen an 4. Stelle) und der Regisseur mit 29 Prozent am häufigsten auf Rang 4 (aber nach Rang 1 Nennungen an 3. Stelle).

Der als am wichtigsten bewertete Titel bewirkte auch eine sehr lange Entscheidungszeit, aber keine eindeutige Präferenz zu einem der beiden Filme, sondern eine Gleichverteilung. Das spricht sehr dafür, dass der Versuch, die Film-Titel als Kontrollvariable generisch zu wählen bzw. konstant zu halten, geglückt ist. Die angegebene Wichtigkeit der Bewertungen auf Rang 2 spiegelt sich in den klaren Tendenzen zu dem jeweils besser bewerteten Filmen wieder. Durchschnitts-Rang 3 für Regisseur und Durchschnitts-Rang 4 für Produktionsland zeigen einen leichten Widerspruch zwischen Selbstaussage der Probanden und ihrem Wahlverhalten. Während das Produktionsland in zwei Szenarien eine sehr eindeutige Filmpräferenz bewirkte, kam es innerhalb der Regisseur-Variable lediglich in einem Szenario zu einer klaren Filmtendenz. Dass beide Variablen auf den hinteren Plätzen rangieren, deckt sich allerdings mit ihrem weniger starken Einfluss auf Film-Entscheidungsänderungen.

Tabelle 7: Rankings der Variablen

Ranking Variable	Titel	Bewertungen	Produktionsland	Regisseur
Rang 1	42,8%	27,7 %	15,6%	22,2%
Rang 2	22,9%	34%	28%	21,3%
Rang 3	20,8%	22,5%	29%	27,5%
Rang 4	13,5%	15,8%	27,4%	29%
Mittelwert	2,05	2,24	2,68	2,63
Durchschnittsrang	1	2	4	3

5 Diskussion und Ausblick

Die Ergebnissauswertung verdeutlicht, dass Menschen bei der Filmwahl verstärkt auf einfache Heuristiken zur Entscheidungsfindung zurückgreifen, worauf die kurzen Entscheidungszeiten hinweisen. Die Vermutungen über den Einfluss der speziellen Kriterien lassen sich nur teilweise bestätigen. H_1 (bessere Bewertung) kann akzeptiert werden. In allen drei Szenarien führte die Einführung der Bewertungs-Variable zu einer Entscheidung zugunsten des besser bewerteten Films – eine elektronische WOM-Empfehlung in Form eines einfachen Sterneratings funktioniert demnach auch ohne ausführlichere Reviews.

H_2 (einfacheres Schriftbild des Regisseur-Namens) hingegen kann weder eindeutig abgelehnt noch akzeptiert werden. Zwar war in allen Szenarien ein Zuwachs auf Seiten des Films mit einem zugänglicheren Regisseur zu verzeichnen, allerdings tendierten gleichzeitig genug Probanden zu den unzugänglicheren Namen. Gründe hierfür könnte die Untergewichtung dieser Variable durch die Befragten sein oder eine ungünstige Wahl der konkreten Namensbeispiele. Es wäre möglich, dass gerade die exotisch erscheinenden Namen ein Interesse für den speziellen Film hervorgerufen haben – beispielsweise weil die Befragten generell gerne Abwechslung in ihrer Filmauswahl haben und unzugänglichere Namen mit neuen und anderen Arten von Filmen verbinden könnten. Obwohl die Regisseuren-Namen fiktiv sind, somit bei den Probanden nicht bekannt sein können, reproduziert dieses nicht eindeutige Resultat die unterschiedlichen Befunde aus existierenden Forschungen über den Einfluss von Star Power. Dass sich der Effekt des Kriteriums Regisseur nicht ausschließlich auf dessen Bekanntheitsgrad bezieht, ist ein beachtliches Ergebnis, das nach weiteren Untersuchungen verlangt.

H_3 (kulturell nahestehendes Land) muss verworfen werden. In den ersten beiden Szenarien gab es keine klare Tendenz zu einem der beiden Produktionsländer, lediglich in Szenario drei entschied sich eine klare Mehrheit für den deutschen Film und damit gegen den kulturell fernen japanischen. Auch hier ist es möglich, dass die Probanden aufgrund genereller Nutzungsvorlieben entschieden haben bzw. Frankreich und die USA kulturell gesehen keine wirkliche Distanz zu Deutschland besitzen (im Falle der USA aufgrund der Amerikanisierung, bei Frankreich aufgrund der Europäisierung).

Abschließend kann Hypothese H_4 (bei der endgültigen Filmentscheidung jener Film mit den meisten positiv ausgeprägten Kriterien) aufgrund der ausgewerteten Zeiten angenommen werden. Für die jeweils letzte Entscheidung nahmen sich die Probanden deutlich mehr Zeit. Dieser Umstand spricht dafür, dass mehrere bzw. alle Kriterien noch einmal betrachtet wurden und in die Entscheidung einflossen. Dennoch fällt auf, dass sich die Probanden mit Ausnahme von Szenario drei nicht für den laut Summe der Einzelkriterien ‚besseren' Film entschieden. Mögliche Gründe hierfür wären zum einen die zuvor abgelehnten bzw. nicht angenommenen Hypothesen, die zeigen, dass die Befragten die Kriterien sehr unterschiedlich bewerten. Sie nutzen zwar weiterhin höchstwahrscheinlich das Tallying, allerdings wurde eine für uns als negativ angenommene Ausprägung als positiv gewichtet. Zum anderen ist es möglich, dass die Probanden eine Take-the-Best Heuristik anwenden. Sie vergleichen dann zum Abschluss die beiden Filme und gewichten dabei ein ihnen wichtiges Kriterium stärker als die anderen. Was die Wahl des Films nur anhand des Titels angeht, konnte gezeigt werden, dass die Befragten jeweils in etwa gleicher Anzahl zu den verschiedenen Filmen tendierten. Dass sie im Ranking angaben, der Titel sei bei der Filmauswahl am wichtigsten, könnte ein Hinweis darauf sein, dass Rezipienten, selbst wenn sie die Möglichkeit hätten, weitere Kriterien wie Ratings/ Reviews oder Schauspieler und Regisseure zu Rate zu ziehen, trotzdem nur aufgrund einer Titelpräferenz auswählen. Die lange Entscheidungszeit bei den Titeln lässt zudem die Vermutung aufkommen, dass die Probanden hier die Repräsentativitätsheuristik anwendeten, mithilfe derer sie versuchen, den Titel in bestimmte mentale Modelle einzuordnen, um ähnliche Erfahrungen abzurufen und so den Filminhalt besser einschätzen bzw. eine ‚gute' Filmwahl treffen zu können. Die erhöhte Verarbeitungsleistung benötigt mehr Zeit. Es bietet sich an, in zukünftigen Studien einen größeren Fokus auf den Titel zu legen.

Da nur zwei der vier Hypothesen akzeptiert werden konnten, muss davon ausgegangen werden, dass entscheidende Faktoren in der Erhebung keine Beachtung fanden. Der größte Kritikpunkt ist die unnatürliche Entscheidungssituation, mit der die Probanden konfrontiert wurden. Im Alltag kann der Rezipient aus einem scheinbar unbegrenzten Angebot wählen, schränkt man diese Auswahl auf zwei Filme ein, geht man das Risiko ein die Probanden bereits bei der Wahl zwischen zwei Titeln zu verlieren, falls sie beide nichtansprechend finden. Zudem wurden nur drei aller möglichen Bewertungskritierien in vorab festgelegter Reihenfolge reflektiert.

Die Ergebnisse verlieren durch die Kritik an der Erhebung jedoch nicht an Relevanz. Sie zeigen Tendenzen zu Einflussfaktoren und heuristischen Entscheidungsstrategien bei der Medienwahl auf, die vielversprechende Ansatzpunkte für weiterführende Forschungsvorhaben offerieren. Zukünftige Studien könnten den Fokus ebenfalls auf die Methode des Mouselab oder Eye-Tracking legen. Durch dieses Design würde es gelingen, den Entscheidungsprozess der Probanden realistischer nachzuzeichnen, denn die selbstgesteuerte Informationssuche veranlasst die Probanden sehr wahrscheinlich dazu, speziell jene Filminformationen aufzudecken bzw. zu betrachten, die sie als entscheidungsrelevant erachten. Da Filmwerbung aus ökonomischer Sicht generell nur wenig Informationsspielraum zur Verfügung steht, sollten ausschlaggebende Filmkriterien zielgruppengenau extrahiert werden, um Werbe- und Verkaufsstrategien optimal auf die jeweilige Zielgruppe abstimmen zu können und dem Konsumenten jene Produkte anzubieten bzw. zu verkaufen, die seinen Bedürfnissen und Wünschen gerecht werden.

Insgesamt kann festgehalten werden, dass, besonders vor dem Hintergrund eines sich stetig ausweitenden Film- bzw. Medienangebots, die psychologische Entscheidungsforschung mit komplexitätsreduzierenden, situationsspezifischen Heuristiken eine geeignete Grundlage zur Erklärung von Medienwahlprozessen bietet. Gleichfalls ist interessant, dass sogar Filmeigenschaften, die nicht direkt im Film sichtbar werden, einen großen Einfluss auf die Filmwahl ausüben. Dass dieser Einfluss unter den Probanden sehr verschieden war, sie viele Entscheidungsänderungen (zu den als negativ ausgelegten Filmen) vornahmen, zeigt, dass die Filmwahl eine hoch individuelle und interessengeleitete Angelegenheit ist.

Literatur

Alter, A. L.; Oppenheimer, D. M. (2006): Predicting short-term stock fluctuations by using processing fluency. *PNAS 103(24)*, 9369-9372.

Amazon (2015): *Fakten zu Amazon Instant Video.* Online verfügbar unter: http://www.amazon.de/gp/help/customer/display.html?nodeId=201602760, [Letzter Zugriff: 15.03.2015].

Betsch, T.; Funke, J.; Plessner, H. (2011): *Denken-Urteilen, Entscheiden, Problemlösen.* Berlin: Springer.

Buttle, F. A. (1998): Word of mouth: understanding and managing referral marketing. *Journal of Strategic Marketing 6(3),* 241-254.

Charlton, M. (1997): Rezeptionsforschung als Aufgabe einer interdisziplinären Medienwissenschaft. In Charlton, M.; Schneider, (Hrsg.): *Rezeptionsforschung. Theorien und Untersuchungen zum Umgang mit Massenmedien.* Opladen: Westdeutscher Verlag, 16-39.

D21 (2014): *D21-Digital-Index 2014. Die Entwicklung der digitalen Gesellschaft in Deutschland.* Initiative D21 e.V..

Dellarocas, C. (2003): The Digitization of Word of Mouth: Promise and Challenges of Online Feedback Mechanism. *Management Science* 49(10), 1407-1424.

Dellarocas, C.; Zhang, X.; Awad, N. F. (2007): Exploring the value of online product reviews in forecasting sales: The case of motion picture. *J. Interactive Mark. 21(4),* 23-45.

Dhar, V.; Chang, E. A. (2009): Does Chatter Matter? The Impact of User-Generated Content on Music Sale. *Journal of Interactive Marketing 23(4)*, 300-307.

Dördrechter, N. (2006): *Piraterie in der Filmindustrie.* Wiesbaden: Deutscher Universitäts-Verlag, Dissertation.

Dogruel, L.; Jöckel, (2011): Eine eingeschränkte Qual der Wahl – Pfadabhängigkeiten in der prozessorientierten Medienwahl. Ein theoretischer Ansatz. In Suckfüll, M.; Schramm, H.; Wünsch, C. (Hrsg.): *Rezeption und Wirkung in zeitlicher Perspektive.* Baden-Baden: Nomos, 37-52.

Duan, W.; Gu, B.; Whinston, A. B. (2008 a): Do online reviews matter? – An empirical investigation of panel data. *Information Technology and Systems in the Internet-Era 45(4),* 1007-1016.

Duan, W.; Gu, B.; Whinston, A. B. (2008 b): The dynamics of online word-of-mouth and product sales – An empirical investigation of the movie industry. *Journal of Retailing 84(2)*, 233-242.

Elasmar, M. (2003): An Alternative Paradigm for Conceptualizing and Labeling the Process of Influence of Imported Television Program. In Elasmar, M (Hrsg.): *The Impact of International Television. A Paradigm Shift.* Mahwah, NJ: Lawrence Erlbaum Associate, 157-180.

FFA-Filmförderungsanstalt (2015): *FFA-info Compact.* Berlin: FFA. Online verfügbar unter: http://www.ffa.de/downloads/publikationen/ffa_intern/FFA_info_compact_150209.pdf, [Letzter Zugriff: 18.03.2015].

Gehrau, V. (2002): Eine Skizze der Rezeptionsforschung in Deutschland. In Rössler, Patrick; Kubisch, Susanne; Gehrau, Volker (Hrsg.): *Empirische Perspektiven der Rezeptionsforschung.* München: Verlag Reinhard Fischer, 9-47.

GfK (2015): *Der Videomarkt im Jahr 2014*: Erstellt im Auftrag der FFA. Verfügbar unter: http://www.ffa.de/downloads/publikationen/Videomarkt2014.pdf, Letzter Abruf [18.03.2015].

Gigerenzer, G., Gaissmaier, W. (2011): Heuristic Decision Making. *Annual Review of Psychology, 62*, 451-482.

Gigerenzer, G.; Todd; P. M.; the ABC Research Group (1999): *Simple Heuristics That Make Us Smart, Chapter 4*. New York: Oxford University Press.

Glöckner, A. (2006): *Automatische Prozesse bei Entscheidungen*. Hamburg: Verlag Dr. Kovač.

Hafez, K. (2005): *Mythos Globalisierung: warum die Medien nicht grenzenlos sind*. Wiesbaden: VS Verlag.

Hartmann, T. (2009): A brief introduction to media choice. In Hartmann, T. (Ed.). *Media Choice. A theoretical and empirical overview*. New York: Routeledge, 1-9.

Hennig-Thurau, T.; Gwinner, K. P.; Walsh, G.; Gremler, D. D. (2004): Electronic word-of-mouth via consumer-opinion platforms: What motivates consumers to articulate themselves on the Internet? *J. Interactive Mark. 18(1)*, 38–52.

Henning-Thurau, T.; Houston, M., B.; Walsh, G. (2007): Determination of motion picture box office and profitability: an interrelationship approach. *Review of Managerial Science, 1(1)*, 65-92.

Knobloch-Westerwick, S. (2006): Mood Management Theory, Evidence, and Advancement. In: J. Bryant; P. Vorderer (Ed): *Psychology of Entertainment*. Mahwah, NJ [u.a.]: Erlbaum, 239-254.

Köhler, I. (2006): *Der deutsche Kinofilm. Perspektiven-Visionen-Erfolgschancen*. Saarbrücken: VDM.

Kohlenberger, A. (2007): *Die Amerikanisierung des deutschen Fernsehens: Geschichte Vergleiche und Auswirkungen*. Saarbrücken: Verlag Dr. Müller.

Linton, J. A.; Petrovich, J. A. (1988): The application of the consumer information acquisition approach to movie selection: An exploratory study. In Austin, B. A. (Ed.): *Current Research in Film: Audiences, Economics and Law, 4*. New Jersey: Ablex, 24-45.

Liu, Y. (2006): Word of Mouth for Movies: Its Dynamics and Impact on Box Office Revenue. *Journal of Marketing 70(3)*, 74-89.

Marewski, J. N.; Galesic, M.; Gigerenzer, G. (2009): Fast and frugal media choice. In Hartmann, Tilo (Ed.), *Media Choice. A theoretical and empirical overview*. New York: Routeledge, 102-127.

Nörenberg, B.; Klüver, N. (2013): *Auswertung der Top 75-Filmtitel des Jahres 2012 nach soziodemografischen sowie kino- u. filmspezifischen Informationen auf Basis des GfK Panel*. Berlin: FFA-Filmförderungsanstalt. Online verfügbar unter: http://www.ffa.de/downloads/publikationen/top_75_filme_2012.pdf, [Letzter Zugriff: 28.03.2014].

Prommer, E. (2010): Das Kinopublikum im Wandel: Forschungsstand, historischer Rückblick und Ausblick. In Glogner, Patrick; Föhl, Patrick (Hrsg.): *Das Kulturpublikum: Fragestellungen und Befunde der empirischen Forschung*. Wiesbaden: VS, 195-238.

Schlütz, D. (2012): Der Prozess grenzüberschreitender Medienwirkungen: Das Susceptibility to Imported Media (SIM)-Modell am Beispiel US-amerikanischer Fernsehserien. In H. Wessler; Averbeck-Lietz (Ed): *Grenzüberschreitende Medienkommunikation Medien & Kommunikationswissenschaft*, 183-202. Baden-Baden: Nomos.

Straubhaar, J. (1991): Beyond Media Imperialism: Asymmentrical Interdependence and Cultural Proximity. *Critical Studies in Mass Communication (8)*, 39-59.

Straubhaar, J. (2003): Choosing National TV: Cultural Capital, language, and Cultural Proximity in Brazil. In Elasmar, M. (Hrsg.): *The Impact of International Television: A Paradigm Shift.* New Jersey: Lawrence Earlbaum Associate.

Straubhaar, J. (2007): *World Television. From Global to Local.* Los Angeles: Sage.

Straubhaar, J. (2008): Global, Hybrid or Multiple: Identities in the Age of Satellite TV and the Internet. *Nordicom Review, Vol. 2,* 11-29.

Tversky, A.; Kahneman, D. (1973): Availability: A heuristic for judging frequency and probability. *Cognitive Psychology, Vol. 5(2),* 207-232.

Philipp Müller

Gib mir Orientierung, gib mir Redestoff! Wie sich die Wahrnehmung des Medienwandels auf die Zahlungsbereitschaft für journalistische Inhalte auswirkt

Vor dem Hintergrund der gegenwärtigen Finanzierungskrise des Journalismus, macht es sich die vorliegende Untersuchung zum Ziel, Faktoren zu identifizieren, die die Zahlungsbereitschaft für journalistische Inhalte beeinflussen. Sie fokussiert sich dabei auf Personenmerkmale der Mediennutzer, die möglichst nicht stabil, sondern veränderlich sein sollen, um Anknüpfungspunkte für Medienunternehmen zu bieten. In den Blick genommen werden daher unterschiedliche Wahrnehmungen des Medienwandels, der oft als treibende Kraft hinter der Finanzierungsproblematik gesehen wird. Mittels einer repräsentativen Telefon-Befragung der deutschen Bevölkerung (n = 434) werden Wahrnehmungen von Veränderungen medialer Leistungen und Nöte ermittelt, die sich auf die Zahlungsbereitschaft auswirken. Zudem werden aus Vorgängerstudien bekannte Einflussfaktoren aus den Bereichen Soziodemographie und Mediennutzungspräferenzen erneut überprüft. Dabei zeigt sich, dass die Präferenz für bekannte Medienmarken als stabiler Faktor einen starken Einfluss auf die Zahlungsbereitschaft hat. Zudem reduziert sich die Zahlungsbereitschaft durch die Wahrnehmung, dass Medien weniger Redestoff für die Anschlusskommunikation liefern. Ein Bewusstsein für die Finanzierungskrise des Journalismus hat hingegen keinen Einfluss. Das Kommunikationsziel der Medienbranche in der Finanzierungskrise sollte es also sein, die Relevanz zu erhöhen und Markenidentitäten zu stärken.

1 Einleitung

Der (privatwirtschaftlich organisierte) Journalismus steckt in einer Finanzierungskrise (Blumler, 2010; Gittlin, 2011; Kiefer, 2011). Dies verdeutlichen die in den letzten Jahren wiederkehrend auftauchenden Meldungen über Stellenabbau (z.B. *Brigitte*, *Darmstädter Echo*), Insolvenzen (z.B. *Frankfurter Rundschau*, *Münchner Abendzeitung*) und sogar Einstellungen (z.B. *Financial Times Deutschland*) insbesondere von Printmedien. Die Ursache dieser Situation scheint auf der Hand zu liegen: Sie entspringt einem grundlegenden Wandel der Mediennutzungsgewohnheiten. Seitdem das World Wide Web als Trägermedium für journalistische Inhalte immer mehr Zuspruch findet, gehen die Verkaufszahlen von Printmedien ebenso zurück wie die Werbeeinnahmen (vgl. Kolo & Meyer-Lucht, 2007; Mögerle, 2008; Neuberger, 2003; Seufert & Wilhelm, 2013). Gleichzeitig lassen sich die wegfallenden Einnahmen vor allem auf dem

Publikumsmarkt nicht durch Online-Erlöse kompensieren. Die Zahlungsbereitschaft für journalistische Inhalte ist im Internet weiterhin gering (vgl. Newman & Levy, 2014, S. 56). Der langfristige Wandel der Mediennutzung von Print- zu Online-Medien bedroht, so scheint es zumindest zum gegenwärtigen Zeitpunkt, nachhaltig die Refinanzierbarkeit journalistischer Produkte (vgl. Kiefer, 2011).

Vor diesem Hintergrund erscheint die Frage nach der zukünftigen Finanzierung von (qualitativ hochwertigem) Journalismus nicht nur aus der *betriebswirtschaftlichen Perspektive* einzelner Medienunternehmen höchst relevant, sondern auch aus einer gesamtgesellschaftlichen und damit auch *makroökonomischen Blickrichtung*. Sowohl auf dem Werbe- als auch auf dem Publikumsmarkt müssen Medienunternehmen einen Wandel ihrer Angebote und Zahlungsmodelle vollziehen, um auf den Wandel der Mediennutzung zu reagieren. Der vorliegende Beitrag legt den Fokus vor diesem Hintergrund auf die Zahlungsbereitschaft der Nutzer – und damit auf den Publikumsmarkt. Studien aus diesem Bereich befassen sich oft mit der Frage, welche konkreten Zahlungsmodelle für Online-Inhalte zu höheren Einnahmen führen könnten (z.B. Halbheer, Stahl, Koenigsberg & Lehmann, 2014; Herbert & Thurman, 2007). Ergänzend zu dieser Perspektive kann allerdings auch danach gefragt werden, welche Merkmale der Nutzer die Zahlungsbereitschaft erhöhen. Dabei werden oft soziodemografische Hintergrundfaktoren oder Nutzungspräferenzen beleuchtet (z.B. Chyi, 2005; Dou, 2004; Lopes & Galletta, 2006). Diese Merkmale haben jedoch aus Perspektive der Medienpraxis den Nachteil, dass sie nicht oder nur sehr schwer veränderbar sind und somit keinen Ansatzpunkt bieten, um die Zahlungsbereitschaft nachhaltig zu erhöhen. Das Ziel muss es jedoch sein, genau solche Stellschrauben zu finden, anhand derer sich das Nutzerverhalten verändern lässt.

An dieser Stelle knüpft die vorliegende Studie an. Sie untersucht mit Hilfe einer repräsentativen Telefon-Befragung, wie sich die Wahrnehmung des Medienwandels auf die Zahlungsbereitschaft von Nutzern auswirkt. Explizit wird dabei die Frage behandelt, wie einerseits die Veränderungen medialer Funktionen und andererseits die Probleme, die der Medienwandel für etablierte Medien mit sich bringt, vom Publikum eingeschätzt werden und wie diese Einschätzungen die Zahlungsbereitschaft verändern. Solche Wahrnehmungen erscheinen aus zwei Gründen besonders relevant: Erstens hat sich in früheren Studien bereits angedeutet, dass die Wahrnehmung von Medienangeboten und ihren Leistungen einen Einfluss auf die Akzeptanz von Paid-Content-Modellen hat (Lopes

& Galletta, 2006). Zweitens lassen sich diese Wahrnehmungen durch gezielte Kommunikationsmaßnahmen möglicherweise in eine Richtung beeinflussen, die zu einer Erhöhung der Zahlungsbereitschaft beiträgt. Zu verstehen, wie Mediennutzer den Medienwandel wahrnehmen, könnte also neben der Entwicklung der passenden Zahlungsmodelle ein weiterer entscheidender Faktor sein, um die Einnahmesituation auf dem Publikumsmarkt zu verbessern. Weshalb dabei insbesondere die Wahrnehmung von *Veränderungen* im Medienbereich eine Rolle spielen könnte, wird im Folgenden genauer ausgeführt. Zuvor werden noch einmal die gegenwärtige Finanzierungskrise des Journalismus und der Forschungsstand zur Zahlungsbereitschaft für journalistische Inhalte rekapituliert. Im Anschluss daran wird die empirische Untersuchung vorgestellt und ihre Ergebnisse werden diskutiert.

2 *Journalismus in der Finanzierungskrise*

Die gegenwärtige Finanzierungskrise des Journalismus hat viele Facetten (vgl. Weichert & Kramp, 2009). Sie äußert sich in einer ganzen Reihe von Phänomenen, z.B. in den bereits angesprochenen Insolvenzen von Medienunternehmen, auf die oft ein empfindlicher Stellenabbau oder gar die vollständige Einstellung von Medienangeboten folgt. Auf der Suche nach ihren strukturellen Ursachen muss der Blick auf die beiden Finanzierungswege für Mediengüter gerichtet werden: den Werbe- und den Publikumsmarkt (vgl. Kiefer & Steininger, 2014, S. 283-314). Durch die massenhafte Nutzung internetbasierter Informationsangebote sind für beide Erlöswege Probleme aufgetreten: Auf dem Werbemarkt tummeln sich im World Wide Web zahlreiche neue Marktteilnehmer wie Suchmaschinen oder Kleinanzeigenportale, die eine ernstzunehmende Konkurrenz für die klassischen Massenmedien und deren Online-Angebote darstellen (vgl. Breunig, 2004). Zudem liegen die mit Online-Werbung für einzelne Angebote erzielbaren Erlöse weiterhin deutlich hinter den Werbeeinnahmen über die klassischen Medienkanäle. In Bezug auf den Publikumsmarkt wird hingegen oft eine „Kostenlos-Mentalität" der Internetnutzer beklagt (vgl. Harland, 2011), deren Ursache in einem Gewöhnungseffekt gesehen wird: Dadurch, dass journalistische Online-Angebote von Beginn an weitestgehend kostenfrei zur Verfügung gestellt wurden, habe sich die Nutzerschaft an diesen Umstand gewöhnt und sei deshalb, anders als bei Musik und Filmen, nur in geringem Maße bereit, für

Journalismus im Internet zu zahlen. Dies zeigt sich z.B. in einer 2014 durchgeführten international vergleichenden Online-Befragung, in der nur acht Prozent der deutschen Befragten angeben, innerhalb der letzten zwölf Monate für journalistische Online-Inhalte Geld gezahlt zu haben (Newman & Levy, 2014, S. 56).

Wie kann diesem Finanzierungsproblem bei der Produktion von Journalismus nun begegnet werden? Während bezüglich des Online-Werbemarktes inzwischen von wachsenden Einnahmen berichtet wird (z.B. Bundesverband Digitale Wirtschaft, 2015), sind derartige Meldungen hinsichtlich des Publikumsmarktes noch nicht zu lesen. Die großen deutschen Verlagshäuser, allen voran Axel Springer, haben zwar bereits seit einiger Zeit Paid-Content-Strategien umgesetzt. Diese erzielen jedoch noch keine Breitenwirkung. Abzulesen ist dies z.B. daran, dass in der bereits erwähnten Studie von Newman und Levy (2014, S. 25) nur zwei Prozent der Befragten angeben, das insgesamt dennoch erfolgreichste deutsche Paid-Content-Angebot *Bild Plus* zu nutzen. Die zu erwartende anhaltende Verlagerung der Nutzung journalistischer Inhalte ins Internet könnte also zu einer langfristigen Reduktion der Gesamt-Zahlungsbereitschaft führen, also der Beträge, die von Nutzern über die verschiedenen Medienkanäle hinweg für Journalismus ausgegeben werden. Da die journalistische Berichterstattung gesellschaftliche Funktionen erfüllt (vgl. Burkart, 2002, S. 378-412), ist dies letztlich nicht nur für Medienorganisationen relevant, sondern könnte auch problematische gesellschaftliche Konsequenzen haben. Ein dauerhafter Mangel an finanziellen Ressourcen könnte nämlich dazu führen, dass der Journalismus seine gesellschaftliche Rolle nicht mehr in ausreichendem Maße erfüllt.

3 Einflüsse auf die Zahlungsbereitschaft für journalistische Inhalte

Studien an der Schnittstelle von Publikumsforschung und Medienökonomie befassen sich daher seit einiger Zeit mit Determinanten der Zahlungsbereitschaft. Dies geschieht meist mit einem direkten Fokus auf Online-Inhalte und unterschiedliche Paid-Content-Zahlungsmodelle. Während in der Forschung zunächst noch diskutiert wurde, inwiefern journalistische Inhalte besser einzeln oder im Paket abgesetzt werden können (z.B. Stahl, Schäfer, & Maass, 2004), hat sich in der Praxis inzwischen das ‚Metered Model' durchgesetzt, bei dem zunächst ein Teil der Beiträge kostenlos zugänglich ist, während für ‚Premium-Content' oder ab einer bestimmten Anzahl von Inhaltsabrufen gezahlt werden muss. Dass dieses Modell am ehesten erfolgversprechend ist, wird auch durch wissenschaftliche Untersuchungen gestützt, z.B. durch eine Simulationsstudie von Halbheer et al. (2014). Denn wichtig ist es nicht nur, über vom Nutzer bezahlte Inhalte Erlöse zu erzielen, sondern zudem auch weiterhin eine ausreichende Anzahl an Seitenabrufen zu generieren, um für die Werbewirtschaft weiterhin ein attraktives Umfeld zu bieten (vgl. Herbert & Thurman, 2007). Hierbei helfen die frei abrufbaren Beiträge, die daneben natürlich auch als Werbung für die kostenpflichtigen Beiträge zu begreifen sind. Der Spagat ist jedoch nicht ganz einfach. Anhand von Erkenntnissen aus den USA, Großbritannien, der Slowakei, Slowenien und Polen argumentiert Myllylahti (2014), dass die durch derartige Modelle auf dem Publikumsmarkt generierten Umsätze zumindest kurzfristig nicht dazu in der Lage sind, die mit dem Medienwandel einhergehenden Einbußen zu kompensieren.

Selbst jenes Zahlungsmodell, das sowohl in der Forschung für besonders geeignet gehalten als auch in der Medienpraxis bevorzugt eingesetzt wird, scheint also noch nicht die erhofften Erfolge zu haben. Exakte Zahlen werden von Verlagshäusern nur ungern vorgelegt – was wiederum ebenfalls als Indikator für hinter den Erwartungen zurückbleibende Erfolge betrachtet werden kann (Myllylahti, 2014). Es muss daher auch weiterhin nach möglichen Einflüssen auf die generelle Zahlungsbereitschaft für journalistische Medieninhalte gesucht werden, die nicht in unmittelbarem Zusammenhang mit dem verwendeten Zahlungsmodell stehen. In den Vordergrund gerückt ist dabei die Frage, welche Personenmerkmale einen Einfluss auf die Zahlungsbereitschaft haben. Dabei lassen sich zwei Gruppen untersuchter Merkmale identifizieren: soziodemographische Faktoren und Mediennutzungspräferenzen. Hinsichtlich der *Soziodemographie* hat sich z.B. gezeigt, dass jüngere Nutzer Paid-Content-Angeboten gegenüber aufgeschlossener sind als ältere, dass die Zahlungsbereitschaft jedoch unabhängig vom Einkommen ist (Chyi, 2005). Daneben zeigt sich in Bezug auf *Nutzungspräferenzen*, dass Personen mit einer stärkeren Affinität zu Printmedien eher dazu bereit sind, auch online Geld für journalistische Produkte zu investieren (Chyi, 2005). Es wurde zudem argumentiert, dass die Präferenz für bekannte Medienmarken mit einer höheren Zahlungsbereitschaft einhergehen dürfte (Rademacher & Siegert, 2007). Dies wurde jedoch bisher nicht empirisch untersucht.

Beide hier angeführten Gruppen von Personenmerkmalen eint jedoch, dass sie eher stabile und kaum veränderliche Faktoren umfassen. Diese Merkmale können also kaum zu einer nachhaltigen Erhöhung der Zahlungsbereitschaft der Mediennutzer beitragen. Anders sieht dies mit den Nutzerwahrnehmungen des Medienangebotes aus. In einer Studie von Lopes und Galletta (2006) zeigt sich, dass die Zahlungsbereitschaft für Internet-Inhalte vor allem dann hoch ausfällt, wenn von einem konkreten Angebot ein hoher Mehrwert erwartet wird. Dieser erwartete Nutzen erhöht sich wiederum durch Faktoren wie die angenommene Qualität des Inhalts oder die Reputation des Anbieters. Dieser Befund aus der Management-Literatur erinnert an den kommunikationswissenschaftlichen Nutzen- und Belohnungsansatz, der davon ausgeht, dass die Entscheidung zur Zuwendung zu Medienangeboten unter Abwägung der durch die Rezeption zu erwartenden Gratifikationen getroffen wird (zusammenfassend: Schweiger, 2007, 60-136). Wie Medienangebote wahrgenommen werden, hat also auch einen Einfluss auf die Zahlungsbereitschaft. Dies ist einerseits aus der Perspektive einzelner Anbieter relevant, es kann jedoch auch für die Branche insgesamt von Bedeutung sein, falls sich dieser Befund auch auf die generelle Wahrnehmung von Medien übertragen lassen sollte. Möglicherweise haben auch verallgemeinerte Vorstellungen über ‚*die* Medien' (vgl. Stiehler, 1999) einen Einfluss auf die Zahlungsbereitschaft. Ein solcher Zusammenhang wäre vor allem deshalb relevant, weil solche Wahrnehmungen von Medien möglicherweise durch gezielte Kommunikationsmaßnahmen korrigiert werden könnten. Wahrnehmungen von Medien würden also einen veränderlichen Einflussfaktor für die Zahlungsbereitschaft darstellen. Sie werden daher im Rahmen dieser Studie untersucht.

4 Wahrnehmung des Medienwandels und Zahlungsbereitschaft

Der Fokus wird dabei auf die Wahrnehmung des Medien*wandels* gelegt. Insbesondere veränderte Muster der Informationsnutzung werden als Auslöser der gegenwärtigen Finanzierungskrise betrachtet. Dass die damit einhergehenden Veränderungsprozesse nicht nur von Medienschaffenden und Medienforschern bewusst wahrgenommen werden, sondern auch von Mediennutzern, erscheint aus mehreren Gründen plausibel. Zwar offenbaren Menschen grundsätzlich eine starke Tendenz dazu, bestehende Zustände beizubehalten (Kahneman, Knetsch, & Thaler, 1991), jedoch können Veränderungen in der Lebensumwelt gerade wegen dieser Präferenz für stabile Handlungs-und Denkmuster besondere Aufmerksamkeit erfahren (Silka, 1991). Denn gleichzeitig ist der Mensch als soziales Wesen auch auf eine gelungene Integration in seine Umwelt angewiesen (Skinner, 1966). Verändert sich die Umwelt, müssen möglicherweise die existierenden Denk- und Handlungsroutinen angepasst werden, um die Integration weiter zu gewährleisten (Brandstädter, 2010). Den Medien kommt für die Orientierung und Integration in modernen Gesellschaften ein wichtiger Stellenwert zu (Vlasic, 2004). Veränderungen im Medienbereich dürften also nicht nur für Menschen, deren berufliche Tätigkeit einen engen Bezug zum diesem Bereich aufweist, von Bedeutung sein, sondern auch für nahezu alle anderen Gesellschaftsmitglieder. Zudem weisen Menschen eine starke Verlustaversion auf (Kahneman, Knetsch, & Thaler, 1991). Sie sind also darum bemüht, sich das ökonomische, soziale und symbolische Kapital (vgl. Bourdieu, 1986) zu bewahren, welches sie einmal erworben haben. Veränderungen in der Umwelt – und damit auch der Medienwandel – könnten dieses Ziel jedoch gefährden. Dies ist insbesondere dann der Fall, wenn es so aussieht, als könnte man selbst durch den Medienwandel etwas verlieren, z.B. den Anschluss an gesellschaftliche Diskurse, weil sich diese in ‚neue' Medien verlagern, die man selbst nicht nutzt.

Es kann also davon ausgegangen werden, dass sich Mediennutzer in Abhängigkeit von dem Stellenwert, den sie Medien in ihrem Leben beimessen, mehr oder weniger stark damit auseinandersetzen, wie sich der Medienbereich verändert. Solche Veränderungswahrnehmungen könnten sich wiederum auf ihre Zahlungsbereitschaft für Medieninhalte auswirken, insbesondere dann, wenn sie beobachten sollten, dass Medien bestimmte Funktionen besser oder schlechter erfüllen als früher. Es wird daher im Rahmen der Studie untersucht, inwiefern die Wahrnehmung veränderter medialer Leistungen die Zahlungsbereitschaft beeinflusst **(FF1)**. Es ist ferner vorstellbar, dass auch die Finanzierungskrise des Journalismus von Mediennutzern beobachtet wird. Ihre Symptome wie Stellenabbau oder Insolvenzen sind schließlich Teil des gesellschaftlichen Mediendiskurses (Neuberger, 2005). Es wird daher untersucht, inwiefern die Wahrnehmungen von durch den Medienwandel verursachten Problemen für Medienorganisationen die Zahlungsbereitschaft beeinflussen **(FF2)**. Es ist in diesem Kontext vorstellbar, dass ein stärkeres Bewusstsein für die Finanzierungsprobleme des Journalismus oder die Konkurrenzsituation älterer und neuerer Medien zu einer höheren Zahlungsbereitschaft führt. Neben solchen Wahrnehmungen des Medienwandels werden zudem erneut die bereits angesprochenen Zusammenhänge der Zahlungsbereitschaft mit soziodemographischen Faktoren **(FF3)** und mit der Präferenz für bekannte Medienmarken **(FF4)** und für die gedruckte Zeitung als Informationsquelle **(FF5)** untersucht. Dadurch kann einerseits überprüft werden, inwiefern mögliche Zusammenhänge der Zahlungsbereitschaft mit den untersuchten Wahrnehmungsvariablen der Drittvariablenkontrolle standhalten, und andererseits der Einfluss dieser Faktoren einer erneuten Prüfung unterzogen werden.

5 Methode

Erhebungsverfahren und Stichprobe

Zur Untersuchung dieser Forschungsfragen wird auf Daten aus einer breiter angelegten Befragung zur Wahrnehmung des Medienwandels durch Mediennutzer zurückgegriffen (Müller, 2015). Die Studie wurde als computergestützte Telefon-Befragung zwischen November 2012 und Februar 2013 am Institut für Kommunikationswissenschaft und Medienforschung der Ludwig-Maximilians-Universität München durchgeführt. Befragt wurde dabei eine zufällig ausgewählte Stichprobe der deutschen Bevölkerung ab 18 Jahren. Die bevölkerungsrepräsentative Rufnummern-Stichprobe wurde vom *GESIS – Leibniz-Institut für Sozialforschung* bereitgestellt und nach dem sog. „Gabler-Häder-Verfahren" gebildet (Gabler & Häder, 1997). Um Stichprobenverzerrungen entgegenzuwirken, wurden dabei sowohl Festnetz- als auch Mobilfunknummern kontaktiert. Die Ausschöpfungsquote der Erhebung liegt nach Abzug der stichprobenneutralen Ausfälle bei 19,5% (vgl. zum Berechnungsverfahren: Häder, Häder, Graeske, Kunz, & Schneiderat, 2009). Die Ausschöpfung entspricht damit den Erfahrungen, die in jüngerer Zeit in vergleichbaren Studien gemacht wurden (vgl. Schneiderat & Schlinzing, 2009). Die resultierende Stichprobe (n = 434; 58,1 % weiblich; 46,8 % ohne Abitur; Geburtsjahr: M = 1964,5; SD = 16,3) ist mit geringfügigen, bei telefonischen Befragungen jedoch üblichen Verzerrungen versehen. Frauen und Menschen mit formell höherem Bildungsabschluss sind in der Stichprobe leicht überrepräsentiert, wohingegen ältere Kohorten über 70 Jahren im Vergleich zu deutschen Gesamtbevölkerung geringfügig unterrepräsentiert sind. Da die hier vorgenommenen Auswertungen jedoch korrelativer Natur sind und dabei zudem soziodemographische Merkmale als Drittvariablen kontrolliert werden, haben diese kleineren Verzerrungen jedoch keinerlei Auswirkungen auf die Aussagekraft der statistischen Analysen.

Messinstrument

Die Abfragen, die im Rahmen der folgenden Analysen miteinander in Beziehung gesetzt werden, wurden im Rahmen eines breiter angelegten Fragebogens erhoben, der sich mit zahlreichen unterschiedlichen Dimensionen, Entstehungsbedingungen und Folgen der Wahrnehmung des Medienwandels auseinandersetzt (Müller, i.V.). Die abhängige Variable Zahlungsbereitschaft für journalistische Medieninhalte wurde operationalisiert als der maximal vorstellbare Geldbetrag (in Euro), den die Befragten pro Monat für journalistische Medieninhalte ausgeben würden ($M = 32.64$, $SD = 24.90$).

Die Wahrnehmungen der Veränderungen medialer Leistungen und Nöte im Medienwandel wurden auf einer Skala von 0 (= stimme überhaupt nicht zu) bis 10 (= stimme voll und ganz zu) abgefragt. Die Veränderungen medialer Leistungen wurden anhand von drei Items erhoben: Abgefragt wurde die Wahrnehmung eines Qualitätsverlusts der Politikberichterstattung („Die Qualität der Politikberichterstattung in den Medien ist schlechter geworden“; $M = 5,46$; $SD = 2,74$), die Wahrnehmung einer zunehmenden Angebotsvielfalt („Die Vielfalt im inhaltlichen Angebot der Medien ist größer geworden“; $M = 8,25$; $SD = 1,91$) und die Wahrnehmung, dass die Medien weniger Redestoff liefern und somit ihrer Funktion für den gesellschaftlichen Zusammenhalt weniger gut nachkommen als früher („Wenn ich mich mit Leuten unterhalte, die ich nicht so gut kenne, zum Beispiel mit entfernten Bekannten, finden wir immer seltener gemeinsame Themen aus den Medien, über die wir reden können“; $M = 4,12$; $SD = 2,55$). Auch die Probleme, die der Medienwandel für Medienorganisationen mit sich bringt, wurden mit drei Items abgefragt. Zum Einsatz kamen ein Item zu den Finanzierungsproblemen im Journalismus („Für Medienunternehmen ist es schwieriger geworden, mit gutem Journalismus genug Geld zu verdienen“; $M = 6,95$; $SD = 2,56$) sowie zwei Items, die sich mit der Konkurrenz von gedruckter Zeitung und Online-Nachrichtenseiten befassen („Das Internet ersetzt für viele Leute die gedruckte Zeitung“; $M = 7,27$; $SD = 2,38$; sowie „Weil es das

Internet gibt, müssen sich die gedruckten Zeitungen verändern, damit sie weiterhin gekauft werden"; *M* = 6,34; *SD* = 2,86).

Die Präferenz für die Nutzung bekannter Medienmarken wurde mit einem Item erhoben („Bei der Auswahl aus dem Medienangebot sind für mich angesehene Medien wichtig, die für inhaltliche Qualität stehen"; *M* = 7,87; *SD* = 2,04). Die Präferenz für die Nutzung der gedruckten Zeitung wurde hingegen nicht skaliert abgefragt, sondern dichotom („Wenn Sie wählen können, lesen Sie Nachrichten lieber auf Nachrichtenseiten im Internet oder lieber in gedruckten Zeitungen und Magazinen?"; 66,5 % mit Präferenz für Printmedien). Ergänzend wurden zudem die soziodemographischen Variablen Geburtsjahr, Haushaltsnettoeinkommen und Geschlecht abgefragt. Die kategoriale Variable zum Schulabschluss wurde zu Analysezwecken dichotomisiert (mit/ohne Abitur).

6 Ergebnisse

Um den Zusammenhang zwischen der Zahlungsbereitschaft für journalistische Inhalte und den angesprochenen Faktoren zu untersuchen, wurden drei lineare Regressionsmodelle für die abhängige Variable Zahlungsbereitschaft gerechnet. Die erklärenden Variablen wurden dabei blockweise in die Regressionsgleichung aufgenommen. Fälle mit fehlenden Werten wurden listenweise ausgeschlossen. Bei der Interpretation der Ergebnisse muss ein entscheidender Umstand berücksichtigt werden: Bei der vorliegenden Studie handelt es sich um eine Querschnittsbefragung. Im Gegensatz zu experimentellen Versuchsanordnungen und Befragungen mit mehreren Messzeitpunkten können mit den dabei gewonnenen Daten rein formal-analytisch keine Kausalzusammenhänge überprüft werden. Das heißt, es muss immer auch in Erwägung gezogen werden, dass die beobachteten Zusammenhänge nicht oder zumindest nicht ausschließlich in der vermuteten Richtung vorliegen. Insbesondere bei den soziodemographischen Faktoren lässt sich dies rein logisch ausschließen. Dass die Zahlungsbereitschaft einen Einfluss z.B. auf Alter oder Geschlecht ausübt, ist nicht vorstellbar. Hinterfragen muss man die beobachteten Zusammenhänge allerdings möglicherweise bei den Wahrnehmungsvariablen. Es wäre rein theoretisch auch möglich, dass die Höhe der Zahlungsbereitschaft bestimmte Wahrnehmungen des Medienwandels begünstigt oder dass sich Drittvariablen sowohl auf die Zahlungsbereitschaft auswirken als auch auf einzelne Wahrnehmungen des

Medienwandels. Sie könnten auf diese Weise eine Korrelation zwischen den Größen hervorrufen, die nicht auf einen unmittelbaren Kausalzusammenhang zurückzuführen ist. Solche konkurrierenden Interpretationen für die beobachteten Zusammenhänge müssen bei der Ergebnisinterpretation in Betracht gezogen werden. Welche Erklärung der beobachteten Zusammenhänge letztlich zutrifft, kann dabei letzten Endes nur auf der Basis von Plausibilitätsüberlegungen entschieden werden.

Beim Blick auf die Ergebnisse (Tabelle 1), ergibt sich ein gemischtes Bild. Von den abgefragten Veränderungen der medialen Leistungen zeigen sich die Wahrnehmung einer zunehmenden Angebotsvielfalt und die Wahrnehmung eines Qualitätsverlust der Berichterstattung ohne Einfluss auf die Zahlungsbereitschaft. Hingegen zeigt sich ein deutlicher Zusammenhang der abhängigen Variable mit der Feststellung, dass Medien weniger Redestoff liefern als früher. Dieser Zusammenhang bleibt auch bei der Hinzunahme der Drittvariablen stabil. Wer beobachtet, dass Medien weniger Themen für die Anschlusskommunikation liefern, weist eine signifikant niedrigere Zahlungsbereitschaft für journalistische Inhalte auf. Die Wahrnehmung des Redestoffes, den Medien liefern, scheint für Mediennutzer also eine besonders wichtige mediale Qualität zu sein, die ihnen auch Geld wert ist.

Tabelle 1: Einflüsse auf die Zahlungsbereitschaft für journalistische Inhalte

	Modell 1	Modell 2	Modell 3
Wahrnehmung des Medienwandels			
Qualitätsverlust der Politikberichterstattung	-,02	-,03	-,04
Zunahme der Angebotsvielfalt	-,05	-,08	-,08
Abnahme des von Medien gelieferten Redestoffs	-,15**	-,15**	-,15**
Zunehmende Finanzierungsprobleme des Journalismus	,04	-,02	-,06
Substitution der Zeitung durch das Internet	-,17**	-,16**	-,13*
Anpassungsdruck für die Zeitung durch das Internet	,09	,11†	,10†
Mediennutzungspräferenzen			
Präferenz für die Nutzung bekannter Medienmarken		,24***	,21***
Präferenz für die Nutzung der gedruckten Zeitung (0 = lieber Online-Nachrichten; 1 = lieber Printmedien)		,11*	,07
Soziodemographie			
Geburtsjahr			-,19***
Einkommen			,03
Abitur (1 = ja)			,13*
Geschlecht (1 = weiblich)			-,17***
R^2	,05	,12	,19
ΔR^2		,07***	,07***

n = 339. Angegeben sind standardisierte Koeffizienten aus linearen Regressionsmodellen. † $p \leq .10$; * $p \leq ,05$; ** $p \leq ,01$; *** $p \leq ,001$.

Unter den Variablen zur Wahrnehmung der Probleme, die der Medienwandel den Medienorganisationen verursacht, zeigt sich zunächst nur ein Einfluss der Substitutionswahrnehmung: Wer beobachtet, dass Nachrichtenseiten im Internet die Printmedien ersetzen, weist eine geringere Zahlungsbereitschaft auf. Dieser Zusammenhang bleibt auch bei Drittvariablenkontrolle bestehen. Hinzu tritt in den Modellen 2 und 3 ein schwach signifikanter Zusammenhang der Zahlungsbereitschaft mit der Wahrnehmung eines Anpassungsdrucks für die Zeitung. Hier scheint die Feststellung, dass das Internet der Zeitung Probleme verursacht, tatsächlich einen zumindest schwachen Einfluss auf die Zahlungsbereitschaft zu haben. Für die Wahrnehmung von Finanzierungsproblemen im Journalismus trifft dies allerdings nicht zu. Die Feststellung, dass der Journalismus in der Finanzierungskrise steckt, führt also nicht dazu, dass sich die Zahlungsbereitschaft erhöht.

Unter den Mediennutzungspräferenzen zeigt sich ein deutlicher Einfluss der Affinität zu bekannten Medienmarken. Wem die Markenidentität seiner genutzten Medien wichtig ist, der ist auch bereit, mehr Geld für Medieninhalte auszugeben. Auch für Personen mit einer Präferenz für Printmedien scheint dies in Modell 2 zuzutreffen. Dieser Zusammenhang verliert sich jedoch mit der Hinzunahme der soziodemographischen Variablen in Modell 3. Es handelt sich also um eine Scheinkorrelation, die auf eine Drittvariable, vermutlich das Alter zurückzuführen ist. Für die soziodemographischen Variablen zeigen sich weitere bemerkenswerte Zusammenhänge: Während sich bei Chyi (2005) jüngere Menschen eher dazu bereit zeigten, für Internet-Content zu zahlen, ist in der vorliegenden Untersuchung die generelle Zahlungsbereitschaft für journalistische Medien unter den älteren Personen signifikant höher als bei den jüngeren. Zudem zeigt sich erneut kein Einfluss des Einkommens auf die Zahlungsbereitschaft. Höhere formelle Bildung führt allerdings zu einer größeren Zahlungsbereitschaft. Überraschend ist der starke Einfluss des Geschlechts. Männer sind zu deutlich höheren Ausgaben für journalistische Inhalte bereit als Frauen.

7 Diskussion

Vor dem Hintergrund der durch den Medienwandel hervorgerufenen Finanzierungskrise des Journalismus hat sich die vorliegende Studie damit befasst, welche Personenmerkmale die Zahlungsbereitschaft für journalistische Inhalte erhöhen. In den Blick genommen wurden dabei insbesondere Wahrnehmungen des Medienwandels. Denn derartige Wahrnehmungen erscheinen, anders als soziodemographische Variablen und Mediennutzungsfaktoren, veränderbar. Sie könnten daher einen Hebel darstellen, an dem angesetzt werden kann, um die generelle Zahlungsbereitschaft in der Nutzerschaft zu erhöhen. Dies erscheint insbesondere deshalb relevant, weil es bisher noch nicht gelungen ist, mit Internet-Inhalten in einer vergleichbaren Höhe Erlöse auf dem Publikumsmarkt zu erzielen, wie dies in früheren Zeiten mit Printprodukten geschah. Auch aus diesem Grund stellt die Wahrnehmung des Medienwandels einen wichtigen Ansatzpunkt dar.

Die durchgeführte empirische Untersuchung liefert Hinweise darauf, welche Rezipienten dazu bereit sind, für Medien mehr Geld auszugeben und welche Wahrnehmungen von medialen Leistungen und Nöten für die Zahlungsbereitschaft förderlich sind. Es zeigt sich dabei insgesamt eine hohe Bedeutung der eher stabilen Personenmerkmale, die kaum beeinflussbar erscheinen und von denen demnach auch keine Impulse ausgehen können, um die Zahlungsbereitschaft der Nutzerschaft insgesamt zu erhöhen. Es bestätigte sich der Befund von Chyi (2005), dass die Zahlungsbereitschaft nicht vom Einkommen abhängig ist. Die individuelle finanzielle Situation scheint nicht unbedingt damit zusammenzuhängen, wie viel Geld in Medieninhalte investiert wird. Alter, Geschlecht und Bildung haben hingegen deutliche Einflüsse auf die Zahlungsbereitschaft. Ältere Menschen, formell besser Gebildete und Männer sind zu höheren Ausgaben für journalistische Produkte bereit.

In Bezug auf das Alter steht der Befund im Gegensatz zu den Ergebnissen von Chyi (2005). Dort wurde allerdings nach der Zahlungsbereitschaft nur für Online-Inhalte gefragt. Bezieht man alle journalistischen Produkte, also auch Printmedien, mit ein, sind ältere Menschen insgesamt stärker zahlungsbereit. Dies könnte mit einer größeren Affinität zu den – insgesamt kostenintensiveren – Printmedien zusammenhängen (Peiser, 2012). Wer Printmedien intensiver nutzt, muss zwangsläufig höhere Ausgaben in Kauf nehmen. Da eine Präferenz für Printmedien jedoch ebenfalls kontrolliert wurde, lässt sich der Zusammenhang wohl nicht ausschließlich hierüber erklären. Denkbar wäre als alternative Erklärung z.B. ein Sozialisationseffekt: Ältere Menschen haben die Dispositionen, die ihren Umgang mit Medien im gesamten Lebensverlauf prägen (vgl. Krämer, 2013), in einer Zeit erworben, in der es noch kein Internet gab und in der es daher völlig normal war, regelmäßig einen gewissen

Geldbetrag in journalistische Produkte zu investieren. Selbst wenn sie heute keine besondere Affinität mehr zu Printmedien aufweisen, könnte sich dieses erlernte Verhalten auch weiterhin bemerkbar machen. Für eine solche Erklärung spricht auch die Tatsache, dass der zunächst signifikante Zusammenhang von Zahlungsbereitschaft und der Präferenz für Printmedien bei Hinzunahme des Geburtsjahres ins Modell verschwindet. Der zu beobachtende Alters- bzw. Kohorteneffekt (zur Unterscheidung: Peiser, 1999) lässt sich also wohl nicht nur durch die stärkere Affinität zu Printmedien erklären, sondern muss auf weitere Faktoren zurückgehen.

Eine Präferenz für die Nutzung bekannter Medienmarken hat hingegen einen deutlichen Einfluss auf die Zahlungsbereitschaft. Dies bestätigt die Vermutungen, die bereits bei Rademacher und Siegert (2007) angestellt, dort jedoch nicht empirisch überprüft wurden. Nutzer, denen die Strahlkraft bekannter Medienmarken und die Orientierungsleistung, die von dieser Markenstärke ausgeht, besonders wichtig ist, sind zu besonders hohen Zahlungen für journalistische Inhalte bereit. Dieser Befund ist für das Marketing von Medienprodukten sehr wichtig. Während starke Medienmarken darauf bauen können, dass ihre Kernkundschaft zu höheren Zahlungen bereit ist, sollten Medienangebote mit einer schwächeren Markenidentität, denen sich die entsprechenden Nutzer eher nicht zuwenden dürften, eher darum bemüht sein, über den Werbemarkt Einnahmen zu generieren. Ihre Erfolgsaussichten auf dem Publikumsmarkt dürften geringer sein.

Sowohl bei den soziodemographischen Merkmalen als auch bei den Mediennutzungspräferenzen handelt es sich jedoch um eher unveränderliche Merkmale. Insbesondere der Befund, dass jüngere Mediennutzer eine geringere Zahlungsbereitschaft an den Tag legen, und die Befürchtung, dass es sich hierbei um ein Kohortenphänomen handeln könnte, welches fortbesteht, wenn die betreffenden Geburtsjahrgänge älter werden, lassen die Suche nach veränderlichen Personenmerkmalen, die mit der Zahlungsbereitschaft zusammenhängen, dringlich erscheinen. Tatsächlich zeigen sich schließlich auch deutliche Zusammenhänge der Wahrnehmung des Medienwandels mit der Zahlungsbereitschaft. Hinsichtlich veränderter medialer Leistungen spielt vor allem der Redestoff, den Medien liefern, eine große Rolle. Wer beobachtet, dass Medien immer weniger Themen für die Anschlusskommunikation bereitstellen, weist eine besonders niedrige Zahlungsbereitschaft auf. Hingegen hängen ein beobachteter Qualitätsrückgang der Politik-Berichterstattung und die Beobachtung einer wachsenden Angebotsvielfalt nicht mit der Zahlungsbereitschaft zusammen. Die Anschlusskommunikation scheint eine mediale Leistung zu sein, die den Nutzern tatsächlich besonders viel Geld wert ist. Journalistische Medienangebote sollten also darum bemüht sein, die Relevanz ihrer Inhalte hoch zu halten und den Redestoff, den sie liefern, möglicherweise auch in Kommunikationskampagnen als besondere Leistung herauszustellen.

Die Schaffung eines Bewusstseins für die mit dem Medienwandel einhergehenden Probleme für Medienorganisationen dürfte hingegen nur bedingt dazu geeignet sein, die Zahlungsbereitschaft der Nutzerschaft zu erhöhen. Beobachtungen der gegenwärtigen Finanzierungskrise führen nicht dazu, dass Nutzer dazu bereit sind, mehr Geld in Medien zu investieren. Auch ein Bewusstsein für den Druck, den die verstärkte Nutzung von Online-Informationsangeboten auf die Tageszeitungen ausübt, führt nur zu einer geringfügigen Erhöhung der Zahlungsbereitschaft. Die negativen Folgen des Medienwandels in der öffentlichen Darstellung zu betonen und somit um Verständnis für die eigenen Nöte zu werben, ist für die Medienbranche also kein probates Mittel, um die Einnahmensituation auf dem Publikumsmarkt zu verbessern. Wer beobachtet, wie das Internet den Printmedien den Rang abläuft, weist sogar eine geringere Zahlungsbereitschaft auf. Stattdessen sollten Medienorganisationen, die auf Erlöse auf dem Publikumsmarkt abzielen, darum bemüht sein, die Markenstärke und die gesellschaftliche Relevanz ihrer Angebote zu erhöhen und in der Kommunikation die Orientierungsleistung ihres Angebotes sowie insbesondere dessen Potentiale für die interpersonale Anschlusskommunikation zu betonen. Diese wahrgenommenen medialen Leistungen und ihre Veränderungen im Zuge des Medienwandels stehen bei der Entscheidung, Geld für Medieninhalte auszugeben, ganz deutlich im Vordergrund.

In zweierlei Hinsicht weist die vorliegende Studie methodische Einschränkungen auf, die die Interpretierbarkeit der vorgelegten Befunde etwas einschränken. Erstens handelt es sich um eine Untersuchung anhand von Querschnittsdaten. Wie bereits zu Beginn des Ergebnisteils ausgeführt wurde, bedeutet dies, dass sich die Kausalität der Zusammenhänge zwischen den Wahrnehmungsvariablen und der Zahlungsbereitschaft nicht eindeutig bestimmen lässt. Es wäre denkbar, dass die Zahlungsbereitschaft nicht Ergebnis bestimmter Wahrnehmungen des Medienwandels ist, sondern dass diese aufgrund anderer Drittvariablen miteinander einhergehen. Dieser Einschränkung wurde durch eine umfangreiche

Drittvariablenkontrolle begegnet, die unterschiedliche Personenmerkmale berücksichtigt, von denen bekannt oder zumindest anzunehmen war, dass sie sich auf die Zahlungsbereitschaft auswirken. Allerdings wäre es wünschenswert, die hier beobachteten Zusammenhänge in zukünftigen Studien mit Verfahren zu untersuchen, die Kausalschlüsse eindeutig zulassen, z.B. mit Längsschnittdaten.

Zweitens waren die für die hier angestellten Analysen verwendeten Abfragen in einen breiter aufgestellten Fragebogen zur Wahrnehmung des Medienwandels eingebettet. Es ergaben sich daraus Einschränkungen für die Breite der verwendeten Abfragen. Insbesondere im Bereich der medialen Leistungen wären noch weitere beobachtete Veränderungen denkbar, die sich auf die Zahlungsbereitschaft auswirken könnten. Und auch bei der Operationalisierung der abhängigen Variablen mussten Abstriche gemacht werden: In der Darstellung der gegenwärtigen Finanzierungsproblematik wurde zu Beginn des Beitrags herausgearbeitet, dass die Zahlungsbereitschaft für Internet-Inhalte anders ausfällt als die für Printmedien. Da aus beiden zusammengenommen die Einnahmen auf dem Publikumsmarkt hervorgehen, wurden sie für die vorliegende Studie auch als Bündel erhoben. Gefragt wurde nach der generellen Zahlungsbereitschaft für journalistische Inhalte – unabhängig vom Trägermedium. Wenn es vor dem Hintergrund der aktuellen Entwicklungen in erster Linie darum geht, die Zahlungsbereitschaft für Internet-Inhalte zu erhöhen, wäre es jedoch wünschenswert, die Zahlungsbereitschaft auch nach Trägermedien unterteilt zu erheben. Dies war aus Platzgründen im Rahmen des Verwendeten Fragebogens nicht möglich. Zukünftige Studien sollten auf den nun vorliegenden Ergebnissen aufbauen und sowohl die erklärenden als auch die abhängige Variable noch einmal in einer größeren Breite abfragen.

Literatur

Blumler, J. G. (2010). The two-legged crisis of journalism. *Journalism Practice*, *4*, 243–245. doi: 10.1080/17512781003802576

Bourdieu, P. (1986). The forms of capital. In J. G. Richardson (Hrsg.), *Handbook of theory and research for the sociology of education* (S. 241-258). New York: Greenwood.

Brandstädter, J. (2010). Life management in developmental settings of modernity. Challenges to the adaptive self. In R. K. Silbereisen & X. Chen (Hrsg.), *Social change and human development. Concept and results* (S. 50-72). Los Angeles, CA: Sage.

Breunig, C. (2004). Online-Werbemarkt in Deutschland 2001 bis 2004. *Media Perspektiven*, (6/2004), 394-404.

Bundesverband Digitale Wirtschaft (2015). *OVK Onlinereport 2015/01. Zahlen und Trends im Überblick*. Düsseldorf: BVDW

Burkart, R. (2002). *Kommunikationswissenschaft. Grundlagen und Problemfelder. Umrisse einer interdisziplinären Sozialwissenschaft* (4 Aufl.). Wien: Böhlau.

Chyi, H. I. (2005). Willingness to pay for online news: An empirical study on the viability of the subscription model. *Journal of Media Economics*, *18*, 131-142. doi: 10.1207/s15327736me1802_4

Dou, W. (2004). Will internet users pay for online content? *Journal of Advertising Research*, *44*, 349–369. doi: 10.1017/S0021849904040358

Gabler, S., & Häder, S. (1997). Überlegungen zu einem Stichprobendesign für Telefonumfragen in Deutschland. *ZUMA Nachrichten*, *21*(41), 7-18.

Gitlin, T. (2011). A surfeit of crises: Circulation, revenue, attention, authority, and deference. In R. W. McChesney & V. Pickard (Hrsg.), *Will the last reporter please turn out the lights. The collapse of journalism and what can be done to fix it* (S. 91-102). New York: New Press.

Häder, S., Häder, M., Graeske, J., Kunz, T., & Schneiderat, G. (2009). Realisierung der Stichprobe. In M. Häder & S. Häder (Hrsg.), *Telefonbefragungen über das Mobilfunknetz. Konzept, Design und Umsetzung einer neuen Strategie zur Datenerhebung* (S. 71-82). Wiesbaden: VS.

Halbheer, D., Stahl, F., Koenigsberg, O., & Lehmann, D. R. (2014). Choosing a digital content strategy: How much should be free? *International Journal of Research in Marketing*, *31*, 192–206. doi: 10.1016/j.ijresmar.2013.10.004

Harland, P. (2011). Kostenlose Leistungen im Internetzeitalter. In A. Löhr, V. Altholz, E. Burkatzki (Hrsg.): Unternehmensethik im digitalen Informationszeitalter (S. 49-64). München: Hampp.

Herbert, J., & Thurman, N. (2007). Paid content strategies for news websites: An empirical study of British newspapers' online business models. *Journalism Practice*, *1*, 208–226. doi: 10.1080/17512780701275523

Kahneman, D., Knetsch, J. L., & Thaler, R. H. (1991). Anomalies: The endowment effect, loss aversion, and status quo bias. *Journal of Economic Perspectives*, *5*, 193–206. doi: 10.1257/jep.5.1.193

Kiefer, M. L., & Steininger, C: (2014). *Medienökonomik. Einführung in eine ökonomische Theorie der Medien* (3. Aufl.). München: Oldenbourg.

Kiefer, M. L. (2011). Die schwierige Finanzierung des Journalismus. *Medien & Kommunikationswissenschaft*, *59*, 5-22.

Kolo, C., & Meyer-Lucht, R. (2007). Erosion der Intensivleserschaft. Eine Zeitreihenanalyse zum Konkurrenzverhältnis von Tageszeitungen und Nachrichtensites. *Medien & Kommunikationswissenschaft, 55*. 513-533.

Krämer, B. (2013). *Mediensozialisation. Theorie und Empirie zum Erwerb medienbezogener Dispositionen*. Wiesbaden: Springer VS.

Lopes, A., & Galletta, D. (2006). Consumer perceptions and willingness to pay for intrinsically motivated online content. *Journal of Management Information Systems*, *23*, 203–231. doi: 10.2753/MIS0742-1222230209

Mögerle, U. (2008). *Substitution oder Komplementarität? Die Nutzung von Online- und Print-Zeitungen im Wandel*. Konstanz: UVK.

Müller, P. (i.V.). *Die Wahrnehmung des Medienwandels. Eine theoretische und empirische Exploration ihrer Dimensionen, Entstehungsbedingungen und Folgen.* Wiesbaden: Springer VS.

Myllylahti, M. (2014). Newspaper paywalls: The hype and the reality. *Digital Journalism, 2,* 179–194. doi: 10.1080/21670811.2013.813214

Neuberger, C. (2003): Zeitung und Internet. Über das Verhältnis zwischen einem alten und einem neuen Medium. In C. Neuberger & J. Tonnemacher (Hrsg.): *Online – Die Zukunft der Zeitung? Das Engagement deutscher Tageszeitungen im Internet* (2. Aufl., S. 16-109). Wiesbaden: VS.

Neuberger, C. (2005). Medien als Diskursprodukte. Die Selbstthematisierung neuer und alter Medien in der Medienöffentlichkeit. In K. Arnold & C. Neuberger (Hrsg.), *Alte Medien - neue Medien. Theorieperspektiven, Medienprofile, Einsatzfelder. Festschrift für Jan Tonnemacher* (S. 76-104). Wiesbaden: VS.

Newman, N., & Levy, D. A. (Hrsg.) (2014). *Reuters Institute digital news report 2014. Tracking the future of news.* Oxford: Reuters Institute for the Study of Journalism.

Peiser, W. (1999). Die Verbreitung von Medien in der Gesellschaft. Langfristiger Wandel durch Kohortensukzession. *Rundfunk & Fernsehen, 47,* 485-498.

Peiser, W. (2012). Faktoren der Nutzung von gedruckten Tageszeitungen und Online-Nachrichtenangeboten. In N. Springer, W. Eichhorn, J. Raabe, & H. Haas (Hrsg.), *Medien und Journalismus im 21. Jahrhundert. Herausforderungen für Kommunikationswissenschaft, Journalistenausbildung und Medienpraxis* (S. 507-525). Konstanz: UVK.

Schneiderat, G., & Schlinzing, T. (2009). Teilnahmebereitschaft und Teilnahmeverhalten bei Telefonumfragen der Allgemeinbevölkerung über das Mobilfunknetz. In M. Häder & S. Häder (Hrsg.), *Telefonbefragungen über das Mobilfunknetz. Konzept, Design und Umsetzung einer neuen Strategie zur Datenerhebung* (S. 83-97). Wiesbaden: VS.

Schweiger, W. (2007) *Theorien der Mediennutzung. Eine Einführung.* Wiesbaden: VS.

Seufert, W., & Wilhelm, C. (2013). Wie stark verdrängen oder ergänzen sich (neue und alte) Medien? *Medien & Kommunikationswissenschaft, 61,* 568-591.

Silka, L. (1991). *Intuitive judgments of change.* New York: Springer.

Skinner, E. A. (1996). A guide to constructs of control. *Journal of Personality and Social Psychology, 71,* 549-570. doi: 10.1037/0022-3514.71.3.549

Stahl, F., Schäfer, M.-F., & Maass, W. (2004). Strategies for selling paid content on newspaper and magazine web sites: An empirical analysis of bundling and splitting of news and magazine articles. *International Journal on Media Management, 6,* 59-66. doi: 10.1080/14241277.2004.9669382

Stiehler, H.-J. (1999). Subjektive Medientheorien – Zum Begriff. In B. Schorb & H.-J. Stiehler (Hrsg.), *Idealisten oder Realisten? Die deutschen Kinder- und JugendfernsehmacherInnen und ihre subjektiven Medientheorien* (S. 12-25). München: KoPäd.

Vlasic, A. (2004). *Die Integrationsfunktion der Massenmedien. Begriffsgeschichte, Modelle, Operationalisierung.* Wiesbaden: VS.

Weichert, S., & Kramp, L. (2009). *Das Verschwinden der Zeitung? Internationale Trends und medienpolitische Problemfelder.* Berlin: Friedrich-Ebert-Stiftung.

3. Kapitel: Schnittstellen zwischen Wissenschaft und Wirtschaftsunternehmen

3.1 Keynotes

Thomas Hess, Simon Bründl

Von Medien-, Inhalte- und Internetunternehmen: Gemeinsamkeiten und Unterschiede gestern und heute[1]

Traditionelle Medienunternehmen decken den vollständigen Produktionsprozess ab, indem sie Inhalte generieren, bündeln und distribuieren (Publishing-Broadcasting-Ansatz). Durch das Web 2.0 wurde das Aufkommen eines neuen Typus von Medienunternehmen initiiert. Diese Medienunternehmen der zweiten Generation operieren als Betreiber von IT-basierten Plattformen, die nutzergenerierte Inhalte aggregieren und einen Austausch von Online-Medien unterstützen (Plattform-Ansatz). Die Koexistenz dieser beiden Ansätze und das Auftreten von hybriden Typen erfordern eine Neudefinition von Medienunternehmen als Organisatoren öffentlicher, medienbasierter Kommunikation sowie eine Ordnung der vorliegenden Begriffswelt.

1 Das Ausgangsproblem – eine nachträglich als unglücklich zu bezeichnende Begriffswahl

Gutenbergs Erfindung des Buchdrucks ermöglichte und initiierte die Entstehung erster Medienunternehmen. Jahrhunderte später schaffte der Rundfunk die Basis für Radio und Fernsehen und diente als Katalysator für einen weiteren Wachstumsschub für die Medienindustrie. Spätestens in den 90er Jahren des letzten Jahrhunderts war die Medienindustrie endgültig zu einem wichtigen volkswirtschaftlichen Segment geworden.

Auch hatte sich bis zu diesem Zeitpunkt der Begriff der Medienindustrie, verstanden als Oberbegriff für alle Unternehmen der Print- und Rundfunkindustrie, breit etabliert, sowohl im deutschen Sprachraum als auch international. Aus Sicht der damaligen Zeit war diese Begriffswahl verständlich – konnten doch die bis dahin bekannten Massenmedien im Wesentlichen ‚nur' eins: Inhalte transportieren. Man hätte Medienunternehmen daher schon damals als Inhalte-Anbieter bezeichnen können – tat man aber nicht, der Begriff war (und ist) etwas sperrig und für Kreative unnötig weit weg vom konkreten Objekt. Zudem bildeten Inhalte und Medium zu diesem Zeitpunkt noch eine kaum auflösbare Einheit. Heute fragt man sich, ob dieser Begriff und das dahinter liegende Verständnis noch adäquat sind.

---

1 * Dieser Beitrag wurde in der MedienWirtschaft 1/2015 vorveröffentlicht.

2 Zwei Generationen von Medienunternehmen

Medienunternehmen der sogenannten *ersten Generation* (vgl. Hess 2014) verfolgen den Publishing-Broadcasting-Ansatz. Ihrer traditionellen Rolle folgend, decken sie den gesamten Produktionsprozess ab, indem sie mittels professioneller Redaktionen eigenständig Inhalte generieren („Producer Generated Content"). Anschließend stellen sie aus den produzierten Inhalten ein Programm für eine spezifische Zielgruppe zusammen und distribuieren dieses über die etablierten Massenmedien wie Fernsehen oder Zeitungen. Dem Rezipienten kommt dabei eine weitgehend passive Rolle zu, er agiert vornehmlich als Konsument der Inhalte. Im Kontext der steigenden Bedeutung des Mediums Internet bieten diese Medienunternehmen ihre Inhalte auch über das neue Medium an, strukturell hat sich aber an ihrer Produktionsweise nichts geändert.

Das Web 2.0 und die damit einhergehenden Möglichkeiten zur Kollaboration und Interaktion führen zum verstärkten Aufkommen einer *zweiten Generation von Medienunternehmen*, die sich auf den Austausch von Inhalten über Online-Medien spezialisiert haben. Diese Anbieter operieren nach dem Plattform-Ansatz, indem sie IT-basierte Plattformen betreiben und Nutzern zur Verfügung stellen. Primäre Funktion der Plattformen ist es Content zu aggregieren und zu verbreiten. Im Gegensatz zu Medienunternehmen der ersten Generation erfolgt die Produktion der Inhalte jedoch nicht durch professionelle Redaktionen, sondern primär durch die User selbst („User Generated Content"). Der Nutzer agiert in einer Doppelrolle als Produzent und Konsument („Prosument", vgl. Toffler 1980). Der Betreiber der Plattform befasst sich in dieser Konstellation mit der Aggregation und Bereitstellung der Inhalte. In Tabelle 1 sind die beiden Ansätze noch einmal im Überblick gegenübergestellt.

Jedoch ist eine klare Zuordnung eines Unternehmens zur ersten oder zur zweiten Generation nicht in allen Fällen möglich. So finden sich in vielen Unterhaltungsplattformen sowohl von Nutzern als auch von Profis erstellte Inhalte in größerem Umfang. Auch gibt es Plattform-Konzepte wie etwa Wikipedia, die weitgehend bekannte Arten von Inhalten erstellen, aber nur mit einem anderen, wohl häufig überlegenen Produktionsverfahren. Besonders schwierig ist die Einordnung von Suchmaschinen. Die typischen Kernkompetenzen der Anbieter von Suchdiensten, die heute durchweg maschinelle Bündelung von Inhalten, die relative Neuartigkeit der bereitgestellten Inhalte sowie die Fokussierung auf Online-Medien sprechen für eine Zuordnung zur zweiten Generation, die klar passive Rolle des Anbieters und damit die Ausprägung des wichtigsten Merkmals steht dem entgegen.

Tabelle 1: Zwei Generationen von Medienunternehmen im Vergleich (ausgehend von Hess 2014, S. 6)

	Publishing-Broadcasting-Ansatz (1. Generation)	**Plattform-Ansatz (2. Generation)**
Rolle des Nutzers	Eher passiv	Eher aktiv
Kernkompetenzen der Medienunternehmen	Journalistisch-künstlerische Fähigkeiten: Inhalte erstellen, verändern, anbieten, heute intensiv durch IT unterstützt	Technologische Fähigkeiten, um eine IT-Plattform zu entwickeln und zu betreiben; Inhaltliche Fähigkeit, große Mengen an Inhalten zu bewältigen
Bündelung von Content	Primär durch Menschen	Primär durch Maschinen
Angebotene Inhalte	Eher Inhalte, die zuvor schon über analoge Medien angeboten wurden	Vorwiegend Inhalte, die bisher nicht für öffentliche Kommunikation verwendet werden konnten
Verwendete Medien	Alle Medienarten (inkl. Online-Medien)	Online-Medien

3 Bedeutung und Ausprägung von Plattform-Anbietern aus der Medienindustrie

Obwohl Unternehmen mit Plattform-Ansatz erst seit wenigen Jahren am Markt agieren, nehmen diese bereits eine bedeutende Rolle in der Medienlandschaft ein. In Deutschland erzielte die zweite Generation von Medienunternehmen im vorletzten Jahr einen Gesamtumsatz von 845 Mio. Euro (Berechnung auf der Basis von Statista 2014). Suchmaschinenanbieter weisen für das Jahr 2013 2,1 Mrd. Euro aus. Insgesamt sind das rund 2,9 Mrd. Euro und damit rund 6% an dem Gesamtumsatz der deutschen Medienindustrie. Abbildung 1 zeigt die kumulierten Umsätze der Medienunternehmen der zweiten Generation und der Suchdienstanbieter in den Jahren 2011 bis 2013 inkl. der (bemerkenswerten) Steigerungsraten. Interessanterweise liegt der Umsatz der Plattform-Anbieter in der Größenordnung der Online-Umsätze der etablierten Verlage und Sender.

Abbildung 1: Umsatz von Inhalte-Plattformen inkl. Suchmaschinen in Deutschland

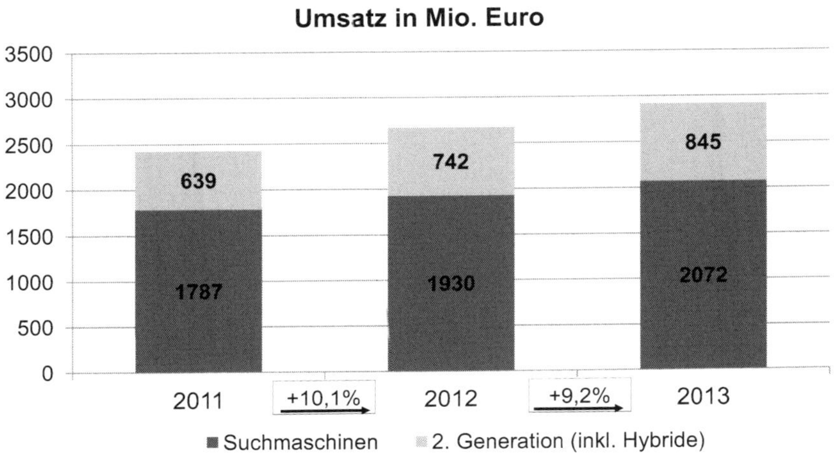

Mit Hilfe der Systematik von Beer und Hess (2012) lassen sich die Plattform-Betreiber noch weiter ausdifferenzieren. *Anbieter Sozialer Netzwerke* sind die wohl prominenteste Variante eines Plattform-Anbieters. Diese Kategorie umfasst sämtliche Angebote, die Funktionen zur Herstellung und Pflege von Kontakten im Sinne des Networking bereitstellen (was auch Dienste für die Individualkommunikation umfasst). Populäre Beispiele für solche Unternehmen sind das soziale Netzwerk Facebook, der Kurznachrichtendienst Twitter oder auch die Businessplattform Xing. Die Relevanz dieser Kategorie wird dadurch betont, dass sie für knapp die Hälfte (47,2%) des Umsatzes der Plattform-Anbieter im Jahr 2013 verantwortlich war.

Eine zweite wichtige Klasse bilden sogenannte *Bewertungsplattformen.* Diese Angebote fokussieren sich auf von Nutzern generierte Bewertungen und Rankings von Produkten bzw. Dienstleistungen, welche ihrer Community einen Mehrwert bieten (Beer und Hess 2012). Beispielhafte Akteure sind der Preisvergleichsanbieter Idealo, der Hotelbewertungsservice Holidaycheck oder auch Ciao, eine Plattform für Erfahrungsberichte. Bewertungsplattformen bilden mit einem Umsatzanteil von 26,4% die nach den Sozialen Netzwerken umsatzstärkste Klasse der Medienunternehmen der zweiten Generation.

Unterhaltungsplattformen stellen eine dritte Kategorie der Plattform-Anbieter dar. Solche Angebote dienen primär zur reinen Unterhaltung der

Besucher. Prominente Vertreter sind das Videoportal YouTube, die Fotocommunity Flickr oder SoundCloud, eine Plattform zum Austausch und Hören von Audiodateien.

Die Kategorie der, als Wegweiser agierenden, *Suchmaschinen* ist seit jeher essentiell für das World Wide Web und ist, wie bereits erwähnt, eher den Medienunternehmen der zweiten Generation zuzuordnen. Die populärsten Vertreter dieses Typus sind die klassischen Suchdienste Google und Bing, die nicht nur die Recherche nach Websites, sondern auch nach Bildern und Videos unterstützen. Als Spezialfall sind Personensuchmaschinen, wie z.B. Yasni, anzuführen. Indem sie verschiedene Datenquellen aggregieren, erlauben solche Angebote die Suche nach personenbezogenen Adressen, Telefonnummern, Bildern oder Neuigkeiten.

4 *Was ist dann ein Medienunternehmen heute?*

Die hohen Umsatzzuwächse und die Popularität der angeführten Beispiele verdeutlichen die zunehmende Relevanz der Medienunternehmen der zweiten Generation. Es wird ersichtlich, dass bei einer ganzheitlichen Betrachtung der Medienlandschaft sowohl der traditionelle Publishing-Broadcasting-Ansatz als auch der Plattform-Ansatz miteinbezogen werden müssen – und natürlich eine Reihe hybrider Formen.

Für eine beide Ansätze zusammenfassende Klammer lassen sich zwei einfache Konstrukte heranziehen. Zum einen das Konzept der öffentlichen Kommunikation. Charakterisierend für öffentliche Kommunikation ist, dass die Adressaten weder in ihrer Anzahl limitiert noch klar definiert sind (Maletzke 1963). Genau dies trifft auf die Angebote von Medienunternehmen der ersten und – ganz überwiegend – der zweiten Generation zu. Zudem ist dem Publishing-Broadcasting- und dem Plattform-Ansatz gemein, dass die öffentliche Kommunikation medienbasiert erfolgt, das heißt mit Hilfe eines Mediums. Dementsprechend lassen sich Medienunternehmen heute abstrakt als Organisatoren öffentlicher, medial gestützter Kommunikation bezeichnen (Hess 2014).

Hinsichtlich ihrer Kernkompetenzen unterscheiden sich die beiden nun in der Realität zu findenden Generationen von Medienunternehmen recht deutlich (siehe auch Tabelle 1). Für Medienunternehmen der ersten Generation sind journalistisch-künstlerische Fähigkeiten der Kern, diese braucht man um Inhalte zu erstellen, zu verändern und anzubieten. Für Plattformbetreiber geht es um die Entwicklung und den Betrieb einer

Content-Plattform sowie die Bewältigung großer Mengen an Inhalten – wieder stehen Inhalte im Zentrum. Sinnvoll wäre es daher von Inhalte-Unternehmen zu sprechen, Medien können heute ja mehr als nur den Austausch von Inhalten unterstützen.

5 Medienunternehmen im engeren und im weiteren Sinne

Auf den ersten Blick hat die Idee durchaus Charme, sich als Medienunternehmen von den vermeintlichen Fesseln einer ‚Inhalte-Zentrierung' zu lösen, eröffnet das doch das Blickfeld für viele neue und im Wachstum begriffene Märkte. Gleichwohl stellt sich die Frage, ob das aus betriebswirtschaftlicher Sicht auch sinnvoll ist.

Heute lassen sich der Abverkauf von Waren oder die Abwicklung von Bankgeschäften auch über Medien abwickeln – um nur zwei Beispiele zu nennen. Schon diese beiden Beispiele zeigen aber, welch unterschiedliche Kompetenzen für medienbezogene Geschäfte erforderlich sein können – Logistik hat recht wenig mit Finanzmarktgeschäften zu tun. Es ist daher nicht hilfreich alle Unternehmen, die Medien nutzen, pauschal als Medienunternehmen zu bezeichnen – die Klasse der so subsumierten Unternehmen wäre sehr heterogen und das etablierte Sprachverständnis verbindet mit Medienunternehmen in der Regel noch die Bereitstellung von Inhalten. Abbildung 2 versucht die aus sachlogischen Überlegungen und etablierten Begriffsverständnissen entstandene terminologische Vielfalt etwas zu ordnen.

Abbildung 2: Begriffswelt

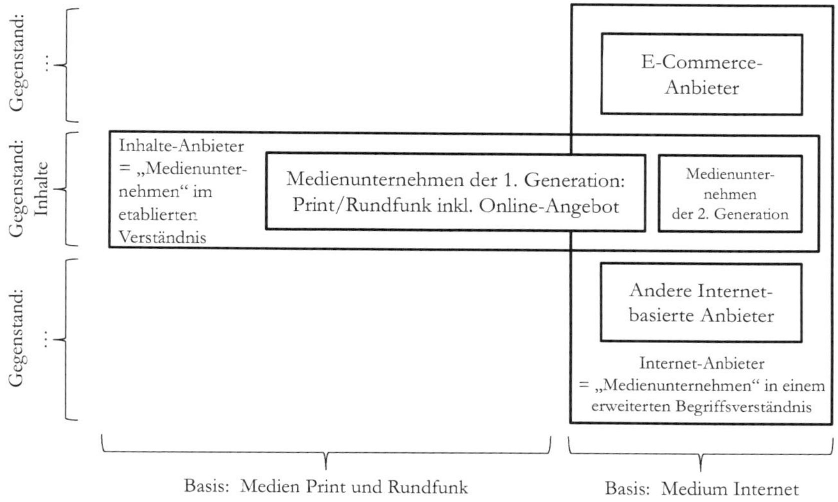

Literatur

Beer, S., und Hess, T. 2012. Geschäftsmodelle im Web der zweiten Generation, Arbeitsbericht des Instituts für Wirtschaftsinformatik und Neue Medien, LMU München, Nr. 2/12

Hess, T. 2014. What Is a Media Company? A Reconceptualization for the Online World, International Journal on Media Management (16:1), S. 3-8.

Maletzke, G. 1963. Psychologie der Massenkommunikation, Hamburg, Deutschland: Hans-Bredow-Institute.

Statista. 2014. Internet-Markt Deutschland 2014

Toffler, A. 1980. The third wave. New York: Morrow.

Lutz Eberhard, Ulla Niemann

Digitale Schnittstellen fordern die Zeitungsverlage

Zeitung ist einfach: Gedruckt wird was gestern war. Der Konsument bekam das Produkt frisch in den Briefkasten oder an den Kiosk geliefert. Feste Zeitpunkte, feste Rituale. Heute vibriert es in der Hosentasche, wenn die Weltlage sich verändert. Da ist sogar Radio langsam und das lineare Fernsehen ist was für Ü50. Die Zeitungsverlage nennen sich nun Medienhäuser. Das soll nach Außen den Wandel dokumentieren. Aber der entscheidende Wandel vollzieht sich im Inneren der Nachrichtenredaktionen. Und dennoch, nie hatten Reporter so gute Möglichkeiten zu publizieren wie in der digitalen Welt, mit Zeitung.live, einem neuem Verständnis und Erleben von althergebrachten publizistischen Arbeiten.

1 *Einleitung*

Wer liest noch Zeitung? Also die gedruckte Variante. Ist nicht das Smartphone der wahre Nachrichtenkanal, die Schnittstelle zum Konsum von Inhalten – zum Lesen, Hören und Schauen? 2014 besaßen bereits 88 Prozent der Zwölf- bis 19-Jährigen ein Smartphone, wie die Untersuchungsreihe „Jugend, Information, (Multi-)Media" erhob.[1] Das Smartphone ist das Tor zu Informationen und Unterhaltung und die Schnittstelle zwischen privater und Massenkommunikation. Auf ihm findet der Wettbewerb um die Aufmerksamkeit und Nutzungsdauer der Konsumenten statt. Nachrichten konkurrieren mit virtueller sozialer Interaktion, mit Spielen und mit Unterhaltungsangeboten. Nur was für den Nutzer persönlich als relevant erscheint, hat hier eine Chance.

Der Wandel ist schnell, aber nicht synchron. Die moderne Nachrichtenwelt ist komplex geworden, für Nutzer wie Journalisten. Während die Konsumenten von den sich schnell entwickelnden Möglichkeiten verwöhnt werden, leiden Redakteure unter der Trägheit, in der Content-Management-Systeme entwickelt und implementiert werden, die es zulassen, ein Print- und ein Digitalprodukt in einem Wurf zu publizieren. Es liegt wohl auch daran, dass bei Content-Systemanbietern immer noch Print

1 Die Untersuchungsreihe Jugend, Information, (Multi-) Media (JIM) vom Medienpädagogischer Forschungsverbund Südwest (Stuttgart) ist eine Basisuntersuchung zum Medienumgang der 12- bis 19-Jährigen.

vor Digital gedacht wird und nicht von Digital nach Print. Diese Denkweise ist über viele Jahrzehnte tradiert, aber überholt. Und langsam.

Schon heute müssten Reporter in ein Web-CMS arbeiten und daraus könnte eine gedruckte Zeitung entstehen – das wäre viel einfacher. Die Jungfrau Zeitung aus Interlaken in der Schweiz hat die Denkrichtung umgekehrt und ein eigenes CMS geschaffen. Sie arbeitet von Digital zu Print. Die Jungfrau Zeitung erscheint als klassische Website, als iPad- und iPhone-App, ist auf Smartphones abrufbar und bietet sämtliche Inhalte jeweils dienstags und freitags gedruckt auf Zeitungspapier (Jungfrauzeitung 2015). Es geht also.

2 Schnittstellen im Prozess der Nachrichtenproduktion

Die Zeiten, als es für eine Nachricht einen klaren Weg gab, sind vorbei: Vom Ereignis in die Redaktion, von dort auf die Druckmaschine und in den Briefkasten des Abonnenten – klare Linie, einfach. Heute gibt es mehrere Schnittstellen und Rückkanäle, die bei der Nachrichtenbeschaffung und -verbreitung eine Rolle spielen: Die Nachricht landet immer noch im Briefkasten - bei der Verlagsgruppe Rhein Main rund 170.000 Mal jeden Morgen - aber sie findet auch auf dem Laptop, auf dem Tablet, im Smartphone, bei google, youTube, Facebook oder auf Twitter statt.

Die Soziale-Medien-Plattformen sind zudem wichtige Recherchekanäle für Reporter geworden, dort tummeln sich Politiker, Sportler, Meinungsführer und unsere Kunden. Das ist an sich eine gute Nachricht für Journalisten, die Reichweite hat sich nochmal erhöht,. Zu den Print-Abonnenten kommen bei der Verlagsgruppe Rhein Main mit ihren sieben Tageszeitungstiteln rund 650.000 Unique User hinzu – weiter steigend. Es bedeutet aber auch für das journalistische Arbeiten das Aufheben des Redaktionsschlusses und die Anforderung, nicht nur Inhalte 24 Stunden an 7 Tagen die Woche zu publizieren, sondern sie auch stetig zu aktualisieren, weiterzuentwickeln, sich und seine Geschichte ständig zu hinterfragen.

Abb. 1: Schnittstellen in der Inhaltepublikation der Allgemeinen Zeitung Mainz in Auszügen (Grafik: Ulla Niemann / Sarah Köhler)

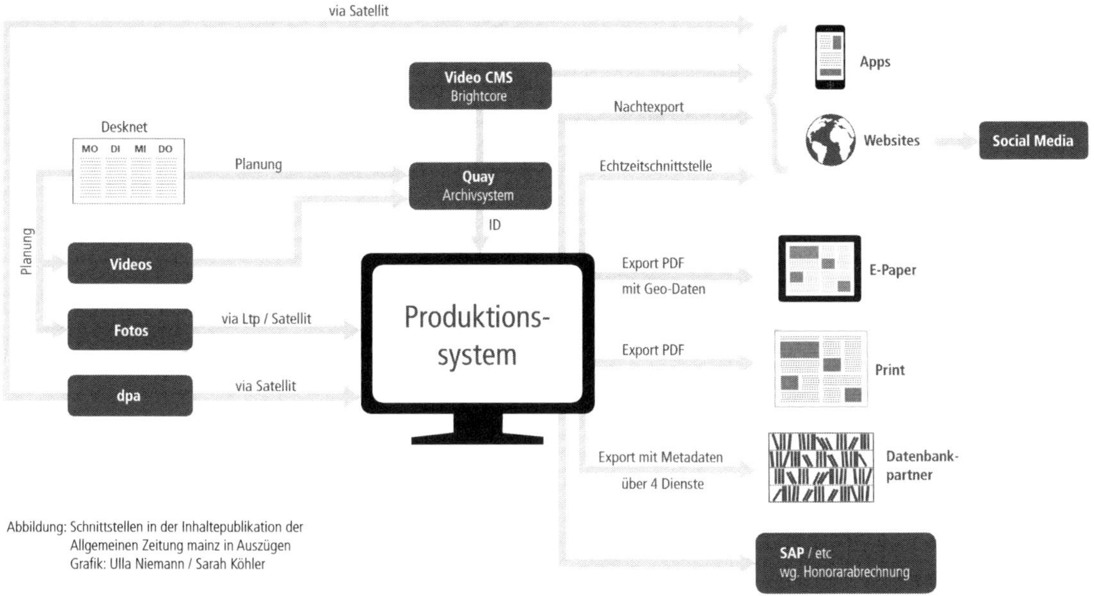

Als Herz der Kommunikation der unterschiedlichen Systeme ist in der Grafik das Produktionssystem angesiedelt. Hier werden Artikel und Bilder verwaltet, die Zeitungsseiten gesetzt und einzelne Komponenten einzelnen Publikationswegen zugeordnet. Aber nicht nur in die wahrnehmbaren Print- und Onlineprodukte fließen von hier Informationen. Auch die Honorarabrechnung und die Lieferung an Datenbankpartner bilden Äste in diesem Prozess. Vorgelagert ist die Themenplanung und Terminabsprache, die sich ebenfalls in der Grafik mit dem System „Desknet" wiederfinden.

In der Abbildung 1 ist eine Auswahl an Schnittstellen in den Publikationssystemen der Verlagsgruppe Rhein Main dargestellt. Die hier gezeigte Kommunikation zwischen den einzelnen Systemen und die Anzahl der Adressaten der zur Verfügung gestellten Informationen, machen deutlich, dass das System an Komplexität zunimmt. Das führt auch dazu, dass es Spezialisten geben muss, die sich mit den einzelnen Schnittstellen, inhaltlicher wie technischer Art, auskennen müssen. Hier findet sich eine neue Herausforderung an das Berufsbild des Journalisten.

3 Schnittstellen beim Paid Content

Wie sieht also die Zukunft für bezahlbaren Qualitätsjournalismus im regionalen Umfeld aus?[2] Welches sind die digitalen Geschäftsmodelle neben der Printvariante (also jener Zeitung.classic, die immer noch die ‚cash cow' ist)?[3] Mit Zeitung.live im Netz und vor allem auf dem Smartphone bietet die Verlagsgruppe Rhein Main (VRM) mit ihren Top-Marken ‚Wiesbadener Kurier' und ‚Allgemeine Zeitung' topaktuelle Nachrichten – lokal. Die Weltnachricht bleibt ein Randereignis. Diese lokalen Angebote haben einen Wert, das bietet nur unser Produkt - das bietet kein Blogger in dieser Breite, kein öffentlich-rechtlicher Anbieter in dieser inhaltlichen Tiefe.

Das ist ein Pfund auf dem Marktplatz der Medienangebote. Aber diese Stärke in der Lokalität ist zugleich bei allen guten Reichweitenwerten auch ein Problem. Wer solche Inhalte in Hamburg, Berlin oder Köln herstellt – in Millionenmetropolen eben - der erreicht bei gleichem Aufwand ungleich mehr Menschen als wir im westlichen Rhein-Main-Gebiet.

Medienhäuser haben in den vergangenen Jahren zudem gelernt, der Leser ist wesentlich treuer als der Werbekunde. Deshalb hat die VRM in 2014 ihren digitalen Inhalten einen Wert gegeben - für das Premium-Angebot, die gedruckte Variante, ist dies ja bereits gelernt.

Man unterscheidet bei Bezahlinhalte verschiedene Modelle. Zum einem gibt es die *harte Bezahlschranke*, bei der jeglicher Inhalt hinter einer Paywall liegt. Es gibt aber auch das *Metered Modell*, bei dem eine festgeleg-

---

2 Informationen zur wirtschaftlichen Lage der Tageszeitungen und zur Nutzung stellt der Bund Deutscher Zeitungsverleger e.V. (2015 a) zur Verfügung.

3 Eine Übersicht dazu, wie sich Lokalzeitungen finanzieren finden Sie im „Dossier Lokaljournalismus" bei der Bundeszentrale für Politische Bildung (2015)

Tab. 1: Paid Content Angebote deutscher Zeitungen (Quelle: Eigene Darstellung unter Verwendung von Datenmaterial von: BDZV 2015 b)

Freemium	**62**
Abo	11
Einzelverkauf	2
Einzelverkauf und Abo	3
Einzelverkauf, Tagespass und Abo	3
Tagespass	2
Tagespass und Abo	41
Freiwillige Bezahlung	**1**
Einzelverkauf	1
Harte Bezahlschranke	**4**
Abo	2
Einzelverkauf	1
Tagespass und Abo	1
Metered Model	**36**
Abo	19
Tagespass und Abo	17
Summe	**103**

Diese Paid-Content-Strategien alleine werden aber nicht reichen, um qualitative Inhalte zu finanzieren. Die Reporter müssen noch näher an die Themen, die die Menschen bewegen, heranrücken – zielgruppenspezifische Angebote bieten: informativ, unterhaltsam, einordnend – meinungsstark.

te Anzahl von Artikeln pro Nutzer und Monat frei sind. Sind diese verbraucht stößt man ebenfalls an die Bezahlschranke. Dieses Modell verfolgt die Verlagsgruppe Rhein Main. Die Integration von digitalen Paid Content-Strategien in bestehende Abo-Modelle führt zu einer komplexen Angebotsstruktur, zu einer Vielzahl von Paketen aus denen die Nutzer wählen können.[4] Als einziger Zeitungsverlag bislang nutzt die taz ein *Social Payment*, bei dem jeder Nutzer selbst entscheiden kann, wie viel er wann pro Artikel bezahlt. Hier kann der Nutzer zudem entscheiden, wie er bezahlen will. Per Handy, PayPal, Lastschrift, Kreditkarte, Überweisung oder mit Bitcoins. Viel zitiert ist auch das *Freemium-Modell*, das z.B. die Bild-Zeitung verwendet. Hier entscheidet die Redaktion, welche Inhalte frei sind und welche als Premium-Content kostenpflichtig sind.

4 Die Angebotsstruktur der Verlagsgruppe Rhein Main sehen Sie auf https://www.rhein-main-presse.de/abo-und-services/abo-bestellen/bezugspreisliste_13641942.htm

Wer dazu eine gedruckte Bild-Zeitung erwirbt, hat durch einen Code einen Tageszugang zu allen Inhalten.[5] Tabelle 1 zeigt die Nutzung der einzelnen Zahlungsmodelle und zugehörigen Möglichkeiten einen Zugang zu erwerben.

4 Schnittstellen in Social Media

Interaktion auf den Social Media-Plattformen wird noch intensiver betrieben werden müssen. Und auch da verändert sich das Angebot. Facebook ist bei U30 schon wieder out, snapchat in. Immer wenn ältere Kohorten in die ‚jungen' Medien drängen, verdrängen sie die Jungen, die nicht da sein wollen, wo ihre Eltern sich auch bewegen. Die Medienunternehmen müssen den jungen Social Media-Nutzern bei der Wahl ihrer Kanäle folgen, ohne die älteren Nutzer zu vergessen. Lokale Inhalte auf youTube, instagram und WhatsApp sowie allen neuen Kanälen sind ein Muss, wenn man nah an die Nutzer heran will, wenn man wahrgenommen werden will.

Social Media-Redakteure werden an Bedeutung gewinnen, noch gibt es Kompetenzdefizite in den Redaktionen. Interessant ist zu auch beobachten, wie sich die Business-Plattform LinkedIn rasant zum Publisher entwickelt.

Relevante Themen müssen stärker in den Fokus der Redaktionen rücken, der „Generalanzeiger", der alles abdeckt, hat ausgedient. Und zu allen Kanälen brauchen die Journalisten einfache Schnittstellen, einfach zu bedienende Technologie. Damit auch sie, so wie der Nutzer, intuitiv handeln können. Mit TweetDeck und EchoFon gibt es kostenfreie Produkte, die helfen, mehrere Twitterkanäle gleichzeitig im Auge zu behalten. Das wird der Komplexität der Sozialen Medien aber noch nicht gerecht. Es geht um Zusammenschau, um Bündelung.

Viele Redaktionen nutzen, um ihren Lesern diese Bündelung in Echtzeit zu bieten, derzeit das Tool Scribble.Live. Hier werden durch einen Moderator Inhalte aus unterschiedlichsten Quellen zu einem Liveblog zusammen gezogen. Quellen können Reporter vorort sein, die über die passende App Fotos, Texte und Videos hochladen. Quellen sind aber

---

5 Eine Übersicht, welche Tageszeitung auf welches Modell setzt, wurde vom BDZV (2015 b) erstellt.

auch die Leser selbst, deren Tweets, Post und Kommentare den Liveblog zu einem Dialoginstrument machen.[6]

Der Redakteur der Zukunft wird auch bei allen – noch fehlenden - smarten Systemen nicht ohne technologische Kenntnisse auskommen, so entstehen neue Berufsfelder. Für diese fehlt allerdings derzeit noch der Ausbildungsweg. Im Kern bleibt der Reporter aber der Neugierige, der recherchiert und um Formulierungen kämpft. Er erreicht sein Ziel, die gute Story, wenn er sich mehr für andere Menschen interessiert als für sich selbst. Um Themen zu kreieren, die für Leser oder User Relevanz haben, muss der Reporter heute mehr leisten als gedruckte Worte.

Wenn der Journalist die neuen Ausspielkanäle nicht als Gegner betrachtet, dann hat er Möglichkeiten wie es sie noch nie zuvor gab. Der Reporter kann endlich Wort, Foto und Bewegtbild so zu einem Erlebnis mischen, das es für alle Sinne des Konsumenten attraktiv ist.

Der Spiegel-Redakteur Cordt Schnibben hat im Oktober 2014 in der Neuen Züricher Zeitung geschrieben: „Reporter können nur überleben, wenn es gelingt, im Netz, vor allem im mobilen Netz, das Geld aufzutreiben, das die Printleser immer weniger bereit sind zu zahlen." (Schnibben 2014). Das stimmt. Das mobile Angebot im Netz hat den Leser verändert, aber auch den Journalismus und die Gesellschaft, weil es dem Leser ermöglicht, ständig informiert zu sein. Schnibben weiter: „Das Netz wird zum Archiv der Gegenwart." Schnibben hat Recht, wenn er die These aufstellt, dass der Online-User für jeden Journalisten gefährlicher ist als der Leser der gedruckten Zeitung. „Der Printleser war lange der Gefangene des Journalisten, sobald er den Preis für die Zeitung oder die Zeitschrift bezahlt hatte, oft sogar lebenslang, wenn er Abonnent war. Der Onlineleser ist wählerisch, launisch, sprunghaft, die nächste Website, das nächste Video, der nächste Song ist nur einen Klick entfernt. Und der Onlineleser hat zwei gefährliche Komplizen: Aggregatoren und soziale Medien", schreibt Schnibben.

Die Journalisten 4.0 müssen erkennen, dass der moderne Mediennutzer passgenaue Angebote will, günstig sollen sie auch sein, am besten kostenlos. Der junge Kunde mag Flipboard, Huffington Post, buzzfeed, tumblr und so weiter. Und, was die Lage erschwert: Es gibt den traditionellen Zeitungsleser, der gleichzeitig nicht verschreckt werden darf. Er

6 Beispiele für solche Liveblogs sehen Sie hier: http://www.allgemeine-zeitung.de/special/live/index.htm

liebt seine Heimatzeitung wie sie ist – und er ist ein guter und loyaler Kunde.

5 Schnittstellen in der Ausbildung

Die Aufgaben für die Zukunft sind dennoch klar: Die Redaktionen müssen näher an die Fragestellungen, die die Menschen in ihrem täglichen Lebensumfeld bewegen, heranrücken. Die Hochschulen, die die Medienmacher der Zukunft ausbilden, finden in Verlagen natürliche Partner. Der Austausch muss noch intensiver werden, denn die Hochschulen müssen lebensnah arbeiten und Antworten auf immer drängendere Fragen anbieten.

Die althergebrachten journalistischen Qualitätsstandards gilt es hoch zuhalten. Aber es gilt auch, neue, zusätzliche einzuführen. Zu nennen sind hier die Artikulation von Nutzern, die Dialogisierung des Inhalteumfelds, die Prozessualität beim Erstellen und Verbreiten von Inhalten, das Einüben und Anwenden des digitalen Storytellings und der Fokus auf die Auffindbarkeit (Lilienthal et al. 2014).

6 Fazit

Der Wandel durch die Digitalisierung hat die Anzahl der Schnittstellen erhöht. Waren vorher zwischen Reporter und Leser nur noch der Metteur, der Drucker und der Zusteller, muss heute der Bericht, die Nachricht einen Weg durch viele Schnittstellen durchlaufen. Die Geschwindigkeit hat sich dabei erhöht, der Druck der Aktualität hat zugenommen. Die zentrale Frage bleibt, wie finanziert sich der Journalismus der Zukunft, der nicht nur über die Belanglosigkeiten berichtet? Mehr denn je müssen wir uns damit beschäftigen zu verstehen, was der Mediennutzer will. Denn die Anzahl der Mitbewerber steigt: Unternehmen wie Red Bull sind mit Servus TV und Servus-Magazin Medienkonzerne, verdienen ihr Geld aber mit Brause-Dosen. Energieunternehmen wollen Redaktionen wertvollen Content für ihre Apps abkaufen, um ein attraktives Umfeld mit Lokalnachrichten rundum die Strom- und Gas-Ablesefunktion zu schaffen.

Es gibt im Kern der Digitalisierung aber in Wahrheit nur eine große Herausforderung: Die Geschwindigkeit der Veränderung zu leben. Die digitale Veränderung der Medien hat erst begonnen. Digital zuerst ist gesetzt, mobile zuerst lautet die aktuelle Schlagzeile. Zum Smartphone gesellt sich nun die Nachricht auf der Uhr und im Auto.

Literatur

Bundesverband Deutscher Zeitungsverleger e.V., BDZV (2015 a): Die deutschen Zeitungen in Zahlen und Daten 2015. Online, 07.07.2015, http://www.bdzv.de/fileadmin/bdzv_hauptseite/aktuell/publikationen/2014/assets/Zahlen_Daten_2015.pdf .

Bundesverband Deutscher Zeitungsverleger e.V., BDZV (2015 b): Paid Content Angebote deutscher Zeitungen. Online, 07.07.2015, http://www.bdzv.de/maerkte-und-daten/digitales/paidcontent .

Bundeszentrale für Politische Bildung (2015): Dossier Lokaljournalismus. Online, 07.07.2015, http://www.bpb.de/gesellschaft/medien/lokaljournalismus/ .

Feierabend, Sabine; Plankenhorn, Theresa; Rathgeb, Thomas (2014): JIM 2014 – Jugend, Information, (Multi-) Media – Basisstudie zum Medienumgang 12- bis 19-Jähriger in Deutschland. Medienpädagogischer Forschungsverbund Südwest (Hrsg.), Stuttgart.

Jungfrauzeitung (2015): Jungfrauzeitung – Plattform – Übersicht. Online, 07.07.2015; http://www.jungfrauzeitung.ch/verlag/plattform/ .

Lilienthal, Volker; Weichert, Stephan; Reineck, Dennis; Sehl, Annika; Worm, Annika (2014): Digitaler Journalismus – Dynamik – Teilhabe – Technik. Vistas, Leipzig.

Schnibben, Cordt (2014): Die Arroganz des Wortes. NZZ Folio, Oktober 2014. Online 07.07.2015 http://folio.nzz.ch/2014/oktober/die-arroganz-des-wortes .

Verlagsgruppe Rhein Main GmbH & Co. KG(2015): Bezugspreisliste. Online, 07.07.2015, https://www.rhein-main-presse.de/abo-und-services/abo-bestellen/bezugspreisliste_13641942.htm .

3.2 Gastbeiträge

Hanno Beck, Andrea Beyer

Große Biester, schlanke Krieger, Partisanen und U-Boote: Geschäftsmodelle im Journalismus

Stellt man auf die wichtigsten betrieblichen Funktionen eines Unternehmens ab, so lassen sich fünf verschiedene idealtypische Geschäftsmodelle für Medienunternehmen identifizieren: große Vollsortimenter, spezialisierte Nischenanbieter, journalistische Einzelunternehmen, spendenfinanzierte Anbieter und PR-Angebote. Jedes dieser Geschäftsmodelle zielt auf verschiedene Märkte und Rezipienten ab und wirft unterschiedliche Fragen hinsichtlich des wirtschaftlichen und journalistischen Erfolges auf. Diese Analyse macht deutlich, dass es das heilbringende Geschäftsmodell nicht geben wird – so vielfältig wie die Medienlandschaft wird auch die Fülle der Geschäftsmodelle sein, die in dieser Landschaft agieren werden.

1 Einleitung: Journalismus unter Druck

Das Geschäftsmodell Journalismus steht unter Druck: Die Änderung der Lese- und Nutzungsgewohnheiten, die Kostenlos-Mentalität, die zunehmende Konkurrenz von Internetdiensten und völlig neuen Spielern bedrohen die herkömmlichen Geschäftsmodelle, die sich auch im Zuge der veränderten technologischen Möglichkeiten neu erfinden müssen (Schribben 2015). Pessimisten befürchten eine Spirale aus steigender Konkurrenz und sinkenden Einnahmen, der daraus resultierende Kostendruck übersetzt sich in Entlassungen und Kosteneinsparungen, was zu einer sinkenden Qualität und damit sinkenden Einnahmen führt, was wiederum Anlass zu weiteren Sparbemühungen gibt. Ein solches Szenario, so Skeptiker weiter, führt zu sinkenden Möglichkeiten der Recherche, höherem Zeitdruck (Bitkom 2014), zu mehr Einfluss von PR und Politikpublikationen – eine Beerdigung des Qualitätsjournalismus, so die Befürchtung, könnte die Folge sein (Seibold 2012; Ridel 2009, Hanfeld 2012). Allerdings gibt es auch Untersuchungen, die insbesondere im Bereich des digitalen Journalismus trotz erheblicher Herausforderungen Chancen für eine verbesserte Qualität im Journalismus sehen (Lilienthal u.a. 2015).

Um zu verstehen, wo Medienunternehmen vom Wettbewerb und technischen Wandel getroffen werden und welche Strategieoptionen sie haben, ist es hilfreich, die aktuellen und möglichen Geschäftsmodelle des

Journalismus zu beleuchten – welche Potentiale bieten Ideen wie Crowdfunding, Bürgerjournalismus oder andere neue Gestaltungsmöglichkeiten für Medienunternehmen? Um das zu verstehen, werden im Folgenden die verschiedenen potentiellen Geschäftsmodelle klassifiziert und auf ihre einzelnen Elemente hin untersucht. Dabei soll diese Analyse volks- und betriebswirtschaftliche Aspekte verbinden, um eine Skizze zu enwickeln, wohin Journalismus sich in den kommenden Jahren hin entwickeln könnte.

Der Beitrag ist wie folgt aufgebaut: Das zweite Kapitel erarbeitet ein System zur Klassifizierung von Geschäftsmodellen in der Medienbranche, das sich an den betrieblichen Funktionen in der betriebswirtschaftlichen Literatur orientiert. Im Anschluss daran werden die einzelnen Funktionen näher geschildert und anhand von Beispielen analysiert. Auf Grundlage dieser Klassifizierung identifiziert das vierte Kapitel mögliche Geschäftsmodelle in der Medienbranche und würdigt diese. Den Abschluss bildet eine kurze Diskussion der Ergebnisse.

2 Geschäftsmodelle im Journalismus: Versuch einer Klassifikation

Eine der ersten Quellen zu der Idee des Geschäftsmodells dürfte Drucker (1954) sein. Bei einem Überblick über die Literatur lassen sich verschiedene Aspekte eines Geschäftsmodells herausarbeiten: Es geht zum einen darum, wie ein Unternehmen den Kunden einen Mehrwert liefern kann, zum anderen um die Fähigkeit des Unternehmens, diesen Mehrwert zu generieren und um die Ressourcen, die es dabei nutzt. In vielen Definitionen wird versucht, die betriebliche Wertschöpfungskette abstrahierend zu erfassen – Wertschöpfung, Technologie, Akteure, Finanzen, Marktsegmente und Ressourcen werden als elementare Faktoren eines Unternehmens identifiziert und klassifiziert. (Für einen Überblick über Definitionen zum Begriff Geschäftsmodell vgl. bspw. Casadesus-Masanell, Ricart 2009; Morris, Schindehutte, Allen (2005); Zott, Amit, Massa (2011) oder Scheer, Deelmann, Loos (2003)). Ein Überblick über die Debatte zum Begriff des Geschäftsmodells zeigt allerdings, dass der Begriff in der Literatur sehr uneinheitlich verwendet wird, auch die Versuche einer Systematisierung fallen recht unterschiedlich aus. Eine allgemein anerkannte Definition des Begriffes existiert in der Literatur nicht.

Dieser Artikel legt eine pragmatische Definition des Geschäftsmodells und eine Klassifikation seiner einzelnen Komponenten zugrunde, in Anlehnung an Wirtz (2015): Danach ist ein Geschäftsmodell eine vereinfachte Abbildung des Leistungssystems eines Unternehmens, das zeigt, welche Ressourcen in ein Unternehmen fließen und wie diese Ressourcen in ein marktfähiges Produkt verwandelt werden. Für die Zwecke dieser Untersuchung sind es fünf Teilsysteme oder -modelle des Geschäftsmodells, die dabei helfen, Medienunternehmen anhand ihres Geschäftsmodells zu klassifizieren: Das Marktmodell, das Beschaffungsmodell, das Leistungsangebotsmodell, das Distributionsmodell und das Erlösmodell (in Anlehnung an Wirtz 2015, leicht modifiziert[1]). Im Einzelnen:

- Das Marktmodell beschreibt die Wettbewerbssituation auf dem betreffenden Markt – welche Unternehmen miteinander in Konkurrenz um den betreffenden Markt stehen.
- Das Leistungsangebotsmodell zeigt, welche der potentiellen Kunden das Unternehmen mit welchen Produkten ansprechen will.
- Das Beschaffungsmodell zeigt auf, welche Produktionsfaktoren sich das Unternehmen von welchen Lieferanten beschafft.
- Das Distributionsmodell beschreibt, wie das Unternehmen seine Informationen an die Kunden bringt.
- Das Erlösmodell umfasst alle Quellen, aus denen sich die Erlöse des Unternehmens speisen.

Diese Modelle werden im Folgenden nun näher erläutert.

Das *Marktmodell* erfasst alle aktuellen und potentiellen Konkurrenten eines Unternehmens, wobei die Zahl der potentiellen Konkurrenten sich durch die Höhe der Markteintrittsbarrieren (Aufbau eines Vertriebsnetzes und entsprechender Produktionskapazitäten der physischen Produkte) bestimmt. Waren diese vor Beginn der Digitalisierung noch recht hoch, so sinken sie im Zuge des technischen Fortschritts dramatisch. Dadurch hat sich die Zahl der potentiellen Spieler am Medienmarkt deutlich erweitert. Als potentielle Konkurrenten hinzugekommen sind:

- Unternehmen, die bisher kein publizistisches Angebot gemacht haben (beispielsweise Amazon, Kabelunternehmen oder Video-On-Demand-Anbieter wie Netflix) und

1 Bei dem Kapitalmodell wird das Erlösmodell betrachtet, das Finanzierungsmodell ist für die Untersuchung wenig relevant und wird daher nicht analaysiert. Aus dem gleichen Grund bleibt auch das Leistungserstellungsmodell unbeachtet.

- Bürger, die ihr eigenes, privates journalistisches Angebot ins Netz stellen (vor allem Blogs) sowie
- Journalisten, die sich von Verlagen unabhängig machen und ein eigenes Angebot unterbreiten (bspw. Niggemeier 2014)

Aufgrund dieses deutlich angestiegenen Angebotes an Medieninhalten dürften die tatsächlichen Markteintrittsbarrieren mittlerweile eher nicht-physischer Natur sein – heute ist die Aufmerksamkeit des Rezipienten die entscheidende Markteintrittsbarriere (Ziegler 2012, Franck 2007, Meyen 2015). Um diese zu wecken, bedarf es entweder eines großen Marketing-Budgets oder aber einer renommierten Marke, beides Ressourcen, die eher großen Unternehmen zur Verfügung stehen. Zwar können auch kleine Unternehmen oder einzelne Journalisten sich eine Marke aufbauen, doch muss man vermuten, dass die nicht-physischen Markteintrittsbarrieren – ebenso wie die physischen – eher von großen Unternehmen überwunden werden.

Das *Beschaffungsmodell* zeigt auf, wo sich ein Medienunternehmen welche Ressourcen beschafft. Dabei geht es vor allem um die Informationen. Diese kann sich ein Medienunternehmen grundsätzlich auf zwei Wegen beschaffen: Eine eigene Beschaffung von Informationen aus erster Hand (Primärinformationen) oder aber die Zusammenstellung von Informationen aus zweiter Hand (Sekundärinformationen). Letztere können dann auch Informationen aus dem Umfeld der PR beinhalten. Die Beschaffung dieser Quellen kann über professionelle Journalisten und Agenturen, aber auch über Laien erfolgen – letzteres wird als Bürgerjournalismus bezeichnet; in Abgrenzung dazu könnte man die Beschaffung über ausgebildete Journalisten als Profi-Journalismus bezeichnen.

Das *Leistungsangebotsmodell* zeigt, welche Kundengruppen ein Medienunternehmen mit welchen Produkten ansprechen will. Grundsätzlich kann man unterscheiden zwischen Vollsortimentern und Nischenanbietern, also solchen Unternehmen, die ein umfassendes Informationsangebot machen und solchen Anbietern, die sich auf einzelne Segmente spezialisieren. Der Vorteil der Vollsortimenter ist die größere Reichweite, was potentiell sowohl größere Einnahmen aus dem Direktverkauf als auch aus dem Geschäft mit der Werbung verspricht. Der Vorteil der Nischenanbieter besteht darin, dass sich zwar weniger Kunden für spezielle Nischenthemen interessieren, die dann aber eine höhere Zahlungsbereitschaft besitzen, weswegen man höhere Preise beim Direktverkauf fordern kann; zudem ist die Werbung in einem solchen Umfeld zielgenauer

– die Streuverluste sind geringer, da es sich um eine homogenere Gruppe handelt. Das ermöglicht höhere Erlöse beim Verkauf von Werbung.

Beim *Distributionsmodell* ist vor allem ein Aspekt entscheidend: Werden die Informationen physisch oder digital verbreitet? Möglich sind natürlich auch Mischformen.

Das *Erlösmodell* steht zumeist im Mittelpunkt der Debatte um Geschäftsmodelle. Es beschreibt, aus welchen Quellen sich die Erlöse eines Medienunternehmens speisen. Hier gibt es (in Anlehnung an Wirtz 2015) vier verschiedene Erlösquellen:

- Rezipientenmärkte: Das ist Geld, das unmittelbar von den Kunden an das Unternehmen fließt, für den unmittelbaren Konsum der Informationen (entweder transaktionsunabhängige Abonnements oder transaktionsabhängige Einzelzahlungen je Nutzung) oder sonstige Dienstleistungen wie Merchandising, Archivdienstleistungen oder Verkäufe sonstiger Dienstleistungen.
- Werbemärkte: Das sind die direkten Erlöse aus dem Anzeigengeschäft oder aus sonstigen Tätigkeiten im Werbemarkt wie beispielsweise dem Verkauf von Adressen.
- Rechtemärkte: Hier erfolgt die Zweitverwertung der journalistischen Dienstleistungen, die Erlöse stammen aus dem Verkauf von Rechten und Lizenzen.
- Sonstige Erlösquellen: Hier kommen Zuwendungen vom Staat (Gebühren, Steuervergünstigungen, Subventionen) oder Spenden von Dritter Seite infrage.

Alle diese Elemente eines Geschäftsmodells lassen sich grundsätzlich miteinander kombinieren, um reale Ausprägungen von Geschäftsmodellen in der Medienbranche zu beschreiben. Das geschieht im nächsten Abschnitt.

3 Neue Geschäftsmodelle im Journalismus: Wirtschaftlicher und journalistischer Erfolg

Bei der Klassifikation journalistischer Geschäftsmodelle zeigt sich, dass die Elemente der Teilsysteme frei miteinander kombinierbar sind. Allerdings vertragen sich einige Elemente nicht sonderlich gut miteinander. Um erfolgreiche Kombinationen einzelner Elemente von Geschäftsmodellen zu identifizieren, muss man Erfolgsfaktoren für journalistische

Geschäftsmodelle definieren. Dabei kann man unterscheiden zwischen wirtschaftlichem und journalistischem Erfolgsfaktoren:

- Der *wirtschaftliche Erfolg* eines Geschäftsmodells zeigt sich in einer langfristig gesicherten Finanzierung, ausreichend hohen positiven Renditen. Beides wiederum erreicht man durch eine entsprechende Reichweite oder Zahlungsbereitschaft der Rezipienten (Beck 2011, Beyer/Carl 2012).
- Der *journalistische Erfolg* bestimmt sich durch die Qualität der Produkte und damit über die üblichen Voraussetzungen für journalistische Qualität: Staatsferne und Unabhängigkeit. Kriterien zur Beurteilung der journalistischen Qualität sind bspw. Wahrheit und Klarheit sowie Relevanz und Aktualität der Berichterstattung (Wyss 2002 und Russ-Mohl 2011). Im digitalen Bereich kommen häufig Interaktivität oder Nutzerführung hinzu (Sturm 2013)

Mit Blick auf den Erfolg eines Geschäftsmodells lässt sich allerdings festhalten, dass letztlich der wirtschaftliche Erfolg ausschlaggebend ist: Ohne Rentabilität ist kein Qualitätsjournalismus möglich; aber Rentabilität ist auch ohne Qualitätsjournalismus möglich (Akerlof 1970). Nichtsdestotrotz wird das nächste Kapitel mit Blick auf die gesellschaftliche Funktion der Medien auch fragen, inwieweit einzelne Geschäftsmodelle den Ansprüchen journalistischer Qualität genügen können.

Um diese Fragen beantworten zu können, unterscheidet das folgende Kapitel zwischen vier idealtypischen Geschäftsmodellen in der Medienbranche und beleuchtet deren Erfolgsaussichten.

4 *Geschäftsmodelle in der Medienbranche*

4.1 *Große Biester – die journalistischen Vollsortimenter*

Markt. Die großen Biester in der Medienbranche (vgl. Tabelle 1) sind Vollsortimenter, die ein umfassendes Angebot an ein möglichst breites Publikum machen. In diesem Segment ist der Wettbewerb bereits sehr hoch, da die Anbieter um die gleichen Nachfrager konkurrieren, da sie sich auf den kleinsten gemeinsamen Nenner in ihrem Angebot konzentrieren. Der Wettbewerb dürfte hier in Zukunft noch härter werden, da hier neue große Spieler wie Amazon, Netflix oder auch Unternehmen wie Youtube auf den Markt drängen. Die Markteintrittsbarriere dürfte hier vor allem – neben dem hohen Kapitalbedarf – der Bekanntheitsgrad und die Reputation des Unternehmens sein.

Tabelle 1: Große Biester in der Medienbranche

Modell	**Ausprägung**
Markt	Hohe Wettbewerbsintensität, Betonung von Marke und Reputation
Leistungsangebot	i.d.R. Vollsortimenter
Beschaffung	Primär- und Sekundärquellen; Betonung auf Primärquellen
Distribution	Alle Formen, teils aufwendiges physisches Distributionsnetz
Erlös	Hauptsächlich Rezipientenmärkte und Werbemärkte, Rechtemärkte und staatliche Zuwendungen lediglich ergänzend

Quelle: eigene Darstellung.

Beispiele für dieses Geschäftsmodell sind im Print-Segment die großen überregionalen Tageszeitungen (F.A.Z.; Süddeutsche, Welt) mit eigener Internet-Präsenz ebenso wie die großen Magazine (Spiegel, Focus) und Wochenzeitungen (Zeit, Welt am Sonntag, F.A.S.). Mit Abstrichen kann man auch die großen Regionalzeitungen dazuzählen, die sich im Gegensatz zu den überregionalen Medien auf eine bestimmte Region konzentrieren, also sozusagen eine regionale Nische bedienen, die aber immer noch hinreichend groß ist.

Im audiovisuellen Bereich gehören die großen deutschen Fernseh- und Radiokanäle (ARD, ZDF, RTL, SAT Eins, Pro Sieben) zu den großen Biestern, ebenso wie der Bezahlkanal Sky. Der Unterschied zwischen Sky und den werbefinanzierten Sendern liegt lediglich im Schwerpunkt der Erlösgenerierung: Während die Free-TV-Sender sich überwiegend bis ganz aus Werbeeinnahmen finanzieren, generiert Sky seine Einnahmen überwiegend aus direkten, transaktionsunabhängigen Abonnements. ARD und ZDF hingegen finanzieren sich primär über staatliche de facto staatlich garantierte Zuwendungen, die von den Kunden zwangsweise bezahlt werden müssen.

Beschaffung. Die Beschaffung der Informationen geschieht über Primär- und Sekundärquellen, wobei die Beschaffung über Primärquellen (Korrespondenten, Reporter, Redakteure) ein wichtiges Qualitäts- und Reputationselement darstellt. In diesem wettbewerbsintensiven Marktsegment verschafft die Exklusivität von Primärinformationen einen Wettbewerbsvorsprung. Grundsätzlich erwarten die Kunden in diesem Segment auch Profi-Journalismus, eine größere Rolle für Bürgerjournalismus, also die Einbindung der Rezipienten in die Berichterstattung, dürfte damit aus markenstrategischen Gründen nicht möglich sein. Lediglich aus Sicht der Kundenbindung könnten Elemente des Bürgerjournalismus sinnvoll sein.

Distribution. Die Distribution erfolgt sowohl physisch als auch digital. Interessanterweise gibt es im Internet-Segment – also bei der digitalen Distribution – keine großen Spieler, die nicht Ableger großer, bekannter Medienhäuser sind, hierbei handelt es sich vor allem um die Websites großer Print-Häuser (bspw. Spiegel Online, FAZ-Net). Unter den Websites großer TV-Sender spielen allenfalls die der öffentlich-rechtlichen Sender eine Rolle. Vermutlich spielt die Reputation als nachrichtliches Unternehmen bei der Akzeptanz einer Website eine wichtige Rolle (Sjurts 2004). Das bedeutet, dass die Strategie des Vollsortimenters etwas für große, prominente Konzerne ist, die über den erforderlichen Bekanntheitsgrad und die nötige Reputation verfügen – ihnen gelingt es, die nicht-physischen Eintrittsbarrieren in diesen Markt zu überspringen. Tabelle 2 zeigt die reichweitenstärksten Online-Angebote in der Bundesrepublik, unter den Unternehmen finden sich fast alle markenstarken Medienunternehmen.

Leistungsangebot: Die Inhalte, die angeboten werden, wenn der Markt in der Breite bedient werden soll, müssen einen Massengeschmack treffen und sind dadurch breit gestreut, bzw. orientieren sich am größten gemeinsamen Nenner.

Erlösmodell. Das Erlösmodell dieser Unternehmen zielt überwiegend auf transaktionsunabhängige Abonnementzahlungen und Werbeeinnahmen ab; der Verkauf von Rechten und transaktionsabhängige Zahlungen (Archivdienstleistungen) sind eher ein Randgeschäft. Durch die Orientierung am Massengeschmack ist die Zahlungsbereitschaft der Rezipienten eher gering im Vergleich zur Bereitschaft, für bestimmte, zielgruppenspezifische und individuell zugeschnittene Inhalte zu zahlen. Aufgrund der Breite des Angebotes dürfte es schwer sein, für einzelne Artikel oder Sendungen transaktionsabhängige Gebühren zu erzielen – die kostenlose Konkurrenz ist groß und die Zahlungsbereitschaft eher gering – je breiter die Inhalte gestreut sind, umso weniger passgenau sind sie für den einzelnen Rezipienten zugeschnitten, und umso geringer fällt auch die Zahlungsbereitschaft aus.

Tabelle 2: Die reichweitenstärksten Homepages in Deutschland, Januar 2015 (Anzahl der Zugriffe)

Medium	**Anzahl Zugriffe**
Bild.de	328.446.453
Spiegel Online	229.940.603
Focus Online	121.133.663
n-tv.de	89.100.882
Die Welt	63.937.314
Süddeutsche.de	49.138.286
Zeit Online	48.916.375
FAZ.net	41.913.073
stern.de	36.338.468
N24 Online	26.519.210
Handelsblatt.com	21.882.315
Express Online	17.690.920
RP Online	16.809.444
Huffington Post	16.333.865
DerWesten	14.822.459
tagesspiegel.de	11.899.657
Hamburger Morgenpost Online	11.269.916
Hamburger Abendblatt Online	10.561.437
manager magazin online	9.082.774
tz	8.102.135

Quelle: Schröder (2015)

Das macht es mehr oder weniger unumgänglich, neben direkten Zahlungen auch auf Werbeinnahmen zurück zu greifen, wenn man davon ausgeht, dass Werbung als nicht-monetäre Zahlungsweise auf geringeren Widerstand bei den Rezipienten stößt. Generell dürfte ein gemischtes Erlösmodell, das auf mehreren Beinen steht, für diese Geschäftsmodelle förderlich, weil risikosenkend sein.

Wirtschaftlicher Erfolg. Was den wirtschaftlichen Erfolg angeht, so haben diese Modelle bisher bewiesen, dass sie stabile Erträge liefern können, allerdings zeigen sich im digitalen Zeitalter deutliche Risse im Geschäftsmodell. Die Wettbewerbsintensität steigt aufgrund der Zunahme von Konkurrenz sowohl aus dem Ausland als auch aus bisher eher medienfremden Branchen (beispielsweise Amazon und Youtube), die um das Zeitbudget der Rezipienten konkurrieren; zudem ist das zunehmende

Gratis-Angebot ein Problem für dieses Geschäftsmodell – warum soll man noch eine Tageszeitung abonnieren, wenn man die wichtigsten Nachrichten in Echtzeit kostenlos auf das Smartphone geliefert bekommt? Wenn auch die Zahlungsbereitschaft für journalistische Inhalte im Netz steigt, so sind immer noch 60 Prozent nicht bereit für diese Inhalte im Netz zu zahlen (Bitkom 2015). In einer Journalistenbefragung waren selbst über ein Drittel der Journalisten nicht bereit für die Onlineausgabe ihres Mediums zu zahlen (Bitkom 2014). Das Problem dieses Geschäftsmodells besteht also darin, dass es gerade solche breiten Inhalte sind, die oftmals kostenlos angeboten werden. Abbildung 1 unterstützt diesen Befund.

Abbildung 1: Sind Sie grundsätzlich bereit, für journalistische Inhalte im Internet zu zahlen? (Antworten in Prozent, Basis=Internetnutzer in Deutschland, Mehrfachnennungen möglich)

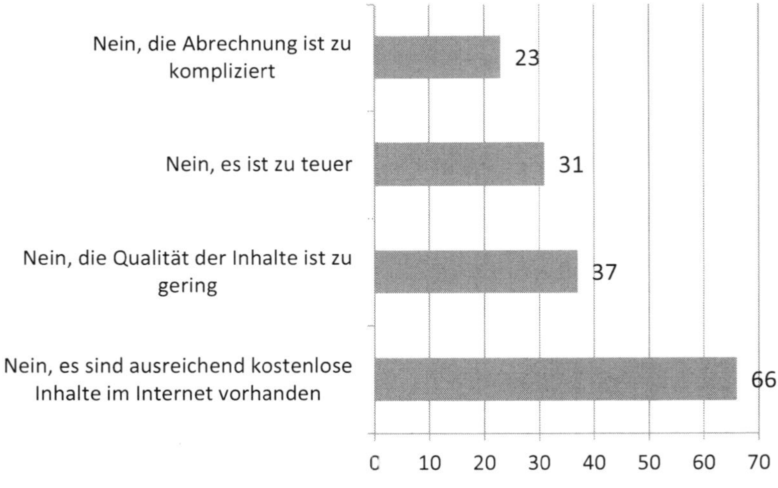

Quelle: Bitcom 2015

Journalistischer Erfolg. Diese Bedrohung des wirtschaftlichen Erfolges dieses Geschäftsmodells bedeutet auch eine Bedrohung für dessen journalistischen Erfolg: Zunehmender Erlösdruck, so die Befürchtung, führt zu einer Verflachung der Themen, zu mangelnder Sorgfalt und Tiefe bei der Recherche und zu einer steigenden Abhängigkeit von Werbekunden. Und je weniger die Rezipienten bereit sind, für allgemeine Inhalte zu zahlen, umso mehr muss man auf werbefinanzierte Modelle setzen, was die journalistische Unabhängigkeit gefährdet.

Strategieoptionen. Welche Optionen haben diese Unternehmen, um ihr Geschäftsmodell zu modifizieren und damit die oben erläuterten Risse im Geschäftsmodell zu vermeiden? Da wären die Modifikation des Erlösmodells, Änderungen beim Beschaffungsmodell und die Änderung des Leistungsangebotsmodells.

Ob eine Modifikation des Erlösmodells – die Einführung von transaktionsabhängigen Einzelzahlungen – diesem Trend gegensteuern kann, ist ungewiss. Da mag auch daran liegen, dass bei einem Vollsortiments-Angebot die Fülle und Vielfalt der angebotenen Informationen zu groß ist, als dass Rezipienten für einzelne Informationshappen zahlen wollen. Kunden solcher Anbieter kaufen nicht einzelne Stücke, sondern ein Rundum-Angebot, das ihnen die Fülle von mühseligen Einzelentscheidungen ersparen soll, die bei transaktionsabhängigen Konsumentscheidungen entstehen würden. Zudem erwarten die Rezipienten von Vollangeboten auch bis zu einem gewissen Grad ein Angebot neuer, unerwarteter Informationen – der Vollsortimenter wird von seinen Kunden auch teilweise als Wundertüte empfunden. Dieser Aspekt des Geschäftsmodells spricht gegen eine zunehmende Bedeutung transaktionsabhängiger Gebühren, unabhängig davon, dass dies auch eine einfache, unkomplizierte und sichere Methode voraussetzt, kleinere Beträge sofort zu bezahlen.

Die Einführung von Paywalls im digitalen Geschäft bedeutet letztlich nur die Übertragung des Abonnement-Modells auf das Internet-Geschäft – dass dieses Erlösmodell bisher wenig erfolgreich ist, liegt vermutlich an der weit verbreiteten, teilweise kostenlosen Konkurrenz im Internet (zurzeit existieren im Zeitungsbereich 105 Paid Content-Angebote. Im Vergleich: Es gibt mit Stand Mai 2015 351 Tageszeitungen bzw. 659 versch. Zeitungswebsites (BDZV o.D.)). Das Kioskmodell – also der Einzelverkauf von Ausgaben – hingegen geht in Richtung transaktionsabhängiger Einzelzahlungen und unterliegt damit den bereits im vorherigen Absatz angesprochenen Problemen.

Das Beschaffungsmodell ließe sich dahingehend verändern, dass man den Anteil an Sekundärquellen erhöht – weniger Korrespondenten vor Ort, weniger Redakteure zur Recherche, mehr Agenturtexte oder zumindest Texte von freien Journalisten, die günstiger sind als Festangestellte. Auf diese Weise lassen sich die Kosten der Leistungserstellung reduzieren, allerdings ist diese Option nur teilweise mit den anderen Elementen des Geschäftsmodells vereinbar: Je geringer die Anzahl an Primärquellen, umso weniger kann man vor den Rezipienten hohe Preise rechtfertigen, die Reputation und das Renommee eines Mediums hängt auch von der hauseigenen Expertise ab. Zudem dürfte diese Strategie auch die journalistische Qualität des Anbieters gefährden, wenn sie überdehnt wird. Das bedeutet, dass auch die Idee des Bürgerjournalismus (Stöckl, Grau und Hess 2006; Hess 2010; Probst 2012), bei der man die Rezipienten in die Berichterstattung einbindet, allenfalls als Instrument der Kundenbindung eingesetzt werden kann – mit der Reputation und der Marke eines Vollsortimenters lässt sich nur schwer vereinbaren, dass das Produkt von Laien gestaltet wird.

Eine letzte Option wäre eine Reduktion des Angebotsmodells in Richtung zu einem Nischenanbieter, bzw. eine Auslagerung von Schwerpunkten zu einem zusätzlichen Spartenangebot– dieses Geschäftsmodell ist Gegenstand des folgenden Abschnittes.

4.2 Schlanke Krieger - die Spezialisten

Markt. Wer dem Problem der Gratis-Mentalität im Internet entgehen will, setzt auf Inhalte, die spezieller sind und damit schwerer zugänglich im Netz, weil sie aufwendiger zu beschaffen sind – das senkt die Zahl der Anbieter, die diese teuren Informationen kostenlos ins Netz stellen. Zudem dürfte die Nachfrageelastizität bei spezielleren Inhalten geringer sein, d.h. die Rezipienten sind eher gewillt, dafür zu zahlen – das macht eine Finanzierung dieses Geschäftsmodells einfacher (Russ-Mohl 2011 a). Der Kern dieser Strategie besteht also darin, sich von der Idee des Vollsortimenters zu verabschieden und sich auf bestimmte Nischen zu spezialisieren, wo eine höhere Zahlungsbereitschaft und ein geringerer Wettbewerbsdruck herrschen. Tabelle 3 gibt einen Überblick über die Elemente dieses Geschäftsmodells.

Leistungsangebot. Eine mögliche Ausprägung dieses Modells ist die Betonung einer ausgewiesenen Fachkompetenz der Redaktion auf dem jeweiligen Fachgebiet – hier schreiben Profis für Profis und interessierte Laien (Fachanbieter). Das macht die fachliche Reputation für dieses Geschäftsmodell ebenfalls wichtig, allerdings kann man hier davon ausgehen, dass diese Kompetenz recht einfach bei den Rezipienten nachzuweisen ist – diese haben zumeist selbst ein gewisses fachspezifisches Wissen und sind dadurch eher in der Lage, die Qualität und Qualifikation der betreffenden Redaktion einzuschätzen. Beispiele für diese Spielart des Nischenmodells sind Börsenmagazine (ntv, Börse Online, Eurosport) oder Fachmagazine (Gitarre & Bass). Eine weitere Spielart der Nischenstrategie besteht darin, sich auf bestimmte Zielgruppen zu fokussieren (Brigitte, Sixx, Kinderkanal), hier stellt man eher auf sozio-demographische Merkmale der Zielgruppe ab (Zielgruppenstrategie).

Tabelle 3: Schlanke Krieger in der Medienbranche

Modell	**Ausprägung**
Markt	Mittlere Wettbewerbsintensität, z.T. Betonung der Fachkompetenz
Leistungsangebot	Nischenanbieter
Beschaffung	Primär- und Sekundärquellen
Distribution	Alle Formen
Erlös	Hauptsächlich Rezipientenmärkte und Werbemärkte, Rechtemärkte und staatliche Zuwendungen lediglich ergänzend

Quelle: eigene Darstellung.

Beschaffung. Fachmagazine setzen vor allem auf Primärquellen, das ist vor allem als Ausweis der Fachkompetenz zu verstehen. Im Unterhaltungsbereich – also eher bei der Zielgruppenstrategie – kann die Beschaffung auch über Sekundärquellen erfolgen. Vermutlich ist die Beschaffung zielgruppenspezifischer Inhalte vor allem im Unterhaltungsbereich über Sekundärquellen in diesem Fall günstiger als Eigenfertigung: So stützt sich beispielsweise der Frauensender Sixx vor allem auf Zweitverwertungen von Unterhaltungsformaten, die zuerst in großen Sendern (Vollsortimentern) gezeigt wurden und dann zweitverwertet werden (beispielsweise „Sex and the city"), das macht die Beschaffung billiger. Im Falle von Sixx erfolgt die Zweitverwertung sogar innerhalb einer Senderfamilie.

Distribution. Der Vertrieb erfolgt grundsätzlich über alle Kanäle, interessanterweise werden Fachmagazine nach wie vor oft noch als Printausgabe geliefert mit ergänzendem Internet-Auftritt. Möglicherweise gilt eine gedruckte Ausgabe nach wie vor als Signal für eine gute Qualität – eine typische Spielart des Signalling, bei welcher der Anbieter dem Kunden über teure Investitionen (ein teurer Druck- und Vertriebsapparat) signalisiert, dass er sich bemüht, hohe Qualitätsstandards zu halten – würde er diese nicht einhalten und die Kunden deswegen abwandern, wäre diese Investition verloren.

Erlösmodell. Wie oben bereits beschrieben, besteht der Vorteil dieses Erlösmodells in der höheren Zahlungsbereitschaft der Rezipienten – das erleichtert es, Abonnements zu verkaufen oder Transaktionsgebühren zu nehmen. Diese bilden vor allem bei Fachmagazinen eine wichtige Rolle. Die Kehrseite der Nischenstrategie besteht darin, dass man weniger Rezipienten hat als ein Vollsortimenter, die Werbung mithin einer geringere Reichweite, was zu geringeren Werbeeinnahmen führt. Allerdings besteht der Vorteil der Werbung in Fachmagazinen darin, dass die Werbung zielgenauer ist, weil man weiß, welche Interessen die Rezipienten haben, was die Streuverluste der Werbung im Vergleich mit den Vollsortimentern reduziert.

Journalistischer Erfolg. Allerdings erhöht die fachliche Nähe von redaktioneller Arbeit und Werbung die Gefahr von Einflussnahme der Anzeigenkunden – beispielsweise bei Produktbesprechungen und Anzeigen zu dem betreffenden Produkt. Vollsortimenter haben aufgrund ihres breiten Themenspektrums und der größeren Basis von Anzeigenkunden den Vorteil einer diversifizierteren Anzeigenkundenbasis und sind damit von einzelnen Anzeigenkunden weniger abhängig als Nischenanbieter. Diese Abhängigkeit kann die journalistische Qualität des Nischenmodells gefährden. Bei Fachmagazinen zumindest kann die erhöhte Fachkenntnis der Rezipienten vor dieser Versuchung schützen – gut informierte Kunden können vermutlich leichter zwischen redaktioneller Arbeit und industriegesteuerter PR unterscheiden. Bei der Zielgruppenstrategie allerdings besteht die Gefahr einer redaktionellen Einflussnahme respektive von Schleichwerbung.

Wirtschaftlicher Erfolg. Die höhere Zahlungsbereitschaft der Kunden kann ein wertvoller Schutz vor der Gratis-Konkurrenz aus dem Internet sein; zudem ist die größere potentielle Zielgenauigkeit der Werbung ein wertvoller Vorteil im Kampf um Werbekunden. Die Digitalisierung der Medienwelt dürfte für diese Anbieter sogar Vorteile bringen: Mehr Interaktivität zur Kundenbindung und besserer Themenfindung und -generierung sowie günstigere Distribution über digitale Kanäle könnten dieses Geschäftsmodell zu einem der Gewinner der Digitalisierung machen.

Strategische Optionen. Um die Kundenbindung zu verbreitern, kann man sich vorstellen, dass auch diese Magazine ihr Leistungsspektrum erweitern und allgemeine Informationen in ihr Angebot aufnehmen, um den Kunden den Gang zum Vollsortimenter zu ersparen. Das wäre dann ein Fachmagazin oder Nischenanbieter mit einem Schuss Vollangebot – sozusagen die Umkehrung der Fachmagazine oder -artikel im Rahmen eines Vollangebotes. Man könnte auch sagen, dass nun der Schwanz (des Nischenanbieters) mit dem Hund (Vollsortimenter) wedelt.

4.3 Die Partisanen: Crowdfunding, Bürgerjournalismus und andere partizipative Formen des Journalismus

Markt. Die dritte Option ist eine eher persönliche Strategie, die von Einzelpersonen gewählt wird: Einzelne Bürger, Autoren, Journalisten oder sonstige Interessierte offerieren ein eigenes Angebot an Informationen. In vielen Fällen ist privates Interesse und Engagement die Motivation. Es gibt aber auch Journalisten, die sich selbst zu einer Marke machen bzw. eine wachsende Erwartung durch die Digitalisierung sehen, sich als individuelle Marke zu präsentieren (Bitkom 2014). Beispiele für dieses Geschäftsmodell sind private Blogger (Schenk/Niemann/Briehl 2014), renommierte Journalisten als Einzelunternehmer oder auch der sogenannte Bürgerjournalismus, bei dem Bürger in die Berichterstattung anderer Medien eingebunden werden. Tabelle 4 gibt einen Überblick über die Elemente dieses Geschäftsmodells.

Leistungsangebot. Die Bandbreite des Angebotes reicht dabei von Vollsortimentsangeboten bis hin zu sehr speziellen Nischen. Die Wahl der Themen hängt dabei zumeist vom persönlichen Interesse und Engagement des jeweiligen Journalisten ab.

Tabelle 4: Einzelkämpfer in der Medienbranche

Modell	**Ausprägung**
Markt	Wettbewerbsintensität variiert, z.T. Betonung der Fachkompetenz, oft persönliche Bindungen oder persönliche Reputation
Leistungsangebot	Vollsortimenter und Nischenanbieter
Beschaffung	Hauptsächlich Sekundärquellen
Distribution	Hauptsächlich digital
Erlös	Hauptsächlich Rezipientenmärkte, Werbemärkte nur geringe Bedeutung, Vorträge, Bücher und andere Tätigkeiten, teilweise keine Gewinnerzielungsabsicht

Quelle: eigene Darstellung.

Beschaffung. In der Regel erfolgt die Beschaffung der Informationen über Sekundärquellen, der jeweilige Journalist veredelt diese Sekundärinformationen sozusagen, indem er sie kommentiert, einordnet oder neu zusammenstellt. In wenigen Fällen aber erfolgt auch die Beschaffung von Primärinformationen, beispielsweise, wenn selbständige Journalisten recherchieren. Auch im Falle der Bürgerreporter könnte man von einer Primärquelle sprechen. In den meisten Fällen aber ist die Beschaffung von Primärinformationen zu aufwendig und zu teuer für dieses Geschäftsmodell.

Distribution. Gleiches gilt auch für die Distribution: Diese erfolgt vornehmlich über das Internet, weil dies der einfachste und günstigste Kanal ist; eine Verteilung über Print ist eher die Ausnahme (man kann diskutieren, ob man Börsenbriefe hier einordnen kann, man könnte diese aber auch unter dem Geschäftsmodell U-Boot einordnen – diese Idee soll im nächsten Abschnitt verfolgt werden). Ist ein Blogger oder Journalist erfolgreich, dann kann er es auch bisweilen in etablierte Medien schaffen, beispielsweise als Kolumnist – fraglich, ob man das dann noch als Vertrieb einordnen kann oder eher als Marketing-Maßnahme für die eigene Marke.

Erlösmodell. Das Erlösmodell dieser Form des Journalismus ist recht variabel: Wer es als Markenname zu einem gewissen Bekanntheitsgrad bringt, kann sich Abonnenten oder Werbeeinnahmen sichern, zudem sind zumeist Vorträge, Bücher, Publikationen oder Auftritte in anderen Medien eine lukrative Quelle von Zusatzeinnahmen. Aber auch kleinere Blogs können sich zumindest an Werbemodellen beteiligen, die ihnen in Abhängigkeit von Clicks Einnahmen sichern, die Höhe der Einnahmen hängt dabei alleine ab von der Reichweite. Allerdings finden sich hier auch viele Anbieter, die mehr oder weniger keine Erlös- oder Gewinnerzielungsabsicht haben, sondern ein hauptberufliches Standbein haben, das es ihnen erlaubt, in ihrer Freizeit journalistisch zu arbeiten – man kann natürlich darüber streiten, ob man das dann noch als Journalismus bezeichnen will.

Das bei diesen Geschäftsmodellen oft diskutierte Crowdfunding, also die Aufbringung von Geldern für journalistische Inhalte in Form einer zumeist internet-basierten Kampagne (vgl. bspw. Fey 2015), ist bei näherem Hinsehen eher eine Spielart bereits genutzter Finanzierungsformen. Hierbei kann man grundsätzlich zwischen drei Spielarten dieser Finanzierungsform unterscheiden:

– Wenn die Spender, die man zur Finanzierung eines journalistischen Projektes über eine Kampagne gewinnt, im Gegenzug die Ergebnisse des betreffenden Projektes exklusiv und direkt erhalten, handelt es sich de facto um eine Abonnement-Beziehung oder – je nach Projekt – um eine transaktionsabhängige Zahlung. Ein Unterschied zu traditionellen Abonnements kann darin bestehen, dass man den Abonnementen frei stellt, mit welchem Betrag sie sich beteiligen wollen. Aber auch dies ist nicht wirklich neu, Abonnenten der tageszeitung beispielsweise können zwischen einem Standardpreis, einem ermäßigten Preis und einem politischen Preis frei wählen (o.V. 2014).

- Ist der Zugang zum journalistischen Produkt frei für jeden, unabhängig davon, ob er gespendet hat oder nicht, ist dies ein einfaches Spendenmodell und damit nichts grundsätzlich Neues.
- Eine weitere Möglichkeit sind Zwischenformen, bei denen man den Spendern einen exklusiven Zugang zu einzelnen Produkten gewährt, aber eine weitere Palette von Produkten frei zugänglich anbietet. Dies ist vom Grundsatz her das klassische Modell eines Freemium-Abonnements, bei dem man Abonnenten mit Gratisangeboten ködert, kombiniert mit mehr Wahlfreiheit bei der Bestimmung des Abo-Preises.

Wirtschaftlicher Erfolg. Der wirtschaftliche Erfolg dieses Modells dürfte auch hier letztlich von der Reichweite und Reputation abhängen – je mehr ein Journalist es schafft, sich als Marke zu etablieren, umso größer werden seine Einnahmenmöglichkeiten und damit sein wirtschaftlicher Erfolg. Einzelne Stars in der Szene können davon leben, doch der breiten Masse dürfte das auf lange Frist verwehrt bleiben. Was den wirtschaftlichen Erfolg der Crowdfunding-Finanzierung angeht, so steht der empirische Beweis, dass dies langfristig funktionieren kann, noch aus (für einen Überblick vgl. Schattleitner 2014).

Grundsätzlich – das zeigt das Beispiel der tageszeitung – sind Erlösmodelle, die mehr auf Freiwilligkeit bei der Bezahlung abstellen, auch bei nicht-internet-basierten Geschäftsmodellen und größeren Projekten vorstellbar. In vielen Fällen sind solche Erlöse auf Dauer jedoch zu volatil und unbeständig, als dass man damit ein Geschäftsmodell mit einer größeren Skalierung reibungslos und zuverlässig finanzieren könnte. Deswegen dürften solche Formen der Finanzierung zumeist eher dem Geschäftsmodell des Einzelkämpfers vorbehalten sein. Bei spezialisierten Nischenanbietern wäre das ebenfalls noch vorstellbar, weil hier die Nachfrageelastizität geringer ist und der unmittelbare Nutzen des Produktes fühlbarer ist. Zudem kann man innerhalb einer Community eher ein Gemeinschaftsgefühl erzeugen, das freiwillige Beiträge möglich machen könnte. Dass dies auch im größeren Rahmen funktionieren kann, zeigt das Beispiel Wikipedia; der überwiegende Teil der Spenden sind offenbar kleine Summen (o.V. 2015), hier macht die Masse das Geschäftsmodell aus. Die Schwierigkeiten des Journalismus-Portals Krautreporter allerdings zeigen, dass dieses Erlösmodell kein Selbstläufer ist (vgl. Schneider, Tieschky 2015).

Journalistischer Erfolg. Was haben „...die 15 niedlichsten Kuchen, die Sie je gesehen haben“ mit einem Erfahrungsbericht über Zensur in autoritären Staaten zu tun? Beide Themen wurden per Crowdfunding finanziert, im ersten Fall über das Portal Buzz Feed, im zweiten Fall durch das Portal „Krautreporter“. Dieser Gegensatz zeigt schon, dass die Frage nach dem journalistischen Erfolg recht schwierig sein wird – grundsätzlich kann man mit diesem Geschäftsmodell alles darstellen – von der Enthüllungsplattform über staatstragende Politikanalysen bis hin zu niedlichen Tiergeschichten. Eine Wertung dieser Angebote unter dem Aspekt der journalistischen Qualität ist eine eher normative Veranstaltung, hier sollen grundsätzliche mögliche strukturelle Probleme dieses Ansatzes erläutert werden, und diese hängen vor allem vom Erlösmodell ab.

Was die journalistische Unabhängigkeit angeht, so muss man zumindest fragen, inwieweit eine Abhängigkeit von Großförderern bestehen könnte und inwieweit Spender in die redaktionelle Arbeit eingreifen können? Pessimisten befürchten eine Tendenz zur „Gesinnungspublizistik“ (Neuberger 2014 und Lilienthal u.a. 2015), bei der man den Journalismus finanziert, der die eigene Meinung und Agenda befördert. Positiv gewendet kann man es so formulieren, dass die redaktionell Verantwortlichen auf die Interessen ihrer Leser achten müssen – allerdings kann man fragen, ob diese nicht grundsätzlich bei fast allen Geschäftsmodellen der Fall ist und ob es nicht so sein muss. Kein SPD-Wähler wird freiwillig den Bayernkurier finanzieren.

Generell muss man bei diesem Geschäftsmodell noch die Frage stellen, inwieweit ein unabhängiger, oft zeitaufwendiger und teurer Faktencheck erfolgt – je weniger das stattfindet und je mehr persönliches Engagement journalistisches Handwerk in den Hintergrund drängt, umso mehr muss man um die Qualität der Inhalte fürchten, Wahrheit und Klarheit der Berichterstattung könnten gefährdet sein. Pessimistisch betrachtet verkürzt sich ein Aspekt der Debatte um die Qualität des Bürgerjournalismus darauf, ob Nicht-Journalisten auch journalistische Qualität abliefern können (Lilienthal u.a. 2015).

Strategische Optionen. Eine strategische Option für dieses Geschäftsmodell könnte darin bestehen, dass sich mehrere kleine Blogger oder Journalisten unter einem Dach zusammenschließen, beispielsweise als journalistische Kooperative (vgl. zu dieser Idee für den Arbeitsmarkt im Internet Beck 1999). Eine solche Kooperation könnte zum einen dazu dienen, durch die gemeinsame Nutzung von Ressourcen Durchschnittskosten zu senken, komparative Vorteile bei der Arbeitsteilung zu nutzen oder gar komplementäre Tätigkeiten unter einem Dach zu bündeln; nicht zuletzt könnte eine solche Kooperative für erhöhte Aufmerksamkeit bei den Rezipienten sorgen.

4.4 Die Systemrelevanten

Markt. Das Geschäftsmodell der systemrelevanten Spieler baut auf der normativen Annahme, dass Medien auch bestimmte gesellschaftliche Aufgaben erfüllen, die ohne staatliche Eingriffe nicht ausreichend über den Markt bereitgestellt werden (sogenannte meritorische Güter, vgl. Andel 1984. Für eine kritische Debatte vgl. bspw. Kops 2005, Eickhof/ Never, 2000). Wenn aber Märkte – die Zahlungsbereitschaft der Rezipienten – nicht dazu ausreichen, diese Funktionen zu erfüllen, dann können journalistische Geschäftsmodelle diese Aufgaben nicht aus eigener Kraft erfüllen, sondern brauchen staatliche Unterstützung. Auf dem Markt für das betreffende Produkt selbst dürfte der Wettbewerb nicht sehr intensiv sein, da ja die betreffenden Inhalte per Definition dort eigentlich nicht oder nur in zu geringem Umfang angeboten werden. Das eigentliche Wettbewerbsproblem bei diesem Geschäftsmodell könnte eher darin bestehen, den grundsätzlichen Kampf um die Aufmerksamkeit und Akzeptanz der Rezipienten zu gewinnen. Dann allerdings dürfte man von hoher Wettbewerbsintensität sprechen.

Leistungsangebot, Beschaffung und Distribution. Grundsätzlich können alle Elemente des Geschäftsmodells über Spenden oder Subventionen finanziert werden. Das Erlösmodell ist also die entscheidende und kennzeichnende Konstante dieses Geschäftsmodells. Das ist die entscheidende Variable, die dieses Geschäftsmodell zu allen anderen abgrenzt – zu diesem Segment gehören also per Definition alle Unternehmen, die sich auf diesem Weg finanzieren. Der Wettbewerb erfolgt damit weniger um die Rezipienten, sondern um die Geldgeber. Tabelle 5 gibt einen Überblick über das Geschäftsmodell.

Tabelle 5: Die Systemrelevanten in der Medienbranche

Modell	**Ausprägung**
Markt	Wettbewerb erfolgt nicht um Rezipienten, sondern um Spendengelder; Wettbewerbsintensität auf dem betreffenden Markt selbst eher gering
Leistungsangebot	Vollsortimenter und Nischenanbieter
Beschaffung	Primär- und Sekundärquellen
Distribution	Physisch und digital
Erlös	Hauptsächlich Spenden und staatliche Zuwendungen, i.d.R. keine Gewinnerzielungsabsicht, teilweise auch Rezipientenmärkte

Quelle: eigene Darstellung.

Erlösmodell. Das Erlösmodell ist einfach: Man finanziert ein Angebot, von dem man vermutet, dass es zu einem kostendeckenden Preis kein Interesse findet, mittels Spenden oder staatlicher Zuwendungen. Damit ist dieses Modell aber immer auf Faktoren angewiesen, die es selbst nicht beeinflussen kann – man kann streiten, ob dies eine dauerhaft stabile Finanzierung sein kann; selbst bei Stiftungen kann es bei schlechter Anlagepolitik zu einem Rückgang des Stiftungsvermögens kommen, was dann die Finanzierung gefährden würden. Grundsätzlich aber lassen sich die Erlöse durch Komponenten aus anderen Erlösmodellen kombinieren – Verkaufserlöse, Crowdfunding oder auch Werbung.

Wirtschaftlicher Erfolg. Es ist fraglich, inwieweit man bei solchen Modellen von einem wirtschaftlichen Erfolg sprechen kann – dieser ist gemäß der Idee der Meritorik nicht das erklärte Ziel dieses Geschäftsmodells und auch nicht möglich. Wenn die entsprechenden Inhalte, um die es bei diesem Geschäftsmodell geht, in zu geringem Umfang angeboten werden, dann deswegen, weil sie nicht zu einem Preis angeboten werden können, der bei wirtschaftlicher Kalkulation eine für die Rentabilität ausreichende Nachfrage generiert. Um also das Interesse der Rezipienten für die betreffenden Inhalte zu gewinnen, muss man unterhalb des kostendeckenden Preises anbieten.

Allerdings ist zu vermuten, dass auch diese Modelle nicht ohne eine entsprechende Reichweite funktionieren – es ist schwer vorstellbar, dass auf die Dauer Redaktionen subventioniert werden, die keine oder nur wenige Rezipienten erreichen. Der wirtschaftliche Erfolg dieser Produkte bemisst sich dann eher in Reichweiten. Damit kann das Ringen um zumindest einen teilweisen wirtschaftlichen Erfolg im Sinne einer hohen Reichweite zu einem Konflikt mit dem journalistischen Erfolg führen.

Journalistischer Erfolg. Eigentlich sollte der journalistische Erfolg bei diesem Modell gesichert sein, da die Spendenfinanzierung Unabhängigkeit von wirtschaftlichen Interessen sichert, deren Abwesenheit als Hindernis für journalistische Qualität gilt. Allerdings ist alleine mit Spenden nicht automatisch journalistische Qualität gesichert, da diese keinen unmittelbaren Anreiz zu einer entsprechend gewissenhaften Arbeit sichert. Dies kann ein Dilemma sein: Je enger die Spender die Inhalte des betreffenden Anbieters auf journalistische Qualität kontrollieren respektive ihre Zuwendungen von solchen Prüfungen abhängig machen, um so abhängiger wird der Anbieter von dem Spender, was die Unabhängigkeit des Anbieters aushebelt. Je geringer aber die Kontrolle durch den Spender ist, umso größer ist das Risiko, dass Kriterien journalistischer Qualität aufgrund mangelnder Anreize verletzt werden. Das Geschäftsmodell unterstellt also eine intrinsische Motivation der verantwortlichen Journalisten, sich um journalistische Qualität zu bemühen; diese Hoffnung kann man teilen, muss man aber nicht.

Strategische Optionen. Will man das Geschäftsmodell vom spendenfinanzierten Journalismus professionalisieren, ausweiten und auf eine andere Ebene heben, so wäre ein Fondsmodell der große Wurf: Stifter und Spender zahlen in einen Fonds ein, der journalistische Arbeiten medienunabhängig finanziert; wobei ein auf eine feste Zeit ernannter unabhängiger Stiftungsrat die jeweiligen zu finanzierenden Projekte auswählt und auch einer ex-post-Qualitätskontrolle durchführt. Natürlich kann auch ein solches Modell nicht garantieren, dass es zu Einflussnahme kommt, je mehr Stifter und Spender aber in den Fonds einzahlen, umso geringer ist der Einfluss eines einzelnen Stifters und umso vielfältiger wäre das Kontrollgremium besetzt, was in der Summe die Verbindung zwischen Geldgeber und Auftraggeber lockert, ohne zugleich die Qualitätskontrolle zu vernachlässigen (zu einer genaueren Ausgestaltung eines solchen Fonds vgl. auch Beck, Beyer 2009 und 2010).

4.5 Die U-Boote

Markt. Das letzte Geschäftsmodell ist streng genommen kein journalistisches Modell, sondern eine PR-Strategie. Unternehmen verbreiten Information und Unterhaltung mit dem Ziel, für ihre Produkte oder ihr Unternehmen Werbung zu machen (Corporate Publishing). Der Markt für solche Kundenbindungsinstrumente – vor allem Kunden- und Mitarbeiterzeitschriften, aber auch Business TV – ist eher gezeichnet von einer Konkurrenz um die Aufmerksamkeit der Kunden (Mast 2012). Im Jahr 2013 investierten Unternehmen in Deutschland, Österreich und der Schweiz 5,8 Milliarden Euro in inhalteorientierte Unternehmenskommunikation (EICP 2014). Tabelle 6 gibt einen Überblick über das Geschäftsmodell.

Tabelle 6: U-Boote in der Medienbranche

Modell	**Ausprägung**
Markt	Intensiver Wettbewerb um Aufmerksamkeit
Leistungsangebot	Vollsortimenter und Nischenanbieter
Beschaffung	Eher Sekundärquellen, aber auch Primärquellen
Distribution	Physisch und digital
Erlös	i.d.R. keine direkte Gewinnerzielungsabsicht, Gewinne über den Verkauf von Produkten erzielt

Quelle: eigene Darstellung.

Leistungsangebot. Grundsätzlich finden sich hier sowohl Formate, die ein umfassendes Themenangebot machen – Reise, Kultur, Reportagen, Finanzen, stets aber auch vermischt mit Beiträgen, die das eigene Haus oder Produkt ins rechte Licht rücken sollen – als auch Formate, die speziell über das Segment berichten, in dem die herausgebende Firma tätig ist.

Beschaffung. Die Beschaffung von Informationen dürfte für allgemeines Zeitgeschehen und Nachrichten eher über Sekundärquellen erfolgen. Allerdings werden viele Beiträge, die nicht unmittelbar tagesaktuell sind, von selbständigen Journalisten geschrieben.

Distribution. Der Vertrieb läuft sowohl physisch als auch digital, oftmals auch dort, wo die Produkte des Unternehmens verkauft werden.

Erlösmodell. Die Erlöse aus diesem Geschäftsmodell sind indirekter Natur – man hofft, über die publizistische Tätigkeit die Reputation des Unternehmens zu steigern und das Image der Produkte zu verbessern (Rolke / Zerfaß 2014). Funktioniert das, so finanzieren sich diese Publikationen über die höheren Verkaufserlöse des Produktes. Einen direkten Verkaufserlös aus dem Produkt selbst gibt es in der Regel allenfalls in Form einer Schutzgebühr.

Wirtschaftlicher und journalistischer Erfolg. Der wirtschaftliche Erfolg solcher Produkte dürfte in der Regel direkt zulasten des journalistischen Erfolgs gehen – falls man diese Kategorie überhaupt auf dieses Geschäftsmodell anwenden will. Allerdings schliesst das nicht aus, dass sich auch in solchen Publikationen Beiträge von hoher publizistischer Qualität finden.

Strategische Optionen. Die Herausforderung für dieses Geschäftsmodell dürfte darin bestehen, in einer Welt mit immer mehr Medienangeboten den Kampf um die Aufmerksamkeit der Rezipienten zu gewinnen. Mit Blick auf die journalistische Qualität wäre es ein Anspruch, die Finanzierung solcher Produkte transparent zu machen.

5 Fazit: Geschäftsmodelle in der Medienbranche

Das Geschäftsmodell Journalismus steht unter Druck – und die Anbieter beginnen auch zu reagieren. Allerdings zeigt die Kategorisierung der verschiedenen Geschäftsmodelle für journalistische Angebote, dass die strategischen Möglichkeiten begrenzt sind, und dass viele als neu gepriesene Geschäftsmodelle entweder nicht neu oder aber nur Teilaspekte eines Geschäftsmodells sind und damit nicht bei der Beantwortung der Frage helfen, welche strategischen Optionen Medienunternehmen in den kommenden Jahren haben.

Diese Überlegungen zeigen auch, dass es das rettende Geschäftsmodell, die Killerapplikation, nicht gibt und vermutlich nicht geben wird. Nachfrage an journalistischen Dienstleistungen – Informationen sammeln, verifizieren, einordnen, bewerten und kommentieren – wird es immer geben, alleine die Form des Angebotes und das dazugehörige Geschäftsmodell werden sich ändern. Vermutlich werden alle hier vorgestellten fünf idealtypischen Geschäftsmodelle eine Rolle in der neuen Medienlandschaft spielen; vermutlich wird es auch Mischformen geben. Welche dieser Formen welche Folgen für die journalistische Qualität haben werden, ist allerdings eine Frage, die weiteren Forschungsaufwand benötigt.

Literatur

Akerlof, George A. (1970): The Market for lemons, Quarterly Journal of Economics, Vol. 84, S. 488-500.

Andel, Norbert (1984): Zum Konzept der meritorischen Güter. *Finanzarchiv*, 42 (1984), 630-648.

Beck, Hanno (1999): Jobs on the wire: The Internet and labour markets. *Netnomics*, 1 (1), 71 – 88.

Beck, Hanno (2011): Medienökonomie, 3. Aufl., Berlin.

Beyer, Andrea; Carl, Petra (2012): Einführung in die Medienökonomie, 3. Aufl., Konstanz.

Beck, Hanno; Beyer, Andrea (2009): Zur Reform des öffentlich-rechtlichen Rundfunks: Ein Vorschlag. *Wirtschaftsdienst*, 89 (12), 827 – 834.

Beck, Hanno; Beyer, Andrea (2010): Öffentlich-rechtlicher Rundfunk im Zeitalter der Digitalisierung. *ORDO*, 61(2010), 235-264.

BDZV (o.D.), Zeitungswebsites, BDZV Online, URL http://www.bdzv.de/maerkte-und-daten/digitales/zeitungswebsites/

Bitkom (2015): Immer mehr Nutzer zahlen für Online-Journalismus,

http://www.bitkom.org/de/presse/8477_81171.aspx

Bitkom (2014): Medienmacher 2014 – Recherche, Qualitätsanspruch und Finanzierung im digitalen Alltag, http://www.bitkomresearch.de/WebRoot/Store19/Shops/63742557/MediaGallery/Referenzen/ResponseSource_Medienmacher2014/BITKOMResearch_ResponseSource_Medienmacher2014_Studie_27. Mai2014.pdf

Casadesus-Masanell, Ramon; Ricart, Joan Enric (2009): From Strategy to Business Models and to Tactics. *Harvard Business School Working Paper Working Paper* 10-036, URL http://www.hbs.edu/faculty/Publication%20Files/10-036.pdf.

Drucker, Peter (1954): The Practice of Management. Harper and Row Publishers: New York.

Eickhof, Norbert/Never, Henning (2000): Öffentlich-rechtlicher Rundfunk zwischen Anstaltsschutz und Wettbewerb, Volkswirtschaftliche Diskussionsbeiträge der Universität Potsdam, Beitrag Nr. 35. http://www.uni-potsdam.de/u/wipo/db35.pdf.

EICP (2014), http://www.forum-corporate-publishing.com/index.php/de/cp-markt/studien/item/901-basisstudie-2014-des-fcp-investitionen-in-d-a-ch-steigen-um-23-prozent-auf-58-milliarden-euro

Fey, Jennifer (2015): Crowdinvesting: Vertrauensvorschuss ab fünf Euro. *Kressreport* 1 vom 06.02.2015, 21.

Franck, G. (2007): Ökonomie der Aufmerksamkeit, München.

Hanfeld, Michael (2012: Das ist das Ende des Journalismus, FAZ, http://www.faz.net/aktuell/feuilleton/medien/philipp-roesler-bei-markus-lanz-das-ist-das-ende-des-journalismus-11661071.html

Hess, Thomas (2010): Neue Kanäle, neue Inhalte: User Generated Content oder wie man sich die Energie der Kunden zunutze machen kann, in: Picot, Arnold/Freyberg, Axel (Hrsg.): Media Reloaded – Mediennutzung im digitalen Zeitalter, Heidelberg, S. 33-41.

Kops, Manfred (2005): Soll der öffentlich-rechtliche Rundfunk die Nachfrage seiner Zuhörer und Zuschauer korrigieren?, Arbeitspapiere des Instituts für Rundfunkökonomie an der Universität zu Köln, Heft 196, http://www.rundfunk-institut.uni-koeln.de/institut/pdfs/19605.pdf.

Lilienthal, Volker/Eichert, Stephan/ Reineck, Dennis/Sehl, Annika/Worm, Silvia (2015): Digitaler Journalismus: Dynamisierung, Technisierung, Dialogisierung, Media Perspektiven 1/2015, S. 30-40.

Mast, Claudia (2012): ABC des Journalismus, 12. Aufl., Konstanz.

Meyen, Michael (2015): Aufmerksamkeit, Aufmerksamkeit, Aufmerksamkeit. Eine qualitative Inhaltsanalyse zur Handlungslogik der Massenmedien, in: Publizistik, 1/2015, S. 21-39.

Morris, Michael; Schindehutte, Minet; Allen, Jeffrey (2005). The entrepreneur's business model: toward a unified perspective, *Journal of Business Research,* 58, 726–735.

Neuberger, Christoph (2014): Unabhängigkeit oder Gesinnungsjournalismus?. Zeit Online, URL http://www.zeit.de/kultur/2014-10/krautreporter-journalismus-christoph-neuberger.

Niggemeier, Stefan (2014): URL http://www.stefan-niggemeier.de/blog/

Preuss, Susanne (2014): Roboterjournalisten: Dieser Text ist selbstgemacht. *Frankfurter Allgemeine Zeitung Online*, URL http://www.faz.net/aktuell/wirtschaft/netzwirtschaft/roboterjournalismus-dieser-text-ist-selbstgemacht-13102928.html.

Probst, Daniele (2012): User Generated Content im Journalismus: Antworten auf eine neue Herausforderung, Saarbrücken.

Riedl, Joachim (2009): Wir sind alle Dinosaurier, Zeit 12/2009, http://www.zeit.de/2009/12/A-Nick-Davies

Rolke, Lothar/Zerfaß, Ansgar (2014): Erfolgsmessung und Controlling der Unternehmenskommunikation: Wertbeitrag, Bezugsrahmen und Vorgehensweisen, in: Zerfaß, Ansgar/Piseringer, Manfred (Hrsg.): Handbuch Unternehmenskommunikation, Wiesbaden, S. 863-885.

Russ-Mohl, Stephan (2011): Von der Qualitätssicherung zur Qualitätskultur, European Journalism Observatory, http://de.ejo-online.eu/4286/ethik-qualitat/von-der-qualitat ssicherung-zur-qualitatskultur

Russ-Mohl, Stephan (2011 a): Der Dritte Weg – eine Sackgasse in Zeiten der Medienkonvergenz, Medien- und Kommunikationswissenschaft 3/2011, S.-414

Schattleitner, Christoph (2014): Ist das die Zukunft?, *Horizont*, 48 (2014) vom 28.11.2014, 22- 23.

Scheer, Christian; Deelmann, Thomas; Loos, Peter (2003): Geschäftsmodelle und internetbasierte Geschäftsmodelle – Begriffsbestimmung und Teilnehmermodel. *Working Papers of the Research Group Information Systems & Management*, Papier 12, Mainz, URL http://wi.bwl.uni-mainz.de/publikationen/isym012.pdf.

Schenk, Michael/Niemann, Julia/Briehl, Anja (2014): Blogger 2014 – Das Selbstverständnis von Themenbloggern und ihr Verhältnis zum Journalismus, Stuttgart.

Schneider, Martin; Tieschky, Claudia (2015): Wann Leser ihr Portemonnaie zücken. *Sueddeutsche Online*, URl http://www.sueddeutsche.de/medien/zukunft-von-bildblog-wann-leser-ihr-portemonnaie-zuecken-1.2332759.

Schribben, Cordt (2015): Knast, wenn Du lügst, Spiegel 10/2015.

Schröder, Jens (2015): IVW-News-Top 50: Rekordflut und 20% Plus in der Nachrich tenbranche, http://meedia.de/2015/02/09/ivw-news-top-50-rekordflut-und-20-plus-in-der-nachrichtenbranche/

Seibold, Katrin (2012): Das Ende der Zeitung? Wie geht es weiter mit dem Qualitätsjournalismus?, 3sat, kulturzeit, http://www.3sat.de/page/?source=/kulturzeit/themen/166182/index.html

Sjurts, Insa (2004): Strategien in der Medienbranche: Grundlagen und Fallbeispiele, 3. Aufl., Wiesbaden.

Stöckl, Ralph/Grau, Christian/Hess, Thomas (2006): User Generated Content, in: Medienwirtschaft, 4/2006, S. 46-50.

Sturm, Simon (2013): Digitales Storytelling. Eine Einführung in neue Formate des Qualitätsjournalismus, Wiesbaden.

o.V. (2014): Das Standardabo: Unser Klassiker. *tageszeitung Online*, URL https://www.taz.de/Das-Standardabo/!112034/.

o.V. (2015): Wikipedia ist heute vertrauenswürdiger als in den Anfangsjahren. Interview mit Jimmy Wales. *Aargauer Zeitung – Die Nordwestschweiz Online* vom 02.02.2015, URL http://www.aargauerzeitung.ch/leben/digital/wikipedia-ist-heute-vertrauenswuerdiger-als-in-den-anfangsjahren-128789545.

Wirtz, Bernd W. (2015): Medien- und Internetmanagement, 9. Aufl., Wiesbaden.

Wyss, Vinzenz (2002): Redaktionelles Qualitätsmanagement, Konstanz

Ziegler, Verena (2012): Die Ökonomie der Aufmerksamkeit, München.

Zott, Christoph; Amit, Raphael; Massa, Lorenzo (2011): The Business Model: Recent Developments and Future Research. *Journal of Management*, 37(4), 1019-1042.

Oliver Kemmann, Jens Grochtdreis

Responsive Webdesign – Redesign der Kunde/Agentur-Schnittstelle

2007 brachte Apple das iPhone auf den Markt. 2010 folgte das iPad. Mit beiden Produkten revolutionierte Apple die digitale Kommunikation. Zudem ist das Internet dank des Ausbaus der mobilen Verfügbarkeit und Verbreitung mobiler, internetfähiger Geräte immer dabei. Diese veränderte Mediennutzung und der damit verbundene Anstieg der Bedeutung einer zugriffsspezifischen Darstellung der Internet-Inhalte, hat zwangsläufig auch Auswirkungen auf die Erstellung von Websites und damit auf das Zusammenspiel, also die Schnittstelle zwischen Kunde und Dienstleister. Diese Veränderungen finden statt, aber es gibt noch immer viele Projekte, die den aktuellen Anforderungen nur ungenügend Rechnung tragen. Der folgende Beitrag wird anhand von praxisnahen Beispielen aufzeigen, wieso sich mit der responsiven Darstellung von Websites auch der gesamte Prozess und damit die Kunde/Agentur-Schnittstelle, an die geänderten Rahmenbedingungen anpassen müssen.

1 Einleitung

Webseiten passen sich immer ihrer Umgebung an, wenn wir sie lassen. Doch durch unsere Designentscheidungen schränken wir diese Anpassungsfähigkeit immer wieder ein. Responsive Webdesign (engl. responsive = reagierend) als konzeptioneller Ansatz möchte nun sicherstellen, dass die Darstellung und Bedieneigenschaften einer Webanwendung sich auf das zugreifende Gerät anpassen lassen. Die Anwendung ‚reagiert' also auf die individuellen Parameter der Nutzungsumgebung und stellt die Inhalte adäquat dar.

Zuerst verwendet hat den Begriff der amerikanischen Webdesigner Ethan Marcotte bereits 2010 in seinem Artikel „Responsive Webdesign", inspiriert von „responsive Architecture". Schon damals schreibt er, dass „[…] vermutlich das mobile browsen dem Desktop basierten [Internet-] Zugang in drei bis fünf Jahren den Rang abgelaufen haben wird"; heute sehen wir, dass er damit durchaus recht hatte (vgl. Marcotte, 2010).

Aber gerade weil das sehr pragmatisch und sinnvoll klingt, wünscht sich jeder Auftraggeber, dass seine neue Webanwendung responsiv sein möge. Gerade der große Vorteil, den eine sich ständig (zumeist unbemerkt) anpassende Webanwendung für den Nutzer hat, bedeutet für alle

Projektbeteiligten ein hohes Maß an Abstraktionsfähigkeit und technischem Grundalgenverständnis.

Zum einen erscheinen auf einmal die über die letzten Jahre gelernten Projektabläufe zwischen Kunde und Digitalagentur ungeeignet und zum anderen wird der Herstellungsprozess immer IT-lastiger (agiles Vorgehen, ausgedehnte Prototypen-Phase, generelle Trennung von Design und Inhalt, heterogene Darstellungsvoraussetzungen etc.) und somit auch teurer. Das führt dazu, dass sich sowohl die Angebotspräzision, die Entwicklungsschritte als auch das Abnahme-Prozedere stark ändern und auf beiden Seiten ganz neu erlernt werden müssen.

Generell sei angemerkt, dass sich dieser Beitrag nur auf die Entwicklung von responsiven Webseiten, nicht auf das Entwickeln von mobilen Applikationen (Apps) bezieht, da dies zwei komplett unterschiedliche Anwendungsszenarien und auch Entwicklungsprozesse sind.

Dazu müssen beide Vertragsparteien verstanden haben, welche Schritte notwendig sind, was vom jeweils anderen in welcher Projektphase erwartet wird und vor allem noch mehr gegenseitiges Vertrauen entwickeln. Denn viele Prozessschritte können nicht mehr exakt vorhergeplant werden. Im Folgenden soll nun diese Schnittstelle, zwischen Auftraggeber (Kunde) und Agentur (Entwickler) für den Bereich der Herstellung responsiver Webseiten ausführlicher beschrieben werden.

2 Was versteht man genau unter Responsive Webdesign?

Google Developers beschreibt Responsives Webdesign als „eine Methode, bei der der Server immer denselben HTML-Code an alle Geräte sendet und CSS zum Einsatz kommt, um die Darstellung der Seite auf dem Gerät anzupassen“ (vgl. Google Developers, 2014).

Was hier lapidar als Zweizeiler daher kommt, hat die Entwicklung von Webapplikation in den letzten Jahren massiv verändert. Webseiten sind keine funktionalen Klone eines pixelgenauen, statischen Photoshop®-Designs mehr, sondern nutzen dynamisch das ganze Potenzial aus, das HTML schon immer geboten hat: die Trennung von Inhalt und Struktur, von Gestaltung und Funktionalitäten. Vor allem die Einführung von Medienabfragen bei CSS3, so genannten ‚media queries‘, erlaubt es, die Layouts für die jeweilige Umgebung anzupassen (vgl. Marcotte, 2010). Neben dem Medientyp (print oder screen) können hierbei auch Medienmerkmale (Breite, Höhe, Seitenverhältnis, Ausrichtung des Gerätes u.v.m.) abgefragt werden. Aus der Kombination von beiden kann man so für eine Vielzahl von Endgeräten optimiertes CSS ausgeben (vgl. Jendryschik, 2010). Weitere praxisrelevante und detaillierte Vorgehensweisen zum Arbeiten mit Responsive Webdesign findet man u.a. bei Zillgens (2013) oder Marcotte, (2013).

Grundsätzlich bezeichnet der Begriff im Kontext eines Multiscreen Designs die anpassungsfähige Darstellung von Webapplikationen auf allen relevanten Endgeräten, nicht zwangsläufig nur auf mobilen oder Touchscreen gesteuerten Geräten, sondern auch für sehr große Displays mit hoher Auflösung (vgl. Nagel & Fischer 2013).

Der Kernansatz responsiven Webdesigns ist nicht der Blick auf Geräte. Es ist die Erkenntnis, dass digitale Inhalte extrem anpassungsfähig sind und wir alles dafür tun müssen, diese Anpassungsfähigkeit zu erhalten. In einem ersten Schritt konzentriert man sich deshalb darauf, Inhalte passend auf der jeweils zur Verfügung stehenden Fläche zu verteilen. In einem zweiten Schritt kommen die jeweiligen spezifischen (Un-)Fähigkeiten einzelner Geräteklassen hinzu.

Denn neben den stationären Rechnern und den Notebooks sind wir heute mit einer Vielzahl von Geräten konfrontiert, von denen Smartphones und Tablets nur die zwei gängigsten und bedeutendsten sind (vgl. Nagel. & Fischer 2013, Google, 2/2014).

In der Entwickler-Praxis werden diese Geräteklassen aufgrund ihrer Gemeinsamkeiten hinsichtlich zumeist kleinerer Displays, einer Touch-Steuerung (ohne Maus) sowie der Möglichkeit eines mobilen Internetzugangs, als (Pseudo-Geräteklasse[1]) ‚Mobilgeräte' bezeichnet und bei der Entwicklung von Anwendungen (bis auf die tatsächliche Displaygröße, zu der wir später noch kommen) sehr ähnlich betrachtet.

So verwendet zum Beispiel Google, das Tablets als eigene Geräteklasse wertet, die obige Beschreibung in seinen Developer Guidelines explizit unter dem Titel „Leitfaden für Mobilgeräte", obwohl die technische Beschreibung sehr wohl auch für Desktop-Rechner gilt (vgl. Google Developers, 2014). Diese Fokussierung auf mobile Endgeräte scheint zu-

1 Pseudo heißt diese Klasse deshalb, weil Smartphone und Tablet unterschiedliche Nutzungsszenarien haben und tatsächlich auch komplett unterschiedlich genutzt werden. Diese kann man eigentlich nicht zusammenfassen. Der Einfachheit halber werden sie dennoch zusammengefasst, weil sie so praktikabel von Notebooks und stationären Rechnern abgegrenzt werden können. Allerdings gibt es auch verstärkt Hybridlösungen, die in beide Klassen fallen, wie z. B. das Microsoft Surface 3 (Microsoft, 2015). Es ist eine Kreuzung aus Notebook und Tablet, kann mit Touch und Touchpad (also Maus) bedient werden und ist auch für den Office Einsatz geeignet.

dem auch legitim, wenn man das rasante Wachstum der Verbreitung mobiler Endgeräte im Vergleich zu Desktop-Rechnern betrachtet. Nach einer Studie der Initiative 21 besaßen 2014 erstmals seit 2012 mehr Deutsche ein Smartphone (58%), als einen Desktop-Rechner (48%). Bei Desktop-Rechnern war im selben Zeitraum in Deutschland die meistverbreitete Auflösung 1366x768 Pixeln (ca. 25%), jedoch ohne nennenswerten Zuwachs. Lediglich die Verwendung einer Auflösung von 1920x1080 Pixel stieg innerhalb des Jahres 2014 lediglich von 14,8 % auf 17,9 % (vgl. StatCounter, 2015), d.h. der Zuwachs an wirklich großen Auflösungen ist im Vergleich zur Steigerung der Nutzung kleiner Auflösungen sehr gering.

Wie weit Responsive Webdesign auch für höhere Bildschirmauflösungen innerhalb eines Projekts in Frage kommt, hängt von unterschiedlichen Faktoren ab und wird weiter unten noch einmal explizit aufgegriffen.

Zusammengefasst versteht man in der aktuellen Webentwicklung Responsive Webdesign als eine anpassungsfähige Darstellung derselben Inhalte auf unterschiedlichen Geräten, vor allem auf Mobilgeräten mit kleinen Displays und einer Touch-Steuerung und oftmals schwacher Datenübertragungsrate.

3 Wofür braucht ein Kunde Responsive Webdesign?

Dieser Frage steht voran, ob der Kunde sein Webangebot generell mobil optimieren sollte, auch wenn die bestehende Seite bisher funktioniert hat. Der Kunde sollte im Vorfeld genau prüfen, ob er sich den Ausschluss all jener Nutzer, die das Internet mobil nutzen, erlauben kann und darf. Gäbe es hier noch ernsthafte Zweifel, würde den unentschlossenen Kunden ein Blick in die Auswertung ihrer eigenen Webstatistiken oder aber in deutschlandweit durchgeführte Studien zeigen, dass im Jahr 2014 bereits „mehr als die Hälfte der Deutschen, nämlich 54 Prozent, […] mobil im Internet unterwegs“ waren. Das sind genau 50% mehr, als noch im Jahr 2012 (27%) (vgl. Initiative D21, 2014). Dies bedeutet faktisch: Webinhalte werden zunehmend auf unterschiedlichen Geräten, unabhängig vom Ort und einem stationären Internetanschluss ‚konsumiert'. Möchte man diese Nutzer nicht verlieren, muss man entsprechende mobile Angebote zur Verfügung stellen.

Gehen wir also davon aus, dass der Kunde generell eine Webseite braucht, die auch auf Mobilgeräten abgerufen werden kann, so hat er zwei Möglichkeiten: erstens kann er zusätzlich zu dem bestehenden (Desktop optimierten) Angebot eine weitere, rein mobil optimierte Seite entwickeln und bereitstellen, die üblicherweise über eine eigene Domain aufgerufen wird (m.meinedomain.de oder mobil.meinedomain.de). Dies ist vor allem dann sinnvoll, wenn das bestehende Angebot entweder mobil gar nicht aufrufbar ist (z. B. in Flash entwickelt) oder von den Features und vom Umfang her zu unkomfortabel für eine mobile Nutzung ist (z. B. durch sehr große Bilder viele Ressourcen bindet, komplexe Mouseovereffekte zwingend zur Navigation benötigt etc.). Oder aber, der Kunde lässt einen komplett neuen Webauftritt als Responsive Webdesign Lösung entwickeln, der auch einer mobilen Nutzung Rechnung trägt.

Um hier eine sinnvolle Entscheidung zu treffen, lohnt sich die Berücksichtigung folgender zwei Faktoren.

Ständig wachsender Markt an unterschiedlichen Endgeräten

Bereits jetzt schon gibt es eine schier unübersichtliche Vielzahl an unterschiedlichen Endgeräten und damit Bildschirm-Auflösungsvarianten. Selbst bei einem einzelnen Hersteller können diese enorm variieren (vgl. Stow, 2013). Somit wird es faktisch unmöglich, die Darstellung der Seite für jedes Endgerät exakt zu planen, so dass der in der Vergangenheit meist eingesetzte Ansatz der Entwicklung einer Webseite anhand statischer Screendesigns allein schon aufgrund der absurd vielen Viewport-Varianten heutzutage ad absurdum geführt ist.

Dies gilt auch für die oben beschriebene, mobile Webseite, die auch von einem statischen, wenn auch für mobile Endgeräte ausgelegten, Design ausgeht, das aber niemals alle Varianten abdecken kann. Ganz zu schweigen von den unterschiedlichen Betriebssystemen und Browser-Varianten auf den Endgeräten. Will man also eine Webapplikation entwickeln, die je nach Gerät und Nutzungsumstand optimal dargestellt wird, kann man nicht mehr mit einem statischen, pixelgenauen Verfahren arbeiten.

Responsive Webdesign als Google Ranking Faktor

Spätestens seit Google im April 2015 sein „mobile friendly update" (vgl. Makino, T. & Phan, D, 2015) ausgerollt hat, ergibt sich ein weiterer, für viele Kunden viel entscheidender Punkt, nämlich Suchmaschinen Optimierung (Search Engine Optimisation, SEO). Mit der Aufnahme des Kriteriums ‚mobile friendly' in den Kanon der Google Suchkriterien, erhält die optimierte, mobile Darstellung einen direkt messbaren Mehrwert:

> „Ab dem 21. April gilt die Optimierung für Mobilgeräte auch als Rankingsignal. Diese Änderung wirkt sich auf mobile Suchanfragen in allen Sprachen weltweit aus. Daher werden Nutzer bei Suchanfragen eher hochwertige Ergebnisse erhalten, die sowohl für ihre Anfragen relevant als auch für ihre Geräte optimiert sind." (vgl. Makino, T., Jung, C. & Phan, D., 2015)

Auch wenn sich dieses Update, laut Google, erst einmal nur auf Smartphones auswirkt (vgl. Ohye, M., 2015), ist aber „Responsive Webdesign [...] der von Google empfohlene Ansatz." (vgl. Google, 2014).

4 *Was ändert sich an der Agentur/Kunde-Schnittstelle?*

Die Anforderungen an das Web sowie Webseiten bzw. Webapplikationen sowie die technische Landschaft haben sich grundlegend verändert. So ist es nur logisch, dass sich auch die Beziehung zwischen Agentur und Kunde grundlegend ändern muss.

Die Rolle der statischen Designs muss sich verändern

Bislang ist es noch üblich, eine Webseite in einem Bildbearbeitungsprogramm (meist Photoshop) zu entwerfen. Ein Entwickler muss dann dieses Bild in HTML und CSS rekonstruieren, so dass es in einem Browser angezeigt werden kann. Und obwohl das Bild mit dem Endprodukt rein technisch nichts gemein hat, wird es gemeinhin als absolute Richtschnur betrachtet. Dies funktioniert so lange, wie man nur für ein idealtypisches Endgerät entwickelt. Da man es aber mittlerweile mit einer unübersichtlichen Vielfalt von Geräten zu tun hat, kann man dieser Komplexität nicht mehr mit einem Bildbearbeitungsprogramm begegnen, das immer fixe Bilder erzeugt, niemals aber echte Webseiten.

Responsive Webseiten erfordern möglichst schnell eine Überprüfung der Skizze aus der Bildbearbeitung als Endergebnis im Browser. Im Browser können Designänderungen viel schneller erkannt und auch umgesetzt werden. Zudem interessiert den Nutzer, also nicht den Kunden, am Ende immer nur die Darstellung im Browser, nicht im Bildbearbeitungsprogramm, weil der Nutzer diese ja gar nicht kennt.

Auch die Weiterentwicklung des Layouts, z. B. für Unterseiten oder funktionale Elemente, wie z. B. Formulare, lassen sich erst anhand von Browsertests vernünftig vornehmen. Durch Verkleinerung des Browserfensters sieht man direkt, welchen Breiten eine Layoutidee benötigt, um auch noch auf kleineren Displays zu funktionieren. In einem Bildbearbeitungsprogramm könnte man diese „funktionalen" Breiten nur vermuten.

Im Endeffekt bedeutet dieser Wandel, dass der Kunde nicht mehr vorab, zu Beginn des Projektes, eine grafische Darstellung aller kommenden Templates und Details bekommen wird. Diese althergebrachte Arbeitsweise ist nun ineffizient, da Sie keine Sicherheit mehr bietet, eine Darstellung exakt vorhersagen zu können. Die Webseite muss iterativ, gemeinschaftlich fertig entwickelt werden.

Das Projekt benötigt Zeit für Experimente

Die Browser- und Gerätelandschaften, auf der neue Webseiten und -applikationen laufen sollen, sind sehr groß und komplex. Es ist nahezu unmöglich, alle Fehler und Unzulänglichkeiten der diversen Browser oder Endgeräte vorauszusehen. Hinzu kommt, dass es mittlerweile viele technische Möglichkeiten gibt, die sich in einem statischen Bildbearbeitungsprogramm nicht hinreichend skizzieren lassen. Deshalb ist es wichtig, möglichst frühzeitig von der Planung in den Prototypen im Browser zu wechseln. Dieser Prototyp wird die Basis der weiteren Projektentwicklung und damit teilweise auch Basis einer Vielzahl wichtiger Experimente sein. Die Dauer und Komplexität der Erstellung solcher Prototypen lassen sich schwer abschätzen, sind aber für den Projektverlauf nicht mehr weg zu denken.

Der Kunde sollte eng mitarbeiten

Gestaltungs- und Entwicklungsprozesse werden zukünftig vermehrt explorativ sein. Zu Beginn eines Responsive Webdesign Projektes können nicht alle Eventualitäten vorhergesehen und im Vorfeld skizziert werden. Deshalb wird das Projekt im Laufe seiner Existenz fortlaufend weiterentwickelt. Das funktioniert nur dann gut und erfolgreich, wenn der Kunde im konstanten Kontakt mit der Agentur ist. Und wenn auf Kundenseite allen Beteiligten klar ist, dass sie kein fertig ausdifferenziertes Endprodukt kaufen.

Moderne Webseiten lassen sich nicht im Voraus ins Detail spezifizieren und exakt bepreisen. Sie sind das Ergebnis eines Prozesses. Kunden kaufen also mit einem modernen Webprojekt kein Produkt, sondern einen Prozess mit einem definierten Ziel. Der Weg dorthin, die Abbiegungen und Abkürzungen, die Details des Projektes spezifizieren sich zum Teil erst während der Projektlaufzeit.

Es ist gut möglich, dass dieser Kulturwandel für einige Unternehmen, neben der dynamischen Preisgestaltung (s. Kapitel „Kein Festpreisangebot") die größte Herausforderung sein wird. Denn für den Kunden bedeutet dies auch, dass die ausführende Abteilung ihrem Vorstand/Vorgesetztem nicht mehr zu Beginn des Projektes das Endprodukt schon vorstellen kann. Es wird zwar immer noch Layouts aus einem Bildbearbeitungsprogramm geben, sie sind aber nur noch Skizzen, Momentaufnahmen und der Ausgangspunkt für den im Folgenden zu beschreibenden Entwicklungsprozess, wir sprechen hier von einem „Look and Feel" der Webseite (Abb. 1).

Abbildung 1: Look and Feel einer Desktop Ansicht (frühe Projektphase, keine auflösungsspezifische Darstellung, keine mobile Darstellung)

Vertrauen ist wichtig

Da, wie oben beschrieben, bei einem responsiven Projekt das Endergebnis nicht in allen Facetten vorab definiert werden kann, ist eine vertrauensvolle Beziehung zwischen Kunde und Agentur unabdingbar. Der Kunde muss noch mehr Vertrauen in die Kompetenz der Agentur haben als bisher. Umgekehrt muss die Agentur aber auch tatsächliche Kompetenz besitzen, nicht nur vorgeben.

Dieses Vertrauen sollte in beiderseitigem Interesse durch eine zeitnahe, wirkliche Kontrolle seitens des Auftraggebers, z. B. durch regelmäßige Schulterblicke, ergänzt werden. Der Auftraggeber wird deshalb deutlich mehr in das Projekt einbezogen und mehr denn je aktiver Part bei der Entwicklung sein (vgl. Absatz ‚Abnahmen' weiter unten). Dafür muss auf Kundenseite allerdings auch mehr inhaltliche Kompetenz existieren, als bisher gereicht hat. Das liegt vor allem an der Komplexität der unterschiedlichen Darstellungen und auch dem notwendigen Verständnis, wo technische Einschränkungen Einfluss auf das Bedienbarkeit haben, z. B. können Mouseover Effekte nicht auf einem Touch-Gerät dargestellt werden, d.h. der Kunde muss wissen, auch wenn ihm das große, ausklappende Menü noch so gut gefällt, dass man das auf einem iPad so nicht bedienen kann und das nicht an der Ignoranz oder dem Unvermögen der Agentur liegt. Mangelt es daran, oder zumindest an der Bereitschaft mehr Verständnis auch für technische Restriktionen zu entwickeln, muss dies zu Beginn des Projekts adressiert und notfalls kompensiert werden.

Kein Festpreisangebot

Der Wandel im Projektablauf und die unübersichtliche, unkontrollierbare Vielzahl potentieller Endgeräte machen eine exakte Kalkulation der Aufwände unmöglich. Niemand kann seriös für ein responsives Projekt ein Festpreisangebot abgeben.

Stattdessen eröffnen sich einige Alternativen. Vertragliche Kreativität ist in diesem Fall gefragt (vgl. Schotte, 2013). Für erste Projekte in diesem Bereich empfiehlt es sich deshalb, deutlich kleinere Projekt-Abschnitte als bisher zu definieren und auch abzurechnen, da somit Budgetüberschreitungen sehr früh erkannt werden können.

Nichtsdestotrotz müssen Agenturen auch weiterhin eine grobe Aufwandsschätzung abgeben, damit sich der Kunde eine Vorstellung machen kann. Ein fixer Betrag hingegen führt zwangsläufig dazu, dass die Agentur am Ende draufzahlt oder aber so viele Puffer mitberechnet, dass der Kunde mehr als notwendig bezahlt. Es ist zu befürchten, dass dieser Wandel dem Kunden und seiner Budgetplanung ähnlich viele Schwierigkeiten bereiten wird, wie das Aufbrechen gelernter Abläufe. Denn variable Projekte lassen sich nicht mehr in ein fixes Budget pressen.

Ein vollständiger Blindflug, was das Budget angeht, ist natürlich nicht realistisch, denn vor allem größere Unternehmen arbeiten immer mit definierten Budgets. Auch wenn aus heutiger Sicht die Absage an klassische Festpreisangebote alternativlos erscheint, zeigt sich doch schon jetzt, dass die Prognosesicherheit mit zunehmender Erfahrung auf beiden Seiten deutlich verbessert werden kann. Vor allem die zunehmende Erfahrung auf Kundenseite mit den neuen, iterativen Prozessen umzugehen und das Erlernen der technischen Rahmenbedingungen, kann aufwendige „Ausprobier" Phasen in den Projekten deutlich verkürzen.

Keine getrennten Arbeitsphasen

Da die Agentur ein responsives Projekt nicht zu Beginn fertig durchdesignen und alle Eventualitäten durchdenken kann, müssen auch die strikt voneinander getrennten Arbeitsphasen der Vergangenheit angehören. Konzeptioner und Designer werden auch weiterhin Aufbau und generelle Anmutung der Seite (Look and Feel) vorgeben. Aber der Frontend-Entwickler überführt nach einer generellen Freigabe durch den Kunden, die ersten Entwürfe sehr schnell in einen Klickdummy-Prototyp, der ab dann für die weitere Arbeit das Zentrum der Kunde/ Agentur-Schnittstelle wird (Abb. 2).

Die fortschreitende Entwicklung der Seite, wird somit in viele kleinere Phasen aufgeteilt, als es bisher üblich war. Und der Kunde ist permanent in den Prozess involviert, denn erst das ‚Erleben' der Seite in echten und unterschiedlichen Browser-Umfeldern (Desktop, Smartphone, Tablet etc.) zeigt dann, ob Konzept und Design tragfähig sind. Zeigen Tests Schwächen des Klickdummys auf, können sie umgehend beseitigt werden.

Der neue Workflow führt auch dazu, dass Agenturen intern Ressourcen anders verplanen müssen. War es bisher noch möglich, dass der De-

Abbildung 2: Erster funktionaler Frontend Prototyp (ohne funktionierende Seitenstruktur, nur Templates zum Testen von Breakpoints für Tablet und mobile Phone)

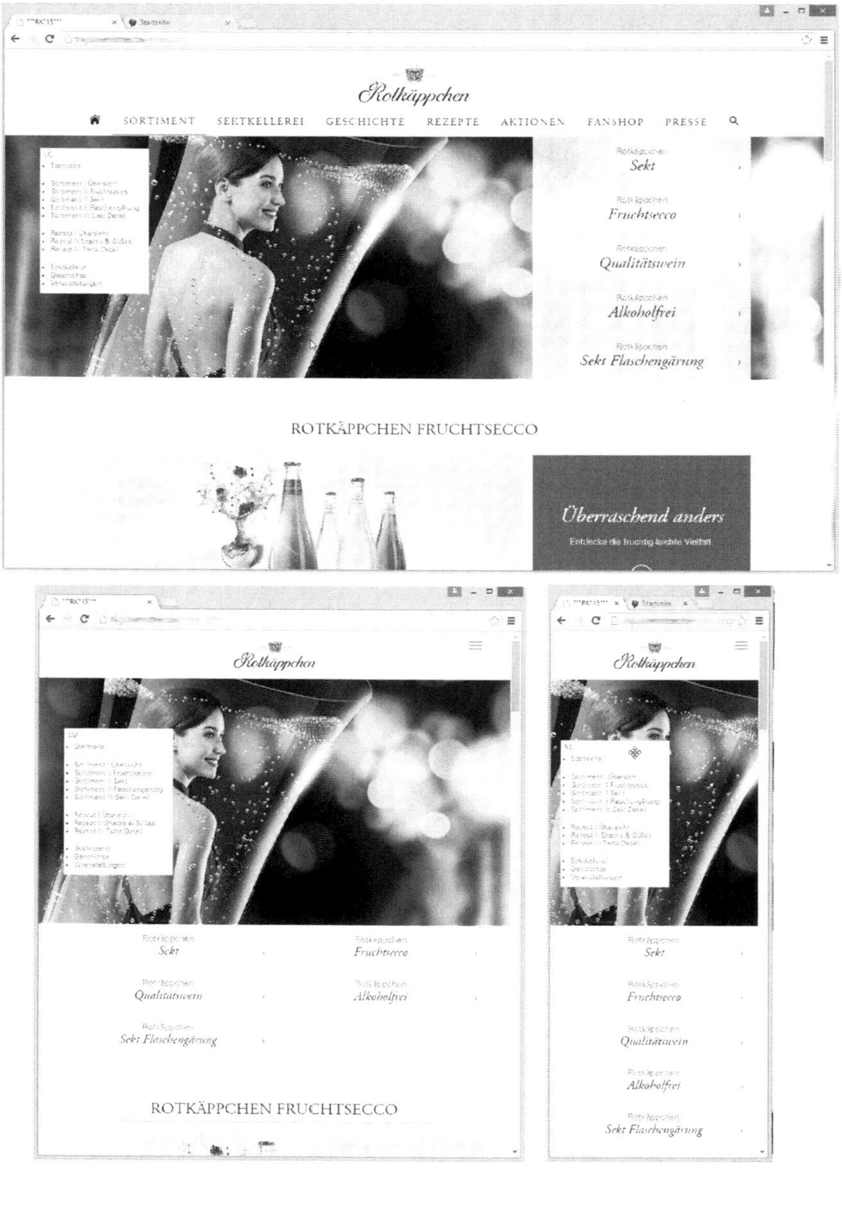

signer bereits am nächsten Projekt arbeitete, während der Frontend-Entwickler gerade die Umsetzung seiner abschließenden Designs begann, wird dies bei responsiven Projekten nicht mehr möglich sein. Die beteiligten Gewerke müssen vermehrt gleichzeitig am Projekt arbeiten, da bei diesem iterativen Verfahren der Frontend-Entwickler immer wieder Zuarbeit aus der Kreation braucht.

Abnahmen

Bisher ist es üblich, vertragsrelevante Design-Abnahmen anhand von Photoshop-Designs vorzunehmen und funktionale Vorgaben in einem Pflichtenheft zu beschreiben, das dann als Maßstab für die Komplexität der Anwendung gilt. Statische Designvorgaben taugen in einer Multi-Device-Welt nur noch als gut ausgearbeitete Skizze für das Look and Feel der Seite (s. oben). Realistisch betrachtet konnte noch nie wirklich eine Verbindlichkeit aus einer medienfern entstandenen Grafik gezogen werden. Deshalb können Agentur und Kunde zu Projektbeginn vertraglich zwar den Funktionsumfang der Seite definieren, welche Abnahmekriterien aber für die Darstellung der Seite gelten sollen, muss nun anders definiert werden. Pixelexakte Übereinstimmung mit einem Photoshop-Design oder pixelexakte Übereinstimmung zwischen den diversen Browsern dürfen nicht dazu gehören.

Abnahmekriterien sind weiterhin die intakte Funktionalität und eine adäquate Optik, aber dies muss nun gerätespezifisch differenziert werden. Inhalte sollten also attraktiv aufbereitet und zugänglich sein. Technisch bedingte Abweichungen durch differierende Browserfähigkeiten müssen dabei jedoch hingenommen werden. Das erfordert eine gewisse Unschärfe im Abnahme-Prozedere.

Hier empfiehlt sich die Anzahl der Devices und die genaue Liste an Browsern, die zum Test des Projektes herangezogen werden, im Pflichtenheft genau zu definieren. Dabei muss allen Beteiligten klar sein, dass insbesondere bei mobilen Endgeräten nur eine im Vergleich zur tatsächlichen Gerätevielfalt kleine Auswahl getroffen werden kann. Dem zu testenden Endprodukt muss zwangsläufig ein gewisser Spielraum eingeräumt werden.

Die Abnahmen der einzelnen Projektteilbereiche erfolgen dann am Prototypen, auf den vereinbarten Testgeräten und Browsern. Hier sei noch einmal erwähnt, dass nicht nur die gestalterische Darstellung sondern auch der funktionale Umfang der Seite dabei differieren kann. Dies bedeutet für die Praxis, dass Kunde und Agentur so lange an Projektteilbereichen iterativ weiter arbeiten, bis aus Kundensicht eine Freigabe erteilt werden kann. Dann wird der nächste Teilabschnitt im Prototypen entwickelt und das Prozedere beginnt von neuem.

Generelle Herangehensweise „Mobile first vs. Desktop first"

Jedes responsive Projekt muss mit der Entscheidung beginnen, ob das Design wie bislang gewohnt vom großen Desktop-Layout her gedacht wird oder ob man in seinem Projekt bereits einen so großen mobilen Anteil am Traffic ausmacht und vom kleinsten gemeinsamen Nenner her denkt. Diese konzeptionelle Frage ist für die spätere Umsetzung entscheidend. Denn sie legt fest, welche Assets (Bilder, JavaScripte) initial geladen werden. Die Entscheidung hat damit eine Auswirkung auf die Performance einer Seite und auf den Einsatz von JavaScript.

Bei responsivem Design geht es im Grundsatz darum, bestehende Informationen für das jeweilige Endgerät auf dem zur Verfügung stehenden Platz adäquat zu verteilen. Beim Ansatz 'mobile first' nimmt man das Gerät als Ausgangspunkt, das den geringsten Platz zur Verteilung der Seitenbestandteile bietet. Dieses idealtypische Endgerät (normalerweise ein Smartphone) sollte zudem auch relativ wenige technische Fähigkeiten besitzen (vgl. Frost, B., 2011).

Dieser kleinste gemeinsame Nenner sollte von allen Browsern und Endgeräten angezeigt werden. Je nach Fähigkeit des Browsers und zur Verfügung stehendem Platz wird dann das Endergebnis erweitert.

Die BBC hat ihren Ansatz „cutting the mustard" (vgl. BBC, 2012) getauft. Sie fragt mittels JavaScript nach bestimmten Fähigkeiten des Browsers und teilt diese dann in zwei Kategorien ein: HTML4- und HTML5-Browser. Die HTML4-Browser bekommen nur den oben erwähnten kleinsten gemeinsamen Nenner zu sehen. Die HTML5-Browser bekommen mehr Bilder, mehr Texte und evtl. auch Videos zu sehen. Das Design für diese Browser ist zudem ausgefeilter und attraktiver. Von dieser Basis geht man dann im mobile-first Ansatz weiter und betrachtet die weiteren Geräteklassen und Breakpoints.

‚Mobile first' ist ein wichtiger Ansatz für Konzeption und Entwicklung einer Site, damit das Endprodukt performant auf kleinen Endgeräten funktioniert. Insbesondere für Bilder ist ‚mobile first' wichtig. Sie haben den mit Abstand größten Anteil am Übertragungsvolumen einer Seite. Ein auf dem Desktop bildschirmfüllendes Bild wäre auf einem Smartphone überdimensioniert. Und obwohl man es mit einfachen Mitteln kleiner skalieren kann, verliert es dadurch kein einziges Byte.

Es ist also aus Sicht des Endnutzers wichtig, dass jedes Endgerät die für es passenden Bilder ausgeliefert bekommt. Das Gleiche gilt für Inhalte. Sollte es Inhalte geben, die auf einem Smartphone nicht gezeigt werden sollen – üblicherweise ist dies Werbung –, so sollten sie erst gar nicht ausgeliefert werden. Denn unerwünschte Inhalte auszublenden verhindert nicht, dass sie geladen werden und damit das Nutzungserlebnis verschlechtern.

Die hinter dem Ansatz ‚mobile first' steckende Entwicklungsstrategie ist nicht neu. Sie ist als „progressive enhancement" (vgl. Schäfer, M., 2010) theoretisch schon seit sehr vielen Jahren Teil der Praxis von Frontend-Entwicklern.

Mobile first und der Projektverlauf

‚Mobile first' hat selbstverständlich Auswirkungen auf den Projektverlauf, auf die Zusammenarbeit zwischen Agentur und Kunde und auf den Workflow innerhalb der Agentur.

Es ist noch heute nicht unüblich, dass ohne genaue inhaltliche Planung, ohne Kenntnis der späteren Texte, Designs entworfen werden. Aber anstatt sich schon zu Beginn in Designentwürfe und -details zu vertiefen, erfordert ‚mobile first' eine inhaltliche Planung. Der Kunde muss inhaltliche Prioritäten setzen. In ersten groben Klickdummys können schon zu einem frühen Zeitpunkt Layoutideen überprüft werden. Die Reihenfolge der Inhalte bei den unterschiedlichen Breakpoints kann zur Herausforderung werden.

Es ist deshalb wichtig, zu Beginn des Projektes dieses intensiv zu durchdenken und zu planen. „Mobile first" führt so ganz zwangsläufig zu „content first" und „design second". So wie es schon immer sein sollte, wenn man nicht Kunst sondern Inhalte präsentieren möchte.

Literatur

Makino, T. & Phan, D. (2015): Rolling out the mobile-friendly update *Google Webmaster Blog*, 21.4.2015, http://googlewebmastercentral.blogspot.de/2015/04/rolling-out-mobile-friendly-update.html (abgerufen: 28.04.2015)

Makino, T., Jung, C. & Phan, D. (2015): Mehr für Mobilgeräte optimierte Suchergebnisse *Google Webmasterer-Zentrale Blog* (veröffentlicht von Mehlem, J.) http://googlewebmastercentral-de.blogspot.de/2015/02/mehr-fuer-mobilgerate-optimierte-suchergebnisse.html

Marcotte, E. (2010): Responsvie Webdesign, A List Apart, Issue #306, 25.5.2010, http://alistapart.com/article/responsive-web-design/ (abgerufen: 28.04.2015)

Marcotte, E. (2013): Responsive Webdesign

Initiative D21 & Huawei Technologies (2014), Mobile Internetnutzung 2014, eine Studie der Initiative D21 und Huawei Technologies Deutschland GmbH, durchgeführt von TNS Infratest http://www.initiatived21.de/wp-content/uploads/2014/12/Mobile-Internetnutzung-2014_WEB.pdf (abgerufen 28.04.2014)

StatCounter, (2015) http://gs.statcounter.com/#desktop-resolution-DE-monthly-201401-201412 (abgerufen 28.04.2015)

Google Developers (2014): Responsive Webdesign, *Google Developers*, 07.08.2014 https://developers.google.com/webmasters/mobile-sites/mobile-seo/overview/select-config?hl=de (abgerufen 28.04.2015)

Google (2/2014) https://developers.google.com/webmasters/mobile-sites/mobile-seo/overview/different-devices?hl=de

Jendryschik, M. (2010): Allen recht - Geräteabhängige Stilvorgaben mit CSS Media Queries, *iX 09/2010*, Hannover: Heise Medien

Stow, M. (2013): Umfangreiche Liste von Geräten, Betriebssytemen und Viewportabmessungen, http://viewportsizes.com/ (abgerufen 28.04.2015)

Schotte, B. (2013):Verträge in agilen Softwareprojekten http://de.slideshare.net/BjoernSchotte/vertraege-in-agilen-projekten

Ohye, M., (2015), FAQs about the April 21st mobile-friendly update, *Webmaster Central Blog*, 21.04.2015 http://googlewebmastercentral.blogspot.de/2015/04/faqs-april-21st-mobile-friendly.html (abgerufen 28.04.2015)

Schäfer, M. (2010), Progressive Enhancement: Die Zeit ist gekommen, http://molily.de/progressive-enhancement/ (abgerufen 28.04.2015)

Frost, B. (2011), Mobile-First Responsive Web Design, http://bradfrost.com/blog/web/mobile-first-responsive-web-design/ (abgerufen 28.04.2015)

BBC (2012), Cutting the mustard,

http://responsivenews.co.uk/post/18948466399/cutting-the-mustard (abgerufen 28.04.2015)

Microsoft (2015), Unternehmenswebseite https://www.microsoft.com/surface/de-de/products/surface-3 (abgerufen 28.04.2015)

Jasmin Wiesinger, Sven Pagel

Medienforschung für Social TV und Second Screen - Effekte des partizipativen Fernsehens auf die Erfolgsmessung

Alleine Fernsehen war gestern. Denn Social TV verwandelt die TV-Rezeption durch die gleichzeitige Nutzung von sozialen Netzwerken und des Fernsehens in ein gemeinschaftliches, virtuelles Erlebnis. Programmbezogenes Twittern, das Interagieren mit sender- und sendungseigenen Facebook-Postings oder das Chatten über Second Screen Apps parallel zur Sendung gehören für viele Rezipienten bereits zum TV-Alltag und gewinnt für die Medienplayer zunehmend an Bedeutung. Doch was befeuert die parallele Kommunikation zum linearen TV-Programm? Um ein Verständnis für die Social TV-Kommunikation zu entwickeln, verfolgt der vorliegende Beitrag das Ziel, im ersten Teil den bisherigen Forschungsstand zu Social TV zu erfassen und anknüpfend den Social TV Buzz in sozialen Kanälen während der Sendezeit auf Zeitebene, Inhaltsebene, Kontext- und Netzwerkebene sowie Nutzerebene empirisch anhand mehrerer Sendungen wie Tatort, Champions League Finale 2014 und Bundesligaauftakt 2014 „Bayern gegen Wolfsburg" zu messen. In diesem Zusammenhang wurden Social-Media-Kennzahlen auf Twitter und Facebook erfasst, um darauf aufbauend die Social TV Performance zur linearen TV-Rezeption tendenziell beurteilen zu können. Die Ergebnisse der Studie verdeutlichen, dass zeitliche Aspekte bei zwei exemplarisch ausgewählten Tatort-Folgen, die emotionale Ansprachen sowie die Post-Häufigkeiten im Sport- und Krimi-Genres den Social TV Diskurs während der Parallel-Kommunikation befeuern.

1 *Einleitung*

Die zunehmende Parallelnutzung und Konvergenz zwischen Fernsehen und Internet in Form von Web TV und HbbTV sowie Second Screen und Social TV verwischen die Grenzen zum traditionell linearen Fernsehen. Laut den Befunden der *ARD/ZDF Onlinestudie 2014* konsumieren Rezipienten Bewegtbildinhalte zunehmender über neue digitale Kanäle anstatt über das klassische Fernsehmedium (vgl. Van Eimeren/Frees, 2014 a, S. 388). So ermöglichen es beispielsweise On-Demand-Dienste oder digitale Video Disk Recorder aufgrund der technischen Entwicklung, die TV-Rezeption zeitlich und räumlich unabhängig vom Programmschema zu flexibilisieren. Auch die Kommunikation zeitgleich zum laufenden TV-Programm verlagert sich bereits von der Couch in soziale Netzwerke. Über die Social TV Nutzung auf solchen sozialen Plattformen und deren Akzeptanz ist allerdings bisher noch wenig bekannt. Daher verfolgt der vorliegende Beitrag das Ziel, einleitend eine definitorische Abgrenzung der Begrifflichkeiten zu geben und sowohl den bisherigen Forschungsstand zu Social TV (Kap. 2) als auch die Messmethoden des Social-Media-Monitorings (Kap. 3) darzustellen. Darauf aufbauend werden in einer empirischen Studie programmbezogene Aktivitäten auf Twitter und Facebook während der TV-Rezeption (Parallel-Kommunikation) analysiert und Erkenntnisse über die Social TV Performance auf *(1) Zeitebene, (2) Inhaltsebene, (3) Kontext- und Netzwerkebene sowie (4) Nutzerebene* vorgestellt (Kap. 4). Zusammenfassend soll damit die übergeordnete Fragestellung *„Wie wirkt das partizipative Fernsehen auf die Erfolgsmessung von exemplarisch untersuchten Sendungs-Formaten?"* beantwortet werden (Kap.5).

2 Forschungsstand Social TV

Die steigende Angebotsvielfalt an interaktiven Beteiligungsformen auf internetfähigen Fernsehern oder über zusätzliche Endgeräte (Second Screen) entwickelt das konventionelle Fernsehen zu einem virtuellen und sozialen Fernseherlebnis (vgl. Buschow, 2013 a, S. 48). Dazu bietet die mediale Innovation Social TV ein hohes Maß an Möglichkeiten, um Rezipienten in viele unterschiedliche Aktivitäten zu integrieren und von deren Meinungsvielfalt zu profitieren(vgl. Pagani/Mirabello, 2011, 41 f.).

2.1 Begriffsklärung: Partizipatives Fernsehen

In der Wissenschaft existieren bislang nur wenige gefestigte Definitionsansätze für das Phänomen Social TV. Einer der Ansätze beschreibt Social TV als jegliche Art der Nutzung von interaktiven Formaten parallel zur TV-Rezeption (vgl. Dinter/Pagel, 2014, S. 160). Bewegtbildinhalte, insbesondere das Fernseh-Medium und soziale Netzwerke werden dementsprechend verknüpft. Die Nutzer haben die Möglichkeit sich interaktiv via Chatfunktion über Programminhalte oder Protagonisten auszutauschen (vgl. Neef/Schroll/Hirsch, 2011, S. 13). Dieser gemeinsame Fernsehkonsum und Diskurs über das Gesehene bewirkt eine virtuelle Zuschauergemeinschaft, woraufhin bereits der „Lagerfeuer"-Effekt hinweist (vgl. Kessler/Kupferschmitt, 2012, S. 623). Im Vergleich dazu wirkt der Nutzer beim partizipativen TV mittels Interaktionsmöglichkeiten in Echtzeit aktiv am Programm mit, er partizipiert und wird zum Teilnehmer. Konkret kann also der Nutzer auf das laufende Programm Einfluss nehmen und es in einem gewissen Rahmen individualisieren (vgl. Neef/Schroll/Hirsch, 2011, S. 13). Aus passiven Zuschauern entwickeln sich demnach Viewser, die Medieninhalte durch Interaktion selbst mitgestalten (vgl. Opaschowski, 2006, S. 191).

2.2 Veränderung des Mediennutzungsverhaltens zwischen Fernsehen und Internet

Die Veränderung des Mediennutzungsverhaltens kann auf die rasante technische Entwicklung und die digitale Evolution zurückgeführt werden (vgl. Van Eimeren/Frees, 2013, S. 373). Laut der Ergebnisse des *Media Activity Guide 2014* beläuft sich der tägliche Nutzungsanteil der TV-Rezeption zu der Zeit auf 82 Prozent und zunehmend 62 Prozent der 14-plus Zielgruppe ist bereits täglich online (vgl. SevenOne Media, 2014, S. 10). Knapp zwei Drittel der linearen Fernsehrezeption entfällt an einem durchschnittlichen Wochentag auf die Stunden zwischen 17 und 23 Uhr und erreicht den Peak in der Primetime zwischen 19:30 und 22 Uhr (vgl. AGF/GfK TV Scope, SWR Medienforschung, 2014). Zwar überwiegt 2014 weiterhin die tägliche TV-Rezeption der deutschen Bevölkerung mit 221 Min. (vgl. AGF in Zusammenarbeit mit GfK, TV Scope, 2014) gegenüber der täglichen Radionutzung (199 Min.) (vgl. MA 2014 Radio I, 2014) und der Internetnutzung (166 Min.), allerdings ist ein deutlicher Anstieg der Online-Verweildauer im Vergleich zu 2012 (137 Min.) zu beobachten (vgl. Van Eimeren/Frees, 2014 a, S. 382). Auch die Tagesreichweite des Webs beträgt derweil rund 48,10 Prozent (vgl. Breunig/Hofsümmer/Schröter, 2014, S. 14). Um die Brücke zwischen TV-Rezeption und der Nutzung von Online-Inhalten zu ziehen, unterstreicht die *ARD/ZDF-Onlinestudie 2014* eine deutliche Zunahme der wöchentlichen Bewegtbildnutzung der Onliner ab 14 Jahren um 11 Prozentpunkte auf 45 Prozent innerhalb der letzten 6 Jahre. Vor allem wird deutlich, dass Bewegtbildinhalte über Videoportale (34 Prozent), über Mediatheken (9 Prozent) und zeitversetzte Fernsehsendungen (14 Prozent) in Deutschland häufiger genutzt werden als Live-Fernsehen im Internet (8 Prozent) (vgl. Van Eimeren/Frees, 2014 b, S. 399).

2.3 Screen-Kombinationen als Verstärker der Parallelnutzung

Neben der multimedialen Nutzung über HbbTV ist ebenfalls eine zunehmende Parallelnutzung von Medieninhalten sowohl auf dem Second Screen als auch auf dem Multi-Screen zu erkennen (vgl. Interactive Media CCSP GmbH/United Internet Media AG, 2013, S. 19). Bereits im Jahr 2013 gaben 34 Prozent der Befragten eine häufige, 18 Prozent eine gelegentliche und 16 Prozent eine seltene Parallelnutzung von Medieninhalten an. Insbesondere die Zielgruppe zwischen 14 und 49 Jahren nutzt den Second Screen verstärkt (81 Prozent). Diese Tendenz kann auf den intensivierten Konsum von webbasierte Inhalten über zusätzliche Endgeräte abgeleitet werden (vgl. SevenOne Media/Wirkstoff TV, 2013, S. 8). In dem Zusammenhang gibt es eine Reihe an verschiedenen Multi-Screen-Kombinationen, welche die Nutzer parallel verwenden. Ausgehend von den Ergebnissen der *Catch me if you can Studie* aus Tabelle 1, zählt zu der meist-genutzten Form die Zweierkombination TV und Laptop (56 Prozent), dicht gefolgt von TV und Smartphone (55 Prozent). Allerdings geht ebenfalls aus Tabelle 1 hervor, dass mehr als ein Viertel die Dreierkombination TV, Smartphone und Laptop verwenden (vgl. Interactive Media CCSP GmbH/United Internet Media AG, 2013, S. 19).

Tabelle 1: Screen-Kombinationen bei Multi-Screen-Situationen (in Prozent)

	Gesamt	**14-29 Jahre**	**30-39 Jahre**	**40-49 Jahre**	**50-59 Jahre**
Kombination					
TV und Laptop	56	68	53	51	47
TV und Smartphone	55	68	52	50	36
TV und Tablet	49	49	59	44	36
Smartphone und Laptop	45	59	42	38	28
TV, Smartphone und Laptop	34	46	31	29	21
Tablet und Smartphone	34	36	30	38	23
TV, Smartphone und Tablet	33	39	29	34	15
Tablet und Laptop	23	26	21	20	23

Quelle: nach Interactive Media CCSP GmbH/United Internet Media AG, 2013, S. 19

2.4 Social TV in sozialen Netzwerken: Facebook und Twitter

Social TV wird, neben den auf Social TV ausgerichteten Anwendungen, auf bereits existierenden, unabhängigen Plattformen wie Facebook oder Twitter betrieben. Während 2013 in Deutschland die Nutzungsfrequenz von Facebook 23,24 Millionen Community-Nutzer verzeichnet, besitzt Twitter mit 3,89 Millionen deutlich weniger Unique User (vgl. Busemann, 2013, S. 291 f.). Auch im Bezug auf die Social TV Kommunikation über selbige Plattformen bestärkt die Studie der *IJK Hannover*, dass Facebook auf einer Skala von 1 (nie) bis 5 (sehr häufig) mit einer Nutzungshäufigkeit von 3 gegenüber Twitter (2,5) den höchsten Wert erreicht. Die Communities der Sender (z.B. ProSieben Connect) (1,7) und Second Screen Apps (1,5) mit Google+ (1,3) bilden das Schlusslicht (vgl. Buschow et al., 2013 b, S. 50). Zugleich haben die Sender die Bedeutung der sogenannten Private Communities erkannt und richten sich sowohl eigene als auch sendungsspezifische Fanseiten sowie Twitter-Accounts ein, um mit den Rezipienten in Kontakt zu treten (vgl. Cesar/Geerts, 2011, S. 94). Nach den Ergebnissen der *Phaydon Communitystudie* abonnierten 22 Prozent der Befragten Fanseiten, um eine direkte Verbindung mit den Sendungsmachern oder Hauptdarstellern aufzubauen. Zuzüglich streben 36 Prozent nach der Kommunikation mit anderen aktiven Teilnehmern auf den sendereigenen Fanseiten (vgl. Busemann, 2013, S. 295). Auch auf der Microblogging-Plattform Twitter sind die Nutzer aktiv. Derweil schreiben bereits 30 Prozent der Twitter-Nutzer unter Berücksichtigung der Reichweitensteigerung aktiv Tweets. Gegensätzlich verhält sich der andere Teil als passiver Follower (vgl. Busemann, 2013, S. 398). Darüber hinaus werden Twitter-Accounts deutscher Sender mit 1,2 Millionen Follower verstärkt genutzt (vgl. BITKOM, 2012, S. 1).

3 Konzepte zur Messung der Social-TV-Nutzung einzelner Genres

Bereits die vorangehende Ausführung zur Veränderung des Mediennutzungsverhaltens hebt hervor, dass künftig diesem jungen Forschungsfeld eine große Bedeutung zukommen wird. In Anbetracht dessen wird es für alle Medienakteure immer wichtiger, ihre Reichweiten ebenso im Social Web zu beobachten und zu analysieren.

3.1 Metriken des Social TV Monitorings

Neben der systematischen Identifikation, Beobachtung sowie Auswertung der Reichweiten und Interaktionen des Web Monitorings, stützt sich das Social Media Monitoring in Erweiterung auf den User Generated Content in Social Networks (vgl. Werner, 2013, S. 6 ff.). Methodisch werden im Social Media Monitoring empirische Inhaltsanalysen, Befragungen sowie Webtrackings eingesetzt, um ein breites Maß an Meinungen der Nutzer und deren Verbindungen zu eruieren (vgl. Heltsche, 2012, S. 7). Vor diesem Hintergrund ergeben sich quantitative Key Performance Indicators (KPIs) für die Evaluation der jeweiligen Social Media Kanäle individuell für einzelne Messverfahren. Unabhängig davon, lassen sich die relevanten Kennzahlen zur Erfolgsmessung für die folgende empirische Studie in zwei Ebenen spezifizieren: *Kontext- und Netzwerkebene sowie Nutzerebene* (vgl. ebd., S. 8).

Die Messgrößen aus der *Kontext- und Netzwerkebene* geben vor allem Aufschluss darüber, welche Position das Angebot der Sender im Vergleich zu anderen Angeboten einnimmt. Dabei spielen neben der Positionierung in sozialen Netzwerken auch Reichweiten als Messgrößenindikator eine signifikante Rolle. Diese Reichweiten, im Speziellen die Fans der Facebook Fanpages oder auch die Follower von Sender-Accounts auf Twitter, werden direkt erfasst. Die *Nutzerebene* fokussiert sich hingegen primär auf die messbaren User-Affinitäten und direkten Aktivitäten. Dementsprechend werden direkte Interaktionen durch nutzergenerierte Kommentare auf senderspezifischen Facebook-Seiten und Tweets auf Twitter ausgedrückt. Auch Empfehlungen in Form von Retweets auf Twitter oder Likes und Shares auf Facebook zählen darunter. Um die Anzahl der interaktiven Kommentare zu geschalteten Sender-Posts und das Tweet-Volumen zu messen, ermöglicht Facebook und Twitter ein manuelles Tracking der KPIs (vgl. ebd., S. 8 f.). Erst die Kombination der Maßgrößen aus den beiden Ebenen lassen Rückschlüsse über die Bedeutsamkeit und Dominanz bestimmter Nutzer sowie unternehmerischer Angebote ableiten. Daher erweitern diverse Drittanbieter bereits „eigene Relevanzindices“ (Heltsche, 2012, S. 8), um Social Media Angebote systematisch in Cluster oder Ratings zu klassifizieren.

3.2 Eignung spezifischer Genres für Social TV

Das sehr junge Forschungsfeld Social TV befindet sich aufgrund der relativ wenigen empirischen Nachweise noch in seinen Anfangszügen. Bislang richtet sich der Fokus der Forschung vielmehr auf die Akzeptanz und Nutzerhäufigkeit der Social TV Angebote und berücksichtigt weniger die Kausalität sowie die Eignung. Im Rahmen einer von der *IJK Hannover* durchgeführten Onlinebefragung mit 814 Teilnehmer, darunter 409 Social TV-Nutzer und 405 Social TV-Nicht Nutzer, wurden erste Unterschiede zur Nutzerhäufigkeit zwischen einzelner Genres eruiert. Daraus geht hervor, dass hinsichtlich der Rangfolge vor allem bei Serien, Casting- sowie Unterhaltungsshows und Sportübertragungen interagiert wird. Gegensätzlich werden wiederum Nachrichten und Filme häufiger rezipiert und seltener darüber interagiert (vgl. Buschow et al., 2013 b, S. 28 f.). Auch eine Korrelationsanalyse zwischen Plattformnutzung und TV-Formaten macht deutlich, dass verschiedene Genres einen Einfluss auf die Social TV Nutzung in sozialen Netzwerken haben. Demnach eignet sich Twitter nahezu für jedes Sendungsformat, außer für Serien und Nachrichten. Diese Genres weisen vielmehr einen Zusammenhang zur Facebook-Plattform auf (vgl. ebd., S. 53 f.).

Anknüpfend an die Onlinebefragung zur Nutzerhäufigkeit, generierte das *IJK* ebenfalls zentrale Befunde zur Eignung von Social TV Angeboten in Deutschland. 34 Experten aus verschiedenen Bereichen deklarieren besonders Aktualität und eine emotionale Ansprache für die Social TV Eignung als bedeutsame Merkmale. TV-Formate wie Castingshows, Sportsendungen sowie TV-Events bilden eine große Aktualität und hohe emotionale Ansprache ab, welche durch das direkte Mitfiebern und Mitbestimmung nach Experteneinschätzungen gekennzeichnet ist. Vor allem Live-Übertragungen treiben sowohl die Interaktionen als auch das emotionale Involvement voran. Demgegenüber stehen bei Nachrichten- und Politikformaten, die hauptsächlich eine hohe Aktualität besitzen, das konstante Aufsuchen nach Zusatzinformationen von brandaktuellen Themen im Fokus. Bei Serien und Filmen sehen die Experten die Zuschaueraktivierung als einerseits problematisch, andererseits finden einige Befragte, dass dieses Genre ein großes Potenzial hat, die Nutzer in das Storytelling einzubinden (vgl. Buschow et al., 2013a, S. 27).

4 Empirische Studie: Social TV-Nutzung über soziale Netzwerke

Ausgehend von den bisherigen Darstellungen werden in diesem Kapitel die Befunde einer empirischen Studie zur Nutzung von Social TV Angebote in sozialen Netzwerken parallel zur TV-Rezeption (Parallel-Kommunikation) präsentiert. Im Fokus dieser empirischen Untersuchung stehen folgende Forschungsfragen:

> *(1) Zeitebene: Besteht ein signifikanter Zusammenhang zwischen Zeitintervall und Tweets bei der Krimiserie Tatort? Wird während der Parallel-Kommunikation tendenziell häufiger zum Anfang oder zum Ende sendungsbezogen getwittert?*
> *(2) Inhaltsebene: Was ist in den fünf Zeitintervallen mit den höchsten Tweets bei der Krimiserie Tatort und der Sportveranstaltung Champions League Finale 2014 inhaltlich passiert?*
> *(3) Kontext- und Netzwerkebene: Wie entwickelt sich der Fanzuwachs auf sender- und sendungseigenen Facebook-Seiten von beispielhaft ausgewählten Sendungen innerhalb der Parallel-Kommunikation?*
> *(4) Nutzerebene: Wie beeinflusst die Post-Häufigkeit der Sportschau analog zur Sportübertragung Bundesligaauftakt 2014 „Bayern gegen Wolfsburg“, die Nutzerinteraktionen auf der sendungseigenen Facebook-Seite?*

Angesichts der noch geringen Anzahl an empirischen Befunden zum innovativen Forschungsfeld Social TV handelt es sich bei der vorliegenden Forschungsstudie um eine Analyse mit *explorativem* Charakter, die an bereits vorhandene Erkenntnisse (u.a. Buschow et al., 2014; Buschow et al., 2013 a; Buschow et al., 2013 b; Dinter/Pagel, 2014; Dinter/Pagel, 2013; Feuß, 2013; Cesar/Geerts, 2011) anknüpft.

4.1 Forschungsplan

Die Untersuchung zielt konkret darauf ab, die Nutzung der sender- und sendungseigenen Social TV Angebote auf Facebook und Twitter zu einem bestimmten Programm und während der Sendezeit zu bewerten. Dazu wurden sendungsbezogene Metriken auf beiden genannten sozialen Netzwerken durch quantitative Webtrackings analog zu 13 Sendungen der öffentlich-rechtlichen Fernsehanstalten ZDF und Das Erste erfasst und anschließend mittels statistischer Analysesoftware wie SPSS und Microsoft Excel ausgewertet. Faktisch wurden die Twitter-Aktivitäten in Form von deutschsprachigen, programmbezogenen Tweets (z.B. #Tatort) und die Interaktionen (Kommentare, Likes, Shares) sowie Reichweiten (Fans) auf Facebook im 5-Minuten-Intervall manuell getrackt. Bei der Erfassung der Tweets lag das Hauptaugenmerk auf sendungsbezogenen Hashtags, die entweder auf Sender-Websites oder innerhalb der Fernsehsendung angekündigt wurden. Jene Sendungen, die keinen offiziellen Hashtag haben, wie beispielsweise das Champions League Finale 2014, wurden in der Feldphase durch den Boole'schen Operator OR verknüpft und mit Hilfe des Befehls lang:de nach deutschen Tweets selektiert (z.B. #ChampionsLeague OR #ucl OR #Atletico OR #RealMadrid lang:de). Aufgrund der vergleichsweise hohen Social TV Nutzung über Facebook und Twitter und dem starken Live-Charakter parallel zur Sendung stützte sich die Datenmessung primär auf diese beiden sozialen Netzwerke.

4.2 Stichprobe nach Genres

Die Auswahl der TV-Formate für das Social TV Monitoring basiert auf folgenden Kriterien. Demzufolge wurden speziell deutsche TV-Sendungen aus der Primetime, die entsprechend für unterschiedliche Genres stehen, mit Blick auf die Eignung für Social TV ausgewählt. Dabei beschränkt sich die Selektierung, insbesondere bei Sportübertragungen, auf die Ausstrahlung im Free-TV. Um in Erweiterung die Relevanz der einzelnen TV-Formate im Social Web zu identifizieren, erfolgte ebenfalls eine detaillierte Beobachtung der Social TV Ratings wie beispielsweise der Social TV Monitor von Goldmedia. Weiterhin erfolgte die Rohdatensammlung in einer ersten Testphase anhand des *DFB Pokal Finale 2014* und erstreckte sich danach in der Feldphase auf den Zeitraum vom 24.05.2014 bis zum 01.06.2014. Aus einer ersten Analyse der Daten konnten weitere Erkenntnisse gewonnen werden, die im Nachgang der Feldphase am *Tatort „Keine Polizei“* und *Bundesligaauftakt 2014 „Bayern gegen Wolfsburg“* zur Vergleichbarkeit erneut gemessen wurden. Die erhobenen Daten für die 13 analysierten Sendungen einzelner Genres sind *qualitativ* zu bewerten und lassen *tendenzielle* Rückschlüsse über die Social TV Performance in der Parallel-Kommunikation zu, die in weiteren Untersuchungen noch quantifiziert werden müssen.

4.3 Ergebnisse und Diskussion

(1) Korrelationsanalyse auf Zeitebene

Abbildung 1: Korrelationen zwischen Zeitintervallen und Anzahl der Tweets in Parallel-Kommunikation zum Tatort

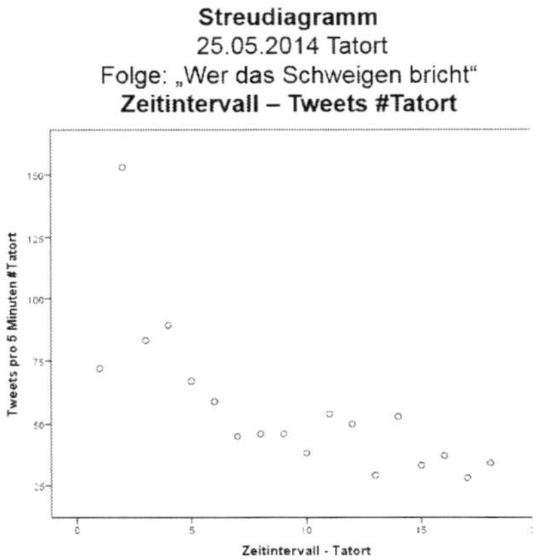

Korrelationen **. Die Korrelation ist auf dem Niveau von 0,01 (2-seitig) signifikant.		Zeitintervall Tatort	Tweets pro 5 Minuten #Tatort
Zeitintervall Tatort	Korrelation nach Pearson	1	-,743
	Signifikanz (2-seitig)		,000
	N	18	18
Tweets pro 5 Minuten #Tatort	Korrelation nach Pearson	-,743	1
	Signifikanz (2-seitig)	,000	
	N	18	18

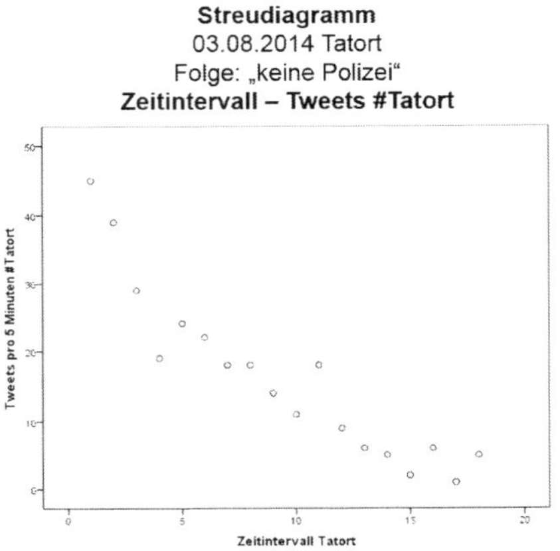

Korrelationen **. Die Korrelation ist auf dem Niveau von 0,01 (2-seitig) signifikant.		Zeitintervall Tatort	Tweets pro 5 Minuten #Tatort
Zeitintervall Tatort	Korrelation nach Pearson	1	-,921
	Signifikanz (2-seitig)		,000
	N	18	18
Tweets pro 5 Minuten #Tatort	Korrelation nach Pearson	-,921	1
	Signifikanz (2-seitig)	,000	
	N	18	18

Quelle: eigene Darstellung

Abbildung 1 visualisiert die Resultate einer Korrelationsanalyse zwischen Zeitintervallen und Tweets gemessen an den Tatort-Folgen „Wer das Schweigen bricht" und „Keine Polizei". Aus den Streudiagrammen geht hervor, dass es sich in beiden Fällen um einen linearen Zusammenhang nach Pearson handelt. Daraus geht hervor, dass die erste Korrelationsanalyse des Tatorts eine starke und negative Korrelation (-0,743) und die darauffolgende Messung eine sehr starke und negative Korrelation (-0,921) abbildet. Diese sind beide auf einem Niveau von 0,01 zweiseitig signifikant. Demzufolge zeigt der signifikante Zusammenhang, dass die Tweets pro 5 Minuten im zeitlichen Verlauf der Sendung sinken. Anhand des Korrelationskoeffizienten und des Streudiagramms ist ersichtlich, dass die Tweet-Aktivitäten zu Beginn höher sind als zum Ende hin.

Der Höhepunkt im Twittern liegt bei beiden Folgen im Zeitintervall von 20:15 bis 20:25 Uhr. Durch die zeitliche Analyse lassen sich weiterführend die Schlüsselszenen des Tatorts ableiten, die in den folgenden Befunden genauer dargestellt werden.

(2) Sendungsinhalte während der fünf Tweetpeaks auf Inhaltsebene

Abbildung 2: Spannungserzeugende und emotionale Ansprache zum Tatort während der fünf Tweetpeaks

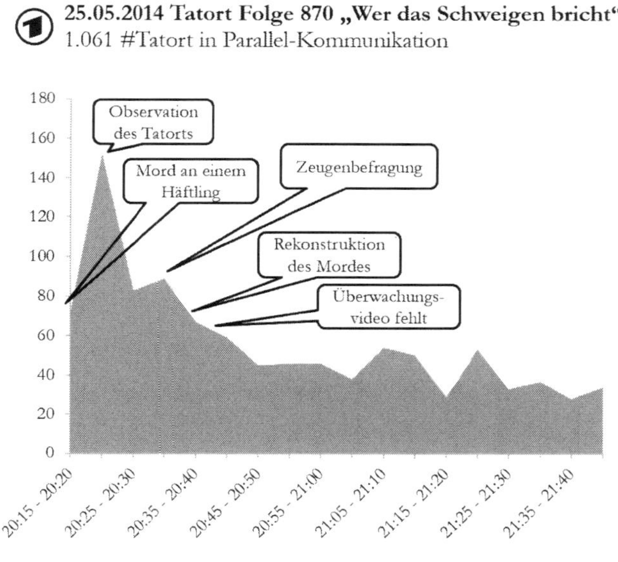

Quelle: eigene Darstellung

Die Ergebnisse einer Analyse des Sendungsinhalts innerhalb der fünf höchsten Tweets zum *Tatort „Wer das Schweigen bricht“* sind in Abbildung 2 dargestellt. Auffallend ist, dass die fünf Tweetpeaks vor allem während der Observation des Tatorts und den Spekulationen nach dem vermeintlichen Mörder zu verzeichnen sind. Faktisch wurde analog zur Spurensicherung des Tatorts mit 153 Tweets, gefolgt von der Rekonstruktion des Mordes (89), der Zeugenbefragung (83), der Mordtat (72) und der Suche nach dem Beweismaterial (67) am meisten programmbezogen getwittert. Daher deuten die zentralen Befunde darauf hin, dass besonders emotionale und spannende Inhalte mit Wende- und Höhepunkten aktivierend auf den Rezipienten wirken und infolgedessen zum virtuellen Diskurs anregen können. Diese inhaltliche Ansprache bietet dem Konsumenten einen emotionalen Mehrwert und befriedigt dessen Austauschbedürfnis durch die Interaktions- und Partizipationsmöglichkeiten. Somit setzen sich Rezipienten zeitgleich zur Ausstrahlung intensiv mit dem Sendungsinhalt auseinander und reflektieren ihre Meinungen und Eindrücke, die weiterführend als redaktionelle Grundlage für neue Formate dienen können. Folgendermaßen ist festzustellen, dass das kontinuierliche Einbinden von Spannungs- und Überraschungseffekten in den gesamten Sendungsinhalt die Partizipation während der linearen TV-Rezeption fördert. Mit der Zielsetzung die Spannung und die Kommunikationsprozesse auch in die unmittelbare Anschlusskommunikation auszuweiten, könnte der Mörder beispielsweise erst im nächsten Tatort bekannt gegeben werden. Eine zusätzliche Möglichkeit stellt eine horizontale Verlängerung der Sendung dar, indem die Hauptdarsteller die Geschichte im Web weiterführen und in direkten Dialog mit der Zielgruppe treten. Dies eröffnet den Sendern die Möglichkeit, von der Verbreitung der Botschaften durch aktive Nutzer, sogenannten Multiplikatoren, zu profitieren, um sowohl die Reichweiten zu steigern als auch dem Konsumenten einen Anreiz zur nächsten linearen TV-Rezeption zu bieten.

Zusätzlich bekräftigt Abbildung 3 zum Champions League Finale 2014, dass die fünf Zeitintervalle mit den fünf häufigsten Tweets im Nachgang des Torausgleichs in der 90‘ Spielminute (207+200), dem Tor von Atlético (184), der Anpfiff (178) und die gelbe Karte für zwei Mannschaftsspieler (160) festzustellen sind. Freude, Wut, Enttäuschung und Überraschung vor allem bei dem unerwarteten Ausgleichstor kurz vorm Sieg sind anscheinend auch hier Treiber für die hohen Kommunikationsaktivitäten.

Abbildung 3: Hohe emotionale Ansprache und hohe Aktualität als Treiber der Kommunikation zum Champions League Finale 2014

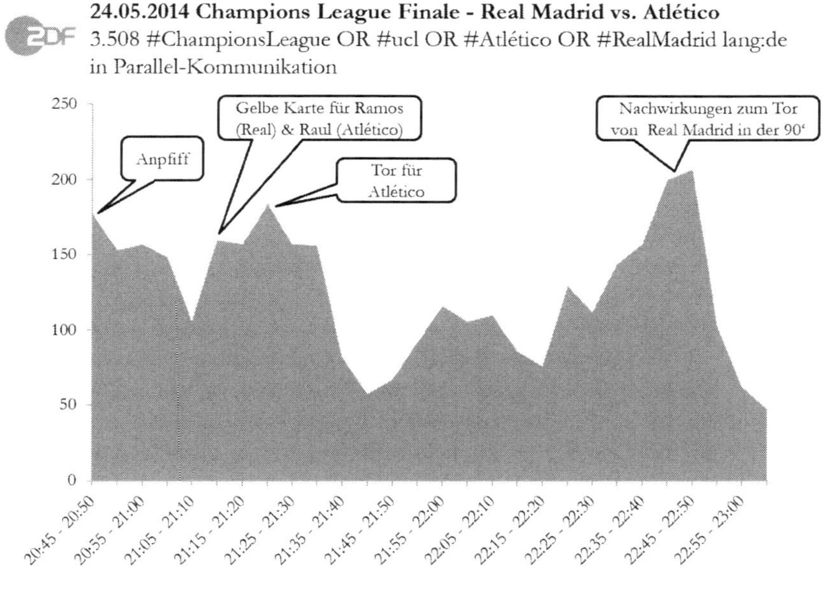

Quelle: eigene Darstellung

(3) Sender- und sendungseigener Reichweitenzuwachs auf Kontext- und Netzwerkebene

Neben den Twitter-Aktivitäten wurden zudem die Facebook-Aktivitäten zu bestimmten Sendungen erfasst. Abbildung 4 fasst in diesem Zusammenhang die Ergebnisse der neu gewonnenen Fans auf der ARD, Das Erste- und ZDF Facebook-Seite sowie der sendungsspezifischen Tatort Facebook-Seite während des ausgewählten Programms zusammen. Im Fokus der individuellen Messungen stand die jeweilige Facebook-Seite, auf der programmbezogen gepostet wurde. Um die Sendungen aufgrund der unterschiedlichen Sendedauer miteinander vergleichen zu können, wurde der durchschnittliche Fanzuwachs pro 5 Minuten betrachtet.

Abbildung 4: Durchschnittlicher Reichweitenzuwachs auf sender- und sendungseigenen Facebook-Seiten innerhalb der Sendezeit

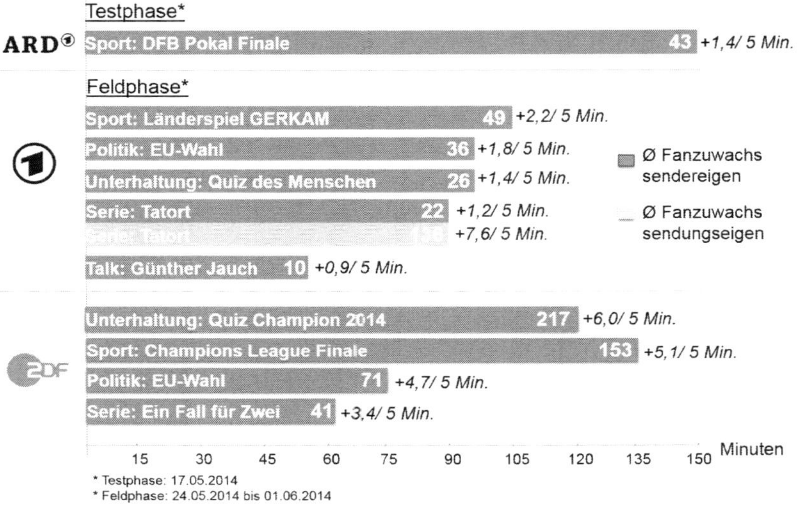

Quelle: eigene Darstellung

Auffällig ist, dass besonders der Online-Reichweitenzuwachs auf der sendereigenen ZDF-Seite zum *Quiz Champion 2014* mit durchschnittlich sechs neuen Fans pro fünf Minuten dominiert, dicht gefolgt vom *Champions League Finale 2014* (ø 5,1 neue Fans/ 5 Minuten). Interessant ist auch, dass vor allem die sendungseigene Facebook-Seite des Tatorts (ø 7,1 neue Fans/ 5 Minuten) im Vergleich zur Seite des Senders Das Erste (ø 1,2 neue Fans/ 5 Minuten) während der Ausstrahlung das Sechsfache an neuen Fans im Durchschnitt verzeichnet. Wie das ZDF bereits die spezielle ZDF Sport Seite über Facebook betreibt, so nutzt Das Erste die Sportschau-Seite, um interessierten Rezipienten sportbezogene Informationen und Interaktionsmöglichkeiten zu liefern. In Anbetracht dessen verstärkt die Entwicklung einer sendereigenen *Unterhaltungs- und Quiz-Seite* auf Facebook die Chance, eine größere Reichweite und Zielgruppe zu erreichen. Diese gilt es mit der jeweiligen Sender-Seite zu vernetzen, mit dem Ziel, dass sich beide Fanpages beiderseitig verstärken.

(4) Steigerung der Interaktionen auf Nutzerebene durch Posthäufigkeit

Abbildung 5: Erfolgswirkende Einflussnahme der Post-Häufigkeit auf die Nutzerinteraktionen

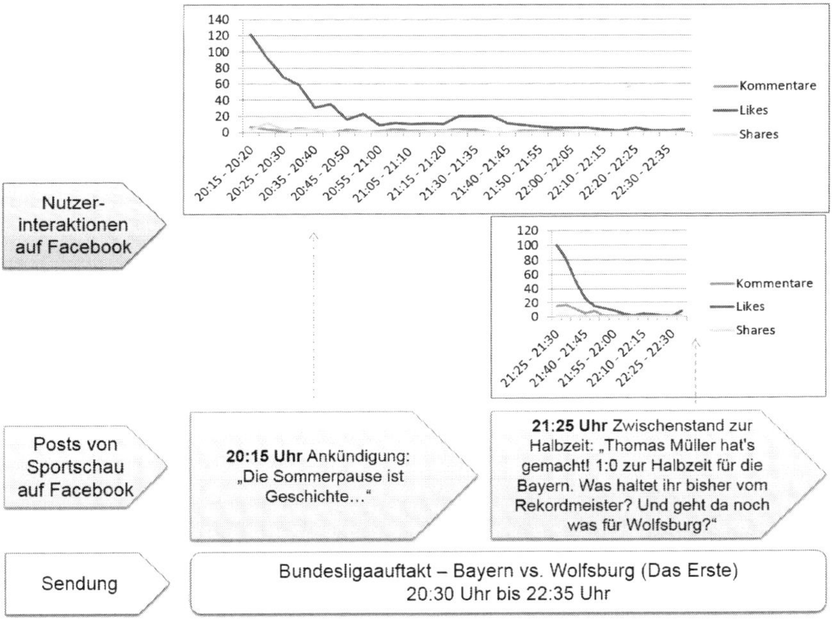

Quelle: eigene Darstellung

Neben dem Fanzuwachs sind für die Zielsetzung dieser Studie auch die Nutzerinteraktionen in Verbindung mit Facebook-Posts von Bedeutung. Hierzu zeigen die Untersuchungsergebnisse aus Abbildung 5 exemplarisch, wie sich die Kommentare, Likes und Shares zu spielberichtenden Posts auf der Sportschau Facebook-Seite im Rahmen des Bundesligaspiels 2014 *„Bayern gegen Wolfsburg"* verhalten. Auffallend ist, dass unmittelbar nachdem ein Post geschaltet wurde, die höchsten Nutzerinteraktionswerte, die sich deutlich vom Rest des Kurvenverlaufs absetzen, zu verzeichnen sind. Hierzu lassen sich zum ersten Beitrag zwischen 20:15 bis 20:20 Uhr, 7 Kommentare, 121 Likes und 3 Shares sowie zum zweiten Beitrag zwischen 21:25 bis 21:30 Uhr, 15 Kommentare, 100 Likes und 1 Share ermitteln. Des Weiteren macht die Darstellung ersichtlich, dass besonders der zweite Beitrag durch die persönliche Ansprache an die Nutzer in Form der Fragestellung das Kommentaraufkommen erhöht und sich die Anzahl der Likes zum ersten Beitrag genau im Intervall 21:25 bis 21:30 Uhr verdoppelt. Folglich deuten die Befunde darauf hin, dass die Posthäufigkeit als Erfolgsfaktor auf die Nutzerinteraktionen wirkt. Daraus abgeleitet sollte das Postaufkommen erhöht und abwechslungsreiche Beiträge in Form von Videos, Links oder Bilder mit direkter Ansprache geschaltet werden, um die Interaktionen in der Parallel-Kommunikation weiter zu intensivieren. Zusätzlich belegt die durchschnittliche Post-Interaktionsrate von 0,120 Prozent, dass ein höherer Anteil an Fans zum Sportschau-Post im Vergleich zum Beitrag der ARD (0,088 Prozent) und Das Erste (0,0317 Prozent) interagierten, obwohl alle drei Posts gegen 20:15 Uhr synchron geschaltet wurden. Dies verstärkt erneut die Relevanz von spezialisierten Sonder-Seiten, wie die Sportschau-Seite für Sportthemen oder eine extra *Unterhaltungs- und Quiz-Seite* mit Gamifications, um die Aktionen und das Involvement der Zielgruppe zu steigern.

5 Fazit

Der vorliegende Beitrag verdeutlicht, dass Social TV das Potenzial hat, den sozialen Diskurs über den linearen Programmcontent zu prägen und das Involvement der Rezipienten in das Fernsehgeschehen zu intensivieren. Durch die Herausforderung der zunehmenden Parallelnutzung von Online- und Fernsehinhalten sowie den rasanten Anstieg des Second-Screen-Konsums nimmt die Bedeutung von Social TV für TV-Sender, Produzenten und Vermarkter stetig zu. Daher spielt die Analyse der Social-Media-Aktivitäten bei der Erfolgsmessung von TV-Formaten als *„additiver Indikator für Zuschauerzuspruch"* (Feuß, 2013, S. 80) neben den klassischen Reichweiten bereits heute schon eine zunehmende Rolle. Ob und wie sich die sozialen Kommunikationsaktivitäten auf den Erfolg einer TV-Sendung auswirken, ist besonders davon abhängig, um welches Genre es sich handelt, welche Zielgruppe eine Sendung besitzt und welche Sender und Plattformen analysiert werden.

Die zentralen Ergebnisse der Studie unterstreichen, dass exemplarisch untersuchte Sendungen der Genres Krimi und Sport durch Schlüsselszenen mit emotionaler Ansprache und Spannungseffekten zum linearen Programm aktivierend auf die Rezipienten wirken. Neben den inhaltlichen Höhepunkten wurde speziell bei zwei Tatortfolgen ein signifikanter zeitlicher Zusammenhang im Rahmen der Tweet-Aktivitäten eruiert, der ebenfalls die genannten Schlüsselszenen identifiziert. Konkret wurde insbesondere am Anfang der Sendung und somit während der Rekonstruktion der Mordtat programmbezogen getwittert. Durch die interaktiven Komponenten für den sozialen Austausch eröffnen soziale Netzwerke den Akteuren des Social TV Markts die direkte Kontaktaufnahme zu Fans und Follower. Dabei lanciert dies speziell Produzenten und Sendern die Möglichkeit, die Meinungsvielfalt und Erfahrungswerten der aktiven User zielführend für die Weiterentwicklung der Dramaturgie und Charaktere einer Sendung zu nutzen. Faktisch befeuern Spannungseffekte und die Ungewissheit über das Ende einer TV-Geschichte während der linearen Fernsehrezeption und erweiternd in die direkte Anschlusskommunikation den sozialen Austausch. Durch die Verlängerung der Botschaft in soziale Netzwerke profitieren Fernsehmacher von deren viralen Verbreitung über aktive Multiplikatoren und bieten den Konsumenten einen Stimulus, die folgende Sendung erneut zu rezipieren. Ferner besitzen soziale Kanäle ein hohes Nutzungspotenzial für Social TV, da hierdurch vom positiven Faktor der großen Reichweitenstreuung Gebrauch gemacht werden kann. So stellen Sender bereits auf spezialisierten Sonder-Seiten, wie beispielsweise *ZDF Sport*, sendungsspezifischen Content neben den Informationen auf der Sender Facebook-Seite zur Verfügung. Angesichts des vergleichsweise hohen Fanzuwachses auf der sendereigenen ZDF-Seite während des *Quiz Champion 2014*, liefert perspektivisch eine Erweiterung der Social TV Angebote um eine spezialisierte *Unterhaltungs- und Quiz-Seite* mit Gamification-Elemente den öffentlich-rechtlichen Fernsehanstalten einen zusätzlichen Mehrwert. Hierdurch wird die Zielgruppe durch Partizipationsmöglichkeiten intensiver in den Programmverlauf involviert und zusätzlich die Bindung zur linearen Bewegtbildnutzung verstärkt. Darüber hinaus bekräftigen die Ergebnisse dieser Studie, dass die Post-Häufigkeit erfolgssteigernd auf Nutzerinteraktionen Einfluss nehmen und eine Erhöhung von abwechslungsreichen Posts mit direkter Ansprache positiv auf die Nutzer wirken. Die Verlinkung aller geschalteten Beiträge der Sender auf ihren spezifischen Facebook-Seiten sowie die Verknüpfung der crossmedialen Kommunikation über verschiedene soziale Kanäle verstärkt zusätzlich die Nutzerinteraktions- und Reichweitensteigerung.

Grenzen der Studie

Dagegen muss kritisch betrachtet werden, dass die Eignung von Social TV für bestimmte Genres noch wenig erforscht ist. Aufgrund dessen sind die zentralen Befunde dieser explorativ angelegten Untersuchung von deutschen Sendungen, die exemplarisch für einzelne TV-Formate ausgewählt wurden, qualitativ zu bewerten und nicht unbedingt für alle Genres valide. Außerdem wurden in dieser Studie ausschließlich Interaktionen über soziale Netzwerke und innerhalb der Parallel-Kommunikation analysiert. Für weitere Studien sind ebenfalls Kommunikationsaktivitäten in der Pre- und Post-Kommunikation interessant. Darüber hinaus wächst die Relevanz von Social-Media-Quoten, um ergänzende Informationen über passive Rezipienten zu erhalten. Dies gilt es in weiteren Untersuchungen näher zu erforschen.

Literatur

AGF/GfK TV Scope, SWR Medienforschung (2014): Fernsehnutzung in Deutschland im Tagesverlauf 2014. [Online] Verfügbar unter: http://www.mediendaten.de/index.php?id=fernsehen-fernsehnutzung-a. [Abruf 02. Juli 2014].

BITKOM (2012): Die Zukunft der Consumer Electronics – 2012. [Online] Verfügbar unter: http://www.bitkom.org/files/documents/CE-Studie_2012.pdf. [Abruf 02. August 2014].

Breunig, Christian; Karl-Heinz Hofsümmer; Christian Schröter (2014): Funktionen und Stellenwert der Medien: Das Internet im Kontext von TV, Radio und Zeitung. In: Media Perspektiven, (3/2014), S. 122-144.

Buschow, Christopher; Beate Schneider; Simon Ueberheide: (2014): Tweeting television: Exploring communication activities on Twitter while watching TV. In: Communications – European Journal of Communication Research, 39, (02/2014), S. 129-149.

Buschow, Christopher; Beate Schneider; Lisa Carstensen; Martin Heuer; Anika Schoft (2013 a): Social TV in Deutschland – Rettet soziale Interaktion das lineare Fernsehen? In: Medienwirtschaft, 10, (01/2013), S. 24-32.

Buschow, Christopher; Beate Schneider, Alena Bauer; Lisa Carstensen, Kira Drabner (2013 b): Wer nutzt Social TV? – Die Nutzer als Treiber sozialer Interaktion mit Fernsehinhalten. In: Medienwirtschaft, 10 (04/2013), S. 48-57.

Busemann, Katrin (2013): Wer nutzt was im Social Web? In: Media Perspektiven, (7-8/2013), S. 391-399.

Cesar, Pablo; David Geerts (2011): Understanding Social TV: a survey. In: Proceedings of the Networked and Electronic Media Summit, (09/2011), S. 94-99.

Dinter, Bastian; Sven Pagel (2014): Werbekommunikation in digitalen Medienumfeldern – Hybrid TV, Social TV & Co. In: Schramm, Holger; Johannes Knoll (Hrsg.): Innovation der Persuasion, Köln: Herbert Von Halem Verlag, S. 158-176.

Dinter, Bastian; Pagel, Sven (2013): Social TV. Braucht das Fernsehen der Zukunft Interaktion? In: Social Media Magazin, Heft 1/2013, S. 32-38.

Feuß, Sebastian (2013): Der Hype kommt im Wohnzimmer an. In: Werben & Verkaufen, (33/2013), S. 36.

Heltsche, Maren (2012): Social Media im Kommunikations-Controlling: Monitoring und Evaluation. [Online] Verfügbar unter: http://www.communicationcontrolling.de/fileadmin/communicationcontrolling/pdf-dossiers/communicationcontrollingde_Dossier6_Social_Media_Feb2012.pdf. [Abruf 24. Juli 2014].

Interactive Media CCSP GmbH und United Internet Media AG (Hrsg.) (2013): Catch Me If You Can! - Grundlagenstudie zur Multi-Screen-Nutzung. [Online] Verfügbar unter: http://www.multi-screen.eu/#19, [Abruf 04. August 2014].

Kessler, Bernhard; Thomas Kupferschmitt (2012): Fernsehen in Gemeinschaft. Analyse zu Konstellationen der Fernsehnutzung. In: Media Perspektiven, 16 (12/2012), S. 623-634.

MA 2014 Radio I (2014): Radionutzung ist leicht angestiegen. In: Horizont [Online] Verfügbar unter: http://www.horizont.net/medien/nachrichten/MA-2014-Radio-I-Radionutzung-ist-leicht-angestiegen-119405, [Abruf 14. Juli 2015].

Neef, Andreas; Willi Schroll; Sven Hirsch (2011): TV 2020 – Die Zukunft des Fernsehens. [Online] Verfügbar unter: http://www.z-punkt.de/fileadmin/be_user/D_Publikationen/D_Zukunftsreports/TV-2020_Die_Zukunft_des_Fernsehens_Report.pdf. [Abruf 20. Juli 2014].

Opaschowski, Horst W.; Pries, Michael; Reinhardt, Ulrich (2006): Freizeitwirtschaft. Die Leitökonomie der Zukunft. Hamburg: Lit-Verlag.

Pagani, Margherita; Alessandra Mirabello (2011): The Influence of Personal and Social-Interactive Engagement in Social TV Web Sites. In: International Journal of Electronic Commerce, 16, (02/2011), S. 41-68.

SevenOne Media; Wirkstoff TV (2014): Media Activity Guide 2014. [Online] Verfügbar unter: http://viewer.zmags.com/publication/b9c9d2fc#/b9c9d2fc/1. [Abruf 14. Juli 2015].

SevenOne Media; Wirkstoff TV (2013): Der Second Screen als Verstärker – Repräsentative Studie zur parallelen Nutzung von TV und Internet. [Online] Verfügbar unter: https://wirkstoff.tv/docs/default-source/second_screen_verstaerker-pdf. [Abruf 10. Juli 2014].

Van Eimeren, Birgit; Beate Frees (2014 a): 79 Prozent der Deutschen online – Zuwachs bei mobiler Internetnutzung und Bewegtbild. In: Media Perspektiven, (7-8/2014), S. 378-396.

Van Eimeren, Birgit; Beate Frees (2014 b): Bewegtbildnutzung im Internet und Funktionen von Videoportalen im Vergleich zum Fernsehen. In: Media Perspektiven, (7-8/2014), S. 397-407.

Van Eimeren, Birgit; Beate Frees (2013): Multioptionales Fernsehen in digitalen Medienumgebungen. In: Media Perspektiven, (7-8/2013), S. 373-385.

Werner, Andreas (2013): Social Media-Analytics & Monitoring – Verfahren und Werkzeuge zur Optimierung des ROI, 1. Auflage, Heidelberg: dpunkt. Verlag.

Autorenverzeichnis

Andreas Baetzgen, Prof. Dr., geb. 1975, ist Professor für Strategische Kommunikation und Branding an der Hochschule der Medien in Stuttgart. Er studierte Gesellschafts- und Wirtschaftskommunikation an der Universität der Künste Berlin und promovierte im Fachgebiet Audiovisuelle Medienwissenschaften an der Filmuniversität Potsdam-Babelsberg. Andreas Baetzgen arbeitete viele Jahre als Strategieberater in namhaften Kommunikationsagenturen und war Lehrbeauftragter an der Universität der Künste Berlin, der Technischen Universität Berlin, der Kunsthochschule Berlin Weißensee und der Steinbeis Hochschule Berlin.

Hanno Beck, Prof. Dr., geb. 1966, studierte Volkswirtschaftslehre an der Johannes Gutenberg-Universität Mainz; danach war er wissenschaftlicher Mitarbeiter an der Johannes Gutenberg-Universität Mainz; Promotion zum Dr. rer. pol. über die Osterweiterung der Europäischen Union; anschließend Mitglied der Wirtschaftsredaktion der Frankfurter Allgemeinen Zeitung; seit 2006 Professor für Volkswirtschaftslehre und Wirtschaftspolitik an der Hochschule Pforzheim. Forschungsschwerpunkte: Medienökonomie, Staatsverschuldung, Geldpolitik, Behavioral Economics. Zahlreiche Veröffentlichungen in Fachzeitschriften; Bücher u.a.: Medienökonomie (Springer Verlag), der Alltagsökonom; der Liebesökonom, die Logik des Irrtums (F.A.Z. Verlag); So funktioniert die Börse (Societäts Verlag); bei Hanser: Zahlungsbefehl; Abgebrannt; Geld denkt nicht (Deutscher Finanzbuchpreis 2013), Die große Geldschmelze (Deutscher Finanzbuchpreis 2015).

Andrea Beyer, Prof. Dr., geb. 1954, studierte Wirtschaftspädagogik an der Johannes Gutenberg-Universität Mainz; danach begann sie ein Referendariat für das Lehramt an beruflichen Schulen (Abschluss: 2. Staatsexamen). Im Anschluss wissenschaftliche Mitarbeiterin an der Johannes Gutenberg-Universität Mainz; Promotion zum Dr. rer. pol. mit dem Thema „gewerkschaftliche Tarifpolitik in strukturschwachen Branchen“. Redakteurin bei der Frankfurter Allgemeinen Zeitung, Informationsdienste. Seit 1992 Professorin an der Hochschule Mainz für Betriebswirtschaftslehre und Medienökonomie. Seit 2006 Studiengangsleiterin für Bachelor BWL, Vollzeit. Seit 2009 Vizepräsidentin der Hochschule Mainz.

Simon Bründl, M.Sc., geb. 1987, ist wissenschaftlicher Mitarbeiter und Doktorand am Institut für Wirtschaftsinformatik und Neue Medien an der Ludwig-Maximilians-Universität München. Vor seiner Tätigkeit an der LMU München absolvierte er den M.Sc. Wirtschaftsinformatik an der Technischen Universität München. Zu seinen Forschungsgebieten zählen die Digitalisierung von Medienunternehmen und Live-Streaming Plattformen.

Christopher Buschow, M.A., geb. 1986, ist wissenschaftlicher Mitarbeiter am Institut für Journalistik und Kommunikationsforschung (IJK) der Hochschule für Musik, Theater und Medien Hannover. Forschungsschwerpunkte: Schnittstelle von Kommunikationswissenschaften und Organisationsforschung, Medien- und Kulturmanagement.

Matthias Degen, Prof. Dr. phil., ist Professor für Journalistik am Institut für Journalismus und Public Relations der Westfälischen Hochschule Gelsenkirchen, Autor und Moderator für das WDR Fernsehen, Berater für Medienunternehmen.

Leyla Dogruel, Dr., ist wissenschaftliche Mitarbeiterin am Institut für Publizistik- und Kommunikationswissenschaft der Freien Universität Berlin. Ihre Forschungsschwerpunkte liegen im Bereich Medienökonomie, Medieninnovationen und der Zuwendung zu digitalen Medien.

Lutz Eberhard, geb. 1959, ist Chefredakteur Online bei der Verlagsgruppe Rhein Main (VRM) und Geschäftsführer Rhein Main Digital. Unter dem Dach der Verlagsgruppe erscheinen unter anderem die regionalen Tageszeitungstitel Allgemeine Zeitung, Wiesbadener Kurier, Wormser Zeitung und Main-Spitze Rüsselsheim, sowie die dazugehörigen digitalen Marken im Web als tagesaktuelle Websites. Eberhard hat an der Johannes-Gutenberg-Universität in Mainz studiert und ist seit 30 Jahren als Redakteur tätig. Vor sechs Jahren übernahm er in der VRM die Aufgabe als digitales Gewissen der Redaktion. Zu seinen Aufgaben gehört auch, digitale Produkte zu entwickeln.

Kati Förster, Dr., studierte Betriebswirtschaftslehre an der TU Dresden, danach Promotion; von 2004 bis 2010 Dozentin an der Fachhochschule St. Pölten; stellvertretende Departmentleitung; interimistische Studiengangsleitung Media- und Kommunikationsberatung; Aufbau und Leitung des Forschungsinstituts Medienwirtschaft; im Frühjahr 2010 Forschungsaufenthalt an der University of South Florida, School of Mass Communication (USA); seit 2010 Universitätsassistentin (Post-Doc) an der Universität Wien; 2014 Gastprofessur an der Universität Zürich; seit 2011 Sprecherin des Österreichischen Werberats; Forschungsschwerpunkte: Media Branding, Medien- und Werbewirkung.

Lothar Funk, Prof. Dr., studierte Volkswirtschaftslehre mit dem Schwerpunkt Sozialpolitik und Sozialverwaltung an der Universität Trier und der Loughborough University, Großbritannien; Promotion 1996 an der Universität Trier. DAAD-Fachlektor und Director of Economic Research am Institute for German Studies an der Universität Birmingham, Großbritannien (1998-2001); Referatsleiter Gewerkschaftsökonomie/Internat. Arbeitsbeziehungen am Institut der deutschen Wirtschaft Köln (2002-2004); seit Dez. 2004 Professor für Volkswirtschaftslehre, insb. internat. Wirtschaftsbeziehungen, an der Hochschule Düsseldorf. Mitherausgeber der Zeitschrift „Sozialer Fortschritt - German Review of Social Policy"; Fellow am Institut der deutschen Wirtschaft Köln; Mitglied des ordnungspolitischen Beirats der Konrad-Adenauer-Stiftung; Visiting Fellow am Institute for German Studies am European Research Institute, Birmingham. Hauptforschungsgebiete: Vergleichende Internationale VWL, Medienökonomik, Arbeitsmarkt- und Sozialökonomik, Makroökonomik.

Carolin Gattermann, M.A., geb. 1982, studierte Literatur-, Kultur- und Medienwissenschaft (B.A.) an der Universität Siegen und Medienwissenschaft (M.A.) an der Rheinischen Friedrich-Wilhelms-Universität Bonn. Sie promoviert dort am Institut für Sprach-, Medien- und Kommunikationswissenschaft zum Thema Mobile Web; Lehrbeauftragte für PR und Social Media; während des Studiums Wissenschaftliche Hilfskraft am Lehrstuhl für Journalistik an der Hochschule Macromedia in Köln. Seit März 2015 ist sie verantwortlich für die Unternehmenskommunikation und PR eines Gründerzentrums in Köln und Düsseldorf.

Britta M. Gossel, Dipl. Medienwiss., ist wissenschaftliche Mitarbeiterin am Fachgebiet für Medien- und Kommunikationsmanagement (Prof. Dr. Andreas Will) an der Technischen Universität Ilmenau. In Forschung und Lehre fokussiert sie die Themen Media Entrepreneurship, Entrepreneurship Education, Medienmanagement, Organisation und Strategie. Ergebnisse ihrer Forschung stellte sie auf nationalen und internationalen Level vor. Ihre wissenschaftliche Tätigkeit führte sie bereits nach Bamberg, Erfurt, Jönköping und Tallinn. Als ehemalige Stipendiatin ist Britta Gossel heute ehrenamtlich Vertrauensalumna der Stiftung der Deutschen Wirtschaft in Thüringen. Sie engagiert sich im strategischen Lenkungskreis von auftakt. Das Gründerforum Ilmenau. Internationale Berufserfahrung erlangte sie durch ihre Tätigkeit als Pressesprecherin im Europäischen Parlament in Brüssel und Straßburg.

Daniel Gräßer, B.A., ist derzeit Student im Master Medien und Politische Kommunikation am Institut für Publizistik- und Kommunikationswissenschaft der Freien Universität Berlin. Zuvor BA-Studium in Jena, Berlin und Rotterdam. Arbeitet seit 2012 als studentischer Mitarbeiter an der Arbeitsstelle Kommunikationspolitik/Medienökonomie des Instituts für Publizistik- und Kommunikationswissenschaft der FU Berlin.

Jens Grochtdreis, M.A., geb. 1969, ist freier Webentwickler und Berater und arbeitet seit 1999 im und fürs Netz. Er ist dabei auf moderne Frontendentwicklung und Barrierefreiheit spezialisiert. Vor seiner Selbständigkeit arbeitete er zehn Jahre lang in Agenturen. 2005 gründet er die Webkrauts, eine Gruppe deutschsprachiger Webworker, die Artikel schreiben, Vorträge halten und Schulungen geben – für mehr Qualität im Web und um für ein besseres Medium zu streiten. In seinem Blog „F-LOG-GE" (http://grochtdreis.de/weblog/) veröffentlicht regelmäßig Informationen zum Thema Front-End-Entwicklung.

Svenja Hagenhoff, Prof. Dr., geb. 1971, ist Professorin für Buchwissenschaft, insb. E-Publishing und Digitale Märkte an der Friedrich-Alexander-Universität Erlangen-Nürnberg (FAU). Zuvor war sie Leiterin des Forschungsinstituts für Medienwirtschaft an der Fachhochschule St. Pölten und Forschungsgruppenleiterin an der Georg-August-Universität Göttingen; Forschungs- und Lehraufenthalte führten sie an Universitäten in Hildesheim, Los Angeles und Lübeck;. Ihre Kernarbeitsgebiete in Erlangen sind die Medienwirtschaft mit Fokus auf Schriftmedien sowie anwendungsbezogene Technologieaspekte in dieser Domäne.

Lena Hautzer, M.A., geb. 1989, arbeitet als Associate bei undconsorten LLP. Zuvor studierte sie Medienmanagement am Institut für Journalistik und Kommunikationsforschung in Hannover und Kommunikationswissenschaften an der Universität Erfurt. Ihre Forschungsinteressen liegen im Bereich Online-Forschung, Rezeptions- und Wirkungsforschung und Methoden..

Jakob Henke, B.A., geb. 1989, hat 2013 sein Bachelorstudium Medienwissenschaften an der Universität Paderborn abgeschlossen. Seit 2013 studiert er im Magisterstudium Kinder- und Jugendmedien an der Universität Erfurt mit Schwerpunkten empirische Medienforschung, Medienpädagogische Praxis, Lernen mit Medien.

Thomas Hess, Prof. Dr., geb. 1967, ist seit 2001 Direktor des Instituts für Wirtschaftsinformatik und Neue Medien der LMU. Ferner ist Prof. Hess Koordinator des „Zentrums für Internetforschung und Medienintegration" (ZIM-LMU) und Mitglied des Boards des CDTM (einer gemeinsamen Einrichtung von LMU München und TU München). Von 2008 bis 2011 war Prof. Hess auch Dekan der Fakultät für BWL der LMU München und von 2011 bis 2013 Vorsitzender der Wissenschaftlichen Kommission Wirtschaftsinformatik (WKWI). Nach seinem Studium der Wirtschaftsinformatik an der TU Darmstadt, promovierte Prof. Hess 1995 an der Universität St. Gallen und habilitierte sich an der Universität Göttingen 2001. Dazwischen lagen zwei Jahre als Vorstandsassistent bei Bertelsmann. Nach der Berufung nach München folgten ein Ruf an die Universität Mannheim sowie eine Gastprofessur an der Turku School of Economics and Business Administration in Finnland. In der Forschung konzentriert sich Prof. Hess auf die Digitalisierung von Unternehmen sowie das Management von Medien- und IT-Unternehmen. Aktuell stehen die Digitalisierung der Medienindustrie, neue Organisations- und Steuerungssysteme sowie Software-Unternehmen und Software-Nutzung im Fokus. Thomas Hess ist Herausgeber von wissenschaftlichen Zeitschriften und in der Praxis als Aufsichtsrat und Berater mit den Schwerpunkten Medien- und IT-Industrie sowie Informationsmanagement tätig.

Tina Heurich, B.A., geb. 1991, hat 2013 das Bachelorstudium der Kommunikationswissenschaft an der Universität Erfurt abgeschlossen. Seit 2013 studiert sie im Magisterstudium Kinder- und Jugendmedien an der Universität Erfurt mit Schwerpunkten empirische Medienforschung, Medienpädagogische Praxis, Digitale Spiele.

Olaf Jandura, Prof. Dr., geb. 1974, studierte Kommunikationswissenschaft, Politikwissenschaft und Soziologie an der TU Dresden sowie der Universidad de Navarra (Pamplona/Spanien). Abschluss 1999. Von 1999 bis 2006 wissenschaftlicher Mitarbeiter und Assistent am Institut für Kommunikationswissenschaft der TU Dresden. Promotion zum Dr. phil. an der Technischen Universität Dresden. Von 2006 bis 2012 wiss. Mitarbeiter und akademischer Rat auf Zeit am Institut für Kommunikationswissenschaft und Medienforschung der Ludwig-Maximilians-Universität München (Lehrstuhl Prof. Brosius). In dieser Zeit zweiter Sprecher bzw. Sprecher der Fachgruppe Methoden in der Deutschen Gesellschaft für Publizistik und Kommunikationswissenschaft (bis 2010). Im Wintersemester 2012/2013 Vertretung der W3-Professur für Allgemeine Kommunikationswissenschaft an der Johannes Gutenberg-Universität Mainz. Ab Sommersemester 2013 Universitätsprofessor für das Fach Medien- und Kommunikationswissenschaft (Schwerpunkt Methoden der empirischen Kommunikationsforschung) an die Heinrich-Heine-Universität Düsseldorf (befristet auf fünf Jahre). Forschungsvorhaben und Publikationen sowohl im Bereich der empirischen Forschungsmethoden, in der politischen Kommunikation, der Rezeptionsforschung und dem Medienwandel.

Romy Kalka, M.A., geb. 1987, ist Absolventin des Masterstudienganges „Media and Communication Science" an der TU Ilmenau. Ihre Abschlussarbeit verfasste sie am Fachgebiet für Medien- und Kommunikationsmanagement zum Thema Entrepreneurship als Teil der curricularen Lehre von Medienstudiengängen in Deutschland.

Oliver Kemmann, Dr.-Ing., geb. 1969, studierte Maschinenbau an der RWTH Aachen und Ohio State University, Promotion am Institut für Mikrotechnik (heute Fraunhofer ICT-IMM) in Mainz. Gemeinsam mit seinem Bruder gründet er 1998 in Mainz die Digitalagentur KEMWEB, die mit 20 Mitarbeitern als Inhaber geführte Full Service Agentur für Kunden aus dem Industrie- sowie B2C Segment digitale Kommunikations- und Produktlösungen entwickeln. Bei KEMWEB ist er vor allem für die Bereiche Strategie & Beratung zuständig. Oliver Kemmann ist Vorsitzender des IT Klubs Mainz & Rheinhessen e.V., Mitglied der Vollversammlung der IHK Rheinhessen sowie des Aufsichtsrats der synthro e.G.

Andreas Köhler, M.A., ist Studiengangmanager der Media School an der Hochschule Macromedia in Köln und koordiniert im Studiengang Journalistik Forschungsprojekte an den Schnittstellen von Social Media, Politik und Journalismus. Er studierte Politikwissenschaft, Medienwissenschaften und Soziologie an der TU Braunschweig. Als externer Doktorand an der Universität der Bundeswehr in München arbeitet er an einer Dissertation zum Thema symbolische Gesetzgebung.

Axel Kuhn, Dr., geb. 1978, studierte Theater- und Medienwissenschaft, Soziologie und Buchwissenschaft an der Universität Erlangen-Nürnberg und promovierte anschließend zum Thema „Vernetzte Medien – Nutzung und Rezeption am Beispiel von World of Warcraft". Danach war er wissenschaftlicher Mitarbeiter im interdisziplinären BMBF-Projekt „2nd-Product-Lifecycle-Strategien für Hightech- Geräte zur Steigerung der Innovationsfähigkeit kleiner und mittelständischer Organisationen" der Universität Erlangen-Nürnberg, wissenschaftlicher Mitarbeiter im Projekt „Bedeutung und Veränderung des Mediensystems Kulturzeitschrift in Deutschland nach 1945" am Institut für Buchwissenschaft der Universität Mainz und wissenschaftlicher Mitarbeiter im Projekt „Transition of the book industry in the network society" am Forschungsschwerpunkt Medienkonvergenz der Universität Mainz. Seit 2011 ist er akademischer Rat auf Zeit am Lehrstuhl für Buchwissenschaft Erlangen und habilitiert zum Thema „Medienfunktion Unterhaltung". Er forscht und publiziert u.a. zur interdisziplinären Medien- und Kommunikationstheorie, zur Rezeptions- und Medienwirkungsforschung, insb. im Bereich des Lesens, und zur Kommunikationssoziologie.

Boris Alexander Kühnle, Prof. Dr., geb. 1971, ist seit 2008 an der Hochschule der Medien (HdM) Stuttgart in den Studiengängen „Medienwirtschaft" (Bachelor) und „Elektronische Medien" (Master) Professor für Medienwirtschaft und Finanzmanagement in TIME-Märkten; zudem fungiert er seit 2010 als Studiendekan Medienwirtschaft an der Hochschule. Die Schwerpunkte seiner Lehr- und Forschungstätigkeit bilden die Bereiche Medienwirtschaft, Steuerung und Controlling, Medienkonvergenz / Crossmedia sowie Medienstandorte / Wertschöpfung in der TIME-Branche. Kühnle gehört dem Institut für qualitative Medien- und Innovationsforschung (IQ) an und führt in diesem Kontext Studien zur Medienwirtschaft und Medienökonomie durch. Zudem arbeitet er im Convergent Media Center (CMC) der HdM, dem crossmedialen Lehr-Newsroom der Hochschule. Beim „Stuttgarter Medienkongress" zählt Kühnle zum Programmbeirat und gestaltet den Branchentreff mit. Zusammen mit Prof. Dr. Michael Weißhaupt zeichnet er verantwortlich für die „Stuttgarter Medien Management Studie".

Simon Lübke, B.A., studiert derzeit am Institut für Publizistik- und Kommunikationswissenschaft der Freien Universität Berlin im Master Medien und politische Kommunikation. Seit 2012 ist er dort als studentischer Mitarbeiter an der Arbeitsstelle Kommunikationspolitik / Medienökonomie und seit 2015 im DFG-Projekt „Die Konvergenz von Fernsehen und Internet aus Angebots- und Nutzungsperspektive" tätig.

Melanie Magin, Dr. phil., studierte Publizistik, Soziologie und Buchwissenschaft an der Johannes Gutenberg-Universität Mainz. 2005 bis 2006 und seit April 2011 wissenschaftliche Mitarbeiterin am Institut für Publizistik der Universität Mainz, 2006 bis 2011 wissenschaftliche Mitarbeiterin an der Kommission für vergleichende Medien- und Kommunikationsforschung der Österreichischen Akademie der Wissenschaften in Wien. Nachwuchssprecherin der DGPuK (seit 2011). Forschungsschwerpunkte: Politische Kommunikation, Medienstrukturen/ Medienpolitik, neue Intermediäre in der digitalen Gesellschaft, Qualität öffentlicher Kommunikation, komparative Forschung.

Lucie Meß, B.A., geb. 1989, schloss 2012 das Bachelorstudium der Sozialen Arbeit an der Fachhochschule Erfurt ab. Seit 2012 studiert sie im Masterstudium im Bereich Kinder- und Jugendmedien an der Universität Erfurt mit Schwerpunkten empirische Medienforschung, Medienpädagogische Praxis, Lernen mit Medien.

Philipp Müller, M.A., ist wissenschaftlicher Mitarbeiter am Institut für Publizistik der Johannes Gutenberg-Universität Mainz. Zuvor studierte er Kommunikationswissenschaft/ Publizistik, Medienwissenschaft, Psychologie und Medienpädagogik an den Universitäten Mainz und Passau und war von 2010 bis 2014 wissenschaftlicher Mitarbeiter am Institut für Kommunikationswissenschaft und Medienforschung der Ludwig-Maximilians-Universität München. Seine Forschungsschwerpunkte sind: Wahrnehmung von und Vorstellungen über Medien, soziale Wahrnehmung, Medien und soziale Identität, Medienwandel, individuelle und gesellschaftliche Medienwirkungen und politische Kommunikation.

Ulla Niemann, M.A., geb. 1981, ist leitende Redakteurin bei der Verlagsgruppe Rhein Main. Dort hat sie seit 2008 den Videobereich für die Allgemeine Zeitung und den Wiesbadener Kurier aufgebaut. Zuvor arbeitete sie in der Onlineredaktion von Radio Bremen und in der Internetprogrammbegleitung des SWR Fernsehens. Ulla Niemann hat ein journalistisches Volontariat absolviert und Politikwissenschaft sowie Romanische Philologie an den Universitäten Mainz und Valencia studiert. Sie ist Lehrbeauftragte für Videojournalismus an der Hochschule Mainz im Studiengang Medien, IT und Management.

Sven Pagel, Prof. Dr., geb. 1973, ist Professor für Wirtschaftsinformatik und Medienmanagement an der Hochschule Mainz. Als Studiengangleiter verantwortet er den Bachelor „Medien, IT und Management". Von 2004 bis 2013 war er Sprecher des „Forschungsschwerpunkts Kommunikationsforschung" der FH Düsseldorf. Zuvor arbeitete er bei Rundfunksendern in den Bereichen IT, Digital-TV und Internetredaktion. Sein Forschungsfeld widmet sich digitalen Medien und digitalem Marketing, insbesondere der Bewegtbildkommunikation.

Nicoletta Pittner, M.A., geb. 1986, ist seit August 2015 Medienforscherin bei ARTE in Straßburg, davor (studentische) Mitarbeiterin in der ZDF-Fernsehforschung in Mainz. Bevor sie ihren Master in Kommunikationswissenschaft an der Johannes Gutenberg-Universität Mainz und ihren Bachelor in Medien- und Kommunikationswissenschaft sowie Soziologie an der Universität Mannheim absolvierte, war sie als Fachangestellte für Markt- und Sozialforschung bei Media Trend in Baden-Baden tätig.

Marlis Prinzing, Prof. Dr., ist Professorin für Journalistik an der Macromedia Hochschule in Köln, Moderatorin, Kolumnistin („Der Tagesspiegel"), Buchautorin und Herausgeberin einer Praxisbuchreihe für Journalismus. Zuvor u.a. tätig als Projektleiterin am Europäischen Journalismus-Observatorium der Universität Lugano, Gastprofessorin in Riga (Lettland) und für die Unternehmenskommunikation der Robert Bosch GmbH verantwortlich; promovierte mit einer Unternehmens- und Branchenanalyse (ABB-Wissenschaftspreis 2000). Lehr- und Forschungsschwerpunkte: Innovationskultur im Journalismus, digitaler Wandel der Mediengesellschaft, Medienethik, Mediensysteme, Storytelling.

Daniel Possler, M.A., geb. 1989, ist wissenschaftlicher Mitarbeiter am Institut für Journalistik und Kommunikationsforschung (IJK) der Hochschule für Musik, Theater und Medien Hannover. Seine Forschungsinteressen liegen im Bereich Rezeptions- und Wirkungsforschung, Methoden (insbes. automatische Inhaltsanalyse) sowie Medienkompetenz und medienpädagogische Kompetenz.

Georg Ramme, Dr., geb. 1974, ist seit September 2012 Geschäftsführer von Endemol beyond, einem Tochterunternehmen der Endemol Shine Gruppe, das Online-Inhalte produziert. Neben dieser Position ist er seit November 2013 Managing Director Endemol beyond International mit Sitz in London. In dieser Position verantwortet er die internationalen Aktivitäten und Internationalisierung von Endemol beyond. Der promovierte Medienwissenschaftler studierte Betriebswirtschaft sowie Medienwissenschaften an der Fachhochschule Aachen und der Universität Potsdam. Dr. Georg Ramme hat zahlreiche Online-Formate produziert und hat diverse Preise dafür gewonnen (u.a. Cannes Lion Gold und Deutscher Preis für Onlinekommunikation).

Simon Rauh, Dipl.-Des. M.A., geb. 1974, ist freiberuflicher Director und Producer. Vorher war er Medientrainer bei der LPR-Hessen und Fieldproducer/Kameramann bei Reuters. Er ist Träger des Hessischen Filmpreises und berät namenhafte Unternehmen aus den Branchen Medien, Automobil und Politik. Seit 2011 hat er Lehraufträge an den Hochschulen Darmstadt, Düsseldorf und Mainz in medienwirtschaftlichen und -gestalterischen Studiengängen inne.

Maximilian Reithmann, B.A., geb. 1992, ist Student im Master Kommunikationswissenschaft am Institut für Kommunikationswissenschaft und Medienforschung an der LMU München.

Lars Rinsdorf, Prof. Dr., geb. 1971, ist an der Hochschule der Medien (HdM) Stuttgart Professor für Journalistik und Studiendekan des Studiengangs „Crossmedia Redaktion/ Public Relations“ Die Schwerpunkte seiner Lehr- und Forschungstätigkeit bilden die Bereiche Rezeptionsforschung, Redaktionsmanagement, journalistische Qualität, Innovationsforschung und die Entwicklung von Content Strategien, insbesondere für crossmediale Angebote. Vor dem Ruf an die HdM Stuttgart war Rinsdorf von 2003 an als Leiter Forschung & Service einer Regionalzeitungsgruppe für Marktforschung, Marketingcontrolling und das Management von Innovationsprojekten verantwortlich. Lars Rinsdorf hat an der TU Dortmund Journalistik und Raumplanung studiert und promoviert.

Svenja Schäfer, M.A., geb. 1989, ist seit Oktober 2014 wissenschaftliche Mitarbeiterin am Institut für Publizistik der Johannes Gutenberg-Universität Mainz; 10/2012 bis 09/2014 Studium der Kommunikationswissenschaft (Master of Arts) am Institut für Publizistik der Johannes Gutenberg-Universität Mainz; 2008 bis 2012 Studium im Fach Medienmanagement (Bachelor of Arts) am Institut für Journalistik und Kommunikationsforschung der Hochschule für Musik, Theater und Medien, Hannover. Forschungsschwerpunkte: Rezeptionsformen und Wirkungen von Online-Nachrichten, selektive Informationszuwendung, physiologische Messungen.

Christian Schäfer-Hock, M.A. geb. 1983, ist Wissenschaftlicher Mitarbeiter an der Österreichischen Akademie der Wissenschaften, zuvor am Inst. f. Kommunikationswissenschaft der TU Dresden und am Inst. f. Publizistik der JGU Mainz, wo er auch Doktorand ist, sowie Dozent an der Dresden International University. Seine Forschungsschwerpunkte sind der Journalismus, Medienpolitik, politische Kommunikation, Sportkommunikation, Medieninnovationen, Wissenschaftssoziologie und Fachgeschichte.

Helmut Scherer, Prof. Dr., geb. 1955, ist seit 1999 Professor für Kommunikationswissenschaft – Medienwissenschaft am Institut für Journalistik und Kommunikationsforschung (IJK) der Hochschule für Musik, Theater und Medien Hannover. Vom 1.02.2002 bis zum 31.01.2009 und vom 1.7.2010 bis 30.9.2011 geschäftsführender Direktor der IJK. 1996-1999 Professor für Kommunikationswissenschaft an der Philosophischen Fakultät I der Universität Augsburg. 1985-1996 zunächst wissenschaftlicher Mitarbeiter und später wissenschaftlicher Assistent bei Winfried Schulz an der Friedrich-Alexander-Universität Erlangen-Nürnberg, 1984-1985 wissenschaftlicher Angestellter am Institut für Demoskopie Allensbach im Bereich Mediaforschung. Vom 21. Mai 1998 bis zum 30. Mai 2002 Stellvertretender Vorsitzender der Deutschen Gesellschaft für Publizistik und Kommunikationsforschung (DGPuK); 1989 Promotion und 1995 Habilitation an der Friedrich-Alexander-Universität Erlangen-Nürnberg; Studium der Publizistik (Hauptfach), Philosophie und Germanistik an der Johannes-Gutenberg-Universität. Mainz, 1984 Magisterexamen.

Sebastian Scherr, Dr., ist wissenschaftlicher Mitarbeiter am Institut für Kommunikationswissenschaft und Medienforschung an der LMU München. 2004 bis 2009 Studium der Kommunikationswissenschaft an der LMU München. 2008 bis 2014 wissenschaftlicher Mitarbeiter bzw. Projektmitarbeiter im DFG-Projekt „Jenseits des Werther-Effekts" bei Prof. Dr. Carsten Reinemann. Seit 2014 wissenschaftlicher Mitarbeiter bei Prof. Dr. Anne Bartsch. 2015 Promotion mit einer Arbeit zu den Zusammenhängen von Depression, Medien und Suizid. 2015 Visiting Postdoctoral Scholar an der University of Wisconsin–Madison (USA). Lehr- und Forschungsschwerpunkte: Rezeptions- und Wirkungsforschung, politische Kommunikation, Gesundheitskommunikation, Suizidprävention und empirische Methoden.

Beate Schneider, Prof. Dr., geb. 1947, ist Univ.-Professorin für Medienwissenschaft am Institut für Journalistik und Kommunikationsforschung (IJK) der Hochschule für Musik, Theater und Medien Hannover. Forschungsschwerpunkte: nationale und internationale Mediensysteme, Analyse von Medienangeboten und deren Produktion.

Birgit Stark, Prof. Dr., geb. 1968, ist Professorin für Kommunikationswissenschaft und geschäftsführende Leiterin des Instituts für Publizistik an der Johannes Gutenberg-Universität Mainz. Außerdem ist sie Sprecherin des Forschungsschwerpunktes Medienkonvergenz an der Johannes Gutenberg-Universität Mainz. Zuvor forschte sie an der Akademie der Wissenschaften in Wien (Kommission für vergleichende Medien- und Kommunikationsforschung). Sie promovierte an der Universität Hohenheim mit der Arbeit „Fernsehen in digitalen Medienumgebungen. Eine empirische Analyse des Zuschauerverhaltens". An der Universität Stuttgart-Hohenheim arbeitete sie auch mehrere Jahre als wissenschaftliche Mitarbeiterin im Fachgebiet Kommunikationswissenschaft und Sozialforschung und als Projektmitarbeiterin an der Forschungsstelle für Medienwirtschaft und Kommunikationsforschung. Berufspraxis außerhalb der Universität sammelte sie nach dem Studium der Sozialwissenschaften am Institut für Arbeitsmarkt- und Berufsforschung und am Institut für empirische Sozialforschung in Nürnberg. Zu ihren Forschungsschwerpunkten zählen insbesondere Themen der Medienkonvergenz, die Nutzungs- und Rezeptionsforschung, Methoden der Markt- und Kommunikationsforschung sowie die vergleichende Medienforschung.

Jörg Tropp, Prof. Dr. phil, geb. 1961, studierte Kommunikationswissenschaft und Phonetik, Soziologie und Wirtschaftsgeographie an der Rheinischen Friedrich-Wilhelms-Universität Bonn; Promotion 1997 an der Universität-GH-Siegen; 2004 Habilitation an der Martin-Luther-Universität Halle-Wittenberg; Lehraufträge und Gastprofessuren in Halle/Saale, Münster, Siegen und Madrid; bis 2001 geschäftsführende Tätigkeiten in internationalen Kommunikationsagenturen; seit 2004 Professor für Medien- und Kommunikationswissenschaft, insbesondere für Strategische Unternehmenskommunikation und Kommunikationsmanagement an der Hochschule Pforzheim; Forschungsschwerpunkte: Marketing-Kommunikation, Medienökonomie, Persuasionsforschung.

Jasmin Wiesinger, B.A., geb. 1989, studierte Betriebswirtschaftslehre mit Spezialisierung Medien- und Kommunikationsmanagement und war studentische Mitarbeiterin an der Professur für Wirtschaftsinformatik und Medienmanagement an der Hochschule Mainz. Sie absolvierte diverse Praktika im Bereich Produktionsmanagement Show / Kommunikation / Musik beim ZDF sowie im Bereich Public Relations / Schwerpunkt Social Media bei der Danone Waters Deutschland GmbH. Derzeit studiert sie im Master Management mit der Spezialisierung Unternehmenskommunikation sowie Interaktives Marketing an der Hochschule Mainz und arbeitet als Werkstudentin im Distributionsmanagement der Hauptabteilung SWR.Online.

Christian Zabel, Dr., geb. 1976, ist Geschäftsführer von Zabel Associates, entwickelt digitale Medien-Strategien (v.a. Online-Video, Content Marketing) und berät Medienunternehmen zu Fragen des Innovationsmanagements. Seit 2004 forscht er über Wettbewerbs-, Digitalisierungs- und Innovationsstrategien, vor allem im Bewegtbildbereich. Von 2012-2014 leitete er das Produktmanagement der t-online.de, Deutschlands größtem Online-Publisher. Er war dort u.a. für die Produktentwicklung zuständig, ebenso für die Lancierung neuer Angebote. Zuvor (2008-2012) betreute er als Assistent des Vorstandsvorsitzenden strategische Medienkooperationen der Deutschen Telekom AG. 2008 Promotion bei Prof. Dr. Jürgen Heinrich (TU Dortmund) zum Innovationswettbewerb im TV-Produktionssektor. Studium an der Sciences-Po Paris (Politikwissenschaften) und der TU Dortmund (Journalistik).

Register